AF799233

Einführung
in die
Bakteriologie
oder Lehre von den Kleinwesen
und ihren Wirkungen

Zum Gebrauch bei Vorlesungen und Übungen
sowie zum Selbstunterricht für Ärzte, Tierärzte
und Naturforscher

von

Prof. Dr. Walther Kruse
Direktor des Hyg. Instituts der Universität Leipzig
Geheimer Medizinalrat

Zweite, verbesserte Auflage

Mit 78 Figuren im Text und auf einer farbigen Tafel

Berlin und Leipzig
WALTER DE GRUYTER & CO.
vormals G. J. Göschen'sche Verlagshandlung - J. Guttentag, Verlagsbuchhandlung
Georg Reimer - Karl J. Trübner - Veit & Comp.
1 9 3 1

Alle Rechte, einschließlich des Übersetzungsrechts, vorbehalten

Copyright 1931 by Walter de Gruyter & Co.
vormals G. J. Göschen'sche Verlagshandlung — J. Guttentag, Verlagsbuchhandlung — Georg Reimer — Karl J. Trübner — Veit & Comp.
Berlin W 10, Genthiner Straße 39

Archiv-Nr. 510 731
Druck von Metzger & Wittig in Leipzig

Vorwort zur ersten Auflage

Das vorliegende Buch ist aus Vorlesungen hervorgegangen, die ich in Verbindung mit bakteriologischen Übungen zu halten pflege. Die Anordnung habe ich auf Grund von fast 30 Jahre gesammelten Erfahrungen gewählt. Sie wird sich hoffentlich auch für diejenigen bewähren, die im Selbstunterricht ihre bakteriologischen Kenntnisse wieder auffrischen oder solche erst erwerben wollen. Die dem jungen Mediziner für die Bakteriologie zur Verfügung stehende Zeit ist jetzt verhältnismäßig gering und wird auch, wenn die so notwendige Verlängerung des Studiums durchgeführt sein wird, nicht wesentlich reichlicher sein. Die deshalb gebotene Kürze habe ich dadurch erreicht, daß ich alles Überflüssige, von dem mehr, als man sich meist bewußt wird, in den Lehrbüchern fortgeschleppt wird oder sich in neuen Veröffentlichungen anhäuft, fortgelassen habe. Auf dem Gebiet der bakteriologischen Diagnostik ist das um so mehr möglich, als dem praktischen Arzt heutzutage in den bakteriologischen Untersuchungsämtern eine erfreuliche, ja unersetzliche Hilfe erwachsen ist. Desto größeren Wert habe ich darauf gelegt, die naturwissenschaftlichen Zusammenhänge und vor allem die Grundlagen der Ansteckungs-, Seuchen- und Immunitätslehre klarzulegen.

Nebenbei habe ich mich bemüht, unnötige Fremdwörter auszumerzen. Unser wissenschaftliches Schrifttum leidet bekanntlich allzusehr unter ihnen.

Leipzig, im April 1920.

W. Kruse

Vorwort zur zweiten Auflage

In dieser neuen Auflage habe ich natürlich die Fortschritte der letzten 11 Jahre berücksichtigt, im übrigen aber die Gesichtspunkte, die mich bei der ersten leiteten, und die manche Anerkennung gefunden haben, beibehalten. Anregungen bin ich, soweit es im Rahmen dieses Buches möglich war, gefolgt. Namentlich glaube ich ihnen durch ein ausführlicheres Stichwörterverzeichnis entsprochen zu haben. In einer Beziehung konnte ich freilich nichts ändern: man hat meiner Darstellung den Vorwurf einer gewissen „Subjektivität" gemacht. Nach meiner Überzeugung ist das in dem Zeitalter der großen Handbücher gerade ein Vorzug dieses Buches, das ja, wie auch vielfach anerkannt worden ist, nicht nur für Schüler und Anfänger, sondern auch für Lehrer und Fortgeschrittene geschrieben ist. Wer 42 Jahre in der Wissenschaft gestanden und das Glück gehabt hat, fast immer selbständig und unbeengt durch Schulmeinungen arbeiten zu können und auch von einer Schar tüchtiger Mitarbeiter unterstützt zu werden, hat wohl auch dem Sachverständigen manches zu sagen. Ohne diese Möglichkeit hätte ich das Buch offen gestanden gar nicht verfaßt. Wenn ich es trotzdem nur eine „Einführung" genannt habe, so ist das durch den mir zur Verfügung stehenden Raum begründet und durch die Unausführbarkeit meiner ursprünglichen Absicht, eine Fortsetzung meiner „Allgemeinen Biologie" zu liefern.

Leipzig, im September 1931.

W. Kruse

Inhaltsverzeichnis

Erster Abschnitt

Einleitung. Übersicht über die verschiedenen Klassen von Kleinwesen

Im ursprünglichen Sinne bedeutet Bakteriologie zwar nur die Lehre von den Bakterien, die Entwicklung dieser Wissenschaft hat aber dahin geführt, daß die Bakteriologen sich auch mit einer ganzen Reihe anderer Kleinwesen (Mikrobien, Mikroorganismen) beschäftigen. Der Sprachgebrauch hat sich dem angeschlossen und versteht unter Bakteriologie das, was man eigentlich Mikrobiologie nennen sollte. In diesem weiteren Umfange fassen auch wir hier unsere Wissenschaft auf. Dabei müssen wir freilich eine Beschränkung anbringen: nicht alle Lebewesen, die mikroskopisch klein sind, machen wir zum Gegenstand unserer Forschungen, sondern im wesentlichen nur diejenigen, die als Erreger von Zersetzungen aller Art und als Schmarotzer (Parasiten) und Krankheitsursachen von Bedeutung sind, schließen deshalb aus unserer Besprechung z. B. die mikroskopischen Algen, die zu den echten Pflanzen, und die große Masse von Protozoen, die zu den echten Tieren gehören, aus.

Auf der andern Seite geht unsere Wissenschaft über den engeren Bereich der Kleinwesen hinaus, indem sie auch die durch ihre Tätigkeit in unbelebten Stoffen und lebenden „Wirten" verursachten Veränderungen, d. h. die Gärungen, Ansteckungen (Infektionen) und sog. Immunitätserscheinungen untersucht. Da die letzteren, wie man gefunden hat, nicht nur durch Kleinwesen hervorgerufen werden, sondern auch durch gewisse andere „körperfremde" Zellen und Stoffe, und da schließlich die meisten Bakteriologen Ärzte sind, deren Aufgabe auch in Heilung und Vorbeugung der ansteckenden Krankheiten besteht, erweitert sich unser Forschungsgebiet noch mehr, und die „Bakteriologie" in unserem Sinne greift also über die Naturgeschichte der Kleinwesen weit hinaus in die physiologische Chemie, Pathologie, Therapie und Hygiene. In diese Wissenschaft, die sich eigentlich erst in den letzten 50—60 Jahren, aber schon zu gewaltigem Umfang entwickelt hat, einzuführen, ist der Zweck dieses Buches.

Auf die Bedeutung und Geschichte der Bakteriologie werden wir im 2. Abschnitt und später zurückkommen; die Aufgabe dieses 1. Abschnitts soll sein, in Kürze die äußeren mikroskopischen Eigenschaften der Kleinwesen zu kennzeichnen.

Unsere Mikrobien lassen sich in 4 Klassen unterbringen:

1. die Bakterien (Spaltpilze, Schizomyzeten),
2. die Pilze (Schimmel- und Hefepilze),
3. die Protozoen (Urtiere, einzellige Tiere),
4. die Aphanozoen (ultramikroskopische, unsichtbare Wesen).

Die Vertreter der ersten, wichtigsten Gruppe, die Bakterien, galten lange Zeit, d. h. bis zur Entdeckung der Aphanozoen, als die kleinsten Wesen, die es überhaupt gibt. In der Tat bewegt sich ihr mittlerer Durchmesser um die Größe von $1\,\mu$ (Mikron $= 0{\cdot}001$ mm); d. h., 1000 von ihnen aneinander gereiht, füllen erst eine Strecke von 1 Millimeter aus, 40—50 Bakterien durchschnittlicher Größe sind nötig, um eine Fläche so groß wie eine rote Blutscheibe zu bedecken, und eine Milliarde von ihnen wiegt nur 1 Milligramm. Im übrigen schwankt natürlich auch die Größe der einzelnen Bakterienarten, von Bruchteilen eines Mikron, z. B. beim sog. Influenzabazillus, bis zu mehreren Mikren, z. B. beim Milzbrandbazillus.

Ihrer Kleinheit entspricht die Einfachheit ihres Baues: sie sind (außer den Aphanozoen, s. u.) die einzigen Lebewesen, bei denen trotz reichlicher bis zuletzt fortgesetzter Bemühungen mit Sicherheit weder ein Kern noch eine geschlechtliche Fortpflanzung nachgewiesen worden ist. Allerdings lassen sich innerhalb der Bakterien (z. B. Milzbrand- und Diphtheriebazillen) allerhand körnige oder schollige Gebilde färben, aber dieselben sind so wenig beständig und einheitlich, ähneln so wenig echten Kernen, daß man sie nicht als solche anerkennen kann. Das Verhalten der Bakterien gegenüber den Kern-, besonders den Anilinfarben, die gewöhnlich an dem ganzen Bakterienleib haften, spricht vielleicht eher dafür, daß bei diesen einfachen Lebewesen die Kernstoffe sich noch nicht von dem Protoplasma getrennt haben, sondern in diesem gleichmäßig verteilt sind. Wie dem auch sei, die eigentümliche Färbbarkeit der Bakterien ist eins ihrer wichtigsten Merkmale und ist für ihre Nachweisbarkeit von großer Bedeutung geworden (vgl. Abschnitt 3).

Weniger Schwierigkeit macht, wenigstens in gewissen Fällen, der Nachweis einer Zellhaut bei den Bakterien, wenn sie auch derjenigen von Pflanzenzellen nicht gleichgestellt werden kann. Z. B. bei der Sporenbildung und dem Absterben vieler Bakterien, ferner bei der

Einwirkung starker Salzlösungen auf sie (Plasmolyse) begegnen wir Bildern, die deutlich für das Vorhandensein einer Zellhaut sprechen. Daß mindestens eine festere Grenzschicht das Protoplasma von außen bekleidet, folgt aber schon aus der Tatsache, daß die Bakterien trotz der halbweichen Beschaffenheit ihres Leibes ihre Gestalt gegenüber äußeren Angriffen behalten.

Damit kommen wir zu der Gestalt der Bakterien. Sie läßt sich auf folgende Grundformen zurückführen: auf das Kügelchen (Coccus), das abgerundete walzenförmige Stäbchen (Bacillus) und die Schraube, d. h. das schraubenförmig gewundene Stäbchen (Spirillum). Da aus dem Kügelchen durch Vermehrung immer nur Kügelchen, aus den Stäbchen nur Stäbchen und aus den Schrauben nur Schrauben hervorgehen, hat man darauf 3 Hauptfamilien der Bakterien, nämlich

1. die Kokken (Coccaceae),
2. die Bazillen (Bacillaceae) und
3. die Spirillen (Spirillaceae) gründen können.

Die Vermehrung der Bakterien erfolgt in der Weise, daß sich die einzelne Zelle durch Wachstum nach einer Richtung mehr oder weniger in die Länge streckt und dann senkrecht dazu in 2 gleich große Hälften spaltet. Je nachdem die Zellen größer oder kleiner sind, je nachdem die Teilung nach der Längsstreckung früher oder später eintritt, und die Teilstücke sich voneinander trennen oder miteinander in Verbindung bleiben, entstehen verschiedene Bilder.

Bei den Kokken (Fig. 1) wird die Mannigfaltigkeit der Formen noch dadurch erhöht, daß bei ihnen nicht nur das Wachstum nach einer Richtung möglich ist, sondern nach zwei oder gar drei zueinander senkrechten Richtungen. Wachsen die Kokken nach einer Richtung, und bleiben die einzelnen Glieder nach der Teilung miteinander in Zusammenhang, so entstehen die Ketten- oder Streptokokken. Z. B. bildet der Streptococcus pyogenes oft schön geschwungene Ketten mit Hunderten von Einzelgliedern. Nicht selten folgen sich die Teilungen dabei so überstürzt, daß die Einzelglieder der Kette nicht mehr rundlich, sondern abgeplattet, semmelförmig, ja scheibenförmig aussehen; man spricht daher auch wohl von „Stacketkokken“. Umgekehrt gibt es Streptokokken, die sich gewissermaßen zu spät teilen, deren Glieder daher Kurzstäbchen ähneln. Wenn dergleichen Ketten nur aus aneinandergereihten Kettenpaaren (Diplokokken) bestehen, sind die Einzelkokken häufig an ihrem benachbarten Ende abgeflacht und an dem entgegengesetzten zugespitzt, so daß sie „lanzett-

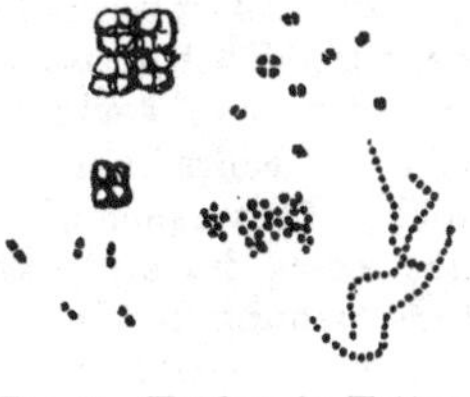

Fig. 1. Kokken in Ketten-, Semmel-, Lanzett-, Haufen- und Paketform.

förmig" oder „flammenförmig" erscheinen (Streptococcus lanceolatus und lacticus).

Wachsen und teilen sich die Kokken abwechselnd nach 2 Richtungen des Raumes, die aufeinander senkrecht stehen, und bleiben die Teilstücke zusammen, so bilden sich Vierecke oder Tafeln von 4, 16 usw. Gliedern. Hierher gehören z. B. der Micrococcus tetragenus, aber auch die Mikrokokken der Gonorrhöe und der Meningitis. Diese beiden sind noch insofern ausgezeichnet, als sie sich vor ihrer Streckung teilen und dadurch, wenn sie zu zweien liegen, fast halbkugelförmige „Semmelkokken", wenn sie zu vieren liegen, viertelkugelförmige Glieder bilden.

Wachsen schließlich die Kokken nach 3 Richtungen des Raumes, so entstehen dadurch warenballenartige Gruppen von 8, 64 usw. Gliedern; die sog. Paketkokken oder Sarzinen.

Da diese Wachstumsweisen beständige Merkmale darstellen, so können wir danach die Familie der Kokken in die 3 Gattungen

1. Streptococcus,
2. Micrococcus,
3. Sarcina.

einteilen.

Nicht immer ist es allerdings auf den ersten Blick möglich, einen Kokkus in dieser oder jener Gruppe unterzubringen. Selbst bei Reinkulturen, die man lange Zeit in ihrer Entwicklung beobachten kann, macht das manchmal Schwierigkeiten, weil die Kokken sich nach ihrer Teilung zu schnell voneinander lösen und sich gegeneinander verschieben. Unzweckmäßig wäre es aber, etwa für solche Kokken, die gewöhnlich als Einzel- oder Doppelkokken auftreten, nun eine neue Gattung „Diplococcus" einzuführen. Denn alle Kokken, gleichgültig, ob sie sich nach einer Achse ihres Körpers oder auch nach 2 oder 3 Achsen teilen, werden als Doppelkokken und nicht als Ketten, Vierecke oder Pakete erscheinen, wenn sie sich bald nach einer Teilung voneinander trennen. Für diejenigen Fälle, in denen man keine bestimmte Art des Wachstums festlegen kann, empfiehlt sich die Einreihung in die Gattung Micrococcus. Auch der Name Staphylokokken (Traubenkokken) für diejenigen Kokken, die in unregelmäßigen Haufen erscheinen, ist als Gattungsname unzweckmäßig, weil derartige Formen durch Verschiebung der Teilstücke gegeneinander – gelegentlich z. B. auch bei Streptokokken – entstehen und also nicht der Ausdruck eines bestimmten Wachstums, einer besonderen Teilungsweise sind.

Auch nicht als Gattungsnamen, sondern nur als kurze Bezeichnungen für bestimmte Arten (sog. Vulgärnamen) kommen in Betracht Ausdrücke wie Pneumo-, Gono-, Meningo-, Laktokokken.

Die Bazillen oder Stäbchen (s. Fig. 2) zeigen insofern einfachere Verhältnisse als die Kokken, weil sie nur nach einer Richtung, der Längenachse ihres walzenförmigen Körpers entsprechend, wachsen und sich senkrecht dazu teilen können. Das schließt nicht aus, daß auch bei den Bazillen große Unterschiede vorkommen, zunächst in der Größe, d. h. der Gesamtausdehnung ihres Körpers. Der oben erwähnte winzige

Influenza- und der riesige Milzbrandbazillus sind Beispiele dafür. Weiter ergeben sich auch hier durchaus ungleiche Bilder, je nachdem die Stäbchen früher oder später zur Teilung und Trennung schreiten. Manchmal, so beim Bac. pneumoniae und aerogenes, geht die Teilung und Trennung der Teilstücke so schnell vor sich, daß dieselben eiförmig, ja rund aussehen, und nur die sorgfältige Prüfung der Kultur die Anwesenheit einiger längerer Stäbchen oder sogar Fäden und dadurch die Zugehörigkeit zu den Bazillen beweist. Nach dem Verhältnis des Längen- zum Dickendurchmesser unterscheidet man plumpe und schlanke, Kurz- und Langstäbchen und nach dem Zusammenhalt zwischen ihnen Einzel-, Doppelstäbchen (Diplobazillen), Stäbchenketten (Streptobazillen) und, wenn man die Zellgrenze nur undeutlich oder erst mit besonderen Hilfsmitteln erkennen kann, wie bei den Milzbrandbazillen, Scheinfäden. Leider sind alle diese Merkmale nicht gerade sehr beständig, so daß wir sie kaum benutzen können, um die Familie der Bazillen in Gattungen zu gliedern. Die meisten Bakteriologen haben sich deswegen in dieser Familie mit der einzigen, allerdings ungeheuer umfangreichen Gattung Bacillus begnügt.

Fig. 2. Bazillen.
Große und kleine, schlanke und plumpe, ketten- und fadenbildende Stäbchen.

Viele Versuche sind gemacht worden, um darin Wandel zu schaffen. So hat man schon früh die beiden Gattungen „Bacterium" und „Bacillus" dadurch bestimmen wollen, daß nur die letzteren imstande seien, durch Zusammenziehung und Einkapselung des Protoplasmas im Innern der Zellen glänzende Körner, sog. endogene Sporen (Endosporen), d. h. Dauerzustände (Fig. 3) zu bilden. Wir kommen auf diese Sporenbildung bei den Heubazillen (Abschn. 5) und später auch bei den Milzbrand-, Tetanusbazillen usw. ausführlich zurück. So wenig wir die wissenschaftliche Zulässigkeit einer derartigen Trennung bestreiten, so sehr leugnen wir ihre Zweckmäßigkeit. Zunächst kann es nur Verwirrung stiften, wenn man eine einzelne Gattung mit demselben Namen belegt, welche die ganze Klasse führt. Deswegen allein schon hat sich auch diese Benennung durchaus

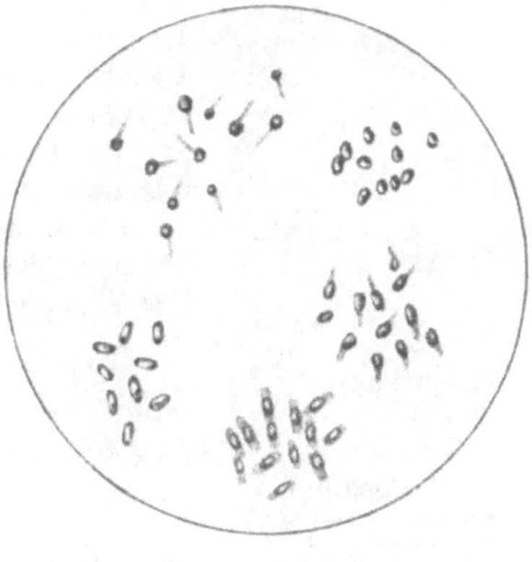

Fig. 3. Bakteriensporen, teils innerhalb von Stäbchen, teils frei. Köpfchen-, Keulen- und Tonnensporen.

nicht eingeführt. Um so bedenklicher war sie, als von anderer Seite dieselben Gattungsnamen in ganz anderem Sinne gebraucht wurden, nämlich Bacterium für die unbeweglichen und Bacillus für die (durch Seitengeißeln) beweglichen Stäbchen. Einigen Wert besitzen allerdings Fehlen, Vorhandensein und ebenso die Anordnung der die Bewegung vermittelnden Geißeln (Fig. 4) als Merkmale für die Gruppierung der Bazillen; aber die Bezeichnung der beiden Gattungen ist aus dem schon angegebenen Grunde keine glückliche. Jedenfalls hat auch sie sich keine Anerkennung erworben. Aber auch aus einem anderen Grunde werden wir uns nicht darauf versteifen, solche Gattungsunterschiede aufzustellen: Sporenbildung und Beweglichkeit sind nämlich keineswegs ganz beständige und unter allen Umständen leicht feststellbare Eigenschaften.

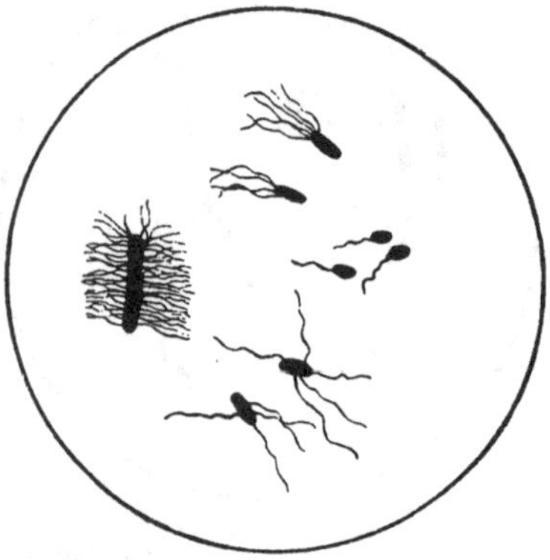

Fig. 4. Bakterien mit Geißeln (gefärbt).

Eher scheint es sich zu empfehlen, die sog. Gramfestigkeit und Säurefestigkeit, d. h. färberische Eigentümlichkeiten, die wir später (s. 3. Abschnitt) näher kennen lernen werden, als Unterscheidungsmerkmale für bestimmte Bazillengeschlechter zu verwenden. Doch dünkt uns das Bedürfnis nach Schaffung neuer Gattungsnamen nicht groß genug und die Aussicht, sie im Sprachgebrauch durchzusetzen, recht gering. Der klassische „Tuberkelbazillus“ wird sich von dem „Mycobacterium tuberculosis“ eben nicht verdrängen lassen. Alles in allem werden wir gut tun, bei der einen Gattung Bacillus zu bleiben, was uns aber nicht zu hindern braucht, die natürlichen Verwandtschaften, die sich zwischen diesen und jenen Arten von Bazillen unleugbar finden, durch Bildung von Gruppen zu berücksichtigen. Diesen lateinische Namen zu geben, ist unnötig. Es genügt durchaus, sie, wie wir es im folgenden tun werden, als Gruppe der Heubazillen, der langen Milchsäurebazillen, der Diphtherie- und Tuberkelbazillen, der Coli- und Typhus-, Aerogenes- und Ruhr-, Septichämie- und Influenzabazillen zu bezeichnen.

Fig. 5. Spirillen. Riesenspirillen (Jauche), feine Kommabazillen oder Spirillen (Cholera).

Die schraubenförmig gewundenen Stäbchen oder Spirillen (Fig. 5) wachsen ebenfalls nur nach einer Richtung, die ihrer Längsachse entspricht. Auch sie zeigen große Unterschiede in der Größe und teilen sich bald früher, so daß sie nur als kurze Schraubenstückchen, „kommaförmig“, erscheinen, bald später. Weil die Spirillen gekrümmt sind, kommt für sie noch eine Möglichkeit der Unterscheidung in Betracht, die bei den Bazillen fehlt: die Schrauben können weiter oder enger gewunden sein. All das rechtfertigt aber noch nicht die Aufstellung verschiedener Gattungen. Wir begnügen uns auch hier mit der einen Gattung Spirillum.

Die durch eine oder wenige Polgeißeln beweglichen Kommabazillen als „Vibrionen" von den eigentlichen, mit einem Geißelschopf versehenen „Spirillen" abzutrennen, ist überflüssig und unzweckmäßig, weil alle Übergänge zwischen Kommabazillen und Schrauben vorkommen und viele echte Kommabazillen dazu gebracht werden können, ausschließlich lange Schrauben zu bilden; dann aber auch, weil die Art der Begeißelung kein ganz beständiges Merkmal darstellt.

Mit den eigentlichen Bakterien, die wir in die besprochenen Hauptfamilien untergebracht haben, haben andere Formen zwar die wichtigsten Eigenschaften gemein, sie entfernen sich aber von ihnen durch Eigentümlichkeiten, die sie mit anderen Lebewesen, und zwar teils mit den Pilzen, teils mit den Algen, teils mit den Protozoen verbinden.

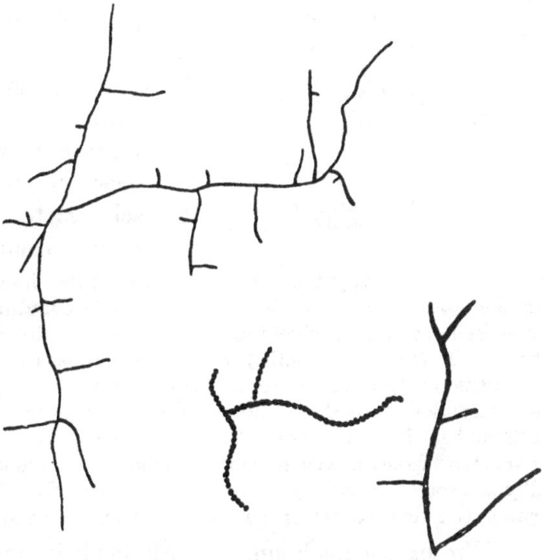

Fig. 6. Strahlenpilze. Fadengerüst und Sporenfäden.

Die Verwandtschaft der Bakterien mit den Pilzen ist im allgemeinen keine so deutliche, wie man aus der von Naegeli eingeführten Benennung der Bakterien als „Spaltpilze" (Schizomyzeten) schließen sollte. Fast die einzige Eigenschaft, die sie alle miteinander gemein haben, ist das Fehlen des Chlorophylls. Eine größere Annäherung an die Pilze zeigt allerdings die Familie der Strahlenpilze (Aktinomyzeten), die man zeitweise „Streptotricheen" genannt hat. Die Ähnlichkeit mit Fadenpilzen ist wegen des verzweigten Fadennetzes, das sie bilden (Fig. 6), wegen der „Sporen", die sie oft auf frei in die Luft ragenden Fäden reihenweise abschnüren und wegen ihres „muffigen" Geruchs nicht zu verkennen. Andererseits sind sie aber durch die Zusammensetzung ihres Körpers, das Fehlen von Kernen, den häufigen Zerfall in völlig bakterienartige Teilstücke, und schließlich durch zahlreiche Übergänge zu richtigen Bakterienarten (Tuberkel-, Diphtherie-, Rotlaufbazillen) von den Pilzen geschieden. Die Verwandtschaft mit den letzteren scheint also nur eine äußerliche, ihre Abstammung voneinander zweifelhaft zu sein. Wir können sie darum Pilzbakterien oder Mykobakterien nennen und sie jedenfalls nicht, wie manchmal geschehen ist, mit echten Pilzen, den Hyphomyzeten, vereinigen.

Auch von den einzelligen Tieren, den Protozoen, unterscheiden sich die Bakterien durch ihren einfachen Bau, das Fehlen des Kerns und der Fähigkeit, ihren Körper zusammenzuziehen (Kontraktilität). Zwar sind die längeren Formen der Bazillen und mancher Spirillen durchaus nicht immer starr, sondern auch etwas biegsam, so daß sie schlängelnde Bewegungen zeigen können, doch scheinen diese nicht von dem Körper selbst, sondern teils durch die Geißeln, die an ihm sitzen, teils durch die äußeren Widerstände bewirkt zu werden. Nur die Spirochäten (Fig. 7), die ihrer Form nach durchaus den Spirillen entsprechen, machen eine Ausnahme davon, sie bewegen sich nicht nur wie Schrauben nach vorn oder hinten, sondern auch peitschenschnurartig, was ihnen wohl nur duch eigene Kontraktionen möglich wird.

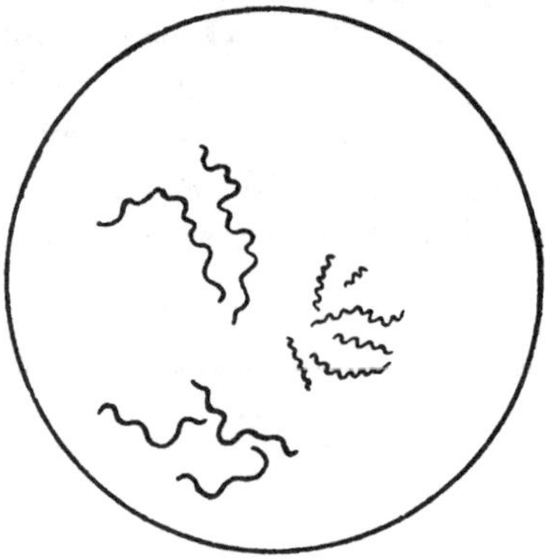

Fig. 7. Spirochäten, teils peitschenschnurartig, teils korkzicherähnlich.

Das hat nicht gehindert, daß man sie früher im allgemeinen zu den Bakterien in die Familie der Spirillen gestellt hat. Neuerdings, nachdem man einerseits eine Reihe von Spirochäteninfektionen (außer Rekurrens und tierischen Krankheiten namentlich Syphilis) und andererseits die durch schraubenförmig gewundene Protozoen, die sog. Trypanosomen, verursachten Krankheiten (Tsetse der Haustiere, Beschälseuche der Pferde, Schlafkrankheit des Menschen) kennen gelernt hat, ist man wegen der Ähnlichkeit dieser Krankheiten sowohl wie ihrer Parasiten dazu bewogen worden, die Verwandtschaft der Spirochäten und Trypanosomen näher zu erörtern. Ja, manche Zoologen haben die ersteren völlig von den Bakterien getrennt und zu den Protozoen gestellt.

Wir halten auch hier die Ähnlichkeit mit den Protozoen für eine äußerliche und schlagen vor, die Spirochäten als eine besondere Familie den Spirillen unter dem Namen der Tier- oder Zoobakterien anzuschließen.

Aber nicht nur zu den Pilzen und Protozoen, sondern auch zu einer dritten Klasse einzelliger Wesen, den Algen, haben manche Bakterien gewisse Beziehungen.

Die Phykochromaceen hat schon der Botaniker Ferd. Cohn als „Spaltalgen" oder Schizophyzeen mit den Spaltpilzen oder Schizomyzeten Naegelis zu einer Gruppe, den „Spaltpflanzen" oder Schizophyten, vereinigt und die einzelnen Gattungen derselben miteinander in Parallele gestellt. Gemeinsam haben sie allerdings das Fehlen des echten Zellkerns, die Teilung durch Spaltung und sämtliche Formen. Verschieden sind die Bakterien durch die Kleinheit ihrer Zellen, das Fehlen des Chlorophylls, das natürlich eine andere Ernährungsweise mit sich bringt, die Zusammensetzung ihrer Zellhaut, oft durch die Ausbildung von endogenen Sporen und Geißeln. Es gibt aber doch bakterienähnliche und darum von jeher zu den Bakterien gerechnete Formen, die den Spaltalgen durch ihre Größe und gelegentlich zusammengesetzte Form („Polymorphismus"), durch das Vorhandensein eines sog. Zentralkörpers, durch ihre eigentümliche, ohne Vermittlung von Geißeln vor sich gehende Bewegungsweise (Gleitbewegung, Gregarinenbewegung s. u.) noch näher stehen. Dazu gehören die unter dem Namen Leptothrix, Cladothrix, Crenothrix (Fig. 8) usw. geführten Gattungen, die auch wegen ihres Vorkommens in eisenhaltigem Wasser wohl als Eisenbakterien oder wegen der Scheide, in der sie zu liegen pflegen, als „Desmobakterien" oder „Chlamydobakterien" bezeichnet worden sind. Eine besondere Gruppe bilden die Schwefelbakterien. Sie nähren sich von Schwefelwasserstoff, den sie zu Schwefel verbrennen und in Körnerform ablagern, treten in mannigfaltigen Formen, die oft echten Bakterien ähneln, auf und sind zum Teil noch durch einen roten Farbstoff ausgezeichnet (Purpurbakterien).

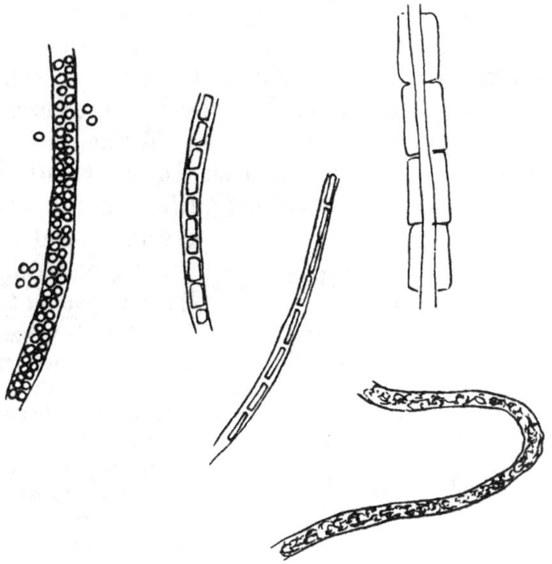

Fig. 8. Crenothrix polyspora. Fäden, Stäbchen und runde Sporen innerhalb von Scheiden liegend.

Wir wollen diese sämtlich im Wasser lebenden Formen (vgl. Abschnitt 15) Algenbakterien oder Phykobakterien nennen.

Bei Bakterien sehr verbreitet ist das Vermögen, sichtbaren Schleim auszuscheiden (Fig. 9). So hat man von „Askokokken", „Askobakterien" und „Kapselbakterien" in solchen Fällen gesprochen, wo die Bakterien einzeln von einer schleimigen bis knorpelharten Hülle sich umgeben zeigen und hat die Schleimkolonien, die in oft vielgestaltigen Formen in Aufgüssen organischer Stoffe vorkommen, als Zooglöen mit besonderen Beinamen bezeichnet. Wir kommen auf diese Verschleimung der Bakterienhaut — denn als solche läßt sich der Vorgang deuten — noch öfter zurück.

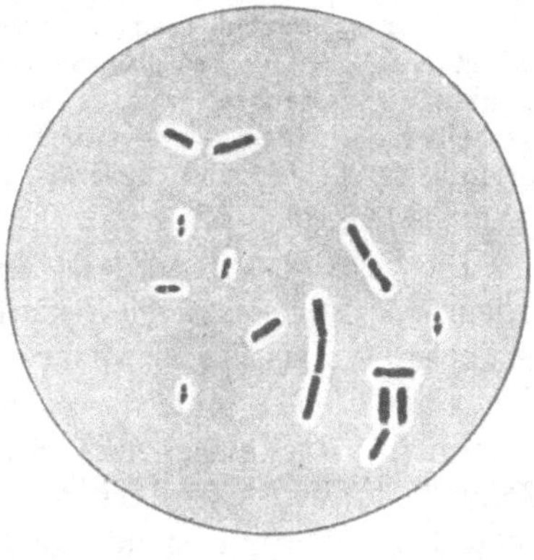

Fig. 9. Bakterien mit Schleimkapseln.

Wenn auch das Kügelchen, das Stäbchen und die Schraube die Grundformen der Bakterien vorstellen, so werden doch gar nicht selten, besonders in alten Kulturen oder unter Umständen, die auf Wachstumshemmung deuten, bei allen diesen Bakterien gelegentlich unregelmäßige, oft abenteuerlich aussehende, blasige, schlauch- oder wurstförmige Gestalten beobachtet und als Involutions- oder Entartungs- oder Riesenformen bezeichnet. Nicht immer sind sie aber im Absterben begriffen, sondern vielfach gelegentlich noch entwicklungsfähig (Fig. 10). Eine Bedeutung für die Systematik wohnt ihnen nicht inne.

Fig. 10. Essigbakterien. Riesenformen.

Künstlich kann man die Bildung solcher Formen oft hervorrufen, z. B. durch Züchtung in stärker salzhaltigen, namentlich lithiumhaltigen Nährböden. Nicht mit ihnen zu verwechseln sind Verunreinigungen der Kulturen, die im Beginn der bakteriologischen Forschung zu sehr gewagten Schlüssen über Verwandlung von Bakterien in andere Kleinwesen (und umgekehrt) führten. Aber möglich sind auch heute noch derartige Verunreinigungen (vgl. z. B. beim Gelbfieber). Selbst die „Einzell-Kultur" (4. Abschn.) schützt nicht dagegen. Aber auch wenn Verunreinigungen nicht in Frage kommen, kann man über die Deutung der oft merkwürdigen „Ausnahmeformen" verschiedener Meinung sein. Auf alle schon aufgestellten Behauptungen können wir hier nicht eingehen, werden einige aber gelegentlich (bei Sarzinen, Wurzel- und Milzbrandbazillen) erwähnen. Abgesehen von der Kleinheit aller dieser Formen, die z. B. geschlechtliche Vorgänge kaum sicher nachzuweisen gestattet, läßt sich der nüchterne Beobachter schwer überzeugen, wenn die vermeintlichen „Entwicklungen" so unbeständig sind, wie es gewöhnlich der Fall ist. Daß auch von Parasiten der Bakterien gesprochen worden ist, werden wir bei den Bakteriophagen sehen.

Über die früher als spezifisch angesehene „Granulabildung" durch Immunserum s. bei Typhus und Cholera, über Filtrierbarkeit von Bakterien bei Aphanozoen (Abschn. 28).

Die 2. Klasse der Kleinwesen, die der Pilze, ist an sich außerordentlich viel reicher an Gestalten, als die der Bakterien. Wir können uns aber über sie kürzer fassen, weil es unter ihnen kaum einen einzigen Krankheitserreger gibt, der so wichtig für den Arzt ist, wie zahlreiche Bakterien. Das eingehende Studium der Pilze überlassen wir daher Botanikern, den eigentlichen „Mykologen" und beschränken uns im folgenden auf grundlegende Bemerkungen.

Die Pilze unterscheiden sich schon durch ihre Größe von den Bakterien. Das rührt nicht bloß daher, daß sie meist, wie die oben erwähnten Strahlenpilze, in verästelten Zellen oder Zellverbänden, den sog. Myzelien, auftreten, sondern daß auch die vereinzelten Zellen erheblich größer zu sein pflegen als die Bakterien.

Die oben erwähnten Myzelien entstehen auf zweierlei Weise. Das überwiegend verbreitete Fadenmyzel stellt ein fädiges Gerüst dar, das durch das Auswachsen und die Verzweigung einer schlauchartigen Zelle entsteht. Im einfachsten Falle, bei den Algenpilzen (Phykomyzeten), bleiben die Zellen dabei ungeteilt; bei den Mykomyzeten oder echten Pilzen teilen sie sich durch Querwände, die in gewissen Abständen sich ausbilden. Das Wachstum geht im wesentlichen nur an der Spitze der Fäden vor sich, wo man dann auch den mehr oder weniger feinkörnigen oder auch ganz durchsichtigen Zellinhalt findet, während die älteren Fadenteile stark mit Blasen durchsetzt oder fast leer erscheinen. Dem fädigen steht gegenüber das Sproßmyzel, das den Sproßpilzen (Blastomyzeten), d. h. Hefepilzen, ihren Namen gegeben hat (Fig. 11). Hier sind die einzelnen Zellen rundlich oder eiförmig, selten schlauchförmig. Sie wachsen in der Weise, daß sich an verschiedenen Stellen der Zellwand bruchsackartige Ausstülpungen entwickeln und bei einer gewissen Größe vom Mutterkörper abschnüren. — Allerdings ist ein größerer Gegensatz im mikroskopischen Bilde kaum denkbar, als der zwischen Faden- und Sproßmyzel. Doch läßt sich die früher beliebte scharfe Trennung von Sproß- und Fadenpilzen nicht aufrecht erhalten: es kommen Übergänge von beiden Seiten aus vor, ja Brefeld hat uns gelehrt, daß das Sproßmyzel, z. B. bei den Brandpilzen, nur ein vorübergehender Zustand in der Entwicklung von Fadenpilzen ist. Es liegt deshalb kein Grund vor, die Hefepilze aus der Gemeinschaft der übrigen Pilze herauszuheben.

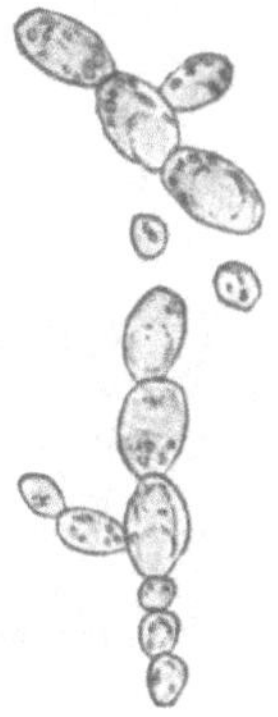

Fig. 11. Bierhefe. Sproßmyzel.

Im Gegensatz zu den Bakterien und den Pilzbakterien sind die Pilze mit deutlicher Zellhaut, Protoplasma und Kernen ausgestattet, wenn auch der Nachweis der letzteren nicht immer leicht gelingt. Bewegungsorgane vermissen wir im allgemeinen bei den Pilzen, weil sie unbeweglich sind. Eine Ausnahme machen nur die sog. Schwärmsporen der Algenpilze, die eine Zeit lang, d. h. bis sie sich seßhaft gemacht haben, durch Geißeln ähnlich den tierischen Flagellaten (s. u.) sich fortbewegen.

Während bei den echten Bakterien das Wachstum stets auch zur Vermehrung der Individuen führt und eigentliche Früchte nicht entwickelt werden, sondern höchstens jede Zelle sich zu einem Dauerzustand, der Spore (Endospore) umbildet (s. o. Fig. 3), vermehren sich die Pilze gewöhnlich durch sehr zahlreiche auch hier Sporen genannte Keimzellen, die meist in besonderen in die Luft ragenden Fruchtständen erzeugt werden.

Zweierlei Hauptarten lassen sich unter diesen unterscheiden. Ektosporen oder Konidien werden durch Sprossung oder Abspaltung einzeln oder reihenweise an den Enden, seltener in der Mitte bestimmter Myzelzweige gebildet. Ein Beispiel dafür ist der bekannte Schimmel Penicillium (Fig. 12). Die Endo- oder Askosporen entstehen dagegen im Innern von schlauchartigen Zellen zu 4, 8 oder vielen durch innere Zellteilung. Hierher gehört z. B. der Algenpilz

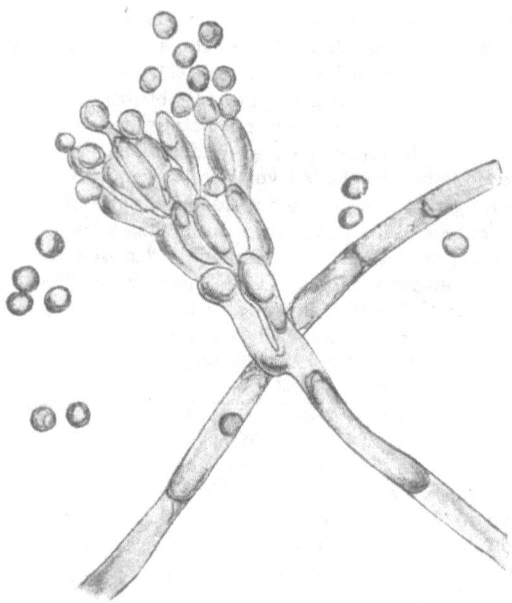

Fig. 12.
Penicilium glaucum. Konidienfruchtträger und Myzelfaden.

Mucor (Fig. 13). Während diese beiden Arten der Sporenbildung zu reichlicher Vermehrung führen, gibt es bei den Pilzen aber noch andere Arten der Fortpflanzung, die mehr der Erhaltung dienen. Z. B. werden bei den Pilzen, die auf der Haut schmarotzen (s. Abschnitt 24), öfter Chlamydosporen (Brutzellen oder Gemmen) gebildet, indem sich einzelne Glieder des kurzzelligen Myzels vergrößern und ihre Haut verdicken. Wenn sich sämtliche Zellen eines Myzels in rundliche Keimzellen verwandeln, spricht man von Oidien oder Gliedersporen (s. Fig. 14). Gegenüber der Conidienbildung ist in solchen Fällen nicht immer eine Grenze zu ziehen. Schließlich werden bei vielen Pilzen durch Verschmelzung zweier gleicher oder ungleicher Zellen Zygo- oder Oosporen gebildet. Im letzteren Falle darf man von geschlechtlicher Fortpflanzung sprechen. Bei den uns angehenden Pilzen spielt sie aber keine wesentliche Rolle.

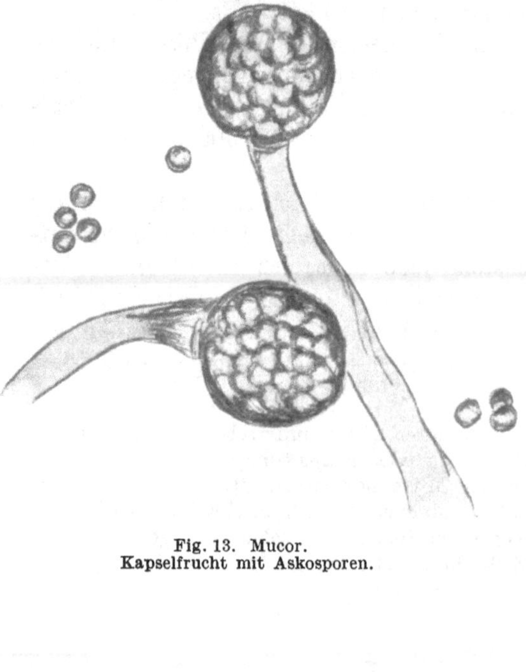

Fig. 13. Mucor.
Kapselfrucht mit Askosporen.

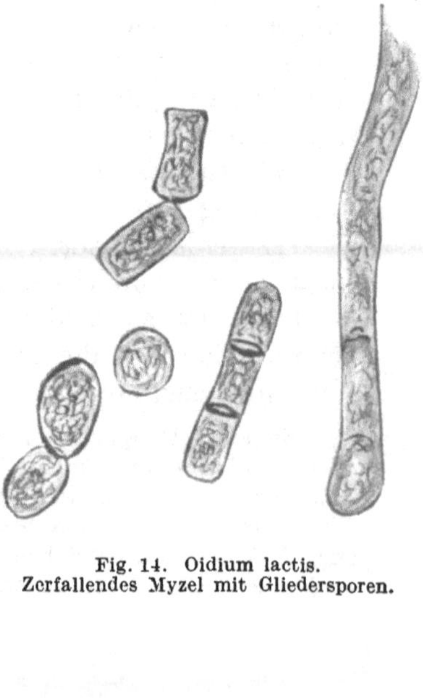

Fig. 14. Oidium lactis.
Zerfallendes Myzel mit Gliedersporen.

Die Schar der Pilze ist ungeheuer groß. Wir können im Laufe unserer Ausführungen (Abschnitt 5 und 24) nur auf wenige von ihnen eingehen.

Die 3. Klasse der Mikroorganismen, die einzelligen Tiere (Urtiere) oder Protozoen, enthalten im Gegensatz zu den Pilzen und Bakterien ausschließlich Formen, die mindestens auf gewissen Stufen ihrer Entwicklung beweglich sind. Die Art ihrer Bewegung läßt sich auch bis zu einem gewissen Grade als Einteilungsmittel benutzen. Man kann 4 Ordnungen unterscheiden:

1. Die Amöben,
2. die Flagellaten,
3. die Ziliaten,
4. die Sporozoen.

Die Amöben (Rhizopoden, Sarkodinen) sind amöboid beweglich, d. h. durch Protoplasmafortsätze (Pseudopodien), die langsam aus- und eingezogen werden (Fig. 15).

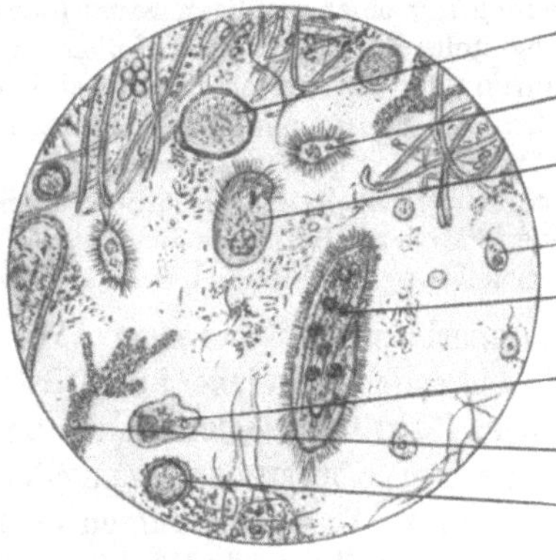

Fig. 15.

Oft scheint an dieser Bewegung nur der äußere durchsichtige Teil des Körpers, das Ektoplasma, sich selbständig zu beteiligen, während der innere körnige, oft blasige Teil, das Endoplasma, in der der Kern liegt, nur dadurch mitbewegt wird. Die bald stumpfen, bald spitzen Pseudopodien dienen nicht nur zur Fortbewegung, sondern auch zur Nahrungsaufnahme, indem sie die Nahrungsbestandteile, z. B. Bakterien und rote Blutkörperchen, umfließen und in das Innere des Körpers befördern. Dabei werden sie meist in Blasen (Vakuolen) eingeschlossen und unterliegen in ihnen durch Verdauung oft sichtbaren Veränderungen. Mit diesen Nahrungsvakuolen sind nicht zu verwechseln die bei frei lebenden Amöben oft vorhandenen pulsierenden Vakuolen, d. h. Blasen, die abwechselnd, z. B. in der Minute ein paarmal, sich zusammenziehen und wieder öffnen. Sie dienen wohl teils der Atmung, teils der Absonderung von Abfallstoffen, d. h. als eine Art von Lunge und Niere. Sobald die Amöben aufhören, sich zu bewegen, runden sie sich ab und können dann in einen endgültigen Ruhezustand übergehen, in dem sie sich mit einer oft doppelt und mehrfach geränderten Haut umgeben, sich enzystieren. Die Größe der Amöben schwankt in weiten Grenzen, die kleinsten von ihnen sind vielleicht etwas kleiner als weiße Blutkörperchen, andere, wie die Dysenterieamöben, sind so groß, daß sie 20 rote Blutkörperchen in ihrem Leibe aufspeichern können. Oft ist die Enzystierung die Vorbereitung für eine Vermehrung, die dann meist unter Bildung mehrerer oder zahlreicher, manchmal begeißelter Keime erfolgt. Sonst ist Zweiteilung der Zelle und des Kerns die Regel. Eine Art von Zellverschmelzung (Kopulation) soll vorkommen.

Die Flagellaten (Mastigophoren oder Geißelinfusorien) haben ihren Namen von einzelnen langen Geißeln, mit denen sie sich außerordentlich lebhaft bewegen (Fig. 15). Ihre Körperform bleibt dabei, abgesehen von Kontraktionen, denen sie unterliegen können, erhalten, sei sie nun ursprünglich eine rundliche, ei- oder birnenförmige oder, wie bei den krankheitserregenden Trypanosomen (Abschnitt 26), eine schraubenartig gedrehte.

Die Zahl der Geißeln schwankt etwa von 1—8. Sobald mehrere vorhanden sind, wird ein Teil von ihnen gewissermaßen wie ein Steuer nachgeschleppt. Die Geißeln stehen öfters in Verbindung mit einem welligen Saum (der undulierenden Membran). Ihre Ursprungsstelle liegt öfter in einem kernartigen Gebilde (dem Blepharoplast). Die Ernährung der Flagellaten erfolgt bei den parasitischen Tierchen regelmäßig durch Diffusion; bei manchen frei lebenden befindet sich am Grunde der Geißeln eine Art von Schlund, durch den die Nahrung in das Körperinnere hineingelangt. Manche Flagellaten enthalten auch Chlorophyllfarbstoff, ernähren sich also wie Pflanzen. Bezüglich der Größe, der pulsierenden Blasen, der Zysten und Vermehrung gilt das bei den Amöben Gesagte.

Die Ziliaten oder Wimperinfusorien bewegen sich nicht durch wenige Geißeln, sondern durch sehr zahlreiche kurze Wimpern, die dem Flimmersaum, z. B. der Luftröhrenschleimhaut, zu vergleichen sind, und die entweder den ganzen Körper oder wenigstens einen Teil davon bekleiden und auch wieder zu welligen Säumen oder zu Borsten oder stelzfußartigen Fortsätzen umgebildet werden können.

Zum Teil können sie sich im erwachsenen Zustande auf Stielen festsetzen, wie die Vortizellen und Suktorien, und verlieren dann unter Umständen vollständig ihren Wimpersaum. Die Ziliaten sind meist ei-, birn- oder spindelförmig, oft abgeplattet und im allgemeinen weit stattlicher als die Amöben und Flagellaten (Fig. 15). Dementsprechend ist ihr Bau auch oft ein verwickelter. So besitzen sie gewöhnlich einen mächtigen Hauptkern und außerdem einen Nebenkern, ferner zur Aufnahme der Nahrung einen mit Wimpersaum versehenen Schlund, der freilich bei den parasitischen Formen fehlen kann, weiter Nahrungsvakuolen, eine Art After zur Ausstoßung der Nahrungsreste, pulsierende Vakuolen, muskelähnliche Gebilde usw. Die Ziliaten vermehren sich mit oder ohne vorherige Zystenbildung durch einfache Zweiteilung oder indem sie durch schnell wiederholte Zweiteilung „Schwärmsporen“ bilden, die Suktorien auch durch Sprossung. Häufig ist eine mehr oder weniger der geschlechtlichen Fortpflanzung ähnelnde Zellverschmelzung (Kopulation) oder wenigstens der

Austausch der Kernbestandteile durch Konjugation. Unter Zystenbildung können sich die Ziliaten wie die Amöben und Flagellaten in recht zähe Dauerzustände verwandeln.

Während die bisher genannten Ordnungen der Protozoen gewöhnlich frei leben, die meisten von ihren parasitischen Vertretern recht harmlos sind, und nur wenige als Krankheitserreger für den Menschen in Betracht kommen (Ruhramöben, Trypanosomen, Balantidium coli), enthält die Ordnung der Sporozoen (Sporentierchen) ausschließlich Schmarotzer, und zwar häufig Zellschmarotzer, die wie die Malariaplasmodien schlimme Krankheiten erzeugen.

Damit hängt es wohl zusammen, daß die Bewegungsorgane in dieser Gruppe nicht so entwickelt sind wie in der vorhergehenden, ferner, daß sie sich gewöhnlich nicht durch Aufnahme fester Nahrung, sondern durch Diffusion ernähren und schließlich, daß sich gerade hier so kleine Formen finden, wie sonst nirgends im Reiche der Protozoen. Die jüngsten Keime der Malariaparasiten sind z. B. nicht viel größer als Bakterien, sie erscheinen nur als kleine Fleckchen innerhalb

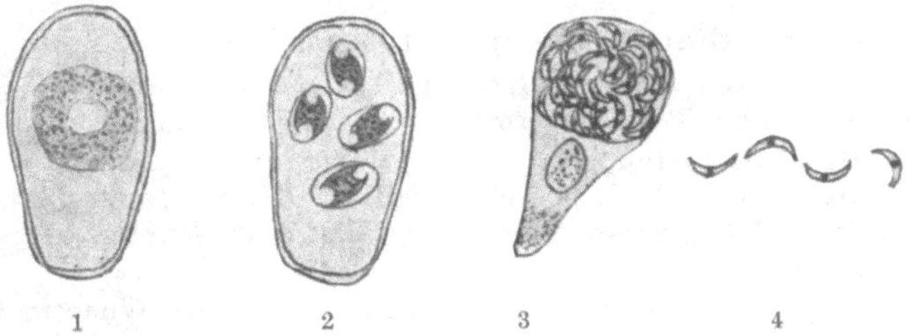

Fig. 16. Eimeria Stiedae (= Coccidium oviforme) des Kaninchens. 1. Dauerzysten; 2. darin gebildete Dauersporen mit je 2 Sichelkeimen; 3. Zyste mit Nacktsporen in einer Epithelzelle; 4. freigewordene sichelförmige Nacktsporen.

der Blutkörperchen. Manche erwachsenen Formen erreichen freilich, namentlich bei den Darmschmarotzern (Gregarinen, Kokzidien) etwa die Größe von Ziliaten. Ihren Namen tragen die Sporozoen davon, daß sie sich regelmäßig durch Sporen[1], d. h. viele kleine Keimzellen, vermehren. Diese werden in einer Mutterzelle,

[1] Der Name Sporen (Keimzellen) hat, wie man sieht, bei den verschiedenen Klassen von Lebewesen eine verschiedene Bedeutung. Bei Bakterien sind die Sporen nur Dauerzustände, in die sich jede einzelne Zelle verwandeln kann, bei Pilzen und Protozoen meist zwar auch Dauerzustände, vor allem aber Mittel zur wirklichen Vermehrung, die durch schnelle Bildung vieler kleiner Zellen bewerkstelligt wird. Es geht nicht an, wie vielfach vorgeschlagen ist, nur die mit harter Schale versehenen oder auf geschlechtlichem Wege erzeugten Keimzellen als Sporen zu bezeichnen. So fehlen in der „Sporogonie" der Malariaparasiten die Dauerzustände ganz. Die bei vielen Protozoen gebildeten Dauerzustände haben oft, aber nicht immer etwas mit der Vermehrung zu tun; so sind die Dauerzysten der gewöhnlichen Strohamöbe (Amoeba limax) ihrem Werte nach mit den Sporen der Bakterien auf eine Stufe zu stellen, wenn sie auch nicht „endogen" entstehen, sondern durch Umhüllung der ganzen Zelle mit einer Schale, die sich oft teils mit, teils ohne vorhergehende geschlechtliche Vorgänge durch eine Hülle in eine Zyste verwandelt hat, durch schnellen Zerfall erzeugt und

sind entweder selbst mit einer festen Haut versehen, so daß sie Dauerzustände (Dauersporen) darstellen oder nackt, wie z. B. die Sichelsporen der Kokzidien (vgl. Fig. 16). Viele Sporozoen zeigen zwei verschiedene Arten von Entwicklung, einen sog. Generationswechsel, der häufig auch mit einem Wirtswechsel verbunden ist. Die Verbreitung im ersten Wirt erfolgt auf ungeschlechtlichem Wege („Schizogonie"), z. B. bei der Malaria im Blute des Menschen, der Generations- und Wirtswechsel wird dann vorbereitet durch eine geschlechtliche Fortpflanzung, die sich bei den Malariaparasiten in der Stechmücke vollzieht und zur „Sporogonie" führt: Wo selbsttätige Ortsveränderungen bei Sporozoen vorkommen, bestehen sie teils in amöboider, teils in Geißelbewegung, teils in Kontraktionen, teils aber auch in der sog. Gleitbewegung (Würmchen- oder Gregarinenbewegung), die den Sporozoen unter den Protozoen eigentümlich ist, sich außerdem aber auch bei gewissen Algen (Diatomeen, Spaltalgen) und Algenbakterien wiederfindet. Sie scheint vermittelt zu werden durch die Absonderung eines gallertartigen Stiels, auf dem sich das Tierchen fortschiebt.

Die Sporozoen zerfallen, wie die folgende Übersicht der Protozoen zeigt, in eine größere Anzahl von Ordnungen und Familien, die im ganzen Tierreich vorkommen.

Einteilung der Protozoen (Urtiere).

I. Amöben (Sarkodina, Rhizopoda), amöboid beweglich. Meist freilebend. Zum Teil Schmarotzer: Amoeba coli, hominis, muris usw.

II. Geißelinfusorien (Flagellata, Mastigophora), durch wenige lange Geißeln beweglich. Meist freibleibend, zum Teil Schmarotzer; auf Schleimhäuten: Trichomonas, Lamblia; in Blut und Geweben: Trypanosoma, Leishmania.

III. Wimperinfusorien (Ziliata), durch viele kurze Wimpern beweglich. Meist freilebend, nur einige Schmarotzer: Balantidium coli.

IV. Sporentierchen (Sporozoa), vermehren sich durch Sporen. Bewegung fehlt oder erfolgt auf verschiedene Weise. Ausschließlich Schmarotzer.

1. Cnidosporidia, Sporen mit Polkapseln.
   Mikrosporidien der Arthropoden: Nosema bombycis (Pebrine der Seidenraupen).
   Myxosporidien der Fische.
   Sarkosporidien der Säugetiere (Miescherсche Schläuche).
2. Telosporidia, Sporen ohne Polkapseln.
   Gregarinen der Würmer, frei beweglich im Darm u. a.
   Kokzidien der Mollusken und Wirbeltiere, sämtlich Zellschmarotzer, z. B. in Darm und Leber des Kaninchens, im Darm der Rinder.
   Hämosporidien; Schmarotzer der roten Blutkörperchen.
   - Haemogregarinen der Frösche, Schildkröten, Reptilien.
   - Haemoproteus und Proteosoma der Vögelmalaria.
   - Plasmodium der Menschenmalaria.

Die vierte und letzte Klasse von Kleinwesen umfaßt die allerkleinsten, wegen ihrer Winzigkeit auch für unser bewaffnetes Auge unsichtbaren Keime, daher von mir Aphanozoen genannt.

Daß derartige Wesen vorkommen, wurde 1892 von Iwanowski und später von Beijerinck bei der Mosaikkrankheit der Tabakpflanze wahrscheinlich gemacht. Sie konnten mikroskopisch keine Erreger nachweisen, wohl aber die Ansteckung durch den völlig klar filtrierten Saft der erkrankten Blätter übertragen. 1897 ist zunächst durch Löffler und Frosch für die Maul- und Klauenseuche, später für eine große Anzahl von Ansteckungen bei Menschen und Tieren mit mehr oder weniger großer Sicherheit gezeigt worden, daß sie auf derartige „filtrierbare Virus" zurückführen. Als Filter ist natürlich nicht Papier zu benutzen, durch das Bakterien ohne weiteres hindurchgehen, sondern Stoffe, wie gebrannter Ton oder Kieselgur, deren Poren so fein sind, daß sie die Bakterien zurückhalten. Eine Zeitlang glaubte man Beziehungen der Aphanozoen zu den Protozoen gefunden zu haben, als man in den von ihnen ergriffenen Geweben, z. B. bei der Variolavakzine in den Epithelien der Hornhaut und Epidermis, bei der Hundswut in den Ganglienzellen des Gehirns Fremdkörperchen fand, die etwas an Protozoen erinnerten. Die weitere Forschung führte dann aber zu der Vorstellung, daß es sich in dergleichen Fällen überhaupt nicht um die Parasiten selbst, sondern um Bestandteile des Gewebes handelt, die gewissermaßen als Reaktionsprodukte auf die Einwanderung der Parasiten zu betrachten sind. Man gab den letzteren daher den Namen der Chlamydozoen (Manteltiere), sie bilden aber nur einen kleineren Teil der Aphanozoen, deren Natur nach wie vor dunkel geblieben ist (vgl. Abschnitt 28).

Zweiter Abschnitt

Bedeutung der Kleinwesen[1]

Wenn wir uns eine Vorstellung von der Bedeutung der Kleinwesen zu machen suchen, so werden wir zunächst fragen, welche Folgen es für die Natur im ganzen haben würde, wenn wir uns die Kleinwesen aus ihr weggenommen dächten. Die Erde wäre dann ein großes Leichen- und Düngerfeld, in dem sich die toten Menschen, Tiere und Pflanzen und ebenso ihre täglichen Auswurfstoffe anhäuften, weil sie sich nicht zersetzen, nicht verfaulen und verwesen könnten. Der Kreislauf der Stoffe in der Natur wäre zum größten Teil unterbrochen. Sind es doch wesentlich[2] die Bakterien und Pilze, die die Eiweißstoffe, Kohlehydrate und Fette der abgestorbenen Pflanzen und Tiere, die den Harnstoff, die Harnsäure und die übrigen stickstoffhaltigen Bestandteile des Harns, sowie der Darmentleerungen in ihre anorganischen Urbestandteile, d. h. in Kohlensäure, Wasser und Ammoniak, salpetersaure, schwefelsaure und phosphorsaure Salze auflösen und dadurch wieder für die Pflanzen zu Nährstoffen machen. Die chemischen Vorgänge, die diese sog.

[1] Vgl. hierzu die „Allgemeine Mikrobiologie" von Kruse. Leipzig 1910. Über Gärungen s. auch Abschnitt 5.

[2] Einen kleinen Teil dieser „Leichenpolizei" besorgen auch die aasfressenden Tiere und Faulstoffe bewohnenden Pflanzen.

Mineralisierung der organischen Abfallstoffe zuwege bringen, sind mannigfaltiger Art.

Es sind zunächst oberflächliche, unter Wasseraufnahme vor sich gehende (hydrolytische), dann tiefere Spaltungen ohne Mitwirkung freien Sauerstoffs, Gärungen im engeren Sinne[1], und endlich Verbrennungen unter Beihilfe des Luftsauerstoffs. Die hydrolytische Spaltung der Eiweißkörper führt zu den Peptonen und ihren Bausteinen, den Aminosäuren, die der Stärke und zusammengesetzten Zucker zu den einfachen Zuckern, die der Fette zu Glyzerin und Fettsäuren oder Seifen. Die tiefere, ohne Beteiligung des atmosphärischen Sauerstoffs vor sich gehende (anaerobische) Spaltung der Aminosäuren in Ammoniak, Fettsäure und Kohlensäure usw., also die Vergärung des Eiweißes bzw. der Aminosäuren bezeichnet man gewöhnlich als Fäulnis, wenn daneben noch übelriechende Stoffe, wie Schwefelwasserstoff, Indol u. a. frei werden. Von den stickstoffhaltigen Abfallstoffen der Tiere verfällt namentlich der Harnstoff durch Bakterien einer Spaltung, der bekannten „ammoniakalischen Gärung". Mit den hydrolytischen Spaltungen hat sie das gemein, daß Wasser dabei aufgenommen wird, mit den Gärungen, daß sie unter starker Wärmebildung (s. u.) verläuft. Ähnliches gilt wahrscheinlich auch für viele andere Gärungen.

Die tiefen Spaltungen des Zuckers und der übrigen Kohlehydrate, sowie einzelner Fettsäuren geschehen auf sehr verschiedenen Wegen, man bezeichnet sie auch wieder als Gärungen, wenn bestimmte Stoffe, wie Alkohol und Kohlensäure, Milchsäure, Buttersäure, Sumpfgas u. dgl. dabei in großen Mengen erzeugt werden. Aber durch dergleichen Spaltungen allein entstehen, wie diese Beispiele schon zeigen, nur teilweise die anorganischen Endergebnisse des Stoffwechsels, zum größten Teil nur Zwischenstoffe. Mineralisiert werden sie erst durch ihre vollständige Verbrennung mittels des Luftsauerstoffs, die ebenfalls durch Kleinwesen vollzogen wird. Ist die Oxydation nicht vollständig, sondern führt sie nur zur Bildung von Zwischenerzeugnissen, so spricht man auch wieder von Gärungen, sog. Oxydationsgärungen. So wird der Alkohol bei der Essiggärung nur zu Essigsäure, der Zucker bei der Zitronen- und Oxalsäuregärung zu diesen Säuren, nicht vollständig zu Kohlensäure und Wasser verbrannt. Gemeinsam ist den Oxydations-

[1] Man wundere sich nicht, daß wir hier an der älteren Einteilung und Schilderung der Gärungen festhalten. Das neuere, sehr eingehende Studium derselben hat an den wesentlichen Tatsachen kaum etwas geändert, sondern betrifft mehr die theoretisch-chemischen Vorstellungen über das Zustandekommen der Gärungen und hat durchaus noch nicht zu einheitlichen Auffassungen geführt.

und Spaltungsgärungen, daß die Stoffe, die sie erzeugen, in verhältnismäßig großen Mengen entstehen. Dadurch wird erreicht, daß die Gesamtmenge der chemischen Arbeit, die durch die Gärungserreger geleistet wird, und durch welche die Gärungserreger ihr Leben erhalten, nicht zurückbleibt hinter derjenigen Energie, die für die vollständige, aber weniger umfangreiche Oxydation von Nährstoffen erforderlich ist.

Von großer Wichtigkeit ist, daß keine einzelne Art von Kleinwesen imstande ist, alle diese hier nur kurz angedeuteten chemischen Leistungen zu vollziehen, daß vielmehr eine außerordentlich weitgehende Sonderung in den biochemischen Fähigkeiten bei den einzelnen Arten der Kleinwesen besteht. Gerade durch diese Einseitigkeit oder „Spezialisierung" unterscheiden sich die Kleinwesen wesentlich von den höheren Pflanzen und Tieren; denn es ist sicher, daß bei weitem die meisten einzelnen Spaltungen und Verbrennungen auch im Stoffwechsel der letzteren vorkommen, nur werden z. B. Alkohol, Milchsäure und Essigsäure nicht so einseitig von irgendeiner tierischen oder pflanzlichen Zelle erzeugt, wie von der Hefe, dem Milchsäurekokkus, dem Essigbazillus. Wenn trotz der „Spezialisierung" der Kleinwesen schließlich allenthalben auf der Erde die endgültige Zersetzung der organischen Abfallstoffe zustande kommt, so ist das nur dadurch möglich, daß überall die verschiedensten Keime vorhanden sind, die teils miteinander, teils nacheinander die Zersetzungsarbeit verrichten.

Es wäre aber durchaus unrichtig, die Bedeutung der Kleinwesen im Haushalte der Natur auf ihre zersetzenden Leistungen zu beschränken. Tatsächlich vermögen sie ebenso wie die Pflanzen organische Stoffe aus anorganischen aufzubauen, teilweise sogar in noch vollendeterer Weise, indem sie sogar Kohlensäure ohne Mitwirkung des Lichts, ja freien Stickstoff und Wasserstoff zu verwerten vermögen, s. u.

Nimmt man den einfachen Bau der Bakterien und ihre Widerstandsfähigkeit gegen äußere Schädlichkeiten, denen alle anderen Lebewesen erliegen, hinzu, so berechtigt uns diese Erkenntnis, in den Bakterien die ersten Vertreter der organischen Welt auf unserer Erde zu vermuten.

Noch mannigfacher erscheint uns die Bedeutung der Kleinwesen, wenn wir ihre Beziehungen zu den übrigen Lebewesen, vor allem zum Menschen, erwägen.

Daß die einzelnen Arten von Kleinwesen zu so verschiedenen Leistungen befähigt sind, ist für den Haushalt des Menschen zunächst ein entschiedener Vorteil, denn dadurch ist es uns in die Hand gegeben, bald diese, bald jene Mikroorganismen gewissermaßen zur Arbeit heranzuziehen.

So finden wir in der Landwirtschaft die oben bezeichneten Kräfte am Werke, um die dem Boden zugeführten Dungstoffe zur

Pflanzennahrung zu verarbeiten. Die dabei stattfindenden Spaltungen und Oxydationsvorgänge werden gewöhnlich unter dem Namen der Verwesung zusammengefaßt. Sie läßt allerdings einen kleinen Teil der Dungstoffe in noch nicht mineralisierter, schwer angreifbarer Form zurück: das sind die Humusstoffe, die bekanntlich aber auch für die Ackerkrume durch ihre physikalischen Eigenschaften von Wert sind.

Aus den übrigen, zahlreichen Oxydationen, die im Boden stattfinden, hebt sich wegen ihrer Eigentümlichkeit eine besonders heraus, die sog. Nitrifikation, d. h. die Oxydation der durch Fäulnis und ammoniakalische Gärung entstandenen Ammoniaksalze zu Salpeter. Da die ersteren flüchtig sind, dient die Salpeterbildung zu einer Festlegung des Stickstoffs im Boden, die für den Pflanzenbau nützlich ist.

Wir wissen jetzt, namentlich durch die Untersuchungen von Winogradsky, daß zwei ganz bestimmte Bakteriengattungen die Nitrifikation vollziehen, nämlich die Nitrosomonas, die Ammoniak zu salpetriger Säure, und die Nitromonas, die salpetrige Säure zu Salpetersäure oxydiert. Merkwürdig sind diese Keime auch deswegen, weil sie ihren Kohlenstoffbedarf nicht aus organischen Stoffen, sondern aus der Kohlensäure entnehmen, und die einzige Quelle der Energie für sie diejenige ist, die sie aus der Verbrennung des Ammoniak bzw. der salpetrigen Säure gewinnen. Wir haben also hier eine Leistung, die weit höher zu bewerten ist, als die der grünen Pflanzen, denn letztere sind zur Assimilation der Kohlensäure auf die Beihilfe des Sonnenlichts angewiesen. Schon lange, bevor man die Salpeterbakterien selbst kannte, hat man ihre Kräfte dazu benutzt, um künstlich Salpeter zu erzeugen, indem man Erdhaufen mit organischen Abfallstoffen periodisch beschickte. In ähnlicher Weise beteiligen sich Salpeterbakterien auch innerhalb der sog. biologischen Filter, den neuesten Anlagen zur Reinigung von Abwässern.

Aber auch eine andere, aus der ganzen Reihe der Lebewesen sonst nicht sicher bekannte Leistung vermögen Kleinwesen zu verrichten, nämlich die Bindung (Assimilation) des freien Stickstoffs der Luft.

Eine größere Anzahl von Bakterien, namentlich aus der Gruppe der Buttersäurebazillen (Abschnitt 19), aber auch von Pilzen ist dazu imstande. Sie bewirken es, daß auch ohne Zuführung von stickstoffhaltigem Dünger die Ackererde sich mit Stickstoff anreichert. Schon längst war diese Tatsache von Böden bekannt, die mit Schmetterlingsblütlern (Klee, Luzernen, Hülsenfrüchten) bestellt waren: sie hinterließen dieselben nach der Ernte stickstoffreicher, als sie vorher gewesen waren. Man weiß jetzt durch die Forschungen von Hellriegel und Wilfarth, daß eigentümlich unregelmäßig geformte Bakterien (Bakteroiden), die in knöllchenartigen Auswüchsen an den Wurzeln von Schmetterlingsblütlern wuchern (Knöllchenbakterien), den freien Stickstoff der Luft für sich verwerten und damit auch ihre Wirtspflanzen und den Boden mit Stickstoff versorgen.

Während Salpeterbildung und Stockstoffbindung dem Stickstoffgehalt des Bodens und so der Landwirtschaft zugute kommen, fehlen nicht entgegengesetzte Zersetzungsvorgänge, die den Stickstoffgehalt im Boden verringern.

Es gibt zahlreiche Bakterien, die Nitrate in Nitrite und Ammoniak verwandeln, ja aus ihnen freien Stickstoff freimachen, indem sie den Sauerstoff des Salpeters zur Atmung verwenden. Doch scheint dieser sog. Denitrifikation keine größere Bedeutung beizuwohnen. Wichtiger sind jedenfalls die Stickstoffverluste, die im Stallmist vornehmlich durch Verdunstung des Ammoniaks auftreten. Hier zeigt sich die zweischneidige Wirkung der für die Mineralisierung der Abfallstoffe nötigen Zersetzungen. An den Stickstoffverlusten sind außer den zahlreichen Bakterien und Pilzen, die bei der Eiweißspaltung Ammoniak bilden, hauptsächlich beteiligt die Harnstoffvergärer, d. h. diejenigen, die nach der Gleichung

$$CO \cdot (NH_2)_2 + 2H_2O = CO_3(NH_4)_2$$

den Harnstoff unter erklecklicher Wärmeentwicklung zu kohlensaurem Ammoniak verwandeln. Auch sie kommen in der Natur allenthalben vor. Namentlich die Fäulnisbakterien gehören hierher (Abschnitt 5).

Außer der Landwirtschaft gibt es viele Gewerbe, die sogar in noch höherem Grade auf die Mithilfe von Kleinwesen aufgebaut sind, das sind die sog. Gärungsgewerbe; in erster Linie diejenigen, die alkoholische Getränke erzeugen.

Obwohl es zahlreiche Kleinwesen gibt, die neben anderen Stoffen auch kleine Mengen von Alkohol erzeugen und obwohl die Vergärung des Zuckers zu Alkohol nach der empirischen ziemlich rohen Formel

$$C_6H_{12}O_6 = 2C_2H_6O + 2CO_2,$$

die aber in Wirklichkeit durch viel verwickeltere ersetzt werden muß, vielleicht eine Fähigkeit aller lebenden Zellen ist, besitzen bloß die Hefezellen dieselbe in einem so bedeutenden Grade, daß man sie gewerblich benutzen kann. Das ist denn auch fast von allen Völkern der Erde geschehen, indem man bald diese, bald jene zuckerhaltigen Rohstoffe der Hefegärung unterwarf. Für uns kommen als alkoholische Getränke fast nur Wein, Bier und Schnaps in Betracht. Zur Herstellung des ersteren begnügt man sich mit den Hefezellen, die sich freiwillig auf den Trauben- oder Obstschalen aus der Luft angesiedelt haben, bei der Brauerei benutzte man früher die im Gärbetrieb selbst gebildete, neuerdings aber nach dem Vorgang des Dänen E. Chr. Hansen rein gezüchtete Hefe (Abschnitt 5). Man bekommt dadurch ein gleichmäßig gutes, von schädlichen Verunreinigungen freies Erzeugnis und kann durch Auswahl bestimmter Heferassen auch dem Geschmack der biertrinkenden Bevölkerung entgegenkommen. Bei der Herstellung des Weins hat man, wenn auch vorläufig noch nicht mit dem gleichen Erfolge, ebenfalls Hefereinkulturen einzuführen versucht. Natürlich ist die Eigenart der Hefe nicht das allein Maßgebende beim Wein; daß sie aber den Geschmack und den Duft des Weins stark zu beeinflussen vermag, ersieht man aus den hervorragenden Eigenschaften der sog. Maltonweine, die man mit Hilfe von Weinhefereinkulturen aus Malz herstellt.

Die bei der Alkoholgärung in großer Menge abfallende Hefe hat man schon seit längerer Zeit als Tierfutter benutzt. Neuerdings hat man die gereinigte eiweiß- und fettreiche Hefe aber auch zur Ernährung des Menschen empfohlen und ist sogar im letzten Kriege dazu übergegangen, Nährhefe ausschließlich zum Zwecke der Eiweiß- und Fettgewinnung auf zucker- und ammoniakhaltigen Nährlösungen zu züchten.

Auch bei der Essigbereitung ist man auf die Mitwirkung bestimmter Kleinwesen, der Essigbakterien (Bac. aceti Fig. 10 S. 10) angewiesen.

Sie sind es, die mit Hilfe des Luftsauerstoffs nach der Gleichung

$$C_2H_6O + O_2 = C_2H_4O_2 + H_2O$$

den Alkohol in Essigsäure verwandeln. Freiwillig pflegen sie sich schon einzufinden, wenn man Bier sauer werden läßt. Die dabei als Kahmhaut gleichzeitig auftretenden Hefezellen haben mit der „Essigsäuregärung" nichts zu tun, ebensowenig mit der alkoholischen Gärung; diese Hefen verzehren vielmehr nur die gebildete Essigsäure, indem sie sie weiter zu Kohlensäure und Wasser verbrennen.

Eine Reihe von eigentümlichen Zersetzungen umfaßt das Molkereiwesen. Bei der Herstellung der sauren Milch, des Käses, der Butter, des Kefirs und Joghurts usw. betätigen sich verschiedene Kleinwesen. Die wichtigsten davon sind die Streptokokken und die langen Bazillen der Milchsäuregärung (Abschnitt 7 u. 15).

Sie zersetzen den Milchzucker zu Milchsäure nach der Gleichung

$$C_{12}H_{22}O_{11} + H_2O = 4\,C_3H_6O_3 \quad .$$

In der sauren Milch unserer Gegenden, im Joghurt Bulgariens und ähnlichen Getränken der ganzen Welt spielt diese Gärung fast die einzige Rolle, bei den übrigen Molkereierzeugnissen treten andere Bakterien und Pilze hinzu, sei es, daß sie mehr oder weniger tiefgreifende Umsetzungen des Kaseins und Verseifung des Milchfettes — die sog. Reifung des Käses — bedingen, sei es, daß sie den Milchzucker, wie im Kefir, nebenbei noch in alkoholische Gärung versetzen, sei es endlich, daß sie der Butter nur einen bestimmten Geschmack geben. Auch im Milchgewerbe hat man schon mit Erfolg rein gezüchtete Kulturen verwendet, doch haben sie bisher die natürlichen, oft gemischten Kulturen, die z. B. in den Kefirkörnern vorliegen, nicht verdrängen können. In der Milch, aber auch in anderen Nahrungsmitteln beteiligen sich noch andere Bakterien an der Bildung von Säure, die aber nicht nur aus Milchsäure, sondern auch aus Essigsäure, Buttersäure (s. u.) u. a. besteht. Das Studium von Reinkulturen hat gelehrt, daß sehr viele Bakterien, namentlich aus Traubenzucker Säure, manche daneben auch Alkohol und Gas entwickeln. Wir werden später sehen, daß dabei auch die einzelnen Zuckerarten sich verschieden verhalten und so bis zu einem gewissen Grade differentialdiagnostisch verwendet werden können. Alle diese Zersetzungen auf Formeln zu bringen, ist bisher noch nicht gelungen.

Saure und alkoholische Gärungen gehen ferner Hand in Hand im Sauerteig des Brotes, im Berliner Weißbier, in der Leipziger Gose, im russischen Kwaß, während eine Mischung verschiedener saurer Gärungen andere beliebte Nahrungsmittel, wie Sauerkraut und Salzgurken, erzeugt.

Auch im Textilgewerbe, bei der Herstellung der Gespinstfasern durch die sog. Wasserröste des Flachses und Hanfes handelt es sich meist um eine saure Gärung, die aber unter reichlicher Gasbildung verläuft und bei der die Säure hauptsächlich aus Buttersäure besteht (Buttersäuregärung Abschnitt 19). Sie wird durch strenge Anaerobier, d. h. Bakterien, die nur bei Sauerstoffabschluß wachsen, verursacht und wirkt, indem sie die Pektinstoffe der Pflanzen zerstört und die durch sie zusammengehaltenen Bastfasern freilegt. Früher wurde sie mit der Zellulosevergärung zusammengeworfen, die aber hier nicht in Frage kommt, sondern nur im Grunde von sumpfigen Gewässern, Abortgruben und auch bei den neuerdings zur Klärung von Abwässern viel benutzten Emscherbrunnen eine bekannte Erscheinung ist. Auch hier wird massenhaft Gas gebildet, es besteht aber wesentlich aus brennbaren Gasen, und zwar Wasserstoff und Sumpfgas. Auch bei dieser „Sumpfgasgärung" treten wieder Anaerobier ins Spiel.

Bei der Zubereitung der Häute in der Gerberei, bei der Herrichtung der Kaffeebohnen, des Opiums usw. rechnet man ebenfalls auf die Zersetzungen durch Kleinwesen bestimmter Art. Noch nicht sicher ist es dagegen, ob bei manchen anderen Vorgängen, wie der Indigo-, Senf-, Vanillegärung, ferner bei der sog. Fermentation der Tabakblätter, der Selbsterhitzung des Heues, des Hopfens usw. Bakterien und Pilze, die dabei allerdings regelmäßig gefunden werden, die maßgebende Rolle spielen. Jedenfalls dürfen auch die Fermente, die in den Pflanzengeweben selbst stecken und großer Leistungen fähig sind, nicht unberücksichtigt bleiben. Wenn man bei allen solchen, mit starker Temperaturerhöhung einhergehenden, ja manchmal zur Selbstentzündung führenden Zersetzungen thermophile Keime, d. h. solche, die bei Temperaturen von 50—70° noch wachsen, ja ausschließlich dabei gedeihen, findet, so kann das ebenso ein Nebenbefund sein, wie das Vorkommen von dergleichen Lebewesen in heißen Quellen.

Bei allen hier aufgeführten, durch Kleinwesen hervorgerufenen Umsetzungen können auch Störungen durch die Beteiligung fremder Keime, z. B. bei der Bier- und Weinbereitung durch wilde oder Krankheitshefen eintreten, ferner können Nahrungsmittel, wie die tägliche Beobachtung lehrt, durch Fäulnis, Gärung, Verschimmelung, Ansiedlung von farbstoffbildenden Bakterien verderben oder unansehnlich werden.

Es ist Sache eines gut geleiteten gewerblichen Betriebs bzw. eines richtig geführten Haushalts, durch Reinlichkeit bei der Gewinnung und Aufbewahrung der Rohstoffe dergleichen zu verhüten. Unter Umständen erreicht man Großes, wie wir schon sahen, durch die Verwendung von Reinkulturen. Was die längere Aufbewahrung von Nahrungsmitteln angeht, so hat sich etwa seit einem Jahrhundert ein neues Gewerbe gebildet, das die Frischhaltung von Nahrungsmitteln zum Ziele hat und neben den seit alters her im Haushalt üblichen Verfahren, wie Trocknen, Einsalzen, Verzuckern, durch Hitze erreicht. Meist werden in der „Konservenindustrie" nach Apperts Vorgang Temperaturen von mindestens 100° benutzt, weil sich gezeigt hat, daß man nur durch diese Temperaturen die widerstandsfähigen Keime der Bakterien, ihre Sporen, abtöten kann (S. 5 und Abschnitt 5 und 35). In manchen Fällen gelingt es aber auch, wie Pasteur gezeigt hat, durch „Pasteurisieren" bei 60—80° eine genügende Frischhaltung zu erzielen. Keimwidrige Stoffe (Antiseptica, Abschnitt 35), wie z. B. Salizyl- und Benzoesäure, Borsäure, schweflige Säure, zur Frischhaltung zu benutzen, hat man zwar vielfach versucht, ist davon im allgemeinen aber wieder abgekommen, teils weil dergleichen Zusätze gesundheitsschädlich sein können, teils weil sie die Gefahr mit sich bringen, daß schon in Zersetzung begriffene Nahrungsmittel dadurch den Anschein der Frische gewinnen.

Auf alle im vorstehenden genannten Dinge ausführlich einzugehen, liegt außerhalb unserer Aufgabe, das ist vielmehr Sache der landwirtschaftlichen und technischen Bakteriologie oder Mykologie und der rein wissenschaftlichen allgemeinen Mikrobiologie; wir kommen in diesem Buche nur insoweit auf sie zurück, als sie vom Gesichtspunkte der Gesundheitslehre größere Bedeutung haben.

Den Hauptgegenstand unserer Erörterungen bilden diejenigen Kleinwesen, die für uns unmittelbare Wichtigkeit haben, weil sie als Schmarotzer (Parasiten) auf oder in den höheren Lebewesen wachsen. Am geringsten ist diese Bedeutung bei den harmlosen Schmarotzern oder „Mitessern" (Kommensalen), die auf der Haut oder den Schleimhäuten regelmäßig in größerer oder kleinerer Menge vorkommen, ohne die Gesundheit ihrer Wirte zu beeinträchtigen. Wir müssen sie allerdings gründlich kennen, nicht nur, weil sie uns überall bei unseren Untersuchungen in die Quere kommen, sondern auch, weil ihre Harmlosigkeit nicht unter allen Umständen fortbesteht, sie vielmehr Quellen der Selbstansteckung (Autoinfektion) werden können. So sind zwar die großen Mengen von Keimen, die im Munde, im unteren Teile des Dünndarms und im ganzen Dickdarm, sowie in der weiblichen Scheide schmarotzen, für gewöhnlich durchaus unschädlich, werden aber gefährlich, wenn sie z. B. durch eine innere Verwundung in die umgebenden Gewebe geraten. Umgekehrt darf man freilich, wenigstens von einem Teil der gewöhnlichen Ansiedler der Schleimhäute, sagen, daß sie für ihren Wirt nicht bloß gleichgültig, sondern sogar nützlich sind, also unter den Begriff der Nützlinge oder Symbionten fallen, von denen wir oben in den Knöllchenbakterien der Schmetterlingsblütler schon ein Beispiel gegeben haben. Bei Besprechung der Darmbakterien (Abschnitt 9) kommen wir darauf zurück.

Das große Heer der eigentlichen Krankheitserreger kann man in die der Pflanzen, Tiere und Menschen einteilen. Zu den ersteren gehören namentlich Pilze, seltener Bakterien, Protozoen und Aphanozoen. Wir verzichten hier darauf, sie ausführlich zu besprechen, weil sie üblicherweise von der landwirtschaftlichen Bakteriologie und Botanik behandelt werden.

Eine solche Scheidung ist bei den Krankheitserregern der Tiere und des Menschen nicht gut möglich, schon deswegen nicht, weil nicht wenige Erreger beiden Gruppen gemeinsam sind, und weil ein wissenschaftlich vertieftes Studium der menschlichen Krankheitserreger ohne Kenntnis der tierischen Pathologie und ohne den Tierversuch nicht möglich ist.

Das Studium der Krankheitsursachen erweckt unsere Teilnahme nach verschiedenen Richtungen hin. Von vornherein werden wir erwarten dürfen, daß wir erst, wenn wir die Erreger genau kennengelernt haben, erfahren können, wie sie in den Körper hineinkommen, wie sie sich in ihm ausbreiten, welche Schicksale sie in ihm erleiden, auf welche Weise sie den Körper verlassen, wie sie sich in der Außenwelt verhalten, wie sie innerhalb und außerhalb des erkrankten Körpers bekämpft werden können. Kurz Pathogenese, Prognose, Diagnose, Therapie und Prophylaxe werden Vorteile von der Kenntnis der Krankheitserreger haben. Die Erfahrung hat das durchaus bestätigt, wenn auch je nach dem einzelnen Fall die Fortschritte unseres Wissens ungleich gewesen sind. Am größten sind offenbar die Errungenschaften der Bakteriologie für die vorbeugende Wissenschaft, die Hygiene, geworden. Wir dürfen sagen, daß eine wissenschaftliche Hygiene sich erst auf der Grundlage der Bakteriologie entwickeln konnte, und daß die öffentliche Gesundheitspflege ihre Erfolge in den letzten Jahrzehnten nicht zum wenigsten dieser jungen Wissenschaft verdankt. Sie hat uns nicht nur die Mittel an die Hand gegeben, durch Abfangen der ersten Krankheitsfälle und der gesunden Ansteckungsträger, somit durch Entfernung und Vernichtung der Ansteckungskeime Epidemien im Keime zu ersticken, sondern auch durch Schutzimpfungen den Seuchen ihren Nährboden zu entziehen. Zwar stammen die Variolation, die Jennersche Vakzination und die Eindämmung des Wochenbettfiebers durch Semmelweiß, den Vorgänger Listers, noch aus der vorbakteriologischen Zeit, doch ist die Schutzimpfung gegen Hundswut, Milzbrand und andere Tierseuchen, Pest, Typhus, Cholera und Ruhr, Diphtherie und Tetanus, schließlich auch gegen die Tuberkulose erst durch denjenigen Teil der wissenschaftlichen Bakteriologie, den man als Immunitätslehre zu bezeichnen pflegt, und ebenso die erfolgreiche Bekämpfung von Cholera, Pest, Typhus, Ruhr usw. auf anderen Wegen erst durch die gleiche Wissenschaft möglich geworden. L. Pasteur und R. Koch mit ihren Schülern haben sie aufgebaut.

Einen großen Vorteil hat natürlich auch die Lehre von dem Wesen und der Entstehung der Krankheit, die Pathologie, von der Kenntnis ihrer Erreger gehabt. Aber auch am Krankenbett sind wir durch die Bakteriologie erheblich weiter gekommen, in erster Linie wohl, weil sie die Erkennung der Krankheit durch den Nachweis ihrer Erreger ja in vielen Fällen erst möglich gemacht hat. Der Typhus, die Diphtherie, die Tuberkulose, die Syphilis sind besonders hervorragende Beispiele für diese Tatsache. Erst wenn ihre Diagnose auf bakteriologischem Wege bestätigt worden ist, ist heutzutage der praktische Arzt völlig über sie beruhigt.

Die Vorhersage wird in vielen Fällen schon mittelbar durch die Feststellung der Krankheit beeinflußt. So sind die Aussichten auf guten Ausgang ganz andere, je nachdem die klinischen Erscheinungen des Typhus auf den Typhus- oder Paratyphusbazillus, die der Ruhr auf

Dysenterie- oder Pseudodysenteriebazillen zurückzuführen sind, Unterscheidungen, die überhaupt erst durch die Bakteriologie aufgestellt worden sind.

Aber auch der Hauptzweck der ärztlichen Kunst, die Heilung der Kranken, ist durch die Bakteriologie gefördert worden. Das müßte man schon anerkennen, wenn es bei der Entdeckung des Heilserums gegen Diphtherie durch Behring geblieben wäre, denn durch sie sind die Opfer, die diese fürchterliche Krankheit der Menschheit gekostet hat, mindestens auf den dritten, nach manchen Erhebungen sogar auf den sechsten Teil herabgedrückt worden. Diese Behringsche Entdeckung ist aber nicht die einzige geblieben. Auch Heilseren gegen andere Ansteckungen wurden vielfach mit Erfolg angewandt. Das mit so großen Hoffnungen aufgenommene Kochsche Tuberkulin hat diese zwar bei weitem nicht alle erfüllt, ist aber selbst nicht nur ein in vielen Fällen brauchbares Mittel, sondern hat auch den Anlaß gegeben, die Behandlung mit Bakterienstoffen — die „Heilimpfung" — auf andere Krankheiten auszudehnen und für die Tuberkulose selbst nach besseren Heilmitteln zu suchen. Dazu kommt dann als weiteres bakteriologisches Behandlungsverfahren die sog. Chemotherapie, die in der Entdeckung des Salvarsans durch Ehrlich einen ihrer größten, aber sicherlich nicht ihren letzten Erfolg erreicht hat.

Dritter Abschnitt

Mikroskopische Untersuchung der Kleinwesen

Es liegt auf der Hand, daß für die Erforschung der kleinsten Lebewesen andere Verfahren angewendet werden müssen als sonst. Wir benutzen fast ausschließlich die stärksten Vergrößerungen, die uns die in Zedernöl tauchenden Immersionslinsen mit der Abbéschen Beleuchtungsvorrichtung zusammen ermöglichen. Die Längenvergrößerung beträgt, wenn wir ein mittelstarkes Okular verwenden, etwa 5—600; das bedeutet: ein Gegenstand, der $1\,\mu = 0{,}001$ mm lang ist, erscheint unter dem Mikroskop 0,5 mm lang. Die stärksten Okulare zu wählen, ist im allgemeinen nicht empfehlenswert, weil die Leuchtkraft und Schärfe der Bilder dabei abnimmt. Wohl brauchen wir schwache, etwa 50fache Vergrößerungen (Trockenlinsen) für andere Zwecke, so z. B., wenn wir Plattenkulturen oder Schnitte von Organen durchmustern wollen. In diesem Falle müssen wir entweder die Beleuchtungsvorrichtung ganz ausschalten oder sie, was einfacher ist, stark unter den Objekttisch herunterschrauben und abblenden.

Das Arbeiten mit dem Mikroskop kann nicht aus Büchern, sondern nur in längerer Übung gelernt werden. Trotzdem seien hier zur Stütze für den Anfänger einige Bemerkungen gemacht. Die erste Forderung lautet, Reinlichkeit am Mikroskop selbst und an allen Gegenständen, die man auf das Mikroskop bringt.

Überflüssig, ja schädlich für die Fassungen ist oft wiederholtes Putzen an allen Linsen, man sollte nur regelmäßig nach Beendigung der Arbeit das überschüssige Zedernöl von der Tauchlinse mit einem reinen Tuche aus weichem Leder, Leinwand, Mull abwischen, das Mikroskop mit einem Tuch bedecken oder unter eine Glocke stellen. Wenn sich angetrocknetes Öl unter der Linse befindet, ist es durch vorsichtiges Reiben mit einem durch Xylol oder Alkohol angefeuchteten Tuche zu entfernen. Den Spiegel muß man natürlich ebenfalls blank halten, desgleichen Objekt- und Deckgläser, denn man hat es sich stets zu vergegenwärtigen, daß jedes Stäubchen oder Fleckchen unter dem Mikroskop unter gewaltiger Vergrößerung erscheint. Die möglichst dünnen, weil sonst für manche Untersuchungen (s. u. hängenden Tropfen) nicht geeigneten Deckgläser werden am besten in kleinen Doppelschälchen unter Alkohol gehalten. Die nicht mehr gebrauchten Präparate werden zweckmäßigerweise in ein Glas mit Lysol- oder Kresollösung gelegt, in dieser ausgekocht, mit Wasser reichlich nachgespült und in Alkohol aufgehoben. Nur für die Geißelfärbungen ist eine besonders gründliche Reinigung der Gläser kurz vor ihrem Gebrauch (durch Auskochen in verdünnter Schwefelsäure mit überchromsaurem Kali) zu empfehlen.

Das zweite Erfordernis ist die richtige Beleuchtung.

Am besten arbeitet man regelmäßig mit künstlichem Licht, sei es nun Gasglühlicht, elektrisches Glühlicht mit matter Birne u. dgl., weil man dadurch unabhängig wird von dem stets ungleichmäßigen und oft unzureichenden Himmelslicht. Bei künstlicher Beleuchtung ist der ebene Spiegel, bei natürlicher der Hohlspiegel zu benutzen. Untersucht man gefärbte Gegenstände mit der Tauchlinse, so ist durch genaue Einstellung des Spiegels und weite Öffnung der Blende eine möglichst große Lichtmenge in das Mikroskop zu werfen, bei frischer Untersuchung dagegen oder bei schwächeren Vergrößerungen (mit Trockenlinsen) nachher mehr oder weniger abzublenden.

Man untersucht die Kleinwesen entweder im frischen oder im gefärbten Zustande. Die frische Untersuchung ist außerordentlich wichtig, weil man nur dadurch gewisse Lebenserscheinungen, vor allem die Fähigkeit zur Eigenbewegung, feststellen kann.

Bei den Kleinwesen sind dreierlei Bewegungen unter dem Mikroskop zu unterscheiden. Zunächst besitzen alle kleinsten Teile, mögen sie nun belebt oder unbelebt, organisch oder unorganisch sein, die sog. Molekular- oder Brownsche Bewegung, d. h. sie zittern an Ort und Stelle hin und her, und zwar um so heftiger, je dünner die Flüssigkeit und je höher die Temperatur. Ebenfalls unselbständiger (passiver) Art sind die Strömungsbewegungen, die z. B. in dem kapillaren Raume zwischen Objektträger und Deckglas durch Druck auf das letztere oder durch Neigung aus der Horizontalen hervorgerufen werden. Sie zeichnen sich dadurch aus, daß sie Keime und unbelebte kleine Körperchen nach einer und derselben Richtung und mit ungefähr gleicher Geschwindigkeit fortbewegen. Die selbständige, aktive oder Eigenbewegung unterscheidet sich dadurch, daß sie den Eindruck der Willkür hervorruft, indem Richtung und Geschwindigkeit der Keime verschieden ist. Sie ist langsam bei den Amöben, manchen größeren Bazillen, Algenbakterien und bei den würmchenartigen Blutparasiten, die sich wackelnd fortzuschieben pflegen, oder schnell, wie bei den Flagellaten, Ziliaten und den meisten Bakterien, die unter dem Mikroskope hin und her schießen.

Die Bewegungen (vgl. Abschnitt 1) erfolgen durch lange Geißeln (Bakterien, Flagellaten), wellige Säume (Flagellaten), kurze Wimpern (Ziliaten) oder durch Protoplasmaverschiebungen (Amöben) und muskelartige Zusammenziehungen der Zellhaut (andere Protozoen, Spirochäten) oder durch Zellausscheidungen (Algenbakterien, Sporozoen). Die Geißeln der Bakterien sieht man im ungefärbten Zustande wegen ihrer Feinheit überhaupt nicht oder höchstens andeutungsweise bei den allergrößten Spirillen, die Geißeln und Wimpern der Protozoen nur, wenn sie, freiwillig oder durch Hindernisse festgehalten, verhältnismäßig ruhig liegen, oder wenn man sie z. B. durch einen unter das Deckglas gebrachten Tropfen Sublimatlösung absichtlich bewegungslos gemacht hat. Trotzdem kann man häufig an der strudelnden Bewegung benachbarter kleinster Körperchen auch das Vorhandensein der nicht unmittelbar wahrnehmbaren Geißeln und Wimpern bei Bakterien und Protozoen erschließen. Auf die Färbung der Bakteriengeißeln kommen wir später zurück (Abschnitt 10).

Frisch untersucht man entweder auf dem gewöhnlichen Objektträger, indem man einen Tropfen Wasser (physiologische Kochsalzlösung, Brühe) darauf bringt, diesen mit den keimhaltigen Stoffen aus zersetzten Flüssigkeiten, Reinkulturen usw. beimpft und mit einem Deckglas bedeckt, oder im sog. hängenden Tropfen. Das erstere Verfahren ist einfacher, das letztere erfordert zwar mehr Übung, ist aber namentlich in allen Fällen, wo man es mit Krankheitserregern zu tun hat, unumgänglich. Stets nehme man nicht zuviel Flüssigkeit und bringe besonders von Bakterienreinkulturen auf festen Nährböden nur eine Spur hinein, da man sonst den Wald vor Bäumen nicht sieht. Als Werkzeug zur Entnahme der keimhaltigen Stoffe bedient man sich eines geraden oder zu einer Öse gebogenen Platindrahtes, der in einem Glasstab eingeschmolzen ist und durch Ausglühen in einer Bunsenflamme oder einer Spirituslampe vor und nach jeder Berührung zu sterilisieren ist.

Vor der Einstellung bringt man einen Tropfen Zedernöl auf das Deckglas, legt den Objektträger auf den Mikroskoptisch, senkt die Mikroskopröhre mittels des groben Triebwerkes (oder durch Drehen der Röhre) so weit, daß die Objektivlinse in den Tropfen eintaucht, stellt den Spiegel so, daß möglichst viel Licht auf das Präparat fällt, blendet dann aber durch Druck auf den Knopf der Irisblende so weit ab, daß die Beleuchtung nicht zu stark ist, weil sonst die Umrisse der ungefärbten Gegenstände verschwinden, faßt mit der einen Hand den Objektträger, mit der anderen die feine (Mikrometer-) Schraube und senkt durch vorsichtige Drehung der letzteren und unter beständiger Verschiebung des Präparates das Objektiv so weit, bis man ein klares Bild erhält. Durch nachträgliche Verschiebung der Blende sucht man die günstigste Beleuchtung herzustellen.

Wollte man auch die krankheitserregenden Kleinwesen auf gewöhnlichen Objektträgern beobachten, so würde man Gefahr laufen, sich und andere mit ihnen anzustecken. Man untersucht in diesem Falle darum ausnahmslos im hängenden Tropfen.

Man umrandet zu dem Zweck einen mit einem hohlen Ausschliff versehenen Objektträger mit Vaselin und drückt ihn umgekehrt fest auf ein Deckglas, in dessen Mitte man einen kleinen Tropfen Wasser mit Bakterien u. dgl. besät hat. Der Objektträger wird dann wieder umgedreht und die obere Seite des Deckglases mit Zedernöl beschickt.

Dieser durch Glasflächen und Vaselin völlig abgeschlossene Raum besitzt auch den Vorteil, daß der Tropfen darin der Verdunstung nicht ausgesetzt ist, also unter Umständen tagelang und länger zur Feststellung von Entwicklungen[1], Sporenbildung usw. beobachtet werden kann, und daß man bei der Untersuchung nicht durch Strömungsbewegungen gestört wird. Die Einstellung des hängenden Tropfens ist nur insofern schwieriger, als hier die doppelte Gefahr noch hinzukommt, daß ein zu großer oder zu erhabener Tropfen leicht zerfließen oder durch zu starkes Senken des Mikroskopes das Deckglas zerbrechen kann. Am besten übt man sich daher in der Herstellung des hängenden Tropfens an harmlosen Stoffen. Man erleichtert sich die Einstellung, indem man auf den scharfen Rand des hängenden Tropfens und die zahlreichen kleinen Tröpfchen achtet, die sich durch Niederschlag von Feuchtigkeit um den hängenden Tropfen herum unter dem Deckglas bilden. Hat man sie eingestellt, so braucht man nur nach der Mitte zu verschieben, um zum Tropfen selbst zu gelangen.

Unzweifelhaft würde die Bakteriologie nicht so große Erfolge gezeitigt haben, wenn man auf die Prüfung der Kleinwesen in frischem Zustande allein angewiesen wäre. Erst die Färbung im trocknen Zustande und unter voller Ausnutzung der Beleuchtungsvorrichtung ermöglicht uns, selbst vereinzelte Bakterien, z. B. im Eiter, Auswurf, Blut u. dgl. zu erkennen. Für Untersuchung von Gewebsschnitten ist ebenfalls die Färbung unentbehrlich.

Auch den Stoff zu den gefärbten Präparaten, z. B. aus Rein- oder Mischkulturen, verdünnt man möglichst mit Wasser, das nur genügend keimfrei sein muß, wie frisches Leitungswasser es gewöhnlich ist, nicht aber abgestandenes destilliertes Wasser, in dem man oft eine ganze Sammlung von Kleinwesen vorfindet. Von Reinkulturen oder keimreichen Aufgüssen soll man auch wieder nur Spuren zur Untersuchung entnehmen. Der Wassertropfen, den man auf einem Deckglase oder einfach gleich auf dem Objektträger anlegt, muß klein sein, damit man nicht zu lange bis zum Trocknen zu warten braucht. Eiter, Auswurf, Blut u. dgl. soll man nicht mit Wasser verdünnen, weil sie ge-

[1] Neuerdings hat man auch die Verfahren zur Gewebszüchtung für bakteriologische Zwecke benutzt.

wöhnlich nicht so reich, oft sogar sehr arm an Keimen sind und durch Wasserzusatz geschädigt werden. Da sie aber um so mehr färbbare Gewebsbestandteile enthalten, ist es nötig, sie dünn auszustreichen. Das gelingt mit der Platinöse gewöhnlich ganz gut. Zur Herstellung einer dünnen Schicht kann man auch den Gewebssaft zwischen zwei Objektträgern oder Deckgläsern zerdrücken und diese dann auseinanderziehen. Nötig ist das aber nicht und auch nicht zu empfehlen, wenn es, wie z. B. bei dem Studium der Freßtätigkeit auf Erhaltung der Gewebszellen selbst ankommt. Über Untersuchung der Blutkörperparasiten s. bei Malaria.

Das an der Luft vollständig getrocknete Objekt- oder Deckglas wird, um die keimhaltige Schicht so zu befestigen, daß sie beim nachfolgenden Färben und Entfärben sich nicht ablöst, 3mal schnell durch die Flamme hindurchgezogen („fixiert", „geflammt"). Wenn man das zu langsam oder zu oft tut, läuft man Gefahr, Bakterien und Gewebe zu verbrennen oder sie wenigstens schwer färbbar zu machen.

Die in der Histologie benutzten Karmin- und Hämatoxylinfarben eignen sich für viele Bakterien und andere Kleinwesen nicht gut, wohl dagegen die basischen Anilinfarben. Im großen und ganzen kommen wir mit drei von ihnen aus, mit Methylenblau, Fuchsin und Gentianaviolett. Sie werden am besten in gesättigter alkoholischer Lösung vorrätig gehalten und in starken Verdünnungen mit destilliertem Wasser angewandt. Mit einem Tropfglas oder einer Pipette bringt man sie auf das Trockenpräparat, läßt $^1/_4$—1 Minute einwirken, spült mit Wasser ab, trocknet gründlich zwischen Fließpapier und durch Bewegen in der Nähe der Flamme, legt das Deckglas in einen Tropfen Zedernöl oder, wenn das Präparat aufgehoben werden soll, in Kanadabalsam und stellt in einem Tropfen Zedernöl mit völlig geöffneter Blende ein. Sind die Bakterien auf dem Objektträger angetrocknet, so kann man das Deckglas und den zweiten Tropfen Öl sparen, indem man schon in dem ersten Tropfen untersucht.

Das Methylenblau in 10prozentiger wäßriger oder mit Wasser verdünnter (1 : 10) alkoholischer Lösung färbt am schwächsten, eignet sich aber gerade deshalb zur Färbung von Eiter, Auswurf, Gewebsausstrichen und Schnitten, weil es die Gewebsteile ebenfalls so schwach färbt, daß sie die Bakterien nicht verdecken. Durch Hinzufügen von Ätzkali (100 ccm 0,01 prozentige Lösung) kann man das Methylenblau (30 ccm gesättigte alkoholische Lösung) verstärken (Löfflers Methylenblau).

Das Fuchsin ist eine weit kräftigere Farbe. Da man es in der Hand hat, es beliebig zu verdünnen, ist es auch in den meisten Fällen an Stelle des Methylenblaus zu gebrauchen. Andererseits vermag man seine Wirkung noch durch Verbindung mit beizenden Stoffen, wie Anilinöl oder Karbolsäure zu verstärken. So sind das reine Karbol-Fuchsin (nach Ziehl: 100 ccm 5prozentiges Karbolwasser + 10 ccm gesättigte alkoholische Fuchsinlösung, haltbar) und das Anilinwasser-Fuchsin (nach Ehrlich: 1 ccm gesättigte Fuchsinlösung + 10 ccm Anilinwasser — Herstellen durch Schütteln von einigen Tropfen Anilinöl mit destilliertem Wasser im Reagenzglas und Filtrieren durch feuchtes Filter —

schlecht haltbar), die stärksten Farben, die wir kennen. Mit ihnen können wir auch die sog. säurefesten Bakterien der Tuberkulose usw., die Bakteriensporen und Geißeln darstellen.

Das auch wegen seiner Haltbarkeit sehr empfehlenswerte Karbol-Fuchsin ist diejenige Farbe, die man am allgemeinsten anwenden kann: im unverdünnten Zustande nur zu den eben erwähnten Zwecken, im viermal mit Wasser verdünnten zur schnellsten Färbung von beliebigen Reinkulturen, im zwanzigmal verdünnten zur Färbung nach *Gram* (s. u.) und von Gewebsausstrichen.

Das *Gentianaviolett* besitzt fast die gleiche Färbekraft wie das Fuchsin, ist aber nur für einen bestimmten Zweck unersetzlich, nämlich für das *Gramsche Verfahren*.

Man hat gefunden, daß *ein Teil der Bakterien*, die „gramfesten" (grampositiven) sich außerordentlich tief blau, fast schwarz färben, wenn die Trockenpräparate nach der Behandlung mit Gentianaviolett mit Jodlösung und dann mit Alkohol abgespült werden. Es entsteht dabei durch das Jod ein Farbniederschlag *innerhalb* und *außerhalb* der Bakterien, der durch Alkohol *in den Bakterien* selbst nicht gelöst wird. Die „gramfreien", d. h. nicht gramfesten (gramnegativen) Bakterien lassen dagegen die Farbe bei der Alkoholbehandlung fahren. Für das Auffinden vereinzelter gramfester Bakterien im Gewebe ist das Verfahren ebenso geeignet, wie für die Unterscheidung und Einteilung der Bakterien. Wie diese sich verhalten, lehrt die folgende Übersicht.

gramfest	*gramfrei*
Streptococcus pyogenes,	Micrococcus gonorrhoeae
,, lanceolatus,	,, meningitidis,
,, lacticus,	,, catarrhalis,
Micrococcus (Staphylococcus) pyogenes,	Bacillus typhosus,
,, tetragenus,	,, paratyphosus,
Sarcinaarten,	,, dysenteriae,
Lange Milchsäurebazillen,	,, pseudodysenteriae,
Heu- und Kartoffelbazillen,	,, coli, aerogenes,
Bacillus anthracis,	,, pyocyaneus,
,, tetani,	,, prodigiosus,
,, oedematis maligni,	,, fluorescens,
,, emphysematosus,	,, proteus,
,, diphtheriae,	,, pestis, plurisepticus,
,, pseudodiphthericus,	,, melitensis, abortus,
Actinomyces-Rasen,	,, mallei,
Schimmelpilze,	Spirillen,
Hefepilze,	Spirochäten,
Säurefeste Bazillen (bei verlängerter Färbung)	Actinomycesdrusen,
	Protozoen,
	Chlamydozoen.

Für die Färbung nach *Gram* hält man sich am besten an folgende Färbungsmethode, wenn man nicht Enttäuschungen erfahren will: Die getrockneten und geflammten Ausstriche werden $^1/_2$—1 Minute gefärbt mit der Gramfarbe (100 ccm $2^1/_2$prozentiges Karbolwasser + 10 ccm gesättigtes alkoholisches Gentianaviolett, haltbarer wie das ursprünglich vorgeschlagene Anilinwasser-Gentianaviolett), dann wird die Farbe *abgegossen, nicht abgespült, nicht getrocknet*; und $^1/_2$—1 Minute lang mit *Lugolscher Lösung* (1 g Jod und 2 g Jodkali in

5 ccm Wasser lösen, dazu 300 ccm Wasser) behandelt. Die Jodlösung wird wieder abgegossen und durch reinen Alkohol[1] ersetzt, der nach 5—20 Sekunden abgegossen und mit Wasser abgespült wird. Entweder werden die Gegenstände dann abgetrocknet und in Öl oder Balsam untersucht oder mit ganz dünner Fuchsinlösung (z. B. 20mal verdünnter Karbolfuchsinlösung) kurz nachgefärbt. Diese Nachfärbung ist gewissermaßen die Probe aufs Exempel, d. h. sie färbt nur die nicht gramfesten Keime und Gewebsbestandteile. Nötig ist sie nicht, gibt aber bei Mischungen gram- und nichtgramfester Bakterien und in Gewebeausstrichen hübsche Doppelfärbungen. Man muß dabei freilich recht vorsichtig sein, weil das Rot, wenn es zu kräftig ist, auch die echte Gramfärbung verdrängt. Diese Gefahr ist besonders groß, wenn das Präparat an einzelnen Stellen ungleich dick ist, oder wenn die Bakterien abgestorben sind, was man namentlich in Kulturen von Gärungserregern und im Gewebe ziemlich früh beobachtet.

Über das Zustandekommen der „Gramfestigkeit" sind sich die Gelehrten nicht einig. Sicher ist aber, daß sie ebenso wie die „Säurefestigkeit" der Tuberkelbazillen (s. d.) mit wesentlichen anderen Eigenschaften der betreffenden Keime, wie namentlich der Widerstandsfähigkeit gegen lösende (verdauende) Einflüsse, zusammenhängt. Beim Absterben geht die Gramfestigkeit oft verloren (s. Anaerobier). Ausnahmsweise ist es gelungen z. B. Staphylokokkenstämme gramfrei zu machen, so daß auch dieses Merkmal nicht ganz beständig ist. Immerhin ist das Verhalten gegenüber der Gramfärbung geeignet, uns die natürliche Gruppierung der Bakterien zu erleichtern.

Auf besondere Fälle der Färbung, z. B. von Gewebsschnitten, Sporen, Geißeln, Polkörnern, Kapseln, Diphtherie-, Tuberkelbazillen, Protozoen kommen wir später zurück.

Vierter Abschnitt

Verfahren zur Reinzüchtung

Das zweite Verfahren, das die Bakteriologie hochgebracht hat, ist die Reinzüchtung auf festen Nährböden nach R. Koch. In Flüssigkeiten, z. B. in Abkochungen von Pflanzen- oder Tierstoffen, hatte man schon Jahrzehnte vorher allerhand Kleinwesen gezüchtet, und in der Hand geschickter Forscher, wie z. B. Pasteur, hat dieses Verfahren auch zum Teil schon ganz oder annähernd reine Zuchten — „Reinkulturen" —, d. h. solche bestimmter einzelner Arten ergeben.

[1] Nicht empfehlenswert ist es im allgemeinen, statt des Alkohols salzsauren Alkohol zu benutzen, denn er bietet zwar den Vorteil, daß er die Präparate von Niederschlägen befreit, entfärbt aber auch manche sonst gramfesten Bakterien (z. B. Diphtheriebazillen). Die Niederschläge werden am besten dadurch vermieden, daß nur reinste Objekte und Deckgläser und nicht zu alte Gramfarbe benutzt werden. Auch öfteres Filtrieren der letzteren ist nützlich. Selbstverständlich muß reines destilliertes Wasser zu allen Farblösungen verwandt werden.

Es leuchtet aber ein, und die Erfahrung hat dies bestätigt, daß man, selbst wenn man auf irgendeine Weise in den Besitz solcher Kulturen in Flüssigkeiten gelangt ist, sie schwer auf die Dauer rein zu halten vermag. Denn bei jeder Öffnung des Zuchtgefäßes können aus der Luft fremde Keime in die Flüssigkeit hineinfallen und dort unbeobachtet und unbehindert auswachsen, so daß die Kultur nicht rein bleibt. Bei Züchtung auf festen Nährböden, z. B. auf Kartoffelscheiben, Gelatineflächen u. dgl. ist eine nachträgliche Verunreinigung offenbar viel weniger zu fürchten, weil die Keime an der Stelle, wo sie hinfallen, liegen bleiben, auswachsen und sich dort durch ihre Kolonien sehr bald schon dem bloßen Auge verraten. In der Tat hat Schröter schon vor Koch auf Kartoffeln derartige Kolonien von Luftkeimen bemerkt und als Reinkulturen angesprochen, benutzte aber diese Beobachtung nicht, um darauf ein Verfahren zur Reinzüchtung aus Bakteriengemischen zu gründen.

Die Möglichkeit, wenigstens zeitweise Reinzuchten zu gewinnen, ist selbstverständlich auch bei ausschließlicher Benutzung flüssiger Nährböden gegeben, wenn man von völlig reinen Stoffen ausgeht, z. B. das Blut von kranken oder frisch an einer Infektion gestorbenen Tieren unter allen Vorsichtsmaßregeln gegen Verunreinigungen entnimmt und in keimfreie Nährlösungen bringt. Aber auch, wenn von vornherein nur ein Gemisch verschiedener Keimarten zur Verfügung steht, ist durch das sog. Verdünnungsverfahren, das Brefeld, Pasteur, Lister u. a. angewandt haben, eine Reinzucht zu bewerkstelligen. Man braucht nur in einer bestimmten kleinen Menge, z. B. einem Tropfen Flüssigkeit, die Keimzahl unter dem Mikroskop ungefähr zu bestimmen und dann einen solchen Tropfen mit der gefundenen Zahl keimfreier Tropfen zu verdünnen, um jetzt ungefähr in jedem Tropfen einen einzigen Keim erwarten zu dürfen. Verimpft man freilich nur einen einzigen dieser verdünnten Tropfen auf Nährlösung, so kann es geschehen, daß man überhaupt keine Kultur oder aber eine Mischung zweier verschiedener Keime erhält. Verimpft man aber eine ganze Anzahl dieser Tropfen, und zwar jeden für sich, so hat man begründete Aussicht, in dem einen oder anderen Zuchtgefäße eine Reinkultur zu finden. Bei der Eigentümlichkeit der Hefezellen, auch in Flüssigkeiten in festen Zellverbänden zu wachsen, glückte es E. Chr. Hansen sogar, mittels einer ähnlichen Methode zu sicheren Reinzuchten der Hefe zu gelangen. Man sieht aber sofort, wie umständlich das Verfahren ist; und schließlich wird man, wenn man Dauerzuchten haben will, doch zum festen Nährboden übergehen müssen.

R. Koch wählte als Nährboden eine Hausenblasenabkochung mit verschiedenen nährenden Zusätzen („Nährgelatine“). Diese hat den Vorzug, daß sie bei gewöhnlicher Temperatur fest und durchsichtig ist.

Ähnliche Nährböden waren schon von Brefeld und Klebs angewandt worden, aber nicht zu dem von Koch ins Auge gefaßten Zwecke, die einzelnen Keime in der Mischung voneinander zu trennen. Um das zu erreichen, impfte Koch zunächst die auf Objektträgern ausgegossene, noch nicht ganz erstarrte Gelatine, indem er darauf mit einer Impfnadel Striche zog. Wenn die Keime nicht zu zahlreich sind, wachsen sie dann in getrennten Kolonien aus. Um aber diese Trennung mit größerer Sicherheit zu bewirken und gleichzeitig die Gelatine besser auszunutzen, ging Koch bald dazu über, sie schon im flüssigen Zustande mit dem Impfstoff gründlich zu durchmischen und dann erst auf Glasplatten erstarren zu lassen. Gießt man gleichzeitig solche Platten aus, die auch mit Verdünnungen des ursprünglichen Stoffes geimpft sind, so erhält man mindestens auf einer derselben völlig getrennte „Kolonien“.

Die in der Gelatine gewachsenen Kolonien werden zunächst auf der Platte selbst auf ihre Eigentümlichkeiten studiert. Man erkennt da schon mit bloßem Auge oder mit der Lupe Unterschiede in der Größe und dem Umriß der Kolonien, in ihrer Farbe und Durchsichtigkeit, ihrer mehr trockenen oder feuchten, ja schleimigen Beschaffenheit, ihres Zusammenhalts, der sich bei Berührung mit dem Platindraht kundgibt, usw. Man bemerkt Veränderungen auch in der Umgebung der Kolonie, die z. B. gefärbt, getrübt, erweicht, ja durch stärkere Einwirkung lösender (peptonisierender) Keime völlig verflüssigt sein kann. Noch feinere Eigentümlichkeiten lassen sich feststellen, wenn man die Platte bei 50facher Vergrößerung (mit schwacher Trockenlinse, Senkung der Beleuchtungsvorrichtung, enger Blende) untersucht. Es treten dann oft oberflächliche Zeichnungen und Körnelungen auf, und man beobachtet Färbungen, Unregelmäßigkeiten der Umrandung besser als mit bloßem Auge. Die einzelnen Arten von Kleinwesen lassen sich oft schon auf solche Weise durch das Aussehen ihrer Kolonien unterscheiden.

Früher hat man freilich die Beständigkeit der Kolonieformen überschätzt. Immer wieder zeigt sich, daß nicht nur Veränderungen in der Zusammensetzung des Nährbodens und den sonstigen Wachstumsbedingungen (z. B. der Temperatur, dem Sauerstoffzutritt), sondern auch solche der Bakterien selbst die Gestalt und den Aufbau der Kolonien stark beeinflussen. Namentlich kann man bei vielen Bakterienarten zwei mehr oder weniger scharf getrennte Abarten von Kolonien, eine mehr geschlossene rundliche und eine gezipfelte oder gar ganz zerfaserte (s. bei Proteus und Anaerobiern) unterscheiden, dann auch nicht selten innerhalb der ursprünglichen Kolonien „Knöpfchen" oder „sekundäre" Kolonien (s. bei Bac. coli mutabilis) oder gelegentlich wie angefressene „Flatterformen" (s. bei Bakteriophagen, Abschnitt 28) unterscheiden. Auch die Verschleimung der Kolonien (vgl. S. 9) ist recht veränderlich und hängt teilweise mit ihrer Form zusammen. Wir werden in diesem Buche auf Schritt und Tritt dieser „Variabilität" der Bakterien und anderen Kleinwesen begegnen (z. B. Bac. prodigiosus).

Nach „Herausfischen" der Kolonien mittels des Platindrahtes, das man, wenn sie klein sind, ebenfalls bei schwacher Vergrößerung vorzunehmen hat[1], lassen sich dann ihre morphologischen Eigenschaften, sei es im hängenden Tropfen, sei es im gefärbten Präparat, studieren.

Die Vorteile der Plattenkulturen werden aber erst voll ausgenutzt, wenn man die so gekennzeichneten einzelnen Kolonien, am besten auch wieder unter Überwachung durch das Mikroskop in Reagenzgläser, die mit festen Nährböden gefüllt und durch Wattebäuschchen verschlossen sind, „absticht". Die Watte erfüllt dabei den Zweck, Gase hindurchzulassen, Luftkeime aber zurückzuhalten. So gewinnt man erst eigent-

[1] Neuerdings benutzt man dazu auch einen verwickelten Mechanismus, den sog. Mikromanipulator.

liche Reinkulturen, die, wenn sie von Zeit zu Zeit, z. B. jeden Monat, neu übertragen werden, auf die Dauer leben bleiben. Auch diese „Stichkulturen“ zeigen die Eigentümlichkeiten der einzelnen Arten, vielleicht insofern noch in vollkommenerer Weise, als man das Wachstum längere Zeit und auch in der Tiefe des Impfstichs beobachten kann.

Das Wachstum der Keime ist, wie man schon auf den Platten feststellen kann, gewöhnlich verschieden an der Oberfläche und in der Tiefe der Gelatine, und zwar oben meist kräftiger. So bekommt man im Stich Bilder, die an einen Nagel mit flachem oder rundem Kopf, durch Ausläufer in der Gelatine an einen umgekehrten Tannenbaum, durch oberflächliche Verflüssigung an einen Blumenkelch mit Stiel erinnern. Andere Male wachsen die Keime an der Oberfläche und in der Tiefe ziemlich gleich. Dann sieht man in der Gelatine nur einen Strich, bei Ausstrahlung in die Umgebung des Strichs eine Art Bürste oder, wenn die Ausstrahlungen sehr zart sind, eine Wolke, wenn Verflüssigung eintritt, eine Art Strumpf. Viel seltener kommt es vor, daß das Wachstum nach der Tiefe nicht ab-, sondern zunimmt, oder daß nur in der Tiefe eine Färbung auftritt. Wir sehen hierin offenbar Zeugnisse dafür, daß das Verhalten der einzelnen Keimarten gegen den Sauerstoff der Luft recht ungleich ist: die meisten scheinen um so besser zu gedeihen, je reichlicher ihnen der Sauerstoff zuströmt; wir nennen sie daher „luftliebende“ (aerophile) Keime, und wenn sie ohne Sauerstoff gar nicht gedeihen, strenge Aerobier. Andere, die durch den Grad des Sauerstoffzutritts nicht wesentlich beeinflußt werden, kann man gelegentliche (fakultative) Anaerobier (Anaerophile) nennen. Das Vorkommen einer letzten Gruppe, die besser bei Sauerstoffabschluß als -zutritt gedeiht, läßt vermuten, daß es auch Keime gibt, die überhaupt nicht bei Sauerstoffzutritt wachsen, d. h. strenge Anaerobier. In der Tat sind solche ja schon von Pasteur gefunden worden; bei der Buttersäuregärung, der Fäulnis, dem Tetanus kommen wir auf ihre Züchtung zurück (Abschnitt 19).

Die Lebensdauer der einzelnen Arten von Kleinwesen ist eine sehr verschiedene. Pneumo- und Gonokokken muß man schon nach einigen Tagen auf neue Nährboden bringen, um die Kulturen zu erhalten, Sporenbildner überdauern Jahre. Da die Kleinwesen sich unter günstigsten Bedingungen unbegrenzt vermehren, also gewissermaßen unsterblich sind, kann die Ursache ihres Absterbens nur darin liegen, daß ihnen entweder in den Kulturen die nötigen Nährstoffe allmählich ausgehen, sie also Hungers sterben, oder daß sie sich durch die Erzeugnisse ihres Stoffwechsels selbst schädigen. Beide Einflüsse wirken in der Tat nebeneinander. Junge Aussaaten wachsen zunächst sehr schnell durch Zweiteilung der Individuen, die bei Bakterien, wie „Keimzählungen“ ergeben (Abschnitt 15), günstigenfalls binnen 20—40 Minuten erfolgt, meist schon am ersten Tag zu einem Höhepunkt der Keimzahl heran, während langsamer wachsende Arten, z. B. Tuberkelbazillen, dazu viele Wochen brauchen. Dann beginnt das Absterben und setzt sich mit einer Schnelligkeit fort, die bei den einzelnen Arten sehr verschieden ist, aber gewöhnlich mit Veränderungen der Form (S. 10) und Abnahme der Färbbarkeit (Abschnitt 3) verbunden ist. Als wirksame Einflüsse kommen neben Nahrungsmangel organische Säuren und Alkalien (Ammoniak), Alkohol (bei Hefepilzen), aromatische Körper, Lipoide (Pyocyaneus) u. a. in Betracht (vgl. Abschnitt 2 und 5), außerdem „Selbstgifte“ unbekannter Zusammensetzung, die schon lange angenommen werden, aber neuerdings unter dem Namen der „Bakteriophagen“ (Abschnitt 28) und der „Antivirus“ eine besondere Rolle spielen. Die beim Absterben stattfindende mehr oder weniger vollständige Auflösung der Leibessubstanz erfolgt wohl wesentlich durch die „Selbstverdauung" mittels eigener Enzyme, die man ja auch bei höheren Zellen kennt.

Das ursprüngliche Kochsche Plattenverfahren wird heutzutage fast nur dann noch angewendet, wenn wir die Keime in Wasser, Abwasser, Milch u. dgl. zählen wollen (Abschnitt 15). Unter Wahrung der von Koch eingeführten Gesichtspunkte hat man allmählich einfachere Methoden[1] für die Reinzüchtung gefunden. Die erste Verbesserung besteht darin, daß man statt der Nährgelatine, die schon bei 22—24^0 schmilzt, also für Keime, die nur bei höherer Temperatur wachsen, unbrauchbar ist, und die auch vielen anderen Kleinwesen nur ein vergleichsweise langsames Wachstum gestattet, Nähragar verwendet, d. h. die Abkochung einer japanischen Alge, die als Gallerte in der Küche und im Gewerbe schon früher benutzt worden ist. Er besitzt die Eigenschaft, erst durch Kochen gelöst zu werden, bei etwa 40^0 zu erstarren, nach der Erstarrung aber auch bei Temperaturen weit darüber noch fest zu bleiben und schließlich nur ganz ausnahmsweise durch die Einwirkung von Keimen verflüssigt zu werden. Die Platten vertragen also Temperaturen von 37^0 und darüber, bei denen die meisten Krankheitserreger weit schneller wachsen, und lassen sich auch länger aufbewahren als Gelatineplatten. Ferner gießt man jetzt die Platten in kleinen (Petri) oder großen (Drigalski) gläsernen Doppelschalen fertig aus und läßt sie erstarren, ehe man sie besät, erspart sich also die gerade beim Agar recht umständliche Art der Impfung und Verdünnung im flüssigen Zustande. Um die Verteilung der Keime eines Gemisches auf der Platte dennoch zu erreichen, hat man nur nötig, dasselbe mittels einer Platinöse auf dem ersten Drittel der erstarrten Platte zu verstreichen, diese dann auszuglühen, von dem bestrichenen Teil der Platte mit der Öse etwas abzustreichen und diese wieder auf das zweite Drittel zu verteilen, schließlich das letzte Drittel in derselben Weise mit einer Öse vom zweiten Drittel zu behandeln.

Vieltausendfältige Erfahrung hat gelehrt, daß man auf diese Art öfter und unter größerer Ersparnis von Zeit und Stoff zum Ziele kommt als bei dem älteren Kochschen Verfahren. Freilich erfordert die Züchtung auf Agarplatten insofern mehr Übung, als die Kolonien der einzelnen Keimarten nicht so eigenartig zu sein pflegen, wie auf der Gelatineplatte. Unterschiede genug kommen aber auch

[1] Weil man niemals ganz sicher sein kann, daß die Plattenkolonien auch wirklich aus einem einzigen, nicht aus mehreren zusammenliegenden Keimen entwickelt worden sind, hat Burri die Verdünnung mit Tusche (vgl. Abschnitt 25) dazu benutzt, um für die Aussaat Tröpfchen zu gewinnen, in denen sich durch das Mikroskop feststellen läßt, daß sie nur einzelne Keime enthalten. Das Arbeiten mit dem Mikromanipulator erleichtert die Herstellung solcher „Einzellkulturen" und gestattet auch, chemische oder mechanische Eingriffe, z. B. an Protozoen vorzunehmen.

hier vor, und man hat es selbstverständlich in der Hand, von der einmal gewonnenen Reinkultur nachträglich sowohl Gelatineplatten als Gelatinestiche anzulegen und dadurch den verlorenen Vorteil wieder einzubringen. Man benutzt für die Gelatineplatten aber auch dann am besten das Ausstrichverfahren, indem man die Gelatine in Platten zum Erstarren bringt und darauf, am vorteilhaftesten mit einem aus feinen Platindrähtchen hergestellten Pinsel, die Verteilung bewirkt. Die Kolonien lassen sich natürlich von den „Ausstrichplatten" noch leichter abstechen als von den „Gußplatten", weil sie alle oberflächlich liegen. Zu Gußplatten kann auch Nähragar verwendet werden, wenn man nur dafür sorgt, daß der bei 100° verflüssigte Nährboden während des Impfens etwa auf 42° gehalten wird, damit er nicht vorzeitig erstarrt.

Was die Zusammensetzung der Nährböden anlangt, so verwenden wir in der medizinischen Bakteriologie mit bestem Erfolge als Grundlage der Nährgelatine oder des Nähragars eine Fleischbrühe mit Zusätzen von 1% Pepton[1] und ½% Kochsalz. Die Hauptsache bei der Herstellung (s. u.) ist die richtige, d. h. neutrale oder ganz leicht alkalische Reaktion.[2]

In der technischen Bakteriologie verwendet man statt der Fleischbrühe besser eine Hefeabkochung, Bierwürze oder sonst eine Flüssigkeit, in welcher die in Betracht kommenden Kleinwesen zu gedeihen pflegen. Für bestimmte Zwecke, z. B. zum Studium des „Verwendungsstoffwechsels" der einzelnen Arten — manche Bakterien (Nitromonaden, S. 20) vermögen sogar allein mit anorganischen Stoffen auszukommen —, hat man sich auch statt der natürlichen Nährgemische aus anorganischen Salzen und bestimmten organischen Verbindungen künstliche Nährlösungen zusammengestellt. Umgekehrt verwendet man für die Züchtung von Diphtherie-, Influenzabazillen, Gono- und Meningokokken statt des gewöhnlichen Fleischpeptonagars erstarrtes Blutserum oder Mischungen von Blut bzw. Blutserum mit Agar, für Tuberkelbazillen Glyzerinagar u. a. m. Ja bei einigen von diesen scheinen außer den gewöhnlichen Nährstoffen auch Vitamine nötig zu sein.

Flüssige Kulturen, die für bestimmte Zwecke nötig sind, erhält man durch Fortlassen der gallertigen Zusätze in Peptonfleischbrühe, Blutserum u. dgl.

Um die einzelnen Arten näher auf ihre biochemischen Fähigkeiten zu prüfen und ähnliche Bakterien voneinander zu unterscheiden, verimpft man sie auf Milch, Kartoffeln oder auf Agar, dem man bestimmte Zuckerarten oder Zuckeralkohole usw. zugesetzt hat. In Milch rufen z. B. die einen Bakterien durch Säuerung oder Labfermentbildung Gerinnung hervor, die anderen nicht, in Zuckeragar kann Gas gebildet werden oder auch nicht, auf Kartoffelscheiben treten namentlich Farbstoffe deutlich hervor u. a. m.

---

[1] Am meisten benutzt wird das von Witte-Rostock hergestellte Pepton.

[2] Lackmus muß durch den fertigen Nährboden violett gefärbt oder schwach gebläut, Phenolphthalein darf nicht gerötet werden. Neuerdings ist man in allen größeren Laboratorien dazu übergegangen, mit Hilfe der Michaelisschen Indikatoren, die Nährböden auf die Wasserstoffionenkonzentration $pH = 7{,}5$ einzustellen.

Mit Farbstoffen versetzte Nährböden verwendet man ferner vielfach, wo es sich darum handelt, bestimmte Bakterien, z. B. Typhusbazillen, aus Stuhl herauszuzüchten. Für manche Bakterien wie für die meisten Pilze eignen sich öfter Nährböden, die nicht alkalisch, sondern sauer sind.

Auch viele Spirochäten, Trypanosomen und andere Protozoen, ja selbst manche Aphanozoen lassen sich züchten. Auf alle diese Einzelheiten kommen wir später zurück.

Die Herstellung der Nährböden selbst hier genauer zu besprechen, liegt außerhalb unserer Aufgabe. Sie erfordert nicht geringe Übung. Ein größeres Laboratorium ist in der Lage, eine besondere geschulte Hilfskraft dafür anzustellen, in einer kleineren Arbeitsstelle, wie sie sich jeder Arzt ohne große Kosten selbst einrichten kann, ist man heutzutage in der Lage, von der Herstellung der Nährböden ganz abzusehen, da sie käuflich zu haben sind. Nötig sind sonst für ein kleines Laboratorium außer einem Vorrat von Probegläsern, Petrischen Doppelschalen zu Plattenkulturen, Platindraht, Watte, ein Mikroskop mit Immersionslinse ($^1/_{12}$), schwacher Trockenlinse und Beleuchtungsvorrichtung, ein Trockenschrank, in dem sämtliche Glassachen bei 160—180° keimfrei gemacht werden, ein sog. Kochscher Dampftopf, in dem die in Reagenzgläser gefüllten Nährböden durch strömenden Dampf von 100° entkeimt werden, daneben noch ein Autoklav, in dem man auch bei 110—120° die widerstandsfähigsten Sporen sterilisieren kann, und ein Brutschrank mit Wärmeregler für Züchtung bei Bluttemperatur.

Fünfter Abschnitt

Harmlose Kleinwesen Farbstoffbildner, Fäulnis- und Gärungserreger

Will man sich schnell über die wichtigsten Formen der in unserer Umgebung verbreiteten harmlosen Kleinwesen unterrichten, so untersucht man am besten wäßrige Aufgüsse von pflanzlichen und tierischen Stoffen, wie Heu, Stroh, Kohl, Fleisch oder Milch, Bier, Harn, Stalljauche, Kanalinhalt, die man einige Zeit der freiwilligen Zersetzung überlassen hat, oder gekochte Kartoffelscheiben, angefeuchtete Brotstücke, Kot, nachdem man sie der Luft ausgesetzt und dann in feuchten Kammern gehalten hat. In den Flüssigkeiten wird man dann hauptsächlich Bakterien, Hefepilze und Protozoen, auf den festen Stoffen Pilze der verschiedensten Art finden. Reinkulturen lassen sich daraus leicht nach dem im vorhergehenden Abschnitt geschilderten Plattenverfahren gewinnen.

Es kann uns nicht in den Sinn kommen, hier sämtliche unschädliche, d. h. als Krankheitserreger nicht in Betracht kommende Kleinwesen, die bisher rein gezüchtet worden sind, ausführlich zu schildern. Teilweise — bei Besprechung der Milch, des Wassers, des Kotes — kommen wir darauf zurück. Wir greifen hier nur einige Hauptvertreter der „Saprophyten" heraus. In erster Linie werden wir die Farbstoffbakterien, in zweiter den gemeinsten Fäulnisbazillus, dann die luftliebenden Sporenbildner und schließlich die gewöhnlichsten Pilze schildern.

Auf Nährböden, die einige Zeit offen an der Luft stehen, findet man unter andern Kolonien regelmäßig solche von Paketkokken, die nach ihrer Farbe als Sarcina alba, lutea, flava, aurantiaca und rosea bezeichnet werden (vgl. Fig. 1, S. 3). Die Sarcina lutea und flava sind beide schwefelgelb gefärbt, unterscheiden sich aber dadurch, daß die einen sehr groß, die andern klein sind. Paketkokken sind bekanntlich auch als Sarcina ventriculi aus dem Mageninhalt beschrieben worden. Es scheint sich dabei um mehrere Arten, darunter eine bewegliche Sarzine, zu handeln. In der Harnblase kommt, wenn ihr Abfluß irgendwie gehemmt ist, manchmal in Reinkultur die Sarcina ureae vor, die den Harn durch Vergärung des Harnstoffs alkalisch macht (S. 21). Infektiös, aber fast nur bei Mäusen und Meerschweinchen, die er durch Septizämie tötet, ist der von manchen Seiten für eine Sarzineart gehaltene Micrococcus tetragenus. Beim Menschen ist er zuerst in Lungenkavernen von Schwindsüchtigen, ausnahmsweise bei Eiterungen gefunden worden. Die Kokken liegen zu 2—4 in einer deutlichen Kapsel, wachsen in ziemlich saftigen weißen Kolonien und verflüssigen die Gelatine nicht. Sämtliche Sarzinen sind, wie überhaupt die meisten Kokken, gramfest.

Bei der Sarc. lutea hat Schmidt-Kehl einen merkwürdigen Formenwechsel beobachtet (vgl. auch den Wurzel- und Milzbrandbazillus). Namentlich aus alter lithionhaltiger Fleischbrühe wuchsen auf Agar Kolonien, die neben Sarzinen kleine gramfreie bewegliche Stäbchen, die in Einzellkulturen (S. 36) isoliert nach einiger Zeit wieder Sarzinen ergaben. Auch Wiederholungen lieferten dasselbe Ergebnis. Den Übergang von unbeweglichen Sarzinen in bewegliche, und Sporenbildung in Sarzinen hatte schon A. Meyer beschrieben.

Namentlich Sarzinen und andere Luftkokken werden nach Fleming von dem im Tier- und Pflanzenreiche weit verbreiteten, z. B. auch in der Tränenflüssigkeit und im Hühnereiweiß vorkommenden „Lysozym" noch in starken Verdünnungen getötet und aufgelöst. Es scheint sich um ein Ferment zu handeln.

Andere Pigmentbakterien leben im Wasser, so fast immer der Bacillus fluorescens, der den Nährboden um die Kultur herum weithin gelb färbt (bei durchfallendem Lichte), mit grüner Fluoreszenz (bei auffallendem Lichte). Es sind kleine, lebhaft bewegliche, gramfreie Stäbchen, die man in zwei Abarten geschieden hat, je nachdem sie die Gelatine durch ein trypsinartiges Ferment verflüssigen (Bac. fluorescens liquefaciens) oder nicht (Bac. fl. non liquefaciens).

Mit der verflüssigenden Abart hat eine große Ähnlichkeit der Bac. pyocyaneus, die Ursache der grünen (blauen) Eiterung.

Auch hier handelt es sich um kleine gramfreie Stäbchen, die durch eine am Pol befestigte Geißel lebhaft beweglich sind, denselben wasserlöslichen, grün fluoreszierenden Farbstoff bilden und die Gelatine stark verflüssigen. Jedoch findet man in den Kulturen des Bac. pyocyaneus noch einen zweiten blauen Farbstoff, der durch Chloroform ausgeschüttelt und kristallinisch erhalten werden kann, das Pyocyanin. In länger auf künstlichen Nährböden fortgezüchteten Kulturen kann letztere Farbe freilich ausbleiben, dann ist eine Unterscheidung von dem Bac. fluorescens kaum mehr möglich. Auch die merkwürdige Eigenschaft, aus salpetersauren Salzen freien Stickstoff zu entwickeln (s. Denitrifikation, S. 21), hat der Pyocyaneus mit anderen, zum Teil auch fluoreszierenden Bazillen gemeinsam. Es bleibt also als Eigentümlichkeit des Pyocyaneus nur übrig diejenige Fähigkeit, die ihm den Namen gegeben hat, nämlich auf Wunden unter grünblauer Verfärbung der Absonderungen zu wachsen. In der vorantiseptischen Zeit wurde der grüne Eiter natürlich öfter beobachtet, aber auch heutzutage begegnet man manchmal in chirurgischen Krankensälen wahren Epidemien des Pyocyaneus, die allerdings unter antiseptischer Behandlung (Borsäure!) bald zu erlöschen pflegen. Geschädigt werden die Kranken dadurch kaum, die Bazillen wachsen offenbar nur oberflächlich auf den Wunden und in den mit Wundabsonderungen getränkten Verbandstoffen, haben also im allgemeinen nicht die Kraft, tiefer in die Gewebe einzudringen und sich dort zu vermehren. Immerhin sind doch Fälle, namentlich bei jungen Kindern beschrieben worden, in denen eine Verallgemeinerung des Wachstums, eine echte Infektion mit Pyocyaneus angenommen werden darf. Daß auch unter diesen Umständen stets eine andere Infektion als ursprüngliche Erkrankung zugrunde liegt, der Pyocyaneus also nur als „sekundärer" Infektionserreger beim Menschen auftritt, ist wahrscheinlich, jedoch wuchert der Pyocyaneus auf unseren Nährböden so üppig, daß er dort andere Keime leicht verdeckt. Bei manchen Tieren, namentlich Meerschweinchen, vermag man durch nicht zu kleine Gaben des Pyocyaneus tödliche Allgemeinerkrankungen zu erzeugen, die als Infektionen zu bezeichnen sind, weil die Bazillen dabei nicht bloß durch Gifte, die sie bilden, wirken, sondern sich lebhaft im Innern des Körpers vermehren. Bei Tieren hat man auch die Beobachtung gemacht, daß es gelingt, schwere Ansteckungen, z. B. mit Milzbrand, durch Einspritzungen von Pyocyaneusbazillen zu bekämpfen. Da abgetötete Kulturen für diese „Bakteriotherapie" ebenso brauchbar sind als lebende, hat man auf Empfehlung von Emmerich und Löw aus alten Pyocyaneuskulturen durch Filtrieren und Einengen die sog. Pyocyanase hergestellt und benutzt dieses Mittel zur örtlichen Behandlung von allerhand Ansteckungen, z. B. von Diphtherie und Stomatitis. Worauf die Wirkung der Pyocyanase, die sich wohl nicht ganz abstreiten läßt, beruht, ist nicht klar. Es scheint aber, als ob einerseits Verdauungsfermente, andererseits bakterientötende Stoffe lipoidartigen Charakters daran beteiligt sind.

Ein Bakterium sei hier angereiht, das in verschiedenen Beziehungen dem vorigen ähnelt, der Bazillus der blauen Milch (Bac. cyanogenes). Auch er ruft „Epidemien" hervor, allerdings nur auf der Milch in Kuhställen und Molkereien.

Er ist ein kleines, durch ein Büschel von Polgeißeln lebhaft bewegliches Stäbchen, das ebenfalls einen fluoreszierenden, und außerdem einen zweiten Farbstoff bildet, der wie jener wasserlöslich ist, aber je nach der Reaktion himmelblau oder dunkelbraun erscheint. Die Gelatine verflüssigt er nicht, auf der Milch ist die Färbung blau, in unseren Nährböden bräunlich. Auch dieser Farbstoff geht bei längerer Fortzüchtung oft verloren.

Nicht selten in Wasser zufällig gefunden wird der Bac. violaceus, ein bewegliches kleines Stäbchen, das Gelatine langsam verflüssigt. Sein tief violetter Farbstoff ist in Wasser unlöslich und liegt anscheinend in den Grenzschichten der Zelle selbst.

In der Form von Körnern, die zwischen den Zellen liegen, wird dagegen der prachtvoll blutrote Farbstoff des Bac. prodigiosus ausgeschieden.

Er ist schon sehr lange bekannt und weit verbreitet. Besonders auf stärkehaltigen Nahrungsmitteln, wie gekochten Kartoffeln, Brot, Hostien — daher der Name „Wunderbakterium“ —, aber auch auf Fleisch und Milch kommt der Prodigiosus gelegentlich, manchmal fast epidemisch vor. Die Üppigkeit seines Wachstums macht das erklärlich. Wegen seiner leichten Erkennbarkeit hat man den Prodigiosus auch oft zu Versuchen über Desinfektion, Wasserfilterung u. dgl. benutzt. Der Bazillus ist auf manchen Nährböden so kurz, daß er früher zu den Kokken gerechnet wurde, in Wirklichkeit ist er aber ein sehr kleines, aber deutliches, zudem noch bewegliches Stäbchen. Gelatine verflüssigt er schnell und entwickelt darauf, wie namentlich auf Kartoffeln einen starken Geruch nach Ammoniak und Trimethylamin (Heringslake). Die frisch gewonnenen und öfter übergeimpften Kulturen sind tief blutrot gefärbt, in älteren Zuchten verblaßt die Farbe oft, ja kann ganz verschwinden, so daß sie selbst auf dem für die Farbstoffbildung geeignetsten Nährboden, der Kartoffel, nicht zum Vorschein kommt. Künstlich kann man diese Veränderung dadurch hervorrufen, daß man die Bazillen unter ungünstige Ernährungsbedingungen bringt, z. B. fortgesetzt auf Nährböden züchtet, die mit keimwidrigen Stoffen versetzt sind oder, was dasselbe bedeutet, bei Bruttemperatur.

Dieser Verlust des Färbevermögens, den wir ja auch bei anderen Bakterien beobachten können, ist einer der besten Beispiele für die Veränderlichkeit (Variabilität) der Bakterien. Nicht selten geht der Farbverlust auch einher mit Gestaltsveränderung: die vorher kurzen Stäbchen werden länger, manchmal fadenförmig, auch das Vermögen, die Gelatine zu verflüssigen, zu peptonisieren, kann gleichzeitig leiden. Wir begegnen ähnlichen Umwandlungen recht oft. Die Bakterien sind eben in ihren Eigenschaften lange nicht so beständig wie man eine Zeit lang, nach der ersten Entdeckung der Reinkulturen, geglaubt hat. Dieses Zugeständnis bedeutet aber nicht etwa einen Rückfall in die Meinung älterer Forscher, wie Billroth, Nägeli oder gar Hallier, denn diese haben, das dürfen wir jetzt mit Sicherheit sagen, nur deshalb eine fast schrankenlose Veränderlichkeit der Bakterien und Pilze angenommen, weil sie nicht imstande waren, ihre Zuchten rein zu gewinnen und zu erhalten.

Schließlich seien hier noch die Purpurbakterien erwähnt.

Es sind das meistens stattliche, zwischen den Bakterien und Phykochromazeen (Spaltalgen) in der Mitte stehende Formen (S. 9), die, wie die farblosen Schwefelbakterien (Fig. 44, Abschn. 15), auf die Verarbeitung von Schwefelwasserstoff zu Schwefel und Schwefelsäure angewiesen und daher auch in sumpfigen Gewässern zu finden sind, aber sich durch den Besitz des Bakteriopurpurins, das ihre Leiber blaßrot bis violett färbt, unterscheiden. Früher glaubte man, daß dieser Farbstoff ähnlich wie das Chlorophyll die Purpurbakterien im Lichte zur Spaltung der Kohlensäure befähige. Molisch leugnet das, nimmt aber einen Einfluß des Lichts in dem Sinne an, daß es die Ernährung mit organischen Stoffen und die Bewegungen der Purpurbakterien befördere oder ermögliche.

Schon ein Teil der bisher besprochenen Bakterien ist imstande, den Leim (der Nährgelatine) und auch andere echte Eiweißstoffe, wie koaguliertes Blutserum, nicht bloß zu verflüssigen, sondern sie auch tiefer zu spalten, wie schon die Bildung von reichlichen Mengen von Ammoniak und Aminen bezeugt. Der jetzt zu besprechende Bac. proteus (Bacterium vulgare) vermag das in dem Grade, daß wir ihn als Erreger echter, d. h. stinkender Fäulnis bezeichnen müssen.

In der Tat findet er sich auch überall in faulen Stoffen, freilich niemals allein, sondern gemischt mit zahlreichen anderen Bakterien. Darunter sind auch solche, die gleichfalls als Fäulniserreger zu gelten haben, die aber im Gegensatz zum Proteus, der mit oder ohne Sauerstoff gut gedeiht, völlig luftscheu, also wie wir S. 35 sagten, strenge Anaerobier sind (vgl. Abschnitt 19). Die Zersetzung des Eiweißes beginnt damit, daß es ähnlich wie bei der tryptischen Verdauung durch Wasseraufnahme (Hydrolyse) in Peptone und deren Bausteine, die Aminosäuren (z. B. Leuzin, Tyrosin) gespalten wird. Alle verflüssigenden Bakterien und Pilze sind mehr oder weniger dazu befähigt, und zwar nachweislich durch die Bildung von Fermenten, die in ihren Eigenschaften etwas ungleich sind, indem sie bald mehr dem Trypsin, bald dem Pepsin ähneln. Die tiefere Spaltung der Aminosäuren durch den Proteusbazillus führt dann zur Bildung reichlicher Mengen von Ammoniak, Aminen, Phenol, Indol, Skatol, Fettsäuren, Kohlensäure, Schwefelwasserstoff. Auch diese Spaltung ist nach neueren Forschungen als eine enzymatische aufzufassen, denn sie erfolgt noch, wenn man die Bazillen durch Toluol oder Azeton abgetötet hat. Mit der Zersetzung des Eiweißes begnügt sich aber der Proteus nicht, sondern reduziert auch Nitrate zu Nitriten und Ammoniak, vergärt Harnstoff zu kohlensaurem Ammoniak und manche Kohlenhydrate, z. B. Trauben- und Rohrzucker, zu Essig- und anderen Fettsäuren, Kohlensäure und Wasserstoff. Milchzucker wird dagegen, wenigstens in den üblichen Nährböden, nicht von ihm angegriffen. So kommt es, daß nur die Eiweißstoffe der Milch vom Proteus zersetzt werden. Dabei tritt freilich schon bald eine Gerinnung des Kaseins ein. Diese ist aber hier, wie bei vielen anderen verflüssigenden Bakterien nicht durch Säureentwicklung bedingt, sondern durch Bildung von Labferment.

Die Proteusbakterien, die mit diesen biochemischen Fähigkeiten ausgestattet sind, tragen ihren Namen mit Recht, weil sie in ihrer Gestalt und dem Aussehen ihrer Kolonien allerlei Wandlungen durchmachen. In frischen Zuchten, auf günstigen Nährböden werden schlanke, lebhaft bewegliche Stäbchen, in älteren einerseits kokkenähnliche, andererseits fädige und spirillenartig gedrehte, zopfartig verflochtene, meist unbewegliche Formen entwickelt. Ähnlich wechselt die Art des Wachstums, namentlich wenn man auf Gelatine züchtet und von alten Kulturen ausgeht.

Kreisförmige am Rande geschlossene, wellig umrandete, verästelte, strahlige Kolonien finden sich auf derselben Platte. Ist die Gelatine weich, enthält sie z. B. nur 5% Leim, so schwärmen Bazillen aus dem Zusammenhang mit den übrigen heraus und bilden Tochterkolonien, die über die Platte wandern. Auf Agar fehlt diese Mannigfaltigkeit im Aussehen, die Entwicklung ist hier aber dadurch ausgezeichnet, daß die Mittelpunkte des Wachstums sich nicht zu richtigen Kolonien entwickeln, sondern schnell zu einem Schleier, der die ganze Platte überzieht, zusammenfließen. Das ist oft sehr unangenehm, wenn es sich um die Herauszüchtung bestimmter Krankheitserreger auf Platten von Kot usw. handelt. Man kann dieses Überwuchern des Proteus durch Zusätze von Ochsengalle (3%) oder Chloralhydrat (1‰) verhindern. Das Verflüssigungsvermögen der Proteusbazillen unterliegt großen Veränderungen. Nichts ist leichter, als aus alten Kulturen Proteusstämme zu züchten, die alle Grade der Verflüssigung bis zum Fehlen derselben zeigen. Man hat sie früher als besondere Arten durch den Beinamen Proteus mirabilis und Zenkeri von dem gewöhnlichen Proteus vulgaris unterscheiden wollen, doch handelt es sich nur um Spielarten der letzteren.

Im allgemeinen sind die Proteusbazillen als unschädliche Keime zu betrachten, doch gilt das ebenso wie für den Pyocyaneus und selbst den Prodigiosus nicht im strengen Sinne des Worts. In größeren Mengen in die Gewebe eingeführt, sind sie für Versuchstiere nicht harmlos, sondern töten sie, entweder ohne eine Vermehrung zu zeigen als einfache Giftbildner, oder unter Vermehrung, d. h. als Infektionserreger. Der Mensch kommt mit großen Mengen der Bazillen insofern in Berührung, als sie mit faulen Nahrungsmitteln in den Magen-Darmkanal gelangen können. Dieser verträgt sie zwar oft, wie die tägliche Erfahrung lehrt, ohne Schaden, manchmal entstehen aber Erscheinungen wie Übelkeit, Durchfall, auch schwerer Brechdurchfall, also ein Bild, das der echten Fleischvergiftung ähnelt (Abschnitt 11). Man wird das wohl durch Giftwirkung erklären können, wenn auch nicht selten Proteusbazillen aus den Entleerungen und manchmal aus den Organen zu züchten sind.

Bei ihrer großen Vermehrungsfähigkeit nimmt das kein Wunder, auch bei der Ruhr und Cholera infantum wird Proteus manchmal gefunden. Es ist aber sicher unrichtig, wenn man ihn neuerdings als Ursache dieser Krankheiten hinstellt. Auch bei allerhand Erkrankungen der inneren Organe tritt der Proteus gelegentlich auf. Was wir aber von dem Pyocyaneus gesagt haben, das gilt auch für den Fäulnisbazillus: ein sicherer Beweis dafür, daß er als ursprünglicher Erreger von Infektionen in Frage käme, ist bisher kaum geliefert worden. Am ehesten noch wird man seine Beteiligung bei manchen Erkrankungen der Harnwege gelten lassen dürfen. Urin, der Proteus enthält, zeichnet sich durch seine alkalische Beschaffenheit aus, was sich aus seinem Zersetzungsvermögen für Harnstoff erklärt (S. 21 und 29). Die durch Proteus verursachten Zystitisfälle sind aber viel seltner, als die durch andere Keime, namentlich Kolibakterien, verursachten, die mit saurer Reaktion des Harns verlaufen (Abschnitt 9).

Eine sehr merkwürdige Rolle spielt eine Abart des sog. Proteus X_{19}, der seit Weil und Felix zur Diagnose des Fleckfiebers benutzt wird. Er wird nämlich durch das Blutserum der daran Erkrankten in hohen

Verdünnungen verklebt („agglutiniert“ vgl. Gruber-Widalsche Reaktion beim Typhus).

Man hat ihn deshalb als Erreger des Fleckfiebers betrachten wollen, aber mit Unrecht, da der wirkliche Erreger zu den Aphanozoen gehört (s. d.). Wahrscheinlich handelt es sich um eine sog. Paragglutination, dadurch entstanden, daß zufällig in das Gewebe des Fleckfieberkranken eingedrungene Proteuskeime dadurch die Eigenschaft angenommen haben, mit den spezifischen Agglutininen dieser Kranken zu reagieren.

Beim Studium des Proteus X_{19} zeigen sich Unterschiede in seinem agglutinatorischen Verhalten, die wieder mit der Kolonieform (s. o.) im Zusammenhang stehen. Die zerfließenden „hauchartigen“ Kolonien (H-Form) bilden umfangreichere Agglutinine und neben feinen grobe Flocken in den Bakterienaufschwemmungen, die geschlossenen Kolonien (O-Form) dagegen beschränktere Agglutinine und nur grobe Flocken. Die Agglutinine der letzteren Art lassen sich künstlich auch durch Proteuskulturen erzeugen, die eine Stunde lang auf 100° erhitzt worden sind, ihre „Agglutinogene“ oder „Rezeptoren“ sind also „thermostabil“. Auch bei anderen Bakterienarten hat man diese „Rezeptorenanalyse“ mit mehr oder weniger Glück angewandt. Englische Forscher sprechen neuerdings in ähnlichem Sinne von L- und R-Stämmen, von glatten und rauhen Kolonien. Die ersteren sollen die umfassenderen Agglutinine bilden. Bei Abarten von Paratyphus und Pseudodysenterie kann man z. B. derartige Unterschiede beobachten (s. Abschnitt 11 und 13).

Eine nahverwandte natürliche Gruppe von Bazillen bilden die sporenbildenden Aerobier und Anaerobier. Die letzteren werden wir später besprechen (Abschmitt 19), die ersteren kann man als Gruppe der Heubazillen zusammenfassen. Gemeinsam ist ihnen außer ihrer Größe und Gramfestigkeit die Fähigkeit Sporen zu bilden. Die Bakteriensporen zeichnen sich durch folgende Merkmale aus: es sind kugel- oder länglichrunde wegen ihrer starken Lichtbrechung wie Fett glänzende Körner, die einzeln in den Stäbchen entstehen und später daraus frei werden (vgl. Fig. 3, S. 5). Die gewöhnlichen Anilinfarben nehmen sie nicht an, so daß sie als helle Lücken im gefärbten Bazillus oder, wenn sie freiliegen, nur am Rande gefärbt erscheinen, dagegen halten sie, wenn sie einmal durch besonders kräftige Behandlung (s. u.) Farbe aufgenommen haben, diese fester als die sporenfreien Stäbchen und nehmen dann bei nachträglicher Einwirkung einer Gegenfarbe diese nicht an. Die Haupteigenschaft der Sporen ist schließlich ihre Dauerhaftigkeit gegenüber allen schädlichen Einflüssen. So widerstehen sie jahrelang dem Trocknen, oft stundenlang dem Erhitzen auf Temperaturen von 80—100°, die sonst fast augenblicklich alles Leben töten, und tagelang den kräftigsten chemischen Desinfektionsmitteln z. B. 1‰igem Sublimat, das ebenfalls sporenfreie Bakterien sofort tötet.

Die Sporen der Bakterien sind im Gegensatz zu den Sporen der Pilze und Protozoen nur als Dauerzustände zu betrachten, nicht als der Vermehrung dienende Keime oder Früchte. Am ehesten lassen sie sich mit den gewöhnlichen Zysten vieler Protozoen vergleichen, die auch nicht der Vermehrung, sondern nur der Erhaltung dienen, doch besteht insofern ein Unterschied, als diese Zysten meist nur dadurch entstehen, daß dabei der ganze Zelleib sich mit einer festen Hülle umgibt, während die Bakteriensporen durch Verdichtung und Umhüllung ihres Protoplasmas sich innerhalb der ursprünglichen Zelle bilden und daher auch „endogene" Sporen[1] genannt werden. Gerade diese Stoffverdichtung (Wasserverarmung) scheint die oben aufgezählten Eigenschaften der Bakteriensporen mehr zu bedingen, als die Haut, von der sie umschlossen sind. Man kann das Fortschreiten der Verdichtung des Bakterienleibes bei der Sporenbildung oft deutlich verfolgen: der Rest der Zelle macht, wenn die Sporen fertig sind, den Eindruck einer leeren Hülse. Daß die Spore andererseits von einer eigenen Haut umgeben ist, sieht man am besten, wenn man ihre Auskeimung verfolgt. Man braucht sie dazu nur in einen hängenden Tropfen von frischer Nährgelatine[2] zu impfen und auf dem geheizten Objekttisch oder unter dem in einem Heizkasten stehenden Mikroskop einige Zeit zu beobachten. Dabei sieht man bald, wie die eine oder andere Spore unter Verlust ihres Glanzes anschwillt und entweder an der Längsseite, wie beim Bac. subtilis, oder an der schmalen Seite, wie beim Milzbrandbazillus, eine Vorwölbung erscheinen läßt, die zu einem deutlichen Stäbchen auswächst, während die Sporenhülle abgestoßen wird oder auf dem einen Ende des Stäbchens wie eine Kappe sitzen bleibt. Über die Ursache der Sporenbildung hat man hin und her gestritten. Sicher ist, daß zu ihrer Entwicklung eine gewisse Zeit und eine weder zu hohe, noch zu niedrige Temperatur nötig ist. Die wesentlichste Voraussetzung der Sporenbildung ist aber die Verarmung des Nährbodens an Nährstoffen. Daher hat man um so mehr Aussicht, in einer Zucht Sporen anzutreffen, je älter sie ist, und so kann man sie manchmal durch Übertragung der Bazillen in Wasser gewinnen. Ferner dürfen unmittelbar schädliche Stoffe nicht vorhanden sein, auch haben wir Glyzerin im Nährboden für schädlich befunden. Die längere Fortzüchtung auf künstlichen Nährböden pflegt das Vermögen der Sporenbildung zu schädigen, man kann auf diese Weise, ebenso wie durch absichtliche Anwendung höherer Temperaturen oder keimwidriger Zusätze geradezu asporogene Stämme züchten. Ist noch ein Rest von Sporenbildungsvermögen in den Kulturen vorhanden, so kann man dadurch wieder zu gut sporenbildenden Stämmen gelangen, daß man die Kulturen etwa 20 Minuten bei 70° hält (pasteurisiert) und in nicht zu kleinen Mengen auf neuen Nährboden bringt: Nur die Sporen überleben dabei und übertragen ihre Fähigkeit, Sporen zu bilden auf ihre Nachkommen.

Die Färbung der Sporen gelingt, wie oben bemerkt, nur durch besondere Verfahren. Am besten hat sich uns bewährt die Färbung der Trockenpräparate in starker Karbolfuchsinlösung, die im Porzellanschälchen oder auf dem Deckglas über der Flamme einige Minuten im Kochen gehalten wird. Nach Abgießen der Farbe spült man ganz kurz mit (1 prozentigen) salzsaurem Alkohol ab und färbt mit Methylenblau nach. Wenn die Bilder gelungen sind, erscheinen die Sporen rot im blau gefärbten Stäbchen. Schwach rötlich gefärbt erscheinen übrigens auch die

[1] Früher hat man neben den Endosporen auch „Arthrosporen" unterscheiden wollen, d. h. solche Dauerzustände, die einfach durch Festerwerden der Zellhaut ohne Formveränderung entstehen sollten. Nachgewiesen sind sie bei echten Bakterien bisher noch nirgends, wohl bei den Strahlenpilzen.

[2] Nicht Bouillon, um die Molekularbewegung auszuschließen.

Sporen, wenn man die sie enthaltenden Bazillen nach Gram färbt und mit dünnem Fuchsin nachfärbt.

Bis zu einem gewissen Grade läßt sich die Größe der Sporen im Verhältnis zur Zellbreite und ihre Lage im Zelleibe zur Einteilung der sporenbildenden Bazillen benutzen. Entweder ist der Durchmesser der Spore kleiner als der der Zelle, dann behält die sporenbildende Zelle ihre gewöhnliche Form, oder die Spore ist ebenso dick, ja dicker als die Zelle, dann schwellen die Zellen an den Stellen, wo die Spore liegt, mehr oder weniger an, so daß sie spindelförmig oder keulenförmig erscheinen, je nachdem die Spore mehr in der Mitte oder am Ende des Stäbchens liegt. Ganz besonders dicke, fast faßförmig angeschwollene Sporenstäbchen, wie sie häufig bei Buttersäurebazillen (Abschnitt 19) vorkommen, nennt man Klostridien. Ist die Anschwellung und die Spore rund, wie das beim Tetanusbazillus der Fall ist, so spricht man von einer Trommelschlägel- oder Stecknadelform. Nur die letzteren Formen sind aber beständig genug, um als Artmerkmale verwandt zu werden, die übrigen zeigen oft Übergänge ineinander.

Die luftliebenden Sporenbildner der Heubazillengruppe sind sämtlich große oder wenigstens mittelgroße, gramfeste und meist bewegliche Stäbchen, die außerordentlich verbreitet auf Pflanzenteilen und in der Erde vorkommen (Fig. 17). Dadurch gelangen sie natürlich mehr oder weniger reichlich in die Nahrung des Menschen und der Tiere. Durch die Darmentleerungen der letzteren, sowie durch den Staub der Ställe kommen ihre Sporen aber auch in wichtige tierische Nahrungsmittel, wie Milch und Käse. Man erhält Kulturen von ihnen mit Leichtigkeit aus solchen Stoffen, wenn man ihre Aufschwemmungen in einem mit Watte verschlossenen Gefäß kocht und dann einige Tage bei erhöhter Temperatur stehen läßt. Alle vegetativen, d. h. sporenfreien Formen der Bakterien werden dadurch vernichtet und die allein übrig gebliebenen Sporen wachsen wieder aus.

Fig. 17.
Heubazillen mit Sporen.

Wegen ihres häufigen Vorkommens in allerhand Nahrungsmitteln und der großen Widerstandsfähigkeit ihrer Sporen besitzen die Heubazillen eine gewisse hygienische und noch größere wirtschaftliche Bedeutung. Letztere insbesondere für das Frischhaltungsgewerbe (Konservenindustrie, S. 23).

Die größte Schwierigkeit bereiten sie in der Milch. Wenn sie einmal in diese hineingeraten sind, kann man sie kaum durch ein Verfahren wieder daraus beseitigen, ohne gleichzeitig die Beschaffenheit der Milch in ungünstiger Weise zu verändern. Es bleibt nichts übrig als die Milchgewinnung durch Reinlichkeit im Stall, Abwaschen der Euter, größte Sauberkeit beim Melken und Auffangen des Gemelks, Entkeimen der Gefäße usw. so zu vervollkommnen, daß die Heubazillensporen überhaupt ferngehalten werden. Auf solche Weise bekommt man nicht nur eine Milch, die frei ist von diesen oder anderen Keimen (s. Strept. lacticus, Abschnitt 7, und Buttersäurebazillen, Abschnitt 19) und sich deshalb im frischen Zustand viel länger hält als gewöhnliche Milch, sondern man kann diese „Vorzugsmilch" auch durch kürzere Einwirkung höherer Temperaturen (100—120°) so vollständig entkeimen, daß sie sich dauernd hält, z. B. weite Seereisen verträgt. Wir benutzen solche Vorzugsmilch mit dem besten Erfolge als Nährboden, während es bei der üblichen Marktmilch außerordentlich schwer fällt, sie für unsere Zwecke genügend keimfrei zu machen. Auch andere Nährböden, z. B. Blutserum, können übrigens mit Heubakterien verunreinigt sein und dadurch bei der Benutzung unangenehme Überraschungen bereiten. Manche der älteren „Entdeckungen", z. B. die des „Krebsbazillus", verdanken derartigen Verunreinigungen ihren Ursprung. Ehe man die Zähigkeit der Heubakterien kannte, hat man oft sog. Dauermilch in Verkehr gebracht, die sich dann bei näherer Prüfung, z. B. tage- und wochenlanger Einstellung in den Brutschrank als verdorben erwies. Die ersten Zeichen der Veränderung bestehen in einem Hellerwerden der Milch unterhalb der Rahmschicht, und in dem Auftreten eines bitteren Geschmacks, weswegen auch die Heubakterien als peptonisierende Milchbakterien oder Bakterien der bitteren Milch bezeichnet werden. Später wird das Kasein durch Labwirkung niedergeschlagen und mehr oder weniger vollständig gelöst. Abgesehen von dem schlechten Geschmack der durch Heubazillen veränderten Milch wird sie, wie Erfahrungen an Kindern und Versuchstieren bewiesen haben, manchmal durch giftige Stoffe, die dabei gebildet werden, gesundheitsschädlich.

Die Heubazillengruppe umfaßt eine Menge Arten und Abarten, die z. T. unter dem Namen des Heubazillus (Bac. subtilis) und der Kartoffelbazillen (Bac. mesentericus vulgatus, fuscus, ruber) gehen. Man erhält in der Tat sporenbildende Bazillen aus jedem Heuaufguß, aus jeder Kartoffel, die man gekocht hat. Selbst dann, wenn man letztere in Sublimat eingelegt, gründlich abgebürstet, durch Ausstechen von den Keimen befreit, geschält und in Fließpapier eingewickelt, 1—2 Stunden oder noch länger dem strömenden Dampf ausgesetzt hat, sieht man noch oft genug auf der Schnittfläche, und zwar regelmäßig vom Rande aus schleimige, mehr oder weniger gerunzelte Wucherungen auftreten, sich schnell ausbreiten und dadurch etwaige andere Kulturen, die man absichtlich auf der Kartoffelfläche angelegt hat, verderben. Wir verzichten auf die nähere Beschreibung der Heu- und Kartoffelbazillen, weil fast jeder Stamm seine Besonderheiten hat. Gemeinsam ist ihnen gewöhnlich außer der Sporenbildung und nicht geringen Größe die Beweglichkeit, die Fähigkeit, sich flächenhaft über die Nährböden auszubreiten und dort zusammenhängende gerunzelte Decken und Kolonien mit strahligen, lockigen oder verästelten Ausläufern zu bilden, sowie das Vermögen, die Gelatine zu verflüssigen. Doch sind diese Eigenschaften auf den einzelnen Nährböden verschieden entwickelt, manchmal fehlt die Beweglichkeit und das Verflüssigungsvermögen vollständig. Die Größe und Sporenform, das Verhalten zum Sauerstoff schwankt ebenso in weiten Grenzen. Die auch bei Luftabschluß wachsenden Arten bilden den Übergang zu den strengen Anaerobiern (Abschnitt 19).

Zu den Heubazillen zu rechnen ist auch der harmlose, aber dem Milzbrandbazillus sonst sehr ähnliche Bac. anthracoides.

Ein ebenfalls in die Heubazillengruppe gehöriges Bakterium, das man fast regelmäßig findet, wenn man Erde auf einer Platte ausstreut, ist der Wurzelbazillus (Bac. mycoides). Er trägt seinen Namen davon, daß er weit über und in den Nährboden ausstrahlende, vielfach verästelte Ausläufer bildet. Die Bazillen sind zum größten Teil unbeweglich und stattlicher als die meisten Heu- und Kartoffelbazillen. Von einer streng einheitlichen Art ist auch hier übrigens nicht die Rede. Bei Wurzelbazillen haben Österle und Stahl einen ähnlichen Formenwandel beobachtet, wie er von der Sarc. lutea, S. 39, beschrieben wurde. Nur kommen hier noch hefeähnliche Riesen- und filtrierbare Formen hinzu.

Noch größer ist der Riesenbazillus (Bac. megatherium), der auf Kohlblättern nicht selten zu finden ist und sich durch seine Größe, seine etwas gekrümmte Form, sowie die Teilung in kurze, fast kubische Glieder auszeichnet. Seine Kolonien bilden keine Ausläufer und sind auch sonst ohne besondere Kennzeichen. Nach unserer Prüfung dem Bac. megatherium ähnlich ist der von Benedek Schizosaccharomyces genannte, auf der Haut des Menschen nicht selten gefundene Mikrobe. Er bildet Sporen, die schon bei 70—90° vernichtet werden, und wächst mit starker Schleimbildung auf Zuckernährböden, ohne sie aber wie die echten Spalthefen (s. u.) zu vergären.

Von den Pilzen können hier nur die gewöhnlichsten Arten erwähnt werden, die sich auf unseren Plattenkulturen einfinden, wenn wir sie längere Zeit beobachten. Sie treten auch auf unseren Nahrungsmitteln auf, wenn sie längere Zeit in feuchter Umgebung liegen, werden also offenbar sämtlich durch Luftströmungen übertragen. Je mehr in einem Laboratorium mit Schimmelpilzen gearbeitet wird, desto häufiger verunreinigen sie die Platten.

Man untersucht die Schimmelpilze am besten in einem Tropfen Alkohol-Glyzerin (zu gleichen Teilen), nicht in Wasser, weil sie sich damit schlecht benetzen. Färbungen sind unnötig. Man muß darauf achten, einen Fetzen des Pilzrasens abzureißen und sie nicht bloß oberflächlich abzustreifen, weil man sonst nur die Sporen zu Gesicht bekommt. Alle Pilze lassen sich leicht züchten, besonders auf stärke- oder zuckerhaltigen Nährböden. Sie lieben saure Reaktion des Nährbodens.

Der gemeinste Schimmelpilz ist das Penicillium glaucum, das durch seinen weißen Myzel- und grünlichen Sporenbelag nicht bloß auf der Luftplatte, sondern ebenso auf Brot, Kartoffeln und sogar auf den Tapeten unserer Behausungen, d. h. überall da sich ansiedelt, wo es genügende Feuchtigkeit und Nahrung findet. Er ist außer durch das bekannte Aussehen seiner Wucherungen gekennzeichnet durch die pinselartig verästelten Fruchtträger (vgl. Fig. 12, S. 12), an deren kürzeren Endstücken reihenweise die kugligen Sporen (Konidien) abgeschnürt werden. Penicillium wächst auf allen Nährböden unter langsamer Verflüssigung der Gelatine; bei Bruttemperatur bleibt aber das Wachstum aus.

Eine zweite Penicilliumart, das Penicillium brevicaule, verdient deswegen Erwähnung, weil es im besonderen Maße die Eigentümlichkeit besitzt, aus arsenhaltigen Stoffen eine Arsenkohlenwasserstoffverbindung mit knoblauchartigem Geruch (Diäthylarsin) zu entwickeln. Man vermischt zu dem biologischen Arsennachweis die zu prüfenden Stoffe mit zerkrümeltem Graubrot, feuchtet sie an und besät sie mit Sporen des Pilzes. Schon nach einigen Stunden beginnt die Entwicklung des knoblauchartigen Geruchs, selbst wenn nur der tausendste Teil eines Milligramms arseniger Säure vorliegt.

Äußerlich ähnlich dem Penicillium glaucum ist der Aspergillus glaucus, ein Schimmel, der aber seltener, namentlich auf Fruchtsäften bei niederen Temperaturen und feuchter Luft gefunden wird. Seine Fruchtträger endigen in einer kugligen Anschwellung, auf der zahlreiche kurze Stäbchen (Sterigmen) aufsitzen, die ihrerseits die Konidiensporen reihenweise abschnüren. Sie sind erheblich größer als die Penicilliumsporen, denn sie erreichen 9—15 μ im Durchmesser.

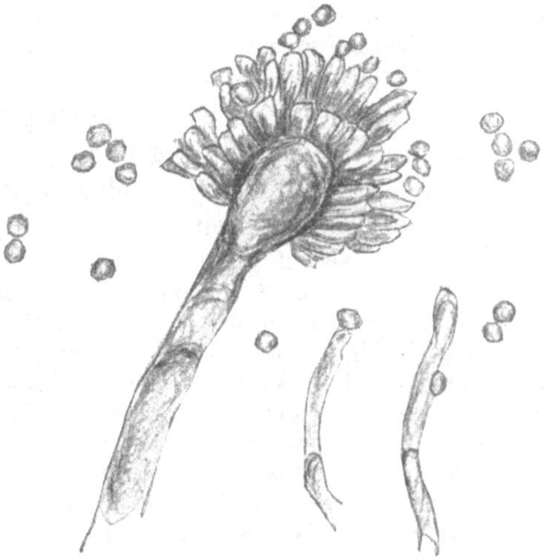

Fig. 18. Aspergillus fumigatus.

Leicht zu erhalten sind andere Aspergillen, wenn man Kartoffeln oder andere Nährböden, die der Luft ausgesetzt waren, im Brutschrank hält. Für das bloße Auge sehr dem gemeinen Pinselschimmel ähnlich ist der Aspergillus fumigatus. Seine Sporen sind auch ebenso klein (Fig. 18). Dunkelbraune Rasen und etwas größere Sporen bildet dagegen der Aspergillus niger, gelbe bis braune Rasen und doppelt so große Sporen der Aspergillus flavus. Diese drei Arten werden wir bei den pathogenen Schimmelpilzen wieder finden (Abschnitt 24).

Eine nicht unwesentliche Bedeutung im Gewerbe haben andere Aspergillusarten, der Aspergillus oryzae z. B. dadurch, daß sie ein diastatisches Ferment bilden, mit dem sie Stärke verzuckern. Man benutzt sie in Ostasien, um Reis für die Gewinnung alkoholischer Getränke vorzubereiten, wie man bei uns die Diastase der Gerste dazu benutzt.

Während Penicillium und Aspergillus zu den Mykomyzeten (S. 11) gehören, sind andere verbreitete Schimmelpilze, die Mukorarten, Algenpilze. Sie unterscheiden sich schon für das bloße Auge dadurch, daß sie mit ihrem Myzel, namentlich den fruchttragenden Fäden, sich hoch in die Luft erheben und so mit ihrem spinngewebsähnlichen Fadenwerk die Kulturgefäße oft ganz ausfüllen. In dem Luftmyzel erkennt man als dunkle Punkte die Sporenfrüchte. Mikroskopisch zeigen sich die Myzelfäden einzellig und verhältnismäßig dick. Die Früchte sind kuglige Blasen, in deren Innern die Sporen in großer Anzahl erzeugt werden (vgl. Fig. 13, S. 12).

Bei der Reife oder unter Druck werden sie durch Platzen der Blase, die dann leer zurückbleibt, frei. Unter den zahlreichen Arten gibt es hier, wie bei Aspergillus, solche, die bei gewöhnlicher Temperatur wachsen (Mucor mucedo, racemosus, stolonifer), andere, die bei Bruttemperatur gedeihen und wieder pathogen sind (Mucor rhizopodiformis, corymbifer u. a.), und schließlich auch solche, die durch den Besitz diastatischer Fermente gewerbliche Bedeutung haben (Mucor Rouxii, amylomyces). Manche Mukorarten können sich, in zuckerhaltigen Flüssigkeiten untergetaucht, zu hefeartigen Sproßverbänden entwickeln und auch alkoholische Gärung verursachen.

Ein weiterer gemeiner Schimmelpilz ist der Milchschimmel, das Oidium lactis, das sich regelmäßig auf jeder rohen Milch, die einige Zeit steht, als sammetartiger Belag entwickelt, aber auch sonst z. B. in Gärbetrieben weit verbreitet ist.

Das Myzel besteht zunächst aus langen schlauchförmigen, verästelten Zellen, zerfällt aber dann, meist von innen, manchmal aber auch von außen beginnend, zu kurzen, dicken Stäbchen, die sich schließlich zu den sog. Oidiensporen abrunden (vgl. Fig. 14, S. 12). In manchen Nährböden wachsen von Anfang an keine längeren Myzelfäden, sondern nur oidienähnliche Teilstücke, niemals aber Sproßmyzelien. Mit der Säuerung der Milch hat das Oidium nichts zu tun, obwohl die Milch, auf der es wächst, stets sauer ist. Auf den gewöhnlichen Nährböden wächst es ebenfalls gut, und zwar im Stich in der Weise, daß es an der Oberfläche ein weißes Myzel, in der Tiefe Ausläufer bildet, die nach unten immer spärlicher werden. Die Gelatine wird langsam verflüssigt, sterile Milch äußerlich nicht verändert.

Das sog. Oidium albicans, der Soorpilz, ist kein Oidium, sondern eher eine Hefe (s. Abschnitt 24).

Auch zu den Saccharomyzeten gehörige Sproßpilze siedeln sich häufig aus der Luft auf unseren Platten in weißen oder rosenroten Kolonien an. Meist handelt es sich dabei um wenige μ dicke, runde Zellen, die sich zwar durch Sprossung auseinander entwickeln, aber so schnell voneinander trennen, daß sie, oberflächlich betrachtet, mit großen Kokken verwechselt werden könnten (Fig. 19).

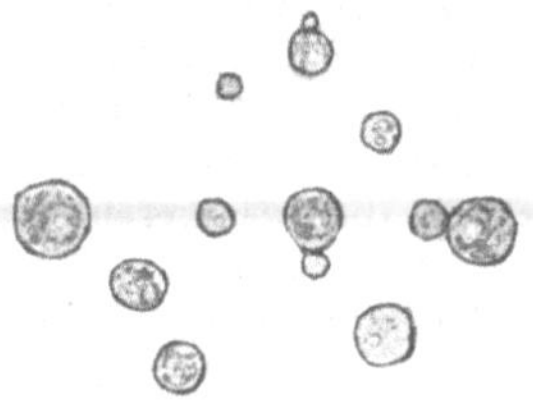

Fig. 19.
Rosahefe, teilweise in Sprossung.

Diese Formen werden gern als Torula bezeichnet. Da der Name schon an einen echten Schimmelpilz vergeben ist, wäre er als Gattungsname nicht zu gebrauchen, aber auch die Berechtigung, die kleinen runden Sproßpilze von den echten Hefen (Saccharomyces) zu trennen, fehlt, da die Größe kein brauchbares Gattungsmerkmal abgibt, auch viele echte Saccharomyzeten rund sind. Ein anderer Unterschied wäre die Unfähigkeit der meisten Torulaarten, Sporen zu bilden. Derselben Eigenschaft begegnet man aber auch bei vielen echten

Hefenpilzen, und andererseits gibt es auch sporenbildende Torulaarten. Wir führen darum die in weißen oder rosaroten Kolonien auf unseren Platten wachsenden kleinen Hefen als Saccharomyces albus und roseus. Gärkraft besitzen sie nicht, wohl aber andere Torulaarten, die z. B. aus Fruchtsäften sich züchten lassen. Auch die pathogenen Hefepilze (Abschnitt 24) ähneln diesen Lufthefen sehr.

Aus der Luft stammen wohl auch die sog. Kahmhefen, die auf sauren Flüssigkeiten, wie auf an der Luft stehendem Bier, Wein u. dgl. Kahmhäute bilden und keine oder nur geringe Gärkraft besitzen. Sie als besondere Gattung Mycoderma abzutrennen, liegt ebenfalls kein Grund vor. Es sind große, länglich runde Zellen, die mächtige Sproßverbände, aber keine Sporen bilden. Die verbreitetste Art Sacch. mycoderma findet sich gewöhnlich neben Essigbakterien, oxydiert auch den Alkohol, aber nicht zu Essigsäure, sondern zu Kohlensäure und Wasser.

Die eigentlichen Erreger der alkoholischen Gärung sind, wie namentlich die von Hansen eingeführten Reinzuchten bewiesen haben, in einer ganzen Reihe von Arten und zahllosen Abarten vorhanden, denn meistens bestehen die Unterschiede nicht in Eigentümlichkeiten der Gestalt, die man als feste Artmerkmale betrachten konnte, sondern in physiologischen Fähigkeiten, über deren Beständigkeit nicht jeder Zweifel ausgeschlossen ist. Unter den Arten seien genannt der Saccharomyces cerevisiae, die Bierhefe, mit rundlichen stattlichen Zellen, der Saccharomyces ellipsoideus, die Weinhefe, mit mehr länglichen, etwas kleineren Zellen, der Saccharomyces Pastorianus, eine „wilde" Hefe aus Luft und krankem Bier, mit wurstförmigen Zellen. Alle drei Hefearten bilden unter geeigneten Bedingungen[1] durch innere Zellteilung (vgl. S. 11) drei bis vier Sporen und vergären die einfachen Zucker Dextrose und Fruktose unmittelbar zu Alkohol und Kohlensäure, die zusammengesetzten Zucker Maltose, Saccharose und Raffinose erst, nachdem sie dieselben durch eigene Enzyme (Maltase usw.) in einfache Zucker zerlegt haben. Die alkoholische Gärung selbst hat man früher für eine Wirkung der lebenden Zelle gehalten, bis 1897 Eduard Buchner den Nachweis führte, daß die Hefezellen die Gärung auch nur dadurch leisten, daß sie ein Enzym, die Zymase, erzeugen.

Nach Buchner uud M. Hahn stellt man diese Zymase am besten so dar, daß man Hefezellen mit Sand und Kieselgur gründlich zerreibt und dann in eine hydraulische Presse unter einen Druck von 300 Atm. bringt. Der dabei gewonnene, durch Filtrieren oder Zusatz von Toluol von lebenden Zellen völlig befreite „Hefepreßsaft" ist in der Tat imstande, mit Zuckerlösung binnen wenigen Stunden große Mengen von Alkohol und Kohlensäure zu liefern. Auch

[1] Man schwemmt am besten junge Hefezellen in Wasser auf und bringt sie in ganz dünner Schicht auf den Boden eines Kolbens oder auf die Oberfläche eines in Wasser tauchenden Gipsblockes. Auch hier ist offenbar wie bei den Bakterien der Mangel an Nährstoffen das Wesentliche für den Eintritt der Sporenbildung.

die im Handel befindliche, meist mit Azeton abgetötete Trockenhefe besitzt diese Gärkraft.

Bei den Hefen unterscheidet man zunächst, je nach der Temperatur, bei der sie die Gärung volziehen, Unter- und Oberhefen. Der Name kommt daher, daß bei niedriger Temperatur, wo die Gärung weniger stürmisch verläuft, die Hefezellen meist am Boden liegen bleiben, während die stürmischere Gasentwicklung bei höherer Temperatur die Zellen zum großen Teil an die Oberfläche emporführt. Andere Unterschiede beziehen sich auf die Gärkraft gegenüber Dextrinen, Inulin und Melibiose, das Aroma, das sie erzeugen usw. Schier unendlich groß wird die Menge der Heferassen, wenn man sie nach dem Aussehen ihrer sog. Riesenkolonien trennen will. Während die in gewöhnlicher Weise hergestellten Kulturen wenig Eigentümlichkeiten darbieten, treten solche in die Erscheinung, sobald man sie in der Mitte einer größeren Fläche, z. B. eines mit Bierwürzgelatine beschickten Erlenmeyerkölbchens, anlegt und ihnen genügend Zeit zu weiterer Entwicklung läßt.

Von anderen, weniger wichtigen Hefen seien noch erwähnt der durch seine zitronenförmige Gestalt ausgezeichnete Saccharomyces apiculatus, der im Kaninchendarm so häufige, große stark verlängerte Zellen bildende Saccharomyces guttulatus, die Milchzuckerhefen, die außer anderen Zuckerarten auch den sonst nicht angegriffenen Milchzucker vergären und daher für die Entstehung alkoholischer Gärung in der Milch (Kefir und Kumys) bedeutsam werden, und schließlich die Spalthefen (Schizosaccharomyzeten), die sich nicht durch Sprossung, sondern durch Spaltung (wie Bakterien) vermehren, aber mehrere Sporen bilden wie die echten Hefen und als Gärungserreger bei der Rumherstellung dienen.

Von der Benutzung der Hefe im Gärungsgewerbe und als Nahrungsmittel wurde schon S. 21 gesprochen. Auch als Heilmittel z. B. gegen Furunkulose, hartnäckige Katarrhe der weiblichen Geschlechtswege werden frische Hefe und Hefepräparate (Levurinose u. a.) vielfach mit Erfolg verwendet, ohne daß man sich bisher über die Grundlage des letzteren ein klares Urteil hätte bilden können.

Sechster Abschnitt

Eiterung und Eiterkokken

Noch vor 60—70 Jahren war unter den Ärzten die Vorstellung allgemein verbreitet, die Eiterung einer Wunde sei da, wo eine unmittelbare Verunreinigung der Wundränder nicht möglich sei, etwas Selbstverständliches, und sogar noch in den 70er Jahren, als man schon fast allgemein die Überzeugung gewonnen hatte, daß die septische Infektion der Wunden nicht bloß durch ein Gift — Leichengift, Sepsin —, sondern durch lebende Krankheitskeime verursacht sei, wollte man die einfache Eiterung, die das „pus bonum et laudabile“ liefert, davon ausnehmen. Erst die folgerichtige Anwendung der Listerschen Wundbehandlung lehrte dann, daß auch die Eiterung und ihre Folgen, ja jede entzündliche Reaktion der Wunden, vermeidbar sind, also nicht etwa, wie man bis dahin annahm, eine Folge der Berührung mit Luftsauerstoff sein konnten. Es wurden aber erst durch Pasteur und Ogston (1880) und vor allen Dingen mit Hilfe des Kochschen Reinzüchtungsverfahrens durch Fehleisen (1883) und J. Rosenbach (1884) die Staphylokokken und Streptokokken als die Haupterreger der gewöhnlichen Wundinfektionen, der Eiterung und des Erysipels, der Septizämie und Pyämie erkannt und beschrieben.

Die Fortsetzung der Untersuchungen zeigte dann allerdings, daß außer den beiden genannten Arten gelegentlich auch manche andere Bakterien, wie die Pneumo-, Gono- und Meningokokken, die Influenzabazillen, die Coli- und Typhus-, Milzbrand-, Rotz- und Tuberkelbazillen, der Strahlenpilz und echte Pilze Eiter oder Dinge, die dem Eiter wenigstens ähnlich sehen, erzeugen können, ja daß vielleicht alle Bakterien und Pilze unter bestimmten Umständen befähigt sind, Eiterungen hervorzurufen.

Auf der anderen Seite wurde aber auch nachgewiesen, daß der Satz, keine Eiterung ohne Bakterien, nicht so ganz stichhaltig ist, daß es auch eine „aseptische" Eiterung durch chemische Stoffe gibt. Nach den Versuchen von Grawitz u. a. sind namentlich zu nennen Terpentinöl und Krotonöl, Petroleum, Quecksilber, Kalomel, Silbernitrat, Ammoniak, Kadaverin und Digitoxin. Das einfachste Verfahren, um das nachzuweisen, besteht darin, daß man nicht zu kleine Mengen der genannten Stoffe, durch Hitze gründlich entkeimt, mit einer Spritze oder in Kapillarröhrchen eingeschlossen in die Gewebe einführt. Die Einspritzung in die vordere Augenkammer läßt die Entwicklung der Eiterung noch schöner verfolgen.

Eine längere Erörterung hat sich darüber entsponnen, ob auch Fremdkörper, wie die zum Nähen von Wunden verwendeten Fäden, namentlich solche von Katgut, imstande seien, eine solche Eiterung zu bewirken. Das scheint nicht der Fall zu sein, wenn sie gründlich genug von Keimen befreit sind.[1]

Bei derartigen Versuchen mit bekannten chemischen Stoffen blieb man aber nicht stehen, sondern bemühte sich, die Wirkung der Bakterien durch bestimmte Erzeugnisse derselben zu erklären. Da stellte sich zunächst heraus, daß schon die gelösten Bestandteile der Bakterienkulturen, sowie daraus hergestellte alkaloidartige Stoffe („Ptomaine"), zu denen auch das Kadaverin (s. o.) gehört, Entzündung und Eiterung erzeugten. Indessen sind so große Mengen davon nötig, daß damit nicht viel anzufangen ist. Wichtiger war es, daß nach Hans Buchner u. a. schon kleinere Mengen toter Bakterienleiber dieselbe Wirkung besitzen, und daß diese nicht bloß den eigentlich pyogenen und anderen krankheitserregenden Bakterien, wie Eiterkokken und Milzbrandbazillen, sondern auch allen möglichen, sonst unschädlichen Bakterien, wie z. B. dem Prodigiosus und Pyocyaneus, teilweise sogar in noch höherem Grade, zukommt.

---

[1] Gelegentlich ist das schwer, wenn Sporenbildner den Darm, der zur Herstellung der Fäden benutzt werden soll, durchsetzt haben. Bei reichlichster Durchtränkung mit Bakterienstoffen wäre allenfalls eine Eiterung erklärlich auch in dem Falle, daß keine lebenden Keime mehr in den Fäden vorhanden sind. Zur Gewinnung des Katguts sollte man also nur ganz frische Därme benutzen.

Die Erklärung dafür liegt wohl darin, daß die gramfesten Bakterien, zu denen jene Krankheitserreger gehören, weniger leicht lösliche Leiber besitzen, als die letztgenannten gramfreien Bakterien. Den eitererregenden Stoff nannte Buchner Bakterienprotein und stellte es durch Auskochen der Bakterien, namentlich in alkalischer Lösung, her. In ähnlicher Weise konnte er auch aus pflanzlichen Zellen Stoffe mit pyogenen Wirkungen gewinnen (Kleber, Aleuronat).

Außer den örtlichen Wirkungen beobachtet man, wie wir hier gleich bemerken wollen, vielfach auch Allgemeinwirkungen, wie Hyperleukozytose, Fieber, Kollaps, wenn man die Bakterienproteine in größeren Gaben und an dem richtigen Orte, z. B. in die Bauchhöhle und das Blut, einspritzt. Man hat später die schwereren von diesen Erscheinungen als solche der Endotoxinvergiftung bezeichnet, es sind aber die Pfeifferschen Endotoxine (Leibesgifte, Abschnitt 10 und 31) im Grunde nichts anderes, als die Buchnerschen Bakterienproteine.

Geht nun von diesen Eiweißstoffen wirklich die Eiterung und das Fieber aus? Man hat das von Anfang an bezweifelt und in der Annahme, Eiweißkörper begleiteten nur die wirksame Substanz, versucht, durch bestimmte chemische Behandlung andere Stoffe aus den Bakterienleibern zu gewinnen, denen die gleiche Wirkung zukäme. Die Erfolge sind aber bisher recht kümmerlich geblieben. Dagegen ist man neuerdings auf einem Umwege zu der Vorstellung gelangt, daß die pyogenen und pyrogenen Stoffe gar nicht in den Bakterienleibern vorgebildet seien, sondern erst durch Einwirkung der Gewebssäfte aus ihnen gebildet werden. Wir kommen auf diese Lehre bei Besprechung der anaphylaktischen Erscheinungen zurück (Abschnitt 31 und 32).

Der gewöhnlichste Eitererreger ist der Staphylokokkus oder, wie man ihn besser nennen sollte (S. 4), Micrococcus pyogenes. Es sind im ganzen kleine, aber in ihrer Größe, besonders im Eiter selbst, ziemlich wechselnde Kokken, die auf künstlichen Nährböden gewöhnlich als Diplokokken, weniger oft als kleine, unregelmäßige Häufchen, seltener als Ketten zu höchstens vier Gliedern oder in unregelmäßigen Vierecken auftreten, im Eiter aber gewöhnlich die Traubenform annehmen, die ihnen ihren Namen verschafft hat (Fig. 20). Sie färben sich gut mit allen Anilinfarben und sind leicht nach Gram darzustellen. Wie die meisten Kokken sind sie unbeweglich und bilden keine Sporen. Trotzdem besitzen sie eine große Widerstandsfähigkeit, so daß sie z. B. im trocknen Staub längere Zeit lebensfähig bleiben. Auf den Nährböden wachsen sie üppig und schon weit unter Zimmertemperatur. Milch bringen sie teils durch Säure, teils durch Labferment zur Gerinnung. Gelatine verflüssigen sie, indem die Kolonien im Zentrum des Verflüssigungsbezirkes liegen bleiben. Dabei macht sich auf allen Nährböden, besonders schön auf Kartoffeln,

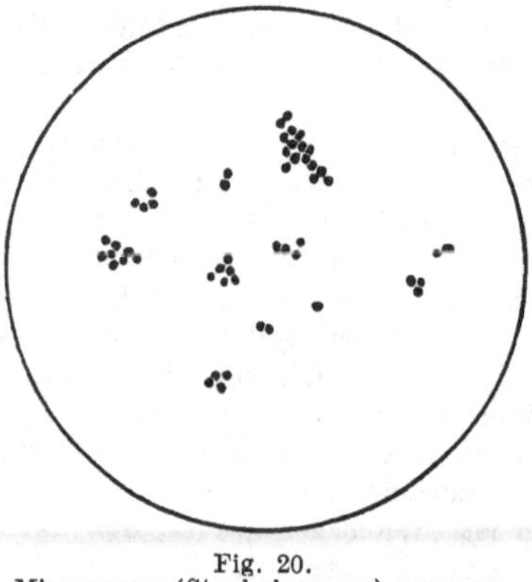

Fig. 20.
Micrococcus (Staphylococcus) pyogenes von Agarkultur.

bald eine bestimmte Färbung der Bakterienmassen bemerkbar, die den Grund abgegeben hat, drei Abarten, den Staphylococcus pyogenes aureus, albus und citreus zu unterscheiden. Am häufigsten ist der goldgelbe, am seltensten der zitronengelbe Traubenkokkus. Die gefärbten Abarten büßen mit der Zeit nicht selten ihre Farbe ein.

Wie das Färbungsvermögen wechselt auch die Fähigkeit, Gelatine und Blutserum zu verflüssigen. Nicht verflüssigende Stämme, die auf der Haut und außerhalb des Körpers vorwiegend gefunden werden, können aber nicht mehr ohne weiteres als solche des Micrococcus pyogenes anerkannt werden. Zur Unterscheidung von derartigen harmlosen oder saprophytischen Staphylokokken sind auch noch einige andere Eigenschaften zu benutzen. In erster Linie die Bildung eines im Reagenzglas auf rote Blutkörperchen wirkenden Giftes, des Hämolysins. Echte, d. h. aus Eiter gezüchtete Staphylokokken liefern es gewöhnlich, andere nicht. Man prüft am einfachsten auf Hämolyse, indem man die Kokken auf Platten mit Blutagar züchtet, d. h. Agar, dem man im flüssigen, aber schon abgekühlten Zustand 5—10% Blut von Kaninchen oder Hammeln zugesetzt hat. In der Umgebung der Kolonien wird die Platte hell und lackfarben. Aus Bouillonkulturen der Staphylokokken, die 8—20 Tage im Brutschrank gestanden haben, gewinnt man das gelöste „Staphylolysin" dadurch, daß man die Bouillon durch Kieselgurfilter oder Ausschleudern von den lebenden Kokken befreit. Zur Feststellung seiner Wirksamkeit werden 2 ccm mit je 1 Tropfen gewaschener Kaninchenblutkörperchen versetzt und auf $^1/_2$ Stunde in ein Wasserbad von 40° gebracht. Ist die Lösung der roten Blutkörperchen vollständig, so wird die Aufschwemmung lackartig durchsichtig, ist die Lösung unvollständig, so bleibt die Aufschwemmung zunächst trübe und setzt dann unter der klaren, mehr oder weniger rot gefärbten Flüssigkeit einen Bodensatz von ungelösten Blutkörperchen ab.

Schon Erhitzung auf 55° zerstört das Staphylolysin. Wenig widerstandsfähig ist auch ein zweites, von den Staphylokokken gebildetes Gift, das Leukozidin, das die weißen Blutkörperchen zerstört, aber mit ihrer Pathogenität nicht in Zusammenhang zu stehen scheint. Um es nachzuweisen, braucht man bloß Bouillonkulturen mit frischen Leukozyten von Kaninchen unter dem Mikroskop zusammenzubringen: sie verändern sich in kurzer Zeit und lösen sich schließlich auf. Eine dritte Eigenschaft, die anscheinend nur den echten Staphylokokken zukommt, ist die Fähigkeit, schon in kleinen Mengen Plasma zur Gerinnung zu bringen. Weniger beständig ist die entzündungserregende Wirkung von Staphylokokkenfiltraten auf, in und unter der Haut von Tieren und Menschen.

Ebenso brauchbar zur Erkennung der pyogenen Traubenkokken wie die Hämolysinprobe ist die Agglutination mit Blutserum von Tieren (Kaninchen), die wiederholte Einspritzungen von Eiterstaphylokokken bekommen haben. Wir besprechen die Anstellung dieser Probe ausführlich bei den Typhusbazillen und bemerken hier nur, daß nach umfassenden Feststellungen nur die Eiterstaphylokokken von diesem Immunserum regelmäßig verklebt werden, nicht die ihnen äußerlich ähnlichen Traubenkokken aus anderen Quellen.

Die wichtigste Eigenschaft des St. pyogenes, seine Fähigkeit, Krankheit zu erregen, ist durch den Tierversuch nicht so leicht festzustellen, wie man glauben könnte. In den ersten Jahren nach ihrer Reinzüchtung hat man sich besonders darüber gewundert, daß es nur nach Einführung von sehr erheblichen Mengen von Staphylokokken gelang, von der Unterhaut aus, mit noch viel erheblicheren erst von der Bauchhöhle aus Eiterung zu erzeugen. Da man gleichzeitig beobachten konnte, daß die Eiterung leichter zu erzielen war, wenn man örtlich reizende Stoffe, z. B. verdünntes Krotonöl, Antiseptika, große Flüssigkeitsmengen gleichzeitig mit oder vor den Kokken einspritzte, und mit der Ansteckung Gewebsverletzungen, Fremdkörperwirkungen u. dergl. verband, so hielt man es für wahrscheinlich, daß für die Eiterung außer den Kokken noch andere „disponierende" Einflüsse vorhanden sein müßten. Daß solche die Eiterung begünstigen können, ist unleugbar, aber daß sie nicht in allen Fällen nötig sind, ist ebenso sicher. Das lehren vor allen Dingen Versuche, die am Menschen selber gemacht wurden. Hier genügt oft schon die Einreibung kleinster Mengen von Staphylokokken in die Haut, um Impetigopusteln und Furunkel, und die Einspritzung kleinster Mengen unter die Haut, um Abszesse zu erzeugen. Unsere Versuchstiere sind offenbar weniger und auch sehr ungleich empfänglich für Staphylokokken.

Am meisten erreicht man noch bei Kaninchen, aber auch nur, wenn man die richtige Körperstelle wählt. So sind bei diesem Tier schon mit winzigen Mengen zu infizieren die Gelenke und die vordere Augenkammer, dann mit etwas größeren Mengen die Muskulatur und das Blut, dann das subkutane Gewebe, die Brusthöhle und erst mit riesigen Mengen die Bauchhöhle. Während man beim Kaninchen durch Einspritzung von Staphylokokken in die Blutbahn ganz gewöhnlich eine Ansiedlung derselben mit eitrigen Veränderungen an zahlreichen Stellen der Nieren und der Muskeln, des Herzens, bei jungen Kaninchen auch in den Knochen, also eine Art von Pyämie erzielen kann, ist das beim Hund kaum zu erreichen, hier aber wieder leichter im Unterhautgewebe Eiterung zu erzeugen. Es ist hier nicht der Ort, näher auf diese Eigentümlichkeiten der Disposition (Krankheitsanlage) einzugehen (vgl. Abschnitt 29 und 32). Auf der Hand liegt es aber, daß ihre Erklärung etwa durch rein mechanische Verhältnisse nicht leicht sein wird, um so weniger, da die Infektionsmöglichkeiten bei anderen Bakterien wieder ganz verschiedene sind. Wir werden z. B. später sehen, daß manche Keimarten umgekehrt für die Bauchhöhle am gefährlichsten sind. Es bleibt nichts übrig, als feine biochemische Unterschiede im Verhalten der Tiere und der Gewebe für ihre so ungleiche Krankheitsanlage verantwortlich zu machen. Daß dem lebenden Tiere chemische Abwehrmittel zur Bekämpfung der Ansteckungen zur Verfügung stehen, werden wir bald sehen.

Zwei Beobachtungen, die man auch bei den anderen Bakterien machen kann, gelten ebenso für die Staphylokokken: erstens ist ihre Wirksamkeit im Tierkörper je nach dem Stamm, den man gezüchtet hat, recht ungleich und pflegt auch nach längerer Fortzüchtung auf künstlichen Nährböden abzunehmen. Die Veränderlichkeit, die anderen Bakterieneigenschaften innewohnt (S. 41), bezieht sich also auch auf ihre Ansteckungskraft. Zweitens sind die Wirkungen eines und desselben Stammes um so größer, je größere Mengen lebender Kokken man zur Infektion nimmt, und je größere Mengen abgetöteter Kulturen von Kokken man zu einer bestimmten Gabe lebender Kokken hinzufügt. Es handelt sich dabei nicht, wie man früher glaubte, um die Wirkung von allgemeinen

Giften, denn im Tierversuch ist es gerade bei Staphylokokken noch nicht mit Sicherheit gelungen, derartige Gifte nachzuweisen, sondern um die Steigerung der Ansteckungskraft (auch Infektiosität oder Virulenz), d. h. des Wachstumsvermögens im lebenden Körper durch Stoffe, die in lebenden und toten Infektionserregern vorhanden sind, und die ich Angriffsstoffe (Aggressine) genannt habe. Wir kommen noch öfter auf diese Stoffe zurück, da sie für die Erklärung der Wirksamkeit ansteckender Keime von großer Bedeutung sind (Abschnitt 30).

Die Ansteckungen durch Staphylokokken (Staphylomykosen) bestehen beim Menschen in Eiterungen aller Art, von den kleinsten Pusteln und Furunkeln an bis zu größten Abszessen, Karbunkeln, Zellgewebs- und Lymphgefäßentzündungen und eitrigen Erkrankungen innerer Organe, seien sie nun nach Verletzungen entstanden oder ohne solche, wie die akute infektiöse Osteomyelitis, Endokarditis usw., seien sie auf ihren ursprünglichen Herd beschränkt oder auf dem Lymph- oder Blutwege von anderen Stellen des Körpers aus „metastatisch" übertragen, wie die Pyämie.

Auch bei Tieren sind Staphylokokken als Eitererreger weit verbreitet. Eine Abart derselben findet sich bei der Botryomykose des Pferdes, einer äußerlich an Aktinomykose erinnernden Erkrankung. Von granulierendem Gewebe umgeben liegen die Kokken in traubenförmigen Rasen (Zooglöen).

Der Nachweis der Kokken in Eiterherden durch Untersuchung gefärbter Ausstriche ist um so leichter, je frischer die Eiterherde sind; in ganz alten können die Kokken ganz verschwunden sein. Einen deutlichen Fingerzeig über die Art und Weise, wie sie verschwinden, ergibt die mikroskopische Untersuchung der verschiedenen Entwicklungszustände des Eiterherdes. Zu Anfang liegen nämlich die Kokken in großen Mengen frei zwischen den Eiterzellen, dann immer häufiger und schließlich vollständig innerhalb derselben (Fig. 21 auf der farbigen Tafel); allmählich lassen sie sich dann auch in diesen schlechter färben und schließlich gar nicht mehr erkennen. Metschnikoff hat zuerst daraus geschlossen, daß die Kokken von den Leukozyten gefressen werden und dann in diesen Freßzellen oder Phagozyten durch Verdauung zugrunde gehen. Das ist im wesentlichen wohl auch der Verlauf. Man machte zwar dagegen geltend, die Kokken würden von den Freßzellen erst aufgenommen, nachdem sie abgestorben seien; die Leukozyten seien also gewissermaßen bloß die Totengräber des Schlachtfeldes, nicht die siegreichen Truppen selbst. Daß dem aber nicht so ist, wird durch Versuche bewiesen, die man jederzeit leicht anstellen kann. Man braucht nur frische Leukozyten, z. B. aus dem Blute des Menschen[1] oder aus der künstlich entzündeten Bauchhöhle eines Meerschweinchens mit frischen Staphylokokken aus Kulturen in einer kleinen Probierröhre oder einem Kapillarröhrchen zu mischen und dann zu färben, um schon nach wenigen Minuten einen

[1] Die Einzelheiten des Untersuchungsverfahrens siehe im 32. Abschnitt.

Teil der Leukozyten mit Kokken gefüllt zu sehen. Allerdings ist eine Voraussetzung dazu nötig, deren Kenntnis wir Wright verdanken, daß nämlich die Leukozyten nur dann ihre Freßtätigkeit ausüben, wenn auch noch frisches Blutserum in der Mischung vorhanden ist. Mischt man zur Aufschwemmung der Kokken und Leukozyten nur physiologische Kochsalzlösung oder Blutserum, das man mehrere Tage lang hat stehen lassen oder eine halbe Stunde auf 55^0 erhitzt (inaktiviert) hat, so bleiben die Kokken sämtlich oder fast sämtlich außerhalb der Zellen. Die in frischem Blutserum, sei es vom Menschen oder von Tieren, enthaltenen hitzeempfindlichen Stoffe hat Wright Opsonine genannt, weil sie die Eigenschaft besitzen, die Kokken für die Freßzellen gewissermaßen schmackhaft zu machen. Nur darum handelt es sich in der Tat, nicht etwa um Abtötung der Kokken durch das Serum, denn in einem Serum ohne Leukozyten wachsen die Staphylokokken meist zu üppigen Kulturen aus.

Wir haben alle Ursache, der Phagozytose eine sehr große Bedeutung für die Bekämpfung der Staphylokokkenansteckung zuzuschreiben. Da die eitrige Entzündung der Vorgang ist, durch den auch die im gesunden Zustande an Leukozyten und Serum armen Stellen des tierischen Körpers mit diesen Bestandteilen überschwemmt werden, so ist also die Entzündung als die mächtigste Schutzeinrichtung im Kampfe gegen die Staphylokokkenkrankheit zu betrachten. Das beweist aber noch nicht, daß die Freßzellen die einzige Abwehrwaffe des tierischen Körpers gegen diese Krankheitskeime sei, im Gegenteil lehren uns zunächst schon andere im Reagenzglas gemachte Erfahrungen (Abschnitt 32), daß die Leukozyten nicht allein durch ihre Freßtätigkeit, sondern auch durch von ihnen nach außen abgegebene Stoffe, die man Leukine nennen kann, die Kokken zu vernichten vermögen. Damit stimmt durchaus überein, daß wir auch im lebenden Körper Staphylokokken öfters außerhalb der Exsudatzellen zugrunde gehen sehen. Nicht selten, z. B. in der Hornhaut von Versuchstieren, geschieht das in der Weise, daß wir ungezwungen an eine Fernwirkung der Leukozyten denken können. Der Kokkenherd umgibt sich förmlich mit einem Wall von Leukozyten, der ihn erstickt.

Um die Lage der Kokken in Herden festzustellen, bedürfen wir der Untersuchung im Schnitt. Die Organe werden zu dem Zweck (am besten im Alkohol) gehärtet, in Paraffin u. dgl. eingebettet und in Schnitte zerlegt. Diese werden nach Entfernung des Einbettungsmittels frei oder auf den Objektträger aufgeklebt mit Methylenblau oder nach Vorfärbung mit Karmin nach Gram gefärbt, mit Alkohol entwässert, in Xylol aufgehellt und in Balsam oder Zedernöl untersucht. Sind die Schnitte sehr dünn, so besteht die Gefahr, daß der Alkohol nicht bloß das Wasser, sondern auch die Farbe aus den Bakterien entfernt. Man befördert die Entwässerung durch vorsichtiges Abtrocknen mit Fließpapier und läßt den Alkohol nur ganz kurz einwirken. Sind die Schnitte dick, so bleibt das Gewebe zu stark gefärbt und muß vor der Entwässerung durch kurze Behandlung mit verdünnter Essigsäure (1%) etwas entfärbt werden. Bakterien gut im Schnitt zu färben ist eine Kunst, die gelernt sein will.

Möglicherweise sind es die Leukine, die auch das Absterben der Kokken innerhalb der Freßzellen bewirken. Daß es in der Tat nicht bei der Aufnahme der Kokken durch die Phagozyten bleibt, sondern daß ihre Vernichtung die nächste Folge ist, lehren uns Versuche im lebenden Körper weit deutlicher als solche im Glase.

Wir erzeugen zunächst eine künstliche Entzündung, indem wir in die Bauchhöhle eines Meerschweinchens einige Kubikzentimeter Brühe oder Kochsalzlösung einspritzen. Statt der gewöhnlich geringen Zahl von Wanderzellen finden wir am folgenden Tage in der Bauchhöhle eine große Masse von Leukozyten. Spritzen wir jetzt in den Bauch eine gewisse Menge von Staphylokokken und machen dann von Zeit zu Zeit gefärbte Ausstriche und Platten von dem Exsudat, indem wir das letztere mit einer zur feinen Kapillare ausgezogenen Glasröhre aus der Bauchhöhle ansaugen, oder besser, stellen wir den Versuch gleichzeitig an einer ganzen Reihe von so vorbereiteten Meerschweinchen an, töten diese von Zeit zu Zeit und verarbeiten den gesamten Inhalt der Bauchhöhle zu Platten und Ausstrichen, so finden wir, daß die Kokken von Stunde zu Stunde vollständiger in Leukozyten aufgenommen und an Zahl geringer werden. Nach 24—48 Stunden pflegen von vielen Millionen Keimen, die wir eingespritzt, nur noch vereinzelte am Leben geblieben zu sein (vgl. Abschnitt 32).

So verstehen wir es denn, daß gerade die Staphylokokkenansteckungen im allgemeinen zu den heilbaren Krankheiten gehören. Die Heilung spielt sich bekanntlich am Krankenbett dann in vollkommener Weise ab, wenn die Eiterung sich begrenzt, und der Eiter, sei es freiwillig nach außen durchbricht, sei es künstlich nach außen entleert wird, worauf die entstandene Gewebslücke sich mit Granulationen füllt und schließlich vernarbt. Offenbar kommt hier die verflüssigende Kraft des Eiters der Heilung zugute. Weniger vollkommen ist die Heilung, bzw. sie dauert länger, wenn der Durchbruch entweder ausbleibt oder unvollständig ist, und die Eiterung sich nach bisher gesunden Stellen der benachbarten Gewebe ausbreitet. Am schlimmsten ist es, wenn die Eiterinfektion nicht bloß auf dem gewöhnlichen lymphatischen Wege fortschreitet, sondern etwa auf eine innere Körperhöhle oder gar auf den Blutweg übergeht und neue Herde (Metastasen) erzeugt. Auch hier sind Heilungsvorgänge an der ersten wie an den später betroffenen Stellen nicht zu verkennen, wenn sie auch oft beschränkt bleiben und unter Umständen den unheilvollen Ausgang der Krankheit nicht aufhalten.

Daß durch das Überstehen einer Staphylokokkenerkrankung eine Erhöhung der Widerstandsfähigkeit, eine Art Immunität gegen neue Ansteckung sich entwickelt, ist wahrscheinlich.

Die Häufigkeit von Nachschüben einer Eiterung, z. B. bei der Furunkulose, könnten wir als ein Zeugnis dagegen ansehen, doch kommen Rückfälle auch bei anderen Ansteckungen vor, die im allgemeinen sichere Immunität erzeugen, auch hat man im Tierversuch und beim Menschen gewisse Erfahrungen gemacht, die für die Möglichkeit einer Schutzimpfung gegen Staphylokokken sprechen. Wir haben namentlich die Erfolge der Heilimpfung (Vakzinetherapie) im Auge. Auf den Vorschlag Wrights hin hat man gerade bei den durch wiederholte Anfälle ausgezeichneten schleichenden Staphylokokkenerkrankungen, wie der Furunkulose versucht, die Widerstandsfähigkeit auf demselben Wege zu steigern, der sich bei anderen Infektionen bewährt hat, nämlich durch wiederholte Zuführung kleiner, aber steigender Mengen abgetöteter Staphylokokken, und ist sogar nicht davor zurückgeschreckt, noch während der bestehenden Infektion dieses Verfahren einzuleiten. Nach vielen Berichten mit gutem Erfolge. Vielfach hat man auch beobachtet, daß die opsonischen Kräfte des Blutserums bei dieser Behandlung stiegen, und hat das als Erklärung für deren gute Wirkung betrachtet. Selbst eine Blutserumtherapie ähnlich der bei anderen Kokkeninfektionen (s. u.), ist nach Tierversuchen möglich, hat sich jedoch beim Menschen bisher nicht eingebürgert. Angeblich hat auch eine örtliche Heilimpfung durch Einreibung von Staphylokokkenstoffen (Opsonogen u. a.) in die Haut oder Umschläge mit Filtraten (Antivirus Besredka) Erfolg. Daß es sich dabei um rein spezifische Wirkungen — eine „örtliche Immunisierung“ — handeln sollte, ist sehr zweifelhaft (vgl. Abschnitt 32).

Aussichtsreicher als Schutzimpfung gegen die Staphylomykose ist ihre Vorbeugung auf anderem Wege. Hier hat bekanntlich die antiseptische Wundbehandlungsmethode Listers ihre ersten Triumphe gefeiert. Wenn sie jetzt, soweit das Operieren im gesunden Gewebe in Frage kommt, allgemein durch die aseptische Behandlung ersetzt ist, so ist das darin begründet, daß die Antiseptika nicht bloß die Infektionskeime, sondern auch die Gewebe selbst schädigen. Auch bei schon infizierten Wunden glaubte man längere Zeit aus diesem Grunde auf die Verwendung antiseptischer Stoffe und überhaupt fast auf jede Berührung der Wunden verzichten zu sollen. Insbesondere die Erfahrungen des Weltkrieges haben aber gezeigt, daß man hierin zu weit gegangen war. Man ist jetzt allenthalben zur antiseptischen Behandlung zurückgekehrt, zu der die Chemotherapie (vgl. Abschnitt 32) neue Mittel bereitstellt. Damit verbindet man eine energische mechanische Säuberung der Wunde, indem man Fremdkörper und abgestorbene Gewebsteile beseitigt, enge Kanäle erweitert, glatte Wundränder zu schaffen sucht. Nach wie vor erstrebt man natürlich, durch keimtötende Mittel die gesunde Haut des Arztes und der Kranken von den ihnen anhaftenden Eiterkokken zu befreien, um sie von den Operationswunden fernzuhalten und auch um gelegentliche Selbstansteckungen zu vermeiden. Nötig erscheint das deswegen, weil auf der Haut nicht nur stets reichliche Mengen Traubenkokken vorhanden sind, sondern auch darunter gar nicht selten solche, die sich durch kein Mittel von dem echten Microc. pyogenes unterscheiden lassen. Jahrzehnte lange Erfahrung hat nun freilich gezeigt, daß die vollständige Entkeimung der Haut eine der schwierigsten, ja fast unmöglichen Aufgaben ist, weil die Keime offenbar so tief zwischen dem Epithel und in den Drüsenmündungen der Haut stecken, daß sie zum Teil für die bakterientötenden Mittel unerreichbar bleiben. Man hat deshalb heutzutage vielfach weniger das Ziel im Auge gefaßt, die Bakterien der Haut zu vernichten, als ihre Ablösbarkeit zu beschränken. Das erreicht man durch die härtende Wirkung des Alkohols, durch Jodpinselung, durch Überdeckung mit Mastixlösung und schließlich durch Gummihandschuhe.

Die eigentliche Luftinfektion von Wunden hat nach allgemeiner Ansicht eine weit geringere Bedeutung als man ihr früher zuschrieb, nicht bloß, weil die gefährlichen Ansteckungserreger im Luftstaube so selten vorkommen, sondern weil sie im trocknen Zustande viel von ihrer Gefährlichkeit einbüßen. Mehr zu fürchten ist die Ansteckung durch verspritzte Tröpfchen Speichel, denn Eiterkokken sind im Munde gar nicht selten. Man sucht sie z. B. durch Vorbinden von Schleiern u. dgl. zu verhüten.

Bei der Bekämpfung der Wundinfektion muß man sich die Tatsache stets vor Augen halten, daß die Gefahren für die Wunden je nach dem Alter, in dem sie sich befinden, außerordentlich verschieden sind. Stark gefährdet sind eigentlich nur die frischen, d. h. noch nicht mit Granulationen überzogenen Wunden. Nur sie sind imstande, Krankheitserregern das Haften und Eindringen zu ermöglichen; die Granulationen bilden dagegen — natürlich nur solange sie unbeschädigt bleiben — einen sicheren Schutz gegen die Ansteckung. Das lehren tausendfältige Erfahrungen, die schon in der vorantiseptischen Zeit gemacht sind, und das haben auch die Versuche der Bakteriologen bestätigt (vgl. Milzbrand, Abschnitt 18).

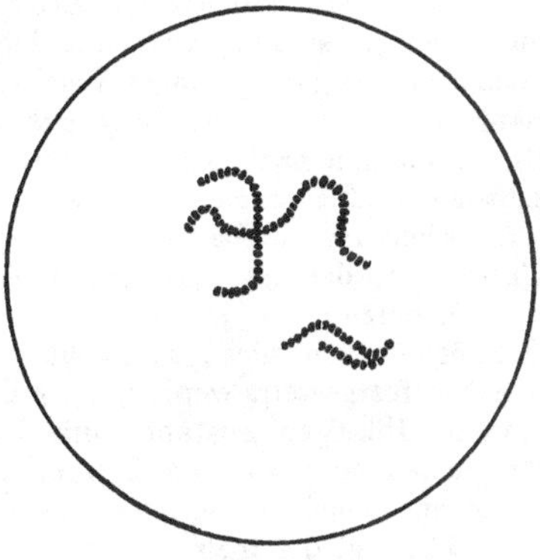
Fig. 22. Streptokokken aus Fleischbrühe.

Der zweite gewöhnliche Erreger von Eiterungen ist der Streptococcus pyogenes. Er trägt seinen Namen, weil er nur nach einer Richtung hin auswächst und dadurch Ketten von Kokken bildet (Fig. 22). Die Form der Kettenglieder ist im allgemeinen kuglig, doch haben die Kugeln gerade im Gegensatz zu dem, was wir beim Streptococcus lanceoatus und lacticus (s. folg. Abschnitt) beobachten, die Neigung, sich abzuplatten, indem sie, wenn die Abplattung nach einer Seite geschieht, zu Paaren angeordnete Halbkugeln (Semmelformen) oder wenn sie nach beiden Seiten stattfindet, fast scheibenartige Glieder (Stacketformen) bilden.

Der Streptokokkus, der die Entzündung des Kuheuters verursacht (Strept. mastitidis), ist besonders durch die letztere Form ausgezeichnet, so daß man imstande ist, diese wirtschaftlich, weniger hygienisch wichtige Erkrankung schon in ihren Anfängen bei mikroskopischer Untersuchung des Bodensatzes aus Milch zu erkennen. Die schönsten, oft aus Hunderten von Gliedern bestehenden und im Knäuel liegenden Ketten finden sich in flüssigen Nährböden wie Fleischbrühe und Milch nicht in festen, wie Agar und Gelatine oder im Eiter und Gewebe, wo der Zusammenhang der Ketten oft fast ganz verloren geht, so daß man nur Kokkenpaaren oder kurzen Ketten von 4—10, nicht selten auch, namentlich innerhalb der Freßzellen, staphylokokkenartigen Ansammlungen begegnet. Um den mikroskopischen Befund in Zweifelsfällen zu sichern, ist es daher zu empfehlen, auch Bouillonkulturen anzulegen.

Der Strept. pyogenes läßt sich, wie der Staph. pyogenes, leicht mit Anilinfarben und nach Gram färben.

Auch der Strept. pyogenes ist unbeweglich und bildet keine Sporen. Trotzdem besitzt er unter Umständen, z. B. im Eiter, in dichten Schichten angetrocknet, eine längere Lebensdauer. In Form feinsten Staubes getrocknet pflegt er lange nicht so widerstandsfähig zu sein wie der Staphylokokkus. Von letzterem unterscheidet er sich auch durch die viel geringere Üppigkeit seiner Kulturen. Er bildet nur kleine, durchscheinende, flache Kolonien, die, im Gegensatz zum Staphylokokkus, Gelatine und Blutserum nicht verflüssigen.

In Fleischbrühe wird entweder bloß ein Bodensatz gebildet, der sich beim Aufwirbeln mehr oder weniger krümlich oder wolkig zeigt, oder eine gleichmäßige Trübung. Von wesentlicher Bedeutung sind diese Unterschiede nicht, da sie nicht beständig sind, und alle Übergänge vorkommen. Auf Kartoffeln findet höchstens ein ganz geringes Wachstum statt. Milch wird öfters, und zwar durch Säurebildung zur Gerinnung gebracht. Der mehrfach gemachte Versuch, die Streptokokken nach Maßgabe ihres Säuerungsvermögens in Nährböden mit verschiedenen Zuckerarten einzuteilen, gelingt nicht sicher, da die Verhältnisse zu sehr wechseln. Vielleicht eher ist man berechtigt, den Strept. pyog. in zwei Unterarten, den Str. hämolyticus und non hämolyticus (auch mitior genannt), einzuteilen, je nachdem er rote Blutkörperchen löst oder nicht. Dieses Vermögen kann nicht so leicht wie bei den Staphylokokken auch in Brühefiltraten festgestellt werden, aber doch einfach genug auf Platten mit Agar, den man im flüssigen Zustande mit 1 ccm frischen oder defibrinierten Blutes (von Kaninchen oder anderen Tieren, am besten vom Menschen) versetzt hat. Die Kolonien umgeben sich, wenn sie hämolytisch sind, mit einem hellen breiten Hof, während die nicht hämolytischen Streptokokken entweder gar keinen oder einen unbedeutenden Hof bilden. Der Unterschied ist deswegen von Wichtigkeit, weil die Hämolyse bis zu einem gewissen Grade einen Rückschluß zuläßt auf die Ansteckungskraft der Streptokokken. Die aus Krankheiten gezüchteten Streptokokken sind meist hämolytisch, die außerhalb des Körpers oder auf gesunden Schleimhäuten gefundenen meist nicht. Wenn man in dem Wochenbettausfluß einen hämolytischen Streptokokkus findet, so besteht Verdacht, daß eine Infektion vorliegt oder bei Eingriffen in den Uterus folgen könnte. Man darf sich zwar nach diesem Grundsatz richten, muß aber dabei immer bedenken, daß die Regel viele Ausnahmen erleidet, und daß auch Übergänge von der einen in die andere Form zu beobachten sind. Als Ausnahme besonders bemerkenswert ist der von Schottmüller sog. Str. viridans, der auf Blutplatten zuerst farblos, dann grünlich wächst, für Versuchstiere wenig pathogen, aber als Haupterreger der Endocarditis lenta anzusehen ist. Zu der Gruppe der Lanzettkokken (Abschnitt 7) rechnen wir dagegen den Str. mucosus und auch wieder grünlich wachsende Formen. Eine ganz scharfe Einteilung lassen aber die Streptokokken, wie wir schon vor 40 Jahren betont haben, überhaupt nicht zu, ja selbst Übergänge zu bazillären Formen, den langen Milchsäurebazillen (Abschnitt 9), kommen vor. Diese wissenschaftliche Erkenntnis hindert aber keineswegs die weit überwiegenden typischen Formen voneinander zu unterscheiden.

Der gewöhnliche Strept. pyogenes entwickelt sich ebensogut bei Sauerstoffzutritt und -abschluß und wächst daher in Stichkulturen gleichmäßig längs dem ganzen Stich.

Daneben gibt es aber auch solche, die besser oder ausschließlich ohne Sauerstoff, also üppiger oder nur in der Tiefe des Stichs gedeihen und daher auf Platten schlecht oder gar nicht zu züchten sind. Man muß sie, um sie zu gewinnen, in Schüttelkulturen züchten (Abschnitt 19). Meist ist dieser Strept. anaerobius nur ein harmloser Bewohner der Scheide, doch wurde er auch schon als Krankheitserreger in Geweben und Blut gefunden.

Während zur Unterscheidung der Staphylokokken die Agglutination ein gutes Mittel ist, hat sie sich bei Streptokokken nicht bewährt. — Der Tierversuch zeigt, daß der Streptococcus pyogenes zu mannigfachen Erkrankungen führen kann, aber nicht zu führen braucht.

Es gibt Stämme, die, obwohl sie von schweren Infektionen des Menschen herrühren, im Tier recht geringe Wirkung entfalten, aber auch umgekehrt. Vor allen Dingen kann auch die Wirkung im Tiere bei einem und demselben Stamme teils abnehmen, teils zunehmen. Sie sinkt oft schnell, wenn die Streptokokken längere Zeit auf totem Nährboden gezüchtet worden sind, und sie pflegt zu wachsen, wenn man sie von Tier auf Tier überträgt. Dabei ergibt sich die lehrreiche Tatsache, daß eine Steigerung der Ansteckungskraft für die eine Tierart, z. B. die Maus, einhergehen kann mit einem Verlust derselben für eine zweite Art, z. B. das Kaninchen. Ähnliche Anpassungen des Ansteckungsvermögens erklären wohl die später zu erwähnende Tatsache, daß Streptokokkenerkrankungen selten von einer Tierart auf die andere übertragen werden.

Die ungleiche Höhe der Ansteckungskraft äußert sich unter folgenden Bildern: im Zustande schwächster Wirkung bleiben kleine Mengen dem Versuchstiere unter die Haut eingespritzt ohne jede Folgen, größere Mengen erzeugen einen kleinen Abszeß. Nimmt die Ansteckungskraft zu, so rufen schon kleine Mengen Abszesse hervor, größere phlegmonöse Entzündungen, von denen aber die Tiere meist genesen. Höchst wirksame Streptokokken rufen außer der örtlichen eine Allgemeinerkrankung hervor, die mit Sicherheit zum Tode führt. Dieser Steigerung der Krankheitserscheinungen entspricht eine Steigerung der Vermehrungs- und Widerstandsfähigkeit der Streptokokken im Tiere. Dies ist also der eigentliche Sinn der Worte Ansteckungskraft oder Infektiosität oder Virulenz. Im ersten Falle kein oder geringes, kurz dauerndes Wachstum und schnelle Vernichtung der Keime, im zweiten Falle eine kräftige örtliche Wucherung, die aber früher oder später doch zum Stillstand kommt und einem allmählichen Absterben Platz macht, im letzten Falle fortschreitende Wucherung an der Stelle der Ansteckung und im Blutgefäßsystem.

Ein bezeichnender Unterschied im Verhalten der Streptokokken gegenüber den Staphylokokken besteht in der Art der Blutinfektion. Die höchst wirksamen Streptokokken vermögen sich allenthalben in den Blutgefäßen so zu vermehren, daß sie schließlich in jedem Blutstropfen reichlich vorhanden sind und im gefärbten Ausstrich nachweisbar werden; sie rufen also das hervor, was man in der Bakteriologie gewöhnlich als Septizämie bezeichnet. Die Staphylokokken bringen es niemals zu dieser Überschwemmung des Blutes, sondern wesentlich nur zu örtlichen Wucherungen, die gewöhnlich mit Abszeßbildung einhergehen, also zur sog. Pyämie. Das schließt nicht aus, daß auch die Streptokokken im Tier gelegentlich letzteren Zustand, der einer etwas schwächeren Ansteckungskraft entspricht, hervorrufen. Meist finden wir aber bei Allgemeinerkrankungen von Tieren durch Streptokokken nicht das früher bei den Staphylokokken besprochene Bild der Pyämie, sondern die ohne Metastasen verlaufende Septizämie. Wir schließen daraus, daß das Abwehrvermögen unserer empfänglichen Versuchstiere, das sich ja in der eitrigen Exsudation und der Freßtätigkeit der Eiterzellen ausspricht, gegenüber den höchst wirksamen Streptokokken so gut wie vollständig versagt, gegenüber weniger wirksamen aber ähnlich ist wie bei der Staphylokokkeninfektion. Das, was wir früher (S. 58) über die Bedeutung der Phagozyten gesagt haben, können wir hier einerseits wiederholen, andererseits vervollständigen. Die Streptokokken werden von den Leukozyten allein nicht gefressen, wohl aber, wenn sie gleichzeitig mit Blutserum, also Opsoninen, in Berührung kommen, aber auch dann nur, wenn sie nicht allzu virulent sind. Man kann geradezu nach dem Ergebnis des Phagozytoseversuchs den Ansteckungsgrad der Streptokokken bemessen: die zur Vermehrung im Tierkörper wenig geeigneten werden am schnellsten und vollständigsten gefressen, die besser geeigneten langsamer und weniger reichlich, die unaufhaltsam sich im Tiere vermehrenden Septizämieerreger gar nicht. Auch bei den Staphylokokken ist es ähnlich, nur finden wir hier den letzteren Grad niemals.

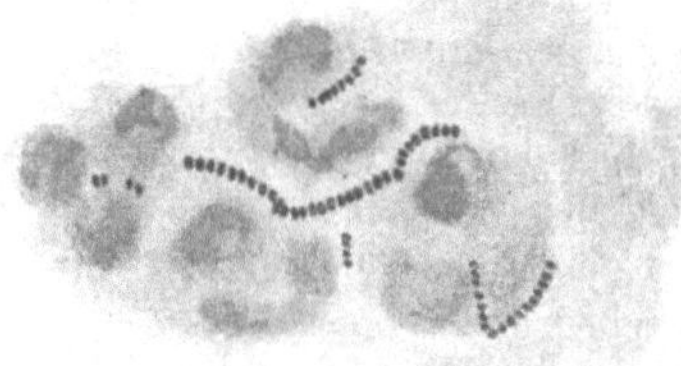

Fig. 23. Streptokokken im Eiter, teilweise innerhalb der Eiterzellen.

Beim Menschen findet sich der Strept. pyogenes statt des Staphylokokkus in vielen Fällen gewöhnlicher Eiterung, von der unbedeutendsten Pustel an bis zur umfangreichen Phlegmone (Fig. 23), Endokarditis und Pyämie, doch pflegen die Streptokokken nicht vorzukommen in Furunkeln und Karbunkeln und selten bei der Osteomyelitis. Umgekehrt sind ihnen dafür gewisse Krankheitsformen vorbehalten, so das Erysipel, die einfache und nekrotisierende Angina, die das Wochenbettfieber begründende Endometritis und Peritonitis, manche Fälle von Pneumonie, d. h. lauter Ansteckungen, die eine Neigung zur flächenhaften Ausbreitung zeigen, und schließlich die eigentliche Septizämie.

Wenn man sich auf den Standpunkt stellt, daß die Ursache aller dieser Veränderungen der gleiche Streptokokkus sei, so muß man die Unterschiede der pathologisch-anatomischen Vorgänge auf die Eigentümlichkeit der betroffenen

Gewebe schieben. Früher hat man geglaubt, daß Erkrankungen, die anatomisch von den gewöhnlichen Eiterungen so verschieden seien, nicht durch eine und dieselbe Art von Keimen hervorgerufen sein könnten, und unterschied deshalb den Strept. pyogenes, erysipelatis, puerperalis, scarlatinae, pneumoniae. Man ist jetzt davon zurückgekommen, erstens weil man trotz mancher kleiner Abweichungen im einzelnen, die für Rassenunterschiede sprechen, und trotz großer Schwankungen der Ansteckungskraft weder bei der Züchtung, noch im Tierversuch, noch bei der Agglutination beständige Merkmale für Streptokokken bestimmten Ursprungs auffinden konnte, zweitens, weil diese Erkrankungen epidemiologisch öfters in engen Beziehungen zueinander stehen, und auch Übergänge zueinander aufweisen, und schließlich, weil Versuche am Menschen selbst zeigen, daß man mit Streptokokken, die z. B. von einer Eiterung stammen, ebensowohl Erysipel hervorrufen kann, wie mit Erysipelstreptokokken. Diese Versuche sind auch in anderer Beziehung wichtig. Sie wurden hauptsächlich an Kranken mit bösartigen Neubildungen angestellt, weil man öfter beobachtet hatte, daß die Wundrose, wenn sie freiwillig zu solchen Geschwülsten hinzutritt, unter Umständen deren Rückbildung herbeiführt. Das bestätigte sich auch bei der absichtlichen Übertragung von Streptokokken. Dabei wurde gleichzeitig festgestellt, daß nicht jeder Versuch bei einer und derselben und bei verschiedenen Personen ein Erysipel hervorrief, daß also das Haften der Erreger von einer zeitlich ungleichen Empfänglichkeit des einzelnen Menschen abhängt. Wir haben hier den experimentellen Beweis für eine alte Erfahrung, die fast bei allen ansteckenden Krankheiten gemacht worden ist. Beim Menschen sind solche Versuche aus erklärlichen Gründen nur selten angestellt worden, bei Tieren aber um so öfter; man braucht dazu nur eine große Reihe von Tieren in genau gleicher Weise mit einem nicht allzu virulenten Bakterium anzustecken, um die verschiedensten Erfolge zu bekommen. Die Erklärung dafür liegt offenbar in dem ungleichen Verhalten der Abwehrkräfte des tierischen Organismus. Gegenüber unseren Streptokokken äußern sie sich auch beim Menschen wesentlich in der Fähigkeit zur Phagozytose- und Leukinbildung, vgl. Abschnitt 29, 30 und 32.

Eine Methode, die nicht bloß der Diagnose, sondern auch der Prognose dienen kann, ist die Untersuchung des Blutes von Kranken auf Streptokokken mit Hilfe der Züchtung. Man bringt zu dem Zwecke mehrere Kubikzentimeter Blut, die man aus der Armvene entnimmt, in Agar, den man durch Kochen verflüssigt und dann auf 45⁰ abgekühlt hat, und gießt diesen zu Platten aus. Dieses Verfahren ist besser als die Züchtung in Bouillon, weil man die Keime auf Platten zählen kann. Wenn Streptokokken in größerer Anzahl im Blute gefunden werden, so ist das im allgemeinen ein schlechtes Zeichen, Ausnahmen kommen aber vor, vereinzelte Streptokokken insbesondere werden öfters gefunden. Man muß sich dabei vergegenwärtigen, daß das Erscheinen von Bakterien im Blute — die sog. Bakteriämie — nicht gleichbedeutend ist mit dem Wachstum derselben, der Septizämie. Die erstere ist ein rein passiver Vorgang, verursacht durch eine zufällige Aufsaugung von Bakterien in die Gefäße. Wenn zahlreiche Keime auf solche Weise vorübergehend ins Blut gelangen, ist die Folge meist nur ein Fieberanfall, wie man ihn

z. B. nach Katheterisierung gelegentlich beobachtet. Schlimmer sind die Fieberanfälle, die sich periodisch, und zwar immer nach Einschwemmung von Bakterien ins strömende Blut, z. B. bei Endokarditis, wiederholen, weil sie oft mit Metastasen in diesen oder jenen Organen einhergehen. Am schlimmsten ist die Septizämie, weil hier die Bakterien dauernd und in wachsender Zahl im Blute kreisen. Nur durch wiederholte Blutkultur lassen sich diese Zustände feststellen. Allem Anschein nach kommen echte Septizämien durch Streptokokken und andere Bakterien beim Menschen nicht so häufig vor, wie bei unseren Versuchstieren. Das was klinisch Sepsis genannt wird, ist noch lange nicht immer eine Septizämie oder auch nur Bakteriämie, sondern oft nur eine durch Fernwirkung von Bakteriengiften bedingte Störung mit bestimmten Krankheitserscheinungen. Gerade bei Streptomykosen treten letztere nicht selten auf — z. B. auch in der Form von zahlreichen Blutaustritten in der Haut usw. —, ohne daß es bisher gelungen wäre, die Giftstoffe, die dafür verantwortlich sind, zu erfassen.

Bei der Bekämpfung der Streptomykosen ist zwar vermutlich in erster Linie die unmittelbare Übertragung von Streptokokken von schon bestehenden Krankheitsherden aus zu fürchten, doch besteht auch hier wie bei den Staphylokokken, die Gelegenheit zur Selbstansteckung, nur mit dem Unterschiede, daß hier die Ansteckung von der Haut aus eine geringere Rolle spielt, als die von den Schleimhäuten, insbesondere des Mundes und der Scheide. Die Selbstansteckung von der Scheide aus ist zwar bestritten worden, sie darf aber doch nicht geleugnet werden. Die erheblichen Gewebsveränderungen, die in den weiblichen Geschlechtsorganen bei der Geburt stattfinden, bereiten offenbar auch weniger ansteckungskräftigen Streptokokken den Boden vor.

Auch unsere Haustiere leiden an Streptokokkenansteckungen, doch scheinen dieselben trotz großer Ähnlichkeit der Erreger im allgemeinen für den Menschen keine Gefahren zu bringen und auch von einer Tierart auf die andere nicht übertragen zu werden.

So ist der Erreger der Druse des Pferdes, der Strept. equi, anscheinend von einer besonderen Art, die vielleicht nicht einmal mit anderen beim Pferde beobachteten Streptokokken (Brustseuche, Petechialfieber, Abortus) übereinstimmt. In Kulturen ist er freilich nicht sicher von ihnen zu unterscheiden, soll aber allein imstande sein, die Druse zu erzeugen. Möglich wäre es jedoch m. E., daß er nur der Begleiter eines noch unbekannten (filtrierbaren?) Erregers wäre. Die Entscheidung darüber wäre um so wichtiger, als die Druse unbestreitbare Ähnlichkeiten mit dem Scharlach (s. u.) hat, auch eine so deutliche Immunität verleiht, wie es keine Streptokokkeninfektion vermag. Auch die Euterentzündung der Kühe, die so häufig ist, daß sie große wirtschaftliche Schäden hervorruft, ist entgegen einzelnen Behauptungen für den Menschen recht harmlos. Es soll nicht geleugnet werden, daß Streptokokken gelegentlich auch im Darm von Kindern schwerere Erkrankungen hervorrufen, aber es ist nicht sicher bewiesen, daß diese auf den Genuß der Milch mastitiskranker Tiere beruhen, denn sonst müßten sie außerordentlich viel häufiger sein und vor allen Dingen auch bei Kälbern beobachtet werden. Freilich haben manche Forscher geradezu Streptokokken als Haupterreger der Säuglingsdiarrhoe ansehen wollen, aber sie haben sich dadurch täuschen lassen, daß in diarrhoischen Entleerungen, gleichgültig welcher Art sie sind, bei Erwachsenen ebensowohl, wie bei Kindern Streptokokken ein fast regelmäßiger Befund sind. Diese Darmstreptokokken (Enterokokken) ähneln übrigens viel mehr dem Strept. lacticus, als dem Strept. pyogenes (vgl. den nächsten Abschnitt).

Auch eine spezifische Abwehr der Streptokokkenansteckung ist oft versucht worden, und zwar weniger mit Hilfe der Vakzine Wrights, d. h. durch Heilimpfung mit abgetöteten Kokken (S. 60), als durch die Blutserumtherapie. Diese scheint allerdings durch Tierversuche genügend gestützt zu werden.

Es gelingt nämlich durch vorsichtige Einspritzung zuerst mit abgetöteten, dann mit lebenden Streptokokken in steigenden Mengen kleine Tiere, wie Kaninchen, und große, wie Pferde, gegen Streptokokken so widerstandsfähig zu machen, daß sie selbst größte Gaben der lebenden Erreger ohne Schaden vertragen. Es gelingt auch weiter, die auf diesem mühsamen Wege gewonnene aktive Immunität durch das Blutserum dieser Tage passiv in ähnlicher Weise zu übertragen, wie es Behring zuerst für die Diphtherie nachgewiesen hat (Abschnitt 20). Allerdings ist die Ursache dieser Immunität anderer Art: das Streptokokkenserum wirkt kaum gegen das Gift der Streptokokken (antitoxisch), schon aus dem einfachen Grunde nicht, weil ein Streptokokkengift sich bisher nicht mit Sicherheit hat gewinnen lassen, sondern es befördert die Phagozytose der Streptokokken in dem Maße, daß auch die virulentesten Stämme ihr erliegen. Der belgische Forscher Denys hatte schon nachgewiesen, daß dabei die Kokken nicht etwa vorher durch das Serum abgetötet, sondern nur für die Freßzellen schmackhafter gemacht werden, daß hier also das Immunisierungsserum dasselbe, nur in höherer Vollendung leistet, was nach Wrights späteren Feststellungen (s. o. S. 58) das normale Serum leistet. Man spricht deswegen in unserem Falle von Immunopsoninen oder auch Bakteriotropinen (vgl. Abschnitt 32).

So vielversprechend diese Tierversuche aussehen, so wenig sind sie allgemein durch die Erfolge des Streptokokkenserums beim Menschen bestätigt worden. Daran können einzelne Fälle, wo die Wirkung anscheinend eine günstige war, kaum etwas ändern.

Worauf der Mißerfolg zurückzuführen ist, ist schwer zu entscheiden. Wenn man freilich das Serum erst anwendet zu einer Zeit, wo der Kranke schon hoffnungslos darniederliegt, so braucht man sich nicht über das Ausbleiben jeder Wirkung zu wundern. Das bringt auch im Tier kein Serum fertig. Eine andere Ursache könnte darin liegen, daß das Streptokokkenserum nicht gegen alle, sondern nur gegen bestimmte Streptokokkenstämme wirksam ist; man stellt deshalb heutzutage vielwertige (multivalente) Seren dadurch her, daß man die Pferde nicht mit einer, sondern mit möglichst verschiedenen Streptokokkenkulturen behandelt. Es ist aber zweifelhaft, ob dadurch die Erfolge wesentlich besser geworden sind. Man hat auch vorgeschlagen, statt der Pferde dem Menschen näherstehende Tiere, z. B. Affen, zur Serumgewinnung zu wählen, doch läßt sich das leider kaum im Großen verwirklichen.

Während gegenüber den meisten Streptokokkenansteckungen mit der Serumbehandlung nicht viel Staat zu machen ist, wird immer wieder das Gegenteil behauptet von der Anwendung eines mit Scharlachstreptokokken hergestellten Serums bei dieser Krankheit, und umgekehrt schließt man aus solchen Erfolgen, der „Strept. scarlatinae“ sei der Erreger des Scharlachs. Wir halten das für irrig.

Richtig ist, daß hämolytische Streptokokken fast regelmäßig im Rachen und auch oft in den Organen von Scharlachkranken gefunden werden. Aber sie können gerade hier auch fehlen, und andererseits kommen im Rachen auch bei anderen Kranken (und nicht selten bei Gesunden) häufig genug Streptokokken vor, die sich durch kein Mittel von den Scharlachstreptokokken unterscheiden lassen. Auch die Dicksche Reaktion, die mit Filtraten in der Haut von frischen Scharlachkranken oder gesunden und empfänglichen Personen erzeugt wird, bei Rekonvaleszenten und Nichtempfänglichen aber fehlen soll, ist nicht dem Scharlachstreptokokken eigentümlich. Ähnliches läßt sich auch sagen von den Immunisierungs- und Heilungserfolgen mit dem „Dick-Toxin“ und dem „Scharlachserum“ und dem sog. Auslöschphänomen, das mit dem letzteren auf dem Exanthem von Scharlachkranken hervorzurufen ist. Aber nehmen wir selbst an, jene Erfolge seien gesichert, so würde das noch nicht beweisen, daß die wirksamen Streptokokkenfiltrate nur von den Streptokokken herrührten, und diese selbst die Erreger des Scharlachs, und nicht vielmehr Begleiter eines filtrierbaren Scharlachvirus (vgl. Abschnitt 28) seien. Wir neigen uns entschieden zu der letzten Auffassung, die viele Analogien für sich hat, und lehnen um so mehr die Streptokokken als Erreger des Scharlachs ab, da sie weder die anerkannte Zähigkeit des Scharlachkontagiums besitzen, noch die Fähigkeit, eine so langdehnende Immunität zu erzeugen (s. o. den Str. der Druse).

Auch die Behandlung mit kolloidalen Silberlösungen (Kollargol, Elektrargol, Methylenblausilber) mag hier erwähnt sein, weil sie eine der ersten folgerichtigen Versuche, eine Chemotherapie gegen die septischen Streptomykosen zu schaffen, darstellt. Unzweifelhaft sind ihre Erfolge aber keineswegs. Dasselbe gilt von den immer wieder neu auftauchenden Vorschlägen, die Rose und andere Streptokokkenerkrankungen mit bakterientötenden Mitteln örtlich zu behandeln. Gerade bei der Rose wird man immerhin solche Mittel, die, wie die Pinselung mit Höllenstein oder Terpentinöl, gleichzeitig entzündungserregend (leukozytenanlockend) wirken, als zweckmäßig betrachten dürfen. Bei oberflächlichen und tiefen Eiterungen durch Streptokokken wurden neuerdings Chininabkömmlinge (Eukupin, Vuzin) und Farbstoffe sehr empfohlen (Abschnitt 32).

Siebenter Abschnitt

Lanzettkokken.
Streptococcus lacticus und lanceolatus

In diesem Abschnitt sollen zwei Bakterienarten behandelt werden, die, wenn man ihre Leistungen betrachtet, nichts miteinander zu tun zu haben scheinen, nämlich die Hauptursache der Milchsäuregärung und der gewöhnliche Erreger der Lungenentzündung, und dennoch wird ihre Zusammengehörigkeit schon auf den ersten Blick klar, wenn man ihre Gestalten vergleicht. Beide sind Lanzettkokken (S. 3) und wegen

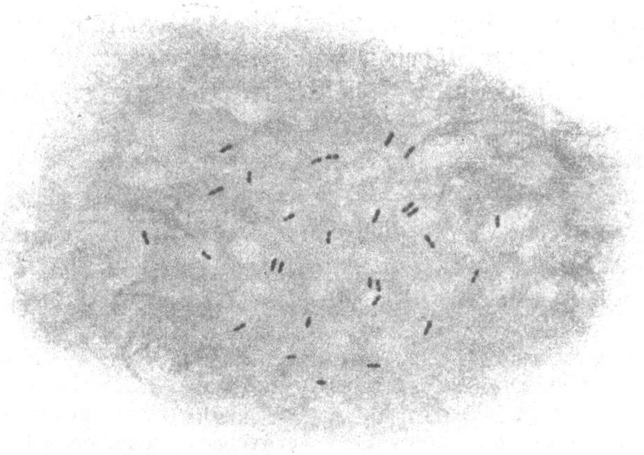

Fig. 24. Streptococcus lacticus aus saurer Milch.

ihrer verlängerten Form oft für Bazillen gehalten worden. Bei näherem Zusehen erscheint die Verwandtschaft der beiden Bakterienarten immer deutlicher, und selbst ihre Leistungen stimmen insofern überein, als der Pneumokokkus nichts weiter ist als ein Milchsäurekokkus, der nur zugleich große Ansteckungskraft besitzt.

Ein Vergleich zeigt aber auch weiter, daß der im vorigen Abschnitt beschriebene Strept. pyogenes in die nächste Verwandtschaft unserer beiden Bakterienarten gehört: auch sie sind echte Streptokokken, und der Strept. pyogenes ist auch ein Milchsäurekokkus mit ansteckenden Eigenschaften, nur ist er nicht lanzettförmig, sondern rund und bildet meist lange, nicht wie die beiden anderen meist kurze Ketten. Die Verwandtschaft wird noch dadurch verstärkt, daß sich offenbare Übergänge zwischen diesen drei Hauptarten von Streptokokken finden. Sie sind eigentümlicherweise namentlich zu finden im Munde, im Darminhalt und auf anderen Schleimhäuten. Berücksichtigt man das, so ergibt sich eine für die Stammesgeschichte der Kettenkokken nicht unwichtige Beziehung zwischen dem gewöhnlichen Aufenthalt der saprophytischen und der parasitischen Streptokokken. Die Milch wird einerseits verunreinigt durch Absonderungen des Mundes und des Darmes, und die Bakterien der Milch kommen andererseits mit diesem Nahrungsmittel in den Mund und in den Darm hinein. Man würde also beide denkbare Möglichkeiten für die Entwicklung der Streptokokken verstehen können: die parasitischen könnten aus den saprophytischen und die saprophytischen aus den parasitischen Streptokokken hervorgegangen sein. Die harmlosen Parasiten der gesunden Schleimhäute würden dann wieder die Zwischenglieder bilden zu den krankheitserregenden Streptokokken.

Fertigt man von Kuhmilch, die durch Stehen bei gewöhnlicher Temperatur sauer geworden ist, einen gefärbten Ausstrich an (Fig. 24), so sieht man das mikroskopische Bild fast völlig beherrscht durch gramfeste Diplokokken, die an ihrer benachbarten Seite etwas abgeplattet, an ihrer voneinander abgekehrten Seite zugespitzt erscheinen, genau das gleiche Bild, wie wir es im Ausstrich des rostbraunen Auswurfs bei Lungenentzündung sehen. Nicht selten ist die Verlängerung der Kokken so groß, daß man kurze Stäbchen vor sich zu haben glaubt. Doch fällt schon auf, daß in derselben Milch kurze Ketten von Diplokokken zu sehen sind, die allerdings oft die Lanzett- oder Flammenform nicht so deutlich zeigen. In den Reinkulturen treten dann alle Übergänge zu runden Diplokokken und Kokkenketten auf, so daß man nicht länger zweifelt, es mit echten Streptokokken zu tun zu haben. Ich habe diese Strept. lacticus genannt.

Andere Bezeichnungen sind Bacterium lactis, Bact. lactis acidi, Bact. Güntheri, Strept. acidi lactici, Lactococcus. Gewöhnlich sind die Ketten kurz, aber auch längere kommen vor. Man wird dennoch kaum in die Lage kommen, den Strept. lacticus mit den pyogenen Streptokokken, die neben ihm in der Milch bei der recht häufigen Euterentzündung der Kühe (S. 66) in mehr oder weniger großer Menge vorkommen können, zu verwechseln, denn der Strept. mastitidis zeichnet sich umgekehrt durch seine abgeplattete, manchmal staketförmige Gestalt aus und wird in saurer Milch gewöhnlich stark vom Laktikus überwuchert.

Der Strept. lacticus ist wie der Strept. pyogenes und lanceolatus stets gramfest, er unterscheidet sich schon dadurch von dem Bacillus (Bacterium) acidi lactici, den Hüppe bei seinen ersten Untersuchungen zur Bakteriologie der Milch als Erreger der Milchsäuregärung bezeichnet hat (s. u.). Weder Bewegungen noch Sporen werden beim Lacticus beobachtet. Doch ist er so widerstandsfähig gegen das Trocknen, daß er sehr gut im Staub fortleben und durch die Luft übertragen werden kann. Manche Rassen des Lacticus widerstehen auch der Erhitzung besser als andere nicht sporenbildende Bakterien, so daß sie z. B. die Pasteurisierung der Milch bei 60—70° überleben (vgl. Abschnitt 35).

Das Wachstum des Strept. lacticus ist ähnlich dem des Strept. pyogenes, d. h. die Kolonien bleiben verhältnismäßig klein und sind bei Sauerstoffzutritt nur flacher, aber kaum größer als bei Sauerstoffmangel. Durch Zusatz von Zucker wird das Wachstum erheblich üppiger. Die Milch wird durch die Wucherung des Strept. lacticus sauer und gerinnt meist nach einem Tage.

Doch lassen sich aus der Milch auch Stämme züchten, die so langsam säuern, wie die meisten Stämme des Strept. pyogenes und viele Stämme des Lanceolatus. Die Temperatur, bei der der Laktikus wächst, schwankt ebenfalls in weiten Grenzen. Es gibt auch Stämme, die nur bei höheren Temperaturen wachsen. Hier wie dort werden durch die Gärung neben Milchsäure kaum andere Stoffe, vor allen Dingen kein Gas gebildet. Das Molekül Milchzucker zerfällt offenbar unter Wasseraufnahme fast glatt in 4 Moleküle Milchsäure (Rechtsmilchsäure). Früher glaubte man, daß die Vergärung des Milchzuckers nur eintreten könne nach vorheriger Einwirkung eines hydrolytischen Enzyms (Laktase), nachzuweisen ist aber ein solches bei Milchsäure-Streptokokken nicht. Wahrscheinlich wird die Gärung durch ein innerhalb der Zelle gebildetes, der Zymase (S. 51) vergleichbares Ferment, das Milchzucker, wie die meisten übrigen Zuckerarten unmittelbar angreift, besorgt. Ein ähnliches Gärvermögen besitzen nur die sog. langen Milchsäurebazillen, z. B. des Darms (Bac. acidophilus, Abschnitt 9), des Yoghurts (Bac. bulgaricus), des Käses (Bac. casei), die den Streptokokken auch durch ihre Gramfestigkeit und Wachstumsweise nahestehen, während der Bac. acidi lactici Hüppes neben Milchsäure noch andere Fettsäuren und Gase bildet (Bac. aerogenes, Abschnitt 9). Blutlösende Fähigkeiten, wie der Strept. pyogenes und zum Teil auch der Pneumokokkus besitzt der Strept. lacticus nicht (s. aber unten).

Außer in der Milch kommt der Strept. lacticus auch in vielen anderen, durch saure Gärung entstehenden Nahrungsmitteln (Gurken, Sauerkraut usw.) vor, allein oder gemischt mit anderen Erregern der Milchsäuregärung, alkoholischen Gärung und Eiweißzersetzung. In der Milchwirtschaft, besonders bei der Butterherstellung benutzt man neuerdings Reinkulturen des Strept. lacticus, um Milch oder Rahm sauer zu machen.

Die Streptokokken gelangen beim Melken in die Milch sicher zum Teil erst durch die Milchreste, die an den zum Auffangen dienenden Gefäßen haften, sowie durch den Staub in Ställen und Häusern. Zum Teil sind sie aber auch schon in der Milch, die aus dem Euter kommt, vorhanden; namentlich die ersten Melkstriche entfernen aus dem Euter gewisse Mengen solcher Keime, die wohl in den sackartigen Ausbuchtungen am Zusammenfluß der Milchgänge sich eingenistet haben, während das eigentliche Euter frei davon ist. Weitere, ja vielleicht die wesentlichsten Quellen der Verunreinigung mit Milchsäurekokken sind Kot, Speichel und Scheidenschleim der Tiere und Menschen, denn es unterliegt keinem Zweifel, daß im Darm, Mund und in der Scheide regelmäßig Streptokokken vorkommen, die von dem Laktikus nicht zu unterscheiden sind. Schon Escherich hat als Bewohner des Darms den Strept. ovalis beschrieben, der Strept. faecalis englischer, der Enterokokkus französischer Forscher und der Strept. brevis Lingelsheims ist damit wohl gleichbedeutend. Eine scharfe Grenze gegenüber dem Pneumokokkus läßt sich kaum ziehen, da viele Laktikus-Stämme auch auf Blutplatten „grün“ wachsen (S. 63) und manche auch pathogen sind. Auch das Verhalten zu Zuckerarten oder Zuckeralkoholen und die Reduktionsfähigkeit für Lackmuslösung sind zu wenig beständig, um eine Scheidung zu gestatten.

Wenn wir die Milchsäurekokken nach Tierversuchen gewöhnlich als harmlos bezeichnen müssen, so schließt das nicht aus, daß sie gelegentlich im Gewebe, so namentlich in den Lymphdrüsen des Verdauungsschlauches zu finden sind. Offenbar gelangen sie dahin auf den Lymphwegen durch einfache Aufsaugung von den Schleimhäuten her. Wenn man nun noch für sie eine gelegentliche stärkere Anpassung an ihren Wirtskörper annimmt, so begreift man, daß sie in nicht ganz seltenen Fällen als Krankheitserreger bzw. als Ursache von Selbstinfektionen (vgl. Kolibazillen) auftreten. Insbesondere ist man darauf aufmerksam geworden, daß bei der Zahnkaries in denjenigen Teilen des Zahngewebes, wo die Erkrankung im Beginn und im Fortschreiten begriffen ist, überall der Strept. lacticus, und zwar in Reinkultur zu finden ist. Es macht ganz den Eindruck, als ob er es ist, der durch Säurebildung die Entkalkung des Zahnbeins bewirkt und dadurch den Fäulnisbakterien die eigentliche Zerstörung der Gewebe, die wir Karies nennen, ermöglicht. Das Dentin ist aber natürlich nicht anderen Geweben gleichzusetzen.

Von krankhaften Vorgängen in und an den Zähnen ebenso wie schon früher von solchen in den Tonsillen leitet man neuerdings allerhand andere in ihrer Entstehungsweise bisher dunkle z. B. „rheumatische" Erkrankungen, akute Entzündungen der Nieren und Herzklappen ab. Man spricht dann mit Rosenow von „oraler Sepsis" oder Herdinfektion, und glaubt sie durch Beseitigung der Herde bekämpfen zu können. Da „Streptokokken" an allen diesen Orten gelegentlich vorkommen, setzt man sie in Beziehung zu den Erkrankungen. Ein Körnchen Wahrheit mag in dieser Auffassung stecken, diese Streptokokken braucht man darum noch nicht als Krankheitserreger anzuerkennen.

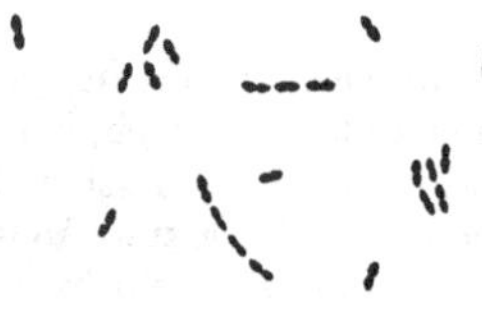

Fig. 25. Pneumokokken aus Reinkulturen.

Der Strept. lanceolatus oder, wie man ihn früher nannte, Diplococcus lanc., Diploc. pneumoniae oder Pneumokokkus (Fränkel-Weichselbaum), ist dem Strept. lacticus zum Verwechseln gleich, wenn man ihn z. B. im Auswurf von Kranken mit Lungenentzündung oder in frischen Reinkulturen (Fig. 25) untersucht. In dem Auswurf selbst und ebenso im Blute von Versuchstieren ist er freilich oft noch mit Kapseln, d. h. Schleimhüllen versehen, die nach Färbung mit Methylenblau als helle Höfe die Diplokokken umgeben (Fig. 26), gelegentlich aber auch eine rötliche Farbe annehmen. Daher stammt der Beiname „capsulatus". Die Kapseln sind aber bei unseren Pneumokokken äußerst unbeständig und gehen bei Züchtung auf künstlichen Nährböden gewöhnlich verloren. Nur eine Abart, die man wegen ihrer Schleimbildung als Strept. mucosus bezeichnet hat, macht davon eine Ausnahme (s. u.). Neben Diplokokken beobachten wir hier wie beim Strept. lacticus kurze Ketten und gelegentlich — besonders auf festen Nährböden und innerhalb von Freßzellen — unregelmäßige Anhäufungen. In Kulturen verschwinden nicht bloß die Kapseln, sondern auch die

Diplokokkenformen oft sehr schnell und machen deutlichen Ketten, die bei Fortführung der Zuchten länger und länger werden, Platz. Die Einzelglieder werden dabei auch rundlicher, so daß das Endergebnis der Züchtung oft nur dadurch sich von dem Bilde des Strept. pyogenes unterscheidet, daß die Ketten des Lanceolatus eine größere Neigung behalten, starr zu bleiben, sich nicht wie die des Pyogenes zu knäueln. Man findet längere Ketten, die aus mehr oder weniger verlängerten Doppelkokken bestehen, aber auch oft nicht bloß auf künstlichen Nährböden, sondern

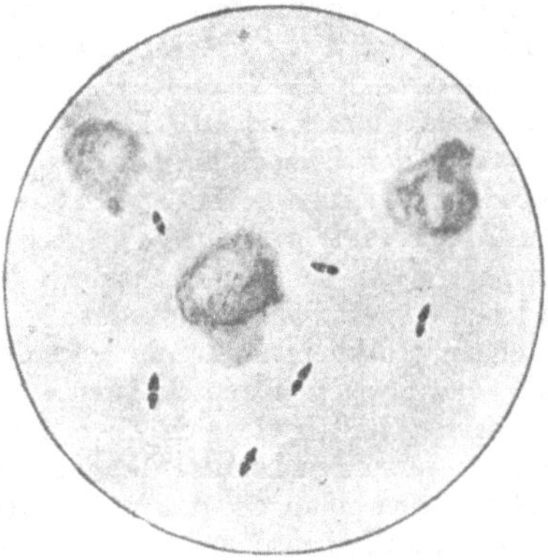

Fig. 26. Pneumokokken aus Mäuseblut.

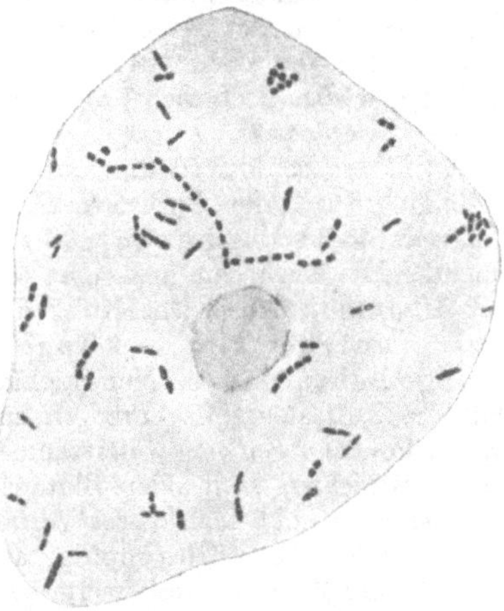

Fig. 27. Plattenepithelzelle des Mundes, mit Lanzettkokken besetzt.

regelmäßig auch im gesunden Munde, und zwar gewöhnlich den Plattenepithelien anklebend (Fig. 27). Da alle Übergänge zwischen ihnen und echten Lanzettdiplokokken auch hier täglich zu beobachten sind, folgt schon aus der mikroskopischen Untersuchung der Mundabsonderungen mit Wahrscheinlichkeit, daß die Pneumoniekokken im Munde gewöhnliche Gäste sind. Durch Züchtung und den Tierversuch wird das nur bestätigt (s. u.).

Die Färbung nach Gram gelingt beim Strept. lanceolatus so gut wie bei den anderen beiden Streptokokken. Gerade mit diesem Verfahren bekommt man häufig Bilder, die zu dem Schlusse verleiten könnten, die Pneumokokken seien keine Kokken, sondern kurze Stäbchen. Bei manchen Stämmen scheint das besonders ausgesprochen. Vielleicht dürfen wir ein solches Vorkommen auf eine stammesgeschichtliche Verwandtschaft des Strept. lanceolatus (und lacticus) mit den grampositiven Bazillen, insbesondere den langen Milchsäurebazillen (s. o.) schließen. Im übrigen ist es uns aber stets gelungen, durch fortgesetzte Züchtung die Kokkennatur auch dieser Stämme festzustellen.

Was die künstliche Züchtung anlangt, so ergibt sich dabei ein erheblicher Unterschied zwischen den übrigen Streptokokken und dem Strept.

lanceolatus, da die letzteren bei gewöhnlicher Temperatur überhaupt nicht und auch bei höherer Temperatur weniger gut zu gedeihen pflegen.

Auf Gelatine erhält man deshalb meist erst Kulturen, wenn man die Abstiche wochenlang bei 22—24° stehen läßt. Auf Nähragar bleibt die Entwicklung öfters auch bei 37° ganz aus, so daß man der Sicherheit halber für die Züchtung des Strept. lanceolatus lieber einen Zusatz von etwa 10% Blutserum (Aszitesflüssigkeit[1]) oder Blut zum Agar wählt. Die Kolonien bleiben zwar zart, werden aber zum Teil recht groß und auf Blutplatten grünlich wie die des Strept. viridans und manche Laktikusstämme. In Fleischbrühe (auch wieder am besten mit Aszitesserum) entsteht eine feine wolkige Trübung, die nach einigen Tagen zu verschwinden und einem spärlichen Bodensatz Platz zu machen pflegt. Das alles hindert uns aber doch nicht, die Ähnlichkeit der Kulturen mit denen der beiden anderen Streptokokkenarten zu erkennen. In Milch finden wir überhaupt keinen Unterschied gegenüber dem Strept. lacticus, wenn auch die Säurebildung und Gerinnung durch den Pneumokokkus gewöhnlich langsamer erfolgt. Die obigen Unterschiede verringern sich außerdem, je länger der Strept. lanceolatus auf künstlichen Nährböden gezüchtet wird. Nötig ist für die Fortzüchtung der Pneumokokken freilich, daß man die frisch gewonnenen Kulturen zunächst alle 1—2 Tage überimpft, denn sie besitzen eine sehr geringe Lebensdauer. Nur Stichkulturen leben länger, wohl weil sie dem Einfluß des Luftsauerstoffs entzogen sind. Auch in trocknem Zustande sind die Lanzettkokken weniger widerstandsfähig als die übrigen Streptokokken. In dicken Schichten Blut oder Blutagar eingetrocknet halten sie sich aber auch monatelang, so daß man dieses Verfahren zum Aufbewahren benutzen kann. Ist es durch wiederholte Überimpfung auf tote Nährböden gelungen, das Wachstum der Pneumokokken zu verbessern, so nimmt auch ihre Lebensdauer und sonstige Widerstandsfähigkeit zu. Dieselben Eigenschaften besitzen die in längeren Ketten wachsenden Spielarten der Lanzettkokken, die man in der gesunden Mundhöhle findet, meist sofort schon nach ihrer Reinzüchtung, ebenso jene Abart des Strept. lanceolatus, die sich durch Bildung größerer schleimiger Kolonien unterscheidet, der sog. Strept. mucosus, den man namentlich bei Mittelohrerkrankungen gefunden hat.

Wie bei vielen anderen Bakterien hat man auch durch Prüfung der Serumagglutination (s. Gruber-Widalsche Reaktion beim Typhus und Paratyphus) Abarten aufzustellen gesucht und unterscheidet gewöhnlich neben dem Typus I und II, die sich durch Agglutination ziemlich gut trennen lassen, den Typus III, der dem Strept. mucosus (s. o.) entspricht, noch einen Typus IV, der aber aus einer ganzen Gruppe nicht miteinander übereinstimmenden Formen besteht, also keinen „Typus" bildet. Sie alle zeigen außer den beschriebenen morphologischen und kulturellen Eigenschaften das Gemeinsame, daß sie in Galle oder besser in taurocholsaurem Natrium aufgelöst und in äußerst starken Verdünnungen von Optochin (s. u.) abgetötet werden.

---

[1] Ist leicht in größeren Mengen zu gewinnen und durch Zusatz von etwas Chloroform keimfrei zu erhalten. Das Chloroform muß vor der Benutzung abgedunstet werden.

Leider verwischen sich diese Charaktere, die bei frischen durch den Mäuseversuch (s. u.) gewonnenen Pneumokokken vorhanden sind, bei längerer Fortzüchtung und bei den abgeschwächten Formen, die sich aus gesunden und kranken Menschen herauszüchten lassen, und ebenso geht dann die Löslichkeit in Galle und die Widerstandslosigkeit gegen Optochin verloren, so daß die Trennung von den vergrünenden Stämmen des Strept. lacticus (s. o.), ja selbst vom Strept. pyogenes schwer werden kann.

Ebenso veränderlich wie in ihrer Gestalt und Wachstumsweise sind die Lanzettkokken in ihrer Fähigkeit, Krankheiten zu erzeugen. Der aus rostbraunem Auswurf von Pneumonikern stammende, noch unveränderte („typische") Pneumokokkus besitzt eine sehr bedeutende Ansteckungskraft, namentlich bei Mäusen und Kaninchen, eine viel geringere bzw. nur in sehr großen Gaben bemerkbare bei Meerschweinchen und Hunden, fast gar keine bei großen Tieren. Auf die Maus verimpft, erzeugt er oft schon in Spuren neben entzündlichen Veränderungen an der Eintrittsstelle echte Septizämie, d. h. er überschwemmt durch sein Wachstum das ganze Blutgefäßsystem in dem Grade, daß jeder Ausstrich aus dem Blute der an der Ansteckung gestorbenen Tiere reichliche Mengen von Lanzettkokken enthält; er besitzt also eine Wirkung, wie sie nach unserer früheren Schilderung nur wenigen Stämmen des Strept. pyogenes innewohnt. Aber schon wenn man den Auswurf selbst oder die daraus gezüchteten Kulturen nach dem Abklingen der Pneumonie an Tieren prüft, zeigt sich oft ein deutlicher Verlust der Ansteckungskraft, ebenso wenn man die Kokken einige Zeit auf künstlichen Nährböden fortgezüchtet hat.

Dieser Verlust macht sich zunächst darin bemerkbar, daß man größere Gaben in die Tiere einführen muß, um sie durch Septizämie zu töten; bei weiterer Abschwächung gelingt das aber auch nicht mehr bei den größten Gaben, man bekommt vielmehr dann nur noch Wirkungen, die auf den Ort der Ansteckung beschränkt bleiben, in Gestalt entzündlicher Anschwellungen, die in Eiterung übergehen. Schließlich bleibt jede Wirkung aus. Das Wachstum im Tierkörper beschränkt sich dementsprechend bei zunehmender Abschwächung auf die Ansteckungsstelle, kommt früher zum Stillstand und fehlt zuletzt ganz. Gleichzeitig macht sich der oben geschilderte Wechsel in Gestalt, Wachstum, Empfindlichkeit und Eigenart der Kokken geltend. Je stärker die Abschwächung ist, desto länger werden die Ketten, desto besser wachsen sie, desto widerstandsfähiger werden sie, desto weniger spezifisch reagieren sie auf Serum. Die abgeschwächten Kulturen können übrigens ihre alte Ansteckungskraft und ihre übrigen Eigenschaften wieder erlangen, wenn sie zunächst in großen Gaben, später in kleineren Mengen von Tier zu Tier verimpft werden. Dieselben Stufen der Ansteckungskraft kann man bei vielen Pneumokokken feststellen, die aus allen möglichen Ansteckungsherden beim Menschen gewonnen werden, und ebenso bei denjenigen, die die gesunde Mundhöhle bewohnen. Nur kommen die stark wirksamen Lanzettkokken, die wir regelmäßig bei frischer Lungenentzündung finden, bei Gesunden recht selten vor. Man muß also den Speichel einer größeren Reihe von Personen an Tieren durchprüfen, wenn man die sog. „Speichelseptizämie" erzeugen will.

Das Hauptleiden, welches die Pneumokokken beim Menschen erzeugen, ist die echte (kruppöse oder lobäre) Lungenentzündung des Menschen. Bei ihr finden wir die Kokken je nach der Entwicklungsstufe, auf dem sich die Lungenveränderung befindet, in verschiedener Menge und Lagerung vor. Massenhaft, gut färbbar und fast stets außerhalb der hier meist spärlichen Leukozyten, liegen sie im frischen, blutig-fibrinösen Exsudat, weniger reichlich, unregelmäßiger färbbar und gewöhnlich im Innern der reichlich vorhandenen Leukozyten in den späteren Stadien der Hepatisation. Im Auswurf kann man ähnliche Verhältnisse feststellen, doch ist sein mikroskopisches Aussehen nicht maßgebend für die Veränderungen in dem Lungengewebe selbst, zumal auch bei zahlreichen anderen, harmloseren Erkrankungen der Luftwege (Bronchitis usw.) Pneumokokken vorkommen.

Über die Verbreitung der einzelnen Pneumokokkentypen liegen sehr verschiedene Angaben vor. Es scheint aber, daß wenigstens auf der nördlichen Halbkugel der Typus I (und II) die wichtigsten Erreger der kruppösen Pneumonie stellt und mehr durch äußere Ansteckung verbreitet wird, als die Nr. III und IV, die wohl hauptsächlich als Erreger von Selbstansteckungen in Frage kommen (s. u.).

Eine kleine Minderheit von Fällen lobärer Pneumonie wird von anderen Bakterien, namentlich von Streptokokken, die zum Strept. pyogenes gehören (S. 64), und von Bac. pneumoniae Friedländer (vgl. Bac. aerogenes, Abschnitt 9) hervorgerufen. Bei den katarrhalischen (lobulären) Pneumonien herrschen die Pneumokokken ebenfalls vor. Dazu kommen noch die Influenzabazillen-, Masern-, Pest- und Milzbrandpneumonien mit ihren besonderen Erregern.

Sämtliche Erkrankungen, die im Gefolge der echten Pneumonie auftreten, sind ebenfalls durch Pneumokokken verursacht, so die Pleuritis, Perikarditis, Endokarditis, Peritonitis und Metastasen an verschiedenen Stellen des Körpers, in den Gelenken, der Haut und den Hirnhäuten (Meningitis). Aber auch ohne vorhergehende Pneumonie können die genannten Organerkrankungen durch Pneumokokken entstehen, wobei die Eintrittsstelle der Ansteckung oft nicht nachweisbar ist. In vielen Fällen freilich scheinen die oberen Luftwege und die Nebenhöhlen der Nase und des Rachens, seltener der Darm die Eintrittspforten und ersten Krankheitsherde zu bilden. Eine Besonderheit der Pneumokokken besteht in ihrer Fähigkeit, hartnäckige Geschwüre der Hornhaut (Ulcus serpens) und Katarrhe der Bindehaut zu verursachen. Wenn es auch bei vielen Pneumokokkenansteckungen bei sero-fibrinösen Veränderungen bleibt, so haben sie doch eine ausgesprochene Neigung, sich in eitrige zu verwandeln. Man kann den Strept. lanceolatus nach dem Staph. pyogenes und Strept. pyogenes geradezu als wichtigsten Erreger von Eiterungen bezeichnen.

Während bei den übrigen Eiterkokken die Ansteckung von fremden Krankheitsherden aus weit größere Bedeutung als die Selbstansteckung hat, scheinen die Dinge bei den Pneumokokken, die in der Mundhöhle gesunder Menschen regelmäßig in mehr oder weniger wirksamer Form vorkommen, zunächst geradezu umgekehrt zu liegen. In der Tat hat man sich die Entstehung z. B. der Lungenentzündung meist so zurecht gelegt, daß man sie als Selbstansteckung deutete, die unter dem Einfluß irgendwelcher disponierender Wirkungen zu dem Ausbruche der Krankheit führe. Als solche hat man betrachtet Erkältungen, Erschütterungen und Verletzungen, die den Brustkorb treffen, Einatmung von Staub (Kohle, Thomasphosphatmehl, Zement) und reizenden Gasen, Ansteckungen anderer Art (Typhus, akute fieberhafte Kinderkrankheiten), Überanstrengungen, Kummer und Elend. Die Wichtigkeit aller dieser Einflüsse darf gewiß nicht unterschätzt werden. Sie können, wie auch durch Tierversuche bestätigt ist, die Entwicklung von Ansteckungserregern begünstigen; es fragt sich aber doch, ob wir sie allein für die Entwicklung der Pneumokokkenansteckungen des Menschen verantwortlich machen dürfen, da selbst die genaueste Nachforschung in vielen Fällen gar keinen Anhaltspunkt in dieser oder jenen Richtung ergibt. Auf der anderen Seite haben wir alle Ursache, auch an die Möglichkeit von äußeren Ansteckungen mit dem Pneumonieerreger zu denken.

Zwar ist es eine Ausnahme, daß z. B. in Krankenhäusern in der Nachbarschaft von Kranken mit Lungenentzündung andere Personen daran erkranken, aber solche Ausnahmen kommen doch vor, und man hat sogar kleine Epidemien von Lungenentzündung beobachtet. Teilweise hat man sie freilich auf eine eigentümliche Art von Ansteckung, nämlich durch Papageien zurückführen können und dafür besondere Erreger Psittacosis- (Paratyphus-)Bazillen oder Streptokokken anschuldigen wollen. In anderen Epidemien wurden aber echte Pneumokokken gefunden. Ferner fällt es auf, daß zeitweise in einer großen Bevölkerung, ohne daß immer atmosphärische Schädlichkeiten nachweisbar sind, die Lungenentzündungen an Zahl erheblich zunehmen, oder daß gewisse Gegenden, die klimatisch keineswegs benachteiligt sind, stärker von Lungenentzündungen betroffen, gewissermaßen endemisch damit verseucht sind. Selbst bei den Meerschweinchen und Kaninchen unserer Ställe beobachtet man derartige Epidemien und Endemien von Pneumokokkeninfektionen. Weiter bestehen unleugbar gewisse zahlenmäßige Beziehungen zwischen dem Vorkommen von echter Lungenentzündung und akuten Krankheiten der Kinder, die sich mit Lungenerkrankungen zu vergesellschaften pflegen (Masern, Keuchhusten, Diphtherie, Scharlach): wo die einen häufiger sind, sind es auch die anderen. Schließlich kennen wir gewisse, sicher durch Ansteckung verbreitete Infektionskrankheiten, die aber in der Art ihres Auftretens viele Ähnlichkeit mit der Pneumonie haben. Ich denke vor allem an die epidemische Genickstarre (s. folg. Abschnitt). Wie wir dort uns die Erkrankung entstanden denken, weit weniger durch unmittelbare Ansteckung von einem früheren Krankheitsfalle aus, als durch die mittelbare Ansteckung durch Gesunde, die den Keim beherbergen, die sog. Kokkenträger, so wäre das bei der Lungenentzündung auch wohl möglich. In beiden Fällen scheinen Ansteckungskeime von ganz bestimmter Kraft nötig, sie allein genügen aber meist noch nicht, um die Krankheit selbst zu erzeugen, sondern sie müssen erst durch eine Reihe gesunder Zwischenglieder hindurchgehen, ehe sie eine empfängliche Person treffen. Mit dieser Vorstellung würde es sich auch gut vereinigen lassen, daß die Empfänglichkeit durch Erkältungen u. dergl. erhöht wird, aber die zweite Voraussetzung für das Eintreten einer Erkrankung bestände doch immerhin darin, daß die auf die eine oder andere Weise disponierten Individuen auch den voll wirksamen Keim in sich aufgenommen hätten.

Eine zweite, nicht ohne weiteres zu beantwortende Frage betrifft die Art, wie die Ansteckungskeime bei der Lungenentzündung in die Lunge hineinkommen. Von vornherein liegt eine Einwanderung durch die Luftwege am nächsten. Es ist auch durch zahlreiche Erfahrungen sichergestellt, daß sogar bei gesunden Menschen und Tieren Pneumokokken, die in ihrer eigenen Mundhöhle vorhanden sind, in die Lunge hineingeraten können. Schon angestrengte Atembewegungen scheinen dazu zu genügen. Aber auch eine Ansteckung mit den von anderen Personen ausgehusteten und ausgeniesten oder beim lauten Sprechen verspritzten feinsten Tröpfchen des Speichels und Auswurfs ist möglich. Die Versuche Flügges und seiner Schüler haben gezeigt, daß diese Tröpfchenansteckung bei allen Krankheiten der Luftwege und des Rachens wahrscheinlich eine große, ja eine größere Rolle spielt als die Ansteckung mit Staub. Namentlich bei der Tuberkulose kommen wir darauf zurück. Hier seien nur die Grundversuche erwähnt, die für die Bedeutung der Tröpfchenansteckung sprechen.

Man kann zunächst schon nachweisen, daß durch Versprühungsvorrichtungen, wie sie z. B. benutzt werden, um heilsame Flüssigkeiten in die Luftwege zu befördern, Aufschwemmungen von Prodigiosusbazillen so fein verteilt werden, daß die Keime an den entferntesten Ecken großer Räume auf den dort aufgestellten Nährböden erscheinen. Tiere, die mit solchen feinsten Tröpfchen geschwängerte Luft einatmen, nehmen mit ihnen auch die Prodigiosuskeime auf, so daß sie sich aus ihren Lungen züchten lassen. Statt mit der künstlichen, besonders ausgiebig arbeitenden Versprühungsvorrichtung kann man ähnliche, wenn auch schwächere Wirkungen erzielen, wenn man Versuchspersonen Prodigiosuskeime in den Mund bringt und sie nun husten, niesen oder laut sprechen läßt. In Entfernungen von $^1/_2$—1 m lassen sich dann die Keime auf bereit gestellte Nährböden bequem nachweisen. Schließlich sind die Prodigiosuskeime auch bei Tieren, die man zu angestrengtem Atmen zwingt, nachdem man die Bazillen in das Maul eingeträufelt hat, in der Lunge nachzuweisen.

Ist so die Möglichkeit gegeben, daß der Strept. lanceolatus in die Lunge des Menschen eingeatmet wird, so ist es neuerdings auch gelungen, die Lungenentzündung beim Tiere zu erzeugen. Man braucht nur Hunden, Affen oder immunisierten Kaninchen durch eine Röhre, die in die Luftröhre eingeführt wird, nicht zu kleine Mengen von ansteckungsfähigen Lanzettkokken in die Lunge zu spritzen. Da bei anderen Arten der Einverleibung, namentlich auf dem Blutwege, dieser Erfolg nicht zu erzielen ist, so ist damit auch wohl die Annahme mancher Forscher, die (gewöhnliche) Lungenentzündung entstände auf dem Blutwege, widerlegt

Haben wir einmal den Standpunkt gewonnen, daß die Pneumokokkenerkrankungen nicht bloß durch Selbstansteckung, sondern auch durch Übertragung von außen entstehen, so sind wir verpflichtet, mehr als bisher zu geschehen pflegt, diese letztere zu verhüten, vor allen Dingen weniger leichtfertig mit Absonderungen, Auswurf, Eiter derartiger Kranker umzugehen. Das darf uns aber nicht abhalten, auch die früher genannten Gelegenheitsursachen, welche die Empfänglichkeit für die Pneumokokkenansteckung erfahrungsgemäß steigern, möglichst zu vermeiden.

Wie bei allen anderen Ansteckungen, werden wir außerdem auch bestrebt sein müssen, die natürlichen Vorgänge, die im erkrankten Körper zur Heilung führen, tunlichst zu fördern.

Unzweifelhaft spielt die Freßtätigkeit der Leukozyten auch bei dieser Kokkenansteckung eine sehr große Rolle. Und auch hier wird sie vermittelt durch die opsonischen Kräfte des Blutserums (S. 58). Wir werden uns ferner bei der nahen Verwandtschaft unserer Lanzettkokken mit Streptokokken nicht wundern, wenn wir sehen, daß es ebenfalls gelingt, Tiere gegen Pneumokokken durch Behandlung mit toten und lebenden Kulturen zu immunisieren, die Immunität durch das Blutserum der immunisierten Tiere zu übertragen und schließlich in diesem Immunserum als wirksamen Bestandteil die Immunopsonine (Bakteriotropine) wiederzufinden. Sehr möglich, wenn nicht wahrscheinlich, ist es auch, daß die Steigerung der Phagozytose allein nicht die erworbene Immunität gegen Pneumokokken erklärt, sondern daß daneben noch bakterienwidrige Einflüsse, wie die schon S. 58 erwähnten Leukine, in Betracht kommen. Verschiedenen Beobachtern ist es aufgefallen, daß die Lanzettkokken, wenn sie im freien Exsudat immunisierter Tiere liegen, vielfach ihre Färbbarkeit, d. h. offenbar ihre Lebensfähigkeit einbüßen. Vielleicht ist an der extrazellulären Wirkung das Immunserum in der Weise beteiligt, daß es durch besondere Stoffe — Leukosekretine — die Absonderung der Leukine durch die weißen Blutkörperchen anregt. Es handelt sich hier um schwierige Verhältnisse, die noch nicht genügend geklärt sind (vgl. Abschnitt 32). Das wesentliche Ergebnis ist jedenfalls hier wie überall, daß die hochinfektiösen Krankheitserreger im immunisierten Tiere dasselbe Schicksal erleiden, wie die abgeschwächten Erreger im ungeschützten Tier, d. h. früher oder später in ihnen zugrunde gehen.

Beim Menschen haben wir keinen Grund, wesentlich andere Verhältnisse als beim Tier vorauszusetzen. Nur besteht von vornherein ein Unterschied: der Mensch ist auch gegenüber den wirksamsten Pneumokokken allem Anschein nach nicht so empfänglich, wie etwa die Maus oder das Kaninchen. Ein klares Zeugnis dafür ist der Umstand, daß wir beim Menschen niemals eine Pneumokokkenseptizämie finden, die der unserer Versuchstiere vergleichbar wäre. Allerdings kommt es sehr häufig vor, daß man im Blute der Kranken durch die Kultur während ihres Lebens und nach ihrem Tode Pneumoniekokken nachweisen kann.

In mehreren Kubikzentimetern Blutes, die man aus einer Vene entnimmt, und auf verflüssigte und dann auf 42° abgekühlte Agarröhrchen bzw. Platten verteilt, pflegen nicht mehr als Hunderte von Kolonien zu wachsen. Das ist zwar eine Bakteriämie (S. 65), aber noch keine Septizämie. Die Erfahrung hat allerdings gelehrt, daß eine erhebliche Bakteriämie gerade bei Pneumokokkenansteckungen als ein übles Zeichen betrachtet werden darf.

Haben wir nun bestimmte Anhaltspunkte dafür, daß es auch beim Menschen eine Art erworbener Immunität gegen Pneumokokken gibt? Man ist öfter geneigt gewesen, das zu verneinen, weil man weiß, daß die Lungenentzündung gar nicht selten dieselben Personen öfters befällt, in ähnlicher Weise wie das für die Rose zutrifft. Wir dürfen daraus aber nur schließen, daß die Immunität gegen den Strept. lanceolatus, wie gegen den Strept. pyogenes keine ebenso dauerhafte ist, wie die gegen Typhus oder Masern, sondern vielleicht nur einige Monate anhält. Daß eine Immunität bei beiden Streptokokkeninfektionen sich entwickelt, ist schon daraus zu schließen, daß Lungenentzündung und Wundrose gewöhnlich nicht nur heilen, sondern sogar plötzlich mit einer Krise zum Stillstand gelangen. Der Nachweis von Immunstoffen im Blute des Menschen während und nach der kritischen Zeit ist freilich bisher nur unvollkommen gelungen. Doch werden von der Behandlung des Hornhautgeschwürs und der Lungenentzündung mit (vielwertigem) Pneumokokkenserum Erfolge berichtet. Sie scheinen allerdings zurückzutreten hinter den günstigen Ergebnissen der Behandlung mit einem Arzneimittel. Auf den Vorschlag von Morgenroth hat man einen dem Chinin verwandten Stoff, das Optochin, nachdem es sich im Tierversuch bewährt hatte, auch beim Menschen zur Heilung der Lungenentzündung und des Hornhautgeschwürs benutzt und damit insbesondere bei dem letzteren Erfolge gesehen, die allerdings durch eine gewisse Giftigkeit des Mittels beeinträchtigt werden.

Merkwürdige Erfahrungen haben amerikanische Forscher beim Studium der Immunisierungsvorgänge mit Pneumokokken gemacht. Es wurden nicht nur die Neufeldschen Bakteriotropine, die noch in starken Verdünnungen schutzkräftig sind, und die verhältnismäßig wenig wirksamen Agglutinine, die zur Unterscheidung der Pneumokokkentypen (S. 74) dienen, nachgewiesen, sondern auch Präzipitine, die noch in mittelmäßigen Verdünnungen die Bouillonfiltrate dieser Typen spezifisch fällen. Dabei zeigte sich, daß die Niederschläge teils aus Eiweiß bestehen, das artspezifisch für alle Pneumokokken ist und ebensolche Präzipitine zu erzeugen vermag, teils aus zuckerähnlichen stickstofffreien Stoffen, die typenspezifisch, aber unfähig sind, die entsprechenden Präzipitine im Tiere zu bilden, also an die „Haptene" lipoidartiger Natur (s. Abschnitt 34) erinnern. Selbst mit Sputum und Urin der Kranken gelingt die typische Fällung. Auch bei anderen Bakterien sollen ähnliche Stoffe nachweisbar sein. Daß sie mit der Kapselsubstanz etwas zu tun haben, ist möglich.

Achter Abschnitt

Semmelkokken Micrococcus gonorrhoeae und meningitidis

Auch in diesem Abschnitt werden wir zwei Bakterienarten nebeneinander besprechen, die zunächst recht wenig miteinander zu tun zu haben scheinen. Beide sind allerdings echte Krankheitserreger; die Krankheiten, die sie hervorrufen, der Tripper und die Genickstarre, haben aber kaum eine Ähnlichkeit miteinander. Auch hier wird die Verwandtschaft begründet durch die Eigenschaften der Erreger selbst. Sie ist in diesem Falle sogar noch größer, als die zwischen dem Strept. lanceolatus und lacticus.

Der von A. Neißer entdeckte Microc. gonorrhoeae (Diploc. gonorrhoeae, Gonokokkus) tritt gewöhnlich als ein Semmelkokkus auf, d. h. als ein Doppelkokkus mit zwei gegeneinander abgeflachten, manchmal fast halbkugelförmigen Gliedern. Nicht selten sieht man, daß die Kokken auch nach einer zweiten Richtung, die zur ersten senkrecht steht, sich teilen, ohne sich vorher abzurunden und voneinander zu trennen, so daß Bilder entstehen, die an eine in vier Viertel geteilte Kugel erinnern. Die Tripperkokken färben sich mit allen Anilinfarben, insbesondere auch mit Methylenblau, sehr gut, nicht aber nach Gram. Im Eiter selten, regelmäßig in Kulturen, die älter sind als 24 Stunden, beobachtet man Kokken, die die Farbe schlechter annehmen und sich auch durch ihre gequollene Form als in Entartung, im Absterben begriffen, darstellen. Außer ihrer Semmelform und ihrer Widerstandslosigkeit gegen das Gramsche Verfahren ist den Gonokokken im Eiter eigentümlich, daß sie gewöhnlich im Innern von Eiterkörperchen und Epithelien liegen, und zwar meist nicht vereinzelt, sondern in Scharen, oft so zahlreich, daß sie die Zellen zum Platzen erfüllen (Fig. 28 auf der farbigen Tafel).

Meningokokken sind zwar auch oft im Innern von Leukozyten zu finden, aber gewöhnlich nicht in so großer Anzahl und nicht so gleichmäßig geformt und gefärbt. Bei Staphylo- und Streptokokken kommt freilich die Phagozytose, denn darum handelt es sich hier natürlich, auch oft genug vor, doch wenn der Eiter noch einigermaßen frisch ist, nicht in so beherrschender Weise. Eine sichere Probe, um Gonokokken und Meningokokken von den gewöhnlichen Eiterkokken zu unterscheiden, ist aber die Gramsche Färbung. Freilich muß man dabei gewisse Vorsichtsmaßregeln beobachten. Wenn man allzulange mit Alkohol entfärbt oder nicht genügend mit Jod behandelt, können sich auch die Staphylo- und Streptokokken entfärben, und bei der Gegenfärbung sich wie die Gono- und Meningokokken rot färben, namentlich dann, wenn man das zur Nachfärbung benutzte Fuchsin nicht genügend verdünnt oder es zu lange einwirken läßt. Umgekehrt behalten Gono- und Meningokokken die Gramfarbe, wenn man die Präparate nach der Behandlung mit Gentianaviolett mit Wasser abspült oder mit Fließpapier trocknet, ehe man das Jod einwirken läßt. Für die Erkennung der Gonokokken ist ferner wichtig, daß sie auch in chronischen Fällen, wenn man Mühe hat, überhaupt ein kokkenhaltiges Eiterkörperchen zu finden, fast stets wieder in größerer Anzahl, nicht vereinzelt, innerhalb desselben liegen. Dieses Bild ist so bezeichnend, daß man daraus allein schon auf die Art der Ansteckung schließen kann.

Die Gonokokken sind weder beweglich, noch bilden sie Sporen. Dadurch unterscheiden sie sich freilich noch nicht von den übrigen krankheiterregenden Kokken. Aber nicht einmal die gewöhnliche Widerstandsfähigkeit gegenüber dem Trocknen und der Einwirkung von Temperaturwechsel besitzen sie, sondern sterben, sobald sie getrocknet oder in etwas höhere oder niedere Temperaturen gebracht werden, außerordentlich schnell ab.

Die Züchtung der Gonokokken (und Meningokokken) bereitet erheblich größere Schwierigkeiten, als selbst die der Pneumokokken.

Auf gewöhnlichem oder mit Traubenzucker, Glyzerin u. dgl. versetztem Agar wachsen sie überhaupt nicht, auf Gelatine schon deswegen nicht, weil sie nur bei Temperaturen über 25° gedeihen. Um ihre Vermehrung zu ermöglichen, müssen wir dem Agar Blutserum zusetzen; am besten eignet sich ein erheblicher Zusatz (20—30%) von Aszitesflüssigkeit oder menschlichem Blutserum, dann aber auch Blut- oder Kochblutagar (nach Levinthal, s. Influenzabazillen), namentlich versetzt mit Traubenzucker. Alle sonst empfohlenen Ersatzmittel sind weit weniger passend. Die Kolonien selbst sind auf günstigen Nährböden durchaus nicht kümmerlich, aber doch kleiner als die der Meningokokken, sie erscheinen weniger rund und durchsichtig, aber ebenso leicht verreiblich. Bei Zusatz von 1% Maltose und Lackmus zum Aszitesagar lassen Gonokokken die Farbe unverändert, während Meningokokken ihn gewöhnlich röten. Traubenzucker wird von beiden gesäuert, andere Zuckerarten nicht. Durch diese Merkmale und das Ausbleiben des Wachstums auf gewöhnlichen Nährböden wird die Unterscheidung von ähnlichen gramfreien Semmelkokken (s. u.) gewährleistet. Freilich gilt das nur von frisch gezüchteten Gono- und Meningokokken, durch längere Züchtung gelingt es, sie auch an blutfreie Nährböden anzupassen. Ja, es liegen Beobachtungen vor, die auf eine weit stärkere Veränderlichkeit, besonders der Gonokokken, schließen lassen (s. u. Gonovitan).

Ein für die Ansteckung mit Tripper empfängliches Tier kennen wir nicht. Allerdings gelingt es durch sehr große Gaben von Gonokokken, die man in die Bauchhöhle spritzt, Mäuse, ja selbst Meerschweinchen, unter Umständen sogar mit Vermehrung der Kokken, binnen 24 Stunden zu töten, aber das ist eine Eigenschaft, die sehr vielen Bakterien zukommt. Durch Versuche an der Harnröhre und der Bindehautschleimhaut des Menschen ist dagegen die Bedeutung der Gonokokken mehrfach erwiesen worden. Es bedarf nicht einmal einer Verletzung des Epithels, um sie zum Haften zu bringen. Und selbst die abgetöteten Bakterien vermögen auf der Harnröhrenschleimhaut Entzündung zu erregen. Aber auch, wenn diese Versuche am Menschen nicht gemacht wären, würde man aus dem ausschließlichen Vorkommen der Gonokokken beim Tripper auf ihre ursächliche Rolle schließen können. Da Bakterien, die mit ihnen verwechselt werden könnten, hier selten vorkommen, genügt gewöhnlich der mikroskopische Befund, um jeden Zweifel auszuschließen (s. o.). Gesichert wird die Diagnose durch die Züchtung. Sie ist besonders nötig bei der Vulvovaginitis der Kinder, die oft ohne Grund für gonorrhöisch gehalten wird.

Öfters hat man bei vorher mangelndem Befunde doch noch Erfolg, wenn man durch Verimpfung abgetöteter Gonokokken oder von Proteinkörpern (Abschnitt 32) oder durch Einspritzung von Höllensteinlösung in die Harnröhre die letztere zu kräftiger Absonderung anregt, indem dann die vorher verschwundenen Gonokokken wieder auftauchen.

Von der Harnröhre gelangt der Gonokokkus oft bei Mann und Weib in die benachbarten Drüsen und Schleimhäute der Harn- und Geschlechtsorgane und erzeugt als Folgeerscheinung außer akuten und chronischen Entzündungen nicht selten Sterilität. Durch äußere Übertragung verbreitet sich die Ansteckung besonders im kindlichen Alter leicht auf die Bindehaut, namentlich bei Frauen auch auf den Mastdarm, nur selten auf andere Schleimhäute. Aber auch auf dem Blutwege können Gelenke, Sehnenscheiden, Herzklappen, Pleura usw. angesteckt werden. Bei diesen Metastasen gelingt es oft nur in der ersten Zeit, die Kokken nachzuweisen, daher werden die nicht selten recht hartnäckigen Erkrankungen von mancher Seite auch als Giftwirkungen aufgefaßt. Auch an Tieren (Mäusen) fehlen solche nicht bei gewissen Stämmen.

Die Vorbeugung des Trippers ergibt sich aus seiner Entstehungsweise von selbst.

Am häufigsten ist die unmittelbare Übertragung mit frischen gonokokkenhaltigen Absonderungen, seltner die mittelbare, namentlich durch beschmutzte Wäsche. Sobald die Gonokokken eingetrocknet sind, verlieren sie aber die Ansteckungskraft (s. o.). Zur Verhütung des unreinen Geschlechtsverkehrs dient die ärztliche Überwachung der Prostitution, die sich nicht darauf beschränken darf, auf etwaige Krankheitserscheinungen, sondern auch auf die Erreger selbst zu fahnden. Die beste Selbsthilfe besteht in der Benutzung der Kondome beim außerehelichen Geschlechtsverkehr. Wenn für irgendein Gebiet, so wird für die Abwehr der Geschlechtskrankheiten die Belehrung der Bevölkerung von Nutzen sein. Eine besonders große Verantwortung tragen die Ärzte da, wo es gilt, vor Eingehen einer Ehe über die Ansteckungsfähigkeit eines noch bestehenden Ausflusses zu entscheiden. Hier ist besonders sorgfältige, wiederholte Untersuchung auf Gonokokken geboten.

Zu öffentlichen Maßnahmen durchgreifender Art hat man sich bisher noch nicht einmal dort verstanden, wo die Möglichkeit gegeben wäre, durch ein verhältnismäßig einfaches Mittel — die allgemeine Einführung der von Credé empfohlenen und neuerdings verbesserten Einträuflung von Silberlösung — den Augentripper der Neugeborenen zu verhüten. Daß eine ähnliche prophylaktische Silberbehandlung auch den Harnröhrentripper meist verhütet, ist festgestellt. Nicht ganz so wirksam haben sich die Silberpräparate als Heilmittel gegen die Tripperansteckung gezeigt. Bei mehr chronischen und komplizierten Fällen tritt dazu die Vakzine- und Reiztherapie (Abschnitt 32).

Weit mehr Nutzen würde die Verleihung eines Impfschutzes gegen die Krankheit stiften. Darf man sie doch neben den akuten Infektionsfiebern der Kinder und den harmlosen Katarrhen der Luftwege als die häufigste Ansteckung, die heutzutage den Menschen bedroht, betrachten. Die Aussichten, eine Schutzimpfung gegen den Tripper zu finden, sind freilich gering, denn er gehört zu denjenigen Leiden, die keine richtige Immunität verleihen. Wenn man zwar diesen Begriff im weiteren Sinne auffaßt, so läßt sie sich nicht leugnen, da die Gonorrhöe selbst unbehandelt oft zu vollständiger oder unvollständiger Heilung führt. Der Körper vermag sich also der Eindringlinge hier wie in anderen Fällen zu erwehren, was nicht anders denkbar ist, als durch eine Art von Selbstimmunisierung. Wie er dazu gelangt, ist aber noch nicht völlig klar. Auch hier werden wohl die Leukozyten eine Rolle spielen. Allerdings hat das regelmäßige und massenhafte Vorkommen von schön färbbaren und offenbar lebensfähigen Gonokokken im Innern von Leukozyten manche Forscher veranlaßt, den Freßzellen in diesem Falle überhaupt jede Wirkung abzusprechen. Das ist wohl nicht berechtigt. Gewiß spricht die genannte Tatsache dafür, daß die Tripperkokken den Freßzellen längere Zeit widerstehen können, ja, daß sie vielleicht eine Zeitlang sogar in ihnen ganz gut gedeihen, sich gewissermaßen dem Leben in den Freßzellen anzupassen verstehen. Schließlich ist das Ergebnis aber doch dasselbe wie überall, wo Entzündung und Phagozytose beobachtet wird: die Kokken verschwinden mehr und mehr aus dem Exsudat und überhaupt aus dem Körper. Der lebendige Nährboden, der ihnen ursprünglich zugesagt, verhindert jetzt ihr Wachstum. Worin diese Wachstumswiderstände bestehen, können wir vorläufig nicht angeben, aber sie werden sich doch wohl im Verlaufe der Ansteckung in den Eiterzellen oder ihren Absonderungen (Leukinen) entwickeln.

Eigentümlich ist nur, daß diese mindestens örtlich nachweisbare Immunität sich bloß an denjenigen Kokken bewährt, die die Ansteckung ursprünglich erregt haben, aber nicht Stand hält gegenüber den durch Neuansteckung von außen eingeführten Kokken, ja nicht einmal immer gegen ein neues Aufflackern der alten Ansteckung, die von verborgenen Herden aus stattfindet. Zum Teil könnte man eine Erklärung darin sehen, daß es verschiedene Rassen von Gonokokken gibt. Schon der Mäuseversuch zeigt, daß sich manche Stämme durch stärkere Giftigkeit auszeichnen. Versuche, bei Kaninchen agglutinierende und komplementbindende Immunkörper zu gewinnen, haben auch hier wie bei Pneumo- und Meningokokken zur Aufstellung besonderer „Typen" geführt. Praktisch wichtig geworden ist diese Erfahrung für die Herstellung diagnostisch und therapeutisch verwendbarer Impfstoffe. Man benutzt dazu entweder aus möglichst vielen Stämmen durch Abtötung der Bakterien gewonnene „Mischvakzine" oder „Autovakzine", wenn es gelungen ist, die Gonokokken des betreffenden Krankheitsfalles rein zu züchten. Noch stärker wirken diese Impfstoffe, wenn man lebende Bakterien verwendet. Eigentümlicherweise werden besonders gute Erfolge berichtet von dem „Gonovitan", das aus lebenden gramfreien, aus Gonorrhöe stammenden Semmelkokken besteht, die aber viel üppiger wachsen als gewöhnliche Gonokokken. Auch die Serumtherapie hat man öfter benutzt, doch ist es fraglich, ab sie anders wirkt als die unspezifische Behandlung mit Proteinkörpern aus Milch, Blut usw. Geschichtlich bemerkenswert ist, daß Finkler dem Verfasser schon vor

40 Jahren Erfolge mit der Behandlung gonorrhöischer Arthritis durch Diphtherieserum mitgeteilt hat. Daß übrigens auch das Blutserum der Kranken spezifischer Eigenschaften nicht bar ist, folgt aus der Anwendbarkeit der Komplementbindungsreaktion (s. Syphilis) für die Diagnose chronischer Gonorrhöe.

Der Microc. meningitidis, auch Meningococcus oder Diploc. intracellularis genannt, wurde von Weichselbaum als der Erreger der epidemischen Genickstarre zuerst beschrieben. Seine Eigenschaften stimmen, was Form und Wachstum angeht, mit denen des Gonokokkus so überein, daß Verwechslungen nicht ausgeschlossen sind, wenn wir den Ursprung der Kokken nicht kennen.

Am größten ist die Ähnlichkeit in Kulturen. Im Eiter selbst sind, wie oben schon angegeben, brauchbare Mittel zur Unterscheidung: das oft mehr vereinzelte Auftreten der Meningokokken innerhalb der Leukozyten (Fig. 29), ihre ungleiche Größe und Färbbarkeit. Die mangelnde Gramfestigkeit ist für den Genickstarrekokkus ein vielleicht noch wichtigeres Merkmal, als für den Tripperkokkus, weil an den Orten, wo ersterer sich aufzuhalten pflegt, Kokken vorkommen, die mehr oder weniger gramfest sind. Unrichtig ist wohl die Behauptung, daß der Meningokokkus selbst sich ungleich gegenüber der Gramfärbung verhalte. Wahrscheinlich ist man dazu verführt worden durch eine unzweckmäßige Handhabung des Gramschen Verfahrens. Es ist deshalb gerade bei der Diagnose der Genickstarre besonders genau nach der Vorschrift zu verfahren (S. 34 u. 81).

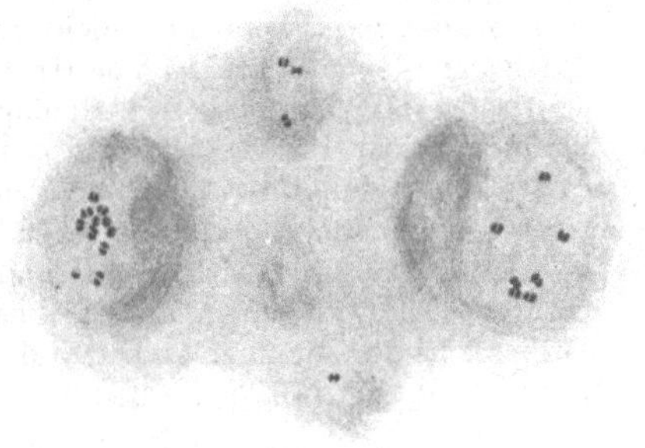

Fig. 29. Meningokokken im Eiter.

Aber auch wenn eine Verwechslung mit Gonokokken nicht in Frage kommt, ist das Ausbleiben der Gramfärbung noch nicht genügend für die Feststellung der Meningokokken, weil an den Lieblingssitzen der letzteren — den weichen Hirnhäuten, die durch Punktion des Rückenmarkkanals gewonnene Flüssigkeit und namentlich in dem Nasenrachenraum (s. u.) — auch gar nicht selten Semmelkokken gefunden werden, die ebenfalls nicht gramfest sind. In solchen Fällen entscheidet die Reinzüchtung, die also bei den Meningkokken noch nötiger ist, als bei den Gonokokken.

Für die Züchtung gilt das S. 82 Gesagte. Abweichungen von dem typischen Verhalten sind auch bei den Meningokokken nicht ausgeschlossen. So haben wir auch Stämme des Meningokokkus gefunden, die in ihrem Säurebildungsvermögen geschwächt waren.

Von der Agglutinationsprüfung der gefundenen Kokken mit spezifischem Tierserum, das man von Kaninchen leicht gewinnen kann, ist bei isolierten Fällen nicht allzuviel zu halten, weil die einzelnen Stämme auch hier wieder in Gruppen zerfallen, die sich verschieden benehmen. Selbst mit vielwertigem Serum reicht man nicht immer aus, weil es echte Meningokokken gibt, die von solchem Serum nicht verklebt werden, auch dann nicht, wenn man, wie es vorgeschlagen worden ist, die Agglutinationsprobe auf 24 Stunden ausdehnt und bei 55° C vornimmt. Aber Meningitisepidemien scheinen durch Kokken derselben Rasse verursacht zu werden.

Die Widerstandsfähigkeit der Meningokokken gegen Trocknen, Kälte, Wärme usw. ist ebenso gering, wie die der Tripperkokken. Für die Prüfung der Sekrete durch das Züchtungsverfahren ergibt sich daraus die Forderung, die Sekrete von Genickstarrekranken möglichst frisch, spätestens binnen zwölf Stunden nach der Entnahme auszustreichen und sie bei der Versendung oder Aufbewahrung nicht der Kälte auszusetzen.

Für die Tiere ist der Genickstarrekokkus im allgemeinen ebenso unschädlich wie der Tripperereger, doch haben Versuche an Hunden, Ziegen und namentlich Affen gezeigt, daß man, wenn auch nicht mit Sicherheit und nur mit großen Gaben vom Rückenmarkskanal aus Meningitis erzeugen kann. Ziemlich leicht gelingt es, durch längere Behandlung mit Meningokokken Blutserum zu gewinnen, das auf Meningokokken im Reagenzglas durch Bakteriotropine, Agglutinine und komplementbindende Bestandteile und beim Menschen auch heilkräftig wirkt.

Auch am Menschen sind mit lebenden Meningokokken Versuche gemacht worden, allerdings aus erklärlichen Gründen nur an einer Stelle, wo ein Erfolg von vornherein unwahrscheinlich war, nämlich auf der Harnröhre. In dieser Unschädlichkeit der Meningokokken auf letzterer Schleimhaut haben wir also ein Merkmal, um sie mit Sicherheit von Gonokokken zu unterscheiden.

Die Krankheit, die der Meningokokkus beim Menschen erzeugt, verläuft gewöhnlich unter dem schweren Bilde einer eitrigen Zerebrospinalmeningitis. Man findet die Kokken während des Lebens der Kranken in der mehr oder weniger trüben, anfänglich sogar völlig klaren Flüssigkeit, die durch Anstechen des Rückenmarkskanals gewonnen wird.

Nicht selten werden die Kokken durch Züchtung im Blute der Kranken nachgewiesen; in denjenigen Fällen, wo andere Organe, wie die Haut, die Herzklappen, Gelenke, Lungen betroffen werden, natürlich auch an diesen Stellen. Je frischer die Veränderungen sind, desto eher hat man Aussicht, die Meningokokken mikroskopisch zu entdecken und in Reinkultur zu züchten, je später man kommt, desto häufiger mißglückt auch die Kultur, und desto öfter findet man neben oder statt der Meningokokken andere Kokken (Strept. lanceolatus, Streptoc. und Staphloc. pyogenes, Diplococcus crassus u. a. m.). Wir haben es hier gewöhnlich mit nachträglich eingewanderten („sekundären") Infektionserregern oder gar mit Verunreinigungen der Proben zu tun. Das schließt natürlich nicht aus, daß der eine oder andere echte Infektionserreger, vor allen Dingen der Strept. lanceolatus, Tuberkel- und Influenzabazillus gelegentlich auch selbständig eine Meningitis verursacht.

Zu allen schon genannten Stellen, an denen die Meningokokken vorkommen, tritt dann schließlich noch eine, die insofern die wichtigste ist, als sie zugleich die Ansteckungspforte darstellt, das ist der Rachen und dessen Nebenteile, und zwar in erster Linie der hintere Nasenrachenraum. Hier sind die Meningokokken stets, mindestens in den ersten

Krankheitstagen, zu finden, wenn man den mittels eines gebogenen metallenen Wattetupfers entnommenen Schleim auf Aszitesagarplatten ausstreicht.

In der Nase, auf den Tonsillen, in den Nebenhöhlen, kommen sie schon seltner vor; gewisse örtliche Störungen werden sie wohl erzeugen, doch kann man bei ihrer leichten Natur und bei dem häufigen Vorkommen derartiger Veränderungen kein Gewicht darauf legen. Trotzdem muß von hier aus die schwere Erkrankung, die den Kokken ihren Namen gegeben hat, ausgehen. Wie das geschieht, ist allerdings noch zweifelhaft. Am nächsten liegt es natürlich, anzunehmen, daß die Kokken auf dem kürzesten, dem Lymphwege, in die Hirnhaut einwandern. Immerhin wäre es auch möglich, daß sie den Umweg über das Blut, gelegentlich auch über die Lunge wählen.

Die Tatsache, daß die Meningokokken im Rachen der Genickstarrekranken angesiedelt sind, gibt uns die Möglichkeit, den Ursprung der Ansteckung und ihre Weiterverbreitung auf andere Personen zu erklären. Man könnte danach erwarten, daß die Genickstarre ebenso leicht übertragen würde, wie etwa die Diphtherie und andere Anginen, Schnupfen und Husten usw. Die epidemiologische Erfahrung stimmt damit aber keineswegs überein; im Gegenteil bietet die Verteilung der Krankheitsfälle bei einer Genickstarreepidemie zunächst viel Rätselhaftes. Es kommt zwar vor, daß in derselben Familie oder in demselben Hause nacheinander zwei und selbst mehrere Fälle der Seuche auftreten, aber das ist verhältnismäßig selten. Viel häufiger schreitet die Seuche in unregelmäßigen Sprüngen über einen Ort und eine Landschaft fort. Wenn, was ja nach den bakteriologischen Befunden nicht zu bezweifeln ist, die Meningokokken die Ursache der Genickstarre sind, so müssen außer den Kranken selbst auch noch andere Quellen der Ansteckung vorhanden sein.

Man hat daran gedacht, daß Tiere die Genickstarre übertragen, und in der Tat hat man geglaubt, ähnliche Erkrankungen bei Haustieren, z. B. bei Hunden, beobachtet zu haben, aber zu einer Klarstellung derartiger Fälle ist es bisher niemals gekommen, und die Seltenheit solcher Vorkommnisse schließt die Möglichkeit aus, mit ihrer Hilfe die Verbreitung der menschlichen Seuche zu erklären. Ebensowenig wird man die Wahrscheinlichkeit zugeben dürfen, daß etwa Insekten die Zwischenwirte der Erreger abgeben, oder die Luft Träger der Ansteckung sein könnten.

Ausgedehnte Untersuchungen haben wirklich eine reichlicher fließende Quelle der Ansteckung aufgedeckt: die Meningokokken finden sich nämlich nicht nur im Rachen der Kranken selbst, sondern ganz regelmäßig auch in dem ihrer nächsten und ferneren Umgebung; und zwar halten sie sich hier oft wochen- und monatelang in reichlicher Anzahl lebendig. Von deutlicher Erkrankung ist bei diesen „Kokkenträgern“ nichts zu merken, denn auf den oft nachweisbaren Rachenkatarrh ist, wie schon früher bemerkt, wenig zu geben. Es leuchtet ein, daß diese gesunden, aber mit Meningokokken behafteten Personen die Krankheitskeime viel weiter schleppen können, als es dem Kranken selbst, der doch recht früh an das Bett gefesselt ist, möglich sein würde. Um so leichter geschieht die Verbreitung, als die Kokkenträger nicht vorwiegend, wie die Kranken, dem kindlichen Alter, sondern allen Altersstufen angehören.

Offenbar haben wir bei der Genickstarre ähnliche Verhältnisse, wie bei der Lungenentzündung. Auch die Erreger der Lungenentzündung sind unter viel mehr Menschen verbreitet, als die Erkrankung selbst, von beiden Leiden müssen wir voraussetzen, daß zu ihrer Entstehung die Ansteckung nicht genügt, sondern eine besondere Krankheitsanlage gehört; bei beiden Ansteckungen sind wir über die eigentliche Natur der Krankheitsanlage noch im Dunkeln, wenn wir dafür auch mit Wahrscheinlichkeit gewisse biochemische Eigentümlichkeiten in der Gewebszusammensetzung herbeiziehen können. Auch insofern besteht Übereinstimmung, als die Genickstarre, wie die Lungenentzündung die kältere Zeit des Jahres bevorzugt, nur tritt weniger deutlich hervor, daß Gelegenheitsursachen, die für die Entstehung der Lungenentzündung von großer Bedeutung sind, wie Erkältungen, Verletzungen usw., auch den Ausbruch der Genickstarre begünstigen. Bloß die besondere Disposition des Kindes zur Genickstarre ist gesichert.

Die Entdeckung der Kokkenträger hat noch bei weitem nicht alle Rätsel, die uns die Geschichte der Genickstarre bieten, gelöst. Wir wissen z. B. nicht, wodurch die älteren und jüngeren Epidemien dieser Seuche herbeigeführt worden sind, so z. B. der letzte große Seuchenzug, der 1905 und die darauffolgenden Jahre Europa heimgesucht hat. Nicht für zufällig dürfen wir es freilich betrachten, daß damals gerade die großen Industriebezirke in Oberschlesien und Rheinland-Westfalen vorwiegend getroffen worden sind, denn deren reger Verkehr und großer Kinderreichtum wird jedenfalls dabei von Bedeutung gewesen sein. Wie es aber gekommen ist, daß der Keim der Genickstarre, der sicher auch in den seuchenfreien Jahren hier und da in der Bevölkerung vorhanden gewesen und vereinzelte, sog. sporadische Krankheitsfälle verursacht hat, sich plötzlich so ungewöhnlich verbreitet hat, ist uns völlig dunkel. Ebenso unklar bleibt uns aber auch das Verschwinden der Seuche nach diesem großen Ausbruch. Wir dürfen uns nicht etwa zu dem Glauben verleiten lassen, daß unsere mit dem ganzen Rüstzeug der Bakteriologie unternommenen Bekämpfungsmaßregeln das Hauptverdienst daran tragen, denn auch ältere Epidemien sind ähnlich vorübergegangen.

Auch trotz der Entdeckung der Kokkenträger sind wir nicht annähernd imstande, die Ansteckungsquellen bei dieser Seuche zu verstopfen. Man hat allerdings öfter den Versuch gemacht, die Kokkenträger, die man durch bakteriologische Untersuchung des Nasenrachenraums bei der Umgebung von Kranken festgestellt hatte, einzusperren und so lange für die Menschheit unschädlich zu machen, bis sie ihre Kokken verloren hatten. Aber weil diese Personen zu zahlreich sind und die Kokken oft monatelang beherbergen, war es, von den gesetzlichen Hindernissen abgesehen, ausgeschlossen, die Maßregel einigermaßen vollständig durchzuführen.

Da, wo man auf eine Einsperrung der Kokkenträger von vornherein verzichtet hat, konnte man übrigens den gleich günstigen Enderfolg beobachten: die

Seuche nahm auch hier ab; obwohl die Kokkenträger massenhaft herumliefen, blieben schließlich die Erkrankungen aus. Ja, in manchen Fällen wurden zahlreiche Kokkenträger selbst in solchen Orten gefunden, in denen es überhaupt zu keiner Erkrankung kam. Man kann sich danach des Gedankens nicht erwehren, daß die Ansteckungsträger gerade bei der Genickstarre oft genug völlig harmlos sind, und wird den Grund dafür am einfachsten darin suchen, daß die Meningokokken, die sie beherbergen, nicht mehr ansteckungstüchtig sind. Vielleicht ist dieser scheinbar freiwillige Verlust der Ansteckungskraft überhaupt der Grund dafür, daß die Seuche bald früher, bald später erlischt. Leider besitzen wir bisher kein Mittel, um die Gefährlichkeit der Meningokokken, die wir bei Gesunden, ebenso wie bei Kranken finden, zu beurteilen.

Man wird sich sonach im allgemeinen mit der Absonderung der Kranken begnügen müssen und außerdem durch Belehrung der Kokkenträger die Verbreitung der Krankheitskeime zu verhüten suchen. Alle Versuche, die Mund- und Rachenhöhle von den Kokken durch desinfizierende Mittel, z. B. durch Pyocyanase (S. 40), zu befreien, sind erfolglos geblieben, wahrscheinlich, weil die Keime zu tief in den Schleimhautbuchten sitzen; immerhin wird man auf die Anwendung von Wasserstoffsuperoxyd und ähnlichen Mitteln nicht gern verzichten. Die Krankheit selbst wird durch die intraspinale Behandlung mit geeignetem Meningokokkenimmunserum günstig beeinflußt, ihre Sterbensgefahr, die sonst 75 $^0/_0$ beträgt, auf ein Drittel herabgedrückt.

Auch zur Vorbeugung der Ansteckung läßt sich das Serum benutzen, man darf aber nicht erwarten, daß die Kokkenträger dadurch von ihren Keimen befreit werden, und der ganze Kreis der unter Umständen gefährdeten Personen erreicht wird. Über die Wirkungsweise des Serums läßt sich wenig Sicheres aussagen. Wahrscheinlich sind aber opsonische Leistungen beteiligt.

Im Anschluß an die Meningokokken besprechen wir kurz die im Rachen, seltener an anderen Orten vorkommenden, mit ihnen zu verwechselnden Keime. Es sind das nach v. Lingelsheim der Microc. pharyngis flavus, siccus und cinereus, der Microc. (Diplococcus) crassus und catarrhalis.

Sie alle unterscheiden sich, abgesehen von geringen Abweichungen in der Form und ihrem Verhalten zu Zuckerarten, schon durch das Aussehen ihrer Kolonien auf Aszitesagar und durch ihre Fähigkeit, auch auf Agar ohne Serum zu wachsen. Alle diese Kokken, mit Ausnahme des Microc. crassus, sind nicht gramfest, der letztere läßt sich zwar großenteils nach Gram färben, er gibt aber wenigstens teilweise seine Farbe ab. Krankheitserreger sind die ersten drei Kokkenarten sicher nicht, der Microc. crassus wahrscheinlich auch nicht, obwohl er gelegentlich allein in der Rückenmarkflüssigkeit von Genickstarrekranken gefunden worden ist. Bei dem Microc. catarrhalis (R. Pfeiffer), der bei weitem am häufigsten und auch in der Nase, Luftröhre, ja selbst in den Lungen gefunden wird, ist die Entscheidung der Frage, ob er nur ein mehr oder weniger harmloser Begleiter oder die Ursache der Katarrhe ist, bei denen er vorkommt, nicht leicht zu entscheiden. Wahrscheinlich kommt beides vor, wie bei Pneumo- und Streptokokken und Influenzabazillen, die auch wohl oft genug nur die Begleiter der unsichtbaren Schnupfen- und Hustenerreger (s. Abschnitt 28) und Influenzakeime sind. Die

Angabe, der Microc. catarrhalis sei fast regelmäßig bei den Erkrankungen der oberen Luftwege zu finden, ist jedenfalls nach unseren Erfahrungen irrig. Seine Verbreitung scheint nach Ort und Zeit erheblichen Schwankungen unterworfen zu sein. Der Microc. catarrhalis ist bei der Züchtung leicht zu erkennen, weil seine Kolonien mehr undurchsichtig, weißlich und trocken aussehen, unter dem Mikroskop bräunlich, gekörnt und unregelmäßig umrandet erscheinen und bei der Berührung mit der Platinnadel sich im ganzen verschieben oder in Bröckelchen zerfallen. Am besten wächst der Kokkus auf Aszites- oder Blutnährboden, überall stirbt er schnell ab. In den Absonderungen der Schleimhäute liegt er, wie der Gono- und Meningokokkus meist innerhalb von Leukozyten, auf Lackmuszuckernährboden soll sich der Microc. catarrhalis dadurch von dem Meningokokkus unterscheiden, daß er nirgends Säure bildet. Doch kommt das auch bei Meningokokken vor.

Neunter Abschnitt

Kolibazillen und andere Darmbakterien

Manche Schleimhäute, wie die des Mundes und der Scheide, sind reich mit Bakterien besetzt, am meisten die des Darmes, insbesondere seines letzten Abschnitts. Jeder Ausstrich von einer gesunden Stuhlentleerung, jede Platte, die wir davon anlegen, lehrt uns das. Dabei zeigt sich freilich bald ein wichtiger Unterschied. Bei der Züchtung auf der gewöhnlichen Agar- oder Gelatineplatte begegnen wir fast nur den üppig wachsenden Kolonien eines mittelgroßen, plumpen, wenig beweglichen, gramfreien Stäbchens, des Bac. coli, im gefärbten Kotausstrich einem Gewirr verschieden geformter Bakterien, unter denen sehr viele gramfest sind (Fig. 30 auf der farbigen Tafel). Bei Säuglingen, die an der Brust genährt werden, ist der Gegensatz am größten: auf der Platte wieder Kolibazillen, im Ausstrich fast nur dicht gelagerte schlanke, gramfeste Stäbchen (Fig. 31).

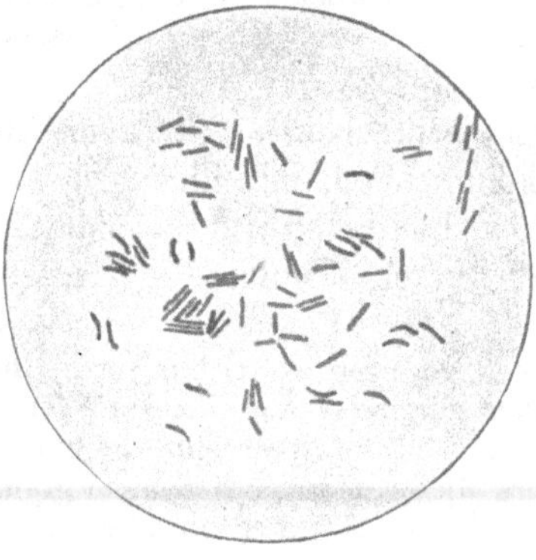

Fig. 31.
Ausstrich aus dem Kot eines Brustkindes.
Gramdoppelfärbung.
Nur Bifidus und Acidophilus.

Das Rätsel wurde im wesentlichen durch Tissier, Moro und Finkelstein gelöst, indem sie feststellten, daß durch besondere Verfahren sich zwei gramfeste Bazillenarten, der Bac. bifidus und acidophilus regelmäßig aus dem Kote von Säuglingen züchten lassen. Daneben treten sehr häufig, besonders massenhaft, wenn der Stuhl dünn ist, Streptokokken auf, die dem Strept. lacticus daschcus gleichen (S. 71) und darum unnötigerweise als Enterokokken bezeichnet worden sind.

Während diese vier Bakterienarten sich durch ihre Menge gegenseitig den Rang streitig machen, indem bald die eine, bald die andere Art überwiegt, sind große gramfeste Bazillen aus der Gruppe der luftscheuen Buttersäure- und Emphysembazillen (Abschnitt 19) zwar fast immer vorhanden, aber in deutlicher Minderheit. Zahlreiche andere Kleinwesen werden noch im Kot beobachtet, aber nur gelegentlich und in kleinerer Zahl, wir nennen den Bac. aërogenes, proteus, alcaligenes, pyocyaneus, subtilis, ferner Spirochäten, Hefepilze, die Flagellaten Trichomonas und Lamblia intestinalis, sowie Entamoeba hominis (s. Abschnitt 12). Dazu kommen dann in Krankheitsfällen die Erreger des Typhus und Paratyphus, der Fleischvergiftungen, der Dysenterie und Pseudodysenterie, der Cholera asiatica, der Tuberkulose, von außergewöhnlichen Befunden (Milzbrandbazillen) und den Krankheiten der Tiere ganz zu schweigen.

Der Kolibazillus (Bac. coli, Bact. coli commune Escherich) ist deswegen für uns das wichtigste Darmbakterium, weil er uns stets im Kot von Mensch und Tier begegnet, wir ihn also genau kennen müssen, um Verwechslungen mit Krankheitserregern zu vermeiden. Die Kolibazillen sind plumpe Stäbchen mittlerer Größe (Fig. 32), die sich nach Gram nicht färben, keine Sporen bilden, mehr oder weniger beweglich sind, Gelatine nicht verflüssigen, auch bei Sauerstoffabschluß gut wachsen, Traubenzucker unter Bildung von Säure und Gas zersetzen, Milch früher oder später zur Gerinnung bringen.

Fig. 32. Kolibazillen.

Wir stellen diese Erklärung an die Spitze unserer Beschreibung, weil der Name öfters in einer anderen, entweder zu engen oder zu weiten Bedeutung gebraucht wird. Wir müssen, um einerseits der Veränderlichkeit dieser Bazillen gerecht zu werden, die Grenze dieser Art nicht zu eng ziehen, andererseits aber, um nicht ins Uferlose zu geraten, sie an gewissen Stellen scharf abstecken: es gehören also z. B. nicht mehr zum Begriff der Kolibazillen ähnliche Bakterien, die aber stets unbeweglich sind (Bac. aërogenes), die Gelatine, wenn auch langsam, verflüssigen (Bac. cloacae), bei Sauerstoffabschluß (in der Tiefe des Stichs) nicht wachsen (Bac. alcaligenes), Milch nicht koagulieren (Bac. paracoli und paratyphosus), Traubenzucker nur säuern, nicht unter Gasbildung zersetzen (Typhus- und Ruhrbazillen), ferner solche, die gramfest sind, Sporen bilden usw. Dagegen rechnen wir Stäbchen zum Kolibazillus, die alle obengenannten Eigenschaften besitzen, gleichgültig, ob sie plump oder schlank, lebhaft oder träge, sämtlich oder teilweise beweglich sind, ob sie außer dem Trauben- und Milchzucker auch noch andere Zuckerarten und Zuckeralkohole unter Gasbildung vergären, Indol bilden oder nicht, und benutzen derartige Merkmale höchstens, um besondere Unterarten (Abarten, Spielarten oder Rassen) der Kolibazillen zu kennzeichnen. In der Tat ist der Kolibazillus keineswegs eine völlig beständige, gut geschlossene Art, man könnte ihn vielleicht eher als Sammelname für eine ganze Gruppe von Arten (Sammelart, Untergattung) betrachten. Da wir aber in vielen Fällen nachweisen können, daß ein und derselbe „Stamm“ nach gewissen Richtungen hin in seinen

Eigenschaften veränderlich ist, so halten wir es vorläufig für zweckmäßiger, von einer „Art" zu sprechen, die in mancherlei „Abarten" zerfällt.

Manche Abarten sind auch hämolytisch, d. h. sie umgeben sich auf Blutplatten mit einem hellen Hof. Durch die Agglutination und andere Serumreaktionen lassen sich die Kolibazillen in zahllose Abarten trennen, aber größere Gruppen nur höchst unvollkommen absondern. Von einer Einheit der auch nur in einem einzigen normalen Darm und zu bestimmter Zeit gefundenen Kolibazillen ist keine Rede. Eher schon sind die bei Krankheiten gefundenen Kolibazillen, aber fast immer wieder nur für den einzelnen Fall, durch Serumreaktionen zu identifizieren.

Stets sind die Kolibazillen mittelgroße Stäbchen; weil sie außerdem gewöhnlich plump sind, unterscheiden sie sich im allgemeinen auf den ersten Blick von Typhus- und Paratyphusbazillen und ähneln vielmehr Ruhrbazillen, doch kommen Rassen vor, die in ihrer Form den ersteren täuschend gleich sind. Beweglich sind sie, wenn man genau zusieht, stets.

Gewöhnlich sind es aber unter einer großen Zahl von Stäbchen, die man im hängenden Tropfen beobachtet, nur einige, die außer der selbstverständlich vorhandenen Molekularbewegung auch eine deutliche Eigenbewegung[1] besitzen, indem sie sich lebhaft um ihre eigene Achse drehen, sich langsam wackelnd vorwärts bewegen oder durch das Gesichtsfeld dahinschießen. Auch hierin unterscheiden sie sich meist von den Typhus- und Paratyphusbazillen, die sich viel regelmäßiger und lebhafter bewegen, und von den Ruhrbazillen, die völlig unbeweglich sind. Doch kommen wieder Ausnahmen vor, und zwar häufiger wohl nach der Richtung, daß man auch nach sorgsamster Durchmusterung keine Eigenbewegung wahrnimmt. Man darf aber daraus noch nicht schließen, daß diese unter allen Umständen ausbliebe, sondern muß die Bazillen auf anderen Nährböden und namentlich in ganz jungen Bouillonkulturen oder in dem Preßwasser, das sich am Boden von jungen Agarschrägkulturen ausgeschieden hat, prüfen. Sollte die Bewegung dauernd fehlen, so hat man es nicht mit dem Bac. coli, sondern mit dem Bac. aërogenes, der sich gewöhnlich, aber nicht immer auch durch die schleimige Art seiner Wucherungen vom Kolibazillus unterscheidet, zu tun (s. u.).

Wegen ihrer Unfähigkeit, Sporen zu bilden, sind die Kolibazillen nicht sehr widerstandsfähig, z. B. gegen Trockenheit, Temperaturen von 50—70° und andere keimtötende Mittel. Sie sind aber doch zäher als die meisten echten Krankheitserreger, die im Darmkanal mit ihnen zugleich vorkommen (Typhus-, Ruhr- und Cholerabazillen). Das schließt freilich nicht aus, daß die Kolibazillen von manchen keimtötenden Mitteln, z. B. dem Malachitgrün und Petroläther, stärker beeinflußt

[1] Diese wird wie bei den Typhus- und Paratyphusbazillen durch eine ganze Anzahl von seitenständigen Geißeln vermittelt (vgl. über deren Färbung Abschn. 10). Wenn nur eine Polgeißel vorhanden ist, stellt man die Bazillen besser in die Verwandtschaft des Bac. fluorescens, von dem in der Tat ungefärbte und auch sonst mehr oder weniger dem Kolibazillus sich nähernde Formen vorkommen (auch als Gattung Pseudomonas bezeichnet).

werden, als die Typhus- und Paratyphusbazillen, weswegen die mit diesen Stoffen versetzten Nährböden benutzt werden, um die Krankheitserreger aus Kot oder Wasser leichter herauszuzüchten (vgl. folg. Abschnitt). Die mangelnde Färbbarkeit nach Gram haben die Kolibazillen mit diesen letzteren gemein.

Auf den gewöhnlichen Nährböden wachsen die Kolibazillen so üppig und schnell, daß sie dadurch in den Stand gesetzt werden, die ihnen etwa beigesellten Erreger, wenn man nicht besondere Vorkehrungen trifft, zu überwuchern. Ihre einzelnen Kolonien auf den Gelatine- oder Agarplatten unterscheiden sich von denen der Ansteckungserreger nur durch ihre größere Üppigkeit und geringere Durchsichtigkeit. Auf Kartoffeln wachsen die Kolibazillen in braunen Lagern, in Milch rufen sie gewöhnlich unter Säurebildung nach 1—2 Tagen, selten später, eine feste Gerinnung hervor. Wenn bis zu einer Dauer von etwa 8 Tagen im Brutschrank keine Spur von Gerinnung bemerkbar wird, so pflegt sie auch weiterhin auszubleiben.

Doch vermißt man die Gerinnung auch bei echten Kolibazillen, namentlich solchen, die im Harn vorkommen, nicht selten in der ersten Milchkultur, die man von der ursprünglichen Platte angelegt hat. Sobald man aber von der zweiten oder dritten Abimpfung auf Milch überträgt, zeigt sich die Gerinnung und damit die Zugehörigkeit des Stammes zur Koliart. Die Gerinnung der Milch selbst ist die Folge einer Säuerung; die Säure aber, die durch den Kolibazillus aus dem Milchzucker gebildet wird, besteht nur zum Teil aus Milchsäure, wie beim Strept. lacticus, zum anderen Teil aus Essigsäure oder Bernsteinsäure.

Auch die meisten anderen Zuckerarten werden von den Kolibazillen in eine gemischte saure Gärung versetzt, vor allen Dingen der Traubenzucker. Agar mit 1—2% Traubenzucker, der in Röhrchen gerade erstarrt[1] durch Stich geimpft wird, zeigt sich nach 24 Stunden mehr oder weniger von Gasblasen durchsetzt; manchmal ist die Gasentwicklung so stürmisch, daß Stücke des Nährbodens gegen den Wattepfropf geschleudert werden.

Diese Stichkultur in Traubenzuckeragar ist zwar neben der Milchkultur die wichtigste Probe auf Kolibazillen, doch wird auch die Gasbildung gelegentlich bei der ersten Abimpfung von Urin- oder Kotplatten aus vermißt und findet sich erst beim wiederholten Abstich ein. Mannit wird durch Kolibazillen wie Traubenzucker zersetzt. Gegenüber anderen Zuckerarten, wie Malz- und Rohrzucker und Zuckeralkoholen, wie Glyzerin, Dulzit, verhalten sie sich ungleich, was zur Aufstellung von Unterarten geführt hat. Die Gase bestehen zum größeren Teil aus Wasserstoff, zum kleineren aus Kohlensäure. Man beweist das dadurch, daß man die Bazillen in sog. Gärkölbchen mit Traubenzuckerfleischbrühe züchtet und dann Kalilauge, die nur CO_2 absorbiert, zufügt.

---

[1] Die Gasbildung ist geringer in Zuckeragar, der schon einige Zeit erstarrt gewesen ist. Man verflüssigt und erstarrt ihn deshalb am besten kurz vor der Impfung noch einmal oder macht eine „Schüttelkultur", d. h. impft in den verflüssigten Zuckeragar kurz vor seiner Erstarrung (bei 42—45°).

Trotz des fehlenden Verflüssigungsvermögens für Leim und Eiweiß vermag der Kolibazillus diese Stoffe oder wenigstens Pepton kräftig zu spalten, aber freilich nur, wenn ihm kein Zucker daneben als Nahrung geboten wird. Unter den Erzeugnissen der Zersetzung ist in erster Linie Ammoniak zu nennen. Indol wird sehr gewöhnlich, aber nicht regelmäßig (Bac. coli anindolicus), aus dem Tryptophankern des Eiweißes gebildet.

Die Nitroso-Indolprobe nach Salkowski wird so angestellt, daß man zu einer mehrtätigen Kultur in gewöhnlicher Peptonbouillon oder besser in 10 prozentiger Peptonlösung 1 ccm salpetrigsaures Kalium (0·02%) und einige Tropfen verdünnter Schwefelsäure setzt und auf eine rote Farbe achtet, die durch Amylalkohol ausgeschüttelt werden kann. Noch feiner ist die Ehrlichsche Probe. Nötig sind dazu zwei Lösungen, die haltbar sind:

I.	Paradimethylamidobenzaldehyd	4 ccm	II. Gesättigte Lösung von Kaliumpersulfat
	96% Alkohol	380 „	
	Konz. Salzsäure	80 „	

Zu 10 ccm der Kultur werden je 0,5 ccm beider Lösungen gegeben. Indol ergibt Rötung binnen 5 Minuten.

Im allgemeinen genügt es zur Erkennung der Kolibazillen, von den verdächtigen Kolonien auf Gelatine- und Agarplatten nach ihrer Prüfung auf Form, Färbbarkeit und Beweglichkeit Stichkulturen in Gelatine, Zuckeragar und Milch anzulegen.

Eine Prüfung mittels der sog. Agglutination oder anderen Serumreaktionen die sich für die Erkennung der krankheiterregenden Darmbakterien so bewährt hat, ist hier deswegen meist ausgeschlossen, weil es selbst in einer und derselben Person zur selben Zeit, geschweige in verschiedenen Personen und zu verschiedener Zeit zahlreiche Abarten von Kolibazillen gibt, die sich sämtlich durch ihre Serumreaktionen voneinander unterscheiden. Nur in dem Falle wird man die Agglutination im eigenen Blutserum der betreffenden Person mit Aussicht auf Erfolg versuchen dürfen, wenn man die Kolibazillen aus einem Krankheitsherd, z. B. einem Abszeß, einem zysto-pyelitischen Harn, gezüchtet hat.

Außerdem ist die Anstellung der Agglutinationsprobe in Typhus-, Paratyphus-, Dysenterieserum ein Mittel, um schnell bei verdächtigen Kolonien die Entscheidung zu treffen, ob sie aus diesen Krankheitserregern bestehen oder nicht. Jedoch ist dabei zu beachten, daß das Ausbleiben der Verklebung zwar ein guter Anhaltspunkt, aber nicht ein völlig sicheres Zeichen dafür ist, daß man es mit Kolibakterien, nicht mit jenen Krankheitskeimen zu tun hat (vgl. Abschnitt 10). Die Prüfung auf Milch, Zuckeragar usw. ist zur Sicherstellung dann immer noch auszuführen.

Um aus einem Gemisch mit Kolibazillen diese schneller von den Krankheitserregern zu scheiden, benutzt man jetzt regelmäßig gefärbte Nährböden. Wir nennen von den sehr zahlreichen dazu vorgeschlagenen hier nur drei, nämlich

1. den Milchzuckerlackmusagar,
2. den Milchzuckersulfitfuchsinagar (Endoagar) und
3. den Malachitgrünagar.

Der Milchzuckerlackmusagar wird in seiner einfachsten, von Wurtz angegebenen Form dadurch hergestellt, daß man zu dem vorrätig gehaltenen gewöhnlichen Nähragar 10% einer Lösung von Milchzucker (20%) in Lackmustinktur (Kahlbaum) hinzufügt. Nach unserer Erfahrung bietet im allgemeinen der von Conradi und von Drigalski außerdem vorgeschlagene Zusatz von Nutrose und Kristallviolett selten einen Vorteil[1], unter Umständen aber Nachteile. Wir benutzen daher diesen „Conradi-Drigalskiagar" überhaupt nicht mehr. Auf den so hergestellten blauvioletten Platten wachsen die Kolibazillen rot und üppig, während die sämtlichen Darminfektionserreger keine oder höchstens eine blaue Farbveränderung bewirken. Der Bac. paracoli und Bac. alcaligenes und Proteus wachsen, ebenfalls bläulich, der Bac. aerogenes aber rot, wie der Kolibazillus.

Setzt man zum Nähragar außer 1% Milchzucker 0·5% gesättigte alkoholische Fuchsinlösung und 2·5% einer frisch bereiteten 10 prozentigen Natriumsulfitlösung, so bekommt man den sog. Endoagar, der frisch hergestellt fast farblos ist und es bei Beimpfung mit Typhus-, Paratyphus-, Ruhrbazillen und den ebengenannten Keimen bleibt, durch Koli- und Aerogenes- sowie Cholerabazillen aber rot wird.

Der rote wie der bläuliche Nährboden ist gleich brauchbar; für die Benutzung beider ist das Wesentliche das Verhalten der Bakterien zum Milchzucker. Da wir oben gesehen haben, daß es Kolibazillen gibt, die Milchzucker nur langsam, ja nach ihrer Reinzüchtung aus dem menschlichen Körper unter Umständen gar nicht säuern, so versteht sich von selbst, daß man gelegentlich aus bläulichen Kolonien vom Wurtzagar oder aus farblosen Kolonien von Endoplatten sich später echte Kolibazillen entwickeln sieht. Gerade auf derartigen Platten hat man die Beobachtung gemacht, daß hin und wieder eine plötzliche Abänderung, eine „Mutation" der Kolibazillen auftritt, indem auf den bläulichen Kolonien des Wurtzagars und auf den farblosen Kolonien des Endoagars nach einigen Tagen rote Knöpfchen, d. h. Tochterkolonien aufsprießen, aus denen Kulturen abgestochen werden, die alle Eigenschaften der Kolibazillen besitzen, während von den blauen oder weißen Mutterkolonien abgestochene Kulturen nicht die Fähigkeit haben, Milchzucker zu vergären, und daher dem Bac. paracoli (S. 91) entsprechen. A. Neißer und Massini haben dergleichen leicht veränderliche Stämme als Bac. coli mutabilis bezeichnet. „Knöpfchen" oder „sekundäre" Kolonien hat man auch oft in (älteren) Kolonien anderer Bakterien beobachtet, ohne daß immer „Mutationen" damit verbunden sind (S. 34).

Ein dritter grüner Nährboden wird hergestellt, indem man nach Lentz und Schindler zum Nähragar von einer reinen[2] Malachitgrünlösung (1:500) ungefähr 1—1·5% zusetzt. Er läßt Kolibazillen meist fast gar nicht wachsen, dient also dazu, aus Entleerungen, in denen man neben Kolibazillen die Erreger des Typhus und Paratyphus voraussetzt, möglichst nur die beiden letzten zum Wachstum zuzulassen. Da das Malachitgrün im Überschuß auch die Krankheitserreger schädigt oder sie sogar ganz am Wachstum hindert, und die Wirkung um so stärker ist, je alkalischer der Nährboden, wird es nötig, den richtigen Zusatz der Farblösung in Vorversuchen auszuprobieren. Ist der Zusatz passend gewählt, so hat man auf

[1] Das Kristallviolett (B. Höchst), von dem man 10 ccm einer 10 promilligen Lösung zum Liter zusetzt, hemmt die Überwucherung der Platten durch Proteusbazillen, die namentlich in alten Kotproben lästig werden können, ist aber auch nicht unschädlich für die Krankheitserreger (besser ist Chloral S. 43).

[2] Man wähle eine dextrinfreie Farbe, z. B. das „kristallinische Malachitgrün extra Höchst".

den reichlicher als sonst zu beimpfenden Platten nur die Krankheitserreger in deutlichen, wenn auch kleinen Kolonien, während die Kolibazillen gar nicht oder ganz kümmerlich wachsen. Wenn man dann mit einer keimfreien Kochsalzlösung die Wucherungen auf den Platten zusammenspült und davon auf Wurtz- oder Endoagarplatten ausstreicht, erhält man die Typhus- und Paratyphusbazillen, selbst dann, wenn sie in den Ausgangsstoffen nur spärlich vorhanden gewesen sind. Es handelt sich also hier um ein Anreicherungsverfahren für Krankheitserreger, das sich im allgemeinen wohl bewährt hat.

Auf eine Anreicherung der Kolibazillen selbst läuft dagegen die sog. Koliprobe heraus, der man Wasser unterwirft, um seine gesundheitliche Brauchbarkeit beurteilen zu können. Wir kommen auf das Verfahren im Abschnitt 15 zurück.

Im Tierversuch besitzen die Kolibazillen gewisse, aber nicht gerade eigenartige Wirkungen.

So sterben Mäuse, wenn man ihnen 0·1—1·0 ccm frischer Bouillonkultur, Meerschweinchen, wenn man ihnen Bruchteile einer ganzen Agarschrägkultur in die Bauchhöhle einspritzt, oft mit reichlichen Bazillen an Ort und Stelle und spärlichen Keimen im Blute. Unter der Haut entstehen gewöhnlich nur Eiterungen, die verheilen. Ausnahmsweise findet man auch Kolistämme, die bei Verfütterung an Mäuse blutige Darmentzündungen verursachen. Nach Unterbindung der Harnröhre, der Harnleiter oder des Gallenausführungsganges erzeugt Einführung der Kolibazillen in die darüber befindlichen Harn- und Gallenwege Entzündungen der Harnblase, des Nierenbeckens und der Gallenblase. Abgetötete ganze Kulturen und Bazillenleiber wirken durch die in ihnen enthaltenen Endotoxine (S. 54 und Abschnitt 31) giftig.

Die Tatsache, daß die Kolibazillen regelmäßig den Darminhalt bewohnen und namentlich in seinem unteren Teil offenbar üppig wachsen, beweist, daß sie gesunden Menschen und Tieren nichts schaden. Andererseits lehrt uns das Vorkommen von Kolibazillen bei zahlreichen Krankheiten innerer Organe, daß sie ihre Unschädlichkeit unter Umständen verlieren und sich dabei im Körpergewebe vermehren, mit anderen Worten ansteckungsfähig werden können. Man wird von vornherein zwei Möglichkeiten dafür annehmen dürfen: entweder kommt die Ansteckung durch Kolibazillen zustande, die außerhalb des betroffenen Körpers, oder die in dessen Darm selbst gelebt haben, mit anderen Worten: entweder ist sie eine Fremd- oder eine Selbstinfektion. In vielen Fällen werden wir mit Sicherheit oder Wahrscheinlichkeit die zweite Quelle als die einzige in Betracht kommende ansehen dürfen, so z. B. bei den Fällen von Bauchfellentzündung, die nach Zerreißung oder geschwüriger Veränderung des Darmes eintreten, aber auch bei Entzündungen des Wurmfortsatzes und der Gallen- und Harnwege.

Bei allen diesen Erkrankungen werden Kolibazillen entweder allein, oder was sehr häufig ist, mit anderen Bakterien, wie dem Strept. lacticus, lanceolatus, pyogenes, Anaerobieren und auch Aktinomyzeten zusammen gefunden. Gewöhnlich läßt sich eine Gelegenheitsursache für die Ansteckung angeben, sei es nun eine Gewebstrennung oder sonstige Verletzung, sei es eine Fremdkörperwirkung oder eine Stauung, welche die Drüsenabsonderungen oder die Blut- und Lymphgefäße betrifft, oder schließlich auch eine Erkältung. Die Wege der Ansteckung sind nicht immer deutlich, so streitet man schon lange darüber, ob die Erreger der Zystitis und Pyelitis vom Darm her auf dem nächsten Wege durch die Lymphgefäße einwandern oder auf dem Umwege durch das Blut und dann von den Nieren aus die Harnwege hinabgelangen oder vom After aus in die Harnwege aufsteigen. Vielleicht kommen alle diese, namentlich die letzteren beiden Möglichkeiten vor. Für die äußere Überwanderung könnte man den Umstand anführen, daß die Zystopyelitis beim weiblichen Geschlecht, wo der Zugang kürzer ist, häufiger ist. Für die Blutinfektion sprechen Tierversuche und das Vorkommen von Koliherden an fernliegenden Körperstellen, z. B. in der Schilddrüse. Wie soll hier und bei anderen „kryptogenetischen" Infektionen die Ansteckung vermittelt sein, wenn nicht durch das Blut? Daß einzelne Keime gar nicht selten durch die äußeren und inneren Körperdecken hindurch in die inneren Gewebe eindringen, ist übrigens durch einwandfreie Beobachtungen und Versuche sichergestellt. Schon die gesunde Darmschleimhaut ist ebensowenig völlig bakteriendicht wie andere Schleimhäute und die Haut. Freilich findet man im allgemeinen namentlich bei Entnahme kleinster Proben die Körpergewebe des Menschen und der Tiere keimfrei. Aber man kann bei Entnahme größerer Stücke, gründlicher Zerquetschung derselben und Prüfung in flüssigen Nährböden ziemlich häufig Darmbakterien aus den Lymphdrüsen des Gekröses züchten, wie man andererseits Mund- und Hautbakterien in den Hals- und übrigen Lymphdrüsen findet. Seltener hat man Erfolg bei Untersuchung des Blutes. Durch allgemeine Störungen, die den Körper treffen, wie Hunger, Kälte, Überanstrengung, Vergiftungen, kann man aber den Bakteriengehalt der Organe und auch des Blutes steigern und durch Schädigung einzelner Organe Ansiedlung im Blute kreisender Keime an diesen Stellen — den loci minoris resistentiae — bewirken. Erst recht schwächt der Todeskampf und der Tod selbst die physiologischen Widerstände der Gewebe und bewirkt die „agonale" und „kadaveröse Einwanderung" der auf den Schleimhäuten schmarotzenden bzw. der in den Lymphdrüsen verborgen hausenden („latenten") Keime, unter denen neben den Kolibazillen Streptokokken und Anaerobier die erste Rolle spielen.

Die Reihe der Selbstansteckungen durch Kolibazillen ist aber mit den oben genannten Krankheiten keineswegs erschöpft, gibt es doch kaum ein Organ, das nicht hin und wieder von diesen Bakterien befallen wird. Eines derselben haben wir noch nicht erwähnt, obwohl es bei weitem am häufigsten erkrankt gefunden wird und am ehesten der Schädigung der Kolibazillen ausgesetzt scheint, die Schleimhaut des Darmes selbst.

In der Tat würde man, wenn man überhaupt an die Möglichkeit von Selbstansteckung durch Kolibazillen glaubt, nicht verstehen, daß der Darm, der sie beherbergt, eine Ausnahme bilden sollte. Wenn wir seine Erkrankung zuletzt erwähnen, so liegt der Grund dafür darin, daß es oft recht schwer sein wird, zu entscheiden, ob ein Darmleiden durch Ansteckung mit fremden oder eigenen Keimen verursacht ist, ja ob überhaupt das Darmleiden durch Kolibazillen irgendwelcher Quelle veranlaßt oder unterhalten wird. Das letztere wird man freilich mit einiger Sicherheit annehmen dürfen, wenn man im Gefolge von Darmstörungen auch in anderen Organen oder im Blute Kolibazillen findet. Erschwert wird aber ein solcher Nachweis durch die oben erwähnte Einwanderung von Kolibazillen vor und nach dem Tode. Trotzdem darf man mindestens die sog. Kälberruhr auf Grund von Blutbefunden zum erheblichen Teil als eine Kolikrankheit ansehen. Andere Male, wie beim Sommerdurchfall der Säuglinge und seiner höchsten Steigerung, der Cholera infantum, finden wir zwar Kolibazillen massenhaft in den Entleerungen, aber nur spärlich oder gar nicht im Blut. Wenn man nur nach dem bakteriologischen Befund auf den gewöhnlichen Plattenkulturen vom Kote geht, so unterscheiden sich solche Fälle kaum von anderen, in denen keine Darmerkrankung besteht, prüft man aber die Entleerungen durch die Gramfärbung und durch die Züchtung auf Nährböden, die für das Wachstum anderer Darmschmarotzer geeignet sind (s. u.), so erhält man öfters fast ausschließlich Kolibazillen, statt des sonst nach unserer früheren Schilderung (S. 90) fast regelmäßig vorhandenen Keimgemisches. Auch nur dann hat man wohl ein Recht, die Kolibazillen für die Erreger oder wenigstens für die Beförderer des Darmleidens zu halten. Jetzt erhebt sich allerdings erst die Frage nach dem Ursprung dieser Keime. Sind sie von außen etwa durch verdorbene Nahrung oder sonstwie durch Ansteckung eingeführt, oder stammen sie ab von den gewöhnlichen Bewohnern des gesunden Darmes, die durch irgendeine Gelegenheitsursache, eine Krankheitsanlage nach Art der früher genannten oder etwa durch chemische und physikalische Störungen des Verdauungsvorgangs eine höhere Ansteckungskraft gewonnen haben? Nach den vorliegenden Erfahrungen macht es den Eindruck, als ob gerade diese Einflüsse, also in letzter Linie die Selbstansteckung, eher für die Erklärung der Säuglingsdurchfälle herangezogen werden dürfen als eine Ansteckung von außen. Wir wissen, daß sie gewöhnlich ohne Zusammenhang miteinander entstehen und um so häufiger sind, je mangelhafter die Säuglinge ernährt und gepflegt werden. An erster Stelle unter den Gelegenheitsursachen steht die unnatürliche Ernährung mit Kuhmilch statt der Muttermilch, an zweiter die Sommerhitze, an dritter die ungünstige soziale Lage der Kinder. Auch auf Tierversuche, die uns in dieser Ansicht bestärken, können wir uns berufen. Jensen hat festgestellt, daß diese Erkrankung bei neugeborenen Kälbern dadurch hervorgerufen werden kann, daß man ihren Darm durch chemische Reize mißhandelt. Nur ein scheinbarer Widerspruch ist es, daß gerade die Kälberruhr nicht bloß auf eigenem Boden entsteht, sondern auch durch Ansteckung von außen übertragen werden kann. Auch in Säuglingskrankenhäusern hat man Ähnliches beim Darmkatarrh beobachtet. Wir werden daraus den Schluß ziehen dürfen, daß die Kolibazillen, wenn sie einmal die Fähigkeit gewonnen haben, den Körper, der sie beherbergt, krank zu machen, auch oft eine höhere Ansteckungskraft für fremde Körper erwerben. Allgemein finden wir ja bei unseren Versuchen mit Krankheitserregern den Satz bestätigt, daß der erfolgreiche Durchgang schwacher Infektionskeime durch den lebenden Körper die Ansteckungstüchtigkeit dieser Keime steigert (vgl. S. 63, 75).

Durchaus nicht etwa alle Sommerdurchfälle des Säuglings sind mit Wahrscheinlichkeit auf Selbstansteckung mit Kolibazillen zurückzuführen, vielmehr wird man von vornherein annehmen dürfen, daß auch andere Bewohner des Darmes, wie z. B. Streptokokken, Anaerobier, Proteus, Pyocyaneus unter Umständen zu ähnlichen Leistungen befähigt sind. In der Tat wechseln die bakteriologischen Befunde bei Säuglingsenteritis außerordentlich. Ähnlich liegen aber auch die Dinge bei Kälberruhr.

Die hier vorgetragene Auffassung von den Ursachen der Kinderdiarrhoe stimmt mit der eine Zeit lang von Kinderärzten vertretenen, nach welcher die Bakterien kaum eine Rolle dabei spielen sollen, nicht überein, hat aber neuerdings mehr Anklang gefunden, nachdem man durch Sondierung des Duodenums ein Aufwärtswandern der Kolibazillen bis dahin, ja bis in den Magen festgestellt hat. Die völlige Übereinstimmung der Erscheinungen zwischen der Cholera infantum, der Cholera asiatica und der durch Paratyphusbazillen oder Proteusbazillen verursachten Cholera nostras erklärt sich wohl aus der sehr ähnlichen Wirkung der in Betracht kommenden Bakteriengifte, die teils zu den Endotoxinen, teils zu den Stoffwechselerzeugnissen (niederen Fettsäuren, Abschnitt 31) gehören. Auch bei der perniziösen Anämie finden sich oft die Darmbakterien auch im Duodenum, weswegen man eine Vergiftung vom Darm aus als ihre Ursache betrachten will. Eher werden die Dinge wohl umgekehrt liegen, d. h. eine Schwächung der Widerstandskräfte des Darms durch die Anämie anzunehmen sein.

Schon weiter oben wurde erwähnt, daß Kolibazillen unter Umständen nicht bloß durch Selbstansteckung, sondern auch durch Fremdinfektion gefährlich werden können. Aus der Literatur liegen noch mehr derartige Beobachtungen vor. Nur scheint es, daß man dabei nicht immer genügend die Natur der Erreger als echter Kolibazillen festgestellt und Verwechslungen mit Parakoli- bzw. Paratyphusbazillen vermieden hat (Abschnitt 11).

Aus dem Gesagten ergibt sich von selbst, daß die Maßnahmen zur Vorbeugung von Koliinfektionen im wesentlichen darin bestehen müssen, Gelegenheitsursachen für Selbstansteckung zu vermeiden. Wenn die Krankheit einmal ausgebrochen ist und schleichend verläuft, scheint nach ziemlich zahlreichen Erfahrungen auch eine Behandlung mit abgetöteten Kolibazillen, die sog. Heilimpfung (vgl. S. 60), von Nutzen zu sein. Selbst eine Serumbehandlung wäre nach den bei der Kälberruhr gemachten Erfahrungen nicht ausgeschlossen.

Im ersten Falle wird man die Möglichkeit haben, die bei der Krankheit selbst gefundenen Keime für die Darstellung der Impfstoffe zu benutzen, im letzteren würde man ein vielwertiges, d. h. mit zahlreichen Kolistämmen hergestelltes Serum, das im Handel zu haben ist, verwenden. Die Wirkung beider Verfahren erklärt sich wohl aus einer Steigerung der opsonischen, die Freßtätigkeit befördernden Kräfte und einer Vermehrung der unmittelbar keimwidrigen Stoffe (Bakteriolysine) des Blutes. Bei Gelegenheit des Typhus und der Cholera wird mehr davon die Rede sein.

Auch eine Arzneimittelbehandlung, z. B. mit Urotropin, hat sich, wenigstens bei der leichten Urininfektion, der sog. Bakteriurie, durch Bac. coli bewährt.

Auf der anderen Seite spricht manches dafür, daß die Kolibazillen wie die gramfesten Bakterien (s. u.) auch nützlich sind, indem sie z. B. durch ihre Stoffwechselprodukte Fremdinfektionen verhüten helfen. Um diesen Schutz zu verstärken, empfiehlt Nissle Darmkranken oder Bazillenträgern Kolibazillen zuzuführen, die im Reagenzglas besonders große „antagonistische“ Kräfte gegen Krankheitserreger entfalten (Mutaflorbehandlung).

Mit dem Kolibazillus nahe verwandt, aber vor allem durch den Mangel der Beweglichkeit unterschieden, ist der Bac. aerogenes (Bact. lactis aerogenes Escherich, Bac. acidi lactici Hüppe, Bac. coli immobilis). Andere Unterschiede bestehen erstens in der plumperen, dickeren Form der Bazillen, die dadurch oft kokkenähnlich erscheinen, aber durch Beimengung einzelner langer, fast fadenartiger Stäbchen in fast jedem Ausstrich ihre Zugehörigkeit zur Bazillengattung erkennen lassen. Die Dicke der Stäbchen wird noch durch ihre schleimige Umhüllung, ihre „Kapsel“, vergrößert. Man erkennt sie schon im ungefärbten Zustande daran, daß die Stäbchen nicht dicht aneinander liegen, wie z. B. die Kolibazillen, sondern durch einen Zwischenraum voneinander getrennt sind. Im gefärbten Zustand erscheinen dann mehr oder weniger deutlich die Kapseln (Fig. 33). Auch die Kulturen der Aerogenesbazillen sind gewöhnlich nicht mit denen der Kolibazillen zu verwechseln, weil sie saftiger, schleimiger sind. Die oberflächlichen Kolonien auf Leim sind wie die auf Agar rund und fast halbkuglig gewölbt; die Stichkultur ähnelt einem Nagel mit rundem, nicht flachem Kopf. Auf Kartoffeln wächst der Aerogenes in dicken, mehr gelblichen als bräunlichen Auflagerungen, oft unter deutlicher Gasbildung.

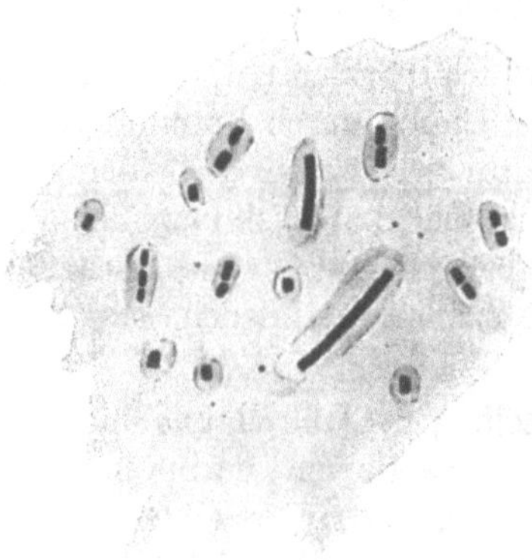

Fig. 33. Bazillen, deren Kapsel durch Färbung (Fuchsin) hervortritt.

Leider sind sowohl die auf die Form, wie auf das Wachstum begründeten Merkmale nicht beständig. Wenn man von älteren Reinkulturen, z. B. aus der auch hier gerinnenden Milch Platten anlegt, findet man neben gewölbten Kolonien auch völlig koliartige und in diesen Kolonien Bazillen, die bis auf das Fehlen der Beweglichkeit den Kolibazillen gleich sind. Die Schleimhülle, auf der anscheinend die ursprünglichen Eigentümlichkeiten des Bac. aerogenes beruhen, wird offenbar nicht regelmäßig gebildet. Auch in jahrelang fortgezüchteten Reinkulturen pflegt sie früher oder später verloren zu gehen. Wir können deshalb Bakterien, die in ihren Eigenschaften bis auf die Unbeweglichkeit mit den Kolibazillen übereinstimmen, unbedenklich zu dem Bac. aerogenes stellen.

Der Bac. aerogenes kommt gelegentlich überall da vor, wo auch der Kolibazillus gefunden wird, doch ist er öfter als dieser in den oberen Abschnitten des Dünndarmes, ferner in freiwillig geronnener Milch, besonders wenn diese bei höherer Temperatur gestanden hatte, vorhanden. Wegen seiner leichten Züchtbarkeit ist er sogar von Hüppe früher mit dem hauptsächlichen Erreger der Milchsäuregärung, dem Strept. lacticus, der nie in der Milch neben ihm fehlt, verwechselt worden. Auch als

Krankheitserreger, z. B. in den Harn- und Gallenwegen, kommt der Aerogenes wie der Kolibazillus vor. In den oberen Luftwegen werden ziemlich oft Keime gefunden, die dem Aerogenes recht ähnlich sind, sich aber durch ihre geringere Gärkraft — sie bringen die Milch nicht zur Gerinnung — von ihm unterscheiden. Dahin gehört der Bac. pneumoniae, den Friedländer ursprünglich als Erreger der Lungenentzündung beschrieben hatte, der aber wahrscheinlich nur ausnahmsweise die Ursache dieser Krankheit ist. Ferner gehören hierher der Bac. ozaenae und rhinoscleromatis, die bei den Krankheiten, von denen sie den Namen haben, regelmäßig gefunden werden und deshalb, zumal sie auch im Innern des erkrankten Gewebes vorkommen, als Erreger betrachtet worden sind.

Sie sind wahrscheinlich aber nur harmlose Begleitbakterien, denn einerseits sind alle Versuche, durch sie die genannten Leiden zu erzeugen, erfolglos geblieben, andererseits kommen die Bazillen auch in gesunden Nasenhöhlen häufig vor. Gewöhnlich wachsen sie in etwas durchsichtigeren Wucherungen, wie der Bac. aerogenes und pneumoniae und besitzen noch geringeres Gärvermögen, so daß selbst die Gasbildung aus Traubenzucker ausbleibt. Allzu viel Wert darf man auf diese Unterschiede aber nicht legen, denn es scheint sich hier um Eigenschaften zu handeln, die ebenso, wie das saftige Wachstum verloren und wiedergewonnen werden können.

Eine scharfe Abgrenzung des Bac. aerogenes besteht auch nicht gegenüber anderen Kapsel- oder Schleimbazillen, die man hin und wieder von kranken Menschen und Tieren gewonnen hat. Zum Teil zeigen sie im Tier auch eine nicht unerhebliche Ansteckungskraft. Ihre Kapsel tritt in gefärbten Ausstrichen von Schleimhäuten, Blut usw. meist noch deutlicher hervor, als beim Strept. lanceolatus, und zwar entweder als ungefärbter Hof oder nach Methylenblaufärbung als rosa gefärbte Hülle. Mit besonderen Verfahren hat man auch Doppelfärbungen erzielt (Fig. 33).

Der Bac. pneumoniae entspricht, weil er die Milch nicht zur Gerinnung bringt, dem im Anfang des Abschnitts erwähnten Bac. paracoli, von dem er sich wesentlich nur durch seine Unbeweglichkeit unterscheidet. Der letztere wird nicht selten neben dem Bac. coli im Kot gefunden. Wir kommen darauf im nächsten Abschnitt bei seinem pathogenen Gegenstück, dem Bac. paratyphosus zurück.

Auch ein gelegentlicher Bewohner des Darms, häufiger aber in städtischen Abwässern zu finden ist der Bac. cloacae, der sich durch ein freilich mäßiges Verflüssigungsvermögen in Gelatine, geringere Gärkraft für Milchzucker und durch die reichliche Entbindung von Kohlensäure aus Traubenzucker vor dem Kolibazillus auszeichnet.[1] Man muß ihn kennen, um ihn nicht im Wasser mit dem gewöhnlichen Darmbazillus zu verwechseln.

Ebenfalls ein gelegentlicher Bewohner des frischen Kotes ist der Bac. (faecalis) alcaligenes.

---

[1] Er bildet im Gärkolben mehr Kohlensäure als Wasserstoff, der Koli- und Aerogenesbazillus umgekehrt mehr Wasserstoff als Kohlensäure (vgl. S. 93).

Häufiger ist er in gestandenen, mit Wasser vermischten Stuhlentleerungen, in Wässern aller Art und in Milch zu finden. Auf den üblichen mit Lackmus oder Fuchsin gefärbten Nährböden (s. o.) verhält der Alkaligenes sich ähnlich, wie der Typhus- und Paratyphusbazillus und die übrigen Krankheitserreger, insofern als er darauf nicht rote Kolonien bildet wie der Kolibazillus, sondern blaue, bzw. ungefärbte, und als diese Kolonien, in Traubenzuckeragar abgestochen, kein Gas bilden. Daß es sich dabei aber um keinen jener Krankheitserreger handelt, merkt man sofort, wenn man auf die tieferen Schichten im Nährboden achtet. Er wächst dort nämlich überhaupt nicht oder höchstens ganz kümmerlich, während die Typhusbazillen usw. gleichmäßig längs dem Stich wuchern. Außerdem macht der Alcaligenes die Milch und die von Petruschky empfohlene Lackmusmolke[1] stark alkalisch, meist stärker und schneller wie der Bac. paratyphosus B (Abschnitt 11). In der Milchkultur ist die Alkaleszenz schon daran zu bemerken, daß sie durchsichtiger und leicht gelblich wird. Schädlich ist der Bac. alcaligenes wohl niemals, obwohl es behauptet worden ist.

Über die Streptokokken des Darmes (Enterokokkus) haben wir uns schon beim Strept. lacticus, mit dem sie übereinstimmen, geäußert (S. 69ff.). Sie sind namentlich in dünnen Stühlen sehr gewöhnlich in großen Mengen zu finden, ebenso im gefärbten Ausstrich und in den Zuckeragarschüttelkulturen, die zur Herauszüchtung des Bac. bifidus dienen (s. u.). Oft werden ihre kleinen Kolonien auf den Platten bloß übersehen, weil sie viel winziger sind, als die des Bac. coli. Daß diese Streptokokken nur ausnahmsweise schädlich sind, ist nicht zu bezweifeln.

So wird es auch bei der Perityphlitis sein, bei der sie neben andern Darmbakterien (S. 96) sehr gewöhnlich erscheinen. Es scheinen neben ihnen aber gelegentlich echte pyogene Streptokokken vorzukommen, die dann vielleicht als Krankheitserreger eine Rolle spielen. Man muß sich aber hüten, jeden Streptokokkus, der längere Ketten bildet, für einen Strept. pyogenes zu halten. Auch manche Stämme des Strept. lacticus sehen ähnlich aus, wenn sie auch meist durch die verlängerte Form der Kettenglieder ausgezeichnet sind. Die mangelnde Hämolyse auf Blutplatten (S. 62) kann zu ihrer Unterscheidung von den pyogenen Streptokokken dienen. Die manchmal auftretende „Vergrünung“ der Kolonien auf Blutagar bedingt keineswegs ihre Pathogenität (S. 71). Über die geringe Bedeutung der Mastitisstreptokokken für den Darm des Säuglings vgl. S. 66.

Das Vorkommen gramfester Stäbchen im Kot ist, wie oben bemerkt, in jedem Ausstrich nachzuweisen. Sie gehören mindestens drei verschiedenen, wahrscheinlich aber noch mehr Arten an, die nur durch besondere Verfahren in Reinkultur zu gewinnen sind. Der Bac. bifidus Tissier ist ein schlankes, etwas unregelmäßiges, oft gekrümmtes Stäbchen, das namentlich in Reinkulturen häufig geweihartige Verzweigungen bildet.

---

[1] Herzustellen durch vorsichtige Ausfällung des Milchkaseins durch etwas Salzsäure, Kochen, Filtrieren, Neutralisieren und Vermischen mit Lackmustinktur. Die Lackmusmolke ist auch käuflich zu haben (Kahlbaum). Ebenso brauchbar ist die durch Zusatz von Lackmus zur Vorzugsmilch (S. 47) hergestellte Lackmusmilch.

Er wächst nur bei völligem Abschluß des Sauerstoffs, und zwar am besten in Traubenzuckeragar, den man zweckmäßigerweise in etwas höheren Schichten als gewöhnlich in die Röhrchen füllt. Das Wachstum beginnt einen Finger breit unter der Oberfläche. Gas wird dabei aus Traubenzucker nicht gebildet, wohl aber Säure. Die Kolonien sind zunächst klein, etwa wie die des Strept. lacticus. Um ihn rein zu züchten, ist ein Verfahren zu empfehlen, das gleichzeitig gestattet, die übrigen gramfesten Bazillen des Stuhls zu gewinnen. Man verteilt zuerst etwa 5 Platinösen Kot in 1 ccm Bouillon, bringt dann 0·1 ccm (2 Tropfen) wieder in 1 ccm neue Bouillon und stellt sich durch Wiederholung etwa 10 Verdünnungen her. Dann kocht man 10 Röhrchen mit Zuckeragar gründlich aus, kühlt sie bis auf 45° ab, gießt je 1 Bouillonröhrchen in eines der Agarröhrchen, vermischt und läßt den Nährboden erstarren. Nach 3—4tägigem Aufenthalt im Brutschrank ist das Wachstum eingetreten, und man findet in den ersten Verdünnungen meist Gasblasen, die gewöhnlich von Kolikolonien herrühren, in den späteren oft nur Kolonien ohne Gasbildung, die aus Strept. lacticus oder Bifidus bestehen. Wenn man diejenigen Röhrchen, in denen die Kolonien deutlich voneinander getrennt liegen, nach Abspülen und Abtrennen mit Alkohol zerbricht, den Nährbodenzylinder in eine keimfreie Platte gleiten läßt und mit keimfreien Messern in Scheiben schneidet, kann man die Bifiduskolonien wie solche auf gewöhnlichen Platten unter dem Mikroskop abstechen und in neuen Zuckeragarröhrchen, die man vorher ausgekocht und abgekühlt hat, Reinkulturen anlegen.

Am zahlreichsten pflegt der Bifidus in Bruststühlen (Fig. 31, S. 90) vorzukommen, aber auch noch sehr reichlich in Kuhmilchstühlen von Säuglingen; wenn man danach sucht, auch regelmäßig noch im Stuhl älterer Kinder und Erwachsener.

Der Bac. acidophilus Finkelsteins ist ein etwas dickeres, aber gleichmäßigeres Stäbchen, das, je nach dem Nährboden, bald kürzere, bald längere Formen bildet. Er färbt sich ebenfalls nach Gram, doch nehmen einzelne Stäbchen, wie übrigens öfters auch beim Bifidus zu beobachten ist, die rote Gegenfarbe an, wohl ein Zeichen, daß sie im Absterben sind.

Die Reinzüchtung des Acidophilus gelingt gewöhnlich nur auf sauren Nährböden, welche die übrigen Stuhlbakterien in ihrer Entwicklung hemmen. Am besten benutzt man zunächst nicht das Plattenverfahren, sondern geht von einer ähnlichen Kotverdünnung in Bouillon aus, wie beim Bifidus, bringt diese aber statt in Traubenzuckeragar in gewöhnliche Bouillonröhrchen, die mit 0·3—0·5% Essigsäure versetzt sind. Nach 1—3 Tagen findet man in der zarten Trübung und dem Bodensatz dieser Röhrchen die Acidophilusstäbchen, soweit sie überhaupt vorhanden sind, und kann sie auf Zuckerplatten, die man davon ausstreicht, leicht herauszüchten. Die Kolonien auf den Platten sind anfangs sehr zart und durchsichtig, im übrigen aber teils mehr ganzrandig, teils gezähnt oder mit Ausläufern versehen. Kulturen in Zuckeragar wachsen gleichmäßig längs dem Stich, nicht bloß in der Tiefe des Stiches. Gas bildet der Acidophilus in Zuckeragar ebensowenig wie der Bifidus, aber reichlich Säure, ebenso in Milch, die durch die Säuerung gerinnt.

Acidophilus kommt stets im Kote des Menschen und der Tiere vor, in dem von Säuglingen auch bei Brustmilchnahrung, allerdings in geringerer Menge als der Bifidus (vgl. Fig. 30 auf farbiger Tafel). Die Menge der Bazillen könnte man versucht sein, aus der Zahl der Kotverdünnungen, aus denen er noch zum Wachstum kommt, zu erschließen, doch wird der Säurezusatz wohl auch viele Acidophilusstäbchen an der Vermehrung hindern, denn wenn er einmal auf dem gewöhnlichen Zuckeragar in Reinkulturen gezüchtet ist, besitzt er kaum noch die Fähigkeit, in stark sauren Nährböden zu wachsen, ist also wenig widerstandsfähig gegen Säure.

Bac. acidophilus gehört seinen gesamten Eigenschaften nach zu der Gruppe der langen Milchsäurebazillen, die als Bac. bulgaricus in der Joghurtmilch (Abschnitt 15), als Bac. caucasicus im Kefir und unter vielen anderen Namen sonst bei sauren Gärungen vorkommen. Auch die Boas-Opplerschen Bazillen aus dem Mageninhalt von Krebskranken und der Döderleinsche Bac. vaginalis, der den Scheideninhalt durch Milchsäurebildung sauer macht und dadurch das Auswachsen anderer Keime in der gesunden Scheide erschwert, gehören offenbar hierher (Fig. 34).

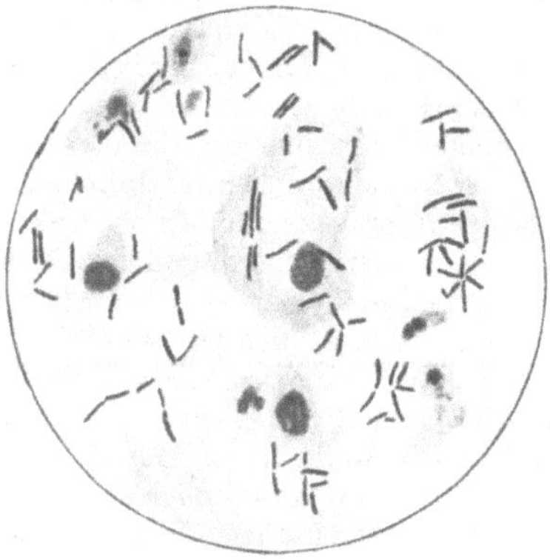

Fig. 34. Döderleins Milchsäurebazillen (Bac. vaginalis) im Scheidensekret.

Der dritte der gramfesten Bazillen des Kotes, der Bac. perfringens Tissiers, ist, wie der Bifidus, ein strenger Anaerobier, bildet aber zum Unterschied von diesem Sporen, ist viel größer und wird unter Umständen, allerdings meist nicht im Darm selbst, stark pathogen.

Man kann ihn in ähnlicher Weise wie den Bifidus in Schüttelkulturen mit Zuckeragar züchten, wenn man wieder von den Kotverdünnungen in Bouillon ausgeht, diese aber vor der Vermischung mit Zuckeragar 20 Minuten bei 70° erhitzt und so von den nicht zu Sporen entwickelten Keimen befreit. Wir kommen auf diese Bazillen, die genau genommen nicht zu einer, sondern mehreren Arten gehören, bei den Buttersäure- und Gasödembazillen zurück (s. Abschnitt 19).

Während es sicher ist, daß Bifidus und Acidophilus keine Krankheiten erzeugen, werden die sporenbildenden Anaerobier des Stuhles von manchen Forschern für gewisse Fälle von Darmkatarrh, insbesondere auch bei Säuglingen, verantwortlich gemacht. Man findet sie dann nicht wie gewöhnlich nur in spärlicher, sondern in großer Zahl, also nicht bloß in den ersten, sondern auch in den späteren Kotverdünnungen.

Von dem gelegentlichen Übergange der Anaerobier in die benachbarten Lymphdrüsen und der kadaverösen Einwanderung war schon S. 97 die Rede. Auch die „Schaumorgane", die man manchmal bei Sektionen findet, gehören hierher.

Die hier geschilderten Bakterien sind nicht gleichmäßig im Verdauungskanal verteilt. Während im Munde der Strept. lanceolatus in seiner abgeschwächten Form und der Strept. lacticus die Hauptmenge der überhaupt züchtbaren Bakterien ausmachen, Kolibazillen aber höchstens in kleiner Anzahl vorhanden sind, erscheint der Inhalt des gesunden Magens, wenn ihm nicht unmittelbar vorher große Mengen von bakterienhaltiger Nahrung zugeführt worden sind, durch die Wirkung der Salzsäure des Magens sehr keimarm. Auch im Zwölffingerdarm und dem oberen Teil des Dünndarms bleiben die Keime nur spärlich, obwohl die Säure des Magensaftes durch die Darmabsonderungen schnell abgestumpft wird. Selbst die unmittelbare Zuführung größerer Bakterienmengen in den Zwölffingerdarm nach Laparatomie ändert daran nichts. Da die Darmsekrete (Galle, Pankreas- und Darmsaft) selbst, wenn überhaupt, nur eine geringe keimwidrige Wirksamkeit besitzen, bleibt kaum etwas anderes übrig, als dem Darmepithel eine solche zuzuschreiben. Im unteren Teil des Dünndarms ändert sich das Bild, es treten außer Koli- und Aerogenesbazillen vor allem Streptokokken der Lacticusgruppe auf. Daraus erklärt sich auch die Häufigkeit der Streptokokken in diarrhoischen Stühlen (S. 102). Im Dickdarm entfaltet sich die Flora der gramfesten Bazillen und nimmt so überhand, daß schließlich ein Fünftel bis ein Sechstel der ganzen Trockensubstanz des Kotes der Hauptsache nach aus ihnen besteht, denn so groß ist nach Strasburgers Messungen die Menge der Bakterien im Stuhl.

Da Keimzählungen in Kulturen nur die Menge der lebenden, nicht der schon abgestorbenen Keime ergeben, sucht Strasburger diese durch Wägung zu bestimmen. Man schwemmt zu dem Zwecke abgewogene Kotmengen mit verdünnter Salzsäure auf, schleudert die Aufschwemmung kurze Zeit aus und wiederholt Aufschwemmen und Ausschleudern mit dem Bodensatz so lange, bis die darüber stehende Flüssigkeit klar bleibt. Dann vereinigt man die Flüssigkeiten, versetzt sie mit Alkohol, engt sie ein und gewinnt nach neuerlichem Zusatz von Alkohol durch gründliches Ausschleudern im Bodensatz die gesamten Bakterienmassen, die dann nur noch entfettet und trocken gewogen zu werden brauchen.

Was hat die gewaltige Bakterienmenge, die sich im Darm selbst entwickelt, für den Körper, der sie beherbergt, zu bedeuten? Was schädliche Wirkungen anlangt, so haben wir oben schon besprochen, daß Selbstansteckungen durch die eigene Darmflora vorkommen, aber man hat auch ein gewisses Recht, in manchen Fällen die Stoffwechselerzeugnisse von Darmbakterien für schädlich zu halten.

So führt man die allbekannten Störungen, die bei Stuhlverstopfung auftreten können, aber auch seltene Zustände, wie Delirien, Tetanie, Krämpfe, die bei diesen und anderen Stauungen in Magen und Darmkanal beobachtet werden, die perniziöse Anämie (S. 99), auf Selbstvergiftung (Autointoxikation) zurück. Welche Stoffe da wirksam sind, ist übrigens unbekannt, obwohl man gewöhnlich Fäulnisgifte anschuldigt. Auch der Begriff der vom Darm ausgehenden Säurevergiftung ist noch nicht genügend geklärt.

Eine Übertreibung enthält aber die Lehre Metschnikoffs, daß der Dickdarm wegen der in ihm vor sich gehenden Zersetzungen ein gefährliches, lebenverkürzendes Organ sei.

Sie unterschätzt offenbar die Fähigkeit des Körpers zur Abwehr etwa aus der Darmfäulnis entstehender Schädigungen. Es ist gewiß nicht zufällig, daß zu den Darmbewohnern hauptsächlich solche Keime gehören, die wie der Bac. coli, der Strept. lacticus und Bac. acidophilus Säurebildner sind, also schon ähnliches leisten, was die von Metschnikoff u. a. als Heil- und Nahrungsmittel empfohlene saure Milch, Joghurt u. dgl., bewirken könnten. Durch viele Erfahrungen ist ja festgestellt worden, daß alle solche Bakterien die Entwicklung echter Fäulnis auch außerhalb des Körpers durch ihr Säurebildungsvermögen hemmen.

Stellen wir uns aber einmal auf diesen Standpunkt, so kommt man eher zu der umgekehrten Vorstellung, daß nämlich die Darmbakterien Nutzen stiften, daß sie also, ähnlich den Knöllchenbakterien der Schmetterlingsblütler (S. 20), als „Nützlinge“ (Symbionten) aufzufassen sind.

Der Vorteil, den sie dem Körper bringen, kann außer dem genannten darin bestehen, daß sie die Darmbewegungen durch ihre Säure anregen, die Überwucherung von Krankheitserregern im Darm[1] erschweren. Man hat auf dem Wege des Versuchs sich bestrebt, die Bedeutung der Darmkeime zu beleuchten, indem man Froschlarven u. dgl., Hühnereier vor ihrer Ausbrütung und junge Säugetiere (Meerschweinchen, Ziegen) von ihrer künstlich vorgenommenen Geburt an unter Bedingungen brachte, die ein Hineingelangen von Bakterien in ihren Darm unmöglich machten, und sie weiterhin keimfrei aufzog (Nuttall und Thierfelder, Schottelius, Frau Metschnikoff, Küster u. a.). Die Ergebnisse widerstreiten sich leider, so daß ein klares Urteil noch nicht zu gewinnen ist. Um so weniger ist das der Fall, weil die Versuche zu schwierig sind, um lange genug fortgesetzt zu werden.

Nur nach einer Richtung hin scheint die nützliche Wirkung der Darmbakterien gesichert zu sein; beim Menschen und bei den pflanzenfressenden Tieren sind sie es, die erst die Verdauung der Zellulose ermöglichen, denn der Darm ist nicht mit Fermenten ausgestattet, die Zellulose zu lösen vermöchten.

Über die Art, wie die Bakterien das fertig bringen, herrschen allerdings noch Zweifel. Ebenso können wir nichts Sicheres sagen über die etwaige Bedeutung der im Magen von Wiederkäuern und im Dickdarm von Pferden massenhaft schmarotzenden Wimperinfusorien (vgl. Abschnitt 12).

Trotz der noch bestehenden Unklarheiten steht das eine fest, daß jede Störung der Verdauungstätigkeit mit Veränderungen im Keimgehalt des Darms einherzugehen pflegt. Wir haben wohl das Recht zu der Annahme, daß diese Veränderungen ihrerseits wieder ungünstig auf den Darm zurückwirken können, indem sie zu Selbstansteckungen oder Selbstvergiftungen führen.

---

[1] Auch von den Mundbakterien und dem S. 104 genannten Bac. vaginalis gilt dasselbe.

Zehnter Abschnitt

Typhusbazillen

Die Typhusbazillen wurden zuerst von Eberth und R. Koch in Organschnitten von Typhusleichen gesehen, dann von Gaffky reingezüchtet und beschrieben. Es sind mittelgroße, gewöhnlich schlanke Stäbchen (Fig. 35), die sich nach Gram nicht färben, lebhaft beweglich sind, keine Sporen bilden, auch ohne Sauerstoff gut wachsen, Leim nicht verflüssigen, aus Traubenzucker zwar Säure, aber kein Gas bilden, Milch äußerlich nicht verändern, durch das Blutserum von mit Typhus behandelten Tieren in stärksten Verdünnungen verklebt (agglutiniert) werden. Durch die Gesamtheit dieser Merkmale werden die Typhusbazillen im allgemeinen genügend gekennzeichnet und von den Kolibazillen, die den Darm regelmäßig bewohnen, sowie von den Paratyphus- und Ruhrbazillen, die gleich den Typhusbazillen vom Darm aus Krankheit erzeugen, leicht unterschieden. Manche von diesen Merkmalen sind ihnen allen aber gemeinsam, so daß man sie mit Recht als Verwandte betrachtet hat.

Fig. 35. Typhusbazillen.

Wenn wir die Typhusbazillen als schlanke Stäbchen bezeichnen, so gilt das eigentlich streng genommen nur im Verhältnis zu den gewöhnlichen Koli- und den Ruhrbazillen, die wirklich plump sind, d. h. deren Längendurchmesser dem Dickendurchmesser nur etwa um das Doppelte übertrifft. Im übrigen schwankt dieses Verhältnis bei den Typhusbazillen, wenn man sie im einzelnen auf demselben Nährboden oder im ganzen auf verschiedenen Nährböden vergleicht, ziemlich stark. So kommen in jeder Kultur auch plumpe Stäbchen vor, so sind die Bazillen von Leim und Kartoffeln, von vereinzelten Fäden, die hier gebildet werden, ganz abgesehen, durchschnittlich schlanker als die von Agar, so findet man schließlich in den Schnitten der Organe die Typhusbazillen oft so plump, daß man sie für Kolibazillen halten könnte (vgl. Fig. 42 bei Ruhrbazillen).

Anilinfarben nehmen die Typhusbazillen, wie die verwandten Bakterien kräftig an und färben sich ebensowenig wie sie nach Gram. Im Gegensatz zu den Kolibazillen, die mangelhaft, und den Ruhrbazillen, die gar nicht beweglich sind, besitzen Typhus- und Paratyphusbazillen eine lebhafte Beweglichkeit; d. h. in frischen Kulturen sind die beweglichen Stäbchen in der Überzahl.

Ausnahmen kommen jedoch vor, zunächst wenn die Nährböden nicht besonders günstig sind, gelegentlich aber aus Gründen, die wir nicht kennen, in neuen, vom Kranken oder aus Wasser gewonnenen, oder in lange fortgezüchteten Kulturen.

Die Bewegungen werden bewirkt durch 8—12 Geißeln, die rings um den Körper der Stäbchen angeordnet sind (Fig. 36). Diese Erkenntnis verdanken wir der Geißelfärbungsmethode, deren erste Löffler angegeben hat. Einfacher und sicherer ist das Verfahren von Zettnow. Um Niederschläge zu vermeiden, die die Bilder erheblich stören, sind die Deckgläser äußerst sauber zu putzen und danach nicht mehr mit den Fingern zu berühren, ebenso aber auch die Bakterien von jeder Spur des Nährbodens, auf dem sie gewachsen sind, zu befreien. Zu dem Zwecke versetzt man schön bewegliche Bouillonkulturen mit 10% Formalin, läßt 10 Minuten einwirken, verdünnt mit 3 Teilen Wasser und läßt absetzen (nicht schleudern!). Von dem Bodensatz gießt man ab, erneut die Aufschwemmung und wiederholt das noch einmal. Von dem mit Fließpapier abgesaugten, jetzt genügend gereinigten Bodensatz verdünnt man etwas in einem Tropfen Wasser und bringt davon eine Öse in Spirallinien auf ein durch die Flamme gezogenes Deckglas, zieht das nach dem Trocknen zweimal durch die Flamme und legt es mit der beschickten Seite nach unten in ein Blockschälchen. Hier wird es zunächst behandelt mit einer Beize, die folgendermaßen bereitet wird:

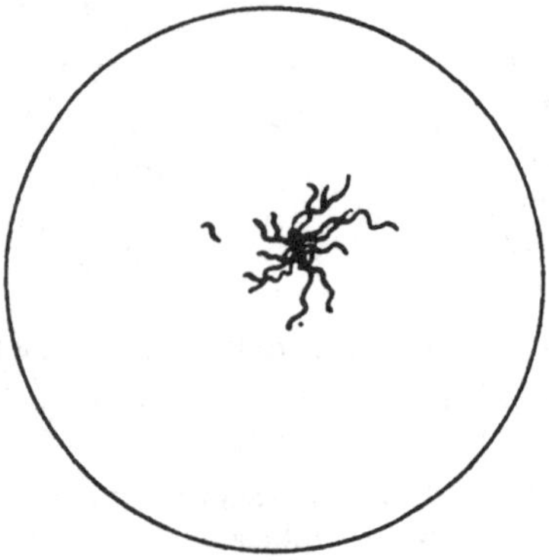

Fig. 36. Typhusbazillen mit Geißeln.

10 g Tannin werden in 150 ccm destilliertem Wasser gelöst, auf 50—60° erwärmt und allmählich mit ungefähr 36—37 ccm einer Lösung von 2 g Tart. stibiatus in 40 ccm heißen destillierten Wassers so lange versetzt, bis der entstehende Niederschlag durch längeres Schütteln nicht mehr stark vermehrt wird. Die Beize ist durch Zusatz von etwas Thymol haltbar zu machen. Von ihr werden einige Kubikzentimeter in einem Reagenzglase bis zum Klarwerden gekocht und über das Deckglas gegossen. Beim Erkalten trübt sich die Lösung. Das Deckglas wird dann mit einer Cornetschen Pinzette herausgenommen, unter der Wasserleitung kräftig abgespült und in senkrechter Haltung an der Luft getrocknet. Darauf folgt die eigentliche Geißelfärbung durch Begießen mit einer Silberlösung, die wieder aus zwei anderen Lösungen gemischt wird: 25 ccm einer gesättigten Silbersulfatlösung (hergestellt aus Silbernitrat 5, destilliertem Wasser 30, Natriumsulfat 6; der sich dabei ergebende Niederschlag wird mehrmals mit destilliertem Wasser gewaschen, dann mit 500 ccm Wasser übergossen und in brauner Flasche aufbewahrt) werden mit 25 ccm Wasser verdünnt und mit so viel Äthylaminlösung oder auch Ammoniak versetzt, daß der anfänglich entstehende Niederschlag gerade wieder verschwindet. — Die gefärbten Deckgläser werden gründlich mit Wasser abgespült. Sie zeigen die Geißeln schwarz auf völlig hellem Grunde.

Sporen entwickeln die Typhusbazillen nicht, daher ist ihre Widerstandsfähigkeit gegen schädigende Einflüsse nicht bedeutend. Schon scharfes Trocknen tötet sie, so daß eine Verbreitung des Typhus durch Staub nicht möglich ist. Im übrigen können sie in einem halbtrocknen Zustande, z. B. in dicken Schichten von Kot, an Kleidern und Wäsche gelegentlich wochenlang und länger leben bleiben, ebenso im Boden, im Wasser und in dem Schlamm, der sich aus Wasserbecken absetzt.

Das gilt aber nur für eine Minderheit von Bazillen, während sicher die große Mehrzahl dabei weit schneller zugrunde geht. Im allgemeinen wird man daher wohl annehmen dürfen, daß ein Wasser, das längere Zeit vorher mit Typhuskeimen in Berührung gekommen ist, nicht mehr ansteckungstüchtig ist. In Nahrungsmitteln, in denen die Typhusbazillen an sich gut fortkommen, wie z. B. Milch, werden sie durch den Wettbewerb anderer Bakterien (Säurebildner) schon nach einigen Tagen unterdrückt, doch genügt ein so kurzer Aufenthalt der Krankheitserreger in diesen Nahrungsmitteln, um deren Genuß gefährlich zu machen. Beim Fleisch scheint das anders zu sein, wenigstens sind Ansteckungen mit Typhus durch dieses Nahrungsmittel ebenso selten, wie sie bei Paratyphus häufig sind (Abschnitt 11). Von den Kolibazillen werden die Typhusbazillen in flüssigen Nährböden immer schnell überwuchert und auch durch keimtötende Mittel leichter abgetötet; nur in mit Malachitgrün versetzten Nährböden oder in Berührung mit Petroläther, Benzin u. dgl. gebracht, sind umgekehrt die Typhusbazillen widerstandsfähiger als die Kolibazillen (s. u.).

Auf den gewöhnlichen Nährböden erinnert das Wachstum der Typhuskeime an das der Kolibazillen, mit denen sie im Stuhl regelmäßig zusammen vorkommen, doch wurden schon bei den letzteren die Unterschiede bemerkt. Im wesentlichen kommen sie darauf hinaus, daß die Typhusbazillen weit weniger üppig wachsen, als die Kolibazillen. In Fleischbrühe, die gleichmäßig wolkig, aber nicht so stark getrübt wird wie durch Kolibazillen, ist die Beweglichkeit der Typhusbazillen am schönsten zu sehen. Auf Gelatineplatten zeichnen sich namentlich die jungen Kolonien durch eine zarte Furchung aus, die ihnen zusammen mit ihrer zackigen Form ein weinblattähnliches Aussehen gibt. Im Gelatinestich wachsen die Bazillen ohne Verflüssigung gleichmäßig in der Tiefe, während sie sich auf der Oberfläche ausbreiten. Auf gekochten Kartoffeln bietet die Kultur insofern eine Besonderheit, als die Typhusbazillen deren ganze Schnittfläche mit einer fast unsichtbaren Schicht überziehen und auf ihr glänzende Polkörner, die sich im Gegensatz zu Sporen mit den gewöhnlichen Anilinfarben stärker färben, und mittelständige Lücken, die ungefärbt bleiben, bilden. Dieses Aussehen der Kartoffelkultur war früher ein wichtiges Merkmal zur Erkennung der Typhusbazillen, leider bleibt es aus, wenn die Kartoffeln nicht eine bestimmte (saure) Reaktion haben und kommt gelegentlich auch anderen Bakterien (z. B. Ruhrbazillen) zu. Neuerdings wird wenig Wert auf die Kartoffel- und Gelatinekultur gelegt, dagegen um so mehr auf das Verhalten gegen Trauben- und Milchzucker. Am wichtigsten ist neben der Agglutinationsprobe (s. u.) für die Erkennung der Typhusbazillen die Stichkultur in 1—2 prozentigem Traubenzuckeragar. Die Typhuskeime vermögen zwar reichlich Säure darin zu bilden, aber zum Unterschied von Koli- und Paratyphusbazillen kein Gas. Nur die Ruhrbazillen teilen diese Eigenschaft mit ihnen, unterscheiden sich aber sofort durch den Mangel an Beweglichkeit und außerdem durch ihre plumpere Form.

Auch der Bac. alcaligenes (S. 101) entwickelt allerdings kein Gas, wächst aber überhaupt nicht in der Tiefe des Stichs und bildet auch keine Säure, wie der Typhusbazillus. Außerdem gibt es, wie wir schon sahen (S. 93, 101) auch Koli-, Parakoli- und Aerogenesbazillen, die im ersten Abstich von der Platte den Typhusbazillen in Traubenzuckeragar ähnlich sind, weil sie kein Gas bilden, aber schon bei der Wiederholung der Kultur pflegen mindestens einige Gasblasen im Nährboden zu erscheinen und werden bald so reichlich, wie es sonst bei diesen Arten die Regel ist.

Milchzucker wird von den Typhusbazillen nicht angegriffen. Wenn trotzdem in Milchkulturen und in Lackmusmolke eine leichte Säuerung eintritt, so kommt sie bald zum Stillstand und führt nie zur Gerinnung.

Ganz gleich verhält sich in dieser Beziehung nur der Paratyphusbazillus A, während die Ruhrbazillen insofern meist abweichen, als sie zwar auch zunächst etwas Säure, dann aber noch mehr Alkali bilden. Äußerlich verändert sich dabei die Milch aber ebensowenig, wie bei den Typhusbazillen. Eine Veränderung macht sich dagegen geltend bei folgenden Bakterien: der Pseudodysenteriebazillus E läßt es bei der anfänglichen Säuerung nicht bewenden, sondern entwickelt allmählich (in 1—2 Wochen) so viel Säure, daß die Milch doch noch gerinnt, der Paratyphusbazillus B, C, E (Enteritidis) bildet nach anfänglicher Säuerung umgekehrt so viel Alkali, daß die Milch eine durchscheinende, etwas fadenziehende Beschaffenheit und leicht gelbliche Farbe annimmt, der Alkaligenes schließlich säuert überhaupt die Milch nicht, sondern macht sie schneller und stärker alkalisch als Paratyphus B. Alle diese Veränderungen lassen sich in der Milch am besten verfolgen, wenn man ihr vor oder nach der Züchtung Lackmustinktur zusetzt. Nicht ganz so geeignet ist die Lackmusmolke (S. 102), weil in ihr wegen des Fehlens des Kaseins keine Gerinnung eintreten kann.

In künstlichem Milchzuckerlackmusnährboden, auch wenn er nach Barsiekow mit Nutrose zusammengesetzt ist, fehlt nicht nur die Gerinnung, sondern auch jede Säuerung durch Typhus-, Paratyphus- und die meisten Ruhrbazillen, weil diese von einem in der Milch vorhandenen traubenzuckerähnlichen Stoffe abhängig ist. So kommt es denn auch, daß die Kolonien dieser Bakterien in dem zur Herauszüchtung von Typhus- und anderen Darmbakterien sehr gebräuchlichen Lackmus- und Fuchsinagar (S. 95) im Gegensatz zu den Kolonien des Bac. coli nie auch nur vorübergehend rot werden, sondern blaß bzw. farblos bleiben.

Außer den letztgenannten hat man noch viele andere gefärbte Nährböden zur Herauszüchtung der Typhusbazillen vorgeschlagen. Bewährt hat sich von ihnen in erster Linie der ebenfalls schon S. 95 erwähnte Malachitgrünagar, der durch die Beigabe des Farbstoffes den Zweck verfolgt, Kolibazillen in ihrer Entwicklung zu hemmen und vor allem Typhus- und Paratyphusbazillen zum Wachstum zu bringen.

Andere gefärbte Nährböden kann man zur Unterscheidung der Reinkulturen, die man auf die eine oder andere Weise gewonnen hat, benutzen, da man beobachtet, daß Typhusbazillen in Stichkulturen, d. h. bei Sauerstoffabschluß, Farbstoffe nicht oder nicht sehr stark zu entfärben (zu reduzieren) bzw. sonst zu verändern vermögen. 1% Neutralrot zu Traubenzuckeragar zugefügt, wird z. B. von Typhusbazillen nicht verändert, während Koli- und Paratyphusbazillen es grün fluoreszieren lassen und später entfärben. Da die Gasbildung, die dabei gleichzeitig auftritt, schon ein genügendes Merkmal ist, kann das Neutralrot entbehrt werden.

Entbehrlich ist es auch, die Indolprobe (S. 94) anzustellen. Sie bleibt bei Typhus-, Paratyphus-, Dysenterie- und manchen Pseudodysenteriebazillen erfolglos und gibt gewöhnlich ,aber bei weitem nicht immer, bei Kolibazillen einen Erfolg. Bemerkenswert ist dabei, daß auch Indolbildner kein Indol zu entwickeln vermögen, wenn der Nährboden Traubenzucker enthält. Schon die geringe Menge Zucker, die im Fleische und in der daraus hergestellten Bouillon oft vorhanden ist, genügt dazu, die Indolreaktion zu verhindern. Man prüfe deshalb auf Indol mit Kulturen in 10% Peptonlösung mit 0·5% Kochsalz.

Im Tierversuch gelingt es höchstens bei anthropoiden Affen eine Krankheit hervorzubringen, die dem menschlichen Typhus an die Seite gestellt werden kann, doch lassen sich Mäuse, Meerschweinchen und Kaninchen durch lebende Typhusbazillen töten, namentlich wenn man sie von der Bauchhöhle aus ansteckt.

Für Meerschweinchen von 200—300 g sind dabei, je nach der Eigenart des Stammes $^1/_{10}$—$^1/_{1000}$ Agarkultur (1—$^1/_{100}$ Öse von 2 mg, d. h. Millionen bis Milliarden Bazillen) nötig. Meist sterben die Tiere in den ersten 24 Stunden unter starkem Absinken der Temperatur und anderen Erscheinungen des Kollapses. Die Bazillen vermehren sich dabei offenbar, aber nur in der Bauchhöhle, während die im Blute sich findenden Bakterien verhältnismäßig spärlich und wahrscheinlich nicht dort gewachsen, sondern nur dahin verschleppt sind. Liegt die Gabe der Bazillen in der Nähe der noch gerade tödlichen, so können die Bakterien auch in der Bauchhöhle des toten Tieres spärlich sein. Das ist gewöhnlich der Fall, wenn die Tiere erst nach einigen Tagen oder noch später sterben. In solchen Fällen vermehren sich die Bazillen offenbar nur vorübergehend im Tierkörper und gehen dann zugrunde, es fehlen die starken Krankheitserscheinungen und der Befund beim Tode besteht nur in Abmagerung. Wichtig ist für die Erklärung, daß dieselben Krankheitsbilder auch Bazillen, die durch einstündige Erhitzung auf 55—60° abgetötet sind, erzeugen können. Man braucht dazu aber im allgemeinen auch bei den ansteckungskräftigsten Typhusbazillen nicht viel weniger als eine Agarkultur. Statt der Bakterienleiber kann man auch Auszüge von ihnen benutzen, die man dadurch herstellt, daß man die bei 60° abgetöteten Bazillen ausschleudert. Diese gelösten „Endotoxine“ oder „Bakterien-Proteine“ (S. 96 und Abschnitt 31) sind etwa halb so giftig wie die ganzen Leiber.

Die Störungen, die durch lebende oder tote Typhusbazillen in der Bauchhöhle von Meerschweinchen verursacht werden, sind in keiner Weise den Typhusbazillen eigentümlich, finden sich vielmehr in ganz ähnlicher Weise bei Koli-, Ruhr-, Cholerabazillen und allen möglichen, nicht gramfesten Bakterien wieder. Sie werden bedingt einerseits durch die Vermehrungsfähigkeit der Bakterien im Tierkörper (ihre Ansteckungskraft Virulenz Infektiosität Aggressivität), andererseits durch die Giftigkeit ihrer Leiber. Die letztere kann man auf die Bildung von Leibesgiften (Endotoxinen, Proteinen) zurückführen, die ersteren wenigstens bis zu einem gewissen Grade auf die Bildung von Angriffsstoffen oder Aggressinen (S. 57), die man ebenfalls in den Leibern und ihren Extrakten nachweisen kann. Wir kommen darauf ausführlich bei den Ruhrbazillen zurück.

Kaninchen lassen sich zwar auch, namentlich durch Einspritzen der Typhusbazillen in die Blutbahn (von der Randvene des Ohres aus) töten, die Bazillen vermehren sich aber auch hier im Blute selbst höchstens vorübergehend. Das schließt nicht aus, daß sie selbst bei kleinen, nicht tödlichen Gaben im Körper zum Teil lebendig bleiben und sich in den Harn- und namentlich in den Gallenwegen sogar vermehren.

Noch sicherer gelingt diese schleichende Infektion von Kaninchen mit Typhus, wenn man die Bazillen unmittelbar in die Gallenblase einspritzt und die Stichwunde mit einem Faden umschnürt. Diese Mißhandlung der Blasenwand befördert es wohl, daß sich die Typhusbazillen hier in ähnlicher Weise wie bei menschlichen Bazillenträgern ansiedeln (s. u.) und sich wochen- und monatelang in der Galle, dem Kot, sowie in der ersten Zeit nach der Ansteckung auch im Blute und in den inneren Organen nachweisen lassen. Ausnahmsweise sollen die Tiere sogar unter den anatomischen Kennzeichen des Typhus erkranken.

Der Verlauf der Infektion mit Typhus- und ähnlichen Bakterien in unseren Versuchstieren weicht von den Kokkeninfektionen so sehr ab, daß man von vornherein geneigt ist, den Grund dafür in einem abweichenden Verhalten des Tierkörpers gegenüber diesen Bakterien zu suchen. Allerdings findet man auch gegenüber den Typhusbazillen die Phagozytose der Leukozyten und die Opsonine des Blutserums wirksam. Daneben besitzt das letztere aber eine sehr kräftige, unmittelbar keimtötende (bakterizide) Wirkung. Bazillen, die man mit frischem Blutserum mischt, wachsen darin nicht sofort zu üppigen Kulturen aus, wie Staphylo-, Strepto- oder Pneumokokken, sondern gehen, in den ersten Stunden wenigstens, in großer Anzahl zugrunde. H. Buchner, dem wir ein näheres Studium dieser Erscheinungen verdanken, hat dafür eine bestimmte Art von Stoffen in der Blutflüssigkeit verantwortlich gemacht, die er Alexine, d. h. Abwehrstoffe nannte.

Er fand, daß sie nur im frischen Serum ihre höchste Leistungsfähigkeit besitzen, beim längeren Stehen und bei kurzer Erhitzung auf 55—60° aber diese einbüßen. R. Pfeiffer und Bordet beobachteten dann, freilich zunächst bei den Cholerabazillen, denen sich aber die Typhus- und Ruhrbazillen und zahlreiche andere (gramfreie) Bakterien anschließen, daß man die Abtötung unter dem Mikroskop verfolgen kann, da sie mit einer eigentümlichen äußeren Veränderung der Bazillen, einer Art Zerschmelzung zu runden Kügelchen (Granulabildung) verbunden ist. R. Pfeiffer nannte diesen Vorgang Bakteriolyse. Sie macht sich im Blute selbst, im Blutplasma und auch noch in 10—20fachen Verdünnungen des Blutserums bemerkbar. Man wundert sich daher nicht, wenn man sie auch in der Lymphe, in Trans- und Exsudaten eintreten sieht. Spezifisch ist diese Granulabildung durch die Alexine freilich nicht, da sie, wie wir gefunden, auch in den gewöhnlichen Kulturen, bei Vibrionen sogar manchmal im größten Umfange beim Älterwerden zu beobachten ist.

Es ist nur natürlich, daß man die Alexine, auf die wir eingehend in Abschnitt 32 zurückkommen, als Schutzmittel des Körpers gegen das Überwuchern der Krankheitserreger ansieht und nicht zum wenigsten durch ihr Vorkommen den Umstand zu erklären sucht, daß die Typhusbazillen wie andere Bakterien, die der Alexinwirkung unterworfen sind, gerade im Blute der Tiere, auch wenn sie noch so ansteckungskräftig sind, so schlecht fortkommen, und daß man umgekehrt die Möglichkeit einer Septizämie bei Kokkeninfektionen durch ihre Widerstandsfähigkeit gegen die Alexine erklärt. Jedenfalls haben wir alle Ursache, in den Leukozyten einerseits und in den bakteriziden und opsonischen Serumstoffen andererseits die wichtigsten Grundlagen für die natürliche Widerstandskraft, die sog. angeborene Immunität der Tiere zu sehen.

An Tieren hat man auch mit Erfolg versucht, künstlichen Impfschutz gegen Typhusbazillen zu erzeugen und die erworbene oder spezifische Immunität zu erklären.

Man braucht, um den ersten Zweck zu erreichen, nur Meerschweinchen oder Kaninchen untertödliche lebende Gaben oder auch durch Erhitzen abgetötete Typhusbazillen unter die Haut, in die Bauchhöhle oder in die Blutbahn einzuführen, und das alle 8—10 Tage mit steigenden Gaben zu wiederholen. Die Tiere pflegen diese Behandlung, abgesehen von vorübergehenden Gewichtsverminderungen, ohne dauernden Schaden zu ertragen, zeigen sich dann fähig, auch der Einverleibung von mehrfach tödlichen Gaben lebender Bazillen zu widerstehen und behalten noch monatelang diesen Impfschutz, wenn auch in allmählich abnehmender Stärke.

Untersucht man im immunisierten Tier selbst die Vorgänge, die sich in ihm unmittelbar nach einer Ansteckung abspielen, so bemerkt man, daß Typhusbazillen weit schneller und gründlicher aus dem Tierkörper verschwinden als im nicht behandelten Tier, fremde Bakterien dagegen nicht anders durch die gegen Typhus immunisierten Tiere beeinflußt werden, als durch nicht behandelte Tiere.

Die Bauchhöhle des Meerschweinchens eignet sich am besten zu solchen Versuchen, weil man in der Lage ist, nach dem Vorgang R. Pfeiffers, das Exsudat daraus mit Hilfe von Glaskapillaren, die man durch die Bauchwand einsticht, in kurzen Zwischenräumen, z. B. von Stunde zu Stunde nach der Ansteckung zu entnehmen und durch das Mikroskop oder Plattenkulturen das Schicksal der Bakterien zu verfolgen. Die Plattenkulturen legt man dabei zweckmäßig in der Form von Zählplatten an, d. h. beschickt den verflüssigten und auf 45° abgekühlten Agar mit bestimmten Mengen, z. B. einer Öse des Exsudats, wenn nötig unter Anlegung von Verdünnungen, und gießt dann zu Platten aus, um nach deren Auswachsen die Zahl der Kolonien festzustellen (vgl. Abschnitt 15). Noch sicherer und allgemeiner anwendbar ist ein Verfahren, das allerdings mehr Tieropfer voraussetzt (S. 59). Man immunisiert eine ganze Reihe, möglichst gleich großer Tiere in derselben Weise, infiziert sie gleichzeitig mit ebenso vielen nichtimmunisierten Tieren, tötet je ein Tier von beiden Gruppen in gleichen Abständen von dem Zeitpunkt der Infektion an und verarbeitet nun nicht bloß die Infektionsstelle, sondern auch das Blut und sämtliche Organe mittels des Mikroskops und der Kultur. Das Exsudat aus der Bauchhöhle wird zu dem Behufe gesammelt, seine letzten Reste unter Zusatz von Kochsalzlösung ausgespült, vom Herzblute eine Probe genommen, die Organe werden gewogen, ganz oder in gewogenen Teilstücken im Mörser verrieben, mit Kochsalzlösung aufgeschwemmt und schließlich Tropfen von allen diesen Flüssigkeiten einzeln zu Zählplatten ausgegossen. In der Bauchhöhle hat man sein besonderes Augenmerk noch auf das Netz zu werfen, weil hier die Bakterien sich anzuhäufen pflegen. Man spannt es zur Hälfte über einen Objektträger, legt es in reinen Alkohol und färbt es wie einen Schnitt (S. 58), während man die andere Hälfte wie die Organe im Mörser verreibt und zu Plattenkulturen verarbeitet. So erfährt man mit Leichtigkeit die Bedeutung, die jedem einzelnen Organ für die Infektion zukommt und kann außerdem durch Vergleich der Verhältnisse bei immunisierten und nichtimmunisierten Tieren den Einfluß der Schutzimpfung feststellen. Stets zeigt sich, entsprechend dem, was wir früher gesagt, die Stelle, an welcher die Ansteckung mit Typhusbazillen stattgefunden hat, als der Hauptherd der Wucherung, und hier macht sich auch der Impfschutz durch reichlichere Abtötung der Erreger am meisten bemerkbar. Eine Ausnahme macht nur die Infektion der Gallenblase von Kaninchen (s. o.), sie verläuft in gleicher Weise, ob die Tiere vorbehandelt sind oder nicht. Wir werden später ähnlichen Verhältnissen beim Menschen begegnen.

Wodurch wird nun das schnelle Verschwinden der Keime im geimpften Tier bewirkt? Die Antwort lautet, durch Steigerung der Abwehrvorgänge, die schon im nichtgeimpften Tier beobachtet werden, eine Steigerung, die aber nur für Typhusbazillen, nicht für andere Bakterien gilt, also „spezifisch" ist. Die Ansteckung mit mehrfach tödlichen Gaben von Typhusbazillen verläuft im immunisierten Tier ganz ähnlich wie die im normalen Tier mit untertödlichen Gaben (S. 111). Die Ursache liegt wesentlich darin, daß die bakterientötenden und opsonischen Kräfte gegenüber Typhusbazillen im Immunserum viel bedeutender sind als im Normalserum.

Diesem Umstand verdankt das Typhusimmunserum auch die Fähigkeit, die Immunität auf andere Tiere zu übertragen, ihnen passive Immunität zu verleihen. In der Tat finden wir, daß das Blutserum eines gegen Typhus geimpften Tieres einem nicht geimpften Tiere einverleibt, dieses in derselben Weise und gleich schnell gegen Typhusbazillen widerstandsfähig macht wie das Streptokokken- und Pneumokokkenserum gegen diese Erreger. Die nähere Untersuchung der bakterienwidrigen Kräfte des Typhusserums hat ergeben, daß zwar die Wirkungen der in ihm enthaltenen Schutzstoffe sich nach derselben Richtung bemerkbar machen wie die des gewöhnlichen Blutserums, daß sie aber einige Eigenschaften haben, die sie als Immunkörper kennzeichnen. Zunächst gilt für die Immunopsonine (Bakteriotropine) des Typhusserums dasselbe, was für die des Streptokokken- und Pneumokokkenserums gilt. Sie sind hitzebeständiger als die Opsonine des Normalserums. Bei den bakteriziden Schutzstoffen des Immunserums, „Bakteriolysinen" im engeren Sinne, findet sich die Hitzebeständigkeit wenn man sie im Probierglas prüft, auf den ersten Blick betrachtet, nicht wieder, wohl dagegen wirkt auch auf 60—70° erhitztes Serum im Tierkörper kräftig bakteriolytisch. Die Erklärung für dieses eigentümliche Verhalten haben Bordet, Ehrlich und Morgenroth geliefert. Zur Wirkung der Bakteriolysine des Immunserums ist die Beteiligung eines in jedem frischen Serum vorhandenen, durch Erhitzung auf 55—60° vernichteten Bestandteils, der natürlich im lebenden Körper stets zur Verfügung steht, unumgänglich nötig. Ehrlich hat ihn Komplement genannt und den hitzebeständigen bakteriziden Immunkörper bakteriolytischen Ambozeptor, weil er der Auffassung war, daß die Bakteriolyse nur dann zustande kommt, wenn der Ambozeptor einerseits sich mit den Bakterien, andererseits mit dem Komplement verkettet. Nachträglich hat sich ergeben, daß auch das Alexin des normalen (ungeimpften) Tieres aus entsprechenden zwei Bestandteilen zusammengesetzt ist. Der Vorgang der Immunisierung gegen Typhus besteht also wesentlich darin, daß in dem behandelten Tier neben den opsonischen Schutzkräften die Ambozeptoren des Blutes für Typhusbazillen an Menge gewaltig zunehmen, während das Komplement unbeeinflußt bleibt (vgl. Abschnitt 32).

Bei ihren Studien über die Eigenschaften des Typhusimmunserums wurde von Gruber und Durham auch seine Fähigkeit, die Typhusbazillen zu Klümpchen zu verkleben, zu agglutinieren, entdeckt. Man führt sie auf die gleichzeitige Bildung von Agglutininen im immunisierten Tier zurück und benutzt sie, wie wir weiter unten sehen werden, zur Erkennung der Typhusbazillen und Typhusinfektion.

Auch hier handelt es sich um eine Steigerung eines schon im normalen Blut vorhandenen Vermögens durch die Impfung, denn auch normales Blutserum verklebt die Typhusbazillen, aber freilich nur im reinen Zustande oder in schwächeren Verdünnungen (bis höchstens 1:50), während man mit Leichtigkeit ein Typhusimmunserum gewinnen kann, das in 1000-, ja 10000facher Verdünnung noch agglutiniert. Auf die Schutzkraft des Immunserums haben die Agglutinine anscheinend keinen Einfluß. Es gibt hoch agglutinable Seren, die sehr wenig Schutzkraft besitzen, und umgekehrt schwach agglutinable, die kräftig schützen. Gleich den Bakteriolysinen und Bakteriotropinen werden die Agglutinine durch die Erhitzung auf 60° und durch längeres Aufbewahren nicht geschädigt. Man kann agglutinierende Sera durch einen Zusatz von $^1/_2$% Karbolsäure oder auch durch Eintrocknen bis 30° auf die Dauer haltbar machen.

Mit den Bakteriolysinen, Immunopsoninen und Agglutininen ist die Reihe der Immun- oder Antikörper, die wir im Typhusserum finden, aber noch nicht erschöpft. So hat man in ihnen Präzipitine, Reagine oder komplementbildende Antikörper, ferner Anaphylaxine und auch noch schwach wirksame Antitoxine nachweisen können. Wir kommen später auf diese Immunkörper, die für die Kennzeichnung der Typhusbazillen nur geringe Bedeutung haben, zurück.

Daß die Typhusbazillen den menschlichen Unterleibstyphus erzeugen, wird außer durch einige Tierversuche an menschenähnlichen Affen und Selbstversuche am Menschen dadurch bewiesen, daß die Bazillen regelmäßig und während des ganzen Verlaufs der Krankheit in den Organen Typhuskranker und niemals in denen gesunder oder anders erkrankter Personen, und zwar meist ohne jede Beimischung anderer Bakterien gefunden werden. Offenbar dringen sie durch den Magen-Darmkanal in den Körper ein, bilden ihre ersten Herde in den Lymphfollikeln der Darmschleimhaut, die sie zum geschwürigen Zerfall bringen, wandern dann weiter in die Lymphdrüsen des Gekröses, wo sie ebenfalls wuchern und von da in die Blutbahn ein, gelangen aber nicht im strömenden Blute selbst, sondern nur in der Milz, dem Knochenmark, in Leber und Nieren zur Vermehrung. Allerdings werden sie, besonders in den ersten Wochen der Erkrankung, fast regelmäßig im Blute gefunden, aber doch nur in verhältnismäßig kleinen Mengen, so daß es nötig ist, mehrere Kubikzentimeter des Blutes z. B. aus der Armvene zu entnehmen und auf Agarplatten oder in Bouillonkölbchen auszusäen, um Kulturen zu erhalten. Wahrscheinlich sind das nur Bazillen, die von den in den Organen gebildeten Herden in das Blut ausgeschwemmt werden. Man darf danach bei dem Typhus nicht von einer Septizämie (S. 65), sondern nur von einer Bakteriämie und Allgemeininfektion sprechen. Für die Typhusinfektion bezeichnend sind die Bazillenherde, die sich während des Lebens innerhalb der genannten Organe bilden, die man also mit Unrecht als kadaveröse Wucherungen aufgefaßt hat.

Es sind das Häufchen von Hunderten und Tausenden von Bazillen, die mittels der Methylenblaufärbung in Organschnitten (S. 58), wenn man diese nur — am besten zunächst bei schwächerer Vergrößerung — gründlich durchmustert, regelmäßig nachzuweisen sind. Sie zeigen meist nicht die geringsten entzündlichen Veränderungen in dem umgebenden Gewebe und scheinen in diesen Herden auch im Verlauf der Krankheit zu verschwinden, ohne Reaktionen zu veranlassen; trotzdem ist nicht zu bezweifeln, daß auch die Typhusbazillen imstande sind, Gewebsveränderungen hervorzurufen. So beobachtet man in den Follikeln des Darms und den Mesenterialdrüsen Nekrosen, so entwickeln sich in der Haut, anscheinend schon durch den Reiz, den wenige Typhusbazillen ausüben, die bekannten Roseolen, und so werden im Gefolge des Typhus nicht selten Eiterherde gebildet, die ausschließlich Typhusbazillen enthalten.

Daß die Typhusbazillen ebenso wie die anderen Erreger von Darminfektionen nur auf dem Wege durch den Mund in den Körper des Menschen gelangen und die Hauptveränderungen im Darm selbst bewirken, ist sicher.

Es wird auch meist angenommen, daß sie alle erst im eigentlichen Darm in die Schleimhaut eindringen, aber beim Typhus sind die Bazillen auch nicht ganz selten auf den Tonsillen und im Auswurf zu finden, so daß man gerade für sie auch an die Möglichkeit der Verbreitung durch Tröpfeninfektion (S. 78) und das erste Haften an den Tonsillen denken könnte, zumal da Fälle vorkommen, in denen der Darm kaum verändert ist. Jedenfalls ist aber eine Ansteckung durch die Luftwege ausgeschlossen, da Lungenveränderungen beim Typhus erst nachträglich und gewöhnlich durch Selbstinfektion mit Pneumo- und Streptokokken eintreten. Auch in die Tonsillen könnten aber die Typhusbazillen wie in andere lymphatische Gewebe erst im Laufe der Krankheit gelangt sein. Keinesfalls ist zweifelhaft, daß die Haupteintrittspforte der Erreger im Darm liegt. Ob sie sich hier vorher auf der Schleimhaut vermehren müssen, ehe sie in sie eindringen, ist wieder strittig, da sie in den Leichen und während des Lebens (durch Sondierung des Duodenums) nur in den obersten Teilen des Darms regelmäßig und reichlich vorkommen und gerade dorthin mit der Galle ausgeschieden sein könnten. In Kaninchen, die intravenös infiziert werden, im übrigen freilich keine Krankheitsherde zeigen (S. 112), ist diese Absonderung sogar regelmäßig nachzuweisen.

Verhältnismäßig geringfügig sind die Veränderungen, welche die Typhusbazillen in einem Teil der Fälle, der aber gewöhnlich nur wenige Prozent beträgt, in den Gallen- und Harnwegen verursachen. Es bleibt meist bei leichten Katarrhen dieser Teile oder es fehlen von ihrer Seite überhaupt alle Erscheinungen, obwohl die Untersuchung des Harns und der Darmentleerungen beweist, daß die Typhusbazillen massenhaft und fast regelmäßig auf diesen Wegen den Körper verlassen. Diese Ausscheidung der Typhusbazillen durch Galle und Harn hat eine große praktische Bedeutung dadurch gewonnen, daß sie auch nach dem Überstehen der Krankheit noch andauern kann (Frosch). Man hat die Personen, die davon heimgesucht sind, Bazillenträger genannt und sie mit Recht als höchst gefährliche Quellen der Ansteckung für ihre Umgebung bezeichnet.

In der Leiche sind die Typhusbazillen ohne Schwierigkeit durch Plattenkulturen nachzuweisen, wenn der Tod nicht in einer zu späten Periode der Krankheit eingetreten ist. Besonders in der Milz pflegen die Bazillen kaum jemals zu fehlen, und gerade hier kann man fast regelmäßig die obenerwähnten Bazillenhäufchen mittels der oben geschilderten Methode nachweisen. Am Lebenden haben wir zwar nicht die Möglichkeit, so gründlich den Körper zu durchforschen, dafür besitzen wir aber wichtige Mittel zur Erkennung des Typhus neben der Kultur aus Blut, Kot, Harn in den Veränderungen, die das Blut der Kranken unter der Einwirkung der Bazillen erleidet. Es sind das die S. 115 besprochenen sog. Immunitätsreaktionen, die sich aus der Bildung von schutzkräftigen und anderen Antikörpern im Blute erklären. Gerade beim Typhus, einer verhältnismäßig schleichend verlaufenden Krankheit, können wir sie allerdings ebensogut als Infektionsreaktionen bezeichnen. Wir schließen daraus, daß die Infektion vom ersten Augenblick ihrer Entstehung an, im Körper die Kräfte hervorruft, die sie zu bekämpfen geeignet sind, und gehen wohl nicht fehl, wenn wir eben in dieser Immunisierung während der Erkrankung eine der Hauptursachen der Heilung suchen. So kann es auch nicht Wunder nehmen, daß man in der Typhusleiche ebenso wie in den Fällen hoffnungsloser Erkrankung oft die Immunitätsreaktionen weit schlechter entwickelt findet, als in den günstigen Fällen.

Am leichtesten erhält man vom Kranken eine Probe seines Kotes; da ist es denn ein Glück, daß die Typhusbazillen in ihnen nicht bloß in den frühesten, sondern auch in allen übrigen Perioden der Krankheit aufgefunden werden können. Freilich gelingt das nicht in jeder Kotprobe, sondern bestenfalls nur in 30—50% derselben; am häufigsten in der 3. Krankheitswoche, vielleicht deswegen, weil sich dann zu den mit der Galle abgesonderten Bazillen noch die aus den Darmgeschwüren stammenden gesellen. Auch bedarf es nicht geringer Sorgfalt, um die Erreger so oft in den Stühlen nachzuweisen.

Man hat sich von jeher Mühe gegeben, durch besondere Zuchtverfahren die Ausbeute zu verbessern. Der erste große Fortschritt bestand darin, daß man lernte, die Proben auf der Oberfläche von frisch gegossenen Platten auszustreichen, statt sie mit den verflüssigten Nährböden zu vermischen und dann erst zu Platten auszugießen. Die weit zarteren Kolonien der Typhusbazillen sind im allgemeinen leicht von denen der Kolibazillen zu trennen. Eine gute Hilfe, namentlich für den weniger geübten Untersucher bietet die Benutzung der gefärbten Nährböden, insbesondere des Lackmus- oder Endoagars, und der Anreicherungsplatten auf Malachitgrünagar (s. o.). Man kann auch dem Plattenverfahren erst eine Behandlung des Stuhles mit Petroläther oder Bolus alba vorherschicken, weil sich gezeigt hat, daß dadurch die Kolibazillen (ähnlich wie durch das Malachitgrün) gegenüber den Typhusbazillen zurückgedrängt werden. Selbstverständlich ist, daß die Züchtung um so mehr Aussicht auf Erfolg haben wird, je mehr Kot bei jeder Probe verarbeitet wird. Man hat daher für diese Zwecke besonders große, sog. Drigalskischalen empfohlen, für jeden Fall zahlreiche Platten angefertigt und zur Verteilung auf diesen wieder eigene größere Spatel aus Glas oder Metall benutzt. Die Massenarbeit allein macht es freilich nicht, die Hauptsache bleibt, daß man das einmal geübte Verfahren mit Sorgfalt ausnutzt und sich im Falle des Mißerfolges die Wiederholung der Prüfung mit neuen Kotproben nicht verdrießen läßt. Solche Wiederholungen sind um so nötiger, als sich gezeigt hat, daß die Typhusbazillen nicht gleichmäßig, sondern schubweise ausgeschieden werden. Namentlich trifft das zu, wenn es sich nicht mehr um eigentliche Typhuskranke, sondern um Genesende und die oben erwähnten Bazillenträger handelt, die nur noch Herde von Typhusbazillen in den Gallenwegen haben.

Die verdächtigen Kolonien auf den so oder so hergestellten Platten werden dann zunächst vorläufig durch die mikroskopische Agglutination mit Typhusimmunserum vom Tier geprüft, später die Reinkulturen durch den Abstich in Zuckeragar, Milch, Leim, Fleischbrühe, sowie die mikroskopische oder makroskopische Feststellung des genauen Agglutinationstiters als solche der Typhusbazillen bestätigt.

Die Agglutinationsprobe stellen wir am einfachsten so an, daß wir eine Spur von den verdächtigen Kolonien in einem Tröpfchen stark verdünnten Typhusserums, d. h. des Blutserums eines wiederholt mit abgetöteten Typhusbazillen behandelten Kaninchens verteilen und im hängenden Tropfen untersuchen. Man sieht dann früher oder später — je nach der Verdünnung, in der man das Serum anwendet —, daß die vorher schön beweglichen Bazillen zum Stillstand kommen und zuerst zu zweien, dann zu kleinen und schließlich zu großen Haufen zusammenkleben. Hat man das Serum in der höchsten Verdünnung, bei der es überhaupt noch Typhusbazillen beeinflußt — man nennt das die Titergrenze, die z. B. bei 1000—10000facher Verdünnung des Serums liegt — angewendet, so dauert die Verklebung, selbst wenn man den hängenden Tropfen in den Brutschrank legt oder unter dem geheizten Mikroskop beobachtet, einige, ja manchmal 24 Stunden, und die Krümel bleiben klein. In geringeren Verdünnungen (stärkeren Konzentrationen) bemerkt man deutliche Spuren der Zusammenballung schon nach einigen Minuten, und wenig, z. B. 100mal verdünntes Serum bewirkt fast augenblicklich die Verklebung zu kleinen oder großen Haufen. Man würde natürlich, um Zeit zu gewinnen, stets in solchen stark wirkenden Verdünnungen beobachten, wenn nicht in diesen das Typhusserum, wie überhaupt alle agglutinierenden Seren, die Eigenschaft hätte, verwandte und manchmal selbst nicht verwandte Bakterien ebenfalls zu beeinflussen. So kommt es vor, daß z. B. ein Serum, das Typhusbazillen noch in 10000facher Verdünnung verklebt, auch die Bazillen des Paratyphus B bei 100facher und die des Paratyphus A sogar bei 1000facher agglutiniert. Man wird deshalb ein solches Serum am liebsten nur in Verdünnungen von mehr als 1000 anwenden und stärkere Konzentrationen nur zur vorläufigen Prüfung benutzen, der Sicherheit halber aber später, d. h. wenn die Reinkultur schon angelegt ist, die Prüfung bis zum Endtiter nachholen. Dabei ist zu bedenken, daß nicht alle Typhusstämme genau bei derselben Verdünnung agglutiniert werden. Jedoch bewegen sich diese Schwankungen im allgemeinen in engen Grenzen, also z. B. in einem und demselben Typhusserum zwischen 5000- und 20000facher Verdünnung.

Statt mikroskopisch kann man auch „makroskopisch", d. h. mit bloßem Auge auf Agglutination prüfen, da die Zusammenballung sich dann auch bemerkbar macht. Man benutzt dazu den Ausschliff eines hohlen Objektträgers oder, weil die Erscheinung in dickeren Schichten besser sichtbar ist, ein Blockschälchen, noch häufiger aber Probiergläser, in die man zunächst je 1 ccm der Serumverdünnung und dann mit einer Öse oder Tropfflasche die Bakterien bringt. Es ist klar, daß man bei dieser Art der Prüfung nicht von den einzelnen Kolonien auf den Platten ausgehen kann, sondern von ihnen erst Reinkulturen anlegen muß. Die makroskopische Agglutination kann man sich dadurch erleichtern, daß man eine Lupe benutzt, z. B. in der Form des von Kuhn und Woithe angegebenen Agglutinoskops. Ob man nun mikroskopisch oder makroskopisch untersucht, niemals ist zu vergessen, daß man gleichzeitig das Verhalten einer Vergleichsprobe („Kontrolle"), d. h. einer Aufschwemmung derselben Bakterien in Kochsalzlösung oder noch besser in entsprechend verdünntem gewöhnlichem Kaninchen- oder Pferdeserum prüft. Es gibt Bakterien, die auch hier, wie man sagt, freiwillig (spontan) agglutinieren. Bei Typhusbazillen kommt das nur ganz ausnahmsweise vor, gar nicht so selten aber bei Koli-, Parakoli-, Paratyphus- und Ruhrbazillen. Umgekehrt gibt es schlecht verklebbare, sog. inagglutinable Typhusstämme, d. h. solche, die nach ihrer Reinzüchtung von Typhusserum nicht oder nur kümmerlich beeinflußt werden. Sie gewinnen allerdings meist später auf den künstlichen Nährböden diese Eigenschaft.

Ebenso leicht zur Untersuchung zu bekommen sind Proben des Harns. Sie eignen sich insofern erheblich besser als Kot, weil sie die Typhuskeime unvermischt mit anderen und selbst so reichlich zu enthalten pflegen, daß der Harn davon getrübt erscheint; freilich gehen aber die Bazillen weit seltner in den Harn als in den Kot über.

Die Züchtung der Typhusbazillen aus Blut war schwierig und wenig aussichtsvoll, solange man nur kleine Mengen Blut, z. B. ein paar Tropfen aus der Fingerbeere aussäte, hat sich aber als eine nützliche Methode bewährt, nachdem man gelernt hat, größere Mengen auf geeigneten Nährböden zu verarbeiten.

Am besten ist es, mittels einer Spritze 5—10 ccm Blut aus der Armvene zu entnehmen, diese zu je 1—2 ccm in durch Aufkochen verflüssigte und auf 45° abgekühlte Agarröhrchen zu verteilen und zu Platten auszugießen. Dazu ist es allerdings nötig, daß der Bakteriologe selbst oder eine genügend geschulte Person am Krankenbett anwesend ist. Einfacher ist es, das Blut in einem Röhrchen mit 5 ccm Rindergalle, dem je 10% Pepton und Glyzerin zugesetzt ist, oder in eine Behringvenüle, die 0·5 ccm taurocholsaures Natrium enthält, aufzufangen und später zu Platten zu verarbeiten. Selbst die kleinen Mengen Blut, die man aus der Fingerbeere oder dem Ohrläppchen erhält, genügen für die Gallenprobe, ja so lassen sich sogar die Gerinnsel ausnutzen, die von der Gruber-Widalschen Probe (s. u.) übrigbleiben. Unter günstigen Bedingungen, die allerdings nur bei dem erstgenannten Verfahren erreicht werden, hat man mit der Züchtung aus Blut in 100% der Fälle Erfolg gehabt, und zwar, was besonders wichtig ist, gerade in den ersten Krankheitswochen. In den folgenden Wochen werden die Bazillen weniger regelmäßig, aber auch noch oft genug gefunden. Bei gegen Typhus schutzgeimpften Personen sind die Ergebnisse weit ungünstiger.

Außerdem läßt sich, wie oben bemerkt, der Typhusbazillus im kranken Menschen dadurch nachweisen, daß man auf die Immunkörper, die er während seines Aufenthalts im Gewebe gebildet hat, fahndet. Größere praktische Bedeutung haben nur die Agglutinine gewonnen, seitdem Gruber und Widal ihr Vorkommen bei Typhuskranken feststellten. Schon am Ende der ersten Krankheitswoche pflegt ihr Blutserum in der Mehrzahl der Fälle die Bazillen zusammenzuballen, in der zweiten und dritten Woche steigt das Verhältnis auf 90—95%.

Freilich werden die Agglutinine nicht immer so reichlich gebildet, daß sie noch eine tausendfache Verdünnung vertragen, aber regelmäßig sind sie vorhanden in einer Verdünnung des Blutserums, die 50—100 erreicht oder übersteigt. Wenn die Zusammenballung erst in geringerer Verdünnung eintritt, ist sie nicht beweiskräftig, weil sie gelegentlich auch durch das Blutserum von Gesunden und anders Erkrankten hervorgerufen werden kann (S. 115). Je näher wir aber der Grenze 1:50 kommen, desto größer ist die Wahrscheinlichkeit, daß ein Typhus vorliegt. Eine völlige Sicherheit bietet auch die deutlichste Reaktion in Verdünnungen selbst über 100 hinaus nicht aus drei Gründen. Erstens sind Fälle beschrieben worden, wo die Reaktion positiv war, obwohl kein Typhus und keine typhusähnliche Erkrankung vorlag. Besonders scheint sich dergleichen bei Gelbsucht zu ereignen, nach den Erfahrungen des letzten Krieges aber auch bei Ruhr und Fleckfieber, wenn diese bei Personen auftreten, die früher gegen Typhus geimpft waren, aber ihre Agglutinationswirkung auf Typhusbazillen verloren hatten. Zweitens bleibt die Agglutination nach überstandenem Typhus meist monatelang, ja manchmal jahrelang bestehen und findet sich auch bei solchen Personen, die gegen Typhus geimpft worden sind, manchmal noch ziemlich lange nachher. Dieser Umstand hat im letzten Krieg den Wert der Agglutinationsprobe sehr herabgesetzt. Am wichtigsten ist sonst wohl der dritte Fall, daß es sich nämlich, trotzdem das Krankenserum die Typhusbazillen agglutiniert, nicht um eine Infektion mit Typhus, sondern um eine solche mit Paratyphus handelt. Wir haben schon oben darauf hingewiesen, daß im Blutserum, welches durch Behandeln von Tieren mit Typhusbazillen gewonnen ist, auch Paratyphusbazillen in gewissen Verdünnungen agglutiniert werden können und umgekehrt. Diese Abweichung von der arteigenen Agglutination, die man Mit- oder Nebenagglutination nennt, findet man auch nicht selten bei den natürlichen Erkrankungen des Menschen an diesen beiden Bazillenarten. Man sollte sich deshalb zur Regel machen, das Blutserum der Kranken gleichzeitig auf beide Erreger zu prüfen, und die Reaktion nicht bloß in bestimmten Serumverdünnungen, z. B. bei 1:100 anstellen, sondern auch noch die höchsten Verdünnungen (den „Titer") bestimmen, in der jeder der beiden Bazillen gerade noch agglutiniert wird. Liegt z. B. die Sache so, daß Typhusbazillen noch bei 1:500, Paratyphus nur bei 1:100 verklebt werden, so spricht die Wahrscheinlichkeit für eine Typhusinfektion. Eine neue Schwierigkeit entsteht freilich, wenn, was glücklicherweise nur ausnahmsweise vorkommt, die beiden Erreger ungefähr in der gleichen Verdünnung agglutiniert werden, z. B. bei 1:200. In diesem Falle kann man sich durch die von Castellani unter meiner Leitung ausgearbeitete Absättigungsprobe helfen. Sie beruht auf der Tatsache, daß die sämtlichen Agglutinine (Haupt- und Nebenagglutinine) eines Serums durch Berührung desselben mit Bakterien, durch die das Serum gewonnen worden ist, aus ihnen herausgezogen, nur die Nebenagglutinine aber durch die Berührung des Serums mit Bakterien, auf welche diese Nebenagglutinine wirken, beseitigt werden. Man bewirkt die Absättigung in dem obigen Beispiele in folgender Weise: In je $^1/_2$ ccm einer 20fachen Verdünnung des Krankenserums bringt man einen Agarrasen von Typhus- und Paratyphusbazillen, läßt die Mischung bei 37° $^1/_2$—1 Stunde stehen, schleudert dann bis zur Klarheit der Flüssigkeit aus und prüft diese selbst, am besten im hängenden Tropfen, von neuem auf Agglutination gegen Typhus- und Paratyphusbazillen. Wenn das Serum von einem Typhuskranken stammt, wird die mit Typhusbazillen abgesättigte Probe (verdünnt oder unverdünnt) weder Typhus- noch Paratyphusbazillen beeinflussen, die mit Paratyphusbazillen abgesättigte die Typhusbazillen nach wie vor (bei 1:200) agglutinieren, die Paratyphusbazillen aber nicht mehr.

Eine weitere Verwicklung hat die „Rezeptorenanalyse" gebracht, die wir beim Proteus X_{19} erwähnt haben (Abschnitt 5).

Bei der großen Bedeutung der Gruber-Widalschen Probe hat man sich bemüht, sie möglichst zu vereinfachen, so daß sie auch in der Hand des praktischen Arztes und bei Massenuntersuchungen brauchbar bleibt. Zu dem Zwecke verwendet man statt frischer Kulturen durch Formalin abgetötete Bazillenaufschwemmungen oder das ähnlich zusammengesetzte Fickersche Reagens. Doch sind das nur Notbehelfe.

Den Typhus zu bekämpfen ist immer noch eine wichtige Aufgabe der Gesundheitspflege, denn wenn er im Laufe der letzten Jahrzehnte auch viel seltner geworden ist, so ist und bleibt er doch eine schwere Krankheit, die kein Alter verschont, überall vorkommt und gelegentlich seuchenartig auftritt. Glücklicherweise wissen wir heutzutage über die Art und Weise, wie der Typhus sich verbreitet, gut Bescheid und sind auch besser imstande, uns seiner zu erwehren, als es bei den meisten anderen Infektionen der Fall ist. Die gewöhnliche Art der Übertragung ist die durch unmittelbare Ansteckung. Daß eine solche von einem Typhuskranken ebensogut ausgehen kann, als von einem scheinbar gesunden Bazillenträger (s. o.), ist eine wesentliche Errungenschaft der neueren Wissenschaft, ohne sie würde uns die Bekämpfung des Typhus nicht so gut gelingen.

Eine Übertreibung wäre es aber, zu sagen, die Bazillenträger seien bedeutsamere Ansteckungsquellen als die Typhuskranken, denn dazu sind sie im Verhältnis doch zu wenig zahlreich und scheiden auch infektionstüchtige Bazillen meist nicht in so großen Mengen und in so gefährlicher Form, d. h. in halbflüssigem Kote, aus. Allerdings sind sie in gewisser Hinsicht gefährlicher als die Typhuskranken selbst, indem sie erstens als Gesunde ihrer Umgebung nicht von vorherein ansteckungsverdächtig erscheinen und wegen ihrer freien Beweglichkeit die Krankheitskeime in einem größeren Umfange verstreuen können, und zweitens weil sie jahrelang die Krankheitserreger mit sich herumschleppen („Dauerausscheider"). Wenn nun auch keineswegs nachgewiesen ist, daß sämtliche Typhusbazillen, welche die Typhusbazillenträger ausscheiden, infektionstüchtig sind, so haben doch schon Erfahrungen genug gelehrt, daß diese Personen selbst viele Jahre, nachdem sie ihren Typhus überstanden haben, die Krankheit noch verbreiten können. Das Hauptmittel, durch das wir die Übertragung von Kranken aus verhüten, die Absonderung von ihrer Umgebung, die Verbringung in Krankenhäuser, können wir leider gegenüber den Bazillenträgern nicht anwenden. Es bleibt nur übrig, sie als Träger festzustellen und sie selbst, sowie ihre Umgebung mit den nötigen Verhaltungsmaßregeln bekannt zu machen. Der erste Zweck wird am sichersten dadurch erreicht, daß man bei jeder Person, die Typhus durchgemacht hat, wiederholt die Entleerungen untersucht und sie nicht eher als unverdächtig frei gibt, bis festgestellt ist, daß sie keine Bazillen mehr ausscheidet. Unter Umständen wird man zu Massenuntersuchungen schreiten müssen, um Dauerausscheider aus einem größeren Personenbestand herauszufinden, so z. B. wenn der Typhus in einer Irrenanstalt immer wieder neue Opfer fordert, ohne daß man Einschleppungen von außen nachweisen kann. Die bakteriologischen Untersuchungsämter, die überall jetzt in Deutschland eingerichtet sind, dienen nicht zum wenigsten für derartige Arbeiten. Hat man die Dauerausscheider herausgefunden, so wird man nicht nur sie selbst und ihre Umgebung über ihren Zustand belehren und sie auf die nötige Reinlichkeit, die Verwendung von Desinfektionsmitteln hinweisen, sondern vor allem auch darüber zu wachen haben, daß sie nicht in Stellungen bleiben oder hineinkommen, wo sie besondere Gelegenheit haben, andere Leute mittelbar oder unmittelbar anzustecken, wie das z. B. bei Krankenpflegern, Köchen, Melkern, Nahrungsmittelverkäufern der Fall ist. Besäße man Mittel, um die Dauerausscheider von ihren Bazillen zu befreien, so würde man sich wohl nicht scheuen, ihre zwangsweise Anwendung durch ein besonderes Gesetz anzuordnen. Bisher ist es aber nur gelungen, die Ausscheidung von Typhusbazillen durch den Harn mittels Urotropins zu unterdrücken. Nicht einmal die Fortnahme der Gallenblase, geschweige denn irgendeins der zahllosen zu dem Zwecke empfohlenen inneren Mittel scheint die weit häufigere Absonderung von Typhusbazillen durch die Galle, also den Kot, verhüten zu können.

Neben den lebendigen Ansteckungsquellen für den Typhus dürfen wir aber auch die übrigen nicht vergessen. Als Ursache größerer Epidemien kommt namentlich die Verseuchung von Trinkwasser und Milch, selten anderer Nahrungsmittel, wie Kartoffelsalat, in Betracht. Große Ausnahmen sind Ansteckungen mit Typhus durch Fleischgenuß; das ist deswegen wichtig, weil sich die so nahe verwandten Paratyphusbazillen gerade umgekehrt verhalten.

Gelegentlich wird der Typhusbazillus wie andere vom Darm aus wirkende Erreger auch von einem durch Abfallstoffe verunreinigten Boden aus Ansteckungen verursachen können; daß dazu aber ein längerer Aufenthalt, eine „Reifung" der Krankheitskeime im Boden nötig sei, wie es Pettenkofer auf

Grund epidemiologischer Studien über die Beziehungen des Typhus zu Grundwasserschwankungen annahm, ist ganz unwahrscheinlich. Natürlich werden wir alle Maßnahmen, die dahin zielen, den Boden rein zu halten, emsig fördern, aber nicht, um dadurch die Wachstumsbedingungen für Typhuskeime im Boden zu verschlechtern, sondern um die unmittelbare Verseuchung des Bodens und damit auch des Trinkwassers mit bazillenhaltigen Abfällen hintanzuhalten.

Leichter und weniger kostspielig als die Reinhaltung des Bodens durch einwandfreie Beseitigung der Abfallstoffe ist erfahrungsgemäß die Beschaffung reinen Trinkwassers, z. B. durch Einführung desselben aus unverdächtigen Gegenden oder Verbesserung der Brunnen, und es ist nicht zu bezweifeln, daß gerade die außerordentliche Ausbreitung der Wasserleitungen, die im Laufe der letzten Jahrzehnte stattgefunden hat, ein weit größeres Verdienst an dem starken Absinken der Typhussterblichkeit in Deutschland gehabt hat, als die Fortschritte der Städteentwässerung, die lange nicht in demselben Umfange festzustellen sind.

Zur Vermeidung der Epidemien durch Milchgenuß bedarf es besonderer Maßregeln.

Zwar wird die Milch vielfach auch erst durch Vermittlung des Wassers zum Ansteckungsträger. Gefährlich für weitere Kreise wird die auf die eine oder andere Weise verseuchte Milch meist aber erst dadurch, daß sie in Sammelmolkereien mit großen Mengen einwandfreier Milch vermischt wird und nun aus den Molkereien entweder als Vollmilch zu öffentlichem Gebrauch oder als Magermilch in die Häuser ihrer Erzeuger zurückkommt. Wenn man die Milch, sobald sie in die Molkerei eingeliefert wird, in besonderen Apparaten auf 60—75^0 erhitzt (pasteurisiert), ist man imstande, beide Gefahren zu verhüten. Sich selbst und seine Familie wird aber jeder Milchverbraucher dadurch am sichersten schützen, daß er niemals rohe Milch genießt oder genießen läßt. Einfaches Abkochen tötet alle Typhusbazillen, wie die übrigen Krankheitserreger, die in der Milch vorkommen.

Den Nachweis, daß eine Typhusansteckung durch Wasser- oder Milchgenuß verursacht worden ist, wird man gewöhnlich nur auf epidemiologischem Wege führen können, nicht dadurch, daß man die Bazillen selbst in den verdächtigen Flüssigkeiten feststellt, denn einerseits kommt man meist zu spät dazu, einen solchen Verdacht auszusprechen, und zweitens ist es recht schwer, Typhusbazillen in Wasser oder gar in Milch aufzufinden. Immerhin ist das mehrmals gelungen (Abschn. 15).

Schließlich besitzen wir noch in der Schutzimpfung ein Vorbeugungsmittel gegen diese Krankheit, das wir zwar kaum unter gewöhnlichen Bedingungen, wo die übrigen Mittel ausreichen, wohl aber unter besonders schwierigen Verhältnissen, wo die letzteren uns im Stich lassen, z. B. in Kriegszeiten, anwenden werden. Die Schutzimpfung gegen Typhus beruht auf der auch bei zahlreichen anderen Ansteckungen bewährten Regel, daß abgetötete Kulturen dem Körper, namentlich wiederholt einverleibt, Immunität verleihen. Zu dem Zwecke stellt man sich eine Aufschwemmung von frisch auf Agar gewachsenen Bazillen in Kochsalzlösung her, erhitzt sie eine Stunde lang auf 56^0, versetzt sie mit 0·5$^0/_0$

Karbolsäure und spritzt sie (in Gaben von 0·7—1·5 mg Bazillen auf $^1/_2$—1 cm Flüssigkeit) binnen 14 Tagen dreimal unter die Haut ein. Die Erfahrungen, die man damit in allergrößtem Maßstabe während des Weltkrieges gemacht hat, sind recht günstig, namentlich wenn man dafür sorgt, daß die Schutzimpfung alle 6 Monate wiederholt wird. Die Sterblichkeit an Typhus wird dadurch herabgesetzt, Erkrankungen werden zwar nicht ganz vermieden, verlaufen aber weit leichter.

Eine unter Nagetieren vielfach vorkommende Seuche, die durch ihren Erreger dem Typhus des Menschen nahesteht, ist die Pseudotuberkulose.

Auf den Nährböden wächst der Bazillus ganz wie der Typhusbazillus, mikroskopisch zeigt er sich etwas plumper und weit weniger beweglich und bildet in flüssigen Nährböden Ketten mit fast kokkenähnlichen Gliedern (wie der Pestbazillus). Die meisten Nagetiere außer Feldmäusen sind für alle Arten der Einverleibung empfänglich und sterben in Tagen oder Wochen mit einer Knötchenkrankheit, die durch das Vorherrschen der Exsudation mehr Ähnlichkeit mit Rotz als mit Tuberkulose hat. In den Knötchen pflegen die Bazillen in Kettenform aufzutreten. Phagozytose ist häufig. Andere Formen der Pseudotuberkulose werden durch paratyphus- und diphtherieähnliche Bazillen, Strahlen-, Sproß- und Schimmelpilze (s. später) verursacht. Die Reinkultur entscheidet die Diagnose.

Elfter Abschnitt

Paratyphus und Fleischvergiftung

Schon lange ist es bekannt, daß Bakterien vorkommen, die in ihren Eigenschaften zwischen den Koli- und Typhusbazillen stehen, indem sie, wie diese beiden, mittelgroße bewegliche, nicht gramfeste und nicht sporenbildende Stäbchen sind, die auf allen Nährböden mit oder ohne Sauerstoff wachsen und Leim nicht verflüssigen, aber Traubenzucker wie die Kolibazillen unter Bildung von Gas und Säure zersetzen, wie die Typhusbazillen dagegen Milchzucker nicht angreifen, sowie kein Indol bilden. Man bezeichnet sie am besten als Paratyphusbazillen („Salmonella") und trennt sie in die Unterarten Bac. paratyphosus A, B, C, D, E usw. Die Krankheiten, die sie bei Mensch und Tier erzeugen, ähneln bald mehr dem Typhus, bald mehr der leichten oder schweren Cholera (Gastroenteritis), gelegentlich auch der Ruhr. Sie scheinen aber auch als harmlose Schmarotzer vorzukommen. Die Paratyphusbazillen sind im Gegensatz zu den Typhusbazillen oft Erreger von sog. Fleischvergiftungen, aber nicht die einzigen (vgl. Bac. proteus und Bac. botulinus, am Schluß dieses Abschnitts).

Leider hat man von Anfang an derartigen Bazillen sehr verschiedene Namen gegeben, zum Teil, weil man sie bei verschiedenen Krankheiten und Tieren fand, zum Teil aber auch nur, weil man für ihre Beschreibung nicht alle verfügbaren Hilfsmittel herbeizog oder sie auch geradezu unrichtig schilderte. Dahin gehören außer den eigentlichen Paratyphusbazillen des Menschen (A, B, F) der zuerst 1889 gefundene Bac. enteritidis Gärtner (E) und zahlreiche andere Fleischvergifter (Aertryck, Breslau, Newport, Freiburg = C), ferner die Bazillen des Typhus der Mäuse (Löffler), der Ratten und anderer Nagetiere, der sog. Bazillus der Hogcholera oder Schweinepest (Bac. suipestifer Kruse, 1896), des Ferkeltyphus, der Kälberruhr und Kälberpneumonie und anderer Tiersuchen. Vergleichende Untersuchungen lehren, daß sie alle zwar miteinander eng verwandt sind, sich aber teilweise durch ihr Verhalten zu gewissen Nährböden, ihre Agglutinationsverhältnisse und ihr Ansteckungsvermögen für die einzelnen Tierarten voneinander unterscheiden. Neuere Befunde lassen freilich Zweifel an der vollkommenen Beständigkeit dieser Merkmale, selbst die bei der Pseudodysenterie (Abschnitt 13) so beständigen agglutinatorischen berechtigt erscheinen. Am wenigsten beständig ist das Verhalten dieser Bakterien zum Tierkörper. Das zeigt sich nicht nur bei den Versuchen mit Reinkulturen, sondern auch bei Berücksichtigung der Epidemiologie. Die Bazillen, die man z. B. als Erreger des Mäuse- und Rattentyphus oder bei Schweinen findet, können in allen Eigenschaften einschließlich der Agglutination den Haupterregern der beim Menschen vorkommenden Paratyphen und Fleischvergiftungen entsprechen und sind doch für den Menschen in der Regel harmlos. Unter diesen Umständen wird man gut tun, die sämtlichen paratyphusähnlichen Bakterien in eine Art (Bac. paratyphosus) zusammenzufassen (Kruse 1903), diese im wesentlichen auf Grund der Agglutination und Absättigung (S. 121) in Unterarten, die wir am bequemsten mit Buchstaben benennen, zu scheiden, außerdem aber, um den nun einmal vorhandenen Unterschieden im Ansteckungsvermögen gerecht zu werden, jede Unterart nach der Tierart, für die sie infektiös ist, wieder in besondere Spielarten einzuteilen. So würde z. B. der Gärtnersche Bazillus beim Menschen als Bac. paratyphosus E hominis, der Rattenbazillus als Bac. paratyphosus E ratti zu benennen sein. Für diejenigen Paratyphusbazillen, die sich nach ihren Agglutinationsverhältnissen in keine bekannte Gruppe unterbringen lassen, würden, wenn sie sich öfter wiederfinden, neue Unterarten zu gründen sein.

Wohlbegründet sind zunächst die Abarten Paratyphus A und auch B. Da der von Uhlenhuth und Hübener früher aufgestellte Paratyphus C eine ganze Reihe agglutinatorisch nicht übereinstimmender Formen umfaßt, schlagen wir vor, den Buchstaben C nur für diejenigen Fleischvergifter (s. o.) zu benutzen, die bisher mit Paratyphus B zusammengeworfen wurden, sich aber bei näherer Prüfung durch ihre weniger umfassenden Agglutinine von letzterem deutlich unterscheiden. Paratyphus D nennen wir den agglutinatorisch besonders scharf gekennzeichneten Bac. suipestifer Glässers (Ferkeltyphus Pfeilers), Paratyphus E den altbekannten Bac. enteritidis Gärtners, der mit den Rattenbazillen nächst verwandt ist. Als Paratyphus F reihen wir ihm eine Abart an, die in und nach dem Weltkrieg als Erreger schwerer typhusähnlicher Erkrankungen in Kleinasien und Osteuropa bekannt geworden ist[1] und eine gewisse Verwandtschaft

[1] Von anderer Seite hat man sie als Parat. β oder C_1 und als C_2 Bazillen bezeichnet, die agglutinatorisch völlig von C_1 und A, B, C und E verschieden sind, aber mit unserer Pestifergruppe D übereinstimmen, jedoch dadurch von ihr zu trennen sind, daß sie gewöhnlich gastroenterische Erkrankungen wie die übrigen

mit E zeigt. Als Abart G bezeichnen wir schließlich solche nach unserer Erfahrung bei Schweinen und anderen Tieren, aber auch beim Menschen ziemlich weit verbreiteten Bazillen, die zwischen den Abarten B, C, D und E stehen. Daß es noch andere Formen gibt, ist sehr wahrscheinlich. Wir sehen dabei von den wohl in jedem Laboratorium beobachteten leichten Varianten dieser oder jener Abart ganz ab. Um völlige Klarheit in diese verwirrten Verhältnisse zu bringen, ist noch viel Arbeit nötig, namentlich auch bei den Krankheitserregern der Tiere.

Alle diejenigen im Kote des Menschen und der Tiere nicht seltenen Formen, die sich von den Paratyphusbazillen, abgesehen von der Agglutination, auch durch die Bildung von Indol unterscheiden, bezeichnet man am besten als Parakolibazillen. Bisher kennt man keine sicheren Krankheitserreger unter diesen.

Die wesentlichsten Eigenschaften der Paratyphusbazillen folgen schon aus der oben angegebenen Begriffsbestimmung, so daß nur hier noch einige erläuternde Bemerkungen hinzuzufügen sind. Die Stäbchen sind den Typhusbazillen weit ähnlicher als den Kolibazillen, doch sind sie manchmal etwas kleiner und schneller beweglich als die ersteren (Fig. 35, S. 107). Fäden werden seltener gebildet. Sporen entwickeln sie ebensowenig wie die Typhusbazillen, doch sind sie widerstandsfähiger als diese, mag man sie nun schädlichen Einflüssen physikalischer oder chemischer Art aussetzen, oder sie auf Nährböden in Wettbewerb mit anderen Bakterien bringen. So kommt es, daß sie die Typhusbazillen leicht überwuchern und auch gegenüber den Kolibazillen nicht schlecht abschneiden. Wir benutzen diese Eigenschaften, um die Paratyphusbazillen, die in irgendeinem Stoffe vermutet werden, in Fleischbrühe anzureichern (s. u.). Gegenüber Malachitgrün erweisen sich die Paratyphusbazillen noch widerstandsfähiger als die Typhusbazillen, so daß der Malachitgrünagar (Abschnitt 9, S. 95) besonders für sie zu empfehlen ist.

Die Kolonien auf Gelatine und Agar stehen in Größe und Aussehen etwa in der Mitte zwischen denen der Typhus- und Kolibazillen, doch zeigen die Paratyphusbazillen B, D und E oft, die übrigen seltener, eine Eigentümlichkeit, die den anderen beiden Bakterienarten fehlt, dem Bac. aerogenes aber innewohnt (Abschnitt 9), sie neigen nämlich zu Verschleimung, die bewirkt, daß die Kolonien sich nach außen wallartig verdicken, und ihre Rasen von schrägen Kulturflächen herabsinken.

Fleischvergifter, nicht typhöse wie C_1 verursachen. Abgesehen davon, daß die C-Gruppe schon vergeben (s. die erste Auflage dieses Buches) und C_1 mit C_2 kaum verwandt ist, halten wir es für unzweckmäßig, das Krankheitsbild als wesentliches Einteilungsmerkmal zu benutzen. Wir wissen wohl, daß der Prioritätsgrundsatz sich in der bakteriologischen Namengebung nicht immer durchsetzt, glauben aber in dieser wie in der Ruhrbazillengruppe brauchbare Vorschläge gemacht zu haben. Der 1903 von mir gemachte Vorschlag, die Rassen des B. paratyphosus durch ein beigesetztes Strassburgensis (= A), Hamburgensis (= B), Breslaviensis (= C), suipestifer (= D), enteritidis (= E) zu benennen, ist nicht durchgedrungen. Wir würden dann für F orientalis, für G compositus setzen können.

Allerdings ist diese Eigenschaft nicht beständig und verliert sich gewöhnlich bei längerer Fortzüchtung. Auf einer und derselben Platte kommen nicht selten die koli- und aerogenesähnlichen Kolonien nebeneinander zur Entwicklung. Die Bac. paratyphosus A und D wachsen am meisten dem Typhusbazillus ähnlich. In Fleischbrühe ist die Entwicklung gewöhnlich ebenso üppig wie beim Kolibazillus, auch finden sich hier nicht selten lockere Oberflächenhäutchen. Indol wird aber niemals gebildet. Auf den Kartoffeln wuchern die Paratyphusbazillen meist wenig verschieden von den Kolibazillen.

Im Zuckeragarstich wird gewöhnlich reichlich Gas gebildet. Geringer ist die Gasmenge beim Paratyphus A. Paratyphus D (Ferkeltyphus) entwickelt zunächst oft wenig oder gar kein Gas, doch holt er das bei wiederholten Überimpfungen nach, so daß wir hier bloß einen vorübergehenden Verlust des Gärvermögens (wie bei manchen Kolibazillen) vor uns haben. Milch- und Rohrzucker werden von den Paratyphusbazillen nicht angegriffen, Milch daher auch nicht zur Gerinnung gebracht. Paratyphus A verhält sich ganz wie Typhus, d. h. säuert die Milch nur vorübergehend und ganz wenig. Die anderen Unterarten bilden in Milch bald reichlich Alkali und machen sie dadurch durchscheinend und etwas schleimig, sie bläuen deshalb Lackmusmilch oder Lackmusmolke stark. In dem Milchzucker—Lackmus—Agar, sowie dem Endoagar (Abschnitt 9) bleiben die Kolonien der Paratyphusbazillen stets ebenso gefärbt, wie die der Typhusbazillen, daher sind diese Nährböden ebensogut zu ihrer Auffindung geeignet.

Dagegen verhalten sich die Paratyphusbazillen auf gefärbten Nährböden, wenn sie in Form von Stichkulturen zur Anwendung kommen, anders wie die Typhusbazillen und ähnlich den Kolibazillen, indem sie den Farbstoff kräftig reduzieren (entfärben, vgl. Neutralrotagar, S. 111). Die „Knöpfchen"bildungen und Farbenänderungen in festen und flüssigen Raffinose- und Rhamnosenährböden sind nicht so beständig, um für die Unterscheidung der Paratyphusabarten mit Sicherheit verwertbar zu sein.

Wenn die bisher beschriebenen Merkmale bis auf die Milchkultur bei sämtlichen Paratyphusbazillen fast die gleichen sind, so treten deutliche Unterschiede hervor, sobald wir die Agglutinationsprobe zu Hilfe nehmen. Unsere Unterarten A, B, D, E und F verhalten sich durchaus eigentümlich, sie werden am stärksten von denjenigen Seren beeinflußt, die durch Behandlung von Tieren mit Vertretern derselben Unterart, weit schwächer, d. h. in schwächeren Verdünnungen und langsamer oder gar nicht in den übrigen Seren. Die Unterart C (Fleischvergiftungen) läßt sich oft von B durch die Agglutination nicht unterscheiden, sicher aber durch die Absättigungsprobe (Abschnitt 10). Auch G ist oft schwer von B, C und E zu trennen.

Beispielsweise agglutiniert der Paratyphus B im zugehörigen B-Serum in Verdünnungen von 1000—3000, der Paratyphus A und E in solchen von 10—50, umgekehrt wird der Paratyphus E im E-Serum bei 1000facher, der Paratyphus A und D nur bei 100facher Verdünnung verklebt.

Allerdings zeigt sich häufig beim Vergleich mit dem Serum unbehandelter Tiere („Normalserum“), daß das Immunserum der einen Abart die Stämme der anderen nicht unbeeinflußt läßt. Auch die Typhusbazillen werden von vielen Paratyphusseren mitagglutiniert und umgekehrt. Diese Neben- oder Mitagglutination ist aber, wenn das Immunserum kräftig genug ist, nur ausnahmsweise ebenso ausgeprägt wie die Hauptagglutination, der die eigenen Stämme unterliegen. Auch die „Rezeptorenanalyse“ (s. bei Proteus X_{19}, S. 44) hat man bei Paratyphusbazillen mit Erfolg angewandt.

Die Paratyphusbazillen sind im allgemeinen für unsere Laboratoriumstiere gefährlicher als Typhus- und Kolibazillen, namentlich bei Einspritzung in die Bauchhöhle töten sie Mäuse und Meerschweinchen oft schon in recht kleinen Mengen unter starker und schneller Vermehrung der Bazillen, die sich nicht auf die Bauchhöhle beschränkt, sondern auch auf die Blutbahn erstreckt. Doch kann man von eigentlicher Septizämie, wie etwa bei Pneumokokkenansteckungen, hier nicht sprechen.

Von der Unterhaut aus sind größere Mengen nötig, um die Tiere zu töten, der Tod tritt dabei meist auch erst nach mehreren Tagen, selbst nach Wochen ein. Der Befund ist insofern ähnlich, als auch hier die Bazillen außer an der Ansteckungsstelle sich in der Blutbahn vermehren, oft so, daß man die Kapillaren mit ihnen vollgestopft findet. Aus dieser Art des Wachstums im Tierkörper erklärt sich wohl, daß sehr häufig bei diesen langsam verlaufenden Fällen von tierischer Paratyphusansteckung dem bloßen Auge deutliche Krankheitsherde entstehen. Sie haben entweder (besonders in der Leber) das Aussehen nekrotischer Stellen oder erinnern (namentlich in der Milz) an Tuberkelknötchen, weswegen solche Fälle auch als „Pseudotuberkulose“ bezeichnet worden sind. Gelegentlich sieht man auch hämorrhagisch entzündliche Ergüsse in der Bauch- und Brusthöhle und Entzündung der Gallenblase. Um Kaninchen krank zu machen, muß man die Gaben weiter steigern. Hier werden auch hin und wieder geschwürige Veränderungen im Darm beobachtet. Ratten sind im allgemeinen weniger empfänglich, doch sind aus kranken Ratten selbst Stämme („Rattenschädlinge“ = Bac. paratyphosus E ratti) gezüchtet worden, die für diese Tierart so gefährlich sind, daß man sie zur Bekämpfung der Ratten benutzt hat, wie die Mäusetyphusbazillen (meist Bac. paratyphosus G muris) zur Vertilgung der Mäuse. Ebenso erwiesen sich die Psittakosebazillen Nocards, die allerdings nicht die Ursache dieser auch auf den Menschen übergehenden, wohl zu den Aphanozoenkrankheiten gehörenden Seuche sind, für Papageien ansteckend. Im ganzen läßt sich nicht leugnen, daß die Ansteckungskraft der Paratyphusbazillen, selbst wenn sie derselben Unter- und Spielart angehören, für die einzelne Tierart erheblich schwankt und außerdem auch künstlich durch Übertragung von Tier zu Tier oder durch längere Fortzüchtung verändert werden kann. Im ersteren Falle pflegt die Ansteckungskraft zu steigen, im letzteren Falle zu sinken. Auch Züchtung auf Fleisch erhöht manchmal die Virulenz.

Durch Fütterung lassen sich von den Laboratoriumstieren namentlich Mäuse mit Paratyphusbazillen C, ferner mit den Spielarten, die Mäuse- und Rattenschädlinge sind, infizieren. Man benutzt daher den Mäuseversuch gern, um die Abart C und B zu unterscheiden, darf sich aber nicht zu sehr darauf verlassen.

Man bekommt den Eindruck, als ob das „enterale“ Ansteckungsvermögen — auf dem Wege des Darmkanals — mit dem „parenteralen“ — auf anderen Wegen — nicht parallel geht, und daß das erstere von anderen Bedingungen abhängt als das letztere. Es wäre sehr zu wünschen, daß diese Frage der „Organvirulenz“ gründlicher beachtet würde. Ein besonders interessanter Fall von Organvirulenz wurde von E. Fränkel und Starke beschrieben. Sie züchteten einen Stamm des Paratyphus B, der die Eigenschaft besaß, bei allen möglichen Tieren auf jedem Wege der Einverleibung stets eine eitrige Entzündung der Gallenblase zu erzeugen.

Die Erfahrungen über die Wirksamkeit der Reinkulturen von Paratyphusbazillen an größeren Tieren sind aus erklärlichen Gründen nicht allzu zahlreich, obwohl man namentlich bei Schweinen, Kälbern und Pferden im kranken und selbst im gesunden Zustande derartige Bazillen nicht selten findet.

Im allgemeinen hat man, besonders nach Fütterung, nur kümmerliche Erfolge gehabt, verhältnismäßig am besten gelingen die Ansteckungen von Schweinen mit manchen Schweinepeststämmen (Bac. suipestifer = Paratyphosus D und G), doch zeigt sich dabei, daß die Anlage gesunder Schweine, zu erkranken, meist gering ist, aber stark gesteigert wird durch gleichzeitige Einverleibung von echten, filtrierbaren Schweinepestkeimen (s. Aphanozoen), deren Begleiter bei der natürlichen Schweinepest sie auch zu sein pflegen. Nur einige D-Stämme des Paratyphus (Bac. suipestifer Glässer, Ferkeltyphus Pfeiler) scheinen auch ohne alle Vorbereitung für Ferkel stark ansteckend zu sein. Ob die Ansteckung auf dem einen oder anderen Wege erfolgt, sie bewirkt, wenn sie tödlich ist, eine Ausbreitung der Bazillen über den Körper mit Blutungen, käsig-eitrigen Herdbildungen in den Lymphdrüsen und diphtherischen Veränderungen im Darmkanal; wenn sie leicht verläuft, nur örtliche Eiterungen und Zurückbleiben der Entwicklung (Verkümmerung bei jungen Tieren).

Im abgetöteten Zustande besitzen die Kulturen der Paratyphusbazillen oft eine erhebliche Giftigkeit. Das wäre nicht besonders bemerkenswert, weil das gleiche ja auch für die übrigen Bakterien der Kolityphusgruppe zutrifft, wenn nicht nach zwei Richtungen hin ein Unterschied bestände. Erstens sind die Gaben, in denen die Paratyphusbazillen giftig wirken, oft recht klein, und zweitens wirken sie auch, was man sonst nicht beobachtet, oft schon vom Darmkanal aus. Man darf demnach vielleicht von einem besonderen Paratyphusgift sprechen. Allerdings kommt diese Giftigkeit lange nicht allen Paratyphusbazillen zu und ist auch nicht beständig.

Die Annahme, daß der Enteritisbazillus (Paratyphus E), dessen Giftigkeit Gärtner zuerst erkannte, diese Eigenschaft regelmäßig und allein von allen Paratyphusbazillen besitze, scheint nicht richtig zu sein. Die Vergiftungserscheinungen selbst bestehen, abgesehen von Reizwirkungen auf den Darm, in Lähmungen, gelegentlich Krämpfen und denselben Herdnekrosen in der Leber, die auch bei Ansteckung mit lebenden Bazillen beobachtet werden.

Übersicht man alle diese im Tierversuch festgestellten Tatsachen, so zeigen sich im großen und ganzen die Erwartungen bestätigt, die man nach den bakteriologischen Befunden bei den als Paratyphusinfektionen betrachteten Krankheiten hegen durfte. Die sog. Mäusetyphusbazillen zeigen ein ausgesprochenes Ansteckungsvermögen in erster Linie für Mäuse, die Rattenschädlinge für Ratten, die Psittakosebazillen für Papageien, die Kälberruhrbakterien für Kälber, die Ferkeltyphusbazillen für Ferkel usw. Die Schweinepestbazillen nehmen insofern eine besondere Stellung ein, als sie zu ihrer Wirkung auf Schweine meist einer Vorbereitung der Tiere durch Infektionen bedürfen. Das stimmt aber damit überein, daß sie nach den in Amerika und Europa gemachten Befunden nicht als Erreger, sondern nur als Begleiter der Schweinepest gelten dürfen.

Daß die genannten Bakterien nach den vorliegenden Erfahrungen sich nicht stets denjenigen Tierarten gegenüber, von denen sie herstammen, im Versuch als hervorragend ansteckungstüchtig erweisen, und daß sie umgekehrt auch für andere Tierarten, für die sie nach epidemiologischen Erfahrungen harmlos zu sein scheinen, im Versuch schädlich sind, erklärt sich wohl, wenn man einerseits die Virulenzschwankungen dieser Bakterien und andererseits die Ungleichheit der Bedingungen, unter denen sich die natürlichen und künstlichen Ansteckungen abspielen, berücksichtigt. In vielen Fällen stammen die Bazillen, die zum Versuche benutzt worden sind, auch gar nicht aus Tieren, die an der betreffenden Infektion erkrankt waren, sondern von Tieren derselben Art, die gesund oder an anderen Ursachen erkrankt waren, die man also als „Bazillenträger" betrachten kann. In der Tat hat man gar nicht selten bei unseren kleinen Versuchstieren, wie bei den großen Schlachttieren im Darm und unter Umständen auch in Fleisch und Organen Paratyphusbazillen gefunden. Daß die Ansteckungskraft derartiger, von Bazillenträgern herrührender Bakterien oft recht gering ist, wissen wir ja auch aus den mit Pneumokokken und Meningokokken gemachten Erfahrungen. Aus einer gelegentlichen, durch unbekannte Ursachen bewirkten Zunahme der Ansteckungskraft wird man es schließlich erklären dürfen, daß Ausnahmefälle vorkommen, wo z. B. die Mäuse- oder Rattenschädlinge, die zur Vertilgung dieses Ungeziefers ausgestreut worden waren, auch große Haustiere oder Menschen anstecken.

Versuche an Menschen mit Paratyphusbazillen sind zwar nicht ungefährlich und daher nur selten, darunter einmal mit tödlichem Ausgange, vorgenommen worden, aber zahlreiche bakteriologische Befunde lassen auch ohnedies keinen Zweifel daran, daß diese Bakterienart Vertreter enthält, die den Menschen krank machen können. Am häufigsten gehören sie dem Paratyphus B und C, seltener — wenigstens bei uns — A, E, F und G an. Die Art und Weise, unter welchen der Mensch an Paratyphusbazillen erkrankt, ist eine verschiedene. Wir können unterscheiden die typhusähnliche Erkrankung, die den Bakterien ihren Namen gegeben hat, den Brechdurchfall, d. h. eine gastroenteritische, in den schwersten Fällen choleraähnliche Erkrankung, die bei weitem die häufigste ist, die ruhrähnliche Erkrankung, die den Dickdarm, stets aber daneben den Dünndarm ergreift, die Ansteckung einzelner Organe, vor allen der Gallen-, Harn- und Geschlechtswege und schließlich das Eindringen der Paratyphusbazillen in Begleitung anderer Ansteckungen.

Die typhöse Form, der Paratyphus im eigentlichen Sinne, verläuft sehr ähnlich dem Bauchtyphus, so daß er mit Sicherheit von ihm nur durch die bakteriologische Untersuchung getrennt werden kann. Bisher sind als Erreger hauptsächlich die beiden Unterarten A, B und F bekannt geworden, und zwar ist der Paratyphus B bei uns häufiger und schon vor dem Kriege weit verbreitet gewesen, während der Paratyphus A erst während des Krieges, anscheinend aus südlichen Gegenden, öfter eingeschleppt worden ist, und der Paratyphus F in Kleinasien und Osteuropa heimisch zu sein scheint. Ausnahmsweise erzeugen aber auch die anderen Abarten typhusähnliche Erkrankungen neben gastroenteritischen (s. u.).

Paratyphusepidemien zeigen auch klinisch gewisse Eigentümlichkeiten. Die Inkubation, die von der Ansteckung bis zum Ausbruch der Krankheit verstreicht, pflegt etwas kürzer zu sein als bei dem Typhus, der Verlauf ist durchschnittlich auch kürzer und vor allem weit günstiger, da die Sterblichkeit nur wenige Hundertstel beträgt, das Fieber zeigt häufiger als beim echten Typhus starke Absenkungen, Herpes labialis ist beim Paratyphus ebenso häufig als beim Typhus selten, die Zahl der Roseolen pflegt größer zu sein, die Entleerungen haben seltener die erbsenbreiartige Beschaffenheit und stinken stärker. Der pathologisch-anatomische Befund ähnelt manchmal dem des echten Typhus, andere Male fehlen Geschwüre im Darm. Die Bazillen sind ebenso häufig und so früh wie beim Typhus im Blute nachzuweisen, im Kote sogar regelmäßiger zu finden. Die Verfahren für ihren Nachweis sind in beiden Fällen die gleichen. Durch die Gruber-Widalsche Probe läßt sich mit derselben Aussicht auf Erfolg der Paratyphus feststellen, nur daß hier die Paratyphusbazillen, nicht die Typhusbazillen vom Blute der Kranken bei mindestens 50facher Verdünnung verklebt werden. Die Übertragungsweise des Paratyphus zeigt hingegen gewisse Besonderheiten. Unmittelbare Ansteckungen kommen vor, insbesondere beim Paratyphus A. In einzelnen Fällen werden sie durch Bazillenträger verursacht, die den Erreger durch Galle oder Harn ausscheiden (Dauerausscheider). Die Ansteckung durch Wasser kommt namentlich beim Paratyphus A vor, der sich auch dadurch dem echten Typhus nähert, während Übertragungen durch Lebensmittel aller Art (einschl. des Wassers) und vor allen Dingen durch Fleisch, welch letztere beim echten Typhus kaum beobachtet werden, beim Paratyphus B nicht selten sind. Insofern gehört also auch diese Abart zu den „Fleischvergiftern".

Die gastroenteritische Form des Paratyphus tritt schon wenige Stunden, höchstens Tage nach der Ansteckung ein. Sie gleicht in ihren schweren Fällen, abgesehen von der sehr günstigen Prognose vollständig der Cholera asiatica. Man darf vielleicht sagen, der einheimische Brechdurchfall (Cholera nostras) ist, wenn man von der Cholera infantum absieht, häufiger auf Paratyphusbazillen, und zwar C und E, als auf irgendeine andere Ursache zurückzuführen.

In den Darmentleerungen sind die Bazillen, solange der Durchfall anhält, regelmäßig und reichlich vorhanden, sie gehen auch von hier, wenn auch nicht in allen Fällen, in das Blut über. Dieses erwirbt dabei häufig die Fähigkeit, die Paratyphusbazillen zu verkleben, doch kann man gewöhnlich die Agglutinationsprobe mit Aussicht auf Erfolg erst anstellen, wenn die Erkrankung vorüber ist. Die Gefährlichkeit der durch Paratyphus hervorgerufenen Gastroenteritis ist wohl kaum größer als die des schleichend verlaufenden echten Paratyphus, wenn auch manche Epidemien mehr Opfer gefordert haben. Die Übertragung geschieht auch hier in der großen Mehrzahl der Fälle durch Nahrungsmittel, und zwar in erster Linie durch Fleisch und Fleischwaren, wie Hackfleisch, Wurst, Schinken, aber auch durch Fischspeisen, Muscheln, Austern, Hummern, Kaviar, ferner Milch, Speiseeis, Mehl- und Eierspeisen, Kartoffelsalat, Bohnengemüse aus Büchsen.

Seltner sind ruhrähnliche Erkrankungen, d. h. Darmleiden mit hauptsächlicher Beteiligung des Dickdarms, blutig-schleimigen Entleerungen, Kolik und Tenesmus auf Paratyphusbazillen zurückzuführen. Meist handelt es sich um einzelne Fälle, die zu anderen Paratyphuserkrankungen gehören.

Ein Grund, warum dieselben Bakterien so verschiedenartige Veränderungen im Darm verursachen, liegt wohl nicht zum wenigsten in der verschiedenen Menge der Erreger, die lebendig in den Verdauungskanal des Menschen hineingelangen. Ist sie, wie es bei Ansteckung durch Nahrungsmittel, die roh genossen werden (Schabefleisch!), oft vorkommen wird, sehr groß, so wird die Wartezeit bis zum Ausbruch der Krankheit verringert werden, die örtliche Störung an den Eintrittspforten größer, kurzum es werden die Bedingungen einer Gastroenteritis gegeben sein. In demselben Sinne könnten aber auch abgetötete Paratyphusbazillen oder deren aggressive Erzeugnisse wirken, wenn sie in größeren Mengen neben lebenden Bazillen aufgenommen werden. Auch das kann leicht vorkommen, wenn Nahrungsmittel mangelhaft gekocht und gebraten oder unvollkommen gepökelt und geräuchert genossen werden. Gewöhnlich führt man derartige Wirkungen ausschließlich auf die Giftigkeit der Paratyphusbazillen zurück, und es darf nach den Versuchen an Tieren, wie nach mancherlei Beobachtungen am Menschen, angenommen werden, daß die Erzeugnisse der Paratyphusbazillen auch ohne Beimischung lebender Bakterien vom Darm aus Brechdurchfall u. dgl. verursachen können. Es wären das dann im eigentlichen Sinne Fleisch- oder Nahrungsmittelvergiftungen. Allermeist handelt es sich aber um echte Ansteckungen mit reichlicher Vermehrung der Bazillen.

Außer den hauptsächlich den Darmkanal beteiligenden Erkrankungen verursachen die Paratyphusbazillen beim Menschen aber auch solche ferner liegende Organe, vor allem der Gallen- und Harnwege (Cholecystitis, Pyelocystitis usw.), und zwar nicht bloß im Gefolge der ersteren, sondern anscheinend auch selbständig. Man wird sie sich in ähnlicher Weise entstanden denken können, wie die gleichen Leiden, die durch Kolibazillen hervorgerufen werden (Abschnitt 9). Nicht ausgeschlossen wäre es, daß auch hier neben Übertragungen von außen die Selbstansteckung eine Rolle spielte. Die Vorbedingung dafür, daß nämlich auch im gesunden Darm Paratyphusbazillen vorkommen, ist nach verschiedenen Beobachtungen gegeben.

Die letzte Form von Paratyphusinfektion, das bei anderen Erkrankungen des Menschen, z. B. beim Typhus, Scharlach, Gelbfieber beobachtete Eindringen von Paratyphusbazillen in Blut und Organe könnte ähnlich erklärt werden. Die häufigen Ansteckungen der Schweinepesttiere mit Paratyphusbazillen haben wir ja auch als Selbstansteckung zu betrachten (s. o.). Auch für die Erklärung der übrigen, oben besprochenen Paratyphuserkrankungen könnten wir gelegentlich auf eine Selbstansteckung zurückgehen.

Auf Grund von Laboratoriumserfahrungen glaubt man neuerdings auch einen Übergang von Typhus- und Kolibazillen in Paratyphusbazillen annehmen zu dürfen. Ob ein solcher auch epidemiologisch eine Rolle spielt, ist aber recht zweifelhaft.

Es bleibt jetzt noch die Frage zu erörtern, woher denn in der großen Mehrzahl der Fälle die Paratyphusbazillen in den Menschen hineinkommen. Nur ausnahmsweise haben wir genügenden Anhalt dafür, daß die gewöhnlichen Paratyphuserkrankungen der Tiere dem Menschen gefährlich werden. Diese Tatsache bewegt uns ja dazu, die Erreger dieser Ansteckungen trotz ihrer außerordentlichen Ähnlichkeit für verschieden von den menschlichen Paratyphusbazillen und diese selbst für besondere Spielarten zu halten. Ist es aber deswegen erlaubt, bei den typischen Erkrankungen eine unmittelbare Ansteckung bloß von Mensch zu Mensch zuzulassen und auch die weit zahlreicheren Fleisch- und sonstigen Nahrungsmittelvergiftungen nur durch mittelbare Übertragungen vom Menschen aus zu erklären?

Hin und wieder ist der Versuch dazu gemacht worden. Man hat sich dabei auf das gelegentliche Vorkommen von Paratyphusbazillen beim gesunden Menschen und auf die jahrelang dauernde Ausscheidung solcher Bazillen durch Personen, die Paratyphus durchgemacht haben (Dauerausscheider), berufen. Man hat ferner zur Stütze dieser Ansicht auf die den meisten Paratyphusbazillen zukommende, durch Versuch leicht zu bestätigende Eigenschaft, in Nahrungsmitteln und besonders im Fleisch üppig zu wuchern, hingewiesen, und schließlich die Erfahrung, daß gerade Fleischwaren, bei deren Zubereitung die Hände des Menschen oder andere Werkzeuge in innige Berührung mit dem Fleische kommen, wie Hackfleisch, Würste, nicht selten Fleischvergiftungen veranlassen, als Zeugnis für den Ursprung der Krankheitserreger im Menschen selbst angesprochen.

Für nicht wenige Fälle von Nahrungsmittelvergiftungen mag dieser Ansteckungsweg in der Tat in Frage kommen. Daß er aber nicht der einzige, ja vielleicht nicht einmal der häufigere ist, läßt sich behaupten angesichts der immer wiederkehrenden Feststellung, daß Fleischvergiftungen durch das Fleisch kranker bzw. wegen ihrer Krankheit notgeschlachteter Tiere hervorgerufen wurden.

Schon lange bevor die Paratyphusbazillen entdeckt waren, hat Bollinger nach sorgfältiger Durchforschung zahlreicher Epidemien darauf aufmerksam gemacht und auch schon festgestellt, daß es sich da namentlich um septische und pyämische Krankheiten der Schlachttiere handelte, und zwar meist um solche, die vom Darmkanal, der Gebärmutter oder dem Euter ausgingen. Das ist später immer wieder bestätigt worden. Bei nicht wenigen Fleischvergiftungen hat man dann die verschiedenen Unterarten des Paratyphusbazillus nicht bloß in den daran erkrankten Menschen, sondern auch in dem

Fleisch und Organen der verdächtigen Tiere gefunden. Umfangreiche bakteriologische Untersuchungen, die von M. Müller u. a. vorgenommen worden sind, haben uns freilich gelehrt, daß von den sehr viel zahlreicheren Tieren, deren Fleisch von Tierärzten wegen „Sepsis“ und „Pyämie“ beanstandet wird, nur ein ganz geringer Teil wegen des reichlichen Vorkommens einer und derselben Bakterienart im Fleisch und Organen mit einem gewissen Recht als septizämisch erkrankt betrachtet werden kann, und daß unter diesen Septizämien wieder nur selten solche mit Paratyphusbazillen vorkommen, während bei der großen Mehrheit der Tiere entweder überhaupt keine Bakterien oder ein krauses Gemisch harmloser Keime gefunden wird. Man könnte diese Erkrankungen als „saprämische“ von den echten Septizämien unterscheiden. Danach wäre also die Gefahr der Übertragung von Paratyphuserkrankungen durch den Genuß des Fleisches kranker Tiere nicht so groß, als man nach dem häufigen Vorkommen septischer Erkrankungen bei Tieren schließen könnte. Wie erklärt sich nun die Entstehung der durch Paratyphusbazillen verursachten Septizämien bei unseren Schlachttieren? Wenig wahrscheinlich ist wohl die Annahme, sie entstände durch Ansteckung vom Menschen aus. Immerhin ist die Möglichkeit zuzugeben, da auch in einzelnen Versuchen mit menschlichen Paratyphusbazillen Schlachttiere krank gemacht werden konnten. Beziehungen zu epidemischen Paratyphuserkrankungen der Schlachttiere, wie Schweinepest, Kälberruhr u. dgl. oder zu Mäusetyphus und Rattenseuchen sind meist ebensowenig bewiesen. Dagegen spricht auch das gewöhnlich vereinzelte Vorkommen der zu Fleischvergiftungen führenden septischen Erkrankungen der Schlachttiere. Manche Erfahrungen deuten hingegen darauf, daß Selbstansteckung bei diesen eine Rolle spielt. So führte in einem Falle der Genuß des Fleisches von einer Kuh, die nach einer durch einen Fremdkörper verursachten Blasenzerreißung gestorben war, zu einer Fleischvergiftung. Mag man nun die eine oder andere Quelle der Ansteckung annehmen, stets muß man wohl voraussetzen, daß ein in den Körper der Schlachttiere gelangter Paratyphusbazillus unter dem Einfluß uns unbekannter Gelegenheitsursachen nicht nur für das Tier, sondern gleichzeitig für den Menschen Ansteckungsvermögen gewinnt.

Die Bekämpfung der Paratyphusseuche muß verschieden sein, je nachdem es sich um eine durch unmittelbare Ansteckung übertragene Krankheit oder um eine Nahrungsmittelvergiftung handelt. Doch wird man in beiden Fällen zunächst die bekannten Mittel, Absperrung des Kranken, Desinfektion am Krankenbett, Überwachung der Bazillenträger, anzuwenden haben. Die Voraussetzung für ein folgerichtiges Vorgehen ist natürlich, daß die Art der Ansteckung durch die bakteriologische Untersuchung sicher festgestellt worden ist. Die beim Typhus ausführlich besprochenen Verfahren kommen auch hier in Frage.

Wenn möglich sind die Erreger aus dem Blute zu züchten, sonst die Entleerungen nach Schüttelung mit Petroläther oder Kieselgur auf Lackmus- oder Fuchsinmilchzuckeragar und gleichzeitig auf Malachitgrünplatten zu streichen. Gerade beim Paratyphus kann man nicht selten von den grünen Platten Paratyphuskolonien unmittelbar weiter züchten, weil sie besser entwickelt zu sein pflegen, als die Typhuskolonien. Einfacher ist es aber auch hier, diese Platte mit etwas Kochsalzlösung abzuschwemmen und davon neue Platten auf Lackmus- und Fuchsinnährboden auszustreichen. Die verdächtigen Kolonien von allen diesen Platten werden vorläufig durch die Agglutination in mindestens zweierlei

Paratyphusseren (B und E, am besten auch A und C), sowie gleichzeitig mit Typhusseren geprüft und die Natur der Bazillen dann endgültig durch Reinkulturen (Zuckeragar, Milch oder Lackmusmolke, Fleischbrühe, Leim) und genaue Bestimmung ihres Agglutinationswertes festgelegt.

Handelt es sich mit Wahrscheinlichkeit um eine Vergiftung durch Nahrungsmittel, so sind dieselben möglichst früh mit Beschlag zu belegen, ihre Herkunft und Schicksal genau zu erfragen und schleunigst Proben davon in einer bakteriologischen Anstalt auf Paratyphusbazillen zu untersuchen. Dabei ist zu bemerken, daß äußerliche Veränderungen, die Verdacht zu erzeugen geeignet wären, an mit Paratyphus durchsetzten Lebensmitteln vollständig fehlen können. Vielfach gelingt es schon durch Ausstreichen von Proben, die man am besten aus der Mitte des Fleisches usw. entnimmt, auf den bekannten Agar-Nährböden die Erreger zu finden.

Niemals ist dies Verfahren, das oft selbst bei gekochten oder gepökelten Fleischproben noch zum Ziele führt, zu unterlassen, weil es uns allein gestattet, ein Urteil über die Menge der in dem Nahrungsmittel vorhandenen Paratyphusbazillen zu bekommen. Daneben, und zwar besonders, wenn das zu untersuchende Fleisch gekocht war, ist ein Fütterungsversuch an Mäusen anzuraten, weil diese nicht nur für lebende Paratyphusbazillen (C), sondern auch für ihre Gifte am empfänglichsten sind. Man betrachtet zwar von manchen Seiten die Ergebnisse des Mäuseversuchs mit Mißtrauen, weil diese Tierchen die Fütterung mit Fleisch überhaupt schlecht vertragen sollen und außerdem schon Träger von Paratyphusbazillen (Mäusetyphus) sein können. Nach M. Müller sind diese Bedenken aber nicht gerechtfertigt, wenn man den Versuch so einrichtet, daß die Mäuse trocken und warm gehalten werden und nicht so lange mit dem Fleisch in Berührung bleiben bis es in Fäulnis übergegangen ist, und wenn man durch ständige Überwachung der Mäusezucht oder durch Beobachtung zahlreicher Vergleichsmäuse, die man mit einwandfreiem Fleische füttert, sonst aber unter denselben Bedingungen hält, verborgene Infektionen ausschließt.

Vielfach hat man die Untersuchung des Fleisches mit einer Anreicherungsmethode für Paratyphusbazillen — Züchtung in Fleischbrühe, Galle u. dgl. — empfohlen. Es ist aber fraglich, ob Befunde von Paratyphusbazillen, die so gemacht werden, die Gefährlichkeit des Fleisches beweisen; denn daß vereinzelte Paratyphusbazillen in Fleisch und Fleischwaren, die ohne Schaden genossen worden sind, nicht zu selten gefunden werden können, ist durch eine ganze Reihe von Beobachtungen festgestellt. Unter allen Umständen wird ein Zusammenhang zwischen den Befunden im Fleisch und der Erkrankungen beim Menschen nur dadurch bewiesen, daß die Erreger der letzteren sich mit den Fleischbakterien als identisch erweisen.

Ebenso wichtig wie der Nachweis der Bazillen in dem verdächtigen Nahrungsmittel selbst ist die Aufdeckung der Ursache für dessen Verseuchung. Als solche kommen in erster Linie in Frage z. B. eine Paratyphusinfektion unter den mit dem Nahrungsmittel hantierenden Personen oder eine septische Erkrankung bei dem Tiere, von dem das Fleisch herrührt. Schon die Angabe, das Fleisch stamme von einem notgeschlachteten Tiere wird in letzter Beziehung sehr verdächtig erscheinen, denn bei zahlreichen Fleischvergiftungen haben solche eine Rolle gespielt.

Die Abwehr der Nahrungsmittelinfektion ist zunächst offenbar Sache der Nahrungsmittelpolizei und der Fleischbeschau.

Die erstere hat für Reinlichkeit im Betriebe der Nahrungsmittelgewerbe, für Entfernung ansteckungsverdächtiger Personen aus solchen zu sorgen, die Fleischbeschau möglichst den Übergang gefährlichen Fleisches in den Verkehr zu verhüten. Das ist leider eine nicht leichte Aufgabe. Die Erfahrung hat gezeigt, daß der Fleischbeschauer, selbst wenn er, was bisher durchaus nicht überall der Fall ist, ein Tierarzt ist, und selbst, wenn er das Tier vor der Schlachtung beobachtet hat, gewöhnlich gar nicht in der Lage ist, die Durchseuchung des Fleisches mit Paratyphus zu erkennen. Wenn man alle diejenigen Krankheiten der Tiere, die gelegentlich Fleischvergiftungen zur Folge gehabt haben (s. o.), als genügenden Grund zur Verwerfung ihres Fleisches betrachten wollte, würde der Viehwirtschaft ein ungemessener Schaden zugefügt werden. Beanstandete man umgekehrt nur diejenigen Tiere, deren Fleisch und Organe die für schwere Sepsis sprechenden Veränderungen aufweisen, so würde man die meisten Infektionen des Fleisches mit Paratyphusbazillen durchlassen. Man hat daher mit Recht vorgeschlagen, in allen verdächtigen Fällen, wozu insbesondere Notschlachtungen gehören, das Fleisch bakteriologisch zu untersuchen. In Schlachthäusern ist das leicht durchzuführen, bei den Notschlachtungen auf dem Lande am schwersten. Man sollte im letzteren Falle Fleischproben in Kleie verpackt der nächsten bakteriologischen Anstalt zusenden und dort auf gefärbten Nährböden auf das Vorkommen von Paratyphusbazillen untersuchen lassen. Der Tierversuch wird zu unterbleiben haben, weil er zu viel Zeit erfordert.

Für den Verbraucher ist ein empfehlenswertes Mittel, sich gegen Fleischvergiftungen zu schützen, die Gewohnheit, nur gut durchgekochtes, gepökeltes und geräuchertes Fleisch oder Fleischwaren zu geniesen. Allerdings wirkt es nicht ganz sicher, weil die Gifte der Paratyphusbazillen manchmal so widerstandsfähig sind, daß sie der Hitze und sonstigen Behandlung standhalten.

Eine Schutzimpfung gegen Paratyphus ist zwar denkbar, weil Tiere und Menschen durch Behandlung mit abgetöteten Bazillen wie gegen Typhus und Cholera immunisiert werden können, doch wird man sie wegen der Seltenheit und Gutartigkeit der Krankheit beim Menschen nur ausnahmsweise anwenden und bei Schweinepest lieber gegen deren eigentliche filtrierbare Erreger (Abschnitt 28) impfen. Auch das Blutserum immunisierter Tiere zeigt zwar schützende Eigenschaften, die wie beim Typhus auf einen Gehalt an Bakteriolysinen und Opsoninen zu beruhen scheinen, Bedeutung für die Behandlung des Paratyphus bei Mensch und Tier hat es aber nicht. Bei Tieren hat sich herausgestellt, daß die aktive und passive Schutzimpfung gegen Paratyphus B auch gegen Mäusetyphus und umgekehrt schützt, also diese verschiedenen Spielarten einer und derselben Unterart auch ihre Schutzstoffe gemeinsam haben, nicht bloß ihre Agglutinine. Wie im Typhusserum finden sich neben den Agglutininen im Paratyphusserum auch Präzipitine, Reagine und Anaphylaxine. Man hat sie zum Teil für die Unterscheidung der Unterarten des Paratyphus und für die Erkennung der Paratyphusinfektion im Fleische benutzt.

Außer den Paratyphusbazillen gibt es auch noch andere Ursachen der „Fleischvergiftung“. Diese tragen sogar meist ihren Namen mit besserem Recht, weil sie nicht wie der Paratyphus gewöhnlich echte Ansteckungen, sondern bloß Vergiftungen sind. Dahin gehören die schon von uns besprochenen Fäulnisbakterien (Abschnitt 5) und die später zu behandelnden streng luftscheuen Botulismusbazillen (Abschnitt 19). Nur die ersteren verursachen Gastroenteritis, also Krankheitserscheinungen, die mit denjenigen verwechselt werden können, welche von Paratyphusbazillen ausgehen. Der Botulismus ist dagegen eine ganz eigentümliche Vergiftung des Nervensystems, die der Bulbärparalyse ähnlich ist.

Zwölfter Abschnitt

Ruhramöben und andere Protozoen des Darms

Die Ruhr oder Dysenterie ist eine der am längsten bekannten und am weitesten verbreiteten Seuchen. Sie macht im ganzen durch ihre Krankheitserscheinungen dem Arzte zunächst einen einheitlichen Eindruck, doch zeigt schon der Leichenbefund, daß man mindestens zwei anatomisch verschiedene Formen von Ruhr unterscheiden muß.

Die eine ist durch tiefe, unter die Schleimhaut des Dickdarms hinuntergreifende buchtige Geschwüre gekennzeichnet, die andere durch oberflächliche Verschorfung und Verschwärung der Schleimhaut selbst. Bei näherem Zusehen findet man dann weitere Eigenheiten. Die erstere Ruhrform ist ganz wesentlich eine endemische Krankheit der warmen Länder, neigt sehr zu schleichendem Verlauf und führt häufig zu Leberabszessen. Die zweite Ruhrform wird zwar auch in den Tropen oft gefunden, ist aber außerdem die eigentliche, meist in Epidemien auftretende Ruhr des gemäßigten Klimas, die gewöhnlich akut verläuft und fast niemals Leberabszesse verursacht.

Einer jeden der beiden Arten von Ruhr entspricht auch eine besondere Ursache: im ersten Falle haben wir Amöben, im zweiten Bazillen (vgl. Abschnitt 13) als Erreger zu betrachten.

Die Ruhramöben wurden zuerst 1871 von Loesch in Rußland aus einem einzigen Krankheitsfalle unter dem Namen Amoeba coli beschrieben und 1883 von R. Koch in Ägypten bei zahlreichen Fällen von Dysenterie und Leberabszessen wieder gefunden. Durch die Untersuchungen von Kartulis, Councilman und Lafleur, Kruse und Pasquale wurde dann die Bedeutung der Amöben für die Ruhr endgültig festgestellt. Kruse und Pasquale waren auch in der Lage, durch Tierversuche von den Dysenterieamöben die inzwischen mehrfach beschriebenen Amöben des gesunden Darms zu unterscheiden.

Diese, die Entamoeba hominis (Calandruccio und Barbagallo, fälschlich E. coli genannt) leben hauptsächlich wohl im Blinddarm und oberen Teil des Dickdarms. In den freiwillig ausgeschiedenen Entleerungen werden sie nur ausnahmsweise im beweglichen Zustande gefunden, öfter in abgerundeten unbeweglichen Formen und Zysten.

Wenn man sich über ihr Vorkommen unterrichten will, ruft man am besten durch Karlsbader Salz (nicht Rizinusöl) Durchfall hervor. So fand man sie in manchen Gegenden bei jeder zweiten Person, in anderen weit seltner. Solange sie unbeweglich sind, erscheinen sie in der diarrhoischen Flüssigkeit selbst oder mit Wasserzusatz untersucht als glashelle, matt glänzende Kugeln von etwa 10—40 μ Durchmesser, die meist nur wenig Körnchen und Andeutungen von Bläschen (Vakuolen) enthalten. Bei der Bewegung treten aus diesem Leib bald hier bald da bruchsackartige, halbkugelige Ausstülpungen (Pseudopodien) von mattem Glanze und ganz gleichmäßiger Beschaffenheit auf. Man kann also erst dann von einer Sonderung des Amöbenleibes in ein Endo- und Ektoplasma sprechen. Ein gewöhnlich großer bläschenförmiger Kern ist entweder schon ohne weiteres zu sehen oder tritt erst bei längerer Beobachtung oder Zusatz von Reagenzien zutage. Wahrscheinlich vermögen sich die harmlosen Darmamöben zwar auch durch Zweiteilung zu vermehren, außerdem sorgen sie aber in reichlicherer Weise für ihre Vermehrung durch die Bildung von meist 8 kleinen Keimen, die nach Enzystierung im Mutterleibe entstehen. Der ursprünglich einfache Kern vermehrt sich dabei durch wiederholte Zweiteilung, so daß man in den in Vermehrung begriffenen Zysten (2—) 8 (selten bis zu 16) Kerne, die im übrigen dem einzigen Kern ähnlich sind, zu sehen bekommt. Die Zysten der Darmamöben unterscheiden sich abgesehen von der Kernzahl und Größe von denjenigen freilebender Amöben (s. u. Fig. 38) durch eine viel zartere Beschaffenheit ihrer Hülle, immerhin erkennt man auch sie an ihrem doppelten Rande. Bei ihrer Enzystierung runden sich die Amöben ab und verkleinern sich etwas unter Ausstoßung etwaiger Nahrungsreste, so daß sie kaum 20 μ im Durchmesser überschreiten.

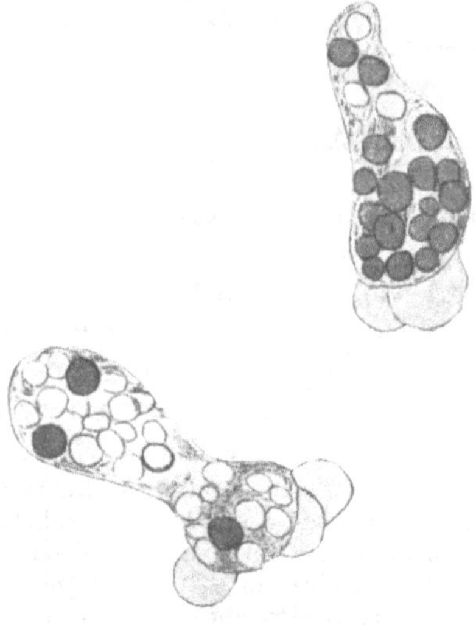

Fig. 37. Bewegliche Ruhramöben mit eingeschlossenen roten Blutkörpern.

Die Dysenterieamöben (Entamoeba coli Lösch = Ent. histolytica Schaudinn = Ent. tetragena Viereck = minuta Elmassian?) können im besonderen Falle genau so aussehen wie die harmlosen Darmamöben, doch unterscheiden sie sich meist schon dadurch, daß sie durchschnittlich größer (bis zu 50 μ) sind, sich lebhafter bewegen und reicher an Körnchen, Bläschen und Fremdkörpern sind, unter denen rote Blutkörper die erste Stelle einnehmen. Oft erscheinen die Ruhramöben dadurch wie wandernde Haufen von Blutkörpern (Fig. 37).

Manche Forscher wollen auch bei den unbeweglichen, abgerundeten Dysenterieamöben ein Endo- und Ektoplasma unterscheiden. Es soll nicht geleugnet werden, daß man oft an ihnen eine äußere, glasartig gleichförmige Schicht um eine innere, mehr gekörnte und blasige herumliegen sieht, aber die Ausbildung der Pseudopodien erfolgt dennoch in ganz ähnlicher Weise wie bei den harmlosen Amöben durch bruchsackartige Ausstülpung, also gewissermaßen durch Neubildung einer durchsichtigen Substanz aus dem Zelleibe. Der Kern verhält sich ähnlich wie bei der harmlosen Amöbe. Besonders in gefärbten Präparaten, die man leicht dadurch herstellen kann, daß man einen noch nicht getrockneten Ausstrich des Darmschleims ganz kurz in heiße Sublimatlösung und dann in jodhaltigen Alkohol legt und mit Eisenhämatoxylin oder dergleichen färbt, hat man zwar, was den Chromatingehalt, das Vorkommen von Zentriolen im Kernkörperchen, das Auftreten färbbarer Bestandteile außerhalb des Kerns (sog. Chromidien) anlangt, gewisse Unterschiede beobachtet, doch sind sie nicht beständig genug, um als sichere Merkmale zu dienen.

Das einzige wesentliche Merkmal, das die Gestaltung der Ruhramöben sonst von derjenigen der harmlosen Darmamöben unterscheidet, scheint in der Bildung der Zysten und der Zahl ihrer Kerne zu bestehen. Leider gelangen die Ruhramöben viel seltner zur Zystenbildung als die harmlosen Darmamöben; am ehesten darf man sie in abgelaufenen Krankheitsfällen erwarten. Diese Zysten nun bilden bei der Ruhramöbe regelmäßig nur 4, nicht 8 Kerne, pflegen auch etwas kleiner zu sein als die der Amoeba hominis (Fig. 38). Zusätze wie verdünnte Essigsäure oder Lugolsche Lösung erleichtern ihre Feststellung.

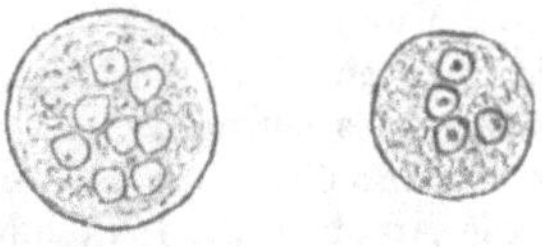

Fig. 38. Achtkernige Zysten von Entamoeba hominis, vierkernige von Entamoeba coli (dysenteriae).

Ein weiteres Unterscheidungsmerkmal bietet uns erst der Tierversuch.

Bei jungen Hunden war es schon Loesch gelungen, durch Einspritzung von Ruhrstühlen in den Mastdarm eine Art Ruhr zu erzeugen und die Amöben zu reichlicher Vermehrung zu veranlassen. Später fand man Katzen, namentlich junge, noch geeigneter, aber auch Affen sind zum Teil empfänglich. Auch der bakterienfreie, aber amöbenhaltige Inhalt von Leberabszessen hat dieselbe Wirkung im Tier. Wenn die Amöben enzystiert sind, scheinen sie auch nach Verfütterung zu wirken. Die Voraussetzung in dem einen wie in dem anderen Falle ist nur, daß die Amöben Dysenterieamöben sind; die harmlosen Darmamöben des Menschen sind nicht fähig, Ruhr zu erzeugen. Höchstens kann man sie, wenn man ihre Zysten Menschen, die bis dahin frei sind von Darmamöben, eingibt, oder auch im künstlich durch Ammoniakeinspritzung entzündeten Dickdarm von Katzen zur Entwicklung veranlassen. Der Tierversuch mit amöbenhaltigen Ruhrstühlen ist völlig beweiskräftig, weil die Bakterien, die man aus Ruhrstühlen züchtet, oder amöbenfreie Ruhrentleerungen, mögen sie nun von der endemischen oder epidemischen Ruhr herstammen, einspritzt, bei derselben Art der Einverleibung nicht imstande sind, Ruhr bei Katzen zu erzeugen.

Stets muß man freilich bei solchen Versuchen bedenken, daß ein einziger Versuch nicht entscheidet, da die Empfänglichkeit der Tiere für die Ansteckung mit Ruhramöben keine allzu große ist. Man darf nur etwa in der Hälfte der Fälle einen Erfolg erwarten. Sonst stellt aber der Tierversuch ein ausgezeichnetes Mittel dar, die schädlichen von den harmlosen Darmamöben zu trennen. Namentlich ist er auch viel aussichtsreicher als das Suchen nach den vierkernigen Zysten, das in der großen Mehrzahl der Fälle erfolglos bleibt. Werden deutlich bewegliche und blutkörperhaltige Amöben im Stuhl gefunden, so ist damit schon die Natur der Krankheit als Amöbenruhr gesichert. Sehr vorsichtig sind dagegen Fälle zu beurteilen, in denen nur ruhende und nicht deutlich schon durch ihre Kernverhältnisse als Amöbenzysten gekennzeichnete Formen gefunden werden, weil dann Verwechslungen mit Gewebszellen sehr leicht unterlaufen können und sicher öfter untergelaufen sind.

Manches spricht dafür, daß auch die Ruhramöben in Abarten und in abgeschwächtem Zustand auftreten können. Einzelne Forscher wollen z. B. die kleine Minutaform, die uns nie begegnet ist, als Haupterreger der Amöbenruhr ansehen. Daß die Dinge durchaus nicht so klar liegen, wie die üblichen Darstellungen es lehren, erhellt aus neuen Angaben, wonach die vierkernigen Zysten der Ruhramöbe auch in Gegenden ziemlich häufig bei Gesunden vorkommen, wo die Amöbenruhr fehlt oder wenigstens selten ist. Wenn nicht Beobachtungsfehler vorliegen, muß es also avirulente Tetragenaformen geben. Umgekehrt wird ausnahmsweise auch die Ent. hominis vielleicht virulent.

Vorbedingung für eine erfolgreiche Prüfung der Entleerungen des Darminhaltes der Leiche oder des Inhalts von Leberabszessen auf Amöben ist, daß man sie möglichst frisch untersuchen kann.

Nach 24 Stunden pflegen die Amöben sämtlich abgestorben und unkenntlich geworden zu sein. Im übrigen sind die Bewegungen der Amöben auch bei Zimmertemperatur deutlich wahrzunehmen. Die Aufbewahrung des Kotes bei Bruttemperatur scheint in den ersten Stunden nach seiner Entleerung für die Erhaltung der Beweglichkeit nützlich zu sein, später beschleunigt man dadurch nur die Überwucherung von Bakterien und damit das Absterben der Amöben. In den Geschwüren der Leiche sitzen die Amöben manchmal massenhaft an deren Oberfläche, oft sind sie aber erst in Schnitten nach sorgfältiger Härtung der Gewebe (Sublimat, Formalin) aufzufinden, und zwar am häufigsten in dem Unterschleimhautgewebe aus der Umgebung der Geschwüre, seltner (wie bei Katzenversuchen) in der Schleimhaut selbst zwischen und auch in den Drüsen. Durch nachträgliche, oft wohl schon während des Lebens erfolgende Bakterienwucherung werden die Amöben im Gewebe aber nicht selten restlos zerstört, so daß ihr Nachweis in den Leichen durchaus nicht regelmäßig gelingt. In jedem Fall gehört nicht geringe Übung dazu, um in Schnitten vereinzelte Amöben von andern Zellen zu unterscheiden.

Wird durch die Lagerung der Amöben in der Darmwand schon ihre Eigenschaft als Gewebsschmarotzer deutlich bewiesen, so sprechen erst recht in diesem Sinne die Amöbenbefunde in den häufig bei Dysenterie beobachteten Leberabszessen und den viel seltneren Abszessen der Lunge und des Gehirns.

Die Bekämpfung der Amöbenruhr wird auf die Möglichkeit der Übertragung durch Berührung, Wasser und Nahrungsmittel Bedacht zu nehmen haben. Nur die Zysten sind gefährlich. Außerdem sind wir aber in der Lage, die Ansteckungsgelegenheiten durch Behandlung der Kranken zu verringern. Die Ipekakuanhawurzel wurde schon lange als Hauptmittel gerade gegen die Amöbenruhr gerühmt. Später hat man gefunden, daß einer ihrer Bestandteile, das Emetin, von besonders kräftiger Wirkung ist; man will auch beobachtet haben, daß es den Übergang der Ruhramöben in Zysten verhindert. Neuerdings hat sich Yatren sehr bewährt.

Von den Darmamöben zu trennen, aber ihnen sehr ähnlich sind die von Kartulis u. a. gelegentlich bei eitrigen Erkrankungen in der Nähe der Mundhöhle und im Munde selbst gefundenen, als Entam. buccalis bezeichneten Formen. In manchen Gegenden kommen sie fast regelmäßig im Munde vor. Die im Darm mancher Tiere, z. B. der Maus, des Frosches, lebenden Amöben stehen den Darmamöben des Menschen nahe, Krankheitserreger sind sie nicht.

Außer den im Darm schmarotzenden Amöben kommen auch noch andere vor, die, in Zystenform mit der Nahrung aufgenommen, den Darm durchwandern, und ohne sich darin zu vermehren, ihn mit dem Kote wieder verlassen. Sie gehören zu der saprophytischen Amoeba limax. Man hat von ihrem Vorhandensein erst dadurch Kenntnis erhalten, daß es gelang, durch Aussaat der Stuhlentleerungen auf künstliche Nährböden Zuchten von Amöben zu gewinnen. Als solche Nährböden sind z. B. geeignet Abkochungen von Stroh oder Agar, der statt mit Fleischbrühe und Pepton mit Leitungswasser, Strohabkochung oder auch mit 10mal verdünnter Peptonfleischbrühe hergestellt ist. Die Hauptsache ist dabei, daß der Amöbennährboden nicht ein allzu üppiges Bakterienwachstum gestattet. Ursprünglich verband man mit derartigen Züchtungsversuchen die Absicht, die eigentlichen Darmschmarotzer unter den Protozoen und namentlich die Ruhramöben in Kulturen, ja wenn möglich in Reinkulturen, zu erhalten. Es stellte sich aber heraus, daß, wenn man überhaupt bei der Züchtung von Ruhrstühlen einen Erfolg erzielt, die auf den Nährböden wachsenden Amöben sich in ihrem Aussehen sehr von den Ruhramöben unterscheiden und auch nicht imstande sind, Ruhr bei Katzen zu erzeugen. Die gezüchteten Amöben gleichen vielmehr durchaus den sehr leicht aus Stroh und anderen pflanzlichen Stoffen zu gewinnenden Amöben (Amoeba limax). Sie sind im allgemeinen erheblich kleiner als die Ruhramöben, zeigen eine deutliche Sonderung in ein körniges Endoplasma und in ein glashelles Ektoplasma, mit Hilfe dessen sie sich bewegen, und einen Kern, der sich durch ein großes Kernkörperchen und eine kaum sichtbare Haut auszeichnet, wodurch der Anschein erweckt wird, als ob ein kleiner Kern vorhanden sei, der in einem hellen Hof liege (Fig. 39). Außerdem bilden sie Zysten mit dicker, bräunlicher, oft gefalteter mehrschichtiger Haut. Die Weiterzüchtung auf ähnlichen Nährböden gelingt sehr leicht, aber nur, wenn neben den Amöben

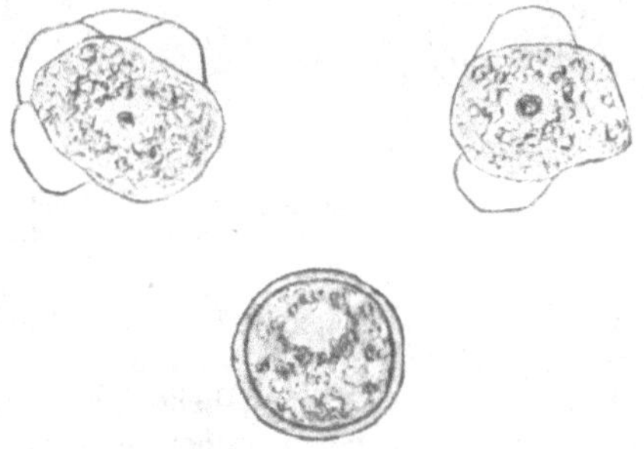

Fig. 39. Amoeba limax (Strohamöben). Zwei bewegliche Formen und eine Zyste.

gleichzeitig Bakterien zum Wachstum kommen. Versuche, die Tierchen mit anderen Stoffen, auch mit toten Bakterien, zu füttern, scheinen erst in neuester Zeit gelungen zu sein. Während man früher glaubte, daß solche züchtbare Limaxamöben nur ausnahmsweise im Kote vorkämen, haben neuere Untersuchungen gelehrt, daß man aus den Darmentleerungen gesunder, oder höchstens an leichten Durchfällen leidender Personen sie sehr häufig herauszüchten kann.

Einige Forscher wollen auch Kulturen der Ruhramöben (in Blutserum + Kochsalzlösung zu gleichen Teilen) erhalten haben. Uns ist es nicht gelungen.

Andere Protozoen, die im Darm vorkommen, gehören zu den Ordnungen der Flagellaten, Ziliaten und Sporozoen, doch haben sie für den Menschen ziemliche geringe Bedeutung. Von Flagellaten sind zu nennen die Trichomonas intestinalis und die Lamblia intestinalis (Fig. 40).

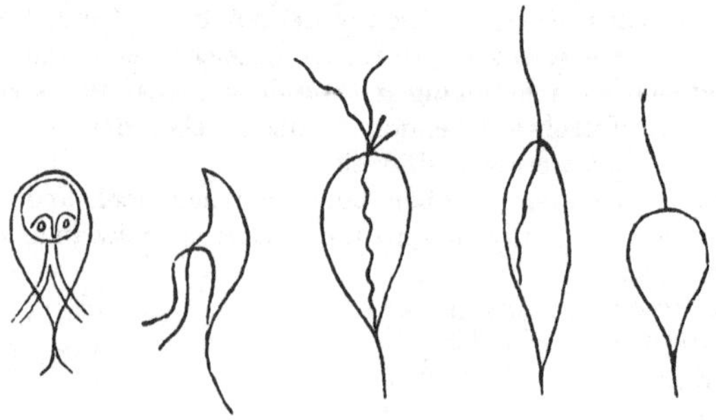

Fig. 40. Flagellaten aus dem Darminhalt. 1 u. 2 Lamblia, 3—5 Trichomonas intestinalis.

Die ersteren sind birnenförmig, 4 — 10 μ lang, 3—4 μ breit, vorn mit 3 Geißeln und der Länge nach mit einem welligen Saum (undulierender Membran) versehen. Dadurch sind sie in den Stand gesetzt, sich sehr schnell, etwa beweglichen Bakterien gleichend, zu bewegen. In der Nähe des Geißelansatzes tragen sie einen ziemlich kleinen Kern. Über die Vermehrung der Trichomonaden ist wenig bekannt. Sie bilden aber rundliche Zysten, die am Rande mehrere kernartige Gebilde und in der Mitte einen großen gelblichen Ballen (Vorratsstoff?) enthalten. Im festen Stuhl sind nur diese Zysten, im flüssigen die beweglichen Trichomonaden, und zwar manchmal massenhaft vorhanden.

Sehr ähnlich ist die Trich. vaginalis, ein gewöhnlicher Schmarotzer im sauren Scheidensekret der Frau, der gelegentlich aber auch im Harn von Männern vorkommt. Ferner die Trich. buccalis, die bei geschwürigen Veränderungen der Mundschleimhaut beobachtet wird, und die Trich. pulmonalis, die bei Lungengangrän gefunden worden ist.

Wahrscheinlich ebenso harmlos wie die Trichomonas ist die Lamblia (Megastoma) intestinalis. Sie besitzt einen rübenförmigen, 10—20 μ langen und 5—12 μ breiten Körper, der an der einen Seite seines dicken Endes einen fast halbkugelförmigen, als Sauggrube dienenden Ausschnitt hat, so daß das Tierchen von der Seite gesehen etwa wie eine Sichel aussieht. In der Tiefe der Sauggrube liegt ein hantelförmiger Kern, der im ungefärbten Zustande von der Fläche gesehen wie ein in seinen Höhlen liegendes Augenpaar aussieht. Oberhalb der Sauggrube entspringen zwei, unterhalb vier und am Schwanzende wieder zwei Geißeln. Eiförmige, hartschalige Zysten, in denen man Kern und fädige Gebilde sieht, werden gebildet.

Trichomonaden und Lamblien sind auch bei Tieren weit verbreitet. Die auf mit Kot beschickten Amöbenagar (s. o.) gelegentlich wachsenden Flagellaten haben mit ihnen ebensowenig zu tun, wie die züchtbaren Amöben mit den Darmamöben.

Ziliaten schmarotzen regelmäßig und in riesigen Mengen im Magen von Wiederkäuern und im Blinddarm von Pferden. Nur bei Milchfütterung und bei säugenden Tieren fehlen sie. Ob sie eine Bedeutung für die Ernährung der Tiere haben, ist unbekannt. Jedenfalls schaden sie ihnen nicht und nehmen ihnen auch keine Nahrung fort, da sie in den folgenden Darmabschnitten der Verdauung zum Opfer fallen. Beim Menschen wird von Ziliaten nur das Balantidium coli beobachtet (Fig. 41), aber auch selten und fast nur in Fällen von Durchfall und Ruhr.

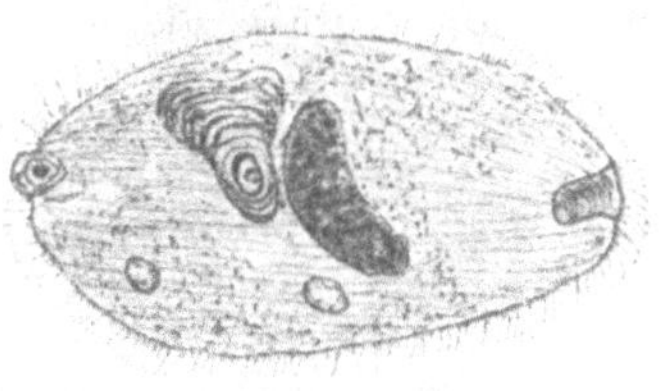

Fig. 41. Balantidium coli.

Die Tierchen sind etwa eiförmig, 60 bis 70 μ lang und lebhaft beweglich durch ein Wimperkleid, das den ganzen Körper umzieht und am vorderen Ende in einen trichterförmigen Schlund übergeht. Ein größerer gebogener Kern (Hauptkern), dicht daneben ein winziger Nebenkern, zwei pulsierende Blasen und Nahrungsbestandteile liegen im Innern. Die Balantidien vermehren sich im freien Zustande durch Querteilung, daneben kommen Konjugation und ein Dauerzustand in Form von runden, mit einer festen Haut umgebenen Zysten vor. Ein sehr ähnliches, nur etwas größeres Balantidium schmarotzt regelmäßig im unteren Darm der Schweine. Da in Versuchen die Zysten der Schweine beim Menschen nicht angingen, handelt es sich vielleicht um verschiedene Arten, doch sind die wenigen Versuche nicht entscheidend, da der Mensch offenbar nicht sehr empfänglich für diese Schmarotzer ist. Vielleicht muß auch der Darm des Menschen schon krank sein, um das Haften derselben zu ermöglichen. Daß sie aber unter Umständen zu Krankheitserregern werden, beweisen Leichenbefunde, in denen das Balantidium coli ganz die Rolle der Entamoeba coli, d. h. eines echten Gewebsschmarotzers im Darm und auch in den Lungen spielt.

Sporozoen, und zwar hauptsächlich Gregarinen und Kokzidien, leben vielfach im Darm von niederen Tieren, Kokzidien auch in dem von Säugetieren. Beim Menschen sind sie nur sehr selten, so z. B. auch einmal von mir gefunden worden. Sie gelangen dahin wohl nur zufällig mit der Nahrung in Form von Dauersporen, ohne sich weiter zu vermehren. Unsere Versuchstiere enthalten Kokzidien häufig, so Mäuse und namentlich Kaninchen, die oft massenhaft der Kokzidiose zum Opfer fallen (vgl. Fig. 16, S. 15). Dasselbe gilt vom Geflügel. Beim Schweizer Rindvieh, und zwar hauptsächlich bei jungen Tieren, selten bei Schafen und Ziegen, verursachen Kokzidien eine meist leichte Erkrankung, die sog. rote Ruhr. Fast die ganze Entwicklung der Kokzidien verläuft innerhalb von Epithelzellen.

Die jüngsten Keime (Sporozoiten), die sichelförmig gestaltet und wurmartig beweglich sind, gelangen mit den Dauersporen in den Darm, werden dort aus ihnen frei, dringen in das Epithel ein und wachsen zu großen rundlichen Körpern heran, die ungeschlechtlich sich vermehren, indem sie, ohne eine deutliche Zystenhaut abzuscheiden, früher oder später in viele, ebenfalls sichelförmige Sprößlinge (Nacktsporen, Agameten) zerfallen. Die letzteren wandern wieder in neue Epithelzellen ein und vermehren sich in derselben Weise. Unter Bedingungen, die wir nicht kennen, die aber wohl mit Wachstumswiderständen im Gewebe zusammenhängen, hört diese „Schizogonie“ auf, und es entwickeln sich statt der Sprößlinge Geschlechtszellen (Gametozyten). Die männlichen unter ihnen schnüren an ihrer Oberfläche zahlreiche, wieder sichelförmige, aber durch Geißeln bewegliche Mikrogameten ab, welche in die großen weiblichen Zellen (Makrogameten) eindringen. Aus der Befruchtung entstehen die großen Formen des Parasiten, die eiförmigen oder runden, mit sehr widerstandsfähiger Haut versehenen Dauerzysten (Oozysten). Aus ihnen gehen erst außerhalb des Wirts, z. B. wie man leicht feststellen kann, im Wasser, durch allmähliche Reifung vier Sporen, ebenfalls geschalte, eiförmige Gebilde hervor, die ihrerseits zwei Keimlinge, die oben genannten Sporozoiten, enthalten. Beim Kaninchen spielt sich die Infektion außer im Darm auch in der Leber ab. Hier entstehen durch Wucherung des Gallengangsepithels und des umgebenden Bindegewebes die bekannten weißlichen, etwa erbsengroßen Kokzidienknoten, die am Ende ihrer Entwicklung nur Massen von Dauerzysten enthalten. Diese am längsten bekannten Formen messen 35—45 μ in der Länge und 18—28 μ in der Breite und sind entweder gleichmäßig mit körnigem Protoplasma oder mit einem rundlichen Protoplasmaballen gefüllt. Die im Darm entstehenden Kokzidienzysten, die man früher als Coccidium perforans von dem Coccidium oviforme der Leber unterschied, jetzt aber als Eimeria Stiedae mit ihm zusammenfaßt, sind etwas kleiner. Bei jungen Tieren herrscht die ungeschlechtliche Vermehrung so vor, daß Darm und Leber von sichelförmigen Sprößlingen wimmelt, und der Tod eintritt, bevor es zu einer ausgedehnten geschlechtlichen Vermehrung kommt.

Bei Rindern, die von der roten Ruhr befallen sind, verläuft die Entwicklung der Kokzidien in ähnlicher Weise, aber ausschließlich im Epithel des Dickdarms. Die Dauerzysten der Kokzidien (Eimeria bovis) sind rundlich und messen nur 12—25 μ. Während die Kokzidiose der Kaninchen im wesentlichen eine Stallkrankheit ist, werden die Rinder davon fast immer auf der Weide befallen. Im Miste machen die Dauerzysten ihre Reifung zu Sporen durch.

Von der Leishmania als Erreger einer ruhrartigen Erkrankung des Darmes wird im Abschnitt 26 die Rede sein.

Dreizehnter Abschnitt

Ruhrbazillen

Wie in der Einleitung zu dem vorhergehenden Abschnitt bemerkt wurde, muß man eben der endemischen Ruhr der heißen Länder, der Amöbenruhr, die Bazillenruhr unterscheiden. Die Ruhrbazillen sind zwar einander sehr ähnlich, doch müssen sie in 2 Arten, die Dysenterie- und die Pseudodysenteriebazillen, geschieden werden. Die letzteren lassen sich wieder in eine Reihe von Unterarten oder Rassen (Pseud. A—J) auflösen. Als wichtigstes Unterscheidungsmittel dienen die ungleichen

Agglutinationsverhältnisse, ausnahmsweise des Verhalten zu Milchzucker und die Indolreaktion.

Das war schon das Ergebnis meiner eigenen Untersuchungen aus den Jahren 1900 und 1901. Später gelangten Reinkulturen aus Japan durch Shiga und von den Philippinen durch Flexner zu uns, die bewiesen, daß auch dort beide Arten von Ruhrbazillen vorkommen. Die Beschreibung, die Shiga schon 1898 von seinen Bazillen geliefert hat, war freilich in wichtigen Punkten unrichtig, die Unterschiede zwischen Dysenterie und Pseudodysenterie waren ihm wie Flexner außerdem entgangen. Den Namen Pseudodysenterie durch „Paradysenterie" oder „Kolitis" zu ersetzen, liegt kein Grund vor. Über Paradysenteriebazillen siehe am Schlusse des Abschnitts.

Die Merkmale, die sämtlichen Ruhrbazillen zukommen, sind kurz folgende: Mittelgroße, plumpe Stäbchen (Fig. 42), die unbeweglich sind, sich nicht nach Gram färben, auf allen Nährböden mit oder ohne Sauerstoff gut wachsen, Leim nicht verflüssigen, aus keiner Zuckerart Gas bilden, Milch bis auf seltne Ausnahmen nicht zur Gerinnung bringen. Durch ihre plumpe Gestalt ähneln die Ruhrbazillen mehr den Kolibazillen als den Typhusbazillen. Doch kommen Stämme vor, die bei fortgesetzter Züchtung schlankere Formen aufweisen und dadurch den Typhusbazillen näherkommen. Stets unterscheiden sie sich aber von ihnen durch ihre Unbeweglichkeit. Was man bei ihnen sieht, sind nur Zitterbewegungen, die nicht lebhafter sind als bei unbelebten Körperchen gleicher Größe. Durch diesen Mangel von Bewegungsorganen treten die Ruhrbazillen in Verwandtschaft zu der Gruppe des Bac. aerogenes (Abschnitt 9).

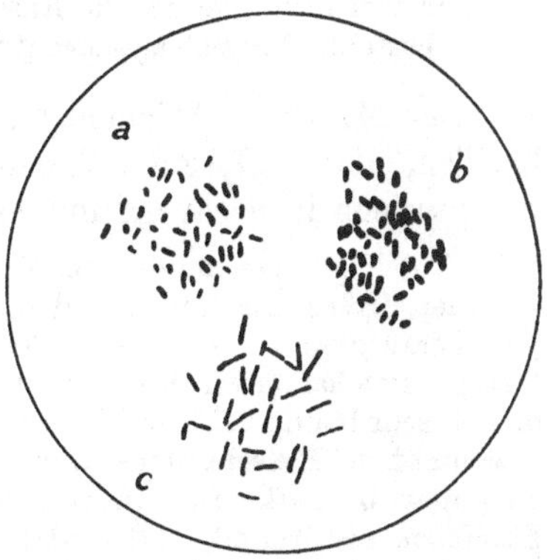

Fig. 42. Ruhrbazillen (a) im Vergleich mit Kolibazillen (b) und Typhusbazillen (c).

Färbbar sind die Ruhrbazillen in ähnlicher Weise wie die Typhusbazillen, auch wachsen sie auf den üblichen Nährböden fast gleich. Nur einzelne Stämme von Pseudodysenterie wachsen üppiger als die echten Dysenteriebazillen und werden dadurch koliähnlicher. Auch gegenüber den Kohlehydraten zeigen die Ruhrbazillen im großen und ganzen dasselbe Verhalten wie die Typhusbazillen. Aus Traubenzucker bilden sie kein Gas, den Milchzucker vermögen sie allermeist nicht zu zersetzen. Nur die Rasse E der Pseudodysenterie bildet allmählich so viel Säure aus Milchzucker, daß die Milch nach etwa 8—14 Tagen, selten früher, gerinnt. Das hindert nicht, daß auch sie, wie die meisten übrigen Ruhrbazillen in gleicher Weise wie die Typhus- und Paratyphusbazillen auf den mit

Lackmus und Fuchsin gefärbten Milchzuckernährböden wächst. Nur für die echten Ruhrbazillen ist der letztere Nährboden weniger geeignet. Ebenso ungeeignet für alle Ruhrbazillen ist der Malachitgrünagar. Malz- und Rohrzucker — am besten zusammen mit Lackmus als 2 prozentige Lösungen in Fleischbrühe verwendet — werden von den Ruhrbazillen bald schnell, bald langsam gesäuert. Beständig ist dieses Merkmal aber nicht und darum ganz ungeeignet, um zur Einteilung der Ruhrbazillen zu dienen.

Die noch vielfach geübte Unterscheidung der Pseudobazillen in einen Typus „Strong", „Flexner" und „Y", je nachdem sie Rohr- und Malzzucker oder nur Malzzucker oder keinen von beiden säuern, führt, so bequem sie auch scheint, nur zu Irrtümern, da sie Zusammengehöriges trennt und Ungleichartiges zusammenfaßt. Mit Kruse-Sonne-Ruhr bezeichnet man überflüssigerweise die von mir viel früher gefundene Rasse E, mit Ruhr Schmitz die Rasse J, die I sehr nahesteht, aber sich agglutinatorisch nicht ganz so indifferent verhält (s. u.).

Der Mannitnährboden eignet sich besser zur Trennung der Ruhrbazillen, denn Dysenteriebazillen lassen Mannit unzersetzt, Pseudodysenteriebazillen säuern ihn meist nach 1—2 Tagen.

Früher glaubte man in der Mannitprobe ein sicheres Unterscheidungsmittel zwischen Dysenterie- und Pseudodysenteriebazillen zu besitzen. Leider hat sich jetzt herausgestellt, daß auch die letzteren gar nicht so selten Mannit nicht säuern. Gelegentlich haben wir das auch bei den frisch gezüchteten Rassen A und D beobachtet, sehr häufig bei I und J. Am besten wird der Mannit ebenfalls mit Lackmus zusammen in Fleischbrühekulturen, nicht in Plattenform oder Schrägkulturen auf Agar benutzt. Gar nicht selten geben solche Agarkulturen nämlich bei Stämmen, die Mannit, Malz- oder Rohrzucker säuern, wegen gleichzeitiger Ammoniakentwicklung keine gleichmäßige Rötung, sondern eine bunte, teils blaue, teils rote Färbung.

Die Indolprobe (Abschnitt 9) ist zur Kennzeichnung der Ruhrbazillen besser zu gebrauchen als die Malz- und Rohrzuckerprobe. Die Dysenteriebazillen und manche Rassen der Pseudodysenterie (z. B. E) bilden, wie die Typhusbazillen, niemals Indol, die übrigen Pseudodysenteriebazillen gewöhnlich, insbesondere auch die Rassen I und J, die Mannit nicht säuern, wodurch ihre Unterscheidung von den echten Bazillen erleichtert wird.

In Peptonfleischbrühe bilden die Ruhrbazillen im allgemeinen eine gleichmäßige wolkige Trübung, doch kommen hin und wieder Stämme vor, bei denen die Trübung mehr oder weniger fehlt, und sich statt dessen am Boden ein Satz sammelt. Fast regelmäßig findet man diese „falsche" oder „freiwillige" Agglutination bei Pseudodysenterie E. Auf Kartoffeln wachsen Ruhrbazillen, wenn sie stark sauer sind, ähnlich wie Typhusbazillen, d. h. unsichtbar, sonst als gelbe Rasen, die von einem heller gefärbten Streifen auf der Kartoffel umgeben sind. Besonders die Dysenteriebazillen entwickeln auf allen ihren Kulturen einen deutlichen Spermageruch, und nur die letzteren färben nicht selten die Kulturen in Leim etwas bräunlich.

Eine Eigenschaft, die nach Klieneberger unter den Ruhrbazillen nur der E-Rasse zukommt, ist die Fähigkeit zur Hämolyse, wenn sie (auf Platten) mit Bakteriophagen (vgl. Abschnitt 28) in Berührung treten. Dadurch ähneln sie den Typhus- und Paratyphus A- und manchen Kolibazillen (Sonnenschein).

Bei weitem am wichtigsten zur Unterscheidung der Ruhrbazillen ist ihr Verhalten in agglutinierendem Serum.

Durch intravenöse Behandlung von Kaninchen mit Pseudodysenteriebazillen ($^1/_{20}$ bis $^1/_2$ Agarkultur) erhält man leicht ein genügend kräftiges, noch bei 2000 bis 5000facher Verdünnung wirksames Serum. Gegenüber Dysenteriebazillen sind Kaninchen meist so empfindlich, daß man sie nur immunisieren kann, wenn man mit sehr kleinen Gaben ($^1/_{1000}$—$^1/_{10000}$ Agarkultur) anfängt und die Mengen vorsichtig steigert, oder aber wenn man zunächst auf 75—100° erhitzte Kulturen zur Behandlung der Tiere verwendet.

Für die Agglutination gilt die Regel, daß die Pseudodysenteriebazillen von Dysenterieserum und umgekehrt die Dysenteriebazillen von Pseudodysenterieserum wenig oder gar nicht beeinflußt werden. Prüft man die Pseudodysenteriebazillen in möglichst verschiedenen Pseudodysenterieseren, so ergibt sich zunächst eine große Mannigfaltigkeit, doch gelingt es, wie wir zeigen konnten, namentlich durch die Absättigungsprobe Ordnung in den scheinbaren Wirrwarr zu bringen, wenn man die Pseudodysenteriebazillen in eine Reihe von Rassen einteilt.

Die Bedeutung dieser Gruppen ist allerdings sehr verschieden. In dem großen Kriege kamen z. B. die Pseudodysenterien A, D und H ziemlich gleich oft und sehr gewöhnlich vor, während die Rasse E, die wir im Frieden nicht selten gefunden hatten, und die jetzt sehr häufig geworden ist, eine Ausnahme bildete. Außerdem wurden während des Krieges noch die Rassen I und J gefunden. Alle anderen Abarten sind überhaupt selten. Vielleicht noch mehr als beim Paratyphus macht sich bei der Pseudodysenterie zunächst die Mitagglutination von Bazillen durch Seren anderer Rassen störend geltend. Namentlich die Pseudodysenteriebazillen A, B, C und H werden nicht nur durch das Serum der eigenen Gruppen in höchsten Verdünnungen verklebt, sondern lassen sich auch durch die Seren D und E teilweise stark beeinflussen. Wenn man sich aber zur Regel macht, die Agglutinationswerte durch Prüfung bis zu den höchsten Verdünnungen möglichst genau zu bestimmen, wird man meist doch schon eine Entscheidung treffen können. Erleichtert wird diese durch drei Hilfsmittel, erstens dadurch, daß man ältere Seren benutzt, weil erfahrungsgemäß aus ihnen die Nebenagglutinine allmählich verschwinden, zweitens dadurch, daß man mehrere Seren derselben Abart zur Prüfung braucht, da die Nebenagglutinine in ihnen nicht so gleichmäßig entwickelt zu sein pflegen, wie die Hauptagglutinine. In Zweifelsfällen, d. h. wenn die Agglutinationswerte eines Stammes, z. B. im Serum A und H übereinstimmen, hat man in der Absättigungsprobe (Abschnitt 10) ein Mittel zur Entscheidung: durch Berührung mit Bazillenleibern derselben Abart wird das Serum seiner sämtlichen Haupt- und Nebenagglutinine beraubt, während eine andere Abart regelmäßig nur die sie selbst verklumpenden Nebenagglutinine beseitigt. Für die seltenen Fälle, in denen man auf solche Weise noch nicht zur Klarheit kommt, empfiehlt es sich, mit dem betreffenden Stamm ein eigenes Serum herzustellen und dieses dann mit Vertretern der sämtlichen Abarten zu prüfen.

Ein zweites Hindernis für die Einordnung der Ruhrbazillen in ihre zugehörige Art oder Abart bildet die Herabsetzung oder der Mangel der Agglutinierbarkeit bei einzelnen Stämmen. Glücklicherweise macht sich das meist nur vorübergehend bemerkbar, d. h. bei Fortzüchtung der Kulturen stellt sich die Agglutinierbarkeit ein. Dasselbe gilt für das Absättigungsvermögen einzelner Stämme. Regelmäßig und anscheinend dauernd ist Agglutinierbarkeit und Absättigungsvermögen bei der Rasse I verlorengegangen, bei J wenigstens stark herabgesetzt, so daß hierin geradezu ein Merkmal dieser Rassen gesehen werden kann. Von nicht agglutinablen echten Bazillen unterscheiden sie sich nur durch ihre Fähigkeit, Indol zu bilden. Untereinander sind sie so ähnlich, daß sie vielleicht später vereinigt werden können. Wenn man statt frischer abgekochte Bazillenaufschwemmungen zur Agglutination benutzt, gelingt es manchmal, auch die spezifische Agglutinierbarkeit dieser beiden Rassen durch ihr eigenes Serum festzustellen.

Schließlich stört bei der Agglutinationsprüfung auch die freiwillige Verklebung einzelner Stämme. Regelmäßig hat die Rasse E der Pseudodysenterie eine starke Neigung dazu; bei einiger Vorsicht kann man trotzdem auch bei ihr die Beeinflussung durch das eigene Serum an der stärkeren Verklumpung erkennen. Bei Rasse E findet man manchmal zwei Spielarten: E_1 bildet runde, gewölbte Kolonien und Agglutinine, die E_1 und E_2 grobflockig zusammenballen. Diese Spielart spaltet zunächst regelmäßig Kolonien von der Form E_1 und die mehr weinblattförmig umrandete, flache Form E_2 ab, geht aber dann bald völlig in E_2 über. E_2 erzeugt Agglutinine, die nur E_2, nicht E_1 und zwar feinflockig zusammenballen, sie ist die Form, der man meist allein begegnet (vgl. bei Proteus X_{19}).

Der Tierversuch eignet sich insofern nicht zur Aufklärung der Eigenschaften der Ruhrbazillen, als es bisher trotz aller Mühe nicht gelungen ist, bei Versuchstieren das Bild der Ruhr wieder zu erzeugen. Das beweist, daß die Ruhrbazillen bei diesen Tieren nicht imstande sind, sich, wie beim Menschen, in den unteren Abschnitten des Darms zu vermehren und in dessen Wand einzudringen. Es beweist aber nicht, daß sie überhaupt nicht zu einer Vermehrung im Tierkörper fähig seien. Das Gegenteil ist vielmehr gezeigt worden, insbesondere durch Versuche am Meerschweinchen.

Wenn man diesen Tieren etwa $^1/_{10}$ einer Schrägkultur der Dysenteriebazillen (2—3 mg) in die Bauchhöhle einspritzt, so pflegen sie binnen 20 Stunden unter starkem Temperaturabfall zu sterben. Der Befund ähnelt demjenigen, den wir bei Typhus-, Cholerabazillen und vielen anderen Bakterien bekommen, d. h. die Bazillen vermehren sich im wesentlichen nur in der Bauchhöhle unter Bildung eines Exsudats, während sie im Blute und den inneren Organen verhältnismäßig spärlich vorkommen. Auch die Pseudodysenteriebazillen veranlassen die gleichen Erscheinungen. Nimmt man statt lebender bei 60—100° abgetötete Kulturen, so erhält man ebenfalls den Tod der Tiere, aber erst mit Mengen, die 5—10mal so groß sind, und zwar auch wieder annähernd ebenso bei Dysenterie wie bei Pseudodysenterie. Der Tod erfolgt dann also durch reine Endotoxinvergiftung.

Ganz anders ist das Ergebnis beim Kaninchen. Mit lebenden Gaben von Ruhrbazillen kann man zwar diese Tiere auch töten, doch eine Vermehrung derselben im Körper, eine echte Infektion, nur mit sehr großen Gaben erzielen. Es zeigt sich aber weiter, daß die Kaninchen, gleichgültig ob man lebende oder abgetötete Bazillen wählt, weit leichter durch Dysenterie- als durch Pseudodysenteriebazillen zu töten sind. Das erklärt sich daraus, daß der Dysenteriebazillus außer dem eben erwähnten wenig hitzeempfindlichen Gift, das Meerschweinchen tötet, und das sich in ähnlicher Weise auch im Leibe von Pseudodysenteriebazillen und anderen Bakterien findet (Endotoxin, Bakterioprotein), noch ein eigentümliches Gift bildet, das schon durch Temperaturen von 70—80° geschädigt und durch Kochen vernichtet wird, Kaninchen und Mäuse, namentlich ins Blut eingespritzt, schon in kleinen Gaben ($^1/_{40}$—$^1/_{1000}$ Agarkultur) unter Lähmungserscheinungen tötet, auf Meerschweinchen aber nicht wirkt. Pseudodysenteriebazillen bilden dies „Kaninchengift" nur ausnahmsweise. Sie werden deshalb oft als giftfreie (atoxische) Ruhrbazillen bezeichnet. Zweckmäßig ist das gerade nicht, weil sie regelmäßig Endotoxine bilden und beim Menschen ganz ähnliche Erscheinungen wie die „toxischen" Dysenteriebazillen hervorrufen können. Ob das Kaninchengift der Ruhrbazillen auf Menschen wirkt, ist zweifelhaft, jedenfalls erkranken sie niemals an Lähmungen.

Auch das Kaninchengift könnte, weil es sehr reichlich schon in frischen Bakterienleibern vorhanden ist und aus diesen durch Ausziehen mit wäßrigen Flüssigkeiten, z. B. durch einstündige Behandlung mit Kochsalzlösung bei 60° und nachfolgendes Ausschleudern oder Filtrieren, gewonnen wird, als Endotoxin bezeichnet werden. Es unterscheidet sich aber von den gewöhnlichen Endotoxinen dadurch, daß es hitzeempfindlich ist, in älteren Bouillonkulturen freiwillig von den Bazillen ausgeschieden wird, so daß es in den Filtraten nachzuweisen ist, und schließlich Tiere, die man mit ihnen behandelt, unter Bildung von Antitoxinen immunisiert. Diese letztgenannten drei Eigenschaften kommen aber den, wie wir später sehen werden, sog. Sekretgiften, Ektotoxinen oder eigentlichen Toxinen, z. B. der Diphtherie und des Tetanus, zu. Somit nimmt das Kaninchengift der Dysenteriebazillen unter den Bakteriengiften eine besondere Stellung ein. Eigentümlich ist auch die Wirkung, die es zwar nicht regelmäßig, aber öfters auf den Blind- und Dickdarm der Kaninchen ausübt: man findet in solchen Fällen diese Darmteile ödematös und hämorrhagisch durchsetzt, gelegentlich auch an der inneren Oberfläche verschorft, so daß ein Bild entsteht, das äußerlich der menschlichen Ruhr ähnelt. Von der Darmschleimhaut aus sind diese Erscheinungen aber selbst durch die größten Giftmengen nicht zu erzielen, sondern nur auf dem Blutwege.

Eine andere Darmwirkung, die auch von den Blutgefäßen auszugehen scheint, haben wir durch Ruhrbazillen beim Hund erhalten. Sie ist aber viel beständiger und ausgebreiteter. Außer den unteren Teilen des Darms werden auch seine oberen, manchmal der ganze Magen-Darmkanal beteiligt, d. h. von hämorrhagischen Entzündungen betroffen. Eine vergleichende Prüfung lehrt uns freilich, daß diese Vergiftungserscheinungen beim Hunde auch durch zahlreiche andere Bakterien hervorgerufen werden können. Die sog. „putride Intoxikation" oder „Sepsinvergiftung", die von Bergmann und Schmiedeberg vor einem halben Jahrhundert durch allerhand faulende Stoffe und auch durch eine daraus hergestellte kristallinische Verbindung, das salzsaure Sepsin, hervorgerufen werden konnte, stimmt damit überein. Sie entspricht ferner der sog. anaphylaktischen Vergiftung, die bei Hunden entsteht, wenn man sie mit Eiweißstoffen vorbehandelt und ihnen dann nachträglich dasselbe Eiweiß in größeren Mengen einverleibt. Auch die anaphylaktische Vergiftung beim Meerschweinchen, die durch ganz andere Erscheinungen, nämlich Aufregung, Juckreize und Krämpfe, starkes Sinken der Temperatur und schlimmstenfalls schnellen Tod unter Atmungsstillstand und Lungenblähung gekennzeichnet ist, bekommt man zu sehen, wenn man ihnen Ruhrbazillen oder andere Bakterien in die Venen einführt. Es handelt sich also hier um Wirkungen, die den Ruhrbazillen nicht eigentümlich sind (vgl. Abschnitt 31 und 32).

Die Ruhrforschung bietet uns weiter Gelegenheit, dem Wesen des Ansteckungsvermögens und der Abwehreinrichtungen, die im Körper gegen die Erreger selbst bestehen, näher zu kommen. Gerade hier haben wir zuerst die Bedeutung der schon öfters erwähnten Angriffsstoffe oder Aggressine feststellen können. Erhitzt man eine Aufschwemmung frischer Ruhrbazillen in Kochsalzlösung 1—2 Stunden bei 60—65° und entfernt die Bakterienleiber daraus durch gründliches Ausschleudern oder auch durch Filtrieren, so bekommt man eine Flüssigkeit, die nicht nur giftig, sondern auch stark aggressiv wirkt, d. h. die Ansteckungskraft der Ruhrbazillen außerordentlich steigert. Während z. B. 2 mg eines Bakterienrasens von einer frischen Agarkultur gerade noch genügen, um ein Meerschweinchen von 200—250 g unter Vermehrung der Bazillen von der Bauchhöhle aus binnen 24 Stunden zu töten, und kleinere Gaben derselben Bazillen höchstens den langsamen Tod der Tiere durch Vergiftung bewirken, aber in der Bauchhöhle sich nicht vermehren, sondern binnen einigen Tagen darin vollständig zugrunde gehen, erhält man durch Beigabe von Aggressinen noch eine starke Vermehrung mit viel geringeren Gaben, z. B. mit 0·001 mg lebender Bazillen.

Die Gifte, die in der Aggressinlösung unleugbar enthalten sind, tragen daran nicht die Schuld, denn die Wirkung des Kaninchengiftes, die übrigens für Meerschweinchen kaum nachzuweisen ist, kann durch Kochen ausgeschaltet werden, ohne daß das Angriffsvermögen unseres Bakterienauszugs aufgehoben wird, und das auch für Meerschweinchen tödliche, hitzebeständige Endotoxin, das man allerdings aus der Aggressinlösung nicht entfernen kann, kommt nicht zur Geltung, weil auch längst untertödliche Mengen davon noch aggressiv wirken. Schließlich läßt sich auch nachweisen, daß andere Gifte, wie z. B. das der Diphtherie, ferner Milchsäure usw. auch in tödlichen Gaben keine Spur einer agressiven Wirkung besitzen. Allerdings sind Auszüge anderer Bakterien, wie Typhus, Koli oder Aleuronataufschwemmungen, ja selbst große Mengen von harmlosen Flüssigkeiten, wie Fleischbrühe, Kochsalzlösung usw. nicht ganz ohne aggressive Wirkung, aber der eigene Leibesauszug der Ruhrbazillen übertrifft sie doch weit an aggressiver Kraft. Wenn wir nun noch hinzunehmen, daß die ganz in derselben Weise hergestellten und nachweislich ebenso eiweißreichen Auszüge von solchen Ruhrbazillen, die für das Meerschweinchen wenig ansteckungsfähig sind, d. h. sie erst in viel höheren Gaben zu töten vermögen, weit weniger aggressiv wirken, als die Angriffsstoffe voll ansteckungsfähiger

Ruhrbazillen, so kommen wir zu dem Schluß, daß die Ansteckungskraft der Ruhrbazillen gegenüber Meerschweinchen wesentlich bedingt ist eben durch den Besitz der von uns so genannten Angriffsstoffe. Worauf die Leistung der letzteren beruht, ersehen wir aus Tier- und Glasversuchen. Untertödliche Gaben lebender Ruhrbazillen gehen in der Bauchhöhle des Meerschweinchens teils durch Auflösung in der Exsudatflüssigkeit, teils durch die Freßtätigkeit der Leukozyten und anderer Phagozyten (im Netz usw.) zugrunde. Wird gleichzeitig eine Lösung der Aggressine verabreicht, so fehlt schon die kräftige Auswanderung der Leukozyten, die sonst in die Bauchhöhle hinein stattfindet, und die Bakterien vermehren sich ungehindert, weil sie weder im freien Exsudat aufgelöst, noch von den Phagozyten gefressen werden. Ebenso sehen wir im Glase, daß das Blutserum oder zellfreie Exsudatflüssigkeit von Meerschweinchen zwar die Ruhrbazillen, die man in kleinen Mengen hineinbringt, binnen wenigen Stunden abtötet, ihnen aber als guter Nährboden dient, wenn man etwas Aggressin hinzufügt, und daß die Leukozyten, die unter Beihilfe der opsonischen Kräfte des Blutserums die Ruhrbazillen in ihre Leiber aufnehmen, das in Gegenwart von Aggressinen unterlassen.

Allem Anschein nach wirken die Aggressine dadurch, daß sie die Alexine und Opsonine des Blutserums und ebenfalls die bakterienwidrigen Absonderungen der weißen Blutkörperchen (Leukine) unschädlich machen. Diese Leistungen der Angriffsstoffe sind zwar im hohen Grade der Bakterienart, von der sie stammen, eigentümlich, aber doch nicht auf sie allein beschränkt. Das ist nicht weiter verwunderlich, da aus zahlreichen Erfahrungen die Bedeutung der gemischten Ansteckung für die Ruhr ebenso wie für andere Krankheiten erhellt: eine Ansteckung begünstigt die andere, die Angriffsstoffe des einen Bakteriums können in gewissen Grenzen die eines anderen vertreten.

Die Möglichkeit, Tiere gegen eine Ansteckung künstlich zu schützen, zu immunisieren, die wir schon bei einer ganzen Reihe von Bakterien kennen gelernt haben, besteht auch bei den Ruhrbazillen. Meerschweinchen z. B. lassen sich durch wiederholte steigende Gaben lebendiger und abgetöteter Ruhrbazillen oder auch durch Auszüge dieser Bazillen und Kulturfiltrate so gegen die Ansteckung mit Ruhrbazillen festigen, daß sie sehr viel größere Mengen der Erreger als sonst vertragen. Nimmt man die Prüfung der so geimpften Tiere wieder in der Bauchhöhle vor, so sieht man, daß die Ruhrbazillen in sonst tödlichen Gaben von hier unter ähnlichen Erscheinungen verschwinden, wie es bei unbehandelten Tieren nach untertödlichen Gaben der Fall ist. So werden wir uns denn auch nicht wundern, wenn wir in Glasversuchen in dem Blutserum der geimpften Tiere die bakterienwidrigen Stoffe, die wir schon in anderen Fällen kennen gelernt, in erster Linie die Bakteriolysine und Immunopsonine, wiederfinden. Auch bei großen Tieren, die an sich weniger empfänglich für Ruhrbazillen sind, entwickeln sich diese Schutzstoffe im Blut, wenn man sie in ähnlicher Weise behandelt. Ihre Bedeutung als Schutzstoffe wird auch hier am besten dadurch bewiesen, daß das Serum der immunisierten Tiere unbehandelte Tiere gegen die Ansteckung schützt, ihnen also nach der Ehrlichschen Ausdrucksweise eine „passive Immunität" verleiht. Als Beispiel diene folgender Versuch: 7 Meerschweinchen von annähernd gleicher Größe erhalten dieselbe Menge lebender Dysenteriebazillen in die Bauchhöhle, die sechs ersten von ihnen außerdem noch abfallende Mengen eines vom Esel stammenden Ruhrserums an dieselbe Stelle.

Nr.	Gewicht	Ruhrserum	Erfolg
1	264 g	$^{1}/_{20}$ g	bleiben am Leben. Das einige Stunden nach der Ansteckung aus der Bruchhöhle entnommene Exsudat ist frei von Bazillen.
2	275 „	$^{1}/_{200}$ „	
3	264 „	$^{1}/_{2500}$ „	
4	265 „	$^{1}/_{25\,000}$ „	
5	235 „	$^{1}/_{80\,000}$ „	
6	235 „	$^{1}/_{250\,000}$ „	stirbt binnen 20 Stunden mit spärlichen Bazillen.
7	255 „	0 „	„ „ „ „ „ zahlreichen „

Also hat in diesen Versuchen der achtzigtausendste Teil eines Gramms Ruhrserum genügt, um ein Meerschweinchen vor dem Tode zu schützen, mit anderen Worten, 1 g Ruhrserum schützt 20000 kg Meerschweinchen vor der tödlichen Ansteckung mit Ruhrbazillen. Weitere Versuchsreihen beweisen, daß das Serum bei subkutaner Ansteckung auch als Heilserum zu brauchen ist. Möglicherweise beteiligen sich daran giftwidrige Eigenschaften des Ruhrserums. In der Tat ist dasselbe imstande, gewisse Mengen von Endotoxin unschädlich zu machen.

Viel kräftiger ist allerdings die Schutzkraft des Ruhrserums gegenüber dem Kaninchengift.

So vermochten 0·1—0·4 ccm desselben Serums 10—13 tödliche Gaben des gelösten Giftes unschädlich zu machen, wenn man beide Flüssigkeiten eine halbe Stunde lang bei 37° in Berührung ließ und dann Kaninchen in die Venen einspritzte.

Man darf also in dem Dysenterieserum nach den Ergebnissen des Glas- und des Tierversuchs nicht bloß Bakteriolysine und Immunopsonine, d. h. Schutzstoffe, die gegen die lebenden Erreger selbst gerichtet sind (antiinfektiöse oder antiaggressive), sondern auch antitoxische Stoffe, welche gegen die verschiedenen Gifte der Dysenteriebazillen gerichtet sind, annehmen.

Auch gegen die Pseudodysenteriebazillen lassen sich Versuchstiere festigen und von ihnen Immunseren gewinnen. Dabei zeigt sich, daß die zugehörigen Bazillen immer am meisten beeinflußt werden, aber auch die übrigen Abarten, ähnlich wie bei der Agglutination, nicht unbeeinflußt bleiben. Das Dysenterieserum wirkt dagegen auf die Pseudodysenteriebazillen meist gar nicht ein, die Pseudodysenterieseren ebensowenig auf die Dysenteriebazillen.

Versuche mit Ruhrbazillen am Menschen sind bisher nur wenige gemacht worden, doch bestätigen sie das, was man aus den bakteriologischen Befunden bei der Ruhr erschließen kann.

So habe ich selbst außer einigen unabsichtlichen Ansteckungen im Laboratorium, die nicht gut anders als durch Aufnahme von Kulturbazillen erklärt werden konnten, folgenden Fall erlebt. Eine Teilnehmerin meiner Übungen, die trotz der kurz vorher von mir gegebenen Schilderung der Bazillenruhr und trotz ausdrücklicher Warnung vor der Ansteckungsfähigkeit der Kulturen, ungläubig geblieben war, brachte sich vor den Augen ihrer Nachbarn eine Platinöse mit Dysenteriebazillen aus einer Fleischbrühekultur auf die Zunge. Sie erkrankte nach 5 Tagen an schwerer Ruhr.

In ihren Entleerungen werden die Bazillen gefunden und im Blute die dazu gehörigen Agglutinine. Das ist in der Tat das regelmäßige Ergebnis der Untersuchung von Dysenteriekranken. Natürlich kommen Fälle vor, in denen man nach dem Erreger selbst vergebens sucht, besonders dann, wenn die Erkrankungen älter sind, und wenn die Entleerungen nicht frisch untersucht werden können. Bekommt man die letzteren von weither zugeschickt, so darf man sich daher über Mißerfolge nicht wundern. Manchmal sind die Bazillen so zahlreich, daß sie fast in Reinkultur auf den Stuhlplatten erscheinen, andere Male findet man sie nur in einzelnen Kolonien oder erst nach wiederholter Untersuchung. Diese wird erleichtert durch Benutzung der mit Lackmus oder Fuchsin gefärbten Nährböden (vgl. aber S. 146 oben). Die Dysenteriebazillen lassen sich durch die mikroskopische Agglutination im hochwertigen Dysenterieserum allermeist erkennen. Daß es sich wirklich um sie handelt, wird aber erst durch Abstich in Zuckeragar, Milch usw. und die Feststellung des Endwertes der Agglutination gesichert. In der großen Mehrzahl der echten Dysenteriefälle agglutiniert das Blutserum der Kranken die Bazillen frühestens vom Ende der ersten Woche an in einer Verdünnung von 50—100 und mehr. Fehlt die Verklebung dauernd während der Krankheit, so spricht das mit großer Wahrscheinlichkeit gegen echte Dysenterie und darum für Pseudodysenterie. Bei der Pseudodysenterie ist nämlich das Untersuchungsverfahren im allgemeinen zwar ähnlich, doch hat man hier weniger Aussichten, die Bazillen aus den Entleerungen zu züchten und durch Agglutination mit Krankenseren die Ansteckung zu erkennen. Das liegt zunächst daran, daß die Pseudodysenterie viel häufiger als die echte leicht und schnell verläuft. Der blutige Schleim und Eiter, aus dem die echten Ruhrstühle meist fast ausschließlich bestehen, tritt in den Entleerungen der Pseudodysenterie oft nur als spärliche und vorübergehende Beimischung auf. Auf solche ist also vor allen Dingen die Aufmerksamkeit bei der Probeentnahme zu lenken. Hat man verdächtige Kolonien auf der Platte, so wird man sie als solche der Pseudodysenterie durch fehlende Agglutination in echtem Dysenterieserum und durch den Erfolg derselben in dem einen oder anderen Pseudodysenterieserum erkennen. Meistenteils wird es genügen, ein vielwertiges Pseudodysenterieserum dazu zu benutzen, weil die Unterscheidung der einzelnen Abarten der Pseudodysenterie mehr ein wissenschaftliches Interesse zu haben scheint. Die Agglutination mit Krankenserum hat bei der Pseudodysenterie viel seltener auf Erfolg zu rechnen, als bei der echten Ruhr, vor allen Dingen aus dem Grunde, weil die Pseudodysenteriebazillen häufig schon von gesundem Blutserum stark verklebt werden. Bei einzelnen Erkrankungsfällen wird man deshalb im Zweifel bleiben, ob die Agglutination durch die Erkrankung hervorgerufen ist, wenn die Agglutination nicht höhere Werte als 200 erreicht, oder wenn man nicht durch wiederholte Prüfung eine Steigerung der Agglutinationskraft im Blute feststellen kann.

Auch in der Leiche macht es wegen der Überwucherung durch andere Bakterien oft Schwierigkeiten, die Ruhrbazillen zu finden. Sie sitzen sonst namentlich in den obersten Schichten der Schleimhaut, vereinzelt dringen sie allerdings weiter in die Tiefe und in die Gekrösdrüsen, seltener ins Blut vor. Ausnahmsweise sind sie selbst während des Lebens im Blute der Kranken gefunden worden. Aber nicht alle Bakterien, die im Blute und den inneren Organen der Leiche und der Kranken vorkommen, brauchen Ruhrbazillen zu sein, da die Mischinfektionen der Darmgeschwüre auch anderen Bakterien, z. B. den Kolibazillen, den Eintritt gestatten. In einigen Fällen haben wir auch bei Zystopyelitis, die sich an Ruhr anschloß, Pseudodysenteriebazillen gezüchtet. Vielleicht würde man diesen Befund häufiger erheben, wenn man die dabei gefundenen „Kolibazillen" genauer prüfte. Im übrigen verläuft die Pseudodysenterie, wie gesagt, durchschnittlich weit weniger schwer als die echte Dysenterie. Nur bei Säuglingen und bei geschwächten Personen kommen Todesfälle häufiger vor, so im Kriege bei Soldaten und im Frieden bei Paralytikern und anderen heruntergekommenen Insassen von Irrenanstalten.

Die Bazillenruhr kommt im Gegensatz zur Amöbenruhr unter allen Breiten vor. Im gemäßigten Klima ist es aber ganz vorwiegend die heiße Jahreszeit, in der die Bazillenruhr sich epidemisch ausbreitet. Die Ursache davon ist noch nicht ganz klar. In der toten Außenwelt vermögen die Ruhrbazillen sich ihren ganzen Eigenschaften nach nicht zu vermehren und werden dort im Gegenteil eher in der Winterkälte als in der Sommerhitze sich am Leben erhalten können. Tierische Zwischenwirte kommen für sie ebenfalls nicht in Betracht. Bei Tieren (Affen) hat man Ruhrbazillen auch nur ausnahmsweise als Erreger gefunden. Überträger sind in manchen Fällen wohl sicher die Fliegen, aber es ist doch sehr zweifelhaft, ob hierdurch die Vorliebe der Ruhr für die heiße Jahreszeit genügend erklärt wird. Wahrscheinlich sind innere Zustände, eine in der Hitze gesteigerte Krankheitsanlage des Menschen wie für andere Krankheiten der Verdauungsorgane auch für die Ruhr von Bedeutung, mag nun die Hitze als solche oder eine reichere Zufuhr ungekochter Nahrungsmittel, unreifen Obstes oder kalter Getränke die

Darmtätigkeit ungünstig beeinflussen. Jedenfalls liefern uns die Erfahrungen keinen Anhaltspunkt dafür, daß die Bazillenruhr etwa besonders häufig durch derartige Nahrungsmittel selbst oder durch Trinkwasser übertragen würde, im Gegenteil geschieht mindestens das letztere sehr viel seltener als beim Typhus und der Cholera. Der Hauptsache nach wird die Ansteckung vielmehr durch Berührung mit dem Kranken selbst und den in dessen Umgebung verstreuten Darmentleerungen erfolgen. Der Verlauf von Ruhrepidemien bestätigt diese Auffassung. Fast niemals sieht man die Seuche, wie so häufig Cholera und Typhus, plötzlich über große Bevölkerungen sich ausbreiten, vielmehr kriecht sie in der Familie von einem zum anderen Glied, in den Ortschaften von Haus zu Haus, von Straße zu Straße weiter, erreicht allmählich ihren Höhepunkt und sinkt ebenso langsam wieder ab, um in der kalten Jahreszeit scheinbar ganz zu erlöschen. Vereinzelte Fälle oder Bazillenträger (s. u.) vermitteln aber die Verbindung bis zum nächsten Sommer, in dem dann die Seuche von neuem, aber unter Verschonung des früher durchseuchten Teils der Bevölkerung, sich ausbreitet. So entstanden in früheren Jahrhunderten und noch vor 40 bis 50 Jahren fast Jahr für Jahr große Ruhrepidemien.

Aus der Sterblichkeit der Krankheit, die bei jungen Kindern und Greisen 50%, im Durchschnitt aber 10% erreichte, ist zu entnehmen, daß es in erster Linie die echte Dysenterie war. In den letzten Jahrzehnten des vorigen Jahrhunderts war die Seuche bei uns viel seltener, immerhin kamen in gewissen Teilen Deutschlands, so in den weniger kultivierten und der Einschleppung von Rußland her ausgesetzten östlichen Provinzen Preußens, in den dicht bevölkerten, schlecht entwässerten und auf Zuzug von Osten angewiesenen Industriebezirken Oberschlesiens, Rheinlands und Westfalens, sowie in der damals mangelhaft kanalisierten Stadt Barmen noch schwere Epidemien zur Beobachtung. Der allgemeine Rückgang der Seuche ist wohl weniger auf gesundheitspolizeiliche Maßnahmen, als auf die Hebung des Kulturzustandes — der persönlichen Reinlichkeit — und die Verbesserung der Entwässerung zu beziehen.

Welche Rolle die Pseudodysenterie früher gespielt hat, ist unmöglich zu sagen, es macht aber den Eindruck, als ob sie in der letzten Zeit viel weiter verbreitet sei als die echte Dysenterie. Dabei fällt auf, daß sie vorwiegend bei gewissen Gruppen der Bevölkerung, bei Soldaten, Kindern und in Anstalten, in den letzteren geradezu als Endemie, beobachtet wird. Das läßt auf eine geringere Empfänglichkeit des Menschen im allgemeinen, auf eine Widerstandsfähigkeit, die nur durch bestimmte ungünstige Einflüsse gebrochen wird, schließen. Von diesem Gesichtspunkt aus kann es nicht Wunder nehmen, daß die Pseudodysenterie auch im letzten Kriege sehr häufig gewesen ist. In den letzten Jahren überwiegt die Pseudodysenterie E auffallend alle übrigen Rassen.

Neben den Ruhrkranken sind auch gesunde Personen verdächtig, die Ansteckung zu übertragen. Meist handelt es sich allerdings bei diesen

Bazillenträgern um Personen, welche die Ruhr überstanden, aber nicht ganz überwunden haben und ab und zu Rückfälle erleiden. Man findet die Bazillen in der Zwischenzeit bei ihnen gewöhnlich nur sehr spärlich, und zwar in den Schleimflocken, die dem sonst festen Kote beigemischt sind. Während mancher unter Soldaten beobachteten Epidemie von Pseudodysenterie hat man die Bazillen auch bei einer größeren Anzahl von Gesunden vorübergehend festgestellt. Bei den Ruhrkranken selbst verschwinden die Bazillen entsprechend dem Fortschreiten der Heilung erst allmählich ganz aus den Entleerungen. Im ganzen betrachtet, haben die Bazillenträger für die Ruhr weit weniger Bedeutung als für den Typhus. Die Bekämpfung der Ruhr hat sich an diese Tatsachen zu halten: Absperrung der Kranken, wenn möglich Überführung in Krankenhäuser, Desinfektion der Entleerungen, Hände, Wäsche, Lagerstatt, Wohnung, Aborte, Bekämpfung der Fliegenplage usw. sind die Hauptmittel, die überall in jedem einzelnen Fall von Ruhr bzw. bei jeder Epidemie anzuwenden sind, gleichgültig auf welche Form der Ruhr die endgültige Entscheidung lautet, denn ob es überhaupt eine nicht ansteckende Ruhr gibt, ist fraglich. Selbst bei einem Fall von ruhrartiger Erkrankung, die auf Urämie zurückgeführt wurde, habe ich Pseudodysenteriebazillen nachweisen können. Erziehung der Bevölkerung zur Reinlichkeit, einwandfreie Beseitigung der Abfallstoffe, am besten durch Schwemmkanäle, sind endlich zur Beseitigung der Ruhr unerläßlich, lassen sich allerdings nicht bei drohender Seuche aus dem Boden stampfen.

Ein Arzneimittel, das wie Emetin und Yatren die Amöbendysenterie die Bazillenruhr zu heilen imstande wäre, kennen wir bisher nicht, obwohl viele und immer wieder neue empfohlen worden sind. Dagegen besitzen wir in dem Dysenterieserum eine ausgezeichnete Hilfe für die Heilung, wie für die Vorbeugung der schweren Ruhr. Die Sterblichkeit an dieser Krankheit wird durch frühzeitige Serumbehandlung mindestens auf die Hälfte herabgesetzt. Die Wirkung des Dysenterieserums wird zwar meist als eine rein antitoxische erklärt, wir selbst halten die Wirkung der übrigen Schutzstoffe für wichtiger, wenn nicht für ausschlaggebend. Die Schutzimpfung durch Serum ist wirksam, aber wie alle Serumimpfungen nur für einige Wochen. Eine aktive Schutzimpfung durch abgetötete Bazillen ist mehrfach versucht worden, aber wegen der außerordentlich starken Reizungen, die namentlich die echten Bazillen verursachen, früher nicht beliebt gewesen. Erst im Kriege ist es gelungen, durch besondere Auswahl und Behandlung der Ruhrbazillen unter dem Namen Dysbacta und Dysmosil vielwertige Impfstoffe herzustellen, die gegen Dysenterie und Pseudodysenterie Schutz zu verleihen scheinen. Bei Ruhrendemien in Anstalten hat sich Schutzimpfung mit den betreffenden Pseudodysenteriestämmen bewährt. Ob die Fütterung mit abgetöteten

Ruhrbazillen beim Menschen wirklich so gute Immunisierungserfolge ergibt, wie man neuerdings behauptet, ist zweifelhaft. Bei Tieren haben wir solche nicht beobachten können. Auch die Behandlung von Ruhrkranken mit den zugehörigen Bakteriophagen (Abschnitt 28) war in der Leipziger Kinderklinik ganz erfolglos.

Als Paradysenteriebazillen sollte man solche Ruhrerreger bezeichnen, die sich von den übrigen wesentlich durch Gasbildung in Traubenzuckeragar unterscheiden. Daß ähnliche Bazillen vorkommen und sogar agglutinatorische Verwandtschaft mit Pseudoruhrbazillen besitzen können, ist unzweifelhaft; ob sie aber auch beim Menschen Ruhr erzeugen, muß dahingestellt bleiben. Vielleicht sind es nur Paraerogenes- oder Parakolibazillen (Abschnitt 9) harmloser Art, die durch Zusammenleben mit Ruhrbazillen die Fähigkeit zur „Paragglutination" erworben haben (Kuhn und Woithe).

Am ehesten verdient den Namen von Paradysenteriebazillen der Bac. pullorum (gallinarum), der die weiße Ruhr der Kücken, eine Allgemeinerkrankung mit Verkäsung des Dickdarms, erzeugt. Er ähnelt den Pseudodysenteriebazillen auch durch Säuerung des Mannits, bildet aber aus Traubenzucker meist Gas. Agglutinatorische Übereinstimmung besteht zwischen den einzelnen Stämmen, nicht aber mit denen der Pseudodysenterie. Im Typhusserum soll er mitagglutiniert werden. Der Bazillus wird von den Zuchthennen, die selbst nicht mehr krank, aber Bazillenträger sind, auf die Eier übertragen, aus denen sich dann die kranken Kücken entwickeln.

Über andere ruhrartige Erkrankungen s. Paratyphus (S. 132), Balantidium und Kokzidien (S. 143), Leishmanien (Abschnitt 26).

Vierzehnter Abschnitt

Cholera- und choleraähnliche Kommabazillen

Brechdurchfall, ja völlig choleraartige Erscheinungen, werden entweder durch die Vergiftung mit Metallen, Arsenik und manchen Pilzen, ferner Fäulnisbazillen (S. 41) und Paratyphusbazillen (Abschnitt 11) oder aber durch Ansteckung mit lebenden Bakterien verursacht. Von solchen können wir bisher mit Sicherheit nur Paratyphusbazillen und Choleraspirillen anschuldigen. Daß lebende Bakterien mittelbar oder unmittelbar die Krankheit beeinflussen, dürfen wir aber mit Wahrscheinlichkeit auch bei der Cholera infantum voraussetzen (S. 98). Während die übrigen Krankheitsursachen bei uns einheimisch sind, ist die Cholera asiatica eine ausländische Plage, die von ihrem eigentlichen Herd in Indien aus uns nunmehr seit etwa 100 Jahren heimsucht. Bei einem ihrer Züge nach Westen (1883) wurden ihre Erreger in Ägypten von Robert Koch entdeckt, dann in ihrem Ursprungslande näher studiert und seitdem überall, wo die Cholera auftrat, wiedergefunden.

Die sog. Cholerabazillen tragen diese Bezeichnung mit Unrecht, da sie nicht zu den echten Bazillen, sondern zu den Spirillen oder Vibrionen, d. h. den kurzen, schraubenförmig gedrehten Stäbchen gehören. Koch selbst hat sie Kommabazillen genannt. In der Tat ist das die Gestalt, in der sie, namentlich, wenn sie gefärbt sind, insbesondere in den Darmentleerungen selbst und frisch daraus gezüchtet erscheinen (Fig. 43). Sind sie längere Zeit auf künstlichen Nährböden gewachsen, so verändern sie oft ihre Form, die vorher etwas plumpen Kommas werden schlanker. ihre Krümmung flacher, so daß man sie auf den ersten Blick kaum wiedererkennt. Bei einzelnen Vibrionen ist eine Verwechslung mit geraden Stäbchen auch sonst möglich, wenn sie auf der hohlen Seite aufliegen und dadurch ihre Krümmung ausgleichen. Daß die Vibrionen nicht wie Kommas in der Fläche, sondern wie Schrauben im Raume gekrümmt sind, erkennt man bei genauer Betrachtung im hängenden Tropfen, namentlich an länger ausgewachsenen, mit mehreren Windungen versehenen Formen, den echten Spirillen, die freilich in den meisten Kulturen ziemlich selten sind, bei manchen älteren Stämmen aber so überhand nehmen können, daß sie geradezu vorherrschen. Übergänge bilden **S**-Formen und auch **E**-Formen oder Doppelkommas, die man sich durch Teilung und Achsendrehung einer **S**-Form an der Teilungsstelle entstanden denken kann. Auch die Größe der Kommabazillen, die gewöhnlich gering ist, kann unter Umständen zunehmen, so daß recht stattliche Formen entstehen. Mannigfaltig sind schließlich die Gestalten, die durch Entartung, besonders in alten Kulturen sich bilden, sog. Involutionsformen. Kleinere kuglige Formen unter ihnen hat man früher auch als Dauerzustände, sog. Arthrosporen, aufgefaßt, doch sind es in Wirklichkeit nur abgestorbene Formen.

Fig. 43.
Cholerabazillen.

Bei manchen Stämmen verwandeln sich die Kommabazillen auf den Agarflächen im Brutschrank schon in wenigen Tagen in solche rundliche Elemente, die die größte Ähnlichkeit mit den „Granula“ der Bakteriolyse (s. u.) haben. Bei anderen Vibrionen sahen wir das noch häufiger, aber auch bei Typhus- und Ruhrbazillen fehlen sie nicht.

Echte Endosporen werden von den Cholerabazillen nicht entwickelt. Daraus und wohl auch aus der Kleinheit ihres Körpers erklärt sich der ausnehmend geringe Widerstand, den sie schädlichen Einflüssen aller Art entgegensetzen. Schon Temperaturen von 53° töten sie binnen wenigen Sekunden, während die meisten Bazillen erst solchen von 60 bis 70° erliegen. Beim Trocknen in dünnen Schichten sterben sie in ganz kurzer Zeit, nur in dicken Lagen überleben sie, wenigstens zum Teil, einige Tage. Von einer Übertragung durch Staub kann daher bei der Cholera keine Rede sein. Im feuchten Zustande, auch dann, wenn sie nicht zum Wachsen kommen und vor dem Austrocknen geschützt sind, z. B. an Wäsche und Kleidern, können die Cholerabazillen dagegen wochenlang am Leben bleiben, ebenso in vielen Wässern. Freilich gilt das immer nur von einer kleinen Minderheit von Bazillen, so daß man sie meist anreichern muß (s. u.), um sie überhaupt noch nachzuweisen.

Die Kommabazillen sind durch eine Polgeißel so lebhaft beweglich, daß sie unter dem Mikroskop im hängenden Tropfen den Anblick eines Mückenschwarms gewähren; bei länger fortgezüchteten Kulturen kann aber die Beweglichkeit stark abnehmen. Mit Anilinfarben sind die Cholerabazillen leicht darzustellen, nicht aber nach der Gramschen Methode. Öfter, namentlich nach etwas zu starker Erhitzung, beobachtet man an den Kommabazillen ungefärbte Lücken. Auf den Nährböden wachsen die Kommabazillen gut und zeichnen sich auch hier durch Besonderheiten aus, die ihre Erkennbarkeit erleichtern. Namentlich gilt das für Gelatineplatten, wenn man sie in der früher üblichen Weise durch Impfung im verflüssigten Zustande mit 3 Verdünnungen herstellt (S. 33).

In denselben erscheinen die Kolonien, sobald sie genügend vereinzelt liegen, schon nach 24 Stunden bei 50facher Vergrößerung als kleine, glänzende Scheiben mit etwas welliger Umrandung, etwas später erscheint auch die Oberfläche gefurcht wie etwa die einer sich öffnenden Rose, auch verstärkt sich der Glanz dabei, offenbar unter dem Einflusse der beginnenden Verflüssigung am Rande, und die Oberfläche der Kolonie sieht aus wie mit Glasstückchen bestreut. Bald tritt eine deutliche Verflüssigung ein, wobei sich die Kolonien nur zum Teil in Form kleiner Bröckchen in der äußeren Zone des Verflüssigungstrichters verteilt, der Hauptsache nach aber als bräunlicher Klumpen in der Mitte desselben erhalten bleibt. Der Beginn der Verflüssigung macht sich, wenn die Kolonien dicht gedrängt stehen (auf der ersten Platte) schon nach 24 Stunden dem bloßen Auge dadurch bemerkbar, daß die Platte wie ein mattgeschliffenes Glas aussieht. Das kommt sonst in Gelatineplatten, die von Stuhlentleerungen angelegt sind, kaum vor. Schon vereinzelte verflüssigende Kolonien sind ja in Kotplatten ziemlich selten.

Ursprünglich legte man auf das Wachstum in Gelatineplatten einen großen Wert, später stellte sich freilich heraus, daß im Wasser sehr häufig, im Stuhl allerdings viel seltener choleraähnliche Vibrionen vorkommen, die ebenso wachsen, wie die Cholerabazillen. Auch für die Stichkulturen in Nährgelatine, die in der Tiefe nur ein spärliches Wachstum, darüber einen mit Bakterienmasse gefüllten kleinen Verflüssigungstrichter und oben eine durch Verdunstung erzeugte Luftblase aufweisen, trifft dasselbe zu.

Die Kolonien auf der Agaroberfläche sind weit weniger eigentümlich, sie fallen aber unter den Kolonien der gewöhnlichen Kotbakterien durch ihre Durchsichtigkeit auf. Jetzt benutzt man fast ausschließlich den

Ausstrich auf Agarplatten, weil die Kolonien darauf schon nach 15 Stunden (bei 37°) genügend herangewachsen sind, um die Erkennung und Reinzüchtung der Kommabazillen zu ermöglichen. Wichtig ist es gerade bei der Cholera, die richtige Reaktion der Nährböden zu beachten. Jede Spur Säure schadet ihrem Wachstum, während umgekehrt selbst stark alkalische Reaktion von ihnen besser vertragen wird als von anderen Bakterien. Man benutzt diese Eigenschaft bei der Zusammensetzung gewisser „Choleranährböden“ (s. u.).

Abweichungen von dem hier geschilderten Wachstum in Leim und Agar kommen namentlich bei länger fortgezüchteten Cholerakulturen ziemlich häufig vor. Immerhin bleiben die Kolonien auch dann meist so weit verschieden von den im gewöhnlichen Kot überwiegenden Kolikolonien, daß man sie aus ihnen herausfindet.

In Peptonfleischbrühe gedeihen die Cholerabazillen recht gut und so schnell, daß Schottelius den Vorschlag gemacht hat, verdächtige Stuhlentleerungen zunächst darin zu züchten, um die Cholerakeime anzureichern. Noch besser geeignet ist dazu die Vorzüchtung in 1prozentigem Peptonkochsalzwasser (je 1%), die man deshalb jetzt stets anwendet, um schon nach 6 Stunden aus den gefärbten Ausstrichpräparaten von der Oberfläche der Peptonlösung das Vorhandensein von Kommabazillen in Kot und Wasser festzustellen. Freilich verhalten sich auch die obengenannten choleraähnlichen Vibrionen in Peptonlösung ganz ähnlich.

Reinkulturen von Cholerabazillen geben in flüssigen oder verflüssigten Nährböden, wenn sie mit einigen Tropfen reiner Salz- oder Schwefelsäure versetzt werden, eine rote Farbe, das Cholerarot. Sie beruht darauf, daß von den Cholerakeimen aus dem Pepton Indol und aus dem Nitrat der Nährböden Nitrit gebildet wird, aus welchen Körpern durch freie Säure der Nitrosoindolfarbstoff gebildet wird. Auch hier handelt es sich leider um keine ausschließliche Eigentümlichkeit der Cholerabazillen, denn auch viele andere Vibrionen geben die gleiche Reaktion.

In Zuckernährböden weichen die Cholerabazillen schon insofern von den Kolibazillen ab, daß sie kein Gas entwickeln. Säure wird aus den verschiedenen Zuckerarten aber gebildet und Milch teils durch Säure, teils durch ein labähnliches Ferment zur Gerinnung gebracht.

Auf Lackmusmilchzuckeragar wachsen die Cholerabazillen ähnlich den Typhusbazillen, auf Endoagar bilden sie dagegen rote Kolonien, besonders wenn man statt des Milchzuckers Rohrzucker benutzt. Die Züchtung auf Agar mit Blutzusatz (5—10%) ist wenig geeignet, die Kommabazillen der Cholera zu erkennen, weil ihr Blutlösungsvermögen nicht beständig genug ist. Dagegen hat sich der ursprünglich von Dieudonné empfohlene Blutalkaliagar sehr bewährt. Er wird am einfachsten so hergestellt, daß 100 ccm des gewöhnlichen Nähragars mit 30 ccm einer gekochten *Auflösung* von *Rinderblut* in *Normalsodalösung* versetzt wird. Kolibazillen und andere Bakterien wachsen darauf so gut wie gar nicht, Cholerabazillen in schönen Kolonien, nicht anders freilich auch wieder die choleraähnlichen Vibrionen. Geradezu unentbehrlich zur Unterscheidung der Cholerabazillen von diesen letzteren ist die Agglutinationsprobe. In dem Blutserum, das von Kaninchen oder größeren Tieren durch Behandlung mit Cholerakulturen gewonnen ist, werden die Cholerabazillen noch in sehr großer Verdünnung (z. B. 1:10000) verklebt, während die ihnen sonst so ähnlichen Vibrionen aus Wasser usw. nicht oder nur in ganz geringfügigem Maße (1:50) beeinflußt werden. Die Reaktion kann man auch hier makroskopisch (S. 119) oder mikroskopisch anstellen. Am einfachsten prüft man schon die auf den Platten gewachsenen verdächtigen Kolonien im hängenden Tropfen mit einer schnell wirksamen Verdünnung (z. B. 1:200) von Choleraserum und wiederholt nach Herstellung von Reinkulturen die Prüfung, sei es makroskopisch, sei es mikroskopisch, bis zu Verdünnungen, die der Wertigkeit des Serums entsprechen. Bekommt man einen Ausschlag, so ist damit nach tausendfältigen Erfahrungen die Choleradiagnose gesichert.

Früher hat man auch den Tierversuch zur Erkennung der Cholerabazillen herangezogen.

Allerdings zeigte es sich bald, daß es nur unter Schwierigkeiten gelingt, bei unseren kleinen Versuchstieren eine Krankheit zu erzeugen, die einige Ähnlichkeit mit der menschlichen Cholera hat. Man muß Meerschweinchen z. B. $^1/_2$ ccm Opiumtinktur in die Bauchhöhle einspritzen und gleichzeitig in den Magen der Tiere neben einer Sodalösung nicht zu geringe Mengen von Cholerabazillen einbringen, um bei diesen Tieren eine reichliche Vermehrung der Cholerabazillen im ganzen Darm und dadurch den Tod zu erzielen. Doch fehlen häufig Durchfälle und stets Erbrechen, wenn man auch den Darm prall gefüllt findet mit kommabazillenhaltiger Flüssigkeit. Außerdem ist der Erfolg des Versuchs unsicher und tritt auch ein, wenn man statt der Cholerabazillen andere Vibrionen wählt.

Leicht läßt sich die Ansteckungskraft der Cholerabazillen nachweisen, wenn man sie in Gaben von $^1/_{100}$—$^1/_2$ Agarkultur in die Bauchhöhle von Meerschweinchen einspritzt. Doch ist das Ergebnis nicht mit der menschlichen Cholera zu vergleichen. Die Tiere können zwar binnen 24 Stunden unter einer Art von Kollaps sterben, aber dasselbe Bild erhält man, wenn man andere Bakterien, wie Typhus-, Ruhr-, Koli- und Prodigiosusbazillen, sowie andere Kommabazillen Meerschweinchen einverleibt. Hier wie dort vermehren sich die Bakterien außerdem im wesentlichen nur in der Bauchhöhle, nicht im übrigen Körper und vor allen Dingen nicht im Darm. Bedeutung haben allerdings gerade diese Versuche dadurch gewonnen, daß sie es R. Pfeiffer ermöglichten, zu wertvollen Schlüssen über die Giftigkeit der Cholerabazillen und über die Immunität gegen dieselben zu gelangen. Schon R. Koch hatte die schweren Krankheitserscheinungen der menschlichen Cholera nicht bloß, wie man es wohl versucht hatte, auf eine Wasserverarmung des Körpers, sondern auf giftige Stoffwechselerzeugnisse der Cholerabazillen zurückgeführt.

Man hat bis in die letzte Zeit hinein nach solchen gesucht und sie auch unter besonderen Bedingungen in flüssigen Kulturen der Cholerabazillen, die man durch Filtrieren von ihren Bazillen befreit hatte, gefunden. Zum Teil wurden alkaloidähnliche Körper (sog. Ptomaine), zum Teil „Toxopeptone“, „Toxalbumine“ und „Toxomuzine“ festgestellt. Emmerich hielt sogar die Nitrite, welche die Cholerabazillen in jedem nitrathaltigen Nährboden entwickeln, für das eigentliche Choleragift. Alle diese Befunde überzeugen aber nicht, teils, weil Filtrate junger Cholerakulturen so gut wie ungiftig sind, was sich doch mit dem rasend schnellen Verlauf der menschlichen Choleravergiftung nicht vereinigen läßt, teils, weil die im Tierversuch erhaltenen Vergiftungsbilder dem der menschlichen Cholera zu wenig ähneln, teils endlich, weil die vermeintlichen Choleragifte nicht von allen Cholerastämmen gebildet werden.

Demgegenüber konnten R. Pfeiffer und gleichzeitig mit ihm Gamaleia darauf hinweisen, daß die von Cantani ausgesprochene Vermutung, nicht die „Stoffwechselerzeugnisse“ der Cholerabazillen im engeren Sinne, sondern deren Leiber seien giftig, sich im Tierversuch mit Leichtigkeit bestätigen läßt.

In der Tat genügt es gewöhnlich, 10—30 mg der von einer frischen Agarkultur entnommenen und dann durch Erhitzen auf 60° abgetöteten Bazillenleiber, d. h. etwa ebensoviel wie auf einer Schrägagarkultur zu wachsen pflegen, Meerschweinchen von 200—250 g in die Bauchhöhle einzuspritzen, um diese unter ähnlichen Erscheinungen zu töten, wie sie lebende Bazillen in den oben genannten geringeren Gaben verursachen. Man kann diese „Choleraendotoxine“ auch leicht in gelöstem Zustande gewinnen, wenn man die Bazillen in Kochsalzlösung aufschwemmt, 1 Stunde bei 60° erhitzt und dann ausschleudert. Das Gift wird zwar etwas durch Kochen abgeschwächt, widersteht aber zum größten Teil der Siedehitze. Darin und in seinen Wirkungen ist es offenbar nahe verwandt den Leibesgiften (Endotoxinen, Proteinen) der übrigen gramfreien Bakterien. Gerade auf Grund dieser Tatsache hat man bezweifelt, daß das Leibesgift der Cholerabazillen für die Erklärung der menschlichen Cholera herangezogen werden könne. Doch verlieren derartige Bedenken sehr an Gewicht, wenn man zweierlei erwägt: erstens gibt es ja in der Tat choleraähnliche Erkrankungen, die durch andere Bakterien hervorgerufen werden, man denke an Fleischvergiftungen durch Paratyphusbazillen, Proteusbazillen usw. und an die Cholera infantum. Zweitens läßt sich die Ungleichheit der Krankheitsbilder, wie Cholera asiatica, Typhus abdominalis, Dysenterie mit der Ähnlichkeit ihrer Gifte ganz gut vereinigen, man braucht dabei nur zu berücksichtigen, daß die Erreger dieser Krankheiten beim Menschen ein ganz verschiedenes Ansteckungsvermögen besitzen: Die Cholerabazillen sind nur imstande, sich im Dünndarm zu vermehren, die Ruhrbazillen nur im Dickdarm, Typhusbazillen an zahlreichen Stellen des Körpers. Die Cholerabazillen wachsen ferner im allgemeinen im Menschen viel üppiger und schneller und bleiben viel mehr auf die Oberfläche des Darms beschränkt, als die Ruhr- und namentlich die Typhusbazillen. In denjenigen Tieren, denen gegenüber die drei Bakterienarten annähernd gleich geartete Ansteckungskraft besitzen, wie z. B. Meerschweinchen, erzeugen sie auch sehr ähnliche Krankheitsbilder.

Am Meerschweinchen hat R. Pfeiffer auch die Frage des künstlichen Impfschutzes gegen Cholera studiert und dabei die eigentümlichen Vorgänge entdeckt, die man mit dem Namen der Bakteriolyse bezeichnet. Nichts ist leichter, als diese Tierchen gegen die intraperitoneale Ansteckung mit Cholerabazillen zu festigen; man hat nur nötig, ihnen untertödliche Gaben lebender oder auch abgetöteter Kommabazillen in die Bauchhöhle oder unter die Haut usw. einzuspritzen. Nach 8 Tagen schon vertragen sie ein Vielfaches der sonst tödlichen Menge lebender Bazillen ohne schwerere Erkrankung. Die Kommabazillen, die sich bei ungeschützten Tieren lebhaft in der Bauchhöhle bewegen und vermehren, zeigen im immunisierten Tiere vom ersten Augenblick an ein völlig abweichendes Verhalten. Wie hängende Tropfen, die man den Tieren aus ihrer Bauchhöhle von Zeit zu Zeit durch Glaskapillaren entnimmt, beweisen, verlieren die Bazillen zunächst ihre Beweglichkeit, verändern dann ihre Gestalt, indem sie sich zu Kügelchen (Granula) abrunden und verschwinden unter allmählichem Verlust ihrer Färbbarkeit vollständig. Der ganze Vorgang verläuft frei in der Flüssigkeit, aber unter Beteiligung von Phagozyten und pflegt 15—30 Minuten zu dauern. Er wiederholt sich in derselben Weise bei Tieren, die man nicht durch Behandlung mit Cholerabazillen aktiv immunisiert, sondern durch Einspritzung von Blutserum immunisierter Tiere oder auch von Cholera genesener Menschen (s. u.) passiv immunisiert hat. Die in dem Serum immunisierter Tiere vorhandenen „bakteriolytischen Immunkörper“ scheinen es also zu sein, welche die Choleraimmunität der Tiere bedingen.

Die weitere Untersuchung hat gezeigt, daß die Schutzkraft des Serums bei langer Aufbewahrung mit und ohne Karbolsäurezusatz (0·5%) und auch nach Erhitzung auf 60° erhalten bleibt und unter Umständen so hoch sein kann, daß $^1/_{10000}$—$^1/_{20000}$ g Serum genügen, um gegen eine mehrfach tödliche Gabe zu schützen, daß aber der Schutz selbst bei den größten Gaben Serum unzureichend wird gegenüber einer etwa 10 mg übersteigenden Menge lebender Bazillen, offenbar, weil das Serum nicht imstande ist, die Giftigkeit einer so großen Menge von Cholerabazillen aufzuheben. Im Reagenzglas läßt sich im Gegensatz dazu die bakteriolytische Wirkung des Choleraserums nur nachweisen, wenn es frisch und nicht zu sehr verdünnt ist, oder aber, wenn man dem abgestandenen oder erhitzten und verdünnten Serum etwas frisches Serum eines ungeimpften Tieres zusetzt. Dieser scheinbare Widerspruch erklärt sich daraus, daß, wie wir schon früher (Abschnit 10) sahen, zwei Stoffe zur Bakteriolyse nötig sind, ein widerstandsfähiger Bestandteil, der eigentliche, im Immunserum reichlich vorhandene bakteriolytische Immunkörper (Ehrlichs Ambozeptor), und das hitzeempfindliche, im Blute jedes geschützten und ungeschützten Tieres nur in beschränkter Menge vorhandene Komplement.

Der bakteriolytische Immunkörper ist, wie alle anderen Gegenkörper, arteigentümlich. R. Pfeiffer konnte deshalb den Bakteriolyseversuch im Meerschweinchen dazu benutzen, die Cholerabazillen von ähnlichen Kommabazillen zu trennen; doch hat die bald danach gemachte Entdeckung der Agglutinine diesen sog. Pfeifferschen Versuch in den Hintergrund gedrängt, weil er lange nicht so einfach auszuführen und an gewisse, nicht immer erfüllbare Bedingungen geknüpft ist.

Wenn die Bedeutung der Bakteriolyse für die Immunität gegen Cholera keinem berechtigten Zweifel unterliegt, so ist damit noch nicht gesagt, daß diese Immunkörper die einzigen sind, die als Schutzstoffe gegen Cholera in Betracht kommen. Nachgewiesen sind zunächst Phagozytose befördernde (opsonische) Wirkungen des Choleraserums. Ferner kommen dem Choleraserum auch in beschränktem Grade giftwidrige Eigenschaften zu. Nach R. Pfeiffer wären es allerdings keine eigentlichen Antitoxine oder Antiendotoxine, sondern die Bakteriolysine selbst, welche gewisse Mengen des Choleragiftes so weit abbauen könnten, daß sie unschädlich sind.

Die Cholerabazillen sitzen beim cholerakranken Menschen in allererster Linie im Darm, und zwar ist der Dünndarm mehr von ihnen befallen als der Dickdarm. In jenem bevölkern sie nicht nur in riesigen Mengen den Inhalt, sondern dringen auch zwischen und unter die Epithelien und Lieberkühnschen Drüsen ein, so daß man mindestens in den schweren Fällen mit Recht von einer Epithel-, ja von einer Schleimhautinfektion sprechen darf.

Die Veränderungen der Schleimhaut beschränken sich in den frischesten Fällen auf Epithelabstoßung, Schwellung, Hyperämie und vereinzelte Blutaustritte. Später findet man den Darm oft blutig angeschoppt und in verschleppten Krankheitsfällen — bei dem sog. Choleratyphoid — im Zustand der oberflächlichen Verschorfung. Die letzteren Zustände scheinen allerdings durch fremde, nachträglich eingedrungene Bakterien verursacht zu werden. Durch die umfangreichen Epithelverluste und das Eindringen der Bazillen in die Schleimhaut erklärt sich genügend die neuerdings sichergestellte Tatsache, daß die Kommabazillen auch fast regelmäßig, wenn auch nur spärlich, im Blut und anderen Organen angetroffen werden. Es handelt sich wohl dabei im wesentlichen um eine einfache Aufsaugung, nicht um ein Wachstum im Gewebe. Dagegen beruht das häufige und reichliche Vorkommen der Cholerabazillen in der Galle wohl auf selbständiger Einwanderung der Keime in die Gallenwege. Befunde im Magen kommen offenbar durch Brechbewegungen zustande.

Die gewöhnlich massenhaften Stuhlentleerungen sind in frischen Fällen meist sehr reich an Cholerabazillen. Ausstriche von den Schleimflocken zeigen oft geradezu das Bild von Reinkulturen. Je älter die Erkrankungen werden, um so reichlicher erscheinen daneben andere Bakterien, die schließlich die Cholerabazillen völlig in den Hintergrund drängen können. Unter diesen fremden Bakterien beobachtet man gar nicht selten Spirochäten und größere Kommabazillen, die vermutlich ihren Ursprung von gewöhnlichen Bewohnern der Mundhöhle herleiten. Unter solchen Umständen wird man sich für die Feststellung der Choleraerkrankung nicht auf gefärbte Ausstriche verlassen dürfen, sondern die Ergebnisse der Züchtung abzuwarten haben. Erst recht gilt das für die Feststellung der sehr häufigen gesunden „Träger von Cholerabazillen", gleichgültig, ob sie die Krankheitserreger noch bei sich beherbergen, nachdem sie einen Choleraanfall überstanden haben, oder ob sie trotz der Aufnahme und Vermehrung der Cholerabazillen im Darm gesund geblieben sind (s. u.). Man züchtet die Cholerabazillen aus dem Darm in der oben angegebenen Weise gleichzeitig in flüssigen Nährböden (Peptonkochsalzwasser) und durch Ausstreichen auf Platten von Agar oder Blutalkaliagar. Die flüssige Kultur bietet den Vorteil, daß man von ihrer Oberfläche meist schon nach 6stündigem Aufenthalt im Brutofen gefärbte Ausstriche gewinnt, die Kommabazillen enthalten, und daraus mit hoher Wahrscheinlichkeit auf asiatische Cholera schließen darf. Die Plattenkulturen gestatten allerdings erst nach 15—20 Stunden den Nachweis von Kommabazillen, sie haben aber den doppelten Vorzug, daß man schon aus ihren Kolonien durch die Agglutination mit vorrätig gehaltenem Choleraimmunserum meist die sichere Diagnose stellen und jedenfalls Reinkulturen erhalten kann. Auch bei Bazillenträgern sind die Platten, die unmittelbar vom Stuhl angesetzt werden, wie wir entgegen anderen Behauptungen versichern dürfen, gewöhnlich so reich mit Cholerakolonien besetzt, daß deren Herausfinden keine Schwierigkeiten bereitet. Stets ist zur sicheren Erkennung der Cholerabazillen die Agglutinationsprobe nötig. Man war zwar öfter der Meinung, Kommabazillen, die mit denen der Cholera zu verwechseln wären, ließen sich nur ganz ausnahmsweise aus Stuhlentleerungen züchten, das ist aber durch ältere und neuere Untersuchungen widerlegt.

Nicht bloß in Epidemiezeiten, sondern auch lange danach hat z. B. Bürgers in Stühlen Kommabazillen gefunden, die zum Teil nur durch das Ausbleiben der Agglutination von Cholerabazillen zu unterscheiden waren. Meist traten sie, offenbar nur als gelegentliche Befunde im Stuhl, von Gesunden oder Typhuskranken auf, in anderen Fällen lag aber eine Gastroenteritis vor, so daß die Möglichkeit nicht ausgeschlossen werden kann, daß auch unter diesen choleraähnlichen Vibrionen Krankheitserreger vorkommen. Schon viel früher hat man solche mehr oder weniger choleraähnliche Vibrionen kennengelernt. Die bekanntesten unter ihnen sind der Vibrio Finkler-Prior, der sich allerdings durch Größe, mangelnde Cholerarotreaktion und stärkeres Verflüssigungsvermögen ziemlich stark vom echten Cholerabazillus unterscheidet, ferner der Vibrio Metschnikoff, der durch seine Ansteckungskraft für Tauben ausgezeichnet ist. Der erstere soll aus einem Fall von Cholera nostras stammen, der letztere von einer Geflügelseuche. Am wichtigsten ist der Vibrio Lissabon, den Camera Pestana und Bettencourt bei einer leichten, aber sehr ausgedehnten Brechdurchfallepidemie aus den Entleerungen von Kranken und aus Leitungswasser herausgezüchtet haben.

Viel häufiger sind allerdings choleraähnliche Vibrionen aus Wasser gezüchtet worden. Man findet sie ziemlich leicht, wenn man größere Mengen des Wassers, z. B. aus Flüssen oder schlechten Brunnen, durch Versetzen mit entsprechenden Mengen einer 10prozentigen Peptonkochsalzlösung in eine 1 prozentige Lösung verwandelt und sie dann in den Brutschrank stellt. Abgesehen von der Agglutination und anderen Immunitätsreaktionen unterscheiden sich diese Wasservibrionen oft schon dadurch von den Kommabazillen der Cholera, daß sie im Dunkeln leuchten wie phosphoreszierende Bakterien des Wassers (Absbhnitt 15). Wahrscheinlich sind alle diese Wasservibrionen stammesgeschichtlich mit den Cholerabazillen verwandt; wie wir gleich sehen werden, besitzen ja auch die letzteren innige Beziehungen zum Wasser.

Für die Entstehungsweise der Cholera asiatica ist zunächst schon die Tatsache, daß die Kochschen Kommabazillen regelmäßig dabei gefunden werden, beweisend genug. Daß sie in der Tat die Erreger sind und ebenso wie die Bazillen des Typhus und der Ruhr durch den Mund in den Magen-Darmkanal hineingelangen, zeigen außer absichtlichen oder unabsichtlichen Übertragungen auf Menschen (s. u.) auch alle epidemiologischen Erfahrungen. Entweder werden die Bazillen durch unmittelbare Berührung mit den Kranken bzw. mit ihren Entleerungen oder mittelbar durch Wäsche, Kleider, Nahrung und Wasser, die mit Kommabazillen verseucht sind, übertragen. Daß die Ansteckung von Person zu Person eine erste Rolle spielt, läßt sich durch zahlreiche Beispiele belegen. Besonders einleuchtend sind die Fälle, wo die einzelnen Mitglieder einer Familie von einer ersten Erkrankung aus nacheinander angesteckt werden. Als sehr wichtig erwiesen hat sich daneben besonders die Ansteckung durch das Wasser. Das Muster einer solchen Trinkwasserepidemie ist die Hamburger vom Jahre 1892.

Sie wurde verursacht durch das Leitungswasser, das damals ungereinigt aus der Elbe oberhalb Hamburg entnommen wurde und wahrscheinlich vom Hafen aus, sei es durch den Schiffsverkehr, sei es durch die Flutwelle mit Cholerabazillen verunreinigt war. Bezeichnend für die Ursache dieser Epidemie ist der Umstand, daß die unterhalb Hamburgs liegende, sich eng an sie anschließende Stadt Altona fast völlig von der Seuche verschont blieb, obwohl sie ebenfalls mit Elbwasser versorgt wurde. Allerdings wurde das Elbwasser Altona erst zugeführt, nachdem es durch Sandfilter von seinen Keimen befreit war. Auch sonst sind von jeher die Beziehungen der Cholera zum Wasser aufgefallen. In den kleineren Epidemien, die in den letzten Jahrzehnten in Deutschland, besonders in dessen östlichen Teilen durch Einschleppung von Rußland her auftraten, ließ sich die Ausbreitung der Krankheit längs den Flußläufen genau verfolgen. Der Schiffer- und Flößerverkehr vermittelte sie offenbar in erster Linie.

Die Bedeutung des Verkehrs für die Einschleppung der Cholera von Land zu Land und von Ort zu Ort wird durch zahllose Beispiele bewiesen. Nur durch sie wird die pandemische Ausbreitung der Cholera verständlich. Gefährlich scheinen dabei mehr die Personen, als die unbelebten Sachen zu sein. Zum Teil liegt das wohl daran, daß die Kommabazillen in viel größeren Mengen und in lebenskräftigerem Zustande von jenen als von diesen verbreitet werden. Erliegen doch die Kommabazillen in der Außenwelt sehr schnell allen möglichen schädlichen Einflüssen, vor allem dem Trocknen (s. o.). Von vornherein ist es wahrscheinlich, daß Personen, die an Cholera erkrankt sind, erheblich gefährlicher sind, als gesunde Träger von Kommabazillen, weil sie den Ansteckungsstoff in größeren Mengen ausscheiden und ihn weiter verstreuen. Und zwar werden wegen ihrer größeren Beweglichkeit die leichter Erkrankten mehr der Verbreitung verdächtig sein, als die Schwerkranken. Von einer Übertragung durch Tiere kann bei der Cholera nur insofern die Rede sein, als Insekten, namentlich Fliegen, die Krankheitskeime aus den Entleerungen der Kranken etwa auf Nahrungsmittel verschleppen. Allzu häufig wird eine Ansteckung dadurch aber wohl nicht erzeugt werden.

Noch in der vorbakteriologischen Zeit hat Pettenkofer auf Grund umfassender epidemiologischer Erhebungen die Ansicht verfochten, der Keim, der von den Cholerakranken ausgeschieden werde, sei nicht an sich ansteckungstüchtig, sondern bedürfe, um das zu werden, einer Veränderung, einer Art Reifung, die in einem besonders gearteten Boden stattfände (vgl. der Typhus).

Voraussetzung dafür sei erstens eine starke Verunreinigung des Bodens durch Abfallstoffe, zweitens eine hohe Durchlässigkeit desselben und drittens ein bestimmter Grad der Durchfeuchtung, der dann erreicht werde, wenn das Grundwasser sich seinem niedrigsten Stand nähere. In neuester Zeit hat Emmerich dieser Pettenkoferschen Lehre, der sog. lokalistischen, Boden- oder Grundwassertheorie der Cholera, eine größere Klarheit und Sicherheit dadurch zu geben versucht, daß er die Reifung des Cholerakeims auf die Gewinnung einer größeren Giftigkeit durch Steigerung seines Nitritbildungsvermögens zurückführte und die Eignung des Cholerabodens durch seinen Nitratgehalt und andere chemische und physikalische Eigenschaften, die das Wachstum der Cholerabazillen begünstigen sollten, erklärte. Unrichtig ist sicher die Pettenkofersche Meinung, die Cholera werde weder durch Ansteckung von Person zu Person, noch durch das Trinkwasser übertragen, da viele sichere Beobachtungen das Gegenteil lehren; unbewiesen und unwahrscheinlich ist ferner die Annahme Emmerichs, die Cholera sei eine Nitritvergiftung (s. o.); willkürlich gedeutet endlich werden von beiden Forschern die Beziehungen, die zwischen der Örtlichkeit und der Ausbreitung der Cholera bestehen.

Wenn auch die Pettenkofersche Lehre unhaltbar ist, so ist doch unleugbar, daß mit der Entdeckung der Cholerabazillen durchaus noch nicht alle Rätsel der Choleraepidemiologie gelöst sind, daß neben der Übertragung der Krankheitserreger selbst noch andere Einflüsse mitwirken müssen, damit eine Choleraerkrankung und -epidemie zustande kommen soll. Einen Teil dieser Einflüsse hat man zusammengefaßt unter dem Namen der Choleradisposition und unterscheidet die persönliche, zeitliche und örtliche Anlage zur Erkrankung an Cholera. Daß nicht alle Menschen, die der Ansteckung mit Cholera ausgesetzt sind, regelmäßig daran erkranken und sterben, ist eine alte Erfahrung. Nachdem man die Krankheitserreger kennengelernt hatte, war es möglich, das näher zu verfolgen, und es zeigte sich dabei, daß die Aufnahme der Cholerabazillen in den Darm des Menschen viel häufiger erfolgt als deren Erkrankung an Cholera. Sehr häufig kann man beobachten, daß in einer größeren Familie alle Mitglieder Cholerabazillen mit ihrem Kote ausscheiden, daß aber vielleicht nur das eine oder andere schwer, wieder andere leicht erkranken, während die übrigen, die obenerwähnten Bazillenträger, ganz gesund bleiben. Da auch bei diesen letzteren die Bazillen im Kot zahlreich auftreten können, bekommt man den Eindruck, daß sie sich im Darm vermehren, ohne ihn krank zu machen. Ähnliches beobachteten wir schon im Rachen bei den Meningokokken, im Munde bei den Pneumokokken. Man hat sich die Sache in unserem Falle so zurechtgelegt, daß die Cholerabazillen nach ihrer Vermehrung im Darminhalt nur dann Krankheit zu erzeugen vermöchten, wenn sie imstande wären, die Schranken des Darmepithels zu überwinden. Die Lösung des Rätsels wird aber damit nur verschoben, nicht wirklich gegeben. Eine besondere Anlage für Cholera schreibt man ferner solchen Individuen zu, deren Magen-Darmverrichtungen gestört sind, z. B. durch eine Verstimmung unter dem Einflusse des Alkoholmißbrauchs.

Der letztgenannte Fall ist im Grunde nur ein Sonderfall einer zeitlich wechselnden Krankheitsanlage. Daß ein solcher Wechsel aber nicht bloß bei einzelnen Personen, sondern bei ganzen Bevölkerungen eine große Rolle spielt, erhellt aus der jahreszeitlichen Verteilung der Seuchenfälle und Seuchenausbrüche. Wenn die Cholera auch gelegentlich im Winter in einzelnen Fällen, ja in kleineren Epidemien vorkommt, so herrscht sie doch in der heißen Jahreszeit weitaus vor und erreicht ihren Höhepunkt durchschnittlich im Spätsommer und Herbstanfang. Zur Erklärung hat man sich berufen auf den reichlichen Genuß von Wasser, Obst und anderen rohen Nahrungsmitteln, auf die große Verbreitung der Fliegen in dieser Jahreszeit, endlich auf die günstige Gelegenheit für die Krankheitserreger, in der Außenwelt zu wachsen. Am wenigsten spricht wohl für die letztere Annahme. Zwar ist zuzugeben, daß die Cholerabazillen mehr als die meisten anderen Krankheitserreger, z. B. die des Typhus und der Ruhr, zum Leben in der Außenwelt befähigt erscheinen, aber es wird auch bei ihnen im besten Falle nur ein vorübergehendes Wachstum, z. B. auf feuchter Wäsche, auf im Wasser schwimmenden organischen Resten, an der Oberfläche von stark mit Entleerungen beschmutztem Boden zustande kommen; und diesem Wachstum wird meist eine schnelle Überwucherung durch Fäulnisbakterien oder eine Vernichtung durch Trocknung und Sonnenbestrahlung folgen. Wir möchten den übrigen obengenannten Einflüssen, die freilich mehr auf eine Vermehrung der Ansteckungsgelegenheiten, als auf eine Erhöhung der Krankheitsanlage hinauslaufen, vor allen Dingen aber der ungünstigen Einwirkung der Sommerhitze auf den Verdauungskanal größeren Wert beilegen, schon aus dem Grunde, weil auch zwei andere Darmkrankheiten, die Cholera infantum und die Bazillenruhr, eine ganz ähnliche jahreszeitliche Verbreitung aufweisen, die sich sonst schlecht erklären ließe. Bei beiden spielt das Trinkwasser anerkanntermaßen nur eine geringe Rolle, bei Ruhr ist auch keine Rede von günstigen Wachstumsbedingungen in der Außenwelt. Nach Pettenkofer wären allerdings für die zeitlichen Schwankungen nicht die Wärmeverhältnisse, sondern die Grundwasserschwankungen verantwortlich zu machen. Allgemein läßt sich aber der „umgekehrte Parallelismus" der Cholerakurve mit der Grundwasserkurve durchaus nicht feststellen, sondern nur die Beziehung zur Temperatur. Diejenigen Fälle, wo das Gegenteil statthat, sind selten und lassen sich einfacher durch die bekannte Tatsache erklären, daß die Wasserversorgungen gerade bei niedrigen Wasserständen besonders der Verseuchung ausgesetzt sind.

Zahlreiche Beobachtungen erweisen die Bedeutung der örtlichen Verhältnisse für die Entstehung der Cholera, sind aber ebenfalls einfacher zu deuten, als es Pettenkofer getan.

So macht Flügge darauf aufmerksam, daß diejenigen großen deutschen Städte, die bisher von Cholera freigeblieben sind, nämlich Frankfurt a. M., Stuttgart und Hannover, nicht bloß weniger der Einschleppung ausgesetzt sind, als die viel mehr betroffenen ostdeutschen Städte, sondern auch durch größere Wohlhabenheit ihrer Bewohner, die sie viele Ansteckungsgelegenheiten vermeiden läßt, ausgezeichnet sind. Dasselbe gilt für den ganzen Westen Deutschlands gegenüber dem Osten. Besonders ungünstige Zustände in der Wasserversorgung und Abwässerbeseitigung werden ebenfalls der Cholera den Boden vorbereiten, günstigere ihn immun machen, weil sie die Ansteckungsmöglichkeiten beeinflussen. Von diesem Gesichtspunkt aus wird es auch verständlich, daß ein undurchlässiger Untergrund zur Entwicklung der Cholera weniger geeignet ist, als ein durchlässiger. Jener wird eben öfter mit einer einwandfreien Wasserversorgung und Entwässerung verbunden sein.

So wichtig die persönliche, zeitliche und örtliche Anlage für die Epidemiologie der Cholera ist, so wenig genügt sie u. E., deren Eigentümlichkeiten völlig zu erklären. Wie manche andere Infektion, z. B. die Genickstarre, macht die Cholera in ihrer Verbreitung den Eindruck der Unberechenbarkeit. Ihr Kommen und Gehen scheint unter besonderen uns vorläufig nicht ganz durchsichtigen Gesetzen zu stehen. Man hat zwar das Erlöschen der Seuche an einem und demselben Orte aus der Durchseuchung der Bevölkerung und der dadurch bewirkten Abnahme der Krankheitsanlage erklären wollen; für einen Teil der Bevölkerung wird das, wie das Vorkommen der Bazillenträger beweist, wohl richtig sein, aber deren Häufigkeit ist doch nicht groß genug, um daraus eine erworbene Immunität der ganzen Bevölkerung abzuleiten. Könnte es sich hier nicht wirklich, wie man seit langer Zeit und nicht bloß bei der Cholera vermutet hat, um eine Erschöpfung der Krankheitsursache, oder wie man das wissenschaftlicher ausdrücken kann, um ein Erlöschen der Ansteckungskraft des Erregers handeln? Sind wir in der Tat berechtigt, die Ansteckungskraft der von den Kranken ausgeschiedenen Erreger, wie es meist geschieht, als eine von Fall zu Fall wesentlich gleichbleibende, mindestens durchschnittlich beständige zu betrachten?

Endgültig entschieden könnte diese Frage nur werden durch ausgedehnte Versuche, die freilich am Menschen vorgenommen werden müßten. Aber auch die bisher vorliegenden, meist vereinzelt ausgeführten Versuche sind allmählich so zahlreich geworden, daß sie gewisse Schlüsse gestatten. Da zeigt sich nun, daß von mehreren Dutzenden von Fällen, in denen Reinkulturen absichtlich von Menschen aufgenommen wurden, kein einziger zu einer tödlichen Erkrankung geführt, und anscheinend nur eine (unbeabsichtigte) Ansteckung mit Reinkulturen den tödlichen Ausgang veranlaßt hat. Von 100 Cholerakranken sterben durchschnittlich 50. Selbst wenn man den Kranken noch die Bazillenträger, die nach den neuesten Erhebungen 20—120% der Kranken betragen, zurechnet, und wenn man berücksichtigt, daß die Versuchspersonen meist im widerstandsfähigsten Alter standen, bleiben die Wirkungen der Cholerabazillen im Versuch auffallend gering. Spricht das nicht dafür, daß die Ansteckungskraft der Cholerabazillen weit weniger beständig ist, als man gewöhnlich annimmt? Es leuchtet ein, daß dieser Umstand den Verlauf der Choleraepidemien sehr erheblich beeinflussen kann. Worauf in letzter Linie die Ab- und Zunahme des Ansteckungsvermögens der Kommabazillen beruht, ist noch ganz dunkel. Dasselbe zu der Wirksamkeit im Tierversuch oder der Fähigkeit, Nitrate zu Nitriten umzubilden, in Beziehung zu setzen, wäre vorläufig willkürlich.

Solange wir hierüber nichts wissen, müssen wir allerdings bei unseren Maßregeln zur Bekämpfung der Cholera so handeln, als ob die Cholerabazillen, wo wir ihnen auch immer begegnen, ihre volle Ansteckungskraft besäßen, bezugsweise sie jeden Augenblick wieder erlangen könnten. Wir werden uns ihnen gegenüber zu schützen suchen, indem wir die Kranken absondern, ihre Entleerungen, ihre Betten und Leibwäsche, Kleider usw. entseuchen und ebenso auch die Kommabazillenträger als ansteckungsverdächtig behandeln. Die Schwierigkeiten beginnen freilich schon bei der Erkennung der Kranken, um von den Bazillenträgern gar nicht zu reden. Immerhin hat die Erfahrung der letzten Jahrzehnte gelehrt, daß bei uns im Binnenlande schon die vorhandenen Einrichtungen, wie Meldepflicht der Ärzte, die bakteriologischen Untersuchungsämter und im Grenzverkehr einfache ärztliche Überwachungsstellen für Schiffer und Flösser an den gefährdeten Flüssen genügen, um größere Epidemien uns fernzuhalten. Hand in Hand gehen muß freilich mit den unmittelbaren Abwehrmaßregeln die allgemeine Fürsorge für einwandfreie Wasserversorgung, Abwässerbeseitigung usw. Außerdem besitzen wir in der Schutzimpfung gegen Cholera, wie sich namentlich im letzten Kriege gezeigt hat, ein gutes Mittel, um der Seuche vorzubeugen. Sie ist, seit Ferran, der sie zuerst angegeben, nur in unwesentlichen Punkten verändert worden und besteht in der Einspritzung von Cholerabazillen unter die Haut.

Am zweckmäßigsten ist es, Aufschwemmungen der auf Agar gewachsenen Bazillen vorsichtig (bei 53°) abzutöten, durch Zusatz von 0·5% Karbolsäure haltbar zu machen und wiederholt 4—8 mg der Bazillen unter die Haut der Brust einzuspritzen. Die Impfung schützt anscheinend weit sicherer, als die ähnlich ausgeführte Typhusimpfung, so daß bei einer durchgeimpften Bevölkerung nur ganz geringe Verluste an Cholera vorkommen. Dabei sind die Reizerscheinungen, welche die Impfung begleiten, kaum nennenswert, auch wieder ein Vorzug gegenüber der Typhusschutzimpfung. Von der Anwendung von Serum als Heilmittel gegen die Cholera hat man bisher nur zweifelhafte Erfolge gesehen. Zuletzt wurden große Mengen eines antiendotoxischen Serums angepriesen. Daneben werden immer wieder neue, aber nicht der Cholera eigentümliche Heilmittel gerühmt (Eingüsse, Bolus alba, Jod, Kaliumpermanganat). Bezüglich der Wirkung der Fütterung mit abgetöteten Bazillen oder Bakteriophagen gilt das bei der Ruhr Gesagte.

Fünfzehnter Abschnitt

Kleinwesen des Wassers und Bodens, der Luft, der Milch und anderer Nahrungsmittel

Für die Beurteilung eines Wassers sind neben hygienisch-chemischen Verfahren drei bakteriologische Methoden anwendbar: die Zählung der Wasserkeime, die Untersuchung auf Darmbakterien (Koliprobe) und die auf Krankheitserreger. Die älteste und einfachste Methode ist die Zählung der auf Gelatineplatten aus einer bestimmten Menge Wassers gewachsenen Kolonien.

Sie ist auch dann brauchbar, wenn das Wasser so arm an Keimen ist, daß man auf andere Weise keinen Erfolg erzielt. Man wird ja kaum daran denken können, in einem Wasser, das etwa nur 100 Bakterien oder weniger im Kubikzentimeter enthält, durch das Mikroskop überhaupt nur Keime zu sehen, geschweige sie denn sämtlich zu zählen. Faßt doch die Platinöse, mit der man sich einen hängenden Tropfen herstellt, etwa nur 1—2 Tausendstel ccm. Leicht sichtbar werden dagegen die wenigen Bakterien, wenn sie zu Kolonien herangewachsen sind. Gewöhnlich impft man zum Zwecke der Bakterienzählung in je ein im Wasserbad von 30° verflüssigtes Röhrchen mit Nährleim mittels eines Meßröhrchens oder eines Tropfglases 1, 0·5, 0·1 ccm und weniger, gießt sie in Doppelschalen aus und bringt sie nach dem Erstarren an einen Ort, wo eine Temperatur von ungefähr 22° herrscht, am besten in einen auf diese Temperatur eingestellten Brutkasten. Nach zwei Tagen zählt man die auf den Platten entwickelten Kolonien auf einer dunklen Unterlage mittels einer Lupe. Das gelingt, wenn man darauf achtet, Stäubchen oder Luftblasen nicht mit Kolonien zu verwechseln, ohne weiteres, sobald die Keimzahl keine zu große ist, z. B. 100—200 auf der Platte beträgt. Bei höheren Keimzahlen benutzt man die

Wolffhügelsche Zählplatte, die mit einer Einteilung von 1 qcm und $^1/_9$ qcm versehen ist, indem man entweder sämtliche Felder der darauf oder darunter gestellten Platte durchzählt, oder wenn die Kolonien zu Tausenden vorhanden sind, den Durchschnitt aus 10—20 beliebig herausgegriffenen größeren Feldern feststellt und mit der Zahl dieser Felder (etwa 62 auf den gewöhnlichen Petri-Doppelschalen) vervielfältigt. Werden schließlich die Kolonien zu zahlreich und damit zu klein, um mit der Lupe deutlich erkennbar zu sein, so zählt man bei etwa 50facher Vergrößerung (mit einer schwachen Trockenlinse) unter dem Mikroskop[1] eine Reihe von Gesichtsfeldern durch und vervielfältigt die dabei erhaltene Mittelzahl mit der Anzahl der auf eine Platte kommenden Gesichtsfelder (etwa 1300 bei der üblichen Vergrößerung). Das Ergebnis berechnet man dann auf 1 ccm Wasser. Um die Gefahr zu früher Verflüssigung zu vermeiden benutzt man besser Gußplatten in Nähragar, die man auch bei 20—22, hält, bei denen aber auch höhere Temperaturen nicht schaden.

Bei guten, in geschlossenen Leitungen fließenden Grund- und Quellwässern erhält man dann höchstens einige Dutzend, ja oft nur einzelne Keime, bei gut filtrierten Flußwässern regelmäßig unter 100 Keime im Kubikzentimeter, bei See- und Talsperrenwässern oder stärker benutzten guten Brunnenwässern gewöhnlich höchstens einige Hundert, bei weniger guten oder seltner gebrauchten Brunnen und in wenig verunreinigten Flüssen Hunderte bis Tausende, in stärker verunreinigten Brunnen und Flüssen Tausende und Zehntausende, in Flüssen unterhalb der Mündung von Abwässerkanälen Hunderttausende und in eigentlichen Abwässern Millionen von Keimen.

Zu beachten sind bei der Keimzählung aus Wasser noch folgende Punkte:

1. Zunächst gilt die selbstverständliche Regel, daß man in die Wasserproben bei der Entnahme und Verarbeitung zu Platten keine Verunreinigung hineinbringen, daß man also mit keimfrei gemachten Gefäßen und Werkzeugen arbeiten soll.

2. Ferner ist das Wasser nach der Entnahme unmittelbar oder höchstens wenige Stunden später zu Platten auszugießen, weil die darin vorhandenen Keime sich in den Auffanggefäßen schnell — manchmal bis zu Hunderttausenden und mehr — zu vermehren pflegen. Viele „Wasserbakterien" nehmen nämlich mit der kleinsten Nährstoffmenge vorlieb. Verpackungen in Eis schützt zwar in gewissem Grade, aber nicht vollständig dagegen, auch leiden einzelne Wasserkeime wieder unter der niederen Temperatur.

3. Eine andere Fehlerquelle liegt darin, daß das Wasser während des Aufenthalts in den Leitungen und Brunnenröhren und in dem Brunnenschacht selbst keimreicher wird, hauptsächlich durch Beimengung von Bakterien, die an den Wandungen wuchern. Man sucht das dadurch zu vermeiden, daß man die Brunnen vor der Wasserentnahme kräftig auspumpt und die Leitungen einige Zeit laufen läßt, auch die Mündung der Pumpe und den Hahn der Leitung durch Abglühen mit einer Spiritusflamme oder Abwischen mit Weingeist reinigt. Die Benutzung der Pumpe kann man in Schachtbrunnen dadurch umgehen, daß man mit einer besonderen Einrichtung das Wasser unmittelbar aus dem

---

[1] Einstellung wie bei der Untersuchung der Platte zum Betrachten und Abstechen der Kolonien (Abschnitt 4) unter Ausschaltung der Beleuchtungsvorrichtung oder Herabschrauben derselben und starker Abblendung.

Schacht entnimmt. Zahlreiche Muster sind dafür angegeben worden. Ich benutze seit langem ein dickes Probierrohr, daß unten mit eingeschmolzenem Bleischrot beschwert und oben durch einen eingeschliffenen Glasstopfen verschlossen ist. In diesem Stopfen ist ein schräg abgeschnittenes Glasröhrchen eingeschmolzen, durch das Wasser nach Versenkung in den Brunnen tropfenweise eintritt. Das hat den Vorteil, das man in der Lage ist, in jeder beliebigen Wassertiefe z. B. auch aus Seen oder Stauweihern Proben zu entnehmen. Hinein- und herausgebracht wird das Gefäß an einer Schnur, die an einer Drahtöse am Halse befestigt ist. Zur Aufbewahrung des leeren Gefäßes vor der Entnahme des Wassers dient eine Blechbüchse, in der auch der „Taucher"[1] keimfrei gemacht wird. In derselben Büchse bringt man das Gefäß nach der Füllung an den Ort, wo die Platten gegossen werden sollen. Das Probegefäß öffnet man mit einem keimfreien Wattebausch oder dgl. Man kann leicht mehrere Taucherbüchsen in der Manteltasche mit sich führen.

Auch gründliches Abpumpen der Brunnen und die Entnahme durch genannte Schöpfgefäße schützt noch keineswegs völlig gegen die Beimischung von Keimen, die von der Wandung des Schachtes stammen oder von seinem Boden aufgerührt sind, zum Wasser. Um Grundwasser ohne jede solche Beimischung zu bekommen, hat man den ganzen Brunnen durch Einschütten von Kalkmilch, Chlorkalk u. dgl. oder auch durch Einleitung von Dämpfen mittels einer Lokomobile zu entkeimen gesucht. Einfacher und sicherer gelingt das bei Rohrbrunnen, deren Pumpe man nach Auseinandernehmen in Lysollösung gründlich von innen reinigt, und in deren Rohr man 1—2 Liter Lysol hineinschüttet. Nach mehrstündiger Einwirkung muß man natürlich vor der Probenahme genügend lange auspumpen, um jede Spur des Entkeimungsmittels zu entfernen. Auf solche Weise ist die wichtige Tatsache festgestellt worden, daß das Grundwasser in gewisser Tiefe (3—6 m unter der Erdoberfläche) völlig keimfrei ist. Für die gewöhnliche Wasseruntersuchung ist das Verfahren zu umständlich.

4. Für ein einwandfreies Ergebnis der Keimzählung ist nötig, daß die Nährböden, die man anwendet, richtig zusammengesetzt sind und benutzt werden. In jeder bakteriologischen Anstalt ist das selbstverständlich. Da aber derartige Untersuchungen öfter auch in Wasserwerken, in denen eine fortlaufende Überwachung der Wasserbeschaffenheit wünschenswert ist, und in anderen Betrieben, zum Teil von nur oberflächlich geschulten Leuten vorgenommen werden, sind vom Reichs-Gesundheitsamt besondere Vorschriften über die Zusammensetzung der dazu dienenden Wassergelatine erlassen worden. Noch sicherer ist es, wenn der Nährboden, was jetzt möglich ist, von einer Anstalt oder einer Fabrik bezogen wird.

Zur zweckmäßigen Ausführung der Keimzählung gehört aber auch, daß die Platten in der richtigen Temperatur (etwa 22°) gehalten und die Zählung nach der ein für allemal vereinbarten Zeit (48 Stunden) vorgenommen wird. Jede Abweichung davon führt zu unrichtigen Ergebnissen und unter Umständen, wenn es sich um die regelmäßige Überwachung von Sandfiltern handelt, zu falschen Maßnahmen. Allerdings ist es wahr, daß nach zwei Tagen noch nicht alle im Wasser vorhandenen Keime zu zählbaren Kolonien herangewachsen sind; das ist aber selbst nach 8 Tagen noch nicht der Fall. Und die Erfahrung hat immerhin gelehrt, daß man bei der Einhaltung der angegebenen Bedingung brauchbare Ergebnisse erzielt. Ist man nicht im Besitz eines Brutschrankes, so muß man sich mit der Temperatur des Zimmers begnügen oder die Platten

---

[1] Zu beziehen von Franz Müller (früher Geißler & Co.) in Bonn.

gleichzeitig mit einem Thermometer in die Nähe eines Ofens oder Herdes stellen. Vorsicht ist dabei nötig, weil Temperaturen von 23—24° oft genügen, um den Leim zu erweichen. Andererseits wird man bei niedrigerer Temperatur als 22° die Zählung der Platten nicht nach zwei Tagen, sondern später vorzunehmen haben. Bei Benutzung von Agarplatten (s. o.) vermeidet man die letzte Schwierigkeit.

5. In vielen Fällen genügt es für die Beurteilung, die Keimzahl im Wasser nur ungefähr festzustellen. Dann kann man die Züchtung auf Platten entbehren und sie in den Leimröhrchen selbst vornehmen. Sogar Meßröhrchen und besondere Entnahmegefäße sind oft entbehrlich. Man braucht das Röhrchen mit dem festen Nährboden nur, nachdem man den Wattebausch oberflächlich abgebrannt und abgenommen hat, an dem Wasserstrahl der Leitung oder der Pumpe vorbeizubewegen, den Überschuß des Wassers bis auf ungefähr 1 ccm wieder auszugießen, dann das Röhrchen in lauwarmes Wasser zu stellen, gut durchzumischen und im kalten Wasser schräg erstarren zu lassen. Nach dreitägigem Aufenthalt im warmen Zimmer sieht man schon mit bloßem Auge, ob viel oder wenig Kolonien in dem Nährboden gewachsen sind.

6. Bei stark verunreinigtem Flußwasser und Abwässern ist das Wasser vor der Züchtung mit abgekochtem Wasser 100—1000mal zu verdünnen, wenn man einigermaßen genaue Keimzahlen erhalten und nicht Gefahr laufen will, daß die Gelatineplatten durch die zahlreichen darauf vorhandenen verflüssigenden Keime vor der Keimzählung verlaufen und dadurch für die Zählung unbrauchbar werden. In jedem Falle verlohnt es sich, die Platten schon, bevor 48 Stunden verflossen sind, darauf anzusehen, ob sie nicht zu dicht besetzt oder zufällig mit stark verflüssigenden Kolonien bewachsen sind. Sollte das auch bei den Verdünnungen der Fall sein, so wird man früher als sonst und dann am besten mit dem Mikroskop zählen. Verflüssigende Keime werden gerade auf Wasserplatten sehr häufig beobachtet. Ein Teil von ihnen färbt sich grün (B. fluorescens, S. 39) oder blau (S. 41), manche leuchten im Dunkeln.[1]

Im großen und ganzen hat sich die Keimzählung nach den angegebenen Grundsätzen für die Beurteilung des Reinheitsgrades, den ein Wasser von Natur besitzt oder durch die Behandlung in Filtern und anderen Reinigungsanstalten erwirbt, durchaus bewährt, daneben hat sich allerdings im Laufe der Zeit ein anderes Züchtungsverfahren eingebürgert, das auf dem Nachweis bestimmter Keime, der sog. Kolibazillen, beruht.

Von dem richtigen Gedanken ausgehend, daß eine Wasserverunreinigung gewöhnlich nur dann von Bedeutung ist, wenn sie durch Abwässer des menschlichen Haushalts, insbesondere durch Kot verursacht wird, hat man Verfahren ausgearbeitet, um die Darmkeime aus dem Wasser herauszuzüchten. Bei den Kolibazillen gelingt das verhältnismäßig leicht. Man braucht das Wasser nur in eine Lösung hineinzubringen, die je 1% Pepton und Traubenzucker neben 0·5% Kochsalz enthält, um an der starken Trübung und Gasbildung schon nach 24stündigem Aufenthalt bei 37° mit einer gewissen Wahrscheinlichkeit die Beimengung von Kolibazillen zu erkennen, und kann sie sicher als solche

---

[1] Auf die große Zahl der sonst im Wasser gelegentlich vorkommenden Bakterien einzugehen, können wir uns hier versagen. Das Vorkommen von phosphoreszierenden Kommabazillen wurde im 14. Abschnitt erwähnt. Von den hygienisch hauptsächlich wichtigen Kolibazillen und anderen Abwasserbakterien ist im folgenden die Rede.

bestimmen, wenn man aus den Peptonkulturen z. B. durch Lackmusmilchzuckerplatten Reinkulturen gewonnen hat. Ursprünglich glaubte man, es genüge überhaupt der Nachweis von Kolibazillen in einer beliebigen Menge Wassers, um dieses Wasser als verunreinigt mit Darminhalt betrachten zu dürfen. Es hat sich aber herausgestellt, daß dem doch nicht so ist, da Kolibazillen auch sonst in unserer Umgebung vorkommen und selbst in einwandfreiem Wasser gefunden werden können, wenn man nur genügend große Mengen (z. B. Liter) davon in der angegebenen Weise verarbeitet. Das Verfahren kann allerdings dadurch verfeinert werden, daß man nach Eijkman die Züchtung bei 44°[1] vornimmt, weil dadurch eine große Anzahl der sog. Kolibazillen, die außerhalb des Darms von Warmblütern, z. B. in dem von Kaltblütern, vorkommen, ausgeschaltet werden. Jedoch kann man auch bei dieser Beschränkung des Begriffs der Kolibazillen nicht mit Sicherheit sagen, daß im Wasser vereinzelt vorkommende Bakterien dieser Art auf Verunreinigung mit menschlichem Kot hindeuten. Es bleibt also nur übrig, auch die Kolibazillen im Wasser zu zählen. Am besten bedient man sich dazu des genannten flüssigen Nährbodens, der Peptonzuckerlösung, indem man in je 1 Röhrchen mit dieser Lösung 1·0, 0·1, 0·01 und 0·001 ccm des zu untersuchenden Wassers hineinbringt, außerdem ein Röhrchen mit 10 ccm des Wassers und 1 ccm 10% Peptonzuckerlösung, ferner ein Kölbchen mit 100 ccm Wasser und 10 ccm dieser 10 prozentigen Lösung beschickt. Alle Mischungen kommen in den Brutschrank bei 37°. Nach 24stündigem Wachstum zeigt sich ein mehr oder weniger großer Teil von ihnen deutlich getrübt und mit Gasperlen durchsetzt. Davon impft man neuerdings je eine Öse in Röhrchen mit 1% Peptonzuckerlösung und stellt diese in einen Brutschrank, der auf 44° gehalten wird. Von denjenigen Röhrchen, die jetzt wieder eine deutliche Trübung, aber nicht immer auch Gasperlen aufweisen, werden Platten mit Lackmusmilchzucker oder Endoagar ausgestrichen, und die nach weiteren 24 Stunden darauf gewachsenen verdächtigen roten Kolonien in Traubenzuckeragar, Gelatine und Milch abgestochen. Wenn nach 1—2tägigem Aufenthalt bei 37° der Traubenzucker Gasblasen enthält, die im Brutofen verflüssigte Gelatine nach Abkühlung in kaltem Wasser wieder fest wird, und die Milch binnen einer Woche ganz oder teilweise geronnen ist, dürfen wir die erhaltenen Bazillen als Kolibazillen betrachten. Ganz reines Wasser enthält selbst in 100 ccm keine derartigen Keime. Aber auch solche Wässer, die sie aus 100 und selbst aus 10 ccm zur Entwicklung bringen, erwecken nur den Verdacht einer Verunreinigung. Erst wenn sie in einer geringeren Menge gefunden werden, deuten sie mit Sicherheit darauf.

Auch auf festen Nährböden lassen sich die Kolibazillen des Wassers zählen, indem man dasselbe in Lackmus- oder Fuchsinmilchzuckeragar bei 37—44° züchtet und auf die bekannten roten Kolonien achtet. Selbst größere Wassermengen kann man verarbeiten, wenn man je 10 ccm Wasser auf fertige Platten bringt und in einem 30° warmen Luftstrom, der durch Watte filtriert ist, verdunstet. Die von Faust und Heim angegebene elektrische Trocknungseinrichtung tut dabei gute Dienste. Größere Mengen Wasser verarbeitet man in der für Typhusbazillen (s. u.) angegebenen Weise.

Man sieht, insbesondere die Eijkmansche Koliprobe ist lange nicht so einfach, wie die gewöhnliche Keimzählung, sie hat aber den Vorzug, daß sie in zweifelhaften Fällen anwendbar ist, z. B. dann, wenn

[1] Eijkman hatte ursprünglich 46° vorgeschlagen. Das ist aber nach unseren Erfahrungen erheblich zu hoch.

wir uns zugeschickte Wässer zu beurteilen haben, bei denen die Keimzählung aus dem oben erwähnten Grunde nicht maßgebend ist.

Auch zur Herauszüchtung der Cholerabazillen aus Wasser bedient man sich flüssiger Nährböden, und zwar der seinerzeit erwähnten 1⁰/₀igen Peptonkochsalzlösung, und ist imstande, in ähnlicher Weise wie bei den Kolibazillen die Menge der vorhandenen Keime zu bestimmen.

24—48 Stunden nach der Bebrütung bei 37⁰ kann man von der Oberfläche der Peptonkulturen etwa vorhandene Kommabazillen durch gefärbte Ausstriche nachweisen und eine Platinöse auf Agar oder Blutalkaliagar verstreichen. Die bekannten durchsichtigen Kolonien sind dann in Choleraserum auf Agglutination zu prüfen, denn erfahrungsgemäß kommen in Brunnen und namentlich in Flußwässern Kommabazillen, die nicht solche der Cholera sind, oft vor.

Für die Gewinnung der Typhusbazillen aus Wasser haben wir kein ebenso brauchbares Anreicherungsverfahren in flüssigen Nährböden zur Verfügung, wie im Falle der Cholera- und Kolibazillen. Man hat gelegentlich auf andere Weise Erfolg erzielt.

Zunächst wird man den Versuch machen dürfen, aus Wässern, die an Bakterien sehr reich sind, die Typhusbazillen unmittelbar auf Malachitgrünplatten, die man mit einigen Tropfen bis einigen Kubikzentimetern besät, in der bei letzteren geschilderten Weise herauszüchten. Aus weniger stark verunreinigten Wässern, die bei dieser Probe überhaupt kaum ein Wachstum ergeben, kann man fast sämtliche Keime, die z. B. in 1 Liter vorhanden sind, durch Erzeugung eines Niederschlags mit Liqu. ferri oxychlorati sammeln und sie dann auf denselben Nährböden prüfen. Am besten ist wohl das Verfahren von Hesse und P. Schmidt. Man versetzt 1—2 Liter des zu untersuchenden Wassers mit 0·1 g Kieselgurpulver, das man bei 180⁰ keimfrei gemacht hat, schickt es durch ein kleines Kieselgurfilter, löst durch Rückstoß mit einer kräftigen Handpumpe den Belag von Kieselgur, der sich auf dem Filter niedergeschlagen hat, von dem letzteren ab und verteilt die paar Kubikzentimeter trüber Flüssigkeit, die sämtliche Bakterien des Wassers enthalten, auf mehrere große Platten mit Malachitgrünagar.

Das hier Gesagte gilt auch für Paratyphusbazillen mit der Erweiterung, daß man versuchen könnte, sie durch einfache Anreicherung in Peptonwasser wie die Kolibazillen aus dem Wasser herauszuzüchten.

Ruhrbazillen kommen im Trinkwasser im Gegensatz zu Cholera- und Typhusbazillen als Krankheitserreger höchst selten in Betracht. Gegebenenfalls würde man wie bei den Typhusbazillen verfahren, aber statt des Grünagars Lackmusmilchzuckeragar benutzen.

Wie oben bemerkt, ist die unmittelbare mikroskopische Zählung der im Wasser vorhandenen Keime wegen ihrer zu geringen Menge aussichtslos. Neuerdings hat aber P. Th. Müller den Vorschlag gemacht, im Wasser durch Liqu. ferri oxychlorati einen Niederschlag zu erzeugen, diesen mit Gentianaviolett zu färben, auszuschleudern, auf dem Objektträger in dicker Schicht anzutrocknen und dann mit der Tauchlinse zu zählen.

Wie wir uns überzeugt haben, gewinnt man auf diese Weise in der Tat viel schneller als durch die übliche Züchtung ein ungefähres Urteil über den Bakterienreichtum eines Wassers und über den Erfolg eines bestimmten Reinigungsverfahrens. Gute Wässer enthalten z. B. nur vereinzelte Bakterien im Gesichtsfeld, schlechte sehr viele. Freilich muß man dabei beachten, daß man den gefärbten Bakterien nicht ansehen kann, ob sie tot oder lebendig sind, aber in gewissen Fällen, z. B. bei Abwässern, ist es gerade erwünscht, den Gesamtgehalt an Bakterienleibern im Wasser kennen zu lernen.

Für die Untersuchung von Wässern, die durch Eisen, Mangan, Schwefelwasserstoff oder durch Abwässer verunreinigt sind, auf Algenbakterien, Protozoen, Pilze und Algen, kurz auf alle das sog. Plankton zusammensetzenden Lebewesen, ist die mikroskopische Untersuchung seit langem üblich.

Man fischt zu dem Zweck die sichtbaren Flöckchen aus dem Wasser heraus oder sammelt sie entweder durch Absitzenlassen in einem Spitzglase oder, wenn größere Wassermengen untersucht werden sollen, mittels des Planktonnetzes. Das ist ein feines Gewebe von Kegelform, dessen unteres spitzes Ende in einen durch Klemme verschlossenen Schlauch ausläuft. Während das hineingegossene Wasser durch die Maschen des Netzes hindurchgeht, bleibt das Plankton in ihm zurück und kann schließlich nach Öffnen der Klemme in ein Meßgefäß gespült werden, in dem nach Zusatz von etwas Formalin und Ausschleudern seine Menge bestimmt wird. So wurden z. B. einmal in einem Kubikmeter Elbwasser unterhalb Dresdens 28 ccm, oberhalb Hamburgs 4 ccm Plankton gefunden. Aber auch ohne weitere Vorbereitung lassen sich die größeren Lebewesen des Planktons, wenn sie sehr reichlich im Wasser vorkommen, in sog. Planktonkammern, die 1 ccm Wasser fassen, bei schwacher Vergrößerung zählen.

In eisen- und manganhaltigen Wässern findet man manchmal so reichlich, daß sie Störungen in den Rohrleitungen veranlassen, Wucherungen der sog. Eisenbakterien (S. 9). Am häufigsten sind die fadenförmige Leptothrix ochracea, die spiralig gewundene Gallionella ferruginea und die sternförmige Siderocapsa. Seltner ist die durch ihren Formenreichtum ausgezeichnete Crenothrix polyspora (vgl. Fig. 8, S. 9). Zum Nachweis dieser Eisenbakterien genügt meist ein ungefärbtes Präparat. Gelbe oder braune Krusten von Eisen oder schwärzliche von Mangan, in denen sie oft versteckt liegen, löst man durch stark verdünnte Salzsäure.

In schwefelwasserstoffhaltigen Wässern siedeln sich farblose oder purpurrot gefärbte Schwefelbakterien an (S. 9). Der Schwefel ist in ihnen in Form von stark lichtbrechenden Körnern mehr oder weniger reichlich aufgestapelt und wird von ihnen unter Oxydation zu Schwefelsäure verbraucht. Am gewöhnlichsten sind die stattlichen Fäden der

Beggiatoa (Fig. 44). Die Purpurbakterien sind viel seltner, sie erscheinen als zahlreiche Arten in den sonst bekannten, teilweise riesigen Bakterienformen.

Die Zusammensetzung des Planktons in verunreinigten Wässern ist von dem Grade ihrer Verunreinigung mit fäulnisfähigen Stoffen abhängig.

Man unterscheidet zunächst die eigentliche Abwasserzone in der Nähe des Ausflusses von Kanälen. Hier herrschen Bakterien vor, so vor allen Bac. proteus, coli, cloacae, fluorescens, subtilis, putrificus und butyricus, ferner Sarzinen, Streptokokken, große und kleine Spirillen, mannigfaltige Schleimkolonien (z. B. Zoogloea ramigera); von Algenbakterien Beggiatoen (s. o.) und Sphaerotilus natans, deren weißliche Fadenbüschel sich schon dem bloßen Auge auf den Ablagerungen des Ufers zu erkennen geben. Dazu kommen Amoeba limax (Fig. 39), einige Flagellaten, Ziliaten, Rädertierchen (Fig. 15) und im Schlamm steckend oft massenhaft der große Borstenwurm Tubifex rivularius. In der Übergangszone treten die Bakterien schon stark zurück; und es entwickelt sich statt ihrer eine mannigfaltige Pflanzen- und Tierwelt. In der Reinwasserzone spielen Bakterien, Algenbakterien und Pilze kaum noch eine Rolle, um so mehr grüne und braune Algen, die manchmal selbst in dem Wasser von Stauweihern in so dichten Scharen auftreten, daß man von „Wasserblüte" spricht. Auf die einzelnen Arten, die für jede Zone charakteristisch sind, einzugehen, ist Sache einer besonderen Wissenschaft, der Planktonbiologie.

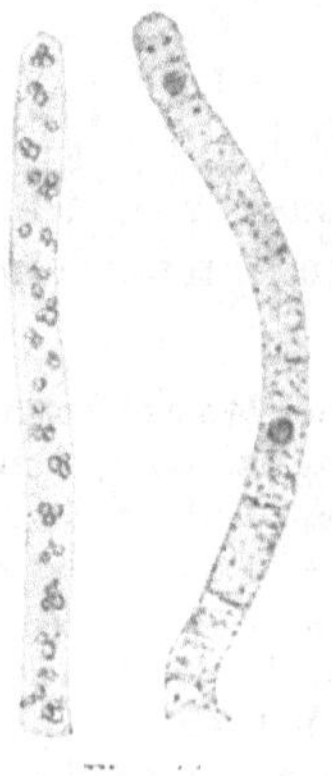

Fig. 44.
Beggiatoa alba mit und ohne Schwefelkörnchen (nach Winogradsky).

Es leuchtet ein, daß man eine strenge Scheidung der in den drei Zonen zu machenden Befunde schon deswegen nicht erwarten darf, weil sie besonders in stehenden Gewässern allenthalben ineinander übergehen müssen, und jede Anhäufung zersetzungsfähiger Stoffe, wie sie z. B. in abgestorbenen Pflanzen oder Tieren, selbst mikroskopischer Größe, vorliegt, sogar in reinsten Wässern einen Fäulnisherd schafft und damit die entsprechenden Kleinwesen zur Entwicklung bringen kann. Man wird auch die Prüfung auf Plankton, sowie die bakteriologische Wasseruntersuchung überhaupt nicht als ein selbständiges, d. h. für sich allein gültiges Verfahren auffassen dürfen, sondern beide nur als unter Umständen ganz brauchbare Ergänzungen der sonst, insbesondere schon durch Auge und Nase, gebotenen Hilfsmittel für die hygienische Beurteilung von Wasser und Abwässern zu Rate ziehen.

Dem Plankton hat man eine große Bedeutung für die sog. Selbstreinigung des Wassers zugeschrieben und legt sich die Sache gewöhnlich so zurecht, daß die Bakterien in erster Linie die Auflösung und Zersetzung der organischen Verunreinigungen des Wassers zu leisten hätten, die Bakterien wieder durch die Protozoen, diese durch die kleinsten Kruster und Würmer und die letzteren schließlich durch die Fische aufgezehrt, lösliche Zersetzungsstoffe aber von den Algen und anderen Pflanzen zu ihrer Ernährung benutzt würden.

Manches davon mag wahr sein, indessen ist zunächst nicht zu bestreiten, daß der Umfang dieser biologischen Selbstreinigung vielfach überschätzt wird.

Zum großen Teil handelt es sich überhaupt nicht um Umwandlung und Verzehrung der organischen Schmutzstoffe, sondern nur um Verdünnung derselben durch Reinwasser. Die biologische Selbstreinigung fordert jedenfalls viel zu viel Zeit, um in schneller fließenden Wässern eine große Rolle spielen zu können. In den Uferbezirken, bei langsamer Strömung und bei gänzlichem Stillstand, in Teichen und Seen wird die Befreiung des Wassers von organischen Schwebestoffen der Hauptsache nach durch Absetzen erfolgen, und nur für die übrigen Stoffe könnten die geschilderten Vorgänge sich in umfassender Weise abspielen. Aber auch hier fragt es sich, ob sie in dem vermeintlichen Umfange zur Geltung kommen. So kann man zwar in größeren Wasserbecken mit Sicherheit beobachten, daß die durch deren Zuflüsse hineingespülten Bakterien unter Umständen im Laufe weniger Wochen zum größten Teil wirklich absterben, so daß also hier von einer bakteriologischen Selbstreinigung gesprochen werden darf. Es läßt sich auch durch besondere Versuche zeigen, daß Bakterien im Wasser auch ohne Beteiligung von bakterienfressenden Protozoen zugrunde gehen, also hierfür andere Ursachen bestehen müssen. Vielleicht kommt Nahrungsmangel in erster Linie in Betracht. Außerdem ist es wahrscheinlich, daß auch andere physiologisch-chemische Einflüsse, wie die neuerdings auch im Wasser gefundenen Bakteriophagen (Abschnitt 28), ferner die langsame Selbstverdauung und Selbstverbrennung durch die eigenen Fermente der organischen Bestandteile und Oxydation durch den Luftsauerstoff unter dem Einflusse des Lichts mindestens zum Teil für die bakteriologische und chemische Selbstreinigung im Wasser verantwortlich zu machen sind.

Auch bei den lebhaften Stoffumwandlungen, die in den Abfallgruben und Faulkammern, im Boden, Schlamm und in den sog. biologischen Filtern vor sich gehen, haben wir wohl mit ähnlichen Dingen, nicht bloß mit Leistungen lebender Wesen, insbesondere Kleinwesen, zu rechnen. Auf diese wichtigen, aber noch vielfach ungeklärten Fragen näher einzugehen, ist hier nicht der Ort. Wir wollen nur darauf hinweisen, daß auch bei der Untersuchung aller dieser Stoffe ähnliche Verfahren zur Zählung der Keime anwendbar sind, wie wir sie für die Untersuchung des Wassers geschildert. Auf solche Weise hat man z. B. die hygienisch wichtige Tatsache gefunden, daß im Boden von der Oberfläche nach der Tiefe zu eine allmähliche Abnahme der Keime stattfindet, so daß etwa in 3 bis 6 m Tiefe völlige Keimfreiheit erreicht wird (s. o.), daß ferner unter den Bakterien der oberflächlichen Bodenschichten luftliebende und luftscheue Sporenbildner besonders reichlich vertreten sind. Ihnen sind um so mehr krankheitserregende Formen — die Bazillen des Tetanus, malignen Ödems und Gasbrands — beigemischt, je stärker die Erde gedüngt ist. Allgemein verbreitet sind in der Erde ferner die Erreger ammoniakalischer Harngärung, der Salpetergärung, die stickstoffbindenden Kleinwesen, zu denen auch die Bakterien der Wurzelknöllchen gehören, nicht zu vergessen Strahlenpilze und echte Pilze mit ausgesprochenem Oxydationsvermögen, die wir kurz als Erreger der Verwesung bezeichnen können (vgl. Abschnitt 2).

Für die Untersuchung der in der Luft vorhandenen Keime genügt es gewöhnlich, Gelatine- oder Agarplatten einige Zeit offen aufzustellen und nach einigen Tagen zu untersuchen. Man bekommt dadurch freilich nur ein annäherndes Bild von der Zahl und Art der Luftkeime. Ein genaueres Verfahren besteht darin, daß man mindestens 50 Liter Luft mittelst einer Wasserstrahlpumpe durch ein kleines Sandfilter kräftig hindurchsaugt und den Sand dann wie sonst das Wasser zu Zählplatten verarbeitet.

Man stellt sich das Filter her, indem man ein 2 cm breites, etwas ausgebuchtetes Glasrohr zwischen 2 Drahtnetzen mit einer 3 cm dicken Schicht von Sandkörnern füllt, die etwa 0·4 mm Durchmesser haben. Vor dem Gebrauch wird die Röhre an beiden Enden mit Watte verstopft und 2 Stunden bei 160° entkeimt. Die Menge der untersuchten Luft wird durch eine Gasuhr bestimmt; wenn man keine Wasserstrahlpumpe und Gasuhr zur Verfügung hat, kann man auch eine Auslaufflasche oder große Spritze verwenden.

Von den sich aus Luft entwickelnden Kolonien besteht gewöhnlich die Mehrzahl aus Schimmelpilzen. Im Freien findet man durchschnittlich 500 bis 1000 Keime im Kubikmeter Luft, in öden Gegenden, auf hohen Bergen, auf dem Meere usw. erheblich weniger, in geschlossenen Räumen, die stark mit Menschen und Tieren besetzt sind, ein Vielfaches davon. In solchen Zimmern dagegen, die nur einige Stunden lang unbesetzt waren, kommen kaum noch Bakterien und auch viel weniger Schimmelpilze vor, weil sie sich inzwischen zu Boden gesetzt haben. Krankheitserreger sind, abgesehen von Versuchen, auf die wir gleich zurückkommen werden, nur höchst selten durch diese Untersuchungen in der Luft gefunden worden. Das schließt aber nicht aus, daß sie doch gelegentlich und sogar häufig in die Luft gelangen. Sind doch gewisse Erfahrungen über die Verbreitung ansteckender Krankheiten nicht ohne Übertragung durch die Luft zu verstehen. Zahlreiche Versuche, die wir in einwandfreier Form insbesondere der Flüggeschen Schule verdanken, haben denn auch diese Möglichkeit bestätigt. Allerdings bestehen in bezug auf die Übertragbarkeit durch die Luft große Verschiedenheiten, je nach der Art und dem Ursprung der Erreger und vor allem, je nachdem die Keime in Form trockner Stäubchen oder feuchter Tröpfchen in der Luft schweben. Als trockne Stäubchen sind längere Zeit lebensfähig und daher übertragbar Eiterkokken, Bazillen des blauen Eiters, die sporenbildenden Keime mancher Wundinfektionen, wie Milzbrand, Tetanus, Rauschbrand, malignes Ödem und Gasbrand, die Tuberkelbazillen, die unsichtbaren Keime der Blattern, schließlich Sporen von Strahlen- und Schimmelpilzen und Zysten von Protozoen. Ausnahmsweise wohl nur, wenn überhaupt, werden die Pneumokokken und die Bakterien des Typhus und der Diphtherie, überhaupt nicht die Gonokokken und Meningokokken, die Pest-, Influenza-, Keuchhusten-, Schanker-, Ruhrbazillen, Choleraspirillen, Spirochäten der Syphilis und die meisten Aphanozoenkeime im trocknen Staube lebensfähig bleiben.

Diese Trennung in 2—3 Gruppen ist freilich mehr von lehrhaftem als von wirklichem Wert. Unter den kaum oder gar nicht in Stäubchenform übertragbaren Erregern werden die meisten dennoch, und zwar sogar sehr häufig oder regelmäßig, durch die Luft verbreitet, nämlich in Form feinster Tröpfchen, die durch Hustenstöße, Sprechen, Niesen, Räuspern, Schnupfen oder andere heftige Bewegungen aus Nase und Mund herausgelangen und so die nächste Umgebung des Kranken gefährden. Es sind dies, wie wir in den betreffenden Abschnitten ausgeführt haben, Pneumo- und Meningokokken, Diphtheriebazillen, die Erreger der Lungenpest, Diphtherie, Influenza, Keuchhustenbazillen und viele Aphanozoen. Andererseits werden unter natürlichen Verhältnissen die sämtlichen Erreger der Wundkrankheiten, obwohl sie im trocknen Staub lebendig bleiben, gewöhnlich nicht durch solchen übertragen, sondern auf andere Weise, vor allem durch Berührung. Bei den Tuberkelbazillen hat man daran zu denken, daß sie auf dem Umwege über verstreute Tröpfchen zu infektiösen Staub werden können. Schließlich ist es erlaubt, noch von eiuer dritten Art der Luftübertragung zu sprechen, der durch springende oder fliegende Insekten (Flöhe, Stechmücken, Stechfliegen). Sie vermehrt die Zahl der durch Luft übertragbaren Krankheiten weiter, da die Bubonenpest, die Malaria, die Trypanosomen- und manche Leishmaniaansteckungen, das Pappataci-, Dengue- und Gelbfieber und andere durch Aphanozoen erzeugte Krankheiten hierher gehören. Wenn man ferner berücksichtigt, daß auch der Typhus, die Cholera und Ruhr, das Trachom und andere Augenkrankheiten gelegentlich durch Haus- und Stechfliegen, und Fleckfieber und Rekurrens durch Läuse, die von Wänden herabfallen, mit Bettdecken, Kleidern fortgeschleudert oder vom Winde (?) mitgerissen werden, Verbreitung finden, so bleiben nur noch wenige Ansteckungen übrig, die durch die Luft nicht übertragen werden könnten. In allerdings stark eingeschränktem Sinne ist also die früher allgemein gültige Auffassung, die Seuchen seien auf Luftverunreinigungen (Miasmen) zurückzuführen, noch jetzt gültig.

Entsprechend den hier angegebenen Tatsachen ist es mehrfach gelungen, Krankheitserreger in der Luft nachzuweisen.

Freilich sind dazu noch andere Verfahren nötig, als die oben geschilderten Züchtungsmethoden. So hat man die von Schwindsüchtigen ausgehusteten Bazillen auf Objektträgern, die man 40—80 cm vom Munde der Hustenden entfernt hingelegt hatte, durch Färbung festgestellt, auch ihre Gegenwart in der Luft aus der Erkrankung von Meerschweinchen, die in ähnlichen Entfernungen gehalten wurden, erschlossen, ferner die Malariaplasmodien im Magen von Stechmücken aus der Umgebung von Malariakranken wieder gefunden. Die Prüfung des aus der Luft abgesetzten Staubes ist z. B. bei Tuberkelbazillen, Eiterkokken, Milzbrandsporen erfolgreich gewesen.

Um die Menge der in der Milch vorhandenen Keime zu bestimmen, legt man in ähnlicher Weise wie vom Wasser Zählplatten an. Nur tut man gut, statt der gewöhnlichen Gelatine Trauben- oder Milchzuckeragar oder -Gelatine zu benutzen und statt ccm und Bruchteile davon Hundertstel und Tausendstel ccm in den Nährböden auszusäen, denn in der Milch überwiegt der Strept. lacticus, der als Erreger der Milchsäuregärung in erster Linie auf Zuckerernährung angewiesen ist (Abschn. 7) und zu um so größerer Anzahl anwächst, je weniger frisch und je stärker verunreinigt die Milch ist.

In jedem Kubikzentimeter Marktmilch sind Hunderttausende bis Millionen von Keimen vorhanden, und Keimzahlen, die bloß in die Tausende oder gar Hunderte gehen, sind nur dann in der Milch zu finden, wenn sie wie die sog. Kindermilch ganz frisch und mit allen möglichen Vorsichtsmaßregeln aus dem Euter entnommen ist. Wegen des größeren Keimreichtums der Milch ist es auch möglich, mittels gefärbter Ausstriche darüber Aufschluß zu bekommen, ob die Milch mehr oder weniger stark verunreinigt und zersetzt ist.

Eine geringe Rolle spielen neben den in kleinen Kolonien wachsenden gramfesten Milchsäurestreptokokken der gramfreie üppig gedeihende Bac. acidi lactici (= Bac. aerogenes), der Bac. coli und alcaligenes (Abschnitt 9). Unter gewöhnlichen Verhältnissen der Zahl nach nur unbedeutend sind die sporenbildenden gramfesten Bazillen aus der Heu- und Buttersäuregruppe vertreten. Sie sind in der Milch überhaupt erst nachzuweisen, wenn man sie von dem größten Teil der sporenfreien Bakterien durch Erhitzen auf 60—80° oder von allen diesen Keimen durch Kochen befreit und dann einige Zeit, am besten bei 30—40° aufbewahrt hat. Die luftscheuen Buttersäurebazillen bekommt man rein oder mit Heubazillen gemischt am sichersten, wenn man die Milch z. B. in einer mit Patentverschluß versehenen Flasche $^1/_2$ Stunde bei 100° hält, und dann die verschlossene Flasche bei 37° aufbewahrt (Abschnitt 19). Auf gewöhnlichen Platten lassen sich die Heubazillen, in verdünnten Schüttelkulturen mit Traubenzuckeragar die Buttersäurebakterien natürlich auch züchten. Sie sind um so zahlreicher in der Milch enthalten, je stärker diese durch Futter, Streu und Kot beim Melken verunreinigt worden ist. Hin und wieder scheint der Genuß gekochter Milch (Büchsen- oder Flaschenmilch) durch den Gehalt an giftigen Heubazillen Säuglingen gefährlich zu werden, mindestens aber verderben die Heu- und Buttersäurebazillen derartige „frischgehaltene" Milch in vielen Fällen. Um ihr Vorhandensein festzustellen, brauchen die betreffenden Gefäße nur tage- und wochenlang bei 30—37° gehalten zu werden. Dann sieht man die Zersetzung schon äußerlich oder erkennt sie am bitteren Geschmack (S. 47).

Eigentliche Krankheitserreger in der Milch zu finden, ist bisher außer bei Tuberkelbazillen, Bang- und Mastitisbakterien nur ausnahmsweise geglückt, weil sie von den Milchbakterien auf unseren Nährböden unterdrückt werden; doch lehrt die Beobachtung der Seuchen, daß außer Tuberkulose, Typhus, Paratyphus, Cholera gelegentlich auch Diphtherie, Scharlach, Ruhr, Banginfektion, Maul- und Klauenseuche durch Kuhmilch verbreitet werden kann. Ziegenmilch ist sogar der Hauptträger der Keime des Maltafiebers. Bei Tieren dient die Kuh*milch namentlich zur Verbreitung der Maul- und Klauenseuche*, des

Abortus und der Tuberkulose. Zum Nachweis von Krankheitserregern pflegt man die Milch auszuschleudern und den Bodensatz, bei Tuberkelbazillen auch den Rahm, durch den Tierversuch zu prüfen.

Die Bazillen der Tuberkulose lassen sich, wie in anderen Absonderungen auch in der Kuhmilch durch die mikroskopische Untersuchung nachweisen, aber nur, wenn man die Milch mit aller Vorsicht aus dem Euter entnimmt, nicht in der Marktmilch, wo säurefeste Bazillen anderer Art, die aus Gras, Mist usw. stammen, häufig vorkommen (Abschnitt 22). Am sichersten ist der Tierversuch, den man so anstellt, daß man je 1 ccm Milch in den Oberschenkel männlicher Meerschweinchen einspritzt. Auf diese Weise vermeidet man, daß andere in der Milch vorhandene Bakterien den gewünschten Ausfall des Tierversuchs verderben. Über Bangbazillen s. Abschnitt 17.

Die Erreger der Euterentzündung, insbesondere der Streptoc. mastitidis, sind ebenfalls in der Milch leicht aufzufinden. Schon mikroskopisch zeichnen sie sich in dem ausgeschleuderten mehr oder weniger reichlichen Bodensatz aus durch ihre Staketform, d. h. durch ihre scheibenförmige platt gedrückten Glieder, die eine Verwechslung mit den lanzettförmigen Milchsäurekokken ausschließen. Für den Menschen scheinen sie entgegen einer ziemlich verbreiteten Meinung ungefährlich zu sein, ihr Nachweis ist aber wichtig, weil sie einerseits durch die Eiterbeimischung, die sie verursachen, die Milch ekelhaft machen, andererseits erheblichen wirtschaftlichen Schaden dadurch stiften, daß sie auch die Menge der Milch stark beeinträchtigen.

In Milcherzeugnissen, wie Käse, Kefir, Joghurt, spielen neben den gewöhnlichen Milchbakterien die sog. langen Milchsäurebazillen die erste Rolle. Es sind das mehr oder weniger stattliche gramfreie nichtsporenbildende Stäbchen, von denen wir schon beim Bac. acidophilus und vaginalis gesprichen (Abschnitt 9). Sie gehen unter verschiedenen Namen (Bac. lactis acidi, casei, bulgaricus usw.) und sind alle imstande, wie der Str. lacticus den Milchzucker in Milchsäure zu zerlegen. Am meisten Säure (bis zu 1%) erzeugt der Bac. bulgaricus, das Hauptferment des Joghurts (Fig. 45). Man züchtet ihn aus diesem am besten auf Agar- mit Milchzusatz. Seine Kolonien ähneln denen des Acidophilus.

Fig. 45.
Bac. bulgaricus und Strept. lacticus.

Für die Butter kommt fast nur die Prüfung auf Tuberkelbazillen in Betracht. Sie wird in ähnlicher Weise vorgenommen, wie bei der Milch, d. h. durch den Tierversuch. Bei Fleisch, Fleischwaren, Fischspeisen, Eis und anderen Nahrungsmitteln handelt es sich vor allen Dingen um das Vorkommen der sog. Vergiftungen. Wir haben bei

Gelegenheit des Paratyphus (Abschnitt 11), der Proteusbazillen (Abschnitt 5) und des Botulismus (Abschnitt 19) das Nötige bemerkt. Man wird im allgemeinen schon aus den Krankheitserscheinungen, die in dem verdächtigen Falle beobachtet werden, entnehmen, ob man auf die Erreger des Botulismus oder des Paratyphus zu fahnden hat, und eine Vergiftung mit Proteusbazillen nur dann als möglich in Betracht ziehen, wenn die Eßwaren schon beim Genuß in deutliche Fäulnis übergegangen waren.

Sechzehnter Abschnitt

Influenza- und ähnliche Bazillen

Als im Winter 1889/90 plötzlich die Influenza wieder die ganze Welt überzog, da setzte von allen Seiten die bakteriologische Forschung ein, um die Ursache dieser eigentümlichen Seuche aufzufinden. Zu klaren Ergebnissen führte sie nicht. Der sog. Influenzabazillus wurde erst zwei Jahre später von R. Pfeiffer entdeckt, von zahlreichen Bakteriologen in aller Herren Länder wiedergefunden und auch ziemlich allgemein anerkannt. In der späteren und namentlich in der neuesten Zeit traten allmählich Zweifel an der ursächlichen Bedeutung des Bazillus für die pandemische Influenza hervor. Das ändert aber nichts daran, daß die sog. Influenzabazillen Pfeiffers zu den durch ihre Eigentümlichkeiten bemerkenswertesten Krankheitserregern gehören. Zunächst sind es die kleinsten züchtbaren Stäbchen, die wir kennen; sie messen meist 0·2—0·3 zu 0·5—0·6 μ (Fig. 46). Freilich ist ihre Form und Größe nicht ganz unveränderlich. Nicht nur längere und dickere Stäbchen, aus einzelnen Stücken zusammengesetzte Fäden kommen neben den gewöhnlichen Formen vor, sondern manche Stämme neigen dazu, regelmäßig größere und namentlich schlankere, selbst fadenförmige Bazillen zu bilden. R. Pfeiffer selbst hat diese früher als „Pseudoinfluenzabazillen" getrennt, hält sie jetzt aber wegen ihrer sonst durchaus übereinstimmenden Eigenschaften, wohl mit Recht, nur für eine Spielart der Influenzabazillen. Die Influenzabazillen lassen sich leicht färben, nehmen aber, besonders in Gewebssäften und in der Mitte der Stäbchen die Farbe nur schwach auf; dadurch wird der Eindruck, man habe es mit Diplokokken zu tun,

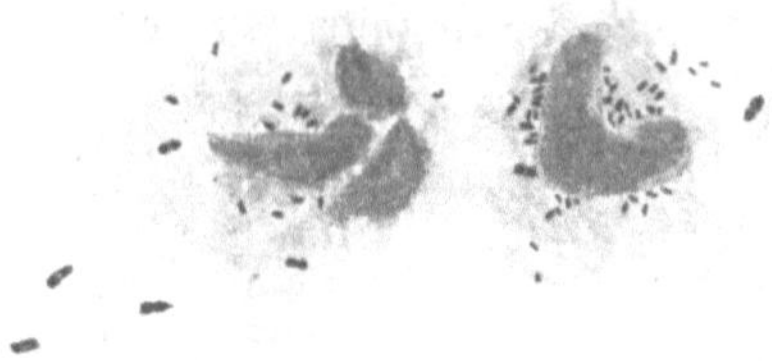

Fig. 46.
Influenzabazillen in Eiterzellen des Auswurfs. Daneben vereinzelte Pneumokokken.

noch verstärkt. Karbolfuchsinlösung, die man etwa 20mal verdünnt, aber nicht zu kurze Zeit wirken läßt, gibt, besonders im Auswurf, die Bazillen am besten wieder. Wichtig ist gegenüber den Kokken, daß sich die Influenzabazillen nicht nach Gram färben. Die Bazillen sind unbeweglich und bilden keine Sporen. Gegen alle Schädlichkeiten, die sie in der Außenwelt treffen, sind sie sehr empfindlich, namentlich das Trocknen und den Aufenthalt im Wasser vertragen sie schlecht. Eine Verbreitung durch Stäubchen ist bei ihnen daher ausgeschlossen. Auch durch ihr mangelhaftes Wachstumsvermögen in den gewöhnlichen Nährböden sind sie gegenüber den meisten anderen Bakterien im Nachteil. Ihre Züchtung gelingt nur etwa zwischen 30 und 40°, bei reichlichem Luftzutritt, und fast nur auf Nährböden, die Hämoglobin oder dessen Abkömmlinge enthalten.

Will man sie aus Auswurf gewinnen, so streicht man diesen am besten nach gründlichem Abspülen in Kochsalzlösung auf Agarplatten aus, auf dessen Oberfläche man etwas frisches Kaninchen-, Tauben- oder Menschenblut verteilt hat. Wenige große Ösen davon genügen hier und auf der Schrägagarfläche, die man später zur Reinkultur benutzt. Hat man viel mit Influenzabazillen zu arbeiten, so empfiehlt es sich, aus den Flügelgefäßen von Tauben mehrere Kubikzentimeter Blut unter allen Vorsichtsmaßregeln in ein Glas fließen zu lassen, das mit Glaskügelchen versehen ist, und es durch Schütteln damit vom Fibrin zu befreien. Einige Tage kann man dieses Blut ganz gut im Eisschrank aufheben. Auch auf „Blutagar", der durch Vermischen von flüssigem Blut und Agar (1 zu 10) hergestellt ist und sogar eine Klärung durch Aufkochen verträgt (Levinthal), sind die Influenzabazillen zu züchten. Verimpft man gröbere Teilchen von Auswurf ohne vorherige Waschung, so bekommt man auch auf gewöhnlichem Agar oft ein Wachstum, anscheinend, weil darin immer etwas Blutfarbstoff enthalten ist. Zur weiteren Übertragung sind aber stets Nährböden mit Blut zu benutzen. Ersatzmittel des Blutes sind vielfach empfohlen worden, haben sich aber im allgemeinen schlecht bewährt. Bemerkenswert ist immerhin, daß die Beigabe fremder Bakterien, die z. B. bei 60° abgetötet sind, die üblichen Nährböden für die Wucherung der Influenzabazillen geeigneter macht; daraus erklärt sich die Wachstumsförderung, die Influenzabazillen gelegentlich in der Nachbarschaft von Staphylokokkenkolonien u. a. m. erfahren.

Die Kolonien der Influenzabazillen sind — allerdings nur auf frischem Blutagar — völlig durchsichtige, hellglänzende Tröpfchen, die man zwischen anderen leicht erkennen kann. Sie besitzen kaum eine Spur von Körnelung und Färbung unter dem Mikroskop. Ähnliche durchsichtige, kleine Kolonien bilden zwar manchmal auch Pneumokokken, die sind dann aber stets scheibenförmig, d. h. nicht so gewölbt und dadurch glänzend, wie die der Influenzabazillen. Der Rand der Influenzakolonien ist oft etwas unregelmäßig; namentlich wenn sie dicht nebeneinander stehen, sind ihre Grenzen immer zu erkennen, da sie nicht zusammenfließen. Die roten Blutkörperchen vermögen sie nicht aufzulösen im Gegensatz zu den Keuchhustenbazillen (s. u.). Die Kulturen müssen alle paar Tage neu übergeimpft werden, wenn sie nicht absterben sollen. Auch dadurch unterscheiden sie sich von den Keuchhustenbazillen, daß sie bei beliebig lange fortgesetzter Züchtung stets der Blutzugabe zum Nährboden bedürfen.

Der Tierversuch bietet uns wenig Anhaltspunkte zur Kennzeichnung der Influenzabazillen. Zwar sind sie imstande, Mäuse, denen sie mit größeren Gaben vom Auswurf intraperitoneal eingespritzt werden, zu töten, und aus ihrem Blute lassen sich Reinkulturen gewinnen, aber für Kaninchen und Affen sind sie nur giftig, d. h. sie machen sie krank, aber vermehren sich weder auf ihren Schleimhäuten, noch in ihrem Gewebe. Die eiterbildende Fähigkeit der Influenzabazillen beweisen die Abszesse, die man nach ihrer Einspritzung unter die Haut von Kaninchen erhält. Durch vorsichtiges Behandeln mit steigenden Mengen von Bazillen gelingt es, von Versuchstieren Serum zu erhalten, das agglutinierende Fähigkeit besitzt, aber die einzelnen Stämme unterscheiden sich so weit voneinander, daß man keine Gruppen wie bei anderen Bakterienarten bilden kann. Echte Schutzkörper gegen die Influenzabazillen lassen sich anscheinend nicht gewinnen. Schon das Blut gesunder Tiere besitzt ausgesprochene keimwidrige Eigenschaften ihnen gegenüber. Wahrscheinlich wird es ihm auch an opsonischen Kräften nicht fehlen, denn die Phagozytose ist, wie die Befunde beim Menschen zeigen, sicher eines der Mittel, durch das sich der Organismus von den Bazillen befreit.

Wir kommen damit auf die Beziehungen der Influenzabazillen zum Menschen. Der hauptsächlichste Fundort der Bazillen sind die mittleren Luftwege. In dem Auswurf der mit „Grippe" behafteten Personen pflegen sie, wenn sie überhaupt angetroffen werden, solange die Erkrankung frisch ist, in dichten Scharen und oft fast ohne Beimischung mit anderen Bakterien aufzutreten. Doch ist es wichtig, das eigentliche Sekret der Bronchien, das eine deutlich eitrige Färbung besitzt, zur Untersuchung zu benutzen. Die Bazillen liegen zunächst frei im Schleim, je länger die Erkrankung dauert, desto spärlicher werden sie, und desto häufiger liegen sie im Innern von Eiterkörperchen (vgl. Fig. 46). Zu gleicher Zeit färben sie sich schlechter und zeigen mehr unregelmäßige gequollene Formen.

Nicht selten treten mit dem Verschwinden der Influenzabazillen oder auch schon von vornherein neben ihnen andere Bakterien, z. B. Pneumo- und Streptokokken auf. Besonders lange, ja Monate lang halten sich die Bazillen nicht selten bei Schwindsüchtigen und verursachen bei ihnen gelegentlich plötzliche Verschlimmerungen der Krankheit, indem sie sich stark vermehren.

Aber nicht bloß in den mittleren Luftwegen, sondern auch in den Lungen siedeln sich die Influenzabazillen an, wie die Erscheinungen am Kranken und die Leichenbefunde erweisen. Eine lobuläre Form der Lungenentzündung wird von ihnen erzeugt. Es bilden sich dabei Herde, die eine Neigung zur eitrigen Einschmelzung zeigen. In das Blut und die übrigen Organe dringen die Influenzabazillen verhältnismäßig selten vor, doch sind sie manchmal hier und da im Anschluß an Influenza oder auch selbständig als Erreger von Eiterungen der Gelenke, des Hirns und seiner Häute, der Gallen- und Harnwege gefunden worden. Vor allem befallen sie nicht selten den Rachen, die Nase und ihre Nebenhöhlen sowie die Bindehaut.

Wenn sich das Vorkommen der Pfeifferschen Bazillen auf die influenzareichen Zeiten beschränkte, so würde ein Zweifel an ihrer Bedeutung nicht so leicht aufgekommen sein, es hat sich aber herausgestellt, daß sie auch ohne Zusammenhang mit Grippeepidemien gar nicht selten vorkommen. So werden sie bei Keuchhusten fast nie in den Luftwegen vermißt und bevölkern sehr häufig auch die entzündlichen Sekrete der Luftwege bei Masern, seltner bei Scharlach und Diphtherie. Ausnahmsweise fand man sie auch in grippefreien Zeiten im Rachenschleim bei Gesunden. Umgekehrt hat man schon am Ende der 90er Jahre und seitdem in steigendem Maße die Influenzabazillen bei Epidemien, die als solche von Influenza oder Grippe bezeichnet wurden und schließlich selbst bei der Influenzapandemie von 1918, trotz sorgsamster Nachforschung durchaus nicht überall, ja oft gar nicht oder nur in einem kleinen Teil der Fälle oder verspätet nachweisen können. Darf man sie unter solchen Umständen noch als Erreger der eigentlichen auch pandemisch auftretenden Grippe anerkennen? Oder wird man nicht vielmehr zu dem Schluß kommen müssen, daß sie nur gelegentliche Begleiter dieser Seuche sind, also etwa auf derselben Stufe stehen, wie Pneumo-, Strepto- und Staphylokokken, die ja bei der letzten, aber auch schon bei der vorletzten Pandemie insbesondere in den pneumonisch erkrankten Lungen gefunden worden sind und hier aus nur als „sekundäre Erreger" angesehen werden?

Wir werden uns um so weniger dieser Folgerung entziehen, als wir schon bestimmte Anhaltspunkte dafür haben, daß die eigentlichen Erreger der Influenza nicht Bakterien, sondern Aphanozoen sind. Zur Zeit der großen Epidemie von 1889/90 waren die Aphanozoen oder filtrierbaren Krankheitskeime noch nicht bekannt, man hat daher auch nicht nach solchen gesucht. Jetzt kennen wir eine große Zahl von ihnen, und zwar auch als wahrscheinliche Ursache von der Influenza so ähnlichen Krankheiten, wie die Masern und der gewöhnliche Schnupfen und Husten es sind (vgl. Abschn. 28).

Jetzt wissen wir aber auch durch die jüngst veröffentlichten Versuche mehrerer Forscher, daß sich aus den Absonderungen Grippekranker Filtrate gewinnen lassen, die grippeartige Erscheinungen beim Menschen hervorrufen oder wenigstens öfter hervorgerufen haben.

Die Bedeutung der Influenzabazillen selbst würde nicht nur darin zu suchen sein, daß sie zu Influenza, Keuchhusten, Masern usw. hinzutreten, sondern außerdem wohl auch als ursprüngliche Krankheitserreger eine gewisse freilich noch näher aufzuklärende Rolle spielen.

Dem Pfeifferschen Bazillus mag hier ein anderer angereiht werden, der von Olitzky und Hates entdeckte Bac. pneumosintes.

Er wurde von ihnen dadurch erhalten, daß sie Spülflüssigkeiten vom Nasenrachenraum Influenzakranker entweder unmittelbar nach Filtration verarbeiteten oder sie vorher in die Luftwege von Kaninchen spritzten und die filtrierten Krankheitsprodukte dieser Tiere unter streng anaeroben Bedingungen auf Smith-Noguchi-Nährboden (Aszites mit Stückchen steriler Kaninchenniere) oder auf Blutagar züchteten. Die kleinen durchsichtigen Kolonien waren ursprünglich aus winzigen, unbeweglichen, gramfreien Stäbchen zusammengesetzt und erzeugten ähnliche Erscheinungen wie die obigen Filtrate, d. h. ödematöse Durchtränkung der Lungen und Leukopenie. Später verlieren sie ihre Virulenz, werden auch größer und wachsen besser. Ob der Pneumosintes wirklich der Erreger der Grippe ist, lassen die beiden Forscher selbst noch unentschieden. Bedenklich ist ja, daß sie bisher nur in verhältnismäßig wenigen Fällen wiedergefunden, und nach derselben Versuchsanordnung aus gesunden und erkrankten Luftwegen auch noch verschiedene mehr oder weniger abweichende streng anaerobe Bazillenstämme erhalten wurden.

Die von Bordet und Gengou entdeckten Bazillen des Keuchhustens ähneln in Größe, Gestalt, Färbbarkeit und Unbeweglichkeit den Influenzabazillen; allenfalls sind sie etwas größer und bilden in Reinkultur etwas häufiger Fäden. Nur im ersten, katarrhalischen Stadium des Keuchhustens sind sie massengaft und fast ausschließlich vorhanden, werden mit dem Eintritt der krampfartigen Hustenanfälle immer spärlicher und gehen dabei ins Innere von Leukozyten über, während sie vorher frei lagen. Der Mangel von Sporen, ihre geringe Widerstandsfähigkeit und ihre Ansprüche an den Nährboden stellen sie ebenfalls an die Seite der Influenzabazillen.

Die Züchtung begegnet zunächst noch mehr Schwierigkeiten als bei den letzteren, insofern größere Mengen (2—5 Teile zu 10) Blut vom Menschen oder Kaninchen (nicht Tauben) zu den gewöhnlichen Nährböden zugesetzt werden müssen, um ein Wachstum zu ermöglichen, und dieses trotzdem manchmal erst in 2—3 Tagen deutlich wird. Bei weiteren Überimpfungen verbessert es sich allerdings erheblich und findet schließlich auch auf blutfreiem Agar statt. Die Kolonien selbst werden dabei dicker und undurchsichtiger als die der Influenzabazillen und überleben länger. Auch lösen sie die roten Blutkörperchen in gewissem Grade. Verwechslungen mit anderen kleinen Stäbchen, die von Anfang an auf den gewöhnlichen Nährböden wachsen, und mit Influenzabazillen selbst, die freilich meist erst in dem späteren Stadium des Keuchhustens zu erscheinen pflegen, lassen sich dadurch vermeiden, daß man nebeneinander auf Agar mit viel, wenig und ohne Blut züchtet. Zur Gewinnung von Kulturen empfiehlt es sich, die Blutplatten den hustenden Kindern vor den Mund zu halten.

Die Keuchhustenbazillen sind giftiger als die Influenzabazillen. Meerschweinchen werden von der Bauchhöhle aus durch 2 mg lebender oder vorsichtig abgetöteter Bazillen unter starker Hyperämie der Bauchorgane, Blutaustritten und Ergüssen in die Brusthöhle, fettiger Entartung der Leber getötet. Bei Hunden und Affen sind durch Reinkulturen von der Schleimhaut der Luftwege aus öfter Zustände erzeugt worden, die an Keuchhusten erinnern. Diese Erscheinungen treten freilich nicht regelmäßig auf und sollen auch bei Benutzung anderer Bakterien zu erhalten sein.

Wichtig ist ferner, daß die Bazillen von Bordet und Gengou durch das Blutserum kranker Kinder in vielen Fällen, wenn auch nur in geringen Verdünnungen, ausgeflockt werden und auch mit diesem Serum zusammen Komplement binden. Agglutinine und Reagine lassen sich auch von Tieren erhalten, und dadurch neue Mittel zur Erkennung der Keuchhustenbazillen gewinnen. Dabei zeigt sich die eigentümliche Tatsache, daß die auf Blutnährboden gewachsenen Kulturen andere Immunkörper bilden, als die auf gewöhnlichen Nährböden gewachsenen.

Auch Versuche, den Keuchhusten mit künstlich hergestelltem Immunserum zu behandeln, sind schon zum Teil mit Erfolg gemacht worden. Über die älteren chemotherapeutischen Erfahrungen, die ja bei Keuchhusten in großer Anzahl, aber nicht gerade mit großem Glück gemacht worden sind, ist man kaum hinausgekommen. Wichtiger ist es, in der gewohnten Weise durch Absonderung der Kranken von den Gesunden der Ansteckung vorzubeugen und sich Mühe zu geben, die Entwicklung von schweren Lungenerkrankungen im Gefolge des Keuchhustens, die häufig den unheilvollen Ausgang bewirken, zu verhüten. In erster Linie gehört dazu die Lungenentzündung, in zweiter Linie die Tuberkulose.

Eine dritte Art hämoglobinophiler Bazillen stellt der Schankerbazillus dar. Zuerst wurde er von Ducrey gefunden bei der mikroskopischen Untersuchung von Schankergeschwüren, die er durch 5 bis 15malige Übertragung von Mensch auf Mensch erzeugt hatte. Er beobachtete dabei, daß das Gemisch von Bakterien, das zuerst in den Absonderungen vorhanden war, allmählich einer einzigen Art plumper Stäbchen, die sich nicht nach Gram färben und auch nicht züchten ließen, Platz machte. Krefting bestätigte das Vorkommen derselben, sah sie aber meist nicht frei, sondern im Innern von Eiterzellen liegen. Unna wies dann in Gewebsschnitten lange, oft parallel liegende Ketten von Stäbchen („Streptobazillen“) nach, die viel feiner sind, als die im Exsudat beobachteten Bazillen und stets zwischen den Zellen liegen.

Um sie nachzuweisen, genügt es, die Schnitte wie gewöhnlich, z. B. mit Löfflerblau, zu färben (S. 58). Nur muß man mit der Entfärbung besonders vorsichtig sein, zur Entwässerung also den Alkohol nur ganz kurze Zeit einwirken lassen und statt dessen gut mit Fließpapier trocknen. Wenn man das mehrmals wiederholt hat, hellen sich die Schnitte gut in Xylol auf und sind für die Untersuchung im Balsam fertig.

Die Übereinstimmung der innerhalb und außerhalb der Geschwüre vorkommenden Bazillen wurde durch ihre Züchtung festgestellt. Sie gelingt am besten, aber durchaus nicht sicher, in Nährböden, die reichlich Blut von Tieren oder Menschen enthalten. Die Kolonien erscheinen auf Schrägagar, besonders in der Nähe des Preßwassers als graue, kleine, halbkugelig gewölbte, später größere und flachere scharfrandige Scheiben, die sich dadurch auszeichnen, daß sie sich mit der Platinnadel im ganzen verschieben und herausheben lassen. Mikroskopisch zeigen sie eine große Mannigfaltigkeit von Formen. Bei vorsichtigem Ausstreichen sind es meist Stäbchenketten von verschiedener Dicke und Länge, doch trennen sich diese auch in einzelne Glieder. Im Kondenswasser erreichen die Ketten riesige Ausdehnung und ähneln in gefärbten Präparaten durch ihre scharf abgeschnittenen Enden und manchmal auch ihre Dicke Milzbrandbazillen. Die Kulturen sind wenig widerstandsfähig, doch kann man sie bei häufiger Überimpfung beliebig lange übertragen und dabei ihre Ansteckungskraft gegenüber Menschen und Affen nachweisen. Auch wiederholte Impfungen gehen bei derselben Person an, eine Immunität

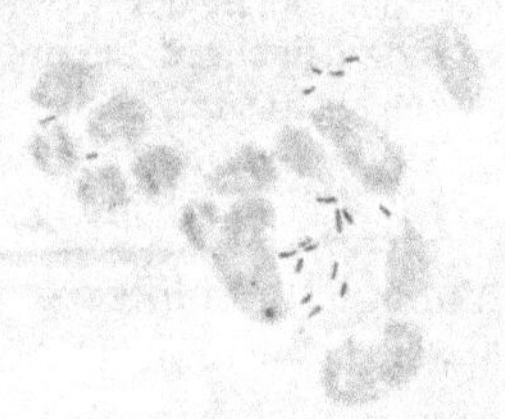

Fig. 47. Koch-Weekssche Bazillen von Konjunktivitis innerhalb von Eiterzellen.

wird also nicht erworben. Trotzdem werden die Bazillen allmählich im Gewebe bzw. im Eiter der Bubonen vernichtet. Gerade der letztere erweist sich oft als keimfrei. Daß die Phagozytose dabei eine Rolle spielt, ist sicher, ob die einzige, aber zweifelhaft.

Den Influenzabazillen in vielen Beziehungen ähnlich, vielleicht nur eine Abart derselben, sind schließlich auch die Bazillen der Konjunktivitis, die von R. Koch zuerst in Ägypten gesehen und von Weeks genau beschrieben worden sind. Sie sind mindestens ebenso dünn, aber länger wie jene und dadurch, sowie durch ihr massenhaftes Auftreten in den Eiterzellen (Fig. 47), den Schweinerotlaufbazillen vergleichbar, jedoch nach Gram nicht färbbar. Bewegungsorgane und Sporen werden auch bei ihnen vermißt; gegen Schädlichkeiten, wie Trocknen, sind sie ebensowenig widerstandsfähig wie Influenzabazillen.

Die Züchtung der Konjunktivitisbazillen begegnet Schwierigkeiten; meist gelingt es, sie durch Benutzung der für die Influenzabazillen erprobten Blutnährböden zu beseitigen, doch ist ein Gemisch von Agar mit Menschenblutserum (Aszitesflüssigkeit) weit besser geeignet. Die Kolonien sind klein, gewölbt und durchsichtig, aber nicht ganz so frei von Körnelung wie die der Influenzabazillen. Ihre Entwicklung scheint wie die der letzteren durch die Gegenwart anderer Bakterienkolonien (Xerose, Staphylokokken) begünstigt zu werden.

Auf der Bindehaut sämtlicher Tiere haben sich die Konjunktivitisbazillen als harmlos erwiesen, beim Menschen verursachten sie dagegen in zahlreichen Versuchen regelmäßig heftige Entzündung.

Sie sind die Erreger einer meist akut verlaufenden Bindehautentzündung, die auf der ganzen Erde in epidemischer Form beobachtet wird, und, z. B. in Ägypten, häufig mit Trachom, manchmal auch mit Gonorrhöe vergesellschaftet, vorkommt. Im letzteren Falle scheinen die Fliegen an der Verbreitung beteiligt zu sein, sonst sind Berührungen nötig. Die Krankheit wird wie die Gonorrhöe der Bindehaut, durch Höllensteinlösung sehr günstig beeinflußt, heilt jedoch auch freiwillig, wobei die Phagozytose offenbar eine wichtige Rolle spielt. Viel seltener schwerer übertragbar und harmloser ist die Pneumokokkenkonjunktivitis (Abschnitt 7). Verschiedene Abarten scheinen bei ihr vorzukommen, ohne daß sich aber Beziehungen zu Pneumonien ergeben.

Die Morax-Axenfeldschen Diplobazillen der Konjunktivitis sind stattliche, plumpe, unbewegliche Bazillen, die sich im allgemeinen gut, nach Gram aber nicht färben und, meist zu zweien oder kleinen Ketten angeordnet, frei im Schleim oder auf den Epithelzellen liegen (Fig. 48). Trotz ihrer erheblicheren Größe besitzen sie keine größere Widerstandsfähigkeit als die Koch-Weeksschen und Influenzabazillen. Auf den gewöhnlichen Nährböden wachsen sie meist nur, wenn diese menschliches oder tierisches Blutserum enthalten. Die Kolonien auf Serumagar sind klein, durchscheinend und grau, ähnlich denen von Pneumokokken, die auf Löfflerserum verflüssigen den Nährboden langsam und bräunen ihn.

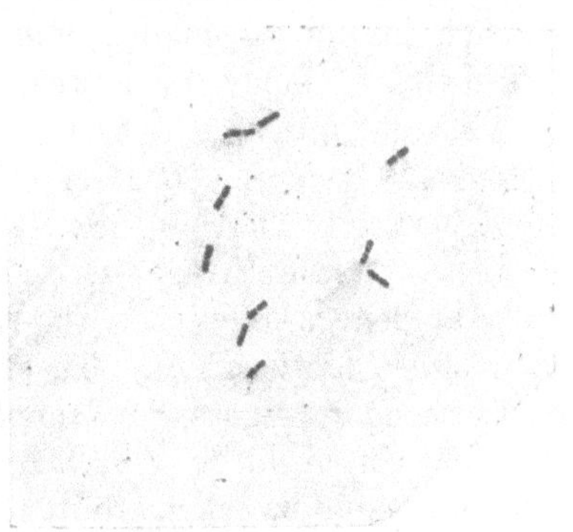

Fig. 48. Diplobazillen von Morax-Axenfeld.

Auf der Bindehaut von Tieren sind sie nicht imstande, Veränderungen hervorzurufen, beim Menschen verursachen sie dagegen eine schleichend verlaufende Entzündung der Lidränder und Bindehaut, die hauptsächlich auf den inneren Augenwinkel beschränkt ist und daher meist geringe Störungen verursacht. Manchmal schließt sich allerdings eine Hypopyonkeratitis an sie an. Die Diplobazillen sind ebenfalls auf der ganzen Welt verbreitet und werden anscheinend auch von der Nase gesunder oder mit Schnupfen behafteter Personen aus auf die Bindehaut übertragen. Als Hauptmittel hat sich namentlich Zinklösung bewährt, doch scheint sie nicht unmittelbar durch Keimtötung, sondern mittelbar dadurch zu wirken, daß sie eine Reizung der Schleimhaut hervorruft.

Siebzehnter Abschnitt

Pest und hämorrhagische Septizämie, Bang- und Maltafieber

Die hier zu besprechenden Bakterien bilden zum Teil eine gut geschlossene natürliche Gruppe, die man als die der hämorrhagischen Septizämie (auch Pasteurella) bezeichnet hat. Es sind unbewegliche, gramfreie, nicht Sporen bildende Kurzstäbchen, die oft nur wenig größer als Influenzabazillen sind. Ihre Besonderheit besteht zunächst darin, daß sie bei der Färbung in ihrem Leib häufig scharf umschriebene Lücken aufweisen. Diese Lücken sind durchaus nicht immer genau in der Mitte der Bazillen, sondern oft mehr seitlich gelegen, weswegen der übliche Ausdruck Polbakterien (s. u. Fig. 49) nicht ganz für sie zutrifft. Ferner zeichnen sie sich durch ihre außerordentlich starke Ansteckungskraft aus, die sich in der Erzeugung von Septizämien oder anderen schwersten Allgemeininfektionen bemerkbar macht. Auch der einzige Vertreter der Familie, der auf den Menschen übergeht, der Pestbazillus, erzeugt bei diesem eine Seuche, deren Gefährlichkeit kaum ihresgleichen hat. Durch ihre Übertragbarkeit auf den Menschen und auch sonst den Pestbazillen ähnlich sind die Erreger der Tularämie, des Bang- und Maltafiebers.

Auf den gewöhnlichen Nährböden wachsen die Septizämie-Bazillen zwar ohne Schwierigkeit, aber etwas langsam und ohne besondere enzymatische oder vergärende Fähigkeiten wie die Koligruppe zu zeigen.

Die Unterschiede zwischen den einzelnen Vertretern der Gruppe sind gering und bestehen größtenteils in ungleichem Ansteckungsvermögen gegenüber verschiedenen Tierarten. Man darf dieselben wohl durch verschiedene Anpassung derselben Grundform erklären. Manche Erfahrungen sprechen dafür, daß eine solche Anpassung auch noch heute stattfindet und daher Umwandlungen von einer in eine andere Form nicht ausgeschlossen sind. Man könnte die einzelnen Mitglieder der Septizämiegruppe darum eher als Rassen oder Spielarten einer einzigen Art (Bac. plurisepticus), denn als besondere Arten einer Gattung (Pasteurella) bezeichnen, doch haben sich beide Namen nicht recht eingebürgert und man ist gewöhnt, vom Bacillus (Bacterium) pestis bubonicae, cholerae gallinarum, suisepticus usw. zu sprechen, ohne ihren Zusammenhang schon durch den Namen auszudrücken.

Der von Yersin und Kitasato entdeckte Pestbazillus hat alle oben geschilderten Eigenschaften der Gruppe, zeichnet sich aber noch durch einige Sondermerkmale aus. Die Stäbchen haben besonders auf

Nährböden, die mehr Kochsalz (3%) als gewöhnlich enthalten, aber auch sonst in älteren Kulturen und im Buboneninhalt oder Auswurf des Menschen die Neigung, zu kugeligen oder wurstförmigen Gebilden aufzuquellen, gelegentlich Fäden und Verzweigungen zu bilden und in flüssigen Kulturen, seltener im Gewebe zu Ketten auszuwachsen.

Am schönsten bekommt man die Polfärbung der Bazillen zu sehen, wenn man die trocknen Ausstriche 1/2 Minute mit Alkohol behandelt und diesen dann in der Nähe der Flamme verdunsten läßt oder abbrennt, oder wenn man nach der gewöhnlichen Färbung die Präparate kurz mit dünner Essigsäure oder Alkohol behandelt. Das Wachstum der Pestbazillen ist dadurch gekennzeichnet, daß es nicht, wie bei den meisten Krankheitserregern am üppigsten ist bei der Temperatur des Blutes, sondern bei 25—30°. Züchtet man nicht bei dieser Temperatur, sondern wie gewöhnlich im Brutschrank bei 37°, so bekommt man meist erst nach 2 Tagen deutliche Kolonien, bei 20—22° ebenso schnell. Selbst im Eisschrank bleibt die Entwicklung nicht aus. Die Kolonien sind wenig üppig und zeigen bei schwacher Vergrößerung einen gelblichen Kern und eine hellere, unregelmäßig, umrandete Außenschicht. Längs dem Stich wachsen sie ziemlich gleichmäßig, ohne Leim zu verflüssigen, oft mit büschelförmigen Ausläufern. In Fleischbrühe entsteht ein krümliger Bodensatz, und wenn sie ruhig steht, ein Oberflächenhäutchen, dessen Bildung man durch Schwimmkörper (Öle u. dgl.) befördern kann. Die Kulturen bleiben lange am Leben, besonders wenn man sie kühl, dunkel und durch Zuschmelzen vor Sauerstoffzutritt geschützt aufbewahrt. Bei Berührung erweisen sich die Kulturen oft als klebrig und fadenziehend. Man kann von einer Art Kapselbildung sprechen.

Die Pestbazillen widerstehen schädlichen Einflüssen, z. B. dem Trocknen. schlecht, so daß eine Verbreitung durch Luftstaub unmöglich ist. Durch andere Bakterien werden sie schnell überwuchert, weswegen ihnen unter natürlichen Verhältnissen ein Wachstum und lange Lebensdauer in der Außenwelt unmöglich ist. Man begreift deswegen nicht recht, wie sich bei den Pestbazillen eine besondere Anpassung an mittlere und niedere Temperaturen hat entwickeln können.

Sehr wichtig für die Erkennung der Pestbazillen sind Tierversuche. Am empfänglichsten sind Meerschweinchen und Ratten, die regelmäßig in wenigen Tagen durch kleinste Mengen von Bazillen unter Septizämie getötet werden. Am Orte der Ansteckung bildet sich dabei gewöhnlich ein blutiges Ödem, und die zugehörigen Lymphdrüsen verwandeln sich in stark blutige Bubonen. Meerschweinchen lassen sich mit Sicherheit schon durch Einreiben bazillenhaltiger Stoffe in die frisch rasierte Haut anstecken. Das ist deshalb ein empfehlenswertes Verfahren, um sie in stark verunreinigten verdächtigen Stoffen nachzuweisen. Die Haut wird dabei von den Pestbazillen durchwuchert und schwillt unter Bläschenbildung stark an. Auch von hier aus entwickeln sich Bubonen und allgemeine Erkrankung. Ratten können auch durch Fütterung, Einträufelung in die Bindehaut und Einatmen versprühter Tröpfchen angesteckt werden. Bei letzterer Art der Einverleibung entsteht eine Pestpneumonie.

Andere Tierarten, wie Mäuse, Kaninchen, Affen, Murmeltiere, selbst Frösche und manche Fische sind ebenfalls mehr oder weniger für Pestbazillen empfänglich, von Vögeln Sperlinge, größere Haustiere dagegen nicht.

Ist die Ansteckungskraft der Pestbazillen abgeschwächt, wie das unter natürlichen Bedingungen besonders bei Ratten vorkommt, so versagen selbst die Versuche an Meerschweinchen und Ratten, oder man bekommt schleichende Erkrankungen zu Gesicht, bei denen sich die Bazillen spärlich und eingeschlossen in Knötchen oder auch abszeßartigen größeren Knoten innerhalb der Organe finden. Diese durch Pestbazillen verursachte „Pseudotuberkulose" kann leicht mit der echten Pseudotuberkulose der Nagetiere (Abschnitt 10 am Schluß) und den Paratyphusinfektionen der Ratten (Abschnitt 11) verwechselt werden. Die ersteren Bazillen wachsen auch sehr ähnlich den Pestbazillen, die letzteren sind schon durch die Kultur (in Traubenzucker Gasbildung!) leicht zu unterscheiden.

Besonders häufig verlieren die Bazillen bei Fortzüchtung in unseren Nährböden bald früher, bald später ihr Ansteckungsvermögen. Ein Mittel, es wieder neu zu beleben, besteht hier wie in anderen Fällen in fortgesetzten Übertragungen auf Tiere. Besonders empfiehlt sich die Einatmung bei Ratten. Dabei hat sich die merkwürdige Tatsache ergeben, daß die Pestbazillen, die mehrmals durch die Lunge dieser Tiere gegangen waren, nicht allein überhaupt ihre Anteckungskraft steigerten, sondern auch noch die Eigenschaft gewannen, auch nach Einverleibung auf anderen Wegen sich wieder in den Lungen anzusiedeln, ein schönes Beispiel für das Bestehen einer besonderen Ansteckungskraft für bestimmte Organe (Organvirulenz, vgl. beim Paratyphus).

Die Pestbazillen enthalten in ihren Leibern ein Gift, das ähnlich, aber anscheinend schwächer wirkt, als das der Cholerabazillen. Außerdem besitzen Filtrate alter Fleischbrühekulturen noch besondere Giftstoffe, doch fragt es sich, ob sie zur Erklärung der Krankheitserscheinungen herangezogen werden dürfen.

Im allgemeinen genügen die angeführten Eigenschaften, die Pestbazillen zu kennzeichnen. In Fällen, wo die Tierversuche versagen oder nicht eindeutig sind, oder das Ergebnis schnell erzielt werden soll, besitzt man aber ein erwünschtes Hilfsmittel in der Agglutinationsprobe. Man kann von Pferden ein Serum gewinnen, das die Pestbazillen und nur diese noch in starken Verdünnungen verklumpt.

Dieses „Pestserum" enthält neben den Agglutininen auch echte Schutzstoffe, in erster Linie solche, die sich gegen die Bazillen selbst richten, d. h. die uns schon bekannten Bakteriolysine und Opsonine, nach einzelnen Angaben auch Antitoxine. Mit Hilfe des Serums kann man unsere kleinen Versuchstiere vor der Ansteckung retten. Dasselbe gelingt aber auch durch aktive Immunisierung, d. h. durch Behandlung der Tiere mit abgetöteten oder lebenden Kulturen, die freiwillig oder durch irgendeine besondere Behandlung (vgl. Milzbrand) abgeschwächt sind.

Die Pest des Menschen verläuft unter zwei Hauptformen. Die bei weitem wichtigste, die ihr auch den Namen gegeben hat, ist die Beulen-, Bubonen- oder Drüsenpest. Bei ihr gelangen offenbar die Erreger von irgendeiner Stelle der äußeren oder inneren Oberfläche aus, die aber meist nicht deutlich ist, in die Lymphgefäße und siedeln sich zunächst in einem der großen Lymphdrüsenpakete, gewöhnlich in den Leistenbeugen, seltner in der Achselhöhle, am Halse usw. unter gewaltiger Vermehrung und Bildung einer mächtigen, sehr schmerzhaften Geschwulst an. Durch Anstich dieser Beulen kann man bakterienhaltige Proben zur Untersuchung erhalten. In der größeren Hälfte der Fälle kommt es von den Bubonen aus zu einer schweren Allgemeinerkrankung, bei der die Bazillen sich allerdings im Blute wohl nur unbedeutend vermehren, aber immerhin doch regelmäßig, z. B. durch die Züchtung größerer Mengen Blutes in Fleischbrühe, nachweisen lassen. Durch das Blut werden sie auch in andere Organe, vor allen die übrigen Lymphdrüsen (sekundäre Bubonen) verschleppt. Während die meisten Fälle von Drüsenpest tödlich verlaufen, tritt in der kleineren Hälfte Heilung ein, indem die Bazillen allmählich, wahrscheinlich unter dem Einfluß der dort entwickelten eitrigen Entzündung, aus den Bubonen verschwinden. Man findet sie daher, wenn die erweichten Beulen freiwillig oder künstlich entleert werden, in dem Eiter nur noch in spärlicher Menge vor, statt ihrer aber gar nicht selten die gewöhnlichen Eitererreger, die sich natürlich hier wie sonst nach dem Gramschen Verfahren darstellen lassen. In einem Teil der Fälle von Drüsenpest sind die ursprünglichen Eintrittspforten dadurch sichtbar, daß an ihnen eine Eiterblase oder eine Art Karbunkel (auf der Haut) oder ein Geschwür (an den Mandeln) entsteht.

Die zweite weit seltenere Form von Pest ist die Lungenpest, eine fast immer tödliche Lungenentzündung, die entweder durch Einatmung von Pestbazillen (ursprüngliche Lungenpest) oder bei Drüsenpest nachträglich durch Verschleppung der Bazillen vielleicht unter dem Einfluß atmosphärischer Bedingungen hervorgerufen wird (sekundäre Lungenpest).

Ausnahmsweise kommt es zur Pestseptizämie, bei der die Ansteckung auf dem einen oder anderen Wege erfolgt, eine merkbare Veränderung der Lymphdrüsen und Lungen aber unterbleibt, während die Allgemeinerkrankung vorherrscht und sich zu einer richtigen Septizämie entwickelt. Hier kann der Urin die Erreger verbreiten.

Beurteilt man die Ansteckungsmöglichkeiten der verschiedenen Pestformen allein nach der Menge der Bazillen, die bei ihnen aus dem Kranken in die Außenwelt gelangen, so ist sofort klar, daß die Lungenpest für die Umgebung bei weitem am gefährlichsten ist, weil bei ihr während des ganzen Verlaufs der Erkrankung durch Hustenstöße die massenhaft in der Lunge vorhandenen Keime teils in Form von Tröpfchen, teils mit dem Auswurf nach außen verstreut werden. Bei den an gewöhnlicher Drüsenpest Erkrankten kommt es in schnell tödlichen Fällen überhaupt nicht zu einem Aufbruch der Beulen. Bei den Genesenden vereitern sie zwar, entleeren aber nur noch wenige lebende und ansteckungstüchtige Pestbazillen. So wird es verständlich, daß erfahrungsgemäß durch die Drüsenpest, z. B. in indischen Krankenhäusern, sehr selten Ansteckungen von Person zu Person vermittelt werden.

Genügen denn nun aber diese Tatsachen, um die schweren Pestepidemien, die seit vier Jahrzehnten Indien und China heimsuchen, und die epidemischen Züge der Seuche, die Europa seit Justinians Zeiten und namentlich vom 14. bis zum 17., ja noch im Anfang des 18. Jahrhunderts verheert haben, zu erklären? Doch nur zum kleinsten Teile. So sind die riesigen Verluste, die der „schwarze Tod" im Mittelalter veranlaßte, wohl dadurch bewirkt worden, daß es sich hier zum großen Teil um die ansteckendste Form der Krankheit, die Lungenpest, gehandelt hat. Sonst ist aber die Pest vorherrschend als Drüsenpest aufgetreten, also als eine Krankheit, die von kleinsten und daher unbemerkt bleibenden Wunden ausgeht und geringe Ansteckungsfähigkeit besitzt. Man wird dadurch zu der Annahme geführt, daß es außerhalb des kranken Menschen noch andere Ansteckungsquellen für die Pest geben muß. In der Tat sind solche, und zwar hauptsächlich in Ratten nachgewiesen worden. Schon aus früheren Zeiten liegen viele Andeutungen über das Vorkommen der Pest bei Tieren vor, aber erst seitdem man die Pestbazillen kennt, hat man die Verhältnisse ganz klarstellen können. Es hat sich gezeigt, daß Epidemien von Rattenpest regelmäßig diejenigen der Menschenpest begleiten, ja, was noch wichtiger ist, ihnen vorhergehen. Es kann auch unter günstigen Umständen bei der Rattenseuche sein Bewenden haben, der Mensch also verschont bleiben. Man bekommt ganz den Eindruck, daß der Pestbazillus ursprünglich ein Rattenschädling ist, der nur gelegentlich auf den Menschen übergeht. Durch sehr sorgfältige Versuchsreihen ist ferner außer Zweifel gestellt worden, daß die Pestbazillen von Ratte zu Ratte und ebenso von der Ratte zum Menschen gewöhnlich durch die Flöhe der Ratten (meist Pulex cheopis) übertragen werden. Andere Arten der Bazillenverbreitung mögen daneben eine Rolle spielen, wichtig sind sie aber nicht. Daß die eigenen Flöhe oder anderes Ungeziefer des Menschen für die Verbreitung der Pest keine solche Bedeutung haben, wie die Rattenflöhe, erklärt sich einfach daraus, daß die Pestbazillen im Blute des kranken Menschen lange nicht so reichlich sind als in dem der Ratten.

Wir begreifen jetzt, daß die Ansteckungsfähigkeit der Pest weniger am kranken Menschen selbst, als an Kleidern, Häusern, Ortschaften, Schiffen und anderen Verkehrsmitteln zu haften scheint, ferner Arme viel mehr als Wohlhabende, die eingeborene tropische Bevölkerung mehr als die eingewanderte europäische der Seuche zu verfallen pflegen, das mittelalterliche Europa so stark, das jetzige so gut wie gar nicht mehr von der Seuche heimgesucht wurde.

Auch die Wanderzüge der Pest, die wir erst in der Neuzeit von ihren Herden am Himalaja, in der Mongolei, in Armenien, Uganda aus genauer verfolgen können, verlieren etwas von ihrer Rätselhaftigkeit, die sie in mancher Beziehung immer noch bieten, wenn wir im Auge behalten, daß für sie mehr die für uns dunklen Verhältnisse der kleinen Tierwelt, als die des menschlichen Handels und Wandels von Bedeutung sind. Wir sagen hier ausdrücklich Kleintierwelt, denn es sind genau genommen nicht bloß die verschiedenen Arten von Ratten, die als Träger der Pest in Frage kommen, sondern auch noch Mäuse, Murmeltiere (die Tabargane der Mandschurei) und vielleicht noch andere. Geschichtlich beglaubigt ist die Tatsache, daß von Anfang des 18. Jahrhunderts an die (braune) Wanderratte (Mus decumanus) begonnen hat, die (graue) Hausratte (M. rattus) aus Europa zu verdrängen. Man könnte vielleicht auch damit das Verschwinden der Pest aus Europa in Verbindung bringen, indem die Hausratte in innigerer Berührung mit dem Menschen lebt, als die Wanderratte.

Wenn wir die Pest bekämpfen wollen, müssen wir in erster Linie ihr Auftreten möglichst schnell zu erkennen suchen, und zwar nicht nur beim Menschen selbst, sondern vor allen Dingen schon bei den Ratten unserer Umgebung. Überall wo eine Pestgefahr in Frage kommt, also namentlich in den großen Häfen des Weltverkehrs, müssen deshalb tote Ratten der sorgfältigsten bakteriologischen Untersuchung unterworfen werden.

Da diese Tiere auch an anderen Bakterien zugrunde gehen können (s. o.), und da ausnahmsweise selbst andere Vertreter der Pasteurellagruppe (s. u.) bei Ratten vorkommen, da ferner die Fäulnis oft die Erkrankung der Ansteckung erschwert, ist die Aufgabe durchaus keine leichte. Hier wie bei zweifelhaften Fällen des Menschen hat sich namentlich die Impfung auf die rasierte Haut des Meerschweinchens bewährt, aber auch alle übrigen Verfahren (Züchtung aus Bubonen, Blut, Auswurf) sind daneben zu benutzen.

Die Maßnahmen gegen die Weiterverbreitung der Pest sind verschieden, je nachdem wir es nur mit Rattenpest, z. B. an Bord eines in den Hafen eingelaufenen Schiffes, zu tun haben oder schon mit einer ausgesprochenen Epizootie im Lande. Im ersteren Falle gelingt es, den Herd dadurch zu ersticken, daß man die Schiffe mit schwefliger Säure (Clayton-Apparat) oder mit Kohlenoxyd (Generatorgas) ausräuchert. Im letzteren Falle haben wir außer dem Auslegen von Rattengift (Phosphor, Meerzwiebel), der Jagd durch Rattenfänger usw., noch die Möglichkeit, durch Erzeugung einer anderen ansteckenden Krankheit die Tiere zu vernichten.

Indessen haben sich die mit verschiedenen Rattenschädlingen (Abschnitt 11) aus der Gruppe des Paratyphus angestellten Versuche nicht gerade gut bewährt. Bedenklich ist bei allen derartigen Maßregeln die Gefahr, daß man die Ratten zur Auswanderung nach anderen Stellen veranlaßt und dadurch unter Umständen den erst begrenzten Pestherd vergrößert. Auf die Dauer unzulänglich bleiben die Vernichtungsmaßregeln aber gewöhnlich schon deshalb, weil die Ratten sich unglaublich schnell vermehren.

Wirksamer ist es, den Ratten die Gelegenheit zu nehmen, mit den Menschen und ihren Behausungen in Berührung zu kommen. Das erreicht man am besten durch möglichst gründliche und schleunige Beseitigung von Schmutz und Unrat jeder Art aus Straßen und Höfen, Kellern und Wohnungen, durch Dichtung der Keller, Kanalöffnungen usw. Man darf wohl die Erwartung aussprechen, daß schon allein durch Pflasterung und Kanalisierung der europäischen Städte die letzteren gegen die Pest fast gefeit sind. Kennt doch heutzutage der größte Teil der Bevölkerung Ratten nur noch dem Namen nach.

Die gegen die Pest zuerst in Anwendung gebrachten früher so beliebten „Quarantänen" sind mehr und mehr eingeschränkt worden, von ursprünglich 40 Tagen auf wenige Tage selbst bei Schiffen, die Pestfälle gehabt haben, und man legt den Hauptwert darauf, etwaige Kranke und Verdächtige zu beobachten. Nur verdächtige Kleider, Wäsche, Lumpen werden desinfiziert; Waren, Briefe usw. verständigerweise nicht mehr. Die Entpestung von Häusern und Ortschaften hat im wesentlichen die Beseitigung der Ratten und ihrer Flöhe ins Auge zu fassen, eine Aufgabe, die namentlich in den Ursprungsländern der Pest Schwierigkeiten genug bietet, dadurch freilich am einfachsten gelöst wird, daß man die Ansiedelungen verläßt und niederbrennt.

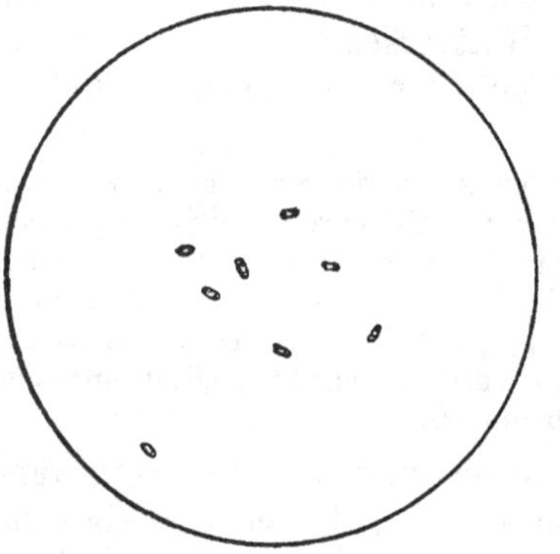
Fig. 49. Polbakterien (Hühnercholera).

Ein wichtiges Mittel zur Bekämpfung der Pest besitzen wir schließlich in der Schutzimpfung. Sie gründet sich zunächst auf die Erfahrung, daß ein Überstehen der Pest Immunität gegen sie zurückläßt, und auf die Ergebnisse des Tierversuchs (s. o.). Durch Einspritzung abgetöteter Kulturen vermag man ähnlich wie bei Cholera und Typhus auch den Menschen zu schützen. Vielleicht ist die Impfung mit abgeschwächten Kulturen noch wirksamer. Viel angewandt wird ferner namentlich zur Vorbeugung, das Pestserum (s. o.). Zur Heilung wird auch die Fortnahme der Bubonen warm empfohlen.

Die außer der Pest für die Volkswirtschaft wichtigsten Formen der hämorrhagischen Septizämie sind die Geflügelcholera und die Wild- und Rinderseuche, die Pleuropneumonie der Kälber und Lämmer, die Schweineseuche; mehr für Laboratorien von Bedeutung sind dann noch Septizämie und Brustseuche der Kaninchen. Die Geflügel- oder Hühnercholera (B. avisepticus) ist eine mit Blutungen und Entzündungen in inneren Organen einhergehende Septizämie des Hausgeflügels, die auch kleine Vögel wie Sperlinge und selbst Raubvögel befällt und meist wohl durch Fütterung und Trinkwasser übertragen wird. Der Darm zeigt dementsprechend auch die hauptsächlichsten Veränderungen. Durch die Darmentleerungen werden die Krankheitskeime in erster Linie ausgeschieden und wirksam verbreitet. Neben der Fütterung ist aber auch jede andere Art der Übertragung bei den empfänglichen Tieren wirksam und sogar oft noch sicherer, da schon einzelne Bazillen, in das Gewebeinnere gebracht, zur fortschreitenden Vermehrung genügen. Es ist sehr wohl möglich, daß auch das Ungeziefer des Geflügels zur Ausbreitung der Seuche beiträgt, wie der Rattenfloh zur Ausbreitung der Pest. Von unseren Laboratoriumstieren sind Mäuse und Kaninchen am empfänglichsten. Besonders die ersteren sterben nach Impfung mit kleinen Gaben sowohl als nach Fütterung an Septizämie, Meerschweinchen nur, wenn man sie von der Bauchhöhle aus impft, nicht von der Unterhaut aus. Ratten und Feldmäuse sind ebenfalls widerstandsfähiger, aber selbst große Haustiere durch reichliche Mengen bei intravenöser Einverleibung zu töten.

Die Hühnercholerabazillen wachsen etwas langsam zu kleinen und größeren, schleimigen Kolonien heran.

Auch gegen die Geflügelcholera läßt sich ein Impfschutz erzielen, und zwar nach Pasteurs mehrfach bestätigten Untersuchungen durch Benutzung abgeschwächter lebender Kulturen. Die Abschwächung wird gewöhnlich erzielt durch die längere Züchtung auf toten Nährböden. Statt der lebenden Bakterien kann man aber auch gelöste Erzeugnisse derselben, keimfrei gemachte Schüttelextrakte und Exsudate („tierische Aggressine", S. 150 u. 210) zur Impfung benutzen. Wirtschaftlich brauchbar sind alle diese Verfahren aber nicht, im Gegensatz zu der Schutzimpfung gegen Milzbrand, weil es sich, auch wenn man von den der Impfung noch anhaftenden Gefahren absieht, kaum lohnt, seuchefreie Bestände zu impfen, und die Schutzimpfung schon verseuchter Bestände bei der schnellen Verbreitung der Ansteckung meist zu spät kommt. Besser geeignet ist die Serumimpfung, die ebenfalls möglich ist. Sie beruht unzweifelhaft auf einer Verstärkung der Abwehrkräfte des Tieres gegen die Bakterien selbst, nicht gegen ihre Gifte. Doch wird darüber gestritten, ob Bakteriolysine oder Opsonine des Serums oder auch von Leukozyten stammende Abwehrstoffe (Leukine) für die Hemmung des Bakterienwachstums im immunisierten Körper in Frage kommen. Wahrscheinlich sind alle diese Einflüsse beteiligt. Die Entscheidung wird aber bei diesen, wie anderen septizämischen Ansteckungen dadurch erschwert, daß das Immunserum außerhalb des Tierkörpers nur geringe Wirkungen äußert.

Die Wild- und Rinderseuche befällt Rot- und Schwarzwild, sowie Rinder, seltner Pferde und Schweine, und ist, wenn bakteriologische Prüfung fehlte, oft mit Milzbrand verwechselt worden. Wahrscheinlich wird sie durch Insekten verbreitet. Durch Fütterung oder Impfung läßt sich der Erreger (B. bovisepticus) auch auf Mäuse, Kaninchen, Meerschweinchen, Tauben und kleine Vögel übertragen. In naher Verwandtschaft mit der Rinderseuche einerseits und mit der Schweineseuche andererseits steht die septische Pleuropneumonie der Kälber.

Die sog. Schweineseuche überragt wegen ihrer großen Verbreitung an Bedeutung alle Formen der hämorrhagischen Septizämie. Sie tritt in drei Formen auf, die alle zu dem B. suisepticus in Beziehung stehen sollen. Am wenigsten bestritten ist dessen ursächliche Bedeutung bei der ersten, der septizämischen, sehr schnell und ohne wesentliche Herdbildung verlaufenden Schweineseuche, die freilich gegen früher sehr selten geworden zu sein scheint. Bei der zweiten Form, der akuten, zur Nekrose neigenden Schweinepneumonie findet sich der B. suisepticus auch regelmäßig und in so großen Mengen vor, daß man ihn als Erreger in Anspruch genommen hat. Genauere Forschungen haben allerdings gelehrt, daß mindestens ein sehr großer Teil der Fälle, und zwar gerade die als besonders ansteckend erkannten neben der Lungenentzündung deutliche Merkmale der Schweinepest aufweist.

Da durch Versuche nachgewiesen ist, daß der unsichtbare (filtrierbare) Erreger der Schweinepest in reinem Zustande (als keimfreies Filtrat des Blutes, vgl. Abschnitt 28) auf Schweine verimpft, ähnliche Veränderungen in den Lungen herbeiführen kann, so wird man zu dem Schluß gezwungen, daß der B. suisepticus entweder nur nachträglich in die erkrankte Lunge einwandert oder unter dem schwächenden Einfluß der Pest bzw. unter Beihilfe des Pesterregers die Lungenveränderungen erzeugt. Mit Sicherheit ist vorläufig zwischen diesen beiden Möglichkeiten nicht zu entscheiden, aber die letztgenannte hat wohl die meiste Wahrscheinlichkeit für sich, weil Versuche mit Reinkulturen des B. suisepticus außer Zweifel stellen, daß diese Bakterien auch allein für sich, wenn man sie in größeren Mengen einatmen läßt oder unmittelbar in die Luftröhre einspritzt, imstande sind, Schweinepneumonie zu erzeugen. Epidemiologische Erfahrungen bestätigen das, denn in einem, allerdings kleinen Teil der Fälle von akuter, unter dem Bilde der Lungenentzündung verlaufenden Schweineseuche findet man die Bakterien ohne Verbindung mit Schweinepest. Gewöhnlich sind das allerdings vereinzelte oder herdweise auftretende Erkrankungen, die keine Neigung zur Ansteckung erkennen lassen.

Eine dritte Form der Schweineseuche, von der behauptet wird, daß sie in neuerer Zeit mehr und mehr an die Stelle der akuten getreten sei, und die hauptsächlich Ferkel befällt, besteht im wesentlichen in einer schleichenden Erkrankung der Lungen, die neben hepatisierten und nekrotisierten Stellen Eiterherde oder nur diese allein aufweist. Der B. suisepticus ist hier nicht regelmäßig und oft nur in spärlichen Mengen zu finden, statt seiner, oder neben ihm andere Keime.

Zunächst gehören dazu Bakterien, nämlich Eiterkokken und vor allen der B. pyogenes suis, ein rotlaufähnliches Stäbchen. Dieser letztere wurde eine Zeitlang als die eigentliche Ursache der chronischen Schweineseuche betrachtet. Er ist aber, wie sich herausgestellt hat, nur ein Eitererreger, der auch an anderen Orten beim Schwein und beim Rind (B. pyogenes bovis) vorkommt (Abschnitt 18 am Schluß). Schließlich wurde neuerdings bei chronischer Schweineseuche durch Versuche auch noch die Gegenwart des Schweinepesterregers nachgewiesen. Danach handelt es sich auch bei der chronischen Schweineseuche zum Teil um echte Schweinepest, an der sich Schweineseuchebazillen und Eitererreger beteiligen, teils nur, um reine Schweineseuche, zu der Eitererreger zutreten, teils vielleicht auch, um Veränderungen, die von Anfang an ausschließlich von Eiterbakterien herbeigeführt werden.

Die Bedeutung des B. suisepticus ist dadurch zwar eingeschränkt worden, bleibt aber immer noch groß genug. Sie hat übrigens eine große Ähnlichkeit mit derjenigen der Pneumokokken beim Menschen. Auch diese sind sehr oft nur Ansteckungserreger zweiten Ranges, indem sie zu anderen Krankheiten hinzutreten.

Eine Ähnlichkeit besteht ferner zwischen dem B. suisepticus und dem B. suipestifer (Abschnitt 11) in ihrem Verhalten zur Schweinepest. Beide vergesellschaften sich mit dieser Seuche, nur daß der eine hauptsächlich vom Darm, der andere von den Luftwegen aus zur Wirkung gelangt.

Die Bekämpfung der Schweineseuche fällt natürlich zum großen Teil mit der der Schweinepest zusammen (Abschnitt 28). Die selbständige Schweineseuche hat man, abgesehen von allgemeinen Maßregeln, die auf Verbesserung der Tierhaltung hinauslaufen, durch aktive und passive Schutzimpfung (s. o. Hühnercholera) einzudämmen versucht. Am meisten empfiehlt sich gleichzeitige Impfung mit Serum und Bakterienauszügen. Das Serum wird gewöhnlich vielwertig (multivalent) hergestellt, d. h. durch Behandlung von Pferden mit möglichst zahlreichen Stämmen des B. suisepticus, weil man geglaubt hat, damit bessere Erfolge erzielen zu können, als mit einwertigem Serum.

Ähnlich wie beim Schwein kommen „Polbakterien“ auch bei Pferden, Hunden und anderen Haustieren vor und erzeugen Lungenentzündungen bei Tieren, die schon vorher durch eine andere Krankheit betroffen sind, so bei der Brustseuche oder Influenza der Pferde und der Staupe der Hunde.

Bei Kaninchen erscheinen dagegen Polbakterien als selbständige Seuchenerreger, und zwar in zwei Formen. Erstens als Ursache einer schnell verlaufenden Allgemeinerkrankung, der sog. Kaninchenseptizämie. Ihre erste Bekanntschaft hat man eigentümlicherweise gemacht, als man faule Flüssigkeiten oder Schmutzwasser auf Kaninchen verimpfte (Davaine, R. Koch und Gaffky). Die zweite Form der Erkrankung ist die sog. Brustseuche der Kaninchen. Sie verläuft unter schleichender Entzündung der oberen und unteren Luftwege, Lungen und benachbarten serösen Häute und schädigt oft den Tierbestand in unseren Laboratorien. Als gutes Mittel gegen die Ausbreitung der Seuche, deren erste Entwicklung sich durch Schnupfen bemerkbar macht, hat sich uns die Behandlung mit vielwertigem Schweineseucheserum bewährt, wieder ein Beweis für die Zusammengehörigkeit aller dieser Bakterien.

Den Septizämiebakterien reihen wir als verwandt drei andere an, die, wie die Pestbazillen, vom Tier auf den Menschen übergehen können.

Als eine Seuche, die besonders in Amerika unter Kaninchen und anderen Nagetieren vorkommt, jedoch auch gelegentlich durch Hantieren mit diesen Tieren oder durch Stechfliegen und Zecken den Menschen anfällt, sei zunächst die Tularämie erwähnt. Man unterscheidet beim Menschen eine glanduläre Form, die von der Haut, eine okuloglanduläre, die von der Bindehaut ausgeht und eine typhöse Form. Sie alle sind ziemlich hartnäckig, verlaufen aber meist günstig.

Die Diagnose gelingt, wenn man von der Agglutination des Krankenserums absieht (s. u.) nur ausnahmsweise durch Färbung der Sekrete oder durch die Kultur, besser nach Übertragung der Sekrete oder des Blutes auf Meerschweinchen oder Kaninchen, die man intraperitoneal oder durch Einreibung in die rasierte Haut wie bei der Pest vornehmen kann. Die Tiere pflegen binnen einer Woche unter Vergrößerung und Verkäsung der Lymphdrüsen mit oft winzigen Herden in Leber und Milz zugrunde zu gehen. Hier sind die Bazillen (B. tularensis) schon reichlicher zu finden, am besten aber in Kulturen zu studieren, die auf konzentriertem Eigelb oder Blutagar aerob wachsen. Sie haben auch in der Neigung zur rundlichen Form Ähnlichkeit mit Pestbazillen. Gesichert wird die Diagnose der Bazillen durch Agglutination mit Immunserum, das ziemlich leicht herzustellen ist. Die Infektion des Menschen wird durch Agglutination mit Krankenserum erkannt. Bemerkenswerterweise werden Malta- und Bangbazillen mitagglutiniert, nicht andere Keime.

Wichtiger sind für den Menschen zwei andere Krankheitserreger, der B. melitensis (Bruce) und der B. abortus (Bang). Beide sind ebenfalls unbewegliche, gramfreie Bazillen, die wegen ihrer Winzigkeit manchmal als Kokken bezeichnet wurden, übrigens einander so ähnlich sind, daß sie selbst durch die üblichen Immunitätsreaktionen nicht voneinander getrennt werden können. Sie wachsen auf den Nährböden ebensowenig charakteristisch, wie die Bakterien der hämorrhagischen Septizämie, sind aber von ihnen schon dadurch unterschieden, daß sie von großen Haustieren, insbesondere der Ziege und dem Rind, auf den Menschen übertragen werden und nur schleichende Krankheiten erzeugen.

Die sehr bald den gewöhnlichen Nährböden gut angepaßten Kulturen zeigen allerdings ursprünglich einige Eigenheiten. Der B. melitensis wächst zunächst sehr langsam, z. B. aus dem Blute oder Urin der Kranken, so daß man die damit beimpfte Bouillon eine Woche lang beobachten muß. Der Bangsche Bazillus läßt sich ebenfalls aus den Krankheitsprodukten auf Platten zunächst schwer züchten, wenn man nicht dafür Sorge trägt, daß der Sauerstoffgehalt der Luft durch Einbringen von 10% Kohlensäure oder Leuchtgas oder durch Beigabe von aeroben Bakterien zu den geschlossenen Gefäßen beschränkt wird. Einfacher gelingt die Züchtung auf mit Paraffin zugeschmolzenen Schrägröhrchen mit Traubenzuckeragar binnen 4—15 Tagen.

Der B. melitensis kommt am häufigsten in den am Mittelmeer gelegenen Ländern vor und zwar endemisch bei Ziegen, seltner Schafen. Er macht die Tiere meist kaum krank, obwohl er regelmäßig im Blut, Urin oder in der Milch zu finden ist und durch die Agglutinationskraft des Serums bei den befallenen Tieren sich bemerkbar macht. Bei trächtigen Tieren veranlaßt er auch Verwerfen oder Entzündung der Brustdrüsen. Auf den Menschen wird er durch Genuß der rohen Ziegenmilch übertragen und erzeugt bei ihnen in weiten Kreisen der Bevölkerung das Malta- oder Mittelmeerfieber, das neuerdings wegen seines Verlaufs auch undulierendes Fieber genannt wird, übrigens etwa nur in 2% der Fälle zum Tode führt. Die Diagnose beim Menschen wird ebenfalls durch die Züchtung aus dem Blute oder häufiger durch die Agglutination gestellt.

Bei dem B. abortus der Rinder liegen die Dinge ähnlich. Zwar hat man früher von Übertragung auf den Menschen nichts gewußt, ja sogar ihre Möglichkeit auf Grund von Versuchen bestritten. Neuerdings haben sich aber die Fälle mehr und mehr gehäuft, in denen eine Ansteckung, z. B. des den Abort behandelnden Tierarztes oder durch Milchgenuß, als Ursache der Erkrankung nachgewiesen werden konnte. Ja, in manchen Gegenden will man, wie z. B. in Dänemark und Nordamerika, aus dem häufigen Vorkommen der Agglutinationskraft im Serum fiebernder Kranken auf eine Verbreitung schließen, welche die des Typhus weit übertreffen soll. In Deutschland sind die Erkrankungen an der Banginfektion offenbar viel seltner, wenn sie jetzt auch fast allerorts beobachtet worden sind. Verhältnismäßig weit häufiger sind sie in der ländlichen als in der städtischen Bevölkerung.

So haben wir z. B. in Leipzig in den letzten Jahren bei vielen Hunderten von Blutproben, die uns zur Untersuchung auf Typhus u. dgl. zugeschickt wurden, nicht ein einziges Mal eine Agglutination mit Bangbazillen feststellen können, und nur ein paar sichere Fälle von Erkrankungen wurden in derselben Zeit in den Leipziger Krankenhäusern beobachtet. Auf der anderen Seite wies die vorwiegend landwirtschaftliche Bevölkerung, die in Kiel und Greifswald untersucht wurde, entweder eine größere Zahl von Erkrankungen oder wenigstens einen stärkeren Prozentsatz von Agglutinationen nach, der auf frühere oder schleichende (?) Erkrankungen schließen läßt.

Man wird diese Unterschiede wohl im wesentlichen auf den mehr oder weniger häufigen Genuß von roher Milch (oder Sahne) schließen können, denn die Abortusinfektion des Rindes ist auch bei uns überall sehr weit verbreitet. Übereinstimmung herrscht darin, daß eigentliche Epidemien, wie sie beim Maltafieber gang und gäbe sind, beim Bangfieber des Menschen nicht vorkommen, die Empfänglichkeit für die letztere also weit geringer ist als für die erstere.

Die Bazillen lassen sich beim Menschen durch die Blutkultur viel seltner nachweisen, als die Agglutinine (in Verdünnungen von 100 und mehr). Beim Rind werden aber die Bazillen sehr oft schon mikroskopisch in dem Ausstrich der Lochien, und noch öfter durch die Kultur gefunden. Noch empfindlicher ist der Versuch am Meerschweinchen, die nach Einspritzung von Sekret oder Milch (Rahm oder Bodensatz) in die Bauchhöhle oder durch Einreiben in die Haut eine viele Wochen dauernde Erkrankung darbieten. Sie läßt sich schon früher durch Agglutination nachweisen, führt später zur Schwellung der Milz und Leber und öfter zur Entwicklung kleinster Knötchen in diesen und anderen Organen, die an Pseudotuberkulose erinnern und die Bazillen mehr oder weniger reichlich enthalten. Die an Abort erkrankten Rinder verbreiten die Erreger in ihre Umgebung und geben ihnen dadurch Gelegenheit, mittels der Nahrung auf gesunde Tiere überzugehen. Sind diese trächtig, so erkranken sie, sind sie es nicht, so werden sie Träger der Ansteckung, ohne sichtbar zu erkranken, bis sie trächtig werden. Wir haben also hier ein besonders merkwürdiges Beispiel einer Organvirulenz. Obwohl auch die männlichen Rinder die Erreger aufnehmen und in ihrem Samen ausscheiden, scheinen sie sie nicht durch den Begattungsakt zu übertragen. Durch überstandenen Abortus pflegen die Kühe mehr oder weniger geschützt zu sein, ohne daß sie aufhören, die Bazillen zu beherbergen und z. B. durch die Milch auszuscheiden. Eine echte Immunität entwickelt sich also nicht. Immerhin kann man durch Schutzimpfung mit lebenden Bazillen vor der Trächtigkeit und mit toten Bazillen in den ersten Monaten derselben das Verwerfen und dadurch die Verluste für die Aufzucht stark einschränken. Ausgetragene Kälber erkranken kaum.

Es leuchtet ein, daß die Ansteckung des Menschen mit Malta- oder Bangfieber dadurch am besten vermieden werden kann, daß man Milch nicht roh genießt. Groß ist die Gefahr wegen der geringen Empfänglichkeit des Menschen für die Banginfektion allerdings nicht, denn bei der ungeheuren Verbreitung der Bazillen in der Milch, ja selbst in der gewöhnlich roh genossenen Vorzugsmilch (Eber) müßten die Infektionen sonst auch in unseren Großstädten viel häufiger sein.

Achtzehnter Abschnitt

Milzbrand- und Rotlaufbazillen

Den Septizämieerregern des vorigen Abschnitts schließen sich ihrer Wirkung nach eng zwei andere Bazillenarten an, die sich durch ihre Gestalt, Färbbarkeit und Wachstumsmerkmale sehr von jenen, aber auch voneinander unterscheiden, der Rotlauf- und der Milzbrandbazillus. Gemeinsam haben sie Unbeweglichkeit, Gramfestigkeit, sowie die Neigung, Fäden zu bilden und dadurch auf Nährböden Kolonien zu entwickeln, die in ihre Umgebung lockige oder verästelte Ausläufer aussenden. Auf den ersten Blick sind sie allerdings wegen ihrer sehr ungleichen Größe und Wachstumsstärke nicht zu verwechseln: der Rotlaufbazillus gehört zu den kleinsten Stäbchen, die wir kennen und reiht sich insofern an die vorhergehende Gruppe an, ist im übrigen aber wohl eher ein Verwandter der Strahlenpilze (Abschnitt 23); der Milzbrandbazillus ist ein Riese unter den Bakterien und steht auch, weil er echte Sporen bildet, den Heubazillen näher. Beide Keime sind in erster Linie Erreger tierischer Seuchen, gehen aber auch auf den Menschen über.

Der Milzbrandbazillus (B. anthracis) ist wegen seiner Größe das erste Bakterium gewesen, bei dem krankheitserregende Eigenschaften entdeckt wurden. Ist er doch schon seit der Mitte des vorigen Jahrhunderts durch Brauell und Pollender bekannt geworden. Seiner leichten Erkennbarkeit, Züchtbarkeit und Übertragbarkeit auf Tiere verdankt er es, daß man sich mit ihm mehr beschäftigt hat, als mit anderen, für den Menschen weit wichtigeren Bakterien. Sieht man ihn zuerst im frischen Zustande, z. B. im hängenden Tropfen, den man aus der Milz eines an Milzbrand verstorbenen Tieres anlegt, so erscheint er als großes und dabei ziemlich schlankes Stäbchen mit abgerundeten Ecken. Bringt man diese außerhalb des Körpers in Blutserum oder künstlicher Nährlösung zum Wachstum, so verlängern sich die Bazillen zu Fäden, die durch das ganze Gesichtsfeld gehen können. Nur bei sorgfältigem Zusehen erkennt man wenigstens hier und da, daß diese Fäden aus vielen einzelnen Stäbchen zusammengesetzt sind, aber erst nach Färbung mit den gewöhnlichen Anilinfarben oder nach Gram, die sie sehr gut annehmen, wird es deutlich, daß die eigentlichen Bazillen plump, meist kaum doppelt so lang als breit sind (Fig. 50).

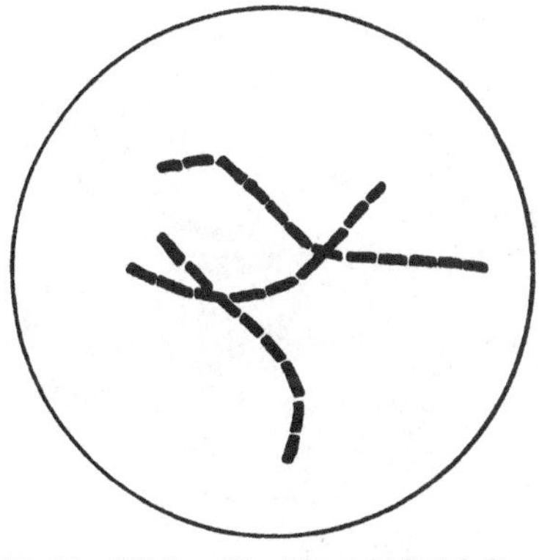

Fig. 50. Milzbrandbazillen aus Reinkultur, gefärbt mit Fuchsin.

Daß die Scheinfäden im ungefärbten Zustande nicht als das, was sie sind, d. h. als Ketten von kürzeren oder längeren Stäbchen, erscheinen, hat seinen Grund darin, daß die Bazillen sich eng mit ihren ebenen Teilungsflächen berühren, nicht, wie das bei anderen kettenbildenden Stäbchen die Regel ist, sich nach der Teilung abrunden und voneinander entfernen. Nach vorsichtiger Erhitzung und Färbung sehen daher die Fäden aus, als ob sie in regelmäßigen kurzen Abständen wie mit dem Messer zerschnitten wären. Erhitzt man etwas stärker, schrumpfen die Stäbchen und entfernen sich voneinander. Nicht selten bekommt man dabei Bilder zu sehen, die man, weil die Stäbchen an den Berührungsflächen knotig aufgebaucht und in der Mitte eingezogen sind, mit „Bambusstäbchen" verglichen hat. Bei Gramfärbung sind die einzelnen Bazillen umgekehrt oft abgerundet, so daß die Fäden ihr die Milzbrandbazillen sonst auszeichnendes Aussehen verlieren.

Werden die Färbungen mit Bazillen vorgenommen, die aus Gewebssäften entnommen sind, so zeigen sie sich häufig mit einer mehr oder weniger gefärbten Schleimhülle, einer Kapsel, umgeben.

Am schönsten und einfachsten sind die Kapselfärbungen mit sog. rotstichigem, nicht ganz reinem Methylenblau. Hier sind die Bazillen selbst blau, die Kapseln oft schön rosenrot (Fig. 51 auf der farbigen Tafel). In den gewöhnlichen Nährböden vermißt man deutliche Kapseln, doch bilden sie sich auch außerhalb des Tierkörpers bei Züchtung auf Blutserum. Man kann die Schleimhüllen, die sie und andere Bakterien im lebenden Körper bilden, als Schutzmittel der Bazillen gegenüber den Abwehrstoffen des Körpers auffassen; stark abgeschwächte Milzbrandbazillen vermögen keine Kapseln zu bilden.

In alten Kulturen oder auf ungünstigen Nährböden, z. B. Kartoffeln, werden unregelmäßige, runde und gekrümmte Formen gefunden. Ja, man hat mehrfach geglaubt, bei Milzbrandbazillen eine ähnliche Formveränderlichkeit feststellen zu können, wie wir sie bei Sarzinen und Wurzelbazillen (Abschnitt 5) erwähnt haben (Haag).

Die Milzbrandbazillen sind ferner unbeweglich und bilden Sporen. Es sind fast eiförmige, stark lichtbrechende Körper von gleicher Größe, die sich einzeln in den Stäbchen entwickeln, wodurch die Scheinfäden, die sie enthalten, im frischen Zustande wie Perlenketten erscheinen (Fig. 52). Wie alle echten Bakteriensporen (S. 44) nehmen sie die gewöhnlichen Anilinfarben nicht an, erscheinen also als Lücken in den Stäbchen oder, wenn diese zerfallen sind, nur zart am Rande gefärbt. Besonders zierlich sind die Bilder, die man nach gelungener Doppelfärbung und übrigens auch bei der Gramschen Methode erhält.

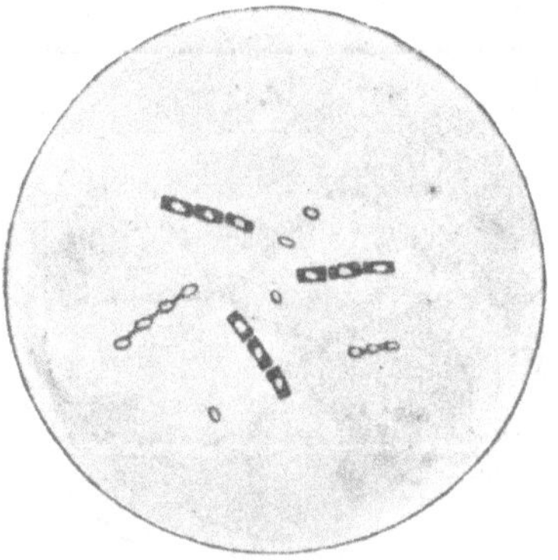

Fig. 52. Milzbrandsporen, teils noch innerhalb der Stäbchenketten, teils mehr oder weniger frei. Methylenblaufärbung.

Mit den Sporen dürfen nicht verwechselt werden die ebenfalls stark lichtbrechenden, aber zu mehreren und in verschiedener Größe innerhalb der Stäbchen liegenden kugelrunden Körner, die z. B. in Glyzerinnährböden auftreten. Sie bestehen aus Fett.

Die Sporen keimen auf frischen Nährböden bei günstigen Temperaturen aus, indem sie, wie die Beobachtung im hängenden Tropfen lehrt, an einem Pol die Hülle durchbrechen, nicht am Gürtel, wie die Heubazillen. Die Sporenhülle bleibt zurück, indem sie wie eine Kappe dem Keimstäbchen aufsitzt, und wird dann abgestreift. Zur Bildung der Milzbrandsporen ist eine nicht zu niedrige Temperatur (16° C und darüber) und reichlicher Sauerstoff, sowie eine Erschöpfung des Nährbodens nötig. Im Tierkörper werden Sporen darum nicht gebildet. Frisch aus dem Tierkörper gezüchtete Milzbrandbazillen bilden schnell Sporen, ebenso wachsen aus Sporen immer wieder sporenbildende Kulturen. Bei längerer Fortzüchtung in künstlichen Nährböden pflegt aber die Fähigkeit zur Sporenbildung mehr oder weniger abzunehmen, ebenso bei Einwirkung aller möglichen Schädlichkeiten in der Kultur. Man erhält so schließlich „asporogene" Milzbrandbazillen, die überhaupt nicht mehr zur Sporenbildung zu bringen sind. Meist sind sie gleichzeitig abgeschwächt und auch sonst verändert (s. u.). Die Sporen vertragen mindestens minutenlang die Siedehitze, dauernd das Austrocknen, schlecht nur die Belichtung. Durch Karbolsäure 5:100, Sublimat 1:1000, Wasserstoffsuperoxyd 1:100, Formalin 1:100, dünne Chlorkalklösung werden sie erst nach Stunden abgetötet, durch stärkere Lösungen schneller, durch Jodtrichlorid 1:100 sofort.

Die Widerstandsfähigkeit, welche die Milzbrandkeime durch ihre Sporen erwerben, ist um so wichtiger, weil die Bazillen selbst leicht allen möglichen Schädlichkeiten erliegen. Nur durch ihre Sporen werden sie in den Stand gesetzt, sich in der Außenwelt, z. B. auf Weiden und im Staub, länger zu erhalten, um unter Umständen (durch das Futter, bei der Einatmung) wieder neues Unheil zu stiften.

Ebenso wie durch seine Gestalt ist der Milzbrandbazillus durch seine Wachstumseigenschaften gekennzeichnet. Er gedeiht ohne Schwierigkeit auf allen üblichen Nährböden unter Bildung großer Kolonien, die durch ihre Zusammensetzung aus schön gelockten Bündeln von Scheinfäden unter dem Mikroskop an ein Medusenhaupt erinnern.

Stichkulturen erscheinen durch wagerechte Ausläufer, die nach unten kürzer werden, ähnlich einem umgekehrten Tannenbaum. Der Leim wird dabei langsam verflüssigt. Ist die Verflüssigung weiter fortgeschritten, so sinkt die Bakterienmasse auf den Boden, während der verflüssigte Nährboden darüber klar bleibt. Ebenso wird Fleischbrühe durch das am Boden in Form von schleimigen Fäden stattfindende Wachstum der Milzbrandbazillen nicht getrübt, geschweige denn mit einer Decke überzogen, wie bei anderen sporenbildenden Bazillen aus der Gruppe der Heubakterien, denen der Milzbrandbazillus sonst durch seine Kolonien und seine Vorliebe für den Luftsauerstoff sich nähert. Bei abgeschwächten Milzbrandbazillen findet man allerdings auch in Flüssigkeiten oft ein gewisses Wachstum an der Oberfläche. Die Kolonien auf Agar und Kartoffeln sind zwar groß, breiten sich aber lange nicht so unbegrenzt aus, wie die von vielen Heubazillen und haben zwar eine matte, nicht glänzende aber keine völlig trockne, körnige oder gerunzelte Oberfläche, wie viele Heubazillen. Besondere Gärungen bewirkt der Milzbrandbazillus nicht, Milch gerinnt durch ihn unter Labbildung.

Hält man alle diese Eigenschaften zusammen, so gelingt es fast regelmäßig, die Milzbrandbazillen zu erkennen. Immerhin kommen unter den Heubakterien so milzbrandähnliche Vertreter vor, daß man von „Pseudoanthraxbazillen“ (S.48) gesprochen hat. Der Tierversuch an Mäusen, Meerschweinchen oder Kaninchen bringt hier sofort die Entscheidung. Wenn auch einzelne Pseudoanthraxbazillen für Tiere giftig sind und selbst eine schwache Vermehrungsfähigkeit im tierischen Gewebe besitzen können, so erzeugen sie doch niemals eine septizämische Erkrankung wie der Milzbrand. Außerdem sind sie beweglich.

Allerdings ist zur Infektion nötig, daß die Bazillen ins Gewebe selbst hineingelangen; Fütterung ist nur bei großen Gaben von Sporen erfolgreich. Die Tiere pflegen meist mit einem nicht gerade sehr bazillenreichem Ödem an der Impfstelle und reichlichen Bazillen in den Blutgefäßen, besonders in den Kapillaren der Milz, Leber und Nieren zu sterben. Schimmelbusch hat in bekannten Versuchen nachgewiesen, daß nach einer Impfung in eine blutende Wunde, z. B. am Schwanz, ein Teil der Bazillen sofort ins Blut und außerdem in dem Lymphstrom aufgenommen wird, so daß schon nach wenigen Minuten die Absetzung des betreffenden Gliedes nicht mehr die tödliche Krankheit verhütet. Auch für andere Septizämien gilt dieselbe Regel. Überhaupt werden Keime jeder Art aus frischen, noch blutenden Wunden zum Teil sofort ins Blut aufgenommen. Mit Unrecht hat man aber daraus schließen wollen, daß nun auch bei jeder anderen nicht so wirksamen, d. h. nicht schon in kleinsten Gaben septizämischen Ansteckung die Entfernung des ursprünglichen Ansteckungsherdes für den Verlauf ohne Bedeutung sei. Das ist sicher unrichtig, weil zwar bei Milzbrand, aber nicht bei jeder anderen Ansteckung die Menge der Erreger gleichgültig ist. So gefährlich Milzbrandbazillen auf frischen Wunden sind, so wenig sind sie es auf granulierenden. Nötzel hat bei Schafen Granulationsflächen mit Milzbrandbazillen ohne Schaden bestreichen können, bei der kleinsten Verletzung derselben aber tödliche Erkrankungen gesehen.

Ratten und Katzen sind für Milzbrand sehr ungleich empfänglich; Hunde erkranken nach Impfung meist nur mit örtlichen karbunkelähnlichen Herden (wie der Mensch). Von Schafen und Rindern sind die meisten Rassen sehr empfänglich, Pferde und Schweine wieder weniger, kleine Vögel mehr als große, Kaltblüter fast gar nicht. Alle diese Angaben gelten nur für die frisch aus Krankheitsfällen oder in Sporenform weiter gezüchteten, ansteckungstüchtigen Milzbrandbazillen, nicht für die auf natürlichem oder künstlichem Wege (s. u.) abgeschwächten. Solchen gegenüber zeigen sich je nach dem Grade der Abschwächung zunächst schon Kaninchen, dann Meerschweinchen und schließlich auch Mäuse widerstandsfähig.

Der natürliche Milzbrand ist der Hauptsache nach eine Seuche unserer Haustiere, in erster Linie der Schafe und Rinder, dann der Pferde und (meist in örtlicher Form) auch der Schweine, ferner des Wildes und gelegentlich der Raubtiere. Auch als Stallseuche bei Meerschweinchen habe ich ihn beobachtet. Die gewöhnliche Form der natürlichen Erkrankung bei Pflanzenfressern ist im Gegensatz zu der künstlichen der Darmmilzbrand.

Er wird durch Sporen verursacht, wenn sie in nicht zu kleinen Mengen mit dem Futter in den Darm gelangen. Die im Dünndarm ausgewachsenen Bazillen durchdringen dabei anscheinend die unverletzte Schleimhaut. Die Nahrung und gelegentlich auch das Trinkwasser wird verunreinigt durch Verseuchung des Bodens mit Abfällen von an Milzbrand gefallenen Tieren. Insofern ist der Milzbrand eine Bodenkrankheit. Flußniederungen sind mit Vorliebe befallen; in nicht seltenen Fällen werden Bäche, Wiesen und Weiden durch Gerbereien, Pinselfabriken usw. verseucht. Bei Schweinen und Fleischfressern geschieht die Ansteckung meist vom Maul und Rachen aus. In ähnlicher Weise wohl wie bei der Beulenpest der Ratten, bei der Hühnercholera und anderen Septizämien dringen hier die Bazillen oder Sporen durch kleine Verletzungen ein. So entsteht auch der bei Haustieren viel seltenere Hautmilzbrand. Es ist dann, z. B. wie in der erwähnten Stallseuche beim Meerschweinchen, die Streu (Torfstreu), welche die Ansteckung vermittelt. Ausländische Futtermittel, wie russische Gerste, Fischmehl u. dergl. haben neuerdings öfter zu Ansteckungen von Schweinen geführt.

Auch beim Menschen wird der Milzbrand mittelbar oder unmittelbar vom erkrankten Vieh übertragen. Tierärzte, Viehwärter, Schlächter, Abdecker, Arbeiter der Leder-, Bürsten-, Roßhaar-, Lumpen- und Wollindustrie, Verlader von russischen Futtermitteln usw. werden hauptsächlich betroffen. Meist findet die Ansteckung durch kleine Wunden der unbedeckten Haut auf dem Wege der Berührung statt, manchmal durch Insektenstiche, dann ist die Folge die sog. Pustula maligna, der Milzbrandkarbunkel, eine gewöhnlich mit einem Bläschen beginnende umschriebene, harte, vom Zentrum aus verschorfende Anschwellung, um die sich ein oft ausgedehntes Ödem oder eine Art Erysipel ausbildet und von der in einem kleineren Teil der Fälle eine tödliche Allgemeinerkrankung ausgeht. Gelangen Milzbrandsporen durch Einatmung in die Lungen, wie es namentlich in Lumpen- und Wollfabriken (Hadern-, Wollsortiererkrankheit) vorkommt, so entsteht der fast immer tödliche Lungenmilzbrand. Am seltensten beim Menschen, aber ebenfalls tödlich, ist der Darmmilzbrand.

Voraussetzung für erfolgreiche Bekämpfung des Milzbrands ist seine möglichst schnelle Erkennung. Beim Menschen ist sie insofern am schwierigsten, weil die Bazillen beim Hautmilzbrand im oberflächlichen Sekret oft abgestorben oder durch andere Bakterien verdrängt sind. Färbung von Ausstrichen mit Methylenblau oder Gram, Züchtung und Tierversuch müssen Hand in Hand gehen. In schweren Fällen hat die Züchtung aus dem Blut Aussicht auf Erfolg, aber nur, wenn man mehrere Kubikzentimeter zu Platten verarbeitet.

In der menschlichen Leiche darf man in der Regel nicht eine so ausgesprochene Septizämie erwarten, wie bei kleinen Versuchstieren, doch können manche Gefäßbezirke stark von Bazillen durchwuchert sein. Schnitte aus der Mitte der Karbunkel zeigen die Gewebslücken prall von Bazillen gefüllt; in der Umgebung, wo die entzündliche Gegenwirkung vorherrscht, sind sie seltner. Bei Haustieren ist der Milzbrand bakteriologisch leicht zu erkennen, wenn man es nicht mit faulen und durch Selbstverdauung veränderten Organen zu tun hat. Dann können nämlich die Milzbrandbazillen ganz oder bis auf Reste („leere“ Kapseln) verschwinden. In solchen Fällen führt aber nach Ascoli die Präzipitinprobe oft noch zum Ziel. Sie wird in der Weise angestellt, daß man durch Kochen der verdächtigen Organe und Filtrieren einen klaren Auszug herstellt und diesen mit einem hochwertigen Milzbrandserum (s. u.) versetzt. Eine Trübung beweist die Gegenwart von Milzbrandresten. Kann die Untersuchung auf Milzbrandbazillen nicht unmittelbar an der Leiche vorgenommen werden, so fertigt man sich zweckmäßigerweise für die mikroskopische Prüfung dünne Ausstriche vom Blute der Ohr- oder Halsvene und der Milz an und läßt außerdem zwecks nachträglicher Züchtung dicke Schichten von diesen Bestandteilen auf reinen Fließpapierstückchen antrocknen. Auch in verdächtigen Tierfellen, Haaren und Lumpen sind vielfach schon Milzbrandsporen nachgewiesen worden, durch die Präzipitinprobe mit einem bei 15° hergestellten Auszug oder durch Züchtung oder durch den Tierversuch. Wenn man sporenfreie Bakterien und strenge Anaerobier durch halbstündige Erwärmung auf 60—70° und Züchtung unter Sauerstoffzutritt ausschaltet, erleichtert man sich den Nachweis.

Die Ansteckung des Menschen mit Milzbrand ist zunächst durch vorsichtige Behandlung verdächtiger Stoffe — auch in bakteriologischen Laboratorien sind gelegentlich Fälle vorgekommen — zu verhüten. Veterinärpolizeiliche Vorschriften erstreben die unschädliche Beseitigung an Milzbrand gefallener Tiere und von deren Abfallstoffen einschließlich Häuten, Haaren und Hufen. Vergraben, Verbrennen, reichliches Übergießen mit Chlorkalk kommen da in Frage. Der Verkehr mit ausländischen Futtermitteln bedarf der Überwachung. Um die Betriebe der Gerbereien, Pinsel-, Bürsten-, Haar- und Lumpenindustrie gegen Milzbrandgefahr zu schützen, ohne ihnen wirtschaftlich Abbruch zu tun, hat man sich viel Mühe gegeben, sichere und doch möglichst schonende Entseuchungsverfahren zu finden. Am besten scheint sich bei Häuten zu bewähren die 1—2tägige Einwirkung einer Lösung von 5% Salzsäure und 10% Kochsalz, der eine Einweichung in 3prozentiger Kochsalzlösung vorhergeht.

Außerdem steht uns noch gegenüber dem Milzbrand die Schutzimpfung zu Gebote. Pasteur hat sie ursprünglich auf demselben Grundsatz aufgebaut, auf der die Vakzination beruht, nämlich auf der Schutzwirkung, die abgeschwächte Keime gegenüber der Ansteckung mit vollwertigen Erregern gewähren. Um die Milzbrandbazillen abzuschwächen, züchtete er sie bei Temperaturen von 42—43°. Schon nach einigen Tagen sind sie so abgeschwächt, daß sie auch nach Fortzüchtung bei gewöhnlicher Temperatur zwar noch Meerschweinchen, aber nicht Kaninchen regelmäßig zu töten vermögen. Nach 10—20 Tagen dauernder Züchtung bei 42—43° ist der Milzbrand auch für Meerschweinchen nicht mehr gefährlich, sondern nur noch für Mäuse. Pasteur zeigte nun, daß Schafe und Rinder, denen er zunächst den „ersten Vakzin" (den Mäusemilzbrand) und nach 10 Tagen den „zweiten Vakzin" (Meerschweinchenmilzbrand) unter die Haut gespritzt hatte, die Verimpfung mit nicht abgeschwächtem Milzbrand und auch die natürliche Ansteckung ertragen, ohne zugrunde zu gehen.

Dieses Pasteurverfahren hat sich an Hunderttausenden von Tieren im allgemeinen bewährt. Man hat es aber später, nachdem die Herstellung von Schutzserum gelungen war, zugunsten eines gemischten Schutzimpfungsverfahrens verlassen, das in gleichzeitiger Verimpfung von Serum und lebenden Bazillen (Meerschweinchenmilzbrand) besteht. Die Tiere werden dadurch weit früher gegen die Ansteckung gefestigt. In größeren Gaben schützt das Serum sogar unmittelbar nach seiner Einverleibung, die dadurch erlangte Immunität geht aber zu schnell vorüber, um brauchbar zu sein. Hergestellt wird das Serum von Pferden, Rindern usw., indem man zunächst mit abgeschwächten Bazillen eine gewisse Widerstandsfähigkeit erzielt und dann steigende Gaben vollwertiger Bazillen einspritzt. Andere Impfverfahren gegen Milzbrand sind mehrfach angegeben worden, sie stimmen fast alle in der Verwendung abgeschwächter Kulturen überein und unterscheiden sich nur dadurch, daß die Bazillen bald durch Hitze, bald durch chemische Mittel oder Durchführung durch weniger empfängliche Tiere abgeschwächt werden. Bail hat eine andere Methode angegeben. Er verwendet, wenigstens zu Beginn der Behandlung, nicht lebende Milzbrandbazillen, sondern frische Exsudate oder Blut von Milzbrandtieren, die er durch Einwirkung von Karbolsäure bei 44° keimfrei gemacht hat, seine „tierischen" oder „natürlichen

Aggressine". Mit lebenden Bazillen zusammen einverleibt, erhöhen sie nämlich deren Ansteckungskraft, ähnlich den von uns an anderer Stelle (bei Ruhr) erwähnten, aus Kulturen hergestellten künstlichen Aggressinen, allein eingeführt erzeugen sie, wie die letzteren Immunität. Sonst ist es übrigens trotz vieler Versuche nicht einwandfrei gelungen, durch tote Milzbrandbazillen oder gelöste Bestandteile ihrer Kulturen gegen diese Ansteckung zu immunisieren, während die tierischen Aggressine bei Hühnercholera- und Schweineseuche ohne weiteres durch künstliche ersetzt werden können. Über „Carbozoo" vgl. Rinderpest.

Über die Grundlage der erworbenen und natürlichen Immunität gegen Milzbrand hat man viel gestritten, ohne daß man bisher darüber einig geworden wäre. Man sieht gerade beim Milzbrand, wie schwierig derartige Fragen zu lösen sind. Daß die Freßzellen auch für die Widerstandsfähigkeit gegen Milzbrand eine Bedeutung haben, ist nach den Befunden, die sich in den Geweben unempfänglicher Tiere bieten, nicht zu bestreiten.

Selbst bei sehr empfänglichen Tieren bleibt die Phagozytose in der Bauchhöhle (Netz), in der Lunge (Epithelien), in der Leber (Blutgefäßendothelzellen) und in der Milz (Markzellen) nicht ganz aus, wenn man ihnen Milzbrandbazillen aus Kulturen einverleibt; im späteren Verlauf der Krankheit tritt sie aber hier ganz zurück. Es macht den Eindruck, als ob die Bazillen sich bei empfänglichen Tieren schnell an die Freßzellen, denen sie zuerst herfallen, anpassen, und daß die Entwicklung von Kapseln durch die Bazillen dabei eine Rolle spielt. Gekapselte Bazillen, wie sie unmittelbar aus dem Tierkörper gewonnen werden, widerstehen von Anfang an besser den Freßzellen. Auch in Versuchen mit Leukozyten außerhalb des lebenden Körpers kann man die gleiche Beobachtung machen, nur fällt auf, daß entgegen den bei anderen Bakterien gemachten Erfahrungen die Freßtätigkeit der Leukozyten nicht von der Anwesenheit von Blutserum abhängig erscheint, und daß die Leukozyten empfänglicher und unempfänglicher Tiere die ungekapselte Milzbrandbazillen gleich gut fressen, während beide die gekapselten unberührt lassen.

Die Freßtätigkeit von Zellen ist aber sicher nicht das einzige Mittel, dessen sich der Tierkörper bedient, um sich der Milzbrandbazillen zu erwehren. Auch in den Säften widerstandsfähiger Tiere werden sie vielmehr teils am Wachstum gehindert, teils, wie schlechte Aufnahme des Farbstoffs oder eine eigentümliche Körnelung der Stäbchen beweist, unmittelbar geschädigt.

Sucht man freilich nach der Erklärung dafür, so lehren zunächst Versuche mit Blutserum, daß dasselbe gewöhnlich ein guter Nährboden für Milzbrandbazillen ist, ganz unabhängig, ob das Tier, von dem es stammt, empfänglich oder unempfänglich ist. Nur das Serum der für Milzbrand empfänglichen Kaninchen erweist sich sonderbarerweise als stark milzbrandfeindlich. Man hat daraus den Schluß ziehen wollen, daß die Wirksamkeit des Blutserums im Reagenzglas überhaupt nicht für oder gegen die Empfänglichkeit einer Tierart beweise. Doch ist der Satz in dieser Allgemeinheit nicht richtig. Wir haben es anscheinend hier mit einer Ausnahme zu tun, die auf besonderen Verhältnissen beruht. Das Blutplasma der Kaninchen zeigt nämlich die milzbrandfeindliche Eigenschaft des Blutserums nicht. Nach M. Gruber beruht das darauf, daß die Blutplättchen-

der Kaninchen bei der Gerinnung an das Serum einen für die Milzbrandbazillen giftigen Stoff (Plakin) abgeben. Derselbe Forscher will ferner die Wachstumshemmung und Vernichtung der Milzbrandbazillen in den Säften lebender gegen Milzbrand unempfänglicher Tiere dadurch erklären, daß die Leukozyten milzbrandfeindliche Stoffe, Leukine, an die Lymphe abgeben. Das letzte Wort ist in dieser Frage zwar noch nicht gesprochen, aber es scheint in der Tat, als ob die Leukozyten nicht bloß durch ihr Freßvermögen, sondern auch auf andere Weise die Milzbrandbazillen und verschiedene andere, namentlich gramfeste, Bakterien schädigen (s. Staphylokokken).

Von vornherein wird man annehmen dürfen, daß das Milzbrandserum (das Blutserum gegen Milzbrand immunisierter Tiere) dadurch wirksam wird, daß es die gewöhnlichen Widerstandskräfte der Tiere gegenüber den Milzbrandbazillen steigert, doch haben Reagenzglasversuche bisher noch zu keinem sicheren Ergebnis geführt. Weder wird hier die Phagozytose, noch die Bakteriolyse durch Zugabe von Milzbrandserum sichtlich gefördert. Im Tierversuch ist andererseits unverkennbar, daß die Bazillen unter Beihilfe des Milzbrandserums nicht wie gewöhnlich im empfänglichen Tier auswachsen, sondern darin unter ähnlichen Erscheinungen wie im natürlich unempfänglichen Tier zugrunde gehen.

Deswegen ist der Versuch, die erworbene Milzbrandimmunität auf giftwidrige Stoffe, auf ein Antitoxin im Serum zurückzuführen, als mißlungen zu bezeichnen, um so mehr, da man bisher trotz aller Bemühungen nicht nachweisen konnte, daß die Milzbrandbazillen Gift bilden. Wahrscheinlich werden vielmehr neben opsonischen (Bakteriotropinen) auch andere bakterienfeindliche Kräfte im Serum mitsprechen. Die letzteren werden vielleicht nicht wie die gewöhnlichen Bakteriolysine, die sich bei der Cholera, dem Typhus, der Ruhr nachweisen lassen, dadurch wirken, daß sie die Komplemente des Serums, sondern die oben erwähnten Leukine zum verstärkten Eingreifen bringen. Das wäre möglich entweder dadurch, daß sie Bazillen für die Leukine empfänglich machen, oder die Leukozyten zur reichlichen Absonderung von Leukinen veranlassen. Im ersteren Fall könnte man von einer „Leukinimmunität“, im letzteren von einer „Leukosekretimmunität“ sprechen. Ein ähnlicher Mechanismus, wie der letztere, scheint neuerdings Bail und dessen Schülern, die sich auf einige Versuche im Reagenzglase berufen, als Grundlage gegen Milzbrandimmunität vorzuschweben. Sie gebrauchen aber dafür den wenig geeigneten Ausdruck der „Antiaggressinimmunität“. Unter „Aggressinen“ verstehen wir ja sämtliche Angriffsstoffe der Bakterien, mögen sie sich nun gegen die Bakteriolysine, die Opsonine oder Leukine richten, antiaggressiv wirken also auch die bakteriolytischen und opsonischen Immunkörper. Der Zukunft müssen wir es überlassen, die in der Frage der Milzbrandimmunität noch bestehenden Zweifel zu tilgen.

Außer zur Schutzimpfung wird das Milzbrandserum auch bei Tieren und Menschen mit Erfolg zur Heilung benutzt. Von chemischen Heilmitteln wird von den Tierärzten das Kreolin in großen Gaben zur innerlichen Darreichung sehr empfohlen. Neuerdings hat man gefunden, daß das Salvarsan auch für den Milzbrand ein ausgezeichnetes Heilmittel darstellt. Es beeinflußt auch im Glase gerade Milzbrandbazillen stärker als andere Bakterien. Beim Milzbrand hat man ferner immer wieder die Heilung dadurch befördern wollen, daß man den örtlichen Ansteckungsherd entfernte oder zerstörte.

Auf Grund der oben erwähnten Schimmelbuschschen Versuche hat man geglaubt, dergleichen Eingriffen widerraten zu müssen, da man die Allgemeininfektion dadurch nicht verhindern könne, ja im Gegenteil unter Umständen durch den Eingriff den Milzbrandbazillen die Aufnahme in die Blutgefäße erleichtere. Wir halten beide Einwände nicht für gerechtfertigt. Der Mensch ist wegen seiner weit größeren Unempfänglichkeit für Milzbrand nicht mit der Maus zu vergleichen. Was bei letzterem Tiere gleichgültig ist, kann beim Menschen nützlich, was dort schädlich, hier gleichgültig sein. Die ganze Frage verliert freilich viel an Bedeutung, weil umfangreiche Erfahrungen gelehrt haben, daß der Hautmilzbrand beim Menschen, wenn man sich darauf beschränkt, den erkrankten Teil völlig ruhig zu stellen, bei vorsichtiger, aber reichlicher Ernährung recht günstige Aussichten der Heilung gewährt. Rebentisch hatte bei Kranken, die innerhalb der ersten 48 Stunden in Behandlung kamen, überhaupt keine Verluste und im ganzen bei seinen 88 Fällen nur 5 Tote.

Die von Pasteur schon gesehenen, von Löffler reingezüchteten Schweinerotlaufbazillen (B. rhusiopathiae) zeichnen sich, wie die Milzbrandbazillen, schon durch ihre Gestalt, färberischen Eigenschaften und Zuchtmerkmale so aus, daß sie ohne Tierversuch erkannt werden können. Sie sind ebensoklein wie die Milzbrandbazillen groß sind (Fig. 53). Im Dickendurchmesser gleichen sie etwa den Influenzabazillen, übertreffen sie aber erheblich an Länge. In Kulturen werden nicht selten lange, manchmal verschlungene Fäden gebildet, die aber nicht, wie beim Milzbrand, Scheinfäden, d. h. aus einzelnen Stäbchen zusammengesetzt, sondern einheitlich sind. Dadurch bekommen sie Ähnlichkeit mit Strahlenpilzen. Echte Verzweigungen scheinen allerdings nicht gebildet zu werden. Die Bazillen färben sich mit allen Anilinfarben und auch nach Gram. Gerade die letztere Methode leistet uns gute Hilfe beim Nachweis der Bazillen in tierischen Stoffen, da sie hier oft innerhalb von Zellen versteckt liegen.

Fig. 53. Rotlaufbazillen.

Beweglich sind die Rotlaufbazillen ebensowenig wie sie Sporen bilden. Doch besitzen sie eine verhältnismäßig größere Widerstandsfähigkeit als die meisten, nicht sporenbildenden Bakterien gegenüber dem Trocknen, der Erhitzung (beim Braten und Schmoren), dem Pökeln und Räuchern und können auch in der Außenwelt fortkommen. In Nährgelatine bilden die Bazillen außerordentlich durchsichtige, zart verästelte, dabei in ihrer Größe nicht beschränkte Kolonien, die dem unbewaffneten Auge nur als eine wolkige Trübung des Nährbodens auffallen. Stichkulturen wachsen ebensogut in der Tiefe als an der Oberfläche und haben im entwickelten Zustande etwa das Aussehen einer sehr feinhaarigen Gläserbürste.

Die erste Andeutung des Wachstums im Stich kann allerdings, namentlich bei ansteckungskräftigen Bazillen, die von rotlaufkranken Schweinen stammen, aus einem einfachen Strich oder aus einer Kette kugeliger Kolonien, aus denen erst später die zarten Ausläufer hervorwachsen, bestehen. Leim wird sehr langsam verflüssigt oder vielmehr nur erweicht. Im Agar fehlen die Ausläufer, die Kolonien erscheinen nur als sehr zarte Scheiben ohne besondere Merkmale. Fleischbrühe wird nur leicht getrübt. Auf Kartoffeln findet kein Wachstum statt. In großen Mengen gezüchtet entwickeln die Rotlaufbazillen einen Geruch nach Schwefelwasserstoff. In der Tat bilden sie dieses Gas in beträchtlicher Menge. Man hat es geradezu als das eigentümliche Gift der Rotlaufbazillen ansprechen wollen, doch hat das wohl nur geschehen können, weil es sonst nicht gelungen ist, in Rotlaufkulturen Gifte nachzuweisen.

Diejenigen Tiere, die für Rotlaufbazillen am empfänglichsten sind, sind weiße und graue Hausmäuse. Sie erliegen, wenn ihnen Spuren von Bazillen beigebracht werden, in 2—4 Tagen. In der letzten Zeit vor ihrem Tode pflegen sie mit verklebten Augen auf einem Flecke zu sitzen und in dieser Stellung zu sterben. Die Bazillen finden sich überall in den Blutgefäßen, teils frei, teils in Leukozyten oder anderen Freßzellen eingeschlossen. Die Zellen sind oft so prall mit ihnen gefüllt, daß man den Eindruck bekommt, als ob sie von ihnen gesprengt würden. Auch Tauben sterben an Rotlaufseptizämie. Kaninchen erkranken durch Rotlaufbazillen meist nur an einem örtlichen, erysipelartigen Leiden und erlangen, wenn sie geheilt werden, Impfschutz. Auch die Hornhaut der Kaninchen läßt sich anstecken, doch tritt hier Immunität nur ein, wenn sich die Erkrankung über die Hornhaut hinaus ausbreitet. Andere Tiere sind gegen die Ansteckung meist gefestigt bis auf Schweine, die allerdings gegenüber den Rotlaufbazillen sehr ungleich empfänglich sind. Zum Teil hängt das mit Rasseneigentümlichkeiten zusammen. Das gewöhnliche deutsche Landschwein erkrankt fast nie, verfeinerte Rassen am sichersten. Das Alter spielt insofern eine Rolle, als ganz junge und alte Schweine unempfänglich sind. Aber auch zwischen Schweinen derselben Rasse und gleichen Alters bestehen noch Unterschiede, die sich in der Schwere der Ansteckung bemerkbar machen.

Am häufigsten und wohl immer tödlich ist die Septizämie, der eigentliche Rotlauf. Er verläuft unter Blutungen und anderen Veränderungen der Haut und übrigen Organe, von denen besonders Darm und Nieren beteiligt sind. Kot und Harn enthalten die Bazillen massenhaft und verbreiten dadurch die Seuche. Bei leichterem Verlauf kommt es besonders häufig zu Endokarditis oder zu Nekrosen der Haut. Am leichtesten sind die sog. Backsteinblattern. Bezeichnenderweise vermehren sich hier die Bazillen nicht wie bei der Septizämie in den Blutgefäßen, sondern im Gewebe selber.

Mindestens ebenso wichtig für den Erfolg der Ansteckung als die Tierart sind Eintrittspforte und Ansteckungskraft der Erreger. Die Ansteckung durch die Hautimpfung ist im Versuch viel wirksamer als die durch Fütterung. Wahrscheinlich erfolgt sie auch unter natürlichen Verhältnissen auf ersterem Wege, nicht, wie man früher angenommen hat, auf letzterem. Die Ansteckungskraft der Rotlaufbazillen ist, wie auch die Erfahrungen mit Reinkulturen zeigen, sehr veränderlich. Lange fortgezüchtet verlieren die Rotlaufbazillen selbst gegenüber Mäusen ihre Wirksamkeit. Sehr gewöhnlich sind sie zwar noch gefährlich für diese Tiere und Tauben, aber nicht mehr für Schweine. Gerade solche Stämme sind vielfach auch ohne Zusammenhang mit dem Rotlauf der Schweine gefunden worden, so zunächst schon von R. Koch u. a. in faulen Flüssigkeiten, dann von Olt u. a. im Darm und in den Mandeln zahlreicher, völlig gesunder Schweine und schließlich auch als Erreger von Epizootien bei Mäusen, ja gelegentlich bei Lämmern, Geflügel u. a. Man hat die Mäusebazillen ursprünglich als eine besondere Art (B. murisepticus) bezeichnet. Die Übereinstimmung mit abgeschwächten Rotlaufbazillen ist aber vollständig und wird auch dadurch bewiesen, daß es gelingt, Backsteinblattern (s. o.) durch Mäuseseptizämiebazillen zu erzeugen und durch Mäuseseptizämiebazillen gegen Rotlauf zu impfen. Da man umgekehrt, z. B. durch wiederholte Übertragungen von Tier zu Tier die Ansteckungskraft abgeschwächter Bazillen auch wieder steigern kann, so kommt man zu dem Schluß, daß die weite Verbreitung der abgeschwächten Rotlaufbazillen in und außerhalb des Körpers gesunder Schweine die Gefahr für diese nahelegt, unter Umständen an Rotlauf zu erkranken, ohne daß sie mit rotlaufkranken Tieren oder deren Abfällen in Berührung gekommen sind. In der Tat liegen tierärztliche Erfahrungen vor, die für diese Möglichkeit, d. h. die selbständige Entstehung der Rotlaufseuche sprechen. Als Gelegenheitsursachen hat man in solchen Fällen ungünstige äußere Bedingungen, die ja auch die Empfänglichkeit für Schweineseuche steigern soll (Abschnitt 17) angeschuldigt. In der Mehrzahl der Rotlauffälle darf man aber wohl Einschleppung für die Seuche verantwortlich machen.

Von den Schweinen, bei denen der Rotlauf neben der Schweineseuche und -pest die wichtigste Krankheit ist, wird sie auch manchmal auf Menschen, die mit Schweinerotlauf zu tun haben, übertragen. Sie verläuft unter der Form des sog. Erysipeloids, d. h. einer Art von Wundrose, die aber mehr schleichend sich entwickelt und gewöhnlich harmlos ist.

Der Schweinerotlauf läßt sich nach dem vorher Gesagten nur bis zu einem gewissen Grade durch seuchenpolizeiliche Maßregeln bekämpfen. Jedenfalls wird man sich Mühe geben, die weitere Verschleppung der einmal auf diese oder jene Weise entstandenen Seuche zu verhindern. Außerdem besteht seit Pasteur die Möglichkeit einer Schutzimpfung.

Auch diese war ursprünglich, wie die Schutzimpfung gegen Hühnercholera und Milzbrand, aufgebaut auf der Einspritzung abgeschwächter Bazillen. Die Abschwächung erreichte Pasteur in diesem Falle durch Übertragung auf ein wenig empfängliches Tier, das Kaninchen. Auch hier ließ er einer ersten Impfung mit schwachem Impfstoff nach 12 Tagen eine zweite mit stärkerem folgen. Den letzteren bereitete er durch Übertragung der Bazillen auf Tauben. An Hunderttausenden von Schweinen wurden solche Schutzimpfungen mit gutem Erfolge ausgeführt. Da es aber an Impfverlusten nicht fehlte, versuchte Lorenz das Verfahren dadurch zu verbessern, daß er erst mit dem Serum gegen Rotlauf immunisierter Tiere den Schweinen eine sofort eintretende, aber schnell vorübergehende Widerstandsfähigkeit verlieh und einige Tage darauf ihnen lebenden Impfstoff einspritzte, um sie dauernd zu festigen. Dieses gemischte Impfverfahren, das sich von dem bei Milzbrand üblichen etwas unterscheidet, ist allmählich in Frankreich als „Serovakzination" an Stelle der Pasteurschen Impfung getreten. Das Serum selbst wird gewöhnlich von Pferden durch längere Behandlung mit steigenden Gaben lebender Bazillen gewonnen und soll nach den bisher vorliegenden, sich übrigens vielfach widersprechenden Mitteilungen teils durch Beförderung der Phagozytose, teils durch Bakteriolyse, teils durch Eingreifen von Leukinen (Antiaggressinen, s. beim Milzbrand) wirken. Auch zur Heilung rotlaufkranker Tiere und Menschen wird es vielfach benutzt.

Eine Mittelstellung zwischen den Influenza- und Rotlaufbazillen nimmt der Bacillus pyogenes ein, der bei Schweinen, Rindern, Schafen, Ziegen und Rehen häufig Eiterungen in allen möglichen Organen erregt.

In seiner kurzen Form ähnelt er äußerlich den Influenzabazillen, in seinen längeren den Rotlaufbazillen, den letzteren auch dadurch, daß er sich nach Gram, wenn auch nicht immer ganz sicher, darstellen läßt, den ersteren wieder dadurch, daß er am besten auf Blutnährböden wächst. Er ist unbeweglich und bildet keine Sporen. Außer auf Blutagar gedeiht er auch auf Serumagar oder reinem Blutserum, das er stark verflüssigt, sowie auf Milch, die er zur Gerinnung bringt und peptonisiert. Bei Laboratoriumstieren, namentlich Kaninchen, erzeugt der B. pyogenes Eiterung, ebenso bei den oben genannten größeren Tieren. Bei der chronischen Form der Schweineseuche ist er nicht, wie man wohl gemeint hat, die Ursache, sondern verschlimmert sie nur durch seine Ansiedlungen in der Lunge und an anderen Orten (vgl. Abschnitt 17).

Neunzehnter Abschnitt

Luftscheue Bazillen (Anaerobier)

Den sporenbildenden Bazillen der Heubakteriengruppe, die im Milzbrandbazillus ihren wichtigsten krankheiterregenden Vertreter haben, schließen sich, ihren äußeren Eigenschaften (Sporenbildung, meist stattlicher Größe, Gramfestigkeit) nach, die ebenfalls sporenbildenden Anaerobier an. Sie unterscheiden sich, wie ihr Name sagt, dadurch, daß sie nicht bei Luftzutritt zu gedeihen vermögen. Schon Pasteur hat diese merkwürdigen, in der Natur einzig dastehenden Wesen als Ursache von Gärung und Fäulnis kennen gelehrt; später zeigte sich, daß unter diesen Gärungs- und Fäulniserregern einige auch wichtige Krankheiten erregen, nämlich die Bazillen des Rauschbrands, malignen Ödems und Gasbrands, der Wurstvergiftung (Botulismus) und des Wundstarrkrampfs (Tetanus).

Die strengen Anaerobier (S. 35) lassen sich auf verschiedene Weise zum Wachstum bringen.

Entweder ersetzt man die gewöhnliche sauerstoffhaltige Umgebung, in der sich die Nährböden sonst befinden, durch Wasserstoff, z. B. indem man die Platten unter eine Glasglocke bringt, die in eine Schale mit flüssigem Paraffin eintaucht, und in die man aus einem Kippschen Apparat gereinigten Wasserstoff einströmen läßt. Man kann aber auch die Atmosphäre durch den luftleeren Raum ersetzen, indem man die Nährböden unter eine Glasglocke stellt, die mit ihrem unten abgeschliffenen und eingefetteten Rande auf einer ebenfalls geschliffenen Glasplatte ruht, und aus der man durch einen mit Hahn versehenen Stutzen mittels einer Wasserstrahlluftpumpe oder dergleichen die Luft aussaugt. Drittens kann man den Sauerstoff aus einem geschlossenen Raum, in dem sich die Nährböden befinden, durch pyrogallussaures Kali beseitigen. Am einfachsten geschieht das in der Weise, daß man zu Plattenkulturen Doppelschalen benutzt, die so aufeinander passen, daß man sie durch einen darum gelegten dicken Gummiring vollständig abdichten kann (Lentz). Man hat dann nur nötig, die beimpfte Schale nach oben zu kehren, in die untere Schale einen Bierfilz, den man mit pyrogallussaurem Kali tränkt, zu bringen und dann den Gummiring umzulegen. Mit diesen drei Verfahren, die man auch miteinander verbinden kann, gelangt man erfahrungsgemäß oft zum Ziel, wenn es auch nur gelingt, die Sauerstoffspannung in den Kulturgefäßen bis auf einige Millimeter herabzusetzen, denn so kleine Mengen Sauerstoff pflegen auch die strengen Anaerobier noch zu vertragen.

Einfacher als die genannten Methoden ist eine vierte, die darin besteht, daß man die Anaerobier in Nährböden züchtet, aus denen man unmittelbar vorher durch gründliches Auskochen etwa gelösten Sauerstoff vertrieben hat, und die man nach der Impfung gegen das nachträgliche Eindringen von Sauerstoff durch Bedeckung mit einem für Luft undurchlässigen oder schwer durchlässigen Stoff (Glasplatte, flüssigen Agar, Paraffinöl) schützt. Eine besondere Bedeckung wird sogar überflüssig, wenn man die Anaerobier in so dicken Nährbodenschichten züchtet, daß sie Zeit haben, in der Tiefe auszuwachsen, ehe der Sauerstoff der Luft von oben hereingedrungen ist. In festen Nährböden, wie Agar und Gelatine, ist das Wachstum strenger Anaerobier erfahrungsgemäß schon möglich, wenn man die Probiergläser etwa bis zur Hälfte mit dem Nährboden füllt. Im Stich entwickeln sich dann die Reinkulturen gewöhnlich schon etwa einen Finger breit unter der Oberfläche. Will man Reinkulturen erst gewinnen, so legt man eine Reihe sog. Schüttelkulturen an, d. h. man verdünnt das Bakteriengemisch z. B. in 3—10 ausgekochten und dann auf 45^0 abgekühlten Röhrchen mit je $^1/_2$ ccm Brühe, gießt diese Verdünnungen in ebenso viel ausgekochte und auf etwa 45^0 abgekühlte Röhrchen mit 15 ccm Agar und läßt die letzteren dann schnell erstarren. Sind die Kolonien nach einigen Tagen ausgewachsen, so zerschlägt man diejenigen Röhrchen, in denen sie genügend weit voneinander getrennt sind, und zerlegt die Nährbödenzylinder durch keimfreie Messer in Scheiben, um sie dann wie Plattenkulturen für die Untersuchung und Abimpfung der Kolonien weiter zu behandeln.

Zur Züchtung in flüssigen Nährböden bedeckt man, wenn man nicht eines der drei zuerst genannten Verfahren benutzen will, entweder gut ausgekochte Fleischbrühe, Milch u. dgl. nach Impfung mit einer Paraffinölschicht, oder man bringt in die Flüssigkeit Stücke von gekochten Organen (Leber, Niere, Muskeln u. dgl.), die imstande sind, reduzierende Wirkungen auszuüben. Der Brei von Organen, z. B. Gehirn, ist ebenfalls zur Züchtung zu gebrauchen, ergibt aber keine durchsichtigen Kulturen. Selbstverständlich hat man stets dafür zu sorgen, daß die Nährböden für das Wachstum der Anaerobier geeignet sind. Das ist kurz gesagt dann der Fall, wenn sie darin die zu ihrem Leben nötige Gärung vollziehen können, denn für sie gilt der Pasteursche Satz: ohne Gärung, d. h. ohne tiefgreifende, Wärme liefernde Spaltung keine Anaerobiose. Meist dienen dazu Kohlehydrate, wie besonders Traubenzucker, für manche Anaerobier aber auch Eiweißstoffe, wie Pepton und Serum, unter Umständen Zellulose u. a.

Die Frage liegt nahe, ob es unter natürlichen Verhältnissen den luftscheuen Bakterien möglich ist, in der Außenwelt, wo sie doch nur ausnahmsweise ähnliche Bedingungen, wie wir sie künstlich schaffen, antreffen, zu gedeihen. Schon Pasteur hat darauf eine befriedigende Antwort gegeben. Es sind hier die gewöhnlichen, sauerstoffliebenden Keime (Aerobier), die das Feld für die luftscheuen vorbereiten, indem sie den Nährböden den in ihnen gelösten Sauerstoff entziehen. So kommen Anaerobier regelmäßig in Flüssigkeiten, die ein Bakteriengemisch enthalten, auch unter solchen Umständen zur Entwicklung, die ihnen sonst ein Aufkommen nicht gestatten würden. Gelegentlich beobachten wir dergleichen sogar auf der schrägen Oberfläche von Agarröhrchen.

Unter den vielen Verfahren hat sich besonders das von Zeissler ausgearbeitete bewährt. Er legt, wenn das Ausgangsmaterial nicht frisch vom Tier oder Menschen stammt, und daher stark gemischt ist, meist eine ganze Reihe von Vorkulturen in Leberbouillon (s. o.) an, die man wie alle übrigen Nährböden am besten unter einer großen luftleer zu machenden Glasglocke aufstellt. Diese Vorkultur hat den Vorteil, daß in ihr fast alle Anaerobier früher oder später zum Wachstum und zur Sporenbildung gelangen.

Nur der Fränkelsche Gasbazillus bildet darin keine Sporen, wenn nicht ein 10 prozentiger Zusatz von Kreide dauernd die saure Reaktion verhindert, wächst aber so schnell, daß er in den ersten 24 Stunden geradezu vorherrscht, also auf Platten leicht isoliert werden kann. Der Bac. amylobacter wächst ebenso schnell, entwickelt aber schon nach 24 Stunden Sporen, so daß er gegebenenfalls durch Erhitzen der Leberbouillon von den Fränkelschen Bazillen geschieden werden kann. Etwas später erscheinen die Para-Rauschbrand- und Novyschen Bazillen, dann folgen gewöhnlich der Putrificus, der Botulinus, der Histolyticus, Tetanus und Pseudotetanus. Entsprechend schlägt die Reaktion der Leberbouillon, die wegen der Vergärung des Zuckers erst sauer ist, nach dem Erscheinen des Putrificus durch Ammoniakentwicklung aus dem Eiweiß in die alkalische um. Durch Erhitzung auf 100° kann man oft die einzelnen Arten voneinander trennen, da ihre Sporen zum Teil schon durch 5—15 Minuten dauernde Einwirkung (Amylobakter, Para-Rauschbrand, Rauschbrand), zum Teil nach 40—60 Minuten (Novy, Bifermentans) abgetötet werden, oder aber stundenlanges Erhitzen ertragen (Histolyticus, Putrificus, Tetanus, Pseudotetanus, Botulinus).

Den Kernpunkt des Zeisslerschen Verfahrens bildet die Oberflächenkultur auf der Traubenzuckerblutagarplatte, weil auf ihr die einzelnen Bazillenarten sich durch ihr Wachstum gut zu unterscheiden pflegen. Einige geben starke Hämolyse (Fränkel, Novy, Pararauschbrand), die übrigen pathogenen und der Putrificus schwache Hämolyse, die meisten Saprophyten überhaupt keine. Außerdem besitzen natürlich auch die Anaerobier eine bestimmte Art von Kolonien. Zeissler unterscheidet 11 Formen des Wachstums.

So wächst der gewöhnliche Fränkelsche Erreger des Gasbrandes in erhabenen schmutzig gefärbten Kolonien mit eben solchem großen Hof (Form I), bei dem Novyschen *Ödembazillus, Botulinus* und *Bifermentans* sind sie *lockig* gezipfelt, teils mit teils ohne Hof (II), beim Rauschbrand und Tetanus fein verästelt, fast schleierförmig (III), beim Rauschbrand unregelmäßig rund, perlmutterknopfartig glänzend in eine Erhebung des Nährbodens eingedrückt (IV), beim Amylobakter tropfenartig und blauviolett (V), beim Putrificus weißliche Warzen von zäher bis harter Konsistenz (VI) usw. Doch kommen hier, wie fast selbstverständlich, auch Abweichungen und Übergänge von der einen zur anderen Form vor, auch ohne daß es sich immer um Mischungen verschiedener Bazillen handelte. Kleine Unterschiede in der Zusammensetzung des Nährbodens und Veränderlichkeit der Bazillen spielen wie sonst auch hier eine Rolle, wenn man auch früher diese Veränderlichkeit öfters überschätzt hat. Daß der Zeisslersche Nährboden übrigens auch nicht allen Anforderungen genügt, erhellt am besten aus dem Umstand, daß Übertragungen der Kolonien von Platte zu Platte oft versagen, man also schon deswegen genötigt ist, auch mit flüssigen Nährböden oder Stich- und Schüttelkulturen zu arbeiten. Als solche empfehlen sich außer der Leberbouillon Hirnbrei (mit gleichen Teilen Wassers zubereitet), weil sich hier besonders die Sporenbildung studieren läßt, und starke Schwärzung (durch Schwefelwasserstoff) für Putrificus, schwächere oder langsamere für Histolyticus, Bifermentans, Tetanus und Botulinus spricht. Gelatine (am besten bei 37^0 benutzt und nachher abgekühlt) und geronnenes Blutserum dient zum Nachweis des Peptonisierungsvermögens, das am stärksten ausgesprochen ist beim Putrificus, weniger schon beim Tetanus, aber gänzlich nur beim Amylobacter und Pseudotetanus fehlt. Milch wird durch den Fränkelschen Bazillus und Amylobacter unter stürmischer Gasbildung koaguliert, und durch Säurebildner zur Gerinnung gebracht von Novy, Para-Rauschbrand und Rauschbrand, während der Tetanus sie nur durch Lab feinflockig gerinnen läßt, die übrigen sie meist nur peptonisieren (aufhellen) und nur der Pseudotetanus sie gar nicht verändert. Beim Botulinus tritt gleichzeitig ein ranziger Geruch hervor. Übelriechend sind freilich mehr oder weniger alle Anaerobier teils durch Buttersäure, teils durch Schwefelwasserstoff oder aromatische Produkte. Traubenzucker (am besten in Agarschüttelkulturen) wird meist unter Gasbildung vergoren, mit Ausnahme von Histolyticus, Tetanus und Putrificus. Die Leberbouillon verhält sich wegen ihres Glycogengehalts ähnlich, nur daß hier auch der Putrificus, im geringeren Grade der Tetanus Gas aus Eiweiß bildet. Zur genaueren Kennzeichnung dienen Zusätze von Zucker und Zuckeralkoholen verschiedener Art, doch wird man nach vielen Erfahrungen auf derartige Reaktionen nicht allzu viel Wert legen.

Die morphologischen Unterschiede betreffen zunächst die Größe der Bazillen. Am dicksten sind der Fränkelsche und Novy-Ödembazillus, der Botulinus und Fermentans, dann Pararauschbrand und Putrificus, von dick zu dünn wechselt der Amylobakter, dünner sind die übrigen. Die Länge schwankt. Längere Fäden oder Scheinfäden sind namentlich beim Pararauschbrand und Tetanus häufig. Wichtig ist die völlige Unbeweglichkeit der Fränkelschen Bazillen; die Beweglichkeit der übrigen darf man freilich nicht nach einzelnen Befunden beurteilen. Sporen werden, wie man jetzt weiß, von allen diesen Anaerobiern gebildet, doch muß man bei einigen (Fränkel!) den richtigen Nährboden wählen. Die Sporenform ist einzig charakteristisch beim Tetanus und Pseudotetanus.

Man erkennt sie daran, daß die Sporen kugelrund, am Ende der stark aufgequollenen Stäbchen liegen (Trommelschläger oder Stecknadelform). Häufig sind in der Tetanuskultur Auftreibungen, die noch keine Sporen enthalten und sich deshalb leicht färben, sie sind als unreife Sporen zu betrachten. Bei den übrigen Anaerobiern ist vielleicht die häufigste Sporenform die keulige (Tennisschläger- oder Uhrzeigerform), bei der die Sporen durch eine eiförmige Anschwellung am Ende oder nahe dem Ende der Stäbchen liegen, doch kommen auch mittelständige Sporen mit oder ohne Auftreibung der Stäbchen vor. Dabei entstehen Schiffchen- oder Tonnenformen (Clostridien); wenn sie, wie nicht selten, ohne Sporen auftreten, nennt man sie Blähformen. Alle diese Dinge sind so wenig beständig, daß sie zur Trennung der Anaerobier nicht zu gebrauchen sind, auch die nicht seltene Stärkebildung gehört dahin, sie ist nicht auf den Amylobakter beschränkt. Im Tierkörper bildet nur der Fränkelsche Bazillus auch Kapseln. Die Färbbarkeit nach Gram ist allen Anaerobiern im jungen Zustande eigen, läßt aber namentlich unter dem Einfluß von Säurebildung nach.

Der Tierversuch ist zur Unterscheidung der Anaerobier besonders wertvoll. Namentlich läßt sich die Gegenwart des Tetanus und Botulinus meist sogar in Gemischen nachweisen, die des ersteren durch die Krämpfe, die des letzteren durch die Lähmungen, die sie verursachen. Bei den unter dem Namen Gasödem neuerdings zusammengefaßten 5 Krankheiten sind die Erreger schwerer zu erkennen, weil sie miteinander und mit Saprophyten gemischt vorzukommen pflegen. Durch Reinzüchtung hat man bisher 5 Arten kennen gelernt.

Der in der Mehrzahl der Fälle beobachtete Fränkelsche Bazillus ergibt namentlich beim Meerschweinchen das klassische Bild des Gasbrandes. Das Gas wird hier so reichlich gebildet, daß es in Form einer großen Blase zusammentritt. Bei den übrigen Gasödembazillen ist die Gasbildung in Gewebe viel geringer und kann auch fehlen. Dafür findet man beim Novyschen Bazillus ein sulziges, beim Para-Rauschbrand und Rauschbrand ein blutiges Ödem und bei dem sehr viel seltneren Histolyticus herrscht neben Blutungen ein so vollständiger flüssiger Zerfall vor, daß man von einer Verdauung des lebenden Gewebes sprechen kann. Die Unterscheidung des Para-Rauschbrand vom Rauschbrand wird dadurch gegeben, daß sich der letztere auf andere Tiere als Meerschweinchen nur schwer übertragen läßt, ferner nicht, wie der erstere die gleiche Neigung zeigt, Ketten und Fäden zu bilden (auf der Oberfläche der Leber!).

Wie die Versuche zuerst beim Tetanus, dann aber auch bei allen übrigen Anaerobiern gezeigt haben, sind filtrierbare Gifte, die örtlich Ödeme, Blutungen, Nekrosen und Gewebsauflösung erzeugen, allgemein — nach Einspritzung ins Blut manchmal sogar blitzartig — wirken, an den Erscheinungen schuld. Sie gehören der Hauptsache nach zu den echten, wenig widerstandsfähigen Toxinen und führen, vorsichtig einverleibt, zur Immunisierung und Antitoxinbildung (s. u. Tetanus). Da sie spezifisch sind, hat man in ihnen neue Mittel zur Unterscheidung der Anaerobier gefunden.

Die Agglutinine, deren Bedeutung für die Differentialdiagnose wir bisher so oft hervorheben konnten, eignen sich hier weniger, wenn es auch neuerdings gelungen ist, selbst unter den verschiedenen Stämmen der gleichen Art durch

Agglutination bestimmte Rassen aufzustellen. Noch wichtiger ist die Anwendung der Antitoxine zur Schutz- und Heilimpfung geworden. Auch sie hat sich zuerst beim Tetanus durchgesetzt, scheint aber auch bei den Gasödemen erfolgreich zu sein.

Sämtliche pathogene Anaerobier unterscheiden sich dadurch von den bisher geschilderten Anaerobiern, daß ihre Infektionskraft, d. h. ihre Fähigkeit, im lebenden Körper zu wachsen, verhältnismäßig gering ist, ja beim Botulismus, der nur durch das außerhalb des Körpers gebildete Gift wirkt, überhaupt fehlt, beim Tetanus selbst unter günstigen Umständen nur zur geringfügigen Vermehrung im Wirte führt, bei den Ödemerregern freilich unter solchen Bedingungen eine Wucherung veranlaßt, die im Binde- und Muskelgewebe kaum Schranken kennt. Diese infektionsbegünstigenden Bedingungen sind verschiedener Art.

Erstens besitzen die schon genannten Toxine der Anaerobier, zum Teil wenigstens, eine deutliche aggressive Wirkung (S. 150). Entfernt man sie vorher von den Bazillen, die man zu Tierversuchen benutzt, so können letztere sich nicht vermehren, sondern erliegen den Abwehrkräften der Tiere. Zweitens wirken auch die äußeren und inneren Begleitumstände der Infektion aggressiv. Darauf deutet schon der Umstand hin, daß Mischinfektionen bei den Anaerobiern die Regel sind, und zerfetzte und gequetschte Wunden so häufig zu Gasödem führen. Daran ist nicht bloß, wie man wohl gemeint hat, die Gegenwart von allerhand Sauerstoff liebenden Keimen schuld, die durch Sauerstoffentziehung das Feld für die Anaerobier vorbereiten, sondern auch die große absolute Menge der in die Wunden hineingelangenden Bakterien, die Stoffwechselprodukte, die sich gegenseitig ergänzen, das Vorhandensein von Fremdkörpern, abgestorbenen, absterbenden oder geschwächtem Gewebe schuld.

Wenn man hieran denkt, versteht man schon einigermaßen die Häufigkeit der Anaerobierinfektionen im Weltkriege, noch klarer wird sie uns, wenn man an die Herkunft der Anaerobier selbst denkt. Sie sind alle ausgesprochene Bodenbakterien. Es gibt keine Erdprobe, die nicht Massen von solchen enthielte. In der gedüngten Erde kommt hinzu, daß auch der Kot (bzw. der Dickdarm) eine Brutstätte oder mindestens einen Unterschlupf für Ödem- und Tetanusbazillen darstellt.

Die meist geringe Infektiosität der pathogenen Anaerobier erklärt es, daß sie fast nie als Ansteckungen von Mensch zu Mensch oder Tier zu Tier auftreten.

Die saprophytischen Anaerobier sind ganz ähnlich verbreitet, daher kommen sie auch so häufig in der ohne besondere Vorsichtsmaßregeln gewonnenen Milch und pflanzlichen, aber auch anderen tierischen Nahrungsmitteln vor und erschweren mit den aeroben Sporenbildnern zusammen deren Frischhaltung so sehr, wie wir es im 15. Abschnitt geschildert haben.

Die im vorstehenden gegebene vergleichende Darstellung der Anaerobier wird für die Bestimmung ihrer einzelnen Arten in Gemischen und sog. Reinkulturen von Nutzen sein, denn es läßt sich nicht leugnen, daß bis vor nicht zu langer Zeit auch die letzteren ihren Namen öfter nicht verdienten. Im folgenden sollen aus der Fülle der im Schrifttum beschriebenen „Arten" die wichtigsten nach dem jetzigen Stand unserer Kenntnisse geschildert werden.

Am besten charakterisiert ist der Tetanusbazillus. Er zeichnet sich schon äußerlich aus durch seine schlanke, manchmal fädige Gestalt, seine Beweglichkeit durch zahlreiche seitenständige Geißeln, seine ausgesprochene Gramfestigkeit und seine großen kugligen endständigen Sporen (Fig. 54). Es gibt allerdings auch ungiftige „Pseudotetanusbazillen" mit solchen Köpfchensporen, z. B. in Erde, so daß man allein aus dem mikroskopischen Bild den Tetanus nicht mit Sicherheit erschließen kann (s. u. dessen übrige Eigenschaften).

Fig. 54. Tetanusbazillen mit Köpfchensporen.

Die Tetanussporen besitzen sehr ungleiche Widerstandsfähigkeit: das eine Mal genügen schon wenige Minuten der Siedehitze zur Abtötung, das andere Mal sind dazu 1—2 Stunden nötig. Darum muß man tetanusverdächtige Stoffe, wie Gelatine, die zur Blutstillung benutzt wird, so lange kochen. Die Sporen lassen sich sehr schön nach den bekannten Verfahren (S. 45) färben, doch muß man es natürlich mit reifen Sporen zu tun haben, wenn man eine Doppelfärbung bekommen will. Die unreifen, noch nicht glänzenden Auftreibungen der Stäbchen färben sich schon, wenn man sie mit den gewöhnlichen Anilinfarben behandelt. Je reifer die Sporen werden, desto feiner werden ihre Mutterstäbchen, und desto schlechter nehmen die letzteren die Gegenfarbe an.

Die Züchtung von Tetanusbazillen (Nicolaier, Kitasato) aus verdächtigen Stoffen gelingt nicht ganz leicht, weil sie von zu vielen anderen sporenbildenden Anaerobiern begleitet zu sein pflegen.

Am besten wird man den Eiter u. dgl. auf Schrägagar 24—48 Stunden wachsen lassen, um aerobische Sporen zur Auskeimung und die Tetanusbazillen unter Umständen zur Sporenbildung zu veranlassen, die Kulturen dann $^1/_2$ bis 1 Stunde im Wasserbad auf 60—80° erhitzen, um alle nicht in Sporenform vorhandenen Keime abzutöten, und sie schließlich mit Hilfe der Anaerobierverfahren verarbeiten.

Das Wachstum der Tetanusbazillen weicht in manchen Richtungen von denen anderer Anaerobier (außer Pararauschbrand) ab. Die Kolonien pflegen mit viel zarteren Ausläufern versehen zu sein, als es sonst gewöhnlich ist, der Stich erhält dadurch ein etwas milzbrand- oder rotlaufähnliches Aussehen. Kohlehydrate werden gar nicht, Eiweiß nicht so kräftig gespalten wie durch echte Fäulnisbazillen (Putrificus, s. u.), Milch nur durch Labbildung sehr langsam koaguliert, Leim langsam verflüssigt. Aus Pepton und anderen Eiweißarten wird neben vielem Ammoniak Schwefelwasserstoff entwickelt. Daher stammt der üble Geruch der Kulturen, und schwärzt sich auch der mit Tetanus beimpfte Hirnbrei (s. o.).

Die wichtigste Eigenschaft der Tetanusbazillen ist ihre *Giftigkeit, nicht ihre Ansteckungskraft.* Es ist nachgewiesen, daß selbst große Mengen von Tetanussporen aus Reinkulturen, die man durch Erhitzen von dem ihnen anhaftenden Gift befreit hat, im Tierkörper unwirksam sind und allmählich durch Leukozyten, die sie fressen, vernichtet werden. Nur unter günstigen Umständen, d. h. bei Gegenwart anderer Bakterien, Fremdkörpern oder Gewebsverletzungen wachsen sie in den Wunden spärlich aus und bilden dabei ihr tödliches Gift. Es sind manchmal kleinste, durch beschmutzte Holzsplitter geschaffene Stiche, öfters große gequetschte und zerrissene, mit Erde oder Kot besudelte Wunden, viel seltener Gewehr- als Granatschüsse, die zu Wundstarrkrampf führen. Über die Wunden hinaus gelangen höchstens vereinzelte Bazillen, während das Gift auf den Lymph-, Blut- und auch auf den Nervenwegen weiter verbreitet wird. Die Bedeutung eines ganz bestimmten Giftes für den Wundstarrkrampf läßt sich leicht darlegen durch Versuche mit filtrierten, nicht zu jungen Bouillonkulturen. Durch Kieselgurfilter werden die lebenden Tetanuskeime zurückgehalten: die von ihnen befreite klare Flüssigkeit erzeugt schon in winzigen Mengen ganz ähnlich, nur noch sicherer wie die lebenden Bazillen Tetanus, denn das gelöste Gift wirkt unabhängig von der Gegenwart jener begünstigenden Umstände. Es ist das stärkste aller bekannten Gifte.

Voraussetzung dafür ist nur, daß das Gift wirklich in die Gewebe aufgenommen wird. Auf den unverletzten Schleimhäuten ist es wirkungslos, im Darm wird es sogar zerstört. Für die Vergiftung empfänglich sind hauptsächlich Säugetiere, weniger Vögel und am wenigsten Kaltblüter. Mäuse sterben schon an wenigen Millionstel Gramm des Filtrats. Durch Fällen mit Ammoniumsulfat und weitere Reinigung erhält man ein trocknes Gift, das in noch 100mal geringerer Gabe tötet; und auch dieses ist noch lange nicht ein reiner Stoff, dessen chemische Zusammenstellung man feststellen könnte. Welcher Natur das Tetanusgift ist, läßt sich daher bisher, wie bei den meisten anderen physiologisch wirksamen Bakterienstoffen nicht entscheiden. Seine große Empfindlichkeit gegen Temperaturen von 70—80° spricht aber für einen verwickelten Bau. Die Wirkung des Tetanusgiftes macht sich in der Weise erkennbar, daß am Orte der Einspritzung nach einer Wartezeit von einigen bis vielen Stunden zunächst eine örtliche Zusammenziehung der Muskulatur, dann ein immer allgemeiner werdender Tetanus entsteht. Man nimmt jetzt meist an, daß das Gift zum großen Teil von den Nervenendigungen in der Muskulatur aus nach dem Rückenmark und von da in diesem entlang wandert, zum andern Teil durch das Blut in die Nervenzentren gelangt, und daß die Krämpfe durch die Steigerung der Reflexerregbarkeit in den Ganglienzellen hervorgerufen werden.

Die starke Wirkung der Tetanusbazillen im Tierkörper ist zu Hilfe zu nehmen, um in Fällen, wo es zweifelhaft ist, ob es sich bei einer Erkrankung oder einem Todesfall um Tetanus handelt, oder von welchem Herd der beobachtete Tetanus ausgegangen ist, die Entscheidung zu liefern. Man kann entweder den Eiter oder Gewebsstücke oder Fremdkörper von der erkrankten Stelle oder auch vermutlich gifthaltige Körperflüssigkeiten, wie Blut, auf Mäuse verimpfen. Auch mit Mischkulturen der verdächtigen Stoffe in flüssigen Nährböden kommt man manchmal zum Ziel, wenn man sie filtriert und Tieren einspritzt.

Neben dem Krampfgift (Tetanospasmin) bilden die Tetanusbazillen noch ein Blutkörper lösendes Gift, das Tetanolysin, das aber für die Erkrankung keine Bedeutung besitzt. Es kann den giftigen Filtraten durch Berührung mit roten Blutkörpern entzogen werden.

Der Tetanus kommt unter natürlichen Verhältnissen nicht nur beim Menschen, sondern auch bei unseren Haustieren, namentlich Pferden, deren Darminhalt im Gegensatz zu dem menschlichen übrigens eine Brutstätte der Tetanusbazillen zu sein scheint, vor. Meist bilden die Eintrittspforten für den Krankheitskeim Wunden der früher bezeichneten Art, gelegentlich aber auch, wie man zur Erklärung des sog. rheumatischen Tetanus annimmt, unsichtbare Verletzungen von Schleimhäuten.

Zum Schutze gegen Tetanus kann man einiges erreichen, wenn man Wunden vor Verunreinigungen mit Erde oder dergleichen behütet, solche, die beschmutzt sind, in schonender Weise von Fremdkörpern befreit, bei den ersten Zeichen des Starrkrampfes die Wunden, wenn sie klein sind, ausschneidet, wenn sie zu groß dazu sind, entweder durch Absetzen ganzer Glieder beseitigt oder wenigstens noch einmal gründlich reinigt und durch Behandlung mit Wasserstoffsuperoxyd, Chlorwasser, Jodtinktur u. dgl. zu desinfizieren und zu entgiften sucht.

Alle diese Maßnahmen lassen sich, wenngleich sie oft erfolglos bleiben, sehr wohl verteidigen, weil das Tetanusgift fast ausschließlich in dem ursprünglich begrenzten Ansteckungsherd gebildet wird. Ebenso ist die Möglichkeit bewiesen, durch chemische Mittel (Chlor, Jod, Formaldehyd) nicht nur die Bazillen, sondern auch ihre Gifte abzuschwächen und zu vernichten. Darüber dürfen wir aber nicht versäumen, die Allgemeinerscheinungen des Starrkrampfes durch narkotische Mittel, Magnesiumsulfat, heiße Bäder zu mildern und die Widerstandskraft des Körpers durch kräftige Ernährung zu erhalten.

Daneben hat man seit Behring und Kitasato viel Hoffnung auf die Anwendung des Tetanusheilserums gesetzt. In der Tat lehren zahlreiche Versuche, daß man große und kleine Tiere durch allmähliche Einverleibung steigender Mengen von erst abgeschwächtem, dann voll wirksamem Tetanusgift gegen größte Gaben desselben festigen kann und in deren Blutserum ein Mittel gewinnt, um das Gift unschädlich zu machen. Wir haben gerade beim Tetanus das wichtigste Beispiel einer „antitoxischen“, durch Serum übertragbaren Immunität.

Man erkennt den Antitoxingehalt des Serums daran, daß erstens Mischungen des Serums mit dem Gift von Tieren anstandslos vertragen werden, zweitens Tiere durch vorherige Einspritzung des Serums gegen das Gift, wenn auch nur für einige Wochen, gefestigt werden, und schließlich selbst solche Tiere, die schon vergiftet sind, durch Gaben des Serums, die allerdings unverhältnismäßig größer zu nehmen sind, gerettet werden können. Diese vorbeugende und heilende Kraft des Serums zeigt sich auch bei Tieren, die mit lebenden, z. B. an Holzsplittern angetrockneten Tetanussporen angesteckt werden. Freilich ist der Erfolg nicht so sicher, weil die Sporen unter Umständen erst auswachsen, wenn das Serum schon wieder aus dem Körper verschwunden ist. Unverantwortlich würde es nach solchen Versuchsergebnissen sein, das Tetanusserum gegenüber den natürlichen Ansteckungen unversucht zu lassen.

Unbestrittene große Erfolge hat man bei Tieren und Menschen, wenn man das Serum als vorbeugendes Mittel nach solchen Verletzungen anwendet, die erfahrungsgemäß häufig Starrkrampf im Gefolge haben. Das hat sich im besonderen Umfang im Laufe des Weltkrieges gezeigt; seitdem alle Verwundete mit Tetanusserum geimpft wurden, sind die vorher so zahlreichen Erkrankungen an Wundstarrkrampf fast völlig verschwunden. Auch bei Nachoperationen zur Entfernung von Fremdkörpern empfiehlt sich die Antitoxinanwendung, weil daran haftende „ruhende" Tetanussporen zum Auswachsen kommen könnten.

Weit weniger günstig lauten die Mitteilungen über Heilung des Wundstarrkrampfes durch das Behringsche Serum. Zum größten Teil wohl deshalb, weil die Behandlung meist zu spät einsetzt.

Je länger und stärker die Nervenzellen schon vergiftet sind, desto geringer ist, wie von vornherein zu erwarten ist, die Aussicht, den Kranken zu retten. Man wird deshalb die Serumbehandlung nicht früh genug vornehmen und die Serumgabe nicht groß genug wählen können. Über die zweckmäßigste Art der Einverleibung des Serums gehen die Ansichten noch auseinander. Außer unter die Haut hat man es auch in das Blut, in den Wirbelkanal, in die Nervenstämme und Muskeln des befallenen Gliedes, in die Umgebung der Wunden eingespritzt und in trockner Form auf die Wunden gebracht. Die Berechtigung aller dieser Vornahmen ergibt sich nach dem oben Gesagten von selbst. Man wird suchen, das Gift überall zu neutralisieren, wo es zu erwarten ist. Daß man wirklich von einer Neutralisierung des Giftes durch das Antitoxin im Sinne einer chemischen Bindung sprechen darf, ist wahrscheinlich (vgl. das Diphtheriegift, Abschnitt 20 und 31).

Durch seine starke Giftigkeit, aber nur durch diese den Tetanusbazillen ähnlich, ist der Bazillus der Wurstvergiftung (B. botulinus van Ermengem). Die Stäbchen sind plumper und im ganzen größer als die Tetanusbazillen. Sie sind ebenfalls beweglich. Ihre sehr widerstandsfähigen Sporen sind zwar auch meist dicker wie die Stäbchen selbst und endständig, aber länglich, nicht kugelrund, und neben diesen „Keulen"- oder „Tennisschläger"formen kommen auch andere, weniger gekennzeichnete vor.

Die Kolonien des Bac. botulinus auf Blutagar sind unregelmäßig gezipfelt und wenig hämolytisch. Trauben- und Malzzucker wird kräftig vergoren, Milch- und Rohrzucker nicht; die Milch wird selten (durch Labenzym) koaguliert, aber immer peptonisiert, Leim verflüssigt. Der unangenehme Geruch, der entwickelt wird, stammt von Buttersäure, weniger von Schwefelwasserstoff, der sich durch langsame Schwärzung von Hirnbrei allerdings bemerkbar macht. Bei näherem Studium des Stoffwechsels und der Toxine lassen sich drei Abarten der Botulinus (A, B, C) feststellen.

Ansteckungskraft besitzt der B. botulinus überhaupt nicht, d. h. die Bazillen vermögen sich im lebenden Körper nicht zu vermehren.

Wenn er trotzdem ein sehr gefährlicher Schädling ist, so verdankt er das seinem Vermögen, in toten Nährböden ein Gift zu bilden, das zwar nicht gegen Hitze, aber gegen die Verdauungssäfte ziemlich widerstandsfähig ist und von der Magen-Darmschleimhaut aufgenommen wird.

Mäuse, Meerschweinchen und Affen lassen sich schon durch Eingabe von wenigen Tropfen Kultur oder Kulturfiltrat vergiften. Andere Tiere sind weniger empfänglich gegen Fütterung, aber zum Teil, wie Katzen und Kaninchen, sehr empfänglich gegen Einspritzung ins Gewebe.

In den Menschen gelangt das Gift mit mangelhaft geräucherten, gesalzenen oder gekochten Fleischwaren oder Fischen und verdorbenen Gemüsekonserven, die aber äußerlich wenig verändert zu sein brauchen. Deren Verunreinigung erfolgt durch Sporen, die namentlich in Nordamerika oft im Boden vorkommen. So erklärt es sich wohl, daß Vergiftungen durch pflanzliche Nahrungsmittel viel häufiger in Amerika als in Europa beobachtet werden. Die Erscheinungen des Botulismus (Allantiasis), die längst vor der Entdeckung der Bazillen bekannt waren (Justinus Kerner), ähneln der Bulbärparalyse.

In der Tat handelt es sich um eine Vergiftung der Nervenzentren des verlängerten Marks. Besonders bezeichnend sind außer Schwindel und Hinfälligkeit die Seh-, Sprech- und Schluckstörungen. Die Pupillen sind erweitert, die Akkommodation ist gelähmt, ebenso meist das obere Lid. Sprechen und Schlucken ist erschwert, die Absonderung von Speichel, Schweiß und Tränen gehemmt. Abgesehen von Stuhlverstopfungen fehlen meist Erscheinungen von seiten des Magen-Darmkanals. Wo sie vorhanden sind, handelt es sich vielleicht um gemischte Ansteckungen (vgl. Paratyphus und Proteus). Ebenfalls fehlt in reinen Fällen von Botulismus Fieber. Der Tod tritt etwa in einem Viertel der Fälle durch Lähmung der Atmung ein.

Der Nachweis des Giftes ist durch Züchtung und vor allem durch den Tierversuch unter Zuhilfenahme von Filtraten der betreffenden Nahrungsmittel zu führen. Nur ausnahmsweise gelingt es, die Bazillen selbst aus den Organen zu züchten.

Das sicherste Mittel gegen den Botulismus wäre der Verzicht auf Eßwaren, die nicht gut durchgekocht sind. Im übrigen ist Vorsicht bei dem Genuß von Dauerwaren, die nicht ganz tadellos erscheinen, nötig. Zu ausgesprochener Fäulnis derselben pflegt es allerdings durch den B. botulinus nicht zu kommen. Daneben besteht die Möglichkeit einer Behandlung der Wurstvergiftung durch antitoxisches Serum, das in üblicher Weise gewonnen wird. Sie ist aber bisher fast nur im Tierversuch erprobt.

Die fünf anderen krankheiterregenden Anaerobier haben das gemein, daß sie zwar, wie die Tetanusbazillen, Wundinfektionen erzeugen, aber sich ungleich den letzteren unter den früher besprochenen günstigen Bedingungen im Binde- und Muskelgewebe fast unbeschränkt vermehren und darin die Erscheinungen erzeugen, die man bald als Gasbrand, bald als malignes Ödem, bald als Rauschbrand bezeichnet hat. Wir nennen sie zum Unterschied von den Milzbrandbazillen und anderen Aerobiern, die auch Ödeme erzeugen, Gasödembazillen, müssen aber darauf hinweisen, daß nicht in allen Fällen Gase deutlich wahrzunehmen sind und es andererseits auch Aerobier (Koli- und Proteusbazillen) gibt, die gelegentlich im Gewebe Gas bilden (Gasabszesse).

Bei weitem am häufigsten sind die von E. Fränkel und Welch etwa gleichzeitig beschriebenen „klassischen" Erreger des Gasbrandes (B. phlegmones empysematosae, aerogenes capsulatus, enteritidis

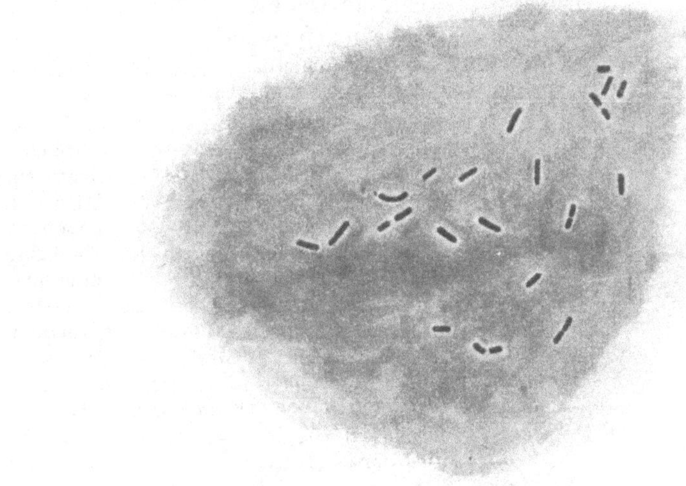

Fig. 55. Bazillen des Gasbrandes, sporenfrei, mit Kapseln.

sporogenes, perfringens, saccharobutyricus immobilis). Vor allen Anaerobiern zeichnen sie sich dadurch aus, daß sie unbeweglich, im Gewebe und eiweißreichen Nährböden mit Kapseln versehen sind und nur in bestimmten Nährböden (namentlich Hirnbrei) zur Sporenbildung zu gelangen pflegen.

Die Stäbchen sind meist dick und plump, die Sporen etwas dicker, mittel- bis endständig. Die Kolonien auf Traubenzuckerblutagar sind rund, zuerst klein, gewölbt und erdbeerfarbig, dann groß, flach und bräunlich bis grünlich, von einem mächtigen mißfarbigen Hämolysenhof umgeben (Nr. I, S. 218). Leim wird verflüssigt, geronnenes Eiweiß nicht angegriffen, Hirnbrei nicht geschwärzt, alle Zuckerarten werden stürmisch vergoren, die Zuckeralkohole und Glykoside gar nicht oder unregelmäßig angegriffen, die Milch gerinnt zu einem festen Klumpen, der von Gasblasen emporgehoben und durchlöchert wird. Starker Geruch nach Buttersäure wird entwickelt. Auch im lebenden Körper ist die Gasbildung und der Buttersäuregeruch das Kennzeichnende für den Bazillus. Wegen seines regelmäßigen Vorkommens im Darm wandert er auch oft nach dem Tode in die Organe ein und bildet z. B. die „Schaumleber". Die Infektionen entstehen fast nur in verschmutzten und zerrissenen Wunden und sind daher durch gründliche chirurgische Reinigung zu verhüten. Auch die Serumprophylaxe und Therapie ist aussichtsreich. Das Serum wirkt deutlich antitoxisch und antiaggressiv, aber die Trennung des Aggressins von dem Toxin ist bisher nicht gelungen, nach der gewöhnlichen Annahme, die sich auf die Unschädlichkeit gewaschener Bazillen stützt, sollen sie identisch sein.

Auch sehr verbreitet ist der Novysche Bazillus des malignen Ödems. Es sind große plumpe Stäbchen, die aber beweglich sind und überall reichliche, an ihrem aufgetriebenen Ende eiförmige, ziemlich widerstandsfähige Sporen bilden (Fig. 56). Eiweiß greifen die Bazillen ebensowenig an wie die vorhergehenden und die beiden folgenden.

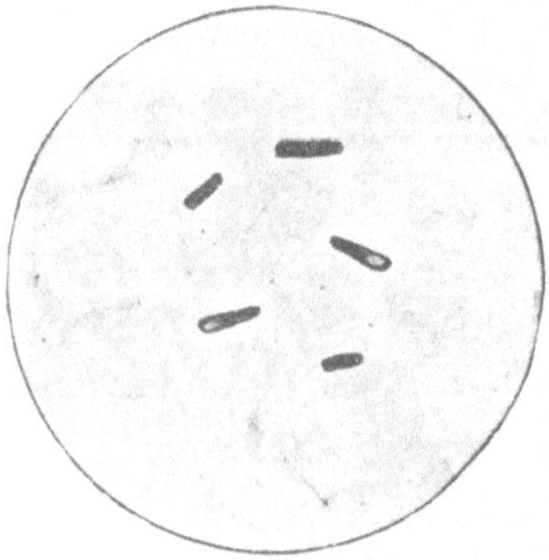

Fig. 56. Bazillen des malignen Ödems oder sporenbildende Gasbrandbazillen.

Von den Zuckerarten wird Dextrose unter Säure- und Gasbildung glatt vergoren, sonst höchstens noch Maltose. Trotzdem soll er Milch zur Gerinnung bringen. Außerdem wird noch Glyzerin angegriffen, ein Unterschied gegenüber den folgenden Arten. Die Kolonien auf Zeissleragar sind nicht rund, sondern ausgebuchtet, ja lockig (Nr. II, S. 218), wie die des Botulinus und Bifermentans, also nicht so fein verästelt wie die des Pararauschbrands und Tetanus, und von einem deutlichen hämolytischen Hof umgeben. Im Meerschweinchen erzeugt der Bazillus ein nur zum Teil mit Gasblasen durchsetztes sulziges, nicht hämorrhagisches Ödem, im Gegensatz zu den beiden folgenden Bakterien. Von der Toxinbildung und Infektionsweise gilt das früher Gesagte. Auch hier zeigt die Antitoxinbehandlung Erfolge.

Die Pararauschbrandbazillen (Miesner), die man mit dem Vibrion septique Pasteurs, den malignen Ödembazillen Kochs und Gaffkys und den Kittschen Rauschbrandbazillen identifizieren könnte, ist auf der Erde weit weniger verbreitet als die beiden vorher genannten Gasödembazillen, kommt aber doch als Erreger von Gasödemen oder in Mischinfektionen häufig genug in Betracht.

Die Bazillen sind meist etwas dünner, neigen aber mehr zur Fadenbildung. Dadurch unterscheiden sie sich besonders im Tierkörper, wenn auch nicht mit Sicherheit von den übrigen Ödembazillen. Sie sind auch bei Sauerstoffzutritt noch beweglich und bilden leicht ovale Sporen, die mehr in der Mitte oder am Ende der meist dadurch aufgetriebenen Stäbchen liegen und wie die Rauschbrandbazillen Erhitzung auf Siedetemperatur höchstens 40 Minuten lang ertragen. Die Kolonien (Nr. III, S. 219) bilden fast schleierartige zarte Gebilde ähnlich denen des Tetanus, aber unähnlich denen des Rauschbrands und sind wie die beiden genannten nur wenig hämolytisch. Eiweiß wird kaum angegriffen, Leim verflüssigt, Hirnbrei nicht geschwärzt. Die Zuckerarten werden fast so stark vergoren, wie durch die Fränkelschen Bazillen, nur bleibt Rohrzucker — im Gegensatz zu den Rauschbrandbazillen — unberührt, dafür wird Salizin, das sonst fast nur dem Amylobakter zugänglich ist, gespalten, Milch wird dementsprechend unter Säuerung koaguliert. Im Meerschweinchenversuch zeigt der Pararauschbrand die größte Ähnlichkeit mit dem Rauschbrand, woraus sich die öfters vorgekommenen Verwechslungen erklären. Das Exsudat ist in beiden Fällen stark mit Blut durchsetzt, die Fadenbildung auf der Peritonealfläche spricht aber ebenso wie die große Empfänglichkeit aller anderen Versuchstiere für Pararauschbrand. Auch gegen diese Infektion schützt ein spezifisches Antitoxin, am besten wird man es freilich beim Menschen mit den vorher genannten zusammengeben, um dem vielfältigen Ursprung des Gasödems gerecht zu werden.

Der Rauschbrandbazillus (Bacillus sarcophysematos) ist auf bestimmte Gegenden, die äußerlich nicht besonders ausgezeichnet sind, beschränkt, befällt meist Rinder, seltener Schafe, aber niemals den Menschen.

Er ist meist etwas kleiner und bildet seltener Fäden als der Pararauschbrandbazillus, hat sonst aber manche Ähnlichkeit mit ihm. Die Unterschiede sind schon angegeben, am wichtigsten ist das Wachstum auf Traubenzuckerblutagar (IV, S. 219). Die Kolonien sind ziemlich ganzrandig, glänzen perlmutterähnlich und sind auf einer Erhöhung des Nährbodens, wenn er genügend quellfähig ist, eingesenkt. Dazu kommt dann die Unempfänglichkeit der meisten Versuchstiere, außer dem Meerschweinchen, bei den üblichen Gaben (bis zu 1 ccm). Wie die Ansteckung mit Rauschbrand zustande kommt, darüber ist man sich noch nicht völlig einig. Die knirschenden Ödeme unter der Haut der jungen Rinder, die den natürlichen Rauschbrand kennzeichnet, könnten ganz gut durch Metastasen entstehen, denn solche werden auch bei anderen Gasödemen beobachtet. Die eigentliche Eintrittspforte wäre dann der Verdauungsschlauch. Jedenfalls erfolgt die Ansteckung nicht bloß auf der Weide, sondern auch im Stall.

Der Umstand, daß der Rauschbrand eine verbreitete Tierseuche ist, legte schon früh das Bedürfnis einer Schutzimpfung nahe. Daß eine solche Erfolg haben könnte, dafür sprach die Beobachtung, daß Tiere, die ausnahmsweise einen Rauschbrand überstanden hatten, gegen neue Ansteckungen gefeit waren.

Arloing, Cornevin und Thomas haben 1880 zuerst einen Schutz gegen Rauschbrand dadurch erzeugt, daß sie gesunden Tieren mit Wasser verdünnten, oberflächlich filtrierten Gewebssaft kranker Tiere in das Blut spritzten. Während die gleiche Gabe, unter die Haut oder in die Muskeln eingeführt, tödliche Erkrankung verursachte, kamen die ins Blut geimpften Tiere mit leichten Erscheinungen davon. Ein zweites Verfahren erwies sich als noch einfacher, die Impfung an der Schwanzspitze. Um Impfverluste, die bei beiden Methoden vorkommen, ganz zu vermeiden, empfahlen die französischen Forscher schließlich ein drittes Verfahren, das auf der Verwendung abgeschwächter Impfstoffe beruht und als Lyoner Verfahren allgemeine Verbreitung gefunden hat. Die mehr oder weniger starke Abschwächung erfolgte durch 6stündige Eintrocknung von sporenhaltigem Rauschbrandfleisch bei 100 bzw. 85°, die Impfung mit den beiden Impfstoffen (Vakzin I und II) in zwei Absätzen am Schwanz. Kitt hat mit bestem Erfolg dieses Verfahren dadurch vereinfacht, daß er getrocknetes und zermahlenes Rauschbrandfleisch 6 Stunden in strömendem Wasserdampf (in München bei 97°) behandelte und mit dem Impfstoff einmal, und zwar an der Schulter, impfte.

Thomas (Verdun) impft mittels eines Impfstoffs, den er, an Seidenfäden eingetrocknet, unter die Haut des Schwanzes schiebt. Auch Reinkulturen sind zur Schutzimpfung benutzt worden.

Bei allen diesen Impfverfahren handelt es sich um Abschwächung, nicht Abtötung der Rauschbrandsporen, d. h. um Erzeugung einer schwachen Ansteckung. Daneben besteht aber die Möglichkeit der Schutzimpfung durch das von hoch immunisierten Tieren gewonnene Blutserum, das unter anderem antitoxische Kräfte besitzt. Freilich lehrt die Erfahrung, daß man bei Tieren mit dem Serum allein nicht auskommt, sondern es zugleich mit lebendem Impfstoff verwenden muß.

Der fünfte, seltenste Erreger von Gasödem, der Bacillus histolyticus, ist ein ziemlich kleines bewegliches Stäbchen mit dicken, ovalen, meist endständigen Sporen, die Erhitzung über eine Stunde lang ertragen, auf Zeissleragar sehr kleine mehr oder weniger runde, von einem zarten hämolytischen Hof umgebene Kolonien bilden, in Leberbouillon üppig, aber ohne Gasbildung wachsen, Eiweiß sehr stark angreifen, dabei Gelatine und festes Serum schnell verflüssigen, Milch peptonisieren, Hirnbrei schwärzen, dagegen keine Zuckerarten zersetzen. Die meisten Versuchstiere erkranken nach subkutaner Einspritzung in sehr bezeichnender Weise (S. 220). Die Gifte und Enzyme, die eine so verheerende Wirkung haben, lassen sich schwer fassen, Filtrate sind viel weniger giftig als Zentrifugate, die, ins Blut eingespritzt, sogar schon in 1 ccm ganz akuten Tod vom Kaninchen verursachen. Antitoxin wird zwar hergestellt, ist aber bei der Seltenheit dieser Erreger für die Praxis wohl entbehrlich.

Von den saprophytischen Anaerobiern wurde schon als sehr verbreitet der Pseudotetanusbazillus (S. 222) erwähnt.

Er unterscheidet sich vom Tetanusbazillus durch die geringe Widerstandsfähigkeit seiner Sporen, seine mehr geschlossenen weinblattartigen Kolonien, das Fehlen der Hämolyse, der Gelatineverflüssigung, der Schwärzung des Hirnbreis und der Milchgerinnung, und andererseits durch sein Gärungsvermögen für Trauben- und Malzzucker.

Ein noch geringeres Zersetzungsvermögen für Kohlehydrate besitzt der Bacillus putrificus (verrucosus), der seinen Namen deshalb mit Recht führt, weil er eine um so stärkere Zersetzung der Eiweißkörper hervorruft, ja geradezu neben dem B. proteus (Abschnitt 5) als der wichtigste Fäulniserreger gelten kann. Gewissermaßen ist er das saprophytische üppigere Gegenstück des B. histolyticus (s. o).

Die Stäbchen sind meist größer, die uhrzeigerförmigen Sporen werden schneller gebildet und sind noch widerstandsfähiger. Die Kolonien sind größer und durchsichtiger, weißlich, aber auch ziemlich scharf umrandet und von zäher, ja harter Beschaffenheit. Hämolyse fehlt auch bei ihm meist. Alle Zuckerarten werden unberührt gelassen, aber die Zersetzung des Eiweißes in jeder Form geht noch schneller vor sich, und führt zu starker Schwärzung des Hirnbreis und in Leberbouillon sogar zu starker Entwicklung stinkender Gase.

Umgekehrt als starker Zuckervergärer und Buttersäurebildner und auch sonst dem Fränkelschen Gasbazillus (s. o.) an die Seite zu stellen, ist der B. amylobakter, den man früher wohl als

B. butyricus oder Saccharobutyricus mobilis und unter vielen anderen Namen beschrieben hat, zuletzt, weil er auch häufig neben den Fränkelschen oder Novyschen Bazillen in Gasödemen gefunden wird als B. tertius.

Die Stäbchen sind gewöhnlich etwas kleiner und mehr zur Kettenbildung geneigt als die Fränkelschen Bazillen, aber deutlich beweglich. Die oft nachweisbare Bildung von Stärke hat ihnen zwar den Namen verschafft, ist ihnen aber nicht allein eigentümlich. Die Sporen werden hier schnell und unter starker Aufblähung der Stäbchen gebildet. Ein deutlicher Unterschied gegenüber den Gasbrandbazillen ist, daß hier die Sporen die Erhitzung nicht länger als 10 Minuten überstehen. Die Kolonien sind zwar ebenfalls rund, aber ohne hämolytischen Hof. Eiweißartige Stoffe werden gar nicht zersetzt, Hirnbrei nicht geschwärzt, Gelatine nicht verflüssigt. Das Angriffsvermögen für alle Zuckerarten ist beim Amylobakter ebenso gut entwickelt wie beim Fränkelschen Bazillus. Außerdem vermag er auch Mannit und Salizin zu spalten.

Mehr dem Botulinus (s. o.) ähnelt der Bac. bifermentans sowohl in seiner dicken plumpen Form, als in der Art seiner Kolonien (Nr. II, S. 218) und in seiner Fähigkeit, Eiweiß und Zuckerarten zu zerlegen. Seine Sporen treiben meist den Leib der Stäbchen nicht auf und widerstehen der Siedehitze höchstens eine Stunde lang.

Wahrscheinlich gibt es noch viele andere Arten von Anaerobiern, besonders unter den Erregern bestimmter Gärungen, wie z. B. der Pektin-, Gummi- und Zellulosevergärung, die in der Natur eine große Rolle spielen (Abschnitt 2 und 15). Auf der anderen Seite wäre noch genauer festzustellen, ob die Fähigkeit der Stickstoffassimilation, die gewissen „Clostridien“ im Boden zugeschrieben wird (S. 20) nicht auch mancher der oben beschriebenen Arten, insbesondere dem B. amylobakter zukommt. Von vornherein ist anzunehmen, daß sich die biologische Bedeutung auch der krankheiterregenden Anaerobier, die ja alle Bodenbakterien sind, nicht in ihrer pathogenen Bedeutung erschöpft.

Zwanzigster Abschnitt

Die Gruppe der Diphtheriebazillen

In den Diphtheriebazillen und den ihnen ähnlichen Bakterien lernen wir eine neue Gruppe von Kleinwesen kennen, die sich durch ihre Übereinstimmung in wichtigen äußeren Eigenschaften als eine natürliche erweist.

Lehmann und Neumann haben für sie die Gattung Corynebacterium geschaffen. Ob man diesen Namen annimmt, oder beim gewöhnlichen Sprachgebrauch bleibt und von der Diphtheriegruppe, vom Bac. diphtheriae, pseudodiphthericus usw. spricht, ist ziemlich gleichgültig, wenn man nur die Verwandtschaft der hierher gehörigen Keime anerkennt. Ebenso kann man darüber verschiedener Meinung sein, ob es zweckmäßig ist, die Kornynebakterien von den echten Bakterien zu trennen und sie mit den Tuberkelbazillen und anderen säurefesten Stäbchen (Mycobacterium), sowie den Strahlenpilzen (Actinomyces) zu einer besonderen Familie oder Ordnung, den Myko- oder Pilzbakterien vereinigt. Daß alle diese Kleinwesen in verwandtschaftlicher Beziehung zueinander stehen, ist aber unleugbar (S. 7).

Die Diphtheriebazillen wurden im erkrankten Gewebe zuerst von E. Klebs gesehen und von Löffler rein gezüchtet. Was sie von vornherein von allen bisher geschilderten Bazillen auszeichnet, ist dreierlei: ihre unregelmäßige Gestalt, Lagerung und Färbbarkeit. Während die Bazillen sonst, mögen sie groß oder klein, plump oder schlank sein, einer Walze ähnlich sehen, d. h. in ihrer ganzen Erstreckung denselben Querschnitt haben, wechselt dieser bei den Diphtheriebazillen, die mehr oder weniger deutlich keulen-, keil- oder hantelförmig sind. Nicht selten sind sie auch leicht gekrümmt, ausnahmsweise geweihartig verzweigt, ein Merkmal, das auf ihre Verwandtschaft mit den Strahlenpilzen hinweist. Im ganzen betrachtet, erscheinen die Diphtheriebazillen mehr schlank als plump im Gegensatz zu den Pseudodiphtheriebazillen, die meist gedrungen, manchmal fast kokkenartig aussehen, doch ist Größe und Gestalt der einzelnen Diphtherie- und Pseudodiphtherie-Bazillen und Bazillenstämme erheblichen Veränderungen unterworfen, so daß man aus dem mikroskopischen Bilde nicht mit Sicherheit auf die eine oder andere Art schließen darf. Beide haben ferner ihre eigentümliche Lagerung zu kleinen Klümpchen, die an künstlich durch Serum verklumpte Stäbchen erinnern, gemeinsam. Häufig sind sie im Winkel zu zweien oder einem stark verschobenen Lattenzaun ähnlich zu mehreren aneinandergestellt. In flüssigen Nährböden (Fleischbrühe) ist diese Lagerung in Häufchen auffälliger als in Aufschwemmungen aus festen; daß sie jedoch einer natürlichen Anlage entspricht, kann man auch daraus schließen, daß sie ebenso in Schnitten von diphtherischen Belägen hervortritt. Dazu kommt als drittes Merkmal ihr unregelmäßiges Verhalten zu Farbstoffen. Färbt man nicht zu kräftig, z. B. mit Methylenblau, so nehmen die Stäbchen die Farbe nicht gleichmäßig, sondern streifenförmig an, so daß sie bei oberflächlicher Betrachtung mit Kokkenketten verwechselt werden können. Einzelne Stellen, die hauptsächlich an den Polen und bei längeren, vor der Teilung stehenden Stäbchen paarig in der Mitte gelegen sind, nehmen die Farbe stärker an und halten sie kräftiger fest. M. Neißer hat die Darstellung dieser „Polkörner" benutzt, um die Diphtheriebazillen als solche leichter zu erkennen und von den Pseudodiphtheriebazillen zu trennen (Fig. 57).

Entweder färbt man doppelt, indem man die Bazillen zunächst mit einer essigsauren Methylenblau-Kristallviolettlösung[1], dann nach Abspülung etwas

[1] 2 Teile einer wäßrigen Lösung, die 0·1% Methylenblau und 5% Essigsäure enthält, werden mit 1 Teil einer 0·3 prozentigen Kristallviolettlösung gemischt.

länger mit einer Chrysoidinlösung[1] behandelt. Die Körner erscheinen dabei schwarzblau, die Stäbchen gelb bis braun. Einfacher und völlig genügend ist es, bloß mit milchsaurem Methylenblau[2] ganz kurz (wenige Sekunden) zu färben und dann ohne Abspülen zu trocknen; die Körner treten dabei durch ihre tiefblaue Farbe genügend deutlich in den blasseren Stäbchen hervor. Um möglichst reichlich Polkörner in den Diphtheriebazillen zu erhalten und ihre Bildung in Pseudodiphtheriekulturen zu vermeiden, empfiehlt es sich, ganz frische, 6—18stündige Kulturen auf Löfflerserum (s. u.), die bei nicht zu hohen Temperaturen (nicht über 36°) gewachsen sind, zu benutzen. Die Körner sind aber auch oft genug schon in Ausstrichen unmittelbar aus den diphtherischen Belägen darzustellen. Nur ausnahmsweise fehlen die Polkörner bei Stämmen, die man nach ihren sontigen Eigenschaften (s. u. Tierversuch) als echte Diphtheriestämme

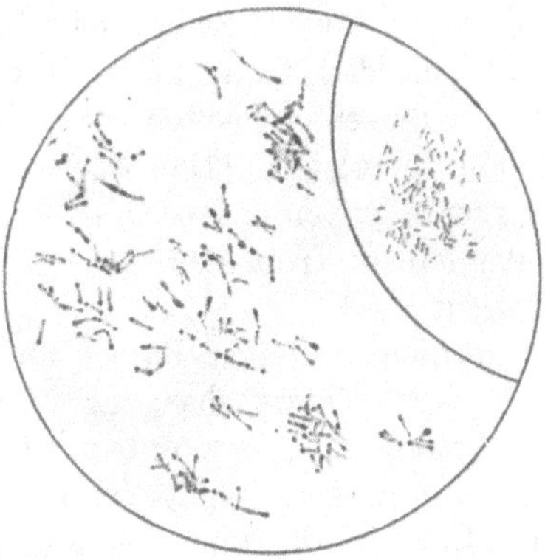

Fig. 57.
Diphtherie- und Pseudodiphtheriebazillen nach der Körnchenfärbung.

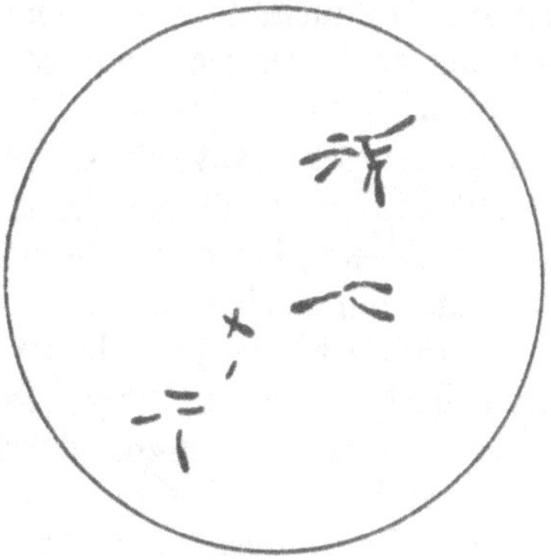

Fig. 58.
Diphtheriebazillen nach Gram gefärbt.

betrachten muß. Öfter kommen allerdings Pseudodiphtheriestämme vor, welche die Körnerfärbung geben. Trotzdem hat sich diese Neißersche Körnerfärbung zur Erkennung der Rachendiphtherie allenthalben eingebürgert, weil sie mit erheblicher Wahrscheinlichkeit und möglichst schnell, ja oft schon im Ausstrich des Rachens zum Ziele führt. Wenn auch gelegentlich einmal wegen der Körnerfärbung eine einfache, nicht diphtherische Rachenentzündung für Diphtherie gehalten wird, so schadet das wenig. Nur in Fällen von Diphtherie der Bindehaut und Nase ist die Körnerfärbung niemals entscheidend, weil gerade auf diesen beiden Schleimhäuten Pseudodiphtheriebazillen (Xerosebazillen, s. u.) häufig vorkommen, die durch Körnerbildung ausgezeichnet sind.

Diese Empfehlung der Körnerfärbung besagt nicht, daß man auch ohne sie nicht durch einfache Färbung die Diphtherie erkennen könne, im Gegenteil wird das schon bei Berücksichtigung der Gestalt und Größe

[1] 0·5 prozentige Lösung in heißem Wasser.
[2] 0·2 Methylenblau, 100 aq. dest., 10 Tropfen Milchsäure.

verdächtiger Bazillen und namentlich durch die Gramfärbung meist gelingen (Fig. 58). Durch sie verschwinden allerdings die Körner und farblosen Lücken in den Stäbchen, um so deutlicher tritt aber ihre Form und Größe hervor. Nur muß man sich hüten, die von Günther angegebene Abänderung des Gramschen Verfahrens, bei der statt Alkohol salzsaurer Alkohol benutzt wird, anzuwenden, weil die Diphtheriebazillen das nicht vertragen. Die Gramfärbung gestattet meist auch eine Unterscheidung der Diphtherie- von Pseudodiphtheriebazillen, da nur die letzteren bei einer längeren (gegen 10 Minuten dauernden) Entfärbung mit Alkohol noch die Gramfarbe festzuhalten pflegen.

Die Bazillen der Diphtherie sind nicht beweglich und bilden keine Sporen. Trotzdem sind sie ziemlich widerstandsfähig. Selbst scharfes Trocknen vertragen sie wenigstens zum Teil, so daß sie allenfalls durch Luftstaub verbreitet werden können und in dicken Schichten, z. B. in Kruppmembranen angetrocknet monatelang überleben. Die Aussicht, daß auf diesem Wege eine Ansteckung zustande kommt, ist aber viel geringer als die, daß durch Berührung oder feinste Tröpfchen vom Menschen aus unmittelbar die Seuche übertragen wird.

Wenn auch die Diphtheriebazillen in nicht seltenen Fällen und, sobald Teilchen eigentlicher Membranen dem Untersucher zur Verfügung stehen, sehr häufig durch die Färbung allein erkannt werden können, so ist es doch sehr erfreulich, daß wir in dem von Löffler angegebenen Nährboden ein ausgezeichnetes Mittel in die Hand bekommen haben, um die Diphtheriebazillen aus der Unmenge von anderen Bakterien, von denen sie im Rachen begleitet zu sein pflegen, herauszuzüchten. Der Nährboden besteht aus Blutserum (vom Rind, Hammel oder Pferd), dem ein Drittel seines Gewichts Fleischbrühe mit Traubenzucker (1%) zugemischt ist, und das durch Erhitzung auf 70—100° in Röhrchen oder in Platten erstarrt wird. Durch einen im Rachen mit den verdächtigen Stoffen beladenen Wattetupfer, den man über mehrere Röhrchen oder Platten ausstreicht, wird dieses Serum beimpft und läßt frühestens nach 6, spätestens nach 18 Stunden, wenn auch nur wenige Diphtheriebazillen im Ausstrich vorhanden sind, diese verhältnismäßig besser zum Wachstum gelangen als die Begleitbakterien, so daß man von einer Anreicherung der Bazillen durch den Nährboden sprechen darf.

Soweit man noch keine Reinkultur im ersten Ausstrich erhalten hat, gelingt es, solche durch Wiederholung der Aussaat auf Löfflerserum zu gewinnen. Die Kolonien sind auf diesem Nährboden mittelgroße weißliche Scheiben ohne besondere Merkmale, auf der Agaroberfläche, wo sie allerdings spärlich gedeihen (besser auf Aszites- oder Blutagar), grau durchscheinend und durch unregelmäßige Umrandung und Körnelung ausgezeichnet. Die Pseudodiphtheriebazillen wachsen sehr verschieden; im Rachen herrschen Abarten vor, die viel saftigere Kolonien bilden, die Xerosebazillen der Bindehaut kommen meist nur kümmerlich fort. In Gelatine gedeihen die Diphtheriebazillen bei Zimmertemperatur nur schlecht, Fleischbrühe trüben sie nur wenig, setzen aber Körnchen und Flocken am Boden und an der Oberfläche ab. Manche Rassen bilden förmliche Kahmhäute. Zusatz von Glyzerin oder Traubenzucker befördert das Wachstum namentlich in der Tiefe der Nährböden; dabei entwickeln die Diphtheriebazillen Milchsäure, die Pseudodiphtheriebazillen nicht. Milchzucker wird von beiden nicht angegriffen, Milch, obwohl sie ein Wachstum gestattet, nicht verändert. Auf Blutagar hämolysieren die Diphtheriebazillen meist, die Pseudodiphtheriebazillen nie.

Zur sicheren Kennzeichnung der Diphtheriebazillen gehört noch ein letztes Merkmal, ihre Giftigkeit. Unsere Versuchstiere, insbesondere Meerschweinchen, aber auch Kaninchen, nicht freilich Mäuse und Ratten, sterben, wenn man ihnen kleine Mengen lebender Diphtheriebazillen z. B. unter die Haut bringt, gewöhnlich binnen wenigen Tagen mit einem blutigen Ödem an der Impfstelle und oft mit Flüssigkeitsansammlungen in Brust- und Bauchhöhle, fleckigen Verdichtungen in den Lungen und blutiger Anschoppung der Nebennieren.

Die letztere scheint sogar die eigentliche Todesursache zu sein, indem sie Störungen im Adrenalinhaushalt verursacht. Je länger sich die Krankheit hinzieht, desto fester (speckiger) wird das Exsudat; schließlich stirbt die Haut darüber ab, und es entsteht ein Geschwür. Dabei magern die Tiere ab und bekommen manchmal Lähmungen, die von hinten nach vorn sich entwickeln. In der Leber und Niere finden sich fettige Entartungen der Epithelien und glasartige Entartung der Kapillaren. Den Lähmungen entsprechend sind neuritische und myelitische Veränderungen oft nachgewiesen worden. Daß die Ursache aller dieser Erscheinungen im wesentlichen eine Vergiftung, keine Ansteckung im eigentlichen Sinne ist, wird zunächst schon durch das Verhalten der Bazillen im Tiere bewiesen. Man findet sie oft nur mit Mühe und Not an der Impfstelle wieder; selbst wenn man früh untersucht, kann man eine Vermehrung bei ihnen kaum feststellen. Auch andere Arten der Einverleibung führen zur Erkrankung; Einreibung in den Rachen, die Luftröhre, die Bindehaut von Kaninchen, Hühnern, Katzen usw. und in die Scheide von Meerschweinchen veranlassen die Bildung von teilweise sehr ausgebreiteten Membranen; aber nur ausnahmsweise läßt sich dabei eine schrankenlose Wucherung der Diphtheriebazillen, wie wir sie beim Menschen regelmäßig antreffen, beobachten. Nur als einen mäßigen Ersatz für die subkutane Einspritzung von Reinkulturen können wir die intrakutane Einführung betrachten, wenn sie auch geeignet ist, Tiere zu sparen.

Daß es sich beim Tier um nichts anderes als um eine Vergiftung handelt, beweisen namentlich Versuche mit vorsichtig abgetöteten oder am besten durch Kieselgur oder Ton filtrierten Kulturen; sie ergeben genau die gleichen Veränderungen wie die Impfungen mit lebenden Kulturen.

Roux und Yersin, die diese Tatsache im Jahre 1888 feststellten und somit das erste hoch wirksame Bakteriengift fanden, hielten es schon wegen seiner Unbeständigkeit gegen Hitze (60—70°) für einen fermentartigen Stoff; Brieger und C. Fränkel erklärten es für einen eiweißartigen Körper, ein „Toxalbumin"; Brieger und Boehr gelang es zwar schließlich, das Gift so zu reinigen, daß es keine Eiweiß- oder Peptonreaktion mehr gab, aber nicht seine eigentliche Zusammensetzung aufzuklären. Jedenfalls handelt es sich hier, wie beim Tetanus-, Wurstgift usw. um verwickelt gebaute Stoffe. Was die Entstehungsweise dieser Bakteriengifte anlangt, so hat man sich zunächst die Vorstellung gemacht, sie seien eine Art Absonderung der Bakterien, also Ektotoxine (auch Toxine im engeren Sinne), nicht Leibesbestandteile, wie die Endotoxine der Cholera, des Typhus, der Ruhr; und der Umstand, daß die Filtrate der Diphtheriekulturen um so giftiger werden, je älter die letzteren, schien dafür zu sprechen. Auf der anderen Seite steht aber fest, daß das Wachstum der Diphtheriebazillen in den Kulturen viel früher aufhört als ihre Giftbildung, ja, daß in der giftigsten Kultur der größte Teil der Bazillen schon abgestorben ist. Ferner hat man aus den frischen Leibern der Diphtheriebazillen durch Ausziehen mit Alkalien nach vorheriger Entfettung oder durch Selbstverdauung unter Toluol große Giftmengen gewinnen können. Der Vergleich mit echten Absonderungen stimmt also nicht, und der Unterschied gegenüber den Endotoxinen hat sich in dieser Beziehung mehr und mehr verwischt (vgl. das Kaninchengift der Dysenteriebazillen (S. 149).

Die Hauptmerkmale des Diphtheriegiftes, wie anderer echter „Toxine" bestehen erstens in ihrer Empfindlichkeit gegen Hitze und zweitens in ihrer Fähigkeit, in Tieren eine gegen das Gift gerichtete Widerstandsfähigkeit, eine sog. antitoxische Immunität, im Blutserum der immunisierten Tiere eine Anhäufung von giftwidrigen Immunkörpern, den sog. Antitoxinen, hervorzurufen. Es ist das Verdienst Emil Behrings, diese Tatsache für das Diphtherie- und Tetanusgift nachgewiesen zu haben.

Bei kleinen Tieren ist es zur Erreichung der Immunität nötig, Tiere zunächst mit Diphtheriegift, das durch vorsichtige Erhitzung oder Behandlung mit gewissen giftzerstörenden Mitteln (Jod, Chlor, Formaldehyd) abgeschwächt ist, zu impfen. So gelangen sie dazu, kleine Mengen wirksamen Giftes und später auch größere zu vertragen. Bei großen Tieren, insbesondere Pferden genügt es oft, mit kleinsten Gaben ungeschwächten Diphtheriegiftes anzufangen und diese allmählich zu steigern, um schließlich sehr hochwertige Seren zu erhalten.

Genaue Untersuchungen, die wir namentlich Paul Ehrlich verdanken, haben gezeigt, daß verschiedene Lösungen des Diphtheriegiftes nicht nur in der Höhe, sondern auch in der Art ihrer Giftigkeit und ebenso in ihrer Fähigkeit, Antitoxin zu bilden und durch Antitoxin entgiftet zu werden, erheblich verschieden sind. Ehrlich hat zur Erklärung dieser Erscheinung bestimmte Vorstellungen über die Zusammensetzung des Diphtheriegiftes, über die Beziehungen zwischen ihm und den Gewebszellen, sowie dem Antitoxin und über die Entstehung des letzteren entwickelt. Da diese „Seitenkettentheorie" für die ganze Immunitätslehre große Bedeutung gewonnen hat, soll ihre Grundlage hier in Kürze entwickelt werden. Den Ausgangspunkt für sie bilden Feststellungen über die Antitoxinmengen, die nötig sind, um wechselnde Giftmengen unschädlich zu machen. Es gilt hier in gewissen Grenzen *das Gesetz der Proportionalität zwischen Gift und Gegengift, d. h.* wenn eine bestimmte Gabe des Giftes mit einer bestimmten Menge des antitoxischen Serums im Reagenzglas vermischt im Tier sich als unwirksam erweist, wird die xfache Giftgabe durch die xfache Serumgabe ebenfalls unschädlich gemacht. Ehrlich schloß daraus, daß die Entgiftung durch das Serum nicht etwa, wie man es wohl angenommen, als eine Zerstörung des Giftes durch das Serum, sondern als eine Verbindung des Giftes mit seinem Gegengift zu einem harmlosen Körper, entsprechend etwa der Neutralisierung einer Lauge durch eine Säure, aufzufassen sei. Damit diese Verbindung zustande komme, müssen Gift- wie Gegengiftmolekel mit zueinander passenden Atomgruppen oder Seitenketten, den sog. haptophoren Gruppen (Bindegruppen) ausgestattet sein. Bald zeigte sich aber bei der Prüfung verschieden alter (oder aus verschiedenen Kulturen stammender oder mit physikalischen oder chemischen Mitteln behandelter) Giftlösungen, daß zwar die Bindekraft derselben durch das Altern nicht verändert war, wohl aber ihre Giftigkeit. Ehrlich folgerte daraus, daß in den vollwirksamen Gift- oder Toxinmolekeln eine zweite, giftige (toxophore) Seitenkette vorhanden sei, die in den abgeschwächten Giften oder „Toxoiden" verloren gehen könne, während die Bindegruppen erhalten bleiben. Bald lehrte dann der Vergleich der toxin- und toxoidhaltigen Giftlösungen im Tierversuch, daß durch den Übergang des Toxins in das Toxoid die immunisierende Kraft der Giftlösung ebensowenig verändert wurde, wie ihr Bindungsvermögen für Antitoxine. In der Tat sind es gerade die natürlich oder künstlich abgeschwächten, toxoidhaltigen Giftlösungen, welche die Giftfestigung kleiner Tiere gestatten. Die Vermutung schien also erlaubt, daß die Antitoxin bindenden Seitenketten in Giftmolekel zusammenfallen mit den Antitoxin bildenden. Ehrlich war schon auf anderem Wege zu der Vorstellung gelangt, daß die physiologischen Wirkungen vieler Gifte und Arzneimittel sich am besten erklären lassen, wenn man annimmt, daß sie sich an gewisse Zellbestandteile binden. Die Bindegruppe des Giftmolekels ist das Mittel dazu, die giftige Gruppe desselben gewissermaßen wie ein Ferment zur Wirksamkeit zu bringen, indem sie sich mit einer entsprechend bindenden Seitenkette (einem „Rezeptor") der tierischen Zelle vereinigt. Nur diejenigen Tierarten sind demnach empfänglich, die in einer lebenswichtigen Zelle Bindegruppen für das Gift besitzen. Unterliegt die Zelle der Vergiftung, so ist damit die Sache erledigt, überwindet sie aber den Eingriff, sei es, daß die Giftmenge zu klein war, sei es, daß nur ein Toxoid einwirkte, die giftige Seitenkette also fehlte, so wird sie danach streben, sich des lästigen Fremdkörpers, den die Verbindung des Toxins oder Toxoids mit ihren eigenen Seitenketten (Rezeptoren) darstellt, am besten durch Abstoßung der letzteren zu entledigen, wird aber wie jede andere Zelle diesen Verlust durch Neubildung ihrer Seitenketten zu ersetzen suchen. Wie das bei Wiederherstellung organischer Verluste auch sonst häufig geschieht, bleibt es nun nicht bei der einfachen Wiedererzeugung, sondern es kommt zur Übererzeugung. Die im Überschuß gebildeten Seitenketten der Zelle fallen dann auch, wenigstens zum Teil, der Abstoßung anheim und kreisen im Säftestrom. Sie sind nichts anderes, als die Antitoxine des Blutserums, die wir schon kennen. Ihnen und den etwa noch in den Mutterzellen seßhaft („sessil") gebliebenen ähnlichen Seitenketten verdankt das Tier seine Giftfestigung, den im Serum kreisenden Seitenketten allein die Übertragbarkeit der antitoxischen Immunität auf neue Tiere. Der hier entwickelte Gedankengang Ehrlichs hat sich in diesen oder jenen Punkten abgeändert und auf die verwandten Gebiete angewandt viel Anerkennung erworben. In der Tat ist die Seitenkettenlehre bisher die einzige, die uns die merkwürdigen Erscheinungen der Immunität einigermaßen dem Verständnis naherückt. Vor allen Dingen ist sie geeignet, uns die Arteigentümlichkeit (Spezifität) der verschiedenen Gifte und Gegengifte zu erklären. Diese beruht eben auf einer Verschiedenheit der Binde- und Giftgruppen.

Auf zahlreiche Einzelheiten der Ehrlichschen Lehre können wir hier nicht eingehen, sondern wollen nur kurz einige Nebendinge erwähnen, die das bisher ziemlich einfache Bild verwickeln. Erstens hat sich herausgestellt, daß die Verwandtschaft zwischen Diphtheriegift und seinem Gegengift nicht so stark ist, wie Ehrlich zuerst angenommen. Es bedarf einer gewissen Zeit und gewisser Unterstützungsmittel, die namentlich im Tierkörper zur Wirkung gelangen, um die Verkettung zwischen beiden Bestandteilen zu einer festen zu machen, ja es gelingt unter Umständen auch dann noch, die Verbindung zwischen Antitoxinen und Toxinen zu sprengen. Ferner haben auch die einzelnen Bestandteile der Giftlösung nicht die gleiche Verwandtschaft zum Antitoxin. Man kann von Prototoxinen und Prototoxoiden, Deuterotoxinen, Tritotoxinen usw. sprechen. Und schließlich gibt es neben den Toxinen und Toxoiden noch einen dritten Bestandteil in den Giftlösungen, das Toxon, das zwar giftig ist, aber weniger kräftig und in anderer Weise wirkt, als das Toxin, und zwar die gleiche bindende Gruppe, aber eine solche mit geringerer Verwandtschaft zum Antitoxin besitzt. Auf solche Toxone sind die Lähmungen und andere Zufälle, die bei Diphtherietieren nicht selten auftreten, zurückzuführen. Man bekommt Toxonwirkungen auch oft zu sehen, wenn man mit Antitoxin nicht völlig abgesättigte Giftmengen Tieren einverleibt, weil in diesen nur die schwachen Verwandtschaften des Toxons ungebunden geblieben sind.

Wenn auch die Giftigkeit zu den wesentlichen Merkmalen des Diphtheriebazillus gehört, so ist sie doch eine Eigenschaft, die sehr ungleich entwickelt ist. Es gibt manche Stämme, von denen einige Milligramm frischer Fleischbrühekultur genügen, um Meerschweinchen binnen wenigen Tagen zu töten, und solche, von denen einige Kubikzentimeter erforderlich sind. Schließlich werden nicht ganz selten, namentlich bei Kindern, die von der Diphtherie genesen sind, oder bei Gesunden in deren Umgebung Bazillen gefunden, die in Gestalt, Körnerfärbung, Säurebildung mit echten Diphtheriebazillen übereinstimmen, aber für Tiere gänzlich unschädlich sind.

Dürfen wir sie als Bazillen betrachten, die sich durch Verlust der Giftigkeit aus echten Bazillen entwickelt haben, oder sind sie zu den weit verbreiteten und nicht nachweislich mit Diphtherie zusammenhängenden Pseudodiphtheriebazillen zu rechnen? Die Entscheidung der Frage wird uns dadurch erleichtert, daß wir in dem Verhalten gegen agglutinierendes Blutserum ein weiteres Merkmal haben, um die verwandtschaftlichen Beziehungen diphtherieähnlicher Bazillen zu beurteilen. Namentlich in einem vielwertigen, d. h. nicht mit einem einzigen, sondern mit zahlreichen Diphtheriestämmen hergestellten Serum werden Diphtheriebazillen noch in hohen Verdünnungen verklebt oder sind wenigstens imstande, bei Berührung mit agglutinierendem Serum diesem die Agglutinine zu entziehen. Wenn jene oben genannten ungiftigen Stämme ebenso stark beeinflußt werden oder die Agglutinine „absättigen", so hat man einen Grund mehr, sie als abgeschwächte Diphtheriebazillen zu betrachten. Pseudobazillen werden weder agglutiniert noch binden sie die Agglutinine.

Die durch Löfflersche Bazillen verursachte Diphtherie ist eine Krankheit des Menschen, die schon seit Jahrtausenden bekannt und dann durch Bretonneau gut beschrieben, aber erst seit der Mitte der 60er Jahre des vorigen Jahrhunderts zu einer der gefährlichsten Weltseuchen geworden ist. Bei Tieren, so bei Katzen, Tauben und Hühnern, ist sie zwar gelegentlich auch mit Sicherheit festgestellt worden, doch haben bei weitem die meisten als Diphtherie beschriebenen Tierseuchen andere Ursachen (vgl. Kälberdiphtherie beim Nekrosebazillus, Geflügeldiphtherie bei Geflügelpocken). Am häufigsten kommt die Löfflersche Diphtherie im Rachen vor, mit der Neigung, einerseits in den Kehlkopf und die tieferen Luftwege herabzusteigen, andererseits in die Nase hinaufzuwandern. Seltener wird der selbständige Krupp des Kehlkopfs oder die Diphtherie der Nase, Bindehaut und Wunden durch Diphtheriebazillen verursacht. Doch ist auf allen diesen Stellen, wie insbesondere auch im Rachen, bei weitem nicht jede membranöse oder nekrotisierende Entzündung, die am Krankenbett oder auf dem Leichentisch als Diphtherie bezeichnet wird, durch Löfflersche Bazillen hervorgerufen. Haben wir doch schon früher gesehen, daß die diphtherische Ruhr auf Ruhrbazillen und die diphtherische Endometritis (Wochenbettfieber) auf Streptokokken zurückzuführen ist. Im Rachen kommen als Krankheitsursache außer den Diphtheriebazillen zunächst die unsichtbaren Erreger des Scharlach, gewöhnlich im Verein mit Streptokokken, in Frage. Häufig genug vergesellschaften sie sich aber auch mit den Löfflerschen Bazillen, sei es von Anfang an, sei es nachträglich. Die Streptokokken allein, ferner Pneumokokken und gelegentlich auch manche andere Bakterien, vielleicht auch unsichtbare Erreger bringen es meist nur zu gutartigen, und nur selten zu schweren, diphtherieartigen Rachenentzündungen, verhalten sich also umgekehrt wie die Diphtheriebazillen, die meistens schwere, seltener leichte, scheinbar unverdächtige Erkrankungen bedingen. Alle diese Erreger können sich wieder mit anderen vergesellschaften. Am gefährlichsten sind die septischen Diphtherien, bei denen sich die Tätigkeit der Diphtheriebazillen mit denen der Streptokokken höchster Ansteckungskraft vereinigt. Gewöhnlich schon durch das Aussehen und ihre Entwicklung leicht zu unterscheiden ist die durch Soorpilze verursachte Erkrankung des Mundes und Rachens, sowie die durch Spirochäten und Spießbazillen bedingte (Plaut-Vincentsche) Angina ulcero-membranacea (S. 252). Es leuchtet ein, daß nur die bakteriologische Untersuchung eine sichere Unterscheidung dieser verschiedenen Krankheitsformen gestattet.

Sicher läßt sich freilich, wie schon bemerkt, die echte Diphtherie nur dann feststellen oder ausschließen, wenn entweder von vornherein geeignete Stoffe, z. B. Fetzen oder hautförmige Beläge zur Untersuchung gelangen, oder wenn eine wiederholte Prüfung möglich ist. Die bakteriologische Untersuchung hat auch Bedeutung für die Entdeckung der sog. Bazillenträger (s. u.). Die bakteriologische Untersuchung der Absonderung des Rachens usw. kann nach Schick ergänzt werden durch Einspritzung einer kleinen Gabe Diphtheriegift in — nicht unter — die Haut. In den ersten 24 Stunden der Erkrankung soll sie bei echter Diphtherie stets eine entzündliche Reaktion hervorrufen, keinesfalls soll es sich um Diphtherie handeln, wo jede Reaktion ausbleibt, weil dadurch ein Antitoxingehalt des Körpers erwiesen wird, der die Diphtherie ausschließt.

Die Diphtheriebazillen zeigen beim Menschen ein ganz anderes Verhalten als im Tierversuch, weil sie ihre Leistung nicht in der Bildung von Giften erschöpfen, sondern sich außerordentlich stark im menschlichen Körper vermehren, d. h. mit anderen Worten, eine ausgesprochene Ansteckungskraft für den Menschen entwickeln.

In erster Linie in den ursprünglichen Herden, d. h. auf und in dem erkrankten Rachen, dann durch Weiterwandern auf den benachbarten Schleimhäuten und schließlich in den Lungen. Überall werden die Bazillen sehr reichlich gefunden, in Schnitten meist in Form der aus den Kulturen bekannten Häufchen. Auch in den benachbarten Lymphdrüsen, ja selbst in fernliegenden Organen (Niere), wohin sie durch das Blut gelangen müssen, lassen sich Diphtheriebazillen durch die Züchtung nachweisen. Daß sie sich hier etwa stärker vermehren, also eigentliche Metastasen, wie z. B. Streptokokken, hervorrufen, ist aber kaum anzunehmen, es handelt sich wohl mehr um einfache Aufsaugung und Verbreitung durch Lymphe und Blut aus den eigentlichen Krankheitsherden. Auch der Ausscheidung durch den Harn unterliegen die Diphtheriebazillen. Bedeutung für die Ausstreuung der Krankheitserreger hat aber diese Tatsache kaum, wenn wir die viel größeren Mengen von Bazillen, die aus den Luftwegen nach außen gelangen, berücksichtigen.

Durch Berührung und Einatmung von Tröpfchen, die beim Husten, Schreien und gewaltsamem Atmen der Kranken aus den Luftwegen herausfliegen, wird in erster Linie die Ansteckung vermittelt. Zu den ansteckungsfähigen Kranken gehören nicht nur die schweren, sondern auch die leichten Fälle; nicht nur die an Rachen- und Kehlkopfdiphtherie, sondern auch die an der viel selteneren Nasen- oder Bindehautdiphtherie Erkrankten. Außer den Kranken selbst können aber auch die Bazillenträger gefährlich werden. Man unterscheidet unter ihnen am besten die „Hauptträger", d. h. diejenigen, die nach überstandener Diphtherie noch wochen-, ja monatelang Bazillen auf ihrer Schleimhaut beherbergen, und die „Nebenträger", die niemals Krankheitserscheinungen geboten haben. Es scheint, als ob die ersteren weit mehr zu fürchten sind als die letzteren, obwohl diese in der Umgebung von Kranken mehrfach zahlreicher sind als jene, daß die Träger überhaupt aber weniger gefährlich sind als die Kranken, und um so weniger, je länger sie die Bazillen beherbergen. Eine gewisse, aber nur beschränkte Bedeutung kommt schließlich denjenigen Bazillen zu, die sich an Kleidern, Spielsachen u. dgl. lebensfähig erhalten oder durch Milch, von Wunden aus oder schließlich von Tieren verbreitet werden (s. o.). Daß auf allen diesen Wegen die Erkrankungen nicht zahlreicher werden, als es wirklich der Fall ist, daß z. B. nicht, wie bei anderen Ansteckungen, die meisten Kinder einer Familie oder eines Hauses, einer Schulklasse von Diphtherie befallen zu werden pflegen, sondern gewöhnlich nur ein kleinerer Teil von ihnen, liegt offenbar daran, daß die Empfänglichkeit für diese Krankheit lange nicht so allgemein verbreitet ist, wie etwa die für Masern, Keuchhusten oder Pocken.

Der Regel nach wird nur die Übertragung giftiger Bazillen eine Erkrankung verursachen können, immerhin werden wir vorsichtshalber auch diejenigen Personen, bei denen die oben erwähnte ungiftige Spielart des Diphtheriebazillus zu finden ist, als ansteckungsfähig betrachten, obwohl es bisher nicht mit Sicherheit gelungen ist, derartigen Bazillen durch den Tierversuch oder auf andere Weise ihre Giftigkeit wiederzugeben; denn es wäre möglich, daß die ungiftigen Bazillen sich doch unter uns unbekannten Bedingungen in giftige verwandeln könnten. Dagegen haben wir vorläufig kein Recht, die Pseudodiphtheriebazillen zu verdächtigen, dazu sind sie denn doch von den Diphtheriebazillen zu sehr verschieden und in diphtheriefreien Orten und Zeiten viel zu verbreitet. Wenn es auch nicht zu leugnen ist, daß es Diphtheriefälle gibt, die scheinbar selbständig, d. h. ohne Zusammenhang mit anderen entstehen, so werden wir doch auch in solchen Fällen einen mittelbaren Zusammenhang mit echter Diphtherie, z. B. Übertragung durch Bazillenträger, annehmen dürfen.

Ob die Giftigkeit allein schon dem Diphtheriebazillus auch seine Ansteckungsfähigkeit, d. h. Wachstumsfähigkeit im menschlichen Gewebe verleiht, können wir bisher nicht entscheiden, da hier die Tierversuche uns im Stich lassen, Versuche am lebenden Menschen nicht angängig sind, und eine zuverlässige Probe, die uns über die Ansteckungsfähigkeit im Glase Aufschluß gibt, noch nicht bekannt ist. Es erscheint uns aber von vornherein durchaus nicht als selbstverständlich, daß beide Eigenschaften unzertrennlich zusammengehören. Es könnte giftige Diphtheriebazillen geben, die doch keine genügende Ansteckungskraft besitzen, um sich im Menschen zu vermehren; umgekehrt ist freilich Ansteckungskraft ohne jede Giftigkeit bisher nicht beobachtet.

Aus dem Gesagten folgen von selbst die Maßregeln, die wir zu ergreifen haben, um die Ansteckungen mit Diphtheriebazillen zu verhüten: in erster Linie Absonderung der Kranken, am besten im Krankenhaus, dann, soweit dies sich machen läßt, Überwachung der Bazillenträger; weiter fortlaufende Entseuchung am Krankenbett, die weit wichtiger ist, als die Schlußdesinfektion des Krankenzimmers. Außerdem ergeben die Erfahrungen mit dem Behringschen Diphtherieserum ohne jeden Zweifel, daß wir durch dieses Mittel sowohl schon ausgebrochene Diphtherie heilen als den Ausbruch von Diphtherie verhindern können. Seit der Einführung der Blutserumtherapie im großen (1894/95) ist in der Tat die Sterblichkeit an Diphtherie in allen Kulturstaaten sehr schnell und erheblich heruntergegangen. In Preußen starben z. B. in den Jahren 1875—1894 mit ziemlich geringen Schwankungen 15·5 auf je 10000 Lebende an Diphtherie, im Jahrzehnt 1905—1914 nur 2·4, also der sechste Teil, 1920—1929 0·7, also der zweiundzwanzigste Teil. Auch die Häufigkeit der Diphtherieepidemien und -erkrankungen ist durchschnittlich erheblich geringer geworden, die Letalität (Lebensgefährdung) im Mittel etwa auf die Hälfte gesunken. Genauere Erhebungen bestätigen den Erfolg des Serums auch insofern, als es sich zeigt, daß die Wirkung um so regelmäßiger und durchschlagender ist, je früher man das Serum anwendet. Geschieht das in den ersten 2 Tagen der Krankheit, so hat man nur wenige Prozent an Sterbefällen zu beklagen. Daraus ist die wichtige Forderung abzuleiten, daß man das Serum in allen verdächtigen Fällen möglichst sofort anwenden soll, ohne etwa noch das Ergebnis der bakteriologischen Untersuchung abzuwarten. Auch die Schutzimpfung mit Serum ist erfolgreich, nur ist nicht zu vergessen, daß sie hier wie bei anderen Krankheiten nur einige Wochen Schutz verleiht, also nicht auf längere Zeit, wie aktive Schutzimpfungen gegen andere Krankheiten.

Zuerst hat Behring auch für die Diphtherie ein derartiges Verfahren angegeben. Er empfahl eine nicht ganz ausgeglichene Mischung von Serum mit Diphtheriegift einzuverleiben, um auf diese Weise Antitoxine zu erzeugen. Später hat man vollständig neutralisierte Mischungen bzw. den dieselben enthaltenden Niederschlag (sog. T.A.F.), schließlich Toxoide (S. 237) unter dem Namen Anatoxin zur Impfung benutzt. Immer muß man diese Einspritzungen wiederholen, um dann nach Monaten einen genügenden Antitoxingehalt im Blute der Geimpften zu erhalten. Die sog. Schick-negativen Kinder (S. 240) schließt man dabei häufig von der Impfung aus. Im großen sind solche Schutzversuche in Amerika, angeblich mit gutem Erfolge, gemacht worden, seltener bei uns. Ein ganz sicheres Urteil ist bisher über ihren Nutzen nicht zu gewinnen. Die Impfung ist im übrigen nicht zu gebrauchen, wo es sich um schnellen Schutz gegen eine drohende Ansteckung handelt, würde also die Serumimpfung nur dann entbehrlich machen können, wenn sie allgemein, etwa wie die Schutzpockenimpfung, schon im frühen Lebensalter angewendet würde. Das wird kaum durchführbar sein.

Gegen die Serumbehandlung ist der Einwand erhoben worden, sie stifte unter Umständen Schaden, und namentlich gefährlich sei die wiederholte Anwendung des Serums. Insbesondere sei also die Schutzimpfung zu widerraten, denn wenn nachträglich doch eine Erkrankung erfolge, müsse man auf die Anwendung des Heilserums verzichten. Richtig ist zunächst, daß nach Einspritzung des Diphtherieserums, wie anderer Tierseren gar nicht selten die sog. Serumkrankheit beobachtet wird: 5—12 Tage nachher treten Hautausschläge (Urticaria, Erytheme), Ödeme, Fieber, Gelenkschwellungen, gelegentlich auch einmal Nierenreizung auf.

Man erklärt diese Erscheinungen daraus, daß das an sich harmlose, fremdartige (Pferde-) Serumeiweiß im Körper vieler Menschen einen Zustand hervorruft, der mit der bei Tieren nach Einverleibung fremden Eiweißes beobachteten Überempfindlichkeit oder Anaphylaxie dem Wesen nach übereinstimmt. Bei Meerschweinchen genügt schon die Vorbehandlung mit kleinsten Mengen Pferdeserum, um diese Tiere binnen einigen Wochen so überempfindlich zu machen, daß sie eine zweite Einspritzung desselben Serums mit starken örtlichen und allgemeinen Krankheitserscheinungen beantworten, ja, wenn man diese zweite Einspritzung mit großen Mengen und ins Blut vornimmt, oft binnen wenigen Minuten unter Krämpfen an Atmungsstillstand, dem in der Leiche eine außerordentliche Blähung der Lungen entspricht, zugrunde gehen, oder nach einigen Stunden unter fortschreitendem Absinken der Temperatur und unregelmäßiger, verlangsamter Atmung sterben. Über die Erscheinungen der anaphylaktischen Vergiftung haben wir schon bei Gelegenheit der Ruhrgifte einiges mitgeteilt (S. 150). Auch da spielen Gegenkörper eine Rolle. Im Blute der an Serumkrankheit leidenden Personen wird man das Vorhandensein von „Anaphylaxinen" gegen das Serumeiweiß des Pferdes annehmen müssen. Sie scheinen es zu sein, die in Wechselwirkung mit dem im Blute der Kranken noch vorhandenen Pferdeeiweiß die Überempfindlichkeitserscheinungen erzeugen (vgl. Abschnitt 31).

So störend die Serumkrankheit auch ist, so wenig kann sie uns wegen ihrer verhältnismäßigen Harmlosigkeit davon abhalten, von der Anwendung des lebensrettenden Diphtherieserums abzusehen. Schwerer wiegt, daß hin und wieder und zwar unmittelbar nach der Einspritzung des Serums Zufälle beobachtet wurden, die weit ernsterer Natur waren, nämlich Kollapszustände, die einige Male sogar zum Tode geführt haben.

Man wird zur Erklärung bei diesen Personen eine angeborene oder auf irgendeine andere uns unbekannte Weise erworbene Überempfindlichkeit gegen Pferdeeiweiß — das Vorkommen von Anaphylaxinen in ihrem Blut — voraussetzen dürfen. Bei der großen Seltenheit dieser Fälle gegenüber den Hunderttausenden, in denen das Serum zum Nutzen der Kranken verwendet worden ist, werden auch sie unser Handeln nicht beeinflussen können. Außerdem hat man gelernt, die Häufigkeit der Serumkrankheit einzuschränken.

Zunächst dadurch, daß man das Serum hochwertiger macht, und so die Einspritzung zu großer Serummengen vermeidet. Ferner wird eine Einspritzung von Serum überhaupt überflüssig sein in den Fällen, in denen das Blut der zu schützenden oder zu heilenden Personen schon genügende Mengen Antitoxin enthält. Nach Römer stellt man das fest, indem man das Blutserum der betreffenden Person mit einer bestimmten Gabe Diphtheriegift zunächst in die Haut, nicht unter die Haut eines Meerschweinchens einspritzt; bleibt an dieser sehr empfindlichen Stelle die für reines Diphtheriegift kennzeichnende Entzündung aus, so beweist das die Gegenwart von Antitoxin in der Mischung. Schick benutzt ebenfalls die Empfänglichkeit der Haut, wählt aber die Haut des zu prüfenden Menschen selbst (s. o.), indem er in sie eine bestimmte kleine Menge Diphtheriegift einspritzt.

Von vornherein würde man nach den an Tieren gemachten Erfahrungen besonders üble Folgen von wiederholten Einspritzungen des Diphtherieserums erwarten dürfen. In der Tat beobachtet man, namentlich wenn man die zweite Einspritzung schon 2—16 Wochen nach der ersten und ins Blut macht, öfters einen sehr beschleunigten und verstärkten, gelegentlich mit Kollaps und Atemnot verlaufenden Ausbruch der Serumkrankheit, doch sind Todesfälle danach sehr selten und eigentümlicherweise öfter bei Erwachsenen als bei Kindern festgestellt worden. Die Gefahr der wiederholten Serumeinspritzung kann man aber dadurch auch herabsetzen, daß man z. B. für die prophylaktische Behandlung ein antitoxisches Hammelserum wählt, wenn aber nach Wochen trotzdem eine Ansteckung mit Diphtherie erfolgt, zur Therapie das (hochwertigere) Pferdeserum benutzt. Da die Anaphylaxie für Hammel- und Pferdeeiweiß spezifisch, also verschieden ist, vermeidet man so die anaphylaktische Vergiftung. Man vermindert sie aber auch schon, wenn man die zweite Einspritzung in 2 Absätzen vornimmt: Zunächst gibt man, um die im Körper etwa vorhandenen Anaphylaxine abzusättigen, eine kleine Menge, 6—24 Stunden oder bei intravenöser Einverleibung einige Minuten später die volle Gabe.[1]

---

[1] Die Wertigkeit des Diphtherieserums bemißt man nach Immunitäts- oder Antitoxineinheiten. Ein Serum mit einer A. E. ist ein solches, das in der Menge von 1 ccm 100 in 4 Tagen tödliche Gaben frischen Diphtheriegiftes bei Mischung im Reagenzglas für Meerschweinchen von 250 g unschädlich macht, also in der *Menge von 1 ccm 25 kg Meerschweinchen vor dem Diphtherietode rettet. Ein*

Die Erklärung für die Wirksamkeit des Diphtherieserums soll nach der herrschenden Auffassung in dessen Antitoxingehalt gegeben sein.

Daß derselbe von wesentlicher Bedeutung ist, fällt uns nicht ein zu leugnen, immerhin übersieht die übliche Lehre eine Schwierigkeit, die darin besteht, daß nicht ohne weiteres ersichtlich ist, warum unter dem Einfluß des Serums nicht bloß die Krankheitserscheinungen verschwinden, sondern auch die Wucherung der Diphtheriebazillen im Gewebe, ihr Weiterwandern von den erkrankten Stellen aus, also ihre Ansteckungskraft, gehemmt wird; Giftigkeit und Ansteckungskraft der Bakterien sind ja im allgemeinen Eigenschaften, die wohl zu trennen sind. Sollten sie bei den Diphtheriebazillen zusammenfallen, wirkt das Diphtheriegift auch als Angriffsstoff (aggressiv), oder wohnen in dem Serum neben den giftwidrigen auch gegen die Ansteckungskraft gerichtete (antiinfektiöse, antiaggressive) Kräfte, wie wir sie sonst etwa in den Opsoninen, Bakteriolysinen usw. kennengelernt haben? Gewisse Beobachtungen sprechen in der Tat dafür, daß Opsonine bei der Diphtherieserumwirkung eine Rolle spielen.

Gegenüber Mischinfektionen (septische Diphtherie) scheint sich ein mit Diphtheriebazillen und Streptokokken hergestelltes „Symbioseserum" zu bewähren.

So wirksam das Behringsche Serum bei der Verhütung und Behandlung der Diphtherie ist, so wenig hat es sich im Kampfe gegen die einfachen Träger von Diphtheriebazillen bewährt. Auch von der neuen Behringschen Schutzimpfung ist in dieser Beziehung kaum etwas zu erwarten. Ebenso vermögen die desinfizierenden Mittel höchstens die oberflächlichen, in den Absonderungen liegenden Diphtheriebazillen zu vernichten, nicht ihr Wiederauftauchen aus den Buchten der Schleimhäute und Drüsenausgänge zu verhindern. Trotzdem werden wir solche Mittel zur Verhütung der Übertragung empfehlen dürfen. Neuerdings will man Erfolge durch Röntgenbestrahlung gesehen haben.

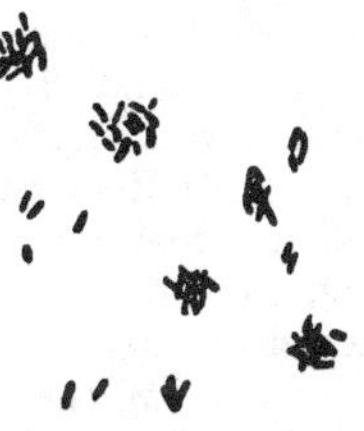
Fig. 59.
Pseudodiphtheriebazillen, mit Gram gefärbt.

Im Vorstehenden haben wir wiederholt von den echten Diphtheriebazillen die Pseudodiphtheriebazillen unterschieden. Wir fassen hier ihre Eigenschaften zusammen (Fig. 59).

1. sind die Pseudobazillen gewöhnlich kürzer und dicker, also viel plumper als die echten;
2. bilden sie überhaupt nicht, oder wenigstens nicht so regelmäßig Polkörner, die mittels der Neißerschen Färbung darzustellen sind;
3. vertragen sie bei der Gramfärbung eine verlängerte Einwirkung des Alkohols meist besser als die echten Diphtheriebazillen;

---

solches Normalserum läßt sich im trocknen Zustande und luftleeren Raum vor Licht geschützt jahrelang aufbewahren. Mit ihm vergleicht man jedes neu hergestellte Serum. Man spritzt neuerdings Gesunden 200—500, Kranken bis zu 10000, mindestens aber 1500 A.E. ein. Am schnellsten wirkt die intravenöse, am langsamsten die subkutane Einführung des Serums, in der Mitte steht die intramuskuläre.

4. wachsen sie auf Agar häufig entweder in dickeren, rahmartigen Kolonien, oder umgekehrt nur sehr spärlich;
5. fehlt ihnen die Fähigkeit, Säure aus Traubenzucker zu bilden und in der Tiefe der Zuckeragarstiche zu wachsen;
6. werden sie durch mehrwertiges Serum, das Diphtheriebazillen in hohen Verdünnungen zusammenballt, nicht beeinflußt und sättigen es auch nicht ab;
7. sind sie in der Unterhaut des Meerschweinchens in Gaben von 2 ccm aus 2tägigen Fleischbrühekulturen völlig unwirksam;
8. haben die Pseudodiphtheriebazillen keine regelmäßige Beziehung zur Diphtherie, sondern kommen unabhängig davon, und zwar sehr häufig an verschiedenen Stellen des Körpers vor.

Bakterien, die sich so weit von Diphtheriebazillen entfernen, sind offenbar nicht mit ihnen zusammenzuwerfen, wenn sie sich auch mit ihnen dadurch verwandt zeigen, daß sie eine ähnlich unregelmäßige Gestalt und dieselbe Neigung, sich in Häufchen zu gruppieren, besitzen, ferner gramfest sind und auf den Nährböden ähnlich wachsen. Doch treffen jene oben aufgezählten Unterschiede nicht bei allen Pseudobazillen zu. Besonders auf der Bindehaut und in der Nase finden sich häufig Pseudobazillen, die so schlank sind und Polkörner bilden wie echte. Man hat sie als „Xerosebazillen" von der üppigen Spielart des Pseudodiphtheriebazillus abgetrennt, die sich schon durch ihre kürzere Form von ihnen unterscheidet und namentlich im Rachen vorkommt.

Die Bedeutung der Pseudodiphtheriebazillen besteht darin, daß sie auf vielen Schleimhäuten und auch auf der Haut ganz gewöhnlich schmarotzen und von hier aus nicht selten in schon vorher erkranktes Gewebe eindringen. Bei Gesunden sind sie fast regelmäßig in kleiner Anzahl auf der Bindehaut vorhanden, vermehren sich aber in Krankheitszuständen zum Teil in solchem Maße, daß sie als Ursache von Konjunktivitis und Xerose betrachtet worden sind. Sie sind das hier aber ebensowenig, wie an anderen Stellen des Körpers, wenn sie auch vielleicht imstande sind, die Störungen, die durch andere Ursachen hervorgerufen werden, zu vermehren. In der Nase und dem Rachen sind sie ebenfalls ganz gewöhnliche Gäste. Eigentümlich ist dabei die Beobachtung englischer Forscher, nach der sie viel häufiger in der ärmeren, als in der wohlhabenden Bevölkerung anzutreffen seien. Von anderen Schleimhäuten sind namentlich die Harn- und Geschlechtswege ihre Ansiedlungsstätten. Aber auch auf der gesunden oder veränderten Haut kommen sie häufig vor, so daß man sich nicht wundern darf, wenn man Pseudodiphtheriebazillen im Inhalte von Variola-, Vakzine-, Impetigopusteln und selbst in Kulturen findet, die man aus Blut von der Fingerbeere u. dgl. angelegt hat. Schließlich sind Pseudodiphtheriebazillen auch gelegentlich bei Leichen in inneren Organen gefunden worden und auch als Luftverunreinigungen auf unseren Platten nicht ganz selten. Wegen dieses zerstreuten Vorkommens einerseits und wegen ihrer Verwandtschaft mit säurefesten Bakterien und Strahlenpilzen andererseits ist es erklärlich, daß Pseudodiphtheriebazillen hin und wieder als Entwicklungsformen von Smegma-, Leprabazillen usw. oder als Erreger von allen möglichen Krankheiten angesprochen worden sind.

Auch bei tierischen Erkrankungen spielen diphtherieähnliche Bakterien öfters eine Rolle. Von denjenigen, die sich durch ihr ablehnendes Verhalten gegenüber der Gramschen Färbung unterscheiden, soll erst im folgenden Abschnitt die Rede sein, hier sollen nur die gramfesten Arten erwähnt sein.

Der Bac. pyelonephritidis bovis findet sich fast regelmäßig bei der teils eitrigen, teils nekrotischen Pyelonephritis des Rindes in großen Mengen und gewöhnlich nesterweise wie der Diphtheriebazillus, dem er auch äußerlich und in Kulturen sehr ähnelt. Nicht zu verwechseln ist mit ihm der Bac. nephritidis equi (pyosepticus viscosus), der bei neugeborenen Fohlen eine ähnliche Erkrankung erzeugt. Morphologisch und durch zähe Schleimbildung ähnelt er mehr den Kapselbakterien (S. 101), ist aber schwer zu züchten.

Bei Mäusen kommt eine Knötchenkrankheit, eine Art von Pseudotuberkulose, vor, die durch ein diphtherieähnliches Stäbchen hervorgerufen wird. Es ist durch Impfungen und oft auch durch Fütterung auf Mäuse zu übertragen, nicht auf andere Tiere. Schon dadurch, wie durch seine Form und Färbbarkeit unterscheidet es sich sofort von dem Erreger der gewöhnlichen Pseudotuberkulose der Nagetiere (S. 124). Dagegen ist es nahe verwandt dem Bazillus der Pseudotuberkulose der Schafe, einer in käsig-eitrigen Knoten der Lymphdrüsen und Lungen auftretenden Erkrankung, die zumeist erst bei der Schlachtung entdeckt wird. Ferner wird die ulzeröse Lymphgefäßentzündung der Pferde, die gewöhnlich von Wunden der Gliedmaßen aus sich in schleichender Weise ausbreitet, durch sehr ähnliche Bazillen verursacht. Sie darf nicht verwechselt werden mit dem echten Hautrotz oder Wurm, der im Versuchstier (Meerschweinchen) ähnlich zu wirken pflegt, sich aber durch die mangelnde Gramfestigkeit sofort unterscheiden läßt (Abschnitt 21) und ebensowenig mit dem afrikanischen oder japanischen Rotz, der durch Sproßpilze erzeugt wird (Abschnitt 24) oder mit der Botryomykose des Pferdes (S. 57).

Eine gewisse Verwandtschaft zeigen alle diese Bazillen mit dem gewöhnlichen Eiterbakterium bei Schweinen und Rindern, dem Bac. pyogenes (S. 200, 216).

Schließlich könnten mit Diphtherie- und Pseudodiphtheriebazillen auch ähnliche Formen verwechselt werden, die in den Entwicklungskreis der Strahlenpilze gehören. Von ihnen wird im Abschnitt 23 die Rede sein.

Einundzwanzigster Abschnitt

Gruppe der Rotzbazillen

Zu der Gruppe des Rotzbazillus rechnen wir diejenigen Bakterien, die durch Unbeweglichkeit und ihre unregelmäßige Form und Färbbarkeit Diphtheriebazillen zwar ähneln, aber nicht gramfest sind. Es sind außer den Rotzbazillen die Spießbazillen des Menschen und die Nekrosebazillen der Tiere. Ein Teil von ihnen zeigt durch ihre Neigung zur Fadenbildung und Verzweigung deutliche Verwandtschaft mit den Strahlenpilzen, von denen sie sich allerdings wieder durch ihre mangelnde Gramfestigkeit unterscheiden.

Der Rotzbazillus (Bac. mallei Löffler und Schütz) ist gewöhnlich ein kleines schlankes Stäbchen (Fig. 60), das durch seine von der Walzenform abweichende, nicht selten keulen- oder hantelförmige Gestalt an den Diphtheriebazillus erinnert. Sehr häufig liegt er zu zweien, seltener in Ketten. In jungen Kulturen kommen auch sehr kurze Stäbchen, in älteren sehr lange, gelegentlich miteinander verfilzte und verzweigte Fäden vor. Die gewöhnlichen Anilinfarben nimmt der Rotzbazillus schlecht und lückenhaft auf, öfters fast in dem Grade, daß er einem Streptokokkus ähnelt. Auch werden oft Körner in den Stäbchen beobachtet, die sich wie die im Diphtheriebazillus färben lassen.

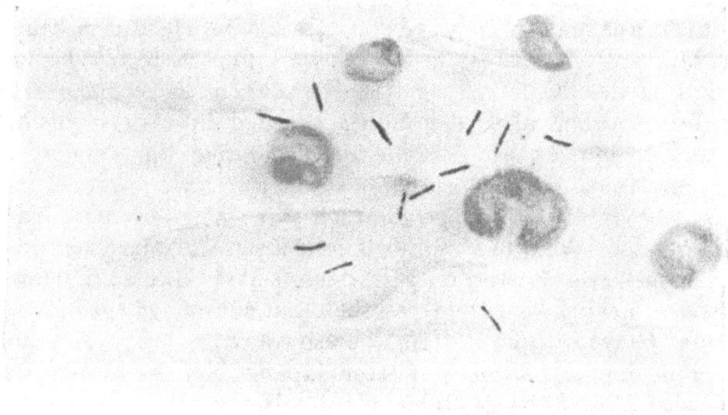

Fig. 60. Rotzbazillen im Eiterausstrich.

Eine Verwechslung mit den letzteren ist trotzdem kaum möglich, weil die Rotzbazillen im ganzen erheblich kleiner zu sein, sich nicht in Häufchen zusammen zu legen pflegen und vor allem nicht gramfest sind.

Die Darstellung der Bazillen in Schnitten ist nicht ganz leicht, gelingt aber, wenn man diese mit Methylenblau kräftig färbt und dann möglichst vorsichtig unter abwechselnder Benutzung von Alkohol und Fließpapier entwässert (S. 58). Die Rotzbazillen sind unbeweglich, wenn sie auch wegen ihrer Kleinheit eine starke Molekularbewegung besitzen. Sporen bilden sie nicht, sind auch gegen Erhitzen und Trocknen, wenn sie nicht in sehr dicker Schicht liegen, wenig widerstandsfähig.

Die Rotzbazillen wachsen am besten auf Glyzerinagar und Pferde- oder Hammelblutserum, schlechter auf gewöhnlichem Agar und auf Rinderserum. Die Kolonien sind durchsichtig, von mittlerer Größe und nicht durch besondere Merkmale ausgezeichnet.

Auf Gelatine ist das Wachstum bei Zimmertemperatur sehr spärlich, führt aber nach Wochen zur Bildung eines kleinen Verflüssigungstrichters. Auf allen Nährböden scheint saure Reaktion die Wucherung der Rotzbazillen eher zu begünstigen als zu hemmen. Auf Kartoffeln entwickelt sich gewöhnlich ein erst gelber, dann brauner, wie Honig oder Bernstein durchsichtiger Rasen, *in Fleisch-*

brühe eine mehr oder weniger deutliche Trübung und gelegentlich an der Oberfläche ein Häutchen. Kohlehydrate und Glyzerin werden von Rotzbazillen nicht vergoren, Milch nach 1—2 Wochen ohne Änderung der Reaktion (durch Labbildung?) koaguliert. Bei Abschluß des Sauerstoffs wachsen die Rotzbazillen nur kümmerlich. Unter natürlichen Bedingungen gehen die Rotzbazillen in unserer belebten Umgebung bald zugrunde, da sie, abgesehen von den Ansprüchen, die sie an Nährböden und Temperatur stellen, den Wettbewerb mit anderen Keimen nicht vertragen.

Zur Feststellung des Rotzes dienen außer der mikroskopischen Untersuchung und der Reinzüchtung mittels Platten, die aber wegen der Beimischung anderer Bakterien in den Absonderungen der Nase nicht immer zum Ziele führen, Ansteckungsversuche am Tier, Malleinimpfung und Serumreaktionen am Kranken.

Am empfänglichsten von allen Laboratoriumstieren sind Meerschweinchen. Sie pflegen nach Einführung von Rotzbazillen unter die Haut in 2—6 Wochen unter Bildung von Hautgeschwüren, Abszessen der zugehörigen Lymphdrüsen, Knötchen in Milz, Lungen und Leber, Verkäsung der Hoden, Vereiterung der Gelenke und öfters auch der Nasenhöhle zu sterben. Selten zieht sich die Erkrankung länger hin oder bleibt auf die Haut beschränkt. Nach Impfung in die Bauchhöhle tritt der Tod schon in der zweiten Woche ein, und die Erkrankung der Hoden wird bei männlichen Tieren schon nach 2—3 Tagen deutlich, ein Merkmal, das zur Erkennung des Rotzes verwertet werden kann, wenn es auch gelegentlich bei anderen Ansteckungen, z. B. bei dem gramfesten Bazillus der Lymphangitis der Pferde (S. 247) vorkommt und bei Mischinfektionen unsicher wird.

Empfänglich sind ferner für Rotz Feldmäuse, Katzen und junge Hunde, in abnehmendem Maße Kaninchen, ältere Hunde, weiße und graue Hausmäuse, gar nicht Ratten und Geflügel. Dieses Verhalten läßt sich zur Unterscheidung der Druse vom Rotz benutzen, denn die Hausmäuse sind für Drusestreptokokken ebenso empfänglich wie für Rotzbazillen unempfänglich, während Feldmäuse sich gerade umgekehrt verhalten. Von den großen Tieren lassen sich außer Pferden und Eseln künstlich anstecken Ziegen, weniger leicht Schafe und Schweine, während das Rind völlig unempfänglich ist.

An natürlichem Rotz erkranken außer Pferden und anderen Einhufern größere Raubtiere und Katzen (meist durch Genuß von rotzigem Pferdefleisch), schließlich der Mensch, der offenbar zu den empfänglichsten Lebewesen gehört.

Der Rotz kann als Mittelding zwischen Tuberkulose und Pyämie bezeichnet werden. Er entsteht von kleinen Wunden der Haut oder Schleimhaut aus. Die Nase hat man früher neben Haut und Lungen für besonders zur Ansiedlung der Rotzerreger geeignet gehalten, da aber auch ursprünglich an anderen Stellen aufgetretener Rotz später gern zu Herden in der Nase und Haut führt, und Tröpfcheninfektion der Lungen in Ställen anscheinend nicht vorkommt, wird man an andere Infektionspforten denken müssen. Die Erfahrungen des Weltkrieges haben gezeigt, daß in erster Linie die Benutzung gemeinsamer Futterkrippen und Trinkeimer in Frage kommt, und zwar wieder weniger der Darm als die lymphatischen Gewebe des Rachens, die zuerst angegriffen werden.

Da Knoten in den Lungen sehr gewöhnlich sind, ist es wahrscheinlich, daß bei der Fütterung auch Keime in die Luftwege gelangen. Wie für die Tuberkelbazillen bestimmt nachgewiesen worden ist, geraten beim Schlucken leicht Tröpfchen in die Lungen.

Die gewöhnlichen Quellen der Ansteckung sind die Absonderungen der Nase und Hautgeschwüre, mögen sie nun unmittelbar oder mittelbar durch verunreinigte Geschirre u. dgl. gefährlich werden.

Beim Menschen sind Übertragungen vom Pferde sehr selten, aber im Laboratorium Erkrankungen durch Reinkulturen öfter entstanden. Wegen des fast immer verhängnisvollen Verlaufs derselben ist höchste Vorsicht beim Arbeiten mit Rotz geboten.

Verläuft der Rotz schleichend und ohne äußerlich nachweisbare Herde, wie es beim Pferde nicht selten vorkommt, oder ist er noch in der Entwicklung begriffen, so wird seine Erkennung schwierig, doch stehen uns Hilfsmittel dazu zu Gebote. Zunächst in der sog. Malleinprobe. Bald nachdem uns R. Koch gelehrt hatte, daß Tuberkulöse auf eine Einspritzung des Tuberkulins, die für Gesunde harmlos ist, mit örtlicher Entzündung und Fieber antworten (Abschnitt 22), machte man die Beobachtung, daß rotzkranke Pferde in ähnlicher Weise überempfindlich sind gegen Mallein.

Man stellt das letztere in verschiedener Weise her, stets sind es aber Leibesbestandteile der Rotzbazillen, mögen sie nun freiwillig in alten Kulturen in Lösung gegangen und durch Filtrieren von den Bakterien selbst getrennt oder künstlich aus diesen ausgezogen sein oder schließlich mit den Bazillen selbst einverleibt werden. Für gesunde Tiere ist das Mallein, wie andere Endotoxine nur in großen Gaben giftig, bei rotzkranken Tieren verursacht es schon in kleinen Mengen, z. B. unter die Haut der Brust gespritzt, Fieber, das sich nach etwa 6 Stunden entwickelt, 40—42° erreicht und sich unter Schwankungen 2 Tage lang zu halten pflegt; außerdem schmerzhafte Anschwellungen von mindestens Handgröße. Selbst unbedeutende und nicht mehr fortschreitende Rotzherde geben diese Reaktion, nur im Beginn ihrer Entwicklung bleibt sie aus. Man hat es sich deshalb zur Regel gemacht, die Malleineinspritzung, wenn sie erfolglos ist, nach 1—2 Wochen zu wiederholen. Ähnlich wie das Tuberkulin kann man das Mallein auch durch Einträufelung in die Bindehaut (Ophthalmoreaktion), die sich im Weltkriege am besten bewährt hat, oder durch kutane und intrakutane Impfung den verdächtigen Tieren einverleiben.

Trotz zahlreicher günstiger Erfahrungen mit der Malleinprobe, hat man sich, weil auch ungünstige nicht ausgeblieben sind, noch nach anderen Verfahren umgesehen, um Rotzerkrankungen nachzuweisen, und hat sie in gewissen Serumreaktionen gefunden.

Die früher viel geübte Agglutination stößt dadurch auf Schwierigkeiten, daß auch gesunde oder anders erkrankte Tiere in starken Verdünnungen ihres Serums mit Rotzbazillen ansprechen, die Reaktion oft zu langsam verläuft und fast nie bei frischen Infektionen erscheint. Am meisten wird jetzt das Komplementbindungsverfahren angewandt, das wir bei der Wassermannprobe auf Syphilis genau schildern werden. An Stelle des Leberextraktes tritt hier die Verdünnung von Mallein. Wenn 0·1—0·2 ccm des Pferdeserums die Blutlösung verhindern, hält man nach millionenfacher Erfahrung im Kriege die Rotzinfektion für gegeben. Bei rotzverdächtigen Maultieren und Eseln bedient man sich auch der Konglutination und Hämagglutination, beides nur Abänderungen des Komplementbindungsversuchs. Die erstere beruht auf der von Bordet gefundenen Tatsache, daß Hammelblutkörper in inaktivem Serum des Rindes bei Gegenwart von Komplement (z. B. vom Pferde) zusammengeballt werden. Diese drei Körper treten als Ersatz des „hämolytischen Systems“ im Wassermannversuch ein. Mit einer Mischung von Rotzserum und Mallein bindet man das Komplement und verhindert dadurch die Konglutination. Bei der Hämagglutination oder K—H-Reaktion wird ein (normales) hämolytisches System in Gestalt von Meerschweinchenblutkörpern, inaktiviertem Rinderserum (als Ambozeptor) und Pferdeserum als Komplement benutzt. Die Bindung des letzteren durch die Mischung von Rotzserum und Mallein hebt die Hämolyse auf und verwandelt sie in eine einfache Blutkörperagglutination.

Durch die Benutzung der Ophthalmoreaktion und der Komplementbindung ist es dem deutschen Heere im Weltkriege gelungen, die Rotzseuche wirksam zu bekämpfen. Die sicher als rotzig erkrankten Pferde werden im allgemeinen durch Abschlachten unschädlich gemacht, diejenigen, bei denen man Zweifel hat, von den Gesunden abgesondert. Gehoben wird jeder Zweifel durch den Leichenbefund, dem die bakteriologische Bestätigung nicht fehlen sollte.

Von einer erfolgreichen Behandlung rotzkranker Tiere und Menschen ist leider bisher keine Rede, auch eine Schutzimpfung ist trotz mancher Ansätze dazu noch nicht sicher gelungen. Von vornherein erscheint sie nicht ganz aussichtslos, denn einerseits unterliegt die Ansteckungskraft der Bazillen, wie schon die Erfahrungen mit unseren Laboratoriumskulturen beweisen, der Abschwächung, andererseits kommen Heilungen beim Rotz vor. Ob dabei eine Erhöhung der opsonischen Kraft des Blutserums, die gelegentlich bei Rotzkranken beobachtet wird, eine Rolle spielt, steht dahin. Die anfänglich an die Entdeckung des Mallein geknüpfte Hoffnung, damit auch ein Heilmittel gegen den Rotz gewonnen zu haben, hat sich nicht bestätigt.

Von den rotzähnlichen, aber gramfesten Bakterien und den Lymphangitisformen, die mit Rotz verwechselt werden könnten, war schon früher die Rede (S. 247).

Pferden und anderen Haustieren gemeinsam ist ein Krankheitserreger, der durch seine Fähigkeit, nekrotisierende Entzündungen zu erregen, dem Diphtheriebazillus ähnelt, durch seine Neigung, Fäden, ja vielleicht Verzweigungen zu bilden, den Strahlenpilzen sich nähert, aber durch sein ablehnendes Verhalten gegen die Gramfärbung und die Lücken, die er bei der gewöhnlichen Färbung zeigt, eine gewisse Verwandtschaft mit den Rotzbazillen aufweist. Im übrigen ist dieser Nekrosebazillus durch seine sehr lange und dicke Gestalt und sein strenges Gebundensein an das Wachstum ohne Sauerstoff ausgezeichnet.

Beim Menschen kommt der Nekrosebazillus nur ausnahmsweise vor, an seiner Stelle unter ähnlichen Verhältnissen der sog. Spießbazillus (Bac. hastilis oder fusiformis). Diese stattlichen Stäbchen, die in Kulturen zu Fäden auswachsen können, tragen ihren Namen daher, daß sie deutlich zugespitzte Enden haben. Auch sie färben sich gewöhnlich nicht nach dem Gramverfahren, wenn auch Ausnahmen von uns u. a. beobachtet worden sind. Sie lassen sich ebenfalls nur unter strengem Sauerstoffabschluß, allerdings schwieriger wie die Nekrosebazillen züchten und entwickeln zerfranste Kolonien und Gestank in eiweißhaltigen Nährböden. Die wenigen, bisher mit Reinkulturen angestellten Tierversuche zeigen, daß die Spießbazillen nur geringe Ansteckungskraft für Tiere besitzen. Beim Meerschweinchen entstehen höchstens Abszesse. Beim Menschen scheint das anders zu sein. Allerdings werden hier die Spießbazillen fast nie allein, sondern regelmäßig in Gesellschaft mit peitschenschnurartigen Spirochäten gefunden. Sie zeigen ihre Form besonders schön im Tuschepräparat (vgl. Spirochaete buccalis im Abschnitt 25 und Fig. 61). Soweit Erkrankungen mit Spießbazillenbefunden vorliegen, handelt es sich stets um nekrotische, ja faulige Gewebsveränderungen. Am harmlosesten ist die Plaut-Vincentsche Angina (Angina ulcero-membranacea), die äußerlich einer beschränkten Diphtherie der Mandeln ähnelt, aber mikroskopisch durch den massenhaften Befund von Spießbazillen und Spirochäten, die beim Gramverfahren die Gegenfarbe annehmen, und das Fehlen von Diphtheriebazillen leicht erkannt werden kann.

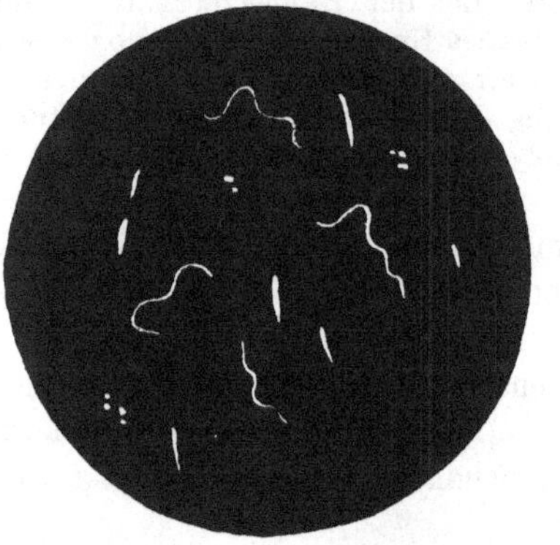

Fig. 61. Spießbazillen, Spirochäten und Lanzettkokken aus dem Munde. Tusche.

Ein weites Feld für die Entwicklung der Spießbazillen und Spirochäten sind ferner die eitrig-gangränösen Entzündungen in der Mundhöhle, besonders die Stomatitis ulcerosa und die Alveolarpyorrhoe, schließlich weit gefährlichere Erkrankungen wie Noma und Hospitalbrand. Gelegentlich wird auch das Vorkommen von Spießbazillen in Schankern und anderen Geschwüren, *sowie in fauligen Abszessen innerer Organe, bei Durchfällen usw. erwähnt.*

Nicht ganz sicher ist es, welche Rolle die Spießbazillen und Spirochäten bei allen diesen Erkrankungen spielen. Wenn sie wirklich ihre ursprünglichen Erreger, nicht einfache Begleiter derselben sind, so ist doch gewiß, daß sie, um sich zu entwickeln, ein besonders geschwächtes Gewebe als Nährboden voraussetzen. Dafür spricht auch die Tatsache, daß Spießbazillen und Spirochäten ganz regelmäßige Bewohner unserer gesunden Mundhöhle sind. Namentlich das Zahnfleisch am Zahnhalse pflegt sie zu beherbergen, am reichlichsten freilich bei Reizungszuständen oder bei mangelhafter Zahnpflege.

Außer Spießbazillen und Spirochäten, ferner Protozoen (S. 141, 142), vereinzelten Pilzarten (Abschnitt 24) und den Lanzettkokken (S. 71, 73) kommen noch viele andere Kleinwesen als regelmäßige Bewohner der Mundhöhle bzw. des Zahnbelags vor. Schon Leeuwenhoek bekannt waren die großen Fäden der Leptothrix buccalis, die man zu den Algenbakterien (S. 9) rechnen kann. Häufig sind Ketten eines großen gramfesten Stäbchens, des Bac. maximus buccalis, die sich wie der Jodococcus vaginatus mit Jod blau färben. Erheblich breiter, aber kürzer, sind die „Scheibenbakterien" B. Müllers, die durch Form und gleitende Bewegung grünen Oszillarien ähneln, aber keinen Farbstoff bilden (Simonsiella Mülleri). Ganz regelmäßig sieht man die Kommabazillen des Spirillum sputigenum, die größer sind als die der Cholera. Die Zahl der gelegentlich mit der Nahrung in die Mundhöhle gelangenden Keimarten ist natürlich sehr erheblich, ihre Masse tritt aber gegenüber der der eigentlichen Mundflora stark zurück. Auch durch antiseptische Mittel läßt sich die letztere nur vorübergehend beschränken. Bei Erkrankungen der Zähne und Schleimhaut, sowie mangelhafter Mundpflege wuchert sie reichlicher. Ihre Bedeutung wird wohl eine ähnliche sein, wie die der Darm- und Scheidenflora (S. 106 u. 104).

Zweiundzwanzigster Abschnitt

Tuberkelbazillen und andere säurefeste Bazillen

Den Diphtherie- und diphtherieähnlichen Bazillen einerseits und den Strahlenpilzen andererseits schließen sich als nahe verwandte Gruppe an die sog. säurefesten Bazillen (Mycobacterium L. und N.), wozu die Bazillen der Tuberkulose und Lepra, der Rattenlepra und pseudotuberkulösen Darmentzündung des Rindes, d. h. Erreger schleichender Erkrankungen und zahlreiche harmlose, auf der Oberfläche des Körpers schmarotzende oder in der Außenwelt frei lebende Formen gehören. Es sind fast immer feine Stäbchen, aber doch solche, die von der eigentlichen Stäbchen-, d. h. Walzenform, durch ihre etwas ungleichmäßige und öfter gekrümmte, gelegentlich verzweigte Gestalt abweichen und dieselbe Ungleichmäßigkeit auch durch das Auftreten von verschieden lichtbrechenden und verschieden färbbaren Bestandteilen in ihrem Leib bezeugen. Durchaus eigentümlich ist ihnen das Verhalten gegenüber Farbstoffen in der Beziehung, daß sie dieselben sehr schwer annehmen, sie aber, wenn sie einmal gefärbt sind, auch gegenüber starken Entfärbungsmitteln festhalten.

Diese Säurefestigkeit beruht (s. u.) auf einem hohen Gehalt des Protoplasmas an fett- oder wachsartigen Stoffen. Säurefestigkeit kommt den übrigen Bakterien nur im Sporenzustande, aber auch lange nicht in dem gleichen Maße zu und wird hier anscheinend nur durch stärkere Dichtigkeit (Wasserarmut) des Protoplasmas bedingt. Die frühere Ansicht, als ob die säurefesten Bazillen nur eine fettartige Hülle besäßen, ist wahrscheinlich irrig, vielmehr handelt es sich wohl nur um eine, wenn auch ungleichmäßige Durchtränkung ihres Leibes mit Fettstoffen. Dieser Körperbeschaffenheit verdanken die säurefesten Bazillen vermutlich auch ihre verhältnismäßig große Widerstandsfähigkeit gegenüber schädlichen Einflüssen physikalischer und chemischer Art.

Echte endogene Sporen besitzen die säurefesten Bakterien nicht. Daß sie ferner sämtlich unbeweglich und bei energischer Behandlung gramfest sind, sei hier gleich bemerkt.

Die wichtigsten Vertreter dieser Gruppe sind die Tuberkelbazillen. Daß die Tuberkulose eine ansteckende Krankheit sei, wurde schon in alten Zeiten vielfach geglaubt. Erfolgreiche Übertragungsversuche auf Tiere machte zuerst Villemin, aber erst R. Koch beseitigte jeden Zweifel durch die Entdeckung der Tuberkelbazillen (1882). Ursprünglich hielt Koch selbst die Tuberkelbazillen für eine einheitliche Art, später hat er wesentlich dazu beigetragen, diese Auffassung zu zerstören. Man unterscheidet jetzt 4 Arten oder, wenn man will Unterarten, die sich zum Teil in ihrer Wachstumsweise, hauptsächlich aber durch ihre Ansteckungskraft gegenüber den einzelnen Tierarten unterscheiden und daher als Bazillen der Menschen-, Rinder-, Vogel- und Kaltblütertuberkulose bezeichnet werden.

Die Tuberkelbazillen sind sehr feine, schlanke Stäbchen. In den krankhaften Absonderungen und im Gewebe finden sie sich entweder vereinzelt oder zu Zweien hintereinander, häufig neben- oder kreuzweise übereinander, nicht selten auch in Bündeln und Schwärmen. Sehr gewöhnlich sind die Stäbchen etwas unregelmäßig und öfters gekrümmt. Glänzende Körner in den Stäbchen kommen vor, sind aber nicht als Sporen zu deuten. Geweihartig verästelte Bazillen werden ausnahmsweise im Tierkörper und in gewissen Nährböden beobachtet. Besonders ausgezeichnet sind die Tuberkelbazillen, wie die säurefesten Bakterien überhaupt, durch ihr Verhalten gegen Farben (Fig. 62 auf der farbigen Tafel).

Koch gelang es, durch 24stündige Einwirkung von alkalischem Methylenblau sie zu färben, einmal gefärbt, hielten sie die blaue Farbe auch fest, wenn dieselbe durch Nachfärbung mit Vesuvin in allen übrigen Teilen verdrängt wurde. Ehrlich zeigte dann, daß die Färbung viel schneller erfolgt, wenn man die Bazillen mit einer durch Anilinöl verstärkten Fuchsinlösung behandelt, und daß sie auch der Entfärbung mit Mineralsäuren Widerstand leistet. Heutzutage färbt man gewöhnlich nach Ziehl-Neelsen, indem man Karbolfuchsin benutzt. Aber auch dieses muß man in starker Lösung (S. 30) und bei erhöhter Temperatur wenigstens 1 Minute lang einwirken lassen, um der Färbung sicher zu sein. Nachher entfärbt man etwa 10—20 Sekunden mit 30 prozentiger Salpetersäure und weiter mit 70 prozentigem Spiritus, färbt dann 1 Minute mit Methylenblau nach, wässert aus, trocknet, hellt in Öl oder Balsam auf. Man erblickt dann die Bazillen schön rot gefärbt auf blauem Untergrund. In mannigfacher Weise hat man diese Vorschrift abgeändert, am sichersten ist es, nach Spengler nicht mit Methylenblau, sondern mit Pikrinsäure (konzentr.-wäßrige Lösung + Alkohol zu gleichen Teilen) nachzufärben. Bei der Färbung bleiben vielfach helle Lücken in den Stäbchen ungefärbt, und umgekehrt nehmen einzelne Körner die Farbe kräftiger an. Sehr wahrscheinlich handelt es sich dabei nicht um sporenartige Dauerformen, sondern um Zeichen der Entartung, des Absterbens, denn die Widerstandsfähigkeit der Tuberkelbazillen, die, wie bemerkt, recht hoch ist, steht nicht mit ihrem Auftreten in Zusammenhang. Vielleicht haben eine ähnliche Bedeutung die gelegentlich in Kulturen beobachteten Stäbchen, die nicht säurefest sind, sondern die Gegenfarbe annehmen, also sich wie andere Bakterien färben lassen. Daß sie notwendige Entwicklungsformen der Tuberkelbazillen darstellen sollten, ist jedenfalls nicht richtig. Auch nach dem Gramschen Verfahren lassen sich die Tuberkelbazillen färben, doch muß man Farbe und Jodlösung länger als sonst einwirken lassen. Much hat auf Grund solcher Färbungen die Behauptung ausgesprochen, es gäbe ansteckungstüchtige Tuberkelbazillen, die sich nicht nach Ziehl, wohl aber nach Gram, und zwar entweder in Form von Körnchenketten oder von vereinzelten Körnchen und Körnerhaufen darstellen ließen. Obwohl diese Behauptung von mehreren Seiten anerkannt worden ist, ist sie nicht richtig, denn eigene und fremde Nachprüfungen lehren, daß nur die nach Gram darstellbaren Körner, die nach Ziehl gefärbt als Bazillen mit Lücken erscheinen, als Tuberkelbazillen zu deuten sind, während die nicht säurefesten Gebilde nichts anderes als Reste von Streptokokken u. dgl. zu sein scheinen, die der Auflösung durch das gleichzeitig benutzte Antiforminverfahren entgangen sind. Dieses letztere ist, wie Uhlenhuth gefunden, an sich ein gutes Mittel, um alle nicht säurefesten Bakterien, Gewebszellen, Schleim usw. aufzulösen, und läßt sich deshalb benutzen, um die Bazillen in Auswurf, Gewebsstücken u. dgl. nachzuweisen. Jedoch darf das Antiformin (eine Mischung von Natronlauge und unterchlorigsaurem Natron) seinen Chlorgehalt nicht schon verloren haben. Man verwendet das Antiformin zu dem genannten Zweck am besten in der Weise, daß man den Auswurf mit der doppelten Menge 50 prozentigen Antiformins gründlich durch Schütteln mischt, bis zur Lösung, die bei 37° in einigen Stunden erreicht zu sein pflegt, stehen läßt, mit Brennspiritus versetzt, ausschleudert und dann nach Ziehl färbt.

Die Säurefestigkeit beruht auf dem Gehalt an Fettstoffen verschiedener Zusammensetzung (Fettsäuren, neutralem Fett und Wachs). Daß die Tuberkelbazillen davon viel mehr (bis zu 40% des Trockengewichts) als andere Bakterien enthalten, ist oft nachgewiesen worden. Sorgfältig durch längere Behandlung mit Alkali und Äther entfettete Tuberkelbazillen sind nicht mehr säurefest. Bei manchen anderen säurefesten Bazillen, wie z. B. den im Smegma vorkommenden (s. u.), gelingt die Entfettung leichter, als bei den Tuberkelbazillen, so schon durch 10 Minuten lang dauernde Einwirkung von absolutem Alkohol oder besser noch durch eine Mischung von Alkohol und Chloroform. Das ist für die schnelle Erkennung der Tuberkelbazillen im Harn wichtig.

Die immer wieder aufgestellte Behauptung, die Tuberkelbazillen könnten auch in filtrierbarer Form auftreten, ist nach zahlreichen Nachprüfungen kaum aufrecht erhalten. Wenn ausnahmsweise durch Filtrate Tuberkulose bei Versuchstieren erzeugt wird, so werden wohl vereinzelte Bazillen oder entwicklungsfähige „Bazillensplitter", die durch die Filter hindurchgeschlüpft sind, daran schuld sein (vgl. Abschnitt 28).

Mikroskopisch sind die 4 Abarten des Tuberkelbazillus sich zwar sehr ähnlich, doch sind die Rinderbazillen (Typus bovinus) durchschnittlich etwas kürzer als die des Typus humanus. Kürzer und häufig dicker sind auch gewöhnlich die harmlosen Smegmabazillen (s. u.), etwas leichter zu färben die Vogeltuberkel- und Leprabazillen und die nicht parasitären „Pseudotuberkelbazillen": doch ist auf alle diese Unterschiede, wenn man es mit einzelnen Bazillen zu tun hat, nicht viel zu geben. Deutlicher sind die Wachstumsunterschiede auf künstlichen Nährböden. Alle Tuberkelbazillen sind allerdings nicht so leicht zu züchten und wachsen viel langsamer als andere Bakterien: diese gebrauchen bei günstiger Temperatur meist nur 1—2 Tage, jene eine bis mehrere Wochen oder mindestens mehrere Tage. Am schwierigsten gelingt es, den Bazillus des Rindes zur Entwicklung zu bringen, dann den Menschenbazillus. Weit besser gedeiht schon der Hühnerbazillus, der sich auch dadurch auszeichnet, daß er noch bei Temperaturen zwischen 40° und 50° wächst, und am schnellsten der Kaltblüterbazillus, der umgekehrt schon und oft nur bei 12—30° wächst, also bei Temperaturen, die bei den übrigen noch keine Entwicklung zulassen. Auch das Aussehen der Kulturen ist verschieden. Die Menschen- und Rinderbazillen bilden auf Glyzerinagar trockne und unebene, sehr zähe und deshalb schwer zerreibliche Wucherungen, die beiden anderen mehr feuchte und glatte, leichter zerreibliche Rasen.

Der Menschenbazillus entwickelt auf Bouillon üppige, an den Wänden hinaufziehende, gerunzelte Häute, der Rinderbazillus viel dünnere und langsamer wachsende Überzüge. Leider sind alle diese Kultureigenschaften nicht völlig beständig. So habe ich selbst Stämme der Vogeltuberkulose in Händen gehabt, die denen der Menschentuberkulose sehr glichen. Bei dem langsamen Wachstum der Tuberkelbazillen war von vornherein zu erwarten, daß man mit Plattenkulturen nicht zum Ziele kommen würde und zum Ausgangspunkt für die Züchtung Stoffe wählen müßte, die außer Tuberkelbazillen keine anderen Bakterien enthalten. Man machte das früher so, daß man ein empfängliches Tier mit dem Krankheitsstoff impfte, dieses, wenn die Ansteckung genügend fortgeschritten war, tötete und Teile der tuberkulösen Herde gut verrieben auf eine große Zahl von Röhrchen mit festen Nährböden verimpfte. Die Erfahrung hat bald gezeigt, daß ein unentbehrlicher Bestandteil der Nährböden Glyzerin (etwa 4%) ist, im übrigen aber alle möglichen Nährstoffe, selbst saure, wie z. B. Kartoffeln, zur Züchtung der Tuberkelbazillen geeignet sind. Ebenso wichtig wurde dann die Feststellung, daß man selbst aus stark mit anderen Bakterien gemischtem Auswurf die Tuberkelbazillen durch Behandlung z. B. mit 10 prozentiger Schwefelsäure von den Begleitbakterien befreien kann. Man schüttelt etwa 1 ccm des Auswurfs mit der 10fachen Säuremenge gründlich durch, zentrifugiert nach 10—20 Minuten, wäscht den Bodensatz aus und bringt ihn auf Glyzerinkartoffeln, oder noch einfacher, man unterläßt das Auswaschen und benutzt einen Nährboden, der neben Glyzerin Eier, Kartoffelstärke und etwas Malachitgrün enthält und bei 70° zur Erstarrung gebracht ist. Für die Züchtung von Tuberkelbazillen aus Blut empfiehlt Löwenstein, 10 ccm des Blutes mit 5% Essigsäure zu versetzen, nach 5 Minuten auszuschleudern, den Niederschlag auszuwaschen und auf einen Nährboden zu bringen, der auf 2 Teile geschlagene Eier 1 Teil einer Lösung von 15% Glyzerin, 4% Kartoffelstärke, 0·3% Asparagin und je 0·1% Monokaliumphosphat, zitronensaures Natrium und schwefelsaures Magnesium enthält, mit Malachitgrün leicht gefärbt und in Röhrchen koaguliert ist. Auf diese Weise will Löwenstein nicht bloß vereinzelte Tuberkelbazillen mit Sicherheit herausgezüchtet, sondern auch die abenteuerlich klingende Entdeckung gemacht haben, daß der akute Gelenkrheumatismus, die Chorea, die Iritis rheumatica, die Neuritis retrobulbaris, die multiple Sklerose, ja die Schizophrenie durch diese Bakterien verursacht werde. Man hat jedenfalls damit eine Methode gewonnen, die für den Nachweis der Tuberkelbazillen mindestens ebenso brauchbar ist, als die Färbung und der Tierversuch am Meerschweinchen (s. o.).

Die Unterscheidung der 4 Unterarten der Tuberkelbazillen ist außer auf das Wachstum begründet auf ihr Verhalten im Tierkörper. Der Bazillus der menschlichen Tuberkulose ist besonders gefährlich für das Meerschweinchen; schon vereinzelte Bazillen können, auf diese oder jene Weise, ins Gewebe eingebracht eine örtliche und allgemeine Tuberkulose erzeugen. Die Tiere sterben dabei nach Monaten, frühestens, wenn größere Mengen in die Bauchhöhle oder Blutgefäße verimpft werden, nach Wochen. Auch die Einatmung kleinster Mengen hat Erfolg, wenn man nur dafür sorgt, daß die Bazillen dabei wirklich bis in die Lungen hineingelangen. Am sichersten gelingt das durch Versprühung der in Flüssigkeiten aufgeschwemmten, vorher sehr fein zerriebenen Bazillen. Offenbar werden die feinsten Tröpfchen, die dabei entstehen, durch die Atemzüge leicht bis in die Lungen mitgerissen. So werden auch Meerschweinchen, die in nächster Nähe hustender Schwindsüchtiger gehalten werden, tuberkulös. Schwieriger ist es, Meerschweinchen durch Bazillen, die an trocknem Staub haften, anzustecken, man muß hier nicht nur gut flugfähigen Staub wählen, sondern die Bazillen darin auch besonders fein verreiben. Daß unter etwas gewaltsamen Bedingungen eine Ansteckung durch trocknen Staub möglich ist, zeigte schon Cornet durch einen Versuch, indem er bazillenhaltigen Auswurf auf einem Teppich antrocknen ließ und dann in der Nachbarschaft von Meerschweinchen durch Fegen mit scharfem Besen in Staub verwandelte. Von 48 Tieren wurden 47 tuberkulös. Später hat man durch Verfeinerung der Versuchsanordnung ähnliche Ergebnisse erzielt und es wahrscheinlich gemacht, daß z. B. in Tröpfchen verstreute, aber nachher auf Kleidern eingetrocknete Bazillen in Stäubchenform zur Ansteckung führen können. Im Gegensatz zu der Leichtigkeit, mit der die Ansteckung auf dem Luftwege erfolgt, steht die Schwierigkeit, durch Fütterung eine solche zu bewirken. Man bedarf dazu viel tausendmal größerer Mengen.

Über die Art und Weise, wie sich die Tuberkelbazillen im Körper verbreiten, lauten die Ansichten zwar nicht übereinstimmend, doch steht erstens fest, daß die Tuberkelbazillen durch die äußere Haut und die Schleimhäute hindurchgehen können, ohne diese selbst krank zu machen, und zweitens, daß die durch Haut oder Schleimhäute eingedrungenen Tuberkelbazillen von den nächsten Lymphdrüsen der Regel nach aufgefangen werden und in diesen Herde erzeugen müssen, ehe sie sich im übrigen Körper, sei es durch die Lymph-, sei es durch die Blutbahn, verbreiten. Immerhin scheinen vereinzelte Bazillen auch durch die Lymphdrüsen hindurchschlüpfen und ins Blut gelangen zu können.

Andere Tiere als Meerschweinchen sind für die menschlichen Tuberkelbazillen weit weniger empfänglich, so namentlich das Kaninchen und das Rind, die beide nach Impfungen mit solchen Keimen höchstens örtliche Herde davonzutragen pflegen. Gerade diese Tierarten erkranken dagegen regelmäßig an fortschreitender Tuberkulose, wenn man sie mit Rindertuberkulose ansteckt. Beim Rinde genügt zur Erzeugung einer Lungenerkrankung wieder schon die Einatmung kleinster Mengen. Daher ist dies der gewöhnliche Weg der natürlichen Ansteckung bei erwachsenen Rindern. Fütterung hat erst bei viel größeren Gaben Erfolg. Solche sind aber in der Milch von Kühen, die an Eutertuberkulose leiden, regelmäßig vorhanden. Kälber, die diese Milch in rohem Zustande genießen, erkranken also an Bauchtuberkulose. Außer dem Rinde sind auch die größeren Haustiere, wie namentlich Schweine, durch die Tuberkelbazillen des Rindes anzustecken. Sie erkranken meist ebenfalls durch Verfütterung bazillenhaltiger Magermilch. Das Hausgeflügel ist für die Säugetiertuberkulose unempfänglich, Meerschweinchen, Affen, Papageien für beide Arten von Bazillen empfänglich.

Die Bazillen der Geflügeltuberkulose sind am wirksamsten, und zwar gerade vom Darmkanal aus, bei Hühnern, Tauben, Papageien, Kanarienvögeln, lassen sich aber auch manchmal auf Meerschweinchen und oft auf Kaninchen erfolgreich übertragen, ja schmarotzen ausnahmsweise auch im Menschen und anderen Säugetieren. Sie zeichnen sich ferner dadurch aus, daß sie in den erkrankten Organen, z. B. in der Leber, meist in viel größeren Mengen vorkommen. Sie liegen dabei ähnlich den Leprabazillen (s. u.) dicht gedrängt in Zellen. Die Tuberkelbazillen der Kaltblüter erzeugen Tuberkulose bei Fischen, Schlangen, Schildkröten, Fröschen, nicht bei Warmblütern.

Für die Tuberkulose des Menschen ist zunächst durch Reinzüchtung der Bazillen festgestellt worden, daß die Lungen- und Bronchialdrüsentuberkulose fast ausschließlich durch die Bazillen der menschlichen

Unterart verursacht wird, während bei den übrigen Formen der Tuberkulose daneben die Rinderbazillen sehr wesentlich beteiligt sind. Wir dürfen daraus den Schluß ziehen, daß gerade die wichtigste Form der natürlichen Tuberkulose durch Ansteckung von anderen Menschen her entstehen muß. Welche Personen die Hauptquellen der Ansteckung darstellen, kann ebensowenig zweifelhaft sein, als der Weg, auf dem die Ansteckung erfolgt: es sind die Schwindsüchtigen, die ihre Bazillen hauptsächlich durch ausgehustete Tröpfchen und den daraus entstehenden Staub (S. 257), seltener durch Verstäubung ihres Auswurfs in die Atmungsluft ihrer Umgebung verstreuen. Zahlreiche Leichenuntersuchungen (Nägeli u. a.) haben nun gelehrt, daß Ansteckungen der Lungen und Bronchialdrüsen mit Tuberkelbazillen bei dem größten Teil aller Erwachsenen, ja beim unbemittelten Teil der Bevölkerung und im höheren Alter so gut wie stets vorkommen. Beweis genug für die Ansteckungsgelegenheit unter den bei uns vorkommenden Verhältnissen, andererseits freilich für die Gutartigkeit der meisten Ansteckungen mit Tuberkelbazillen! Denn nur bei einem kleinen Teil der Fälle handelt es sich um fortschreitende, schon im Leben wahrnehmbare tuberkulöse Erkrankungen, bei dem größeren um vernarbte, verkalkte oder verkäste, wenig Neigung zum Fortschreiten zeigende Herde. Je jünger der Mensch, desto seltener lassen sich bei ihm auf dem Leichentische und durch die gleich zu besprechenden Tuberkulinreaktionen tuberkulöse Herde nachweisen. Immerhin pflegen schon bei Beginn der Schulzeit mindestens ein Viertel der Kinder, beim Schluß drei Viertel angesteckt zu sein. Da nur ein sehr geringer Bruchteil dieser Kinder Krankheitserscheinungen aufweist, ist die Tuberkulose der Kinder erst recht als eine im ganzen gutartige Ansteckung zu betrachten. Im Säuglingsalter ist die Tuberkulose zwar viel seltener, aber meist um so bösartiger. Plazentare Ansteckungen mit Tuberkulose kommen zwar auch beim Menschen vor, aber außerordentlich selten und führen immer schnell zum Tode. Daraus folgt, daß die von einzelnen Forschern verfochtene Ansicht, die Tuberkulose werde schon im Säuglingsalter oder gar im Mutterleibe erworben, nicht richtig sein kann.

Nicht genügend begründet scheint uns aber auch die neuerdings aufgestellte Lehre, daß die Schwindsucht der Erwachsenen der Hauptsache nach auf eine in der Jugend erworbene Ansteckung zurückführe. Mögen auch die erwähnten Befunde schon gegen Ende der Schulzeit eine fast vollständige Durchseuchung der Bevölkerung mit Tuberkulose[1] beweisen, mag auch die Ansicht, diese Durchseuchung schaffe eine gewisse

[1] Bei einem nicht unbeträchtlichen Teil wird es sich zudem um Rindertuberkulose handeln.

Widerstandsfähigkeit, eine Art Immunität gegen eine Neuansteckung (s. u.) richtig sein, so folgt daraus doch nicht, daß die im späteren Alter sicher viel größere Gelegenheit zur Ansteckung mit Tuberkelbazillen für die Entstehung der Schwindsucht bedeutungslos sei, denn wenn wirklich, wie es öfters vorkommen wird, eine in der Jugend erworbene und seitdem zum Stillstand gekommene oder mehr oder weniger geheilte Tuberkulose im späteren Alter von neuem ausbricht und zu deutlicher Erkrankung führt, so ist das doch nur möglich unter der Voraussetzung, daß die bis dahin vorhandene Unempfänglichkeit wieder einer größeren Empfänglichkeit Platz gemacht hat, mit anderen Worten, die frühere Immunität verlorengegangen ist. In diesem Zustand erhöhter Empfänglichkeit werden dann aber doch wahrscheinlich frisch von außen zugeführte Tuberkelbazillen noch gefährlicher sein müssen, als die zu neuem Leben erwachten Bazillen der alten Herde.

Nur dann würden wir vielleicht die Ansteckungsgelegenheiten des späteren Lebens für weniger wichtig halten dürfen, wenn sie seltner wären als die des jugendlichen Alters. Das Gegenteil ist aber mit großer Wahrscheinlichkeit anzunehmen. Wenn man von den Kindern, die aus tuberkulösen Familien stammen, absieht, begreift man ja kaum, woher sie so regelmäßig im Laufe der Schulzeit ihre Ansteckung beziehen. Sind doch die Fälle ausgesprochener Lungenerkrankung mit Ausscheidung von Bazillen beim Schulkinde ebenso selten, wie die verborgenen Lungenherde häufig. Erwachsene werden im Durchschnitt in und außerhalb ihres Berufs mit viel mehr tuberkulösen Menschen in Berührung kommen, als Kinder, also auch weit öfter der Ansteckung von Tuberkelbazillen ausgesetzt sein. Um so bedeutsamer scheint uns die Ansteckung im späteren Leben, als die infolge Durchseuchung erworbene Widerstandsfähigkeit gegen Tuberkulose doch weit entfernt davon ist, eine vollständige und dauerhafte zu sein (s. u.).

Die nicht durch die Luftwege vermittelten tuberkulösen Erkrankungen des Menschen werden, wie bemerkt, teils durch Menschen-, teils durch Rinderbazillen verursacht. Sie sind seltener als die Lungen- und Bronchialdrüsentuberkulosen und kommen bezeichnenderweise hauptsächlich im Kindesalter vor. Am häufigsten ist die unter dem Namen der Skrofulose bekannte Tuberkulose der Halslymphdrüsen, seltener die der Gekrösdrüsen und des Bauchfells und am seltensten die der Darmschleimhaut und der Haut.

Die Eingangspforten der Skrofulose sind vermutlich die Haut des Gesichtes (Kopfes) und die Schleimhaut der oberen Verdauungs- und Luftwege, bei der Mesenterialdrüsen- und Bauchfelltuberkulose die Darmschleimhaut. Wir sagen vermutlich, weil ganz gewöhnlich jede tuberkulöse Erkrankung der zugehörigen Oberflächen fehlt. Offenbar vermögen die Tuberkelbazillen gerade im Kindesalter Haut und Schleimhäute zu durchwandern, ohne sich in ihnen anzusiedeln. Wahrscheinlich wird ihnen aber das Eindringen erleichtert durch die im Sprachgebrauch auch als skrofulös bezeichneten Ekzeme und Katarrhe dieser Gegenden. Bei dem Lupus kommt es dagegen schon an den Eintrittspforten zur Erkrankung. Die Ansteckungsquelle ist für alle diese Leiden, soweit es sich um Bazillen menschlichen Ursprungs handelt, in erster Linie wieder der Auswurf Schwindsüchtiger, mag er nun in feuchter oder trockner Form, als Staub und Schmutz, wie es ja bei Kindern verständlich genug ist, unmittelbar in Haut und Schleimhaut eingerieben werden, oder als Verunreinigung mit der Nahrung in den Körper gelangen.

Für die Rinderbazillen kommt wesentlich nur die Milch tuberkulöser Kühe (S. 258) als Quelle in Betracht. Während bei den genannten Tuberkuloseformen die Eintrittspforten schon durch ihren Sitz gekennzeichnet sind, ist die Entstehungsweise bei den Erkrankungen innerer Organe, unter denen namentlich wieder bei Kindern die Tuberkulose der Knochen, Gelenke und Hirnhäute zu nennen ist, nicht immer deutlich.

Es wäre aber unrichtig, für sie deshalb einen anderen Ursprung, etwa die plazentare Übertragung von der Mutter her anzunehmen. Vielmehr führen sie entweder, wie das ja oft genug nachgewiesen worden ist, auf ältere tuberkulöse Herde im selben Körper, z. B. in den Lymphdrüsen, zurück, oder werden durch Bazillen hervorgerufen sein, die nicht bloß durch Haut und Schleimhäute, sondern auch durch die sonst als Filter dienenden Lymphdrüsen glatt hindurchgegangen sind (S. 258).

Aussaat aus älteren Herden erklärt wohl auch den häufigen Befund von Tuberkelbazillen im Blut bei gewissen Krankheiten (Löwenstein, S. 257) und die röntgenologisch auch ohne Miliartuberkulose oft festgestellte Entstehung kleinster Herde in den Lungen. Die meisten von diesen verheilen offenbar, sie beweisen also noch nicht die Notwendigkeit, die Lungeninfektion im allgemeinen aus einer Blutinfektion abzuleiten (s. o.).

Ist für die Entstehung der Tuberkulose im Tier und Mensch das Eindringen von Tuberkelbazillen unumgängliche Vorbedingung, so ist für den weiteren Verlauf, den Erfolg der Ansteckung, die Krankheitsanlage des betroffenen Körpers das Wesentliche.

Nur im beschränkten Umfang richtig ist freilich die alte Ansicht, man könne die Krankheitsanlage dem Menschen schon an seinem tuberkulösen „Habitus" ansehen, und diese Anlage gegen Tuberkulose vererbe sich, unleugbar ist aber der Einfluß des Alters und des Geschlechts, der Lebensweise, der sozialen Lebensbedingungen, des Berufs. Zum Teil wirken diese Bedingungen allerdings nur dadurch, daß sie die Ansteckungsgelegenheiten — die Exposition — vermehren oder vermindern, zum andern Teil aber auch durch Veränderung der Empfänglichkeit — der Disposition im eigentlichen Sinne. Schlechte (insbesondere eiweißarme?) Ernährung — man denke nur an die schrecklichen Wirkungen der Hungerblockade! — mangelhafte Entwicklung und Übung der Atmungsorgane, Überanstrengung, Erkältung, Verletzungen, Vergiftungen, Einatmung von Stein- und Metallstaub, Infektionen wie Masern und Keuchhusten, Pocken und Schutzpocken sind als besonders schädlich anerkannt, ein regelmäßiges, alle solche Störungen ausschließendes Leben, der Aufenthalt in frischer Luft und Sonnenlicht als ebenso nützlich. Dazu kommt dann als ein günstiger Faktor, dessen Bedeutung freilich bisher noch schwer abgeschätzt werden kann, die durch Durchseuchung hervorgerufene erworbene Immunität (s. u.).

Noch dunkler, wie bei anderen Ansteckungen ist freilich die Grundlage der Empfänglichkeit oder Unempfänglichkeit für Tuberkulose. Es liegt auf der Hand, daß man bei einer so schleichend verlaufenden Krankheit, bei einem so langsam wachsenden Erreger nicht die gleiche Aussicht hat, überzeugende Aufschlüsse dadurch zu gewinnen, daß man dessen Verhalten gegenüber Blutserum und Leukozyten außerhalb des Tierkörpers prüft. Daß die von uns sonst als wichtig anerkannte Freßtätigkeit der weißen Blutzellen gegenüber den Tuberkelbazillen nicht die gleiche Bedeutung besitzt, ist aber aus diesen Versuchen, wie aus der Beobachtung der Verhältnisse im lebenden Körper selbst zu entnehmen. Die Leukozyten sind wohl zu kurzlebig, um gegenüber diesen zähen Kleinwesen Entscheidendes auszurichten, auch wenn sie dieselben endlich aufgenommen haben. Es macht aber den Eindruck, als ob die Phagozytose dennoch auch das Schicksal der Tuberkelbazillen wesentlich beeinflußt, nur sind hier nicht die Leukozyten oder „Mikrophagen", sondern große, mehr oder weniger unbewegliche Gewebszellen, die „Makrophagen" Metschnikoffs, die Vorkämpfer des Körpers. Aus solchen ist der sog. Tuberkel zusammengesetzt, und zu ihnen gehören auch die Riesenzellen (vgl. Abschnitt 32).

Hier wie anderwärts handelt es sich wahrscheinlich nicht um eine einseitige Abwehr von seiten des Tieres und um ein von vornherein feststehendes Kräfteverhältnis, sondern um einen Kampf der großen Zellverbände mit den kleinen Einzelligen, einen Kampf, der, wie der Verlauf der Krankheit beim Menschen zeigt, unter Umständen mit wechselndem Erfolg geführt wird. Daß neben Zellwirkungen auch solche von Säften in Betracht kommen, ist wohl anzunehmen, doch ist es bisher noch nicht gelungen, im Blutserum von Tuberkulösen mit Sicherheit Schutzstoffe, die für den Verlauf des Leidens wichtig wären, nachzuweisen. Freilich hat man außer Agglutininen und komplementbindenden, auch opsonische und bakterizide Stoffe darin gefunden, aber nicht so regelmäßig, daß man daraus für die Erkennung der Krankheit und des Immunitätszustandes sichere Vorteile ziehen könnte. In dieser Beziehung ist von größerer Bedeutung geworden die Überempfindlichkeitsreaktion tuberkulös infizierter Menschen gegen die Erzeugnisse der Tuberkelbazillen, die im Tuberkulin und ähnlichen Präparaten vorkommen. Sie ist von R. Koch 1890, also zu einer Zeit entdeckt worden, als man von der Überempfindlichkeit gegen andere Bakterien und Zellstoffe noch nichts wußte. Nachträglich hat sich gezeigt, daß sie, von anderen Unterschieden abgesehen, nicht wie die letztere durch das Blut übertragen werden kann (Abschnitt 32—34), also wohl eine Eigenschaft der Zellen und Gewebe des tuberkulösen Körpers ist.

Das Tuberkulin wird hergestellt aus Bouillonkulturen der Tuberkelbazillen, indem man diese durch Kochen abtötet, durch Papier filtriert und auf den zehnten Teil eindampft. Man erhält so eine braune Lösung, die außer den ihrer Natur nach unbekannten Erzeugnissen der Tuberkelbazillen und Nährbodenbestandteilen etwa 40% Glyzerin und 10% Pepton enthält. Koch zeigte, daß tuberkulöse Tiere durch Bruchteile eines Kubikzentimeters Tuberkulin getötet werden, während gesunde Tiere mehrere Kubikzentimeter davon ohne Schaden vertragen und erst durch 10—15 ccm getötet werden.

Beim tuberkulösen Menschen ruft die Einspritzung von wenigen Milligramm Tuberkulin, ja von Bruchteilen eines Milligramms unter die Haut im Laufe der nächsten 24—48 Stunden fieberhafte und entzündliche Erscheinungen in der Umgebung der Einstichstelle und der tuberkulösen Herde hervor. Noch empfindlicher, aber weit weniger eingreifend ist die v. Pirquetsche Tuberkulinprobe, bei der das Tuberkulin nur mit der oberflächlich geritzten Haut in Berührung kommt und bei Tuberkulösen in 1—2 Tagen eine umgrenzte Entzündung bewirkt (kutane Impfung). Auch eine Einspritzung in die Haut selbst (intrakutane Impfung), Einreiben auf dieselbe (perkutane) oder Einträufeln in den Bindehautsack (Konjunktival- oder Ophthalmoreaktion) ist zu verwenden. Leider haben alle Tuberkulinproben den Nachteil, daß sie in manchen, namentlich den vorgeschrittenen Fällen von Tuberkulose versagen und andererseits auch in solchen Fällen einen Ausschlag geben, in denen die Tuberkulose schon vernarbt oder eingekapselt oder der betreffende Herd noch so klein ist, daß er keine Krankheitserscheinungen veranlaßt.

So konnte man mit Hilfe der Tuberkulinprobe die Leichenbefunde Nägelis u. a. (S. 259) bestätigen, die eine allgemeine Ausbreitung tuberkulöser Ansteckungen im erwachsenen Alter bewiesen. Und so konnte ich durch die Pirquetsche Probe, die ich mit Selter bei meinen Zuhörern anstellte, zeigen, daß dieser Satz auch für die besser gestellten Kreise der Bevölkerung in fast demselben Umfange gilt. Man wird unter diesen Umständen das Tuberkulin zur Erkennung einer Erkrankung nur in den jüngsten Lebensjahren, wo die Ansteckungen mit Tuberkulose noch nicht so zahlreich und fast immer gefährlich sind, benutzen dürfen. Deycke und Much haben die Überempfindlichkeitsreaktion verfeinert, indem sie nicht mit Tuberkulin prüfen, das nach ihnen ein unkontrollierbares Stoffgemisch darstellt, sondern mit „Partialantigenen". Diese sind teils Eiweißstoffe, teils Lipoide, teils Neutralfette, und werden aus dem Rückstand gewonnen, der nach Lösung der Giftstoffe des Tuberkelbazillus durch Milchsäure übrigbleibt. Der tuberkulöse Organismus zeigt ungleiche Überempfindlichkeit gegen die einzelnen Partialantigene und die Verfasser glauben danach seine Immunität beurteilen zu können.

Was die Bekämpfung der Tuberkulose anlangt, so sind die Erfahrungen, die man bei der Tuberkulose unserer Haustiere gemacht hat, sehr belehrend. Die Tuberkulose der Rinder und Schweine hat in den letzten Jahrzehnten in erheblichem Umfange zugenommen. Die Ursachen dafür liegen in dem regeren Verkehr, der Zunahme der Stallfütterung, bei der die Tiere oft mit den Köpfen in engster Nachbarschaft stehen, und nicht zuletzt in dem Umstande, daß man allmählich immer mehr die Kälber getrennt von ihren Müttern aufgezogen und mit oft bazillenhaltiger Mischmilch, die Schweine mit ebenso verdächtiger Magermilch aus den Sammelmolkereien gefüttert hat. Am einfachsten läßt sich diese letztere Gefahr dadurch vermeiden, daß man alle zur Fütterung bestimmte Milch durch Abkochen, kurzes Erhitzen auf 75°[1] oder $^1/_2$stündiges Erhitzen auf 63° (Pasteurisieren im engeren Sinne) von ihren Bazillen befreit. Wo man das durchgeführt hat, sind die Erfolge geradezu glänzend gewesen.

Schwieriger zu erfüllen ist die Verhütung der Ansteckung bei erwachsenen Rindern, die auf dem Luftwege durch Tröpfchen und Stäubchen stattfindet. Zunächst hat man das denkbar gründlichste Verfahren in Anwendung zu bringen versucht, indem man sämtliche Rinder der Tuberkulineinspritzung (1 ccm) unterwarf und diejenigen, die mit den bekannten Erscheinungen antworteten, dem Schlächter überwies. Es zeigte sich aber bald, daß das Verfahren nur in wenig verseuchten Herden ausführbar ist, weil es sonst zu kostspielig wird. Bang hat dann in Dänemark ein milderes Verfahren durchgeführt, indem auf Tuberkulin reagierende Tiere von den übrigen getrennt gehalten wurden. Bei einer Nachprüfung in Deutschland hat sich auch dieser Vorschlag nicht bewährt, wohl aber das Ostertagsche Verfahren zur Bekämpfung der Tuberkulose beim Rindvieh.

Es beruht auf der Erwägung, daß die Verbreitung der Tuberkulose unter dem Rindvieh schon verhindert werden könnte, wenn solche Tiere, die an offener Tuberkulose leiden, d. h. Bazillen ausscheiden, ausgemerzt werden. Das sind in erster Linie diejenigen, die Husten mit bazillenhaltigem Auswurf haben, ferner die an Euter- und Gebärmuttertuberkulose leiden. Diese werden herausgefunden durch tierärztliche und durch bakteriologische Untersuchung, die mindestens einmal im Jahre vorgenommen werden, und durch bakteriologische Prüfung der Gesamtmilch des betreffenden Stalles, die viermal im Jahre geschieht und, wenn sie Tuberkelbazillen ergibt, die nochmalige Durchprüfung sämtlicher Euter zur Folge hat. Die Bazillen werden am zweckmäßigsten durch Einspritzung der Absonderungen in die Schenkelmuskulatur von Meerschweinchen nachgewiesen. Den Auswurf kann man beim Rinde durch einen Löffel oder Schleimfänger, den man in den Rachen bringt, oder durch einen in die Luftröhre eingeführten Trokar gewinnen. Durchschnittlich werden nicht mehr als 2—3% der Tiere auf solche Weise mit offener Tuberkulose behaftet gefunden. Die Opfer dieses Bekämpfungsverfahrens sind also nicht zu bedeutend und werden durch Versicherung ausgeglichen. Ergänzt wird das Verfahren, abgesehen von den oben besprochenen Maßnahmen zur Erzielung eines tuberkulosefreien Aufwuchses durch Absonderung bloß verdächtiger Tiere im Stalle.

Die Erfolge dieser Bekämpfungsweise sind schon jetzt sehr gute.

Auch auf dem Wege der Schutzimpfung glaubte man das Ziel erreichen zu können. Daß gegen die Tuberkelbazillen eine Art Immuni-

---

[1] Hierher gehört auch das Biorisieren, d. h. ein wenige Sekunden dauerndes Erhitzen auf 75° in versprühtem Zustande.

tät zustande kommen kann, hat R. Koch schon früh beobachtet und ist weiterhin bestätigt worden.

Koch fand, daß tuberkulöse Meerschweinchen, wenn sie unter die Haut geimpft werden, an der Stelle ein Geschwür bekommen, das nach einiger Zeit vernarbt. Neuerdings hat man diese Tatsache an diesen und anderen Tieren bestätigt und daraus den Schluß gezogen, auch der in der Jugend mit Tuberkulose angesteckte Mensch sei dadurch gegen spätere Ansteckung gefeit. Man wird sich freilich hüten müssen, die am Tier gewonnenen und auch da nur im beschränkten Maße geltenden Erfahrungen auf die durchaus verschiedenen Verhältnisse beim Menschen ohne weiteres zu übertragen. Immerhin spricht die durch die Tuberkulinproben nachgewiesene Überempfindlichkeit von Menschen, die ältere tuberkulöse Herde in ihrem Körper haben, dafür, daß man bei ihnen mit einer größeren Widerstandsfähigkeit gegen eine neue tuberkulöse Ansteckung zu rechnen haben wird, als bei überhaupt noch nicht infizierten Personen. Diese Überempfindlichkeit ist ja ein Merkmal der Immunität. Die Erfahrung lehrt auch, daß noch nicht durchseuchte Bevölkerungen schwerer unter tuberkulöser Ansteckung leiden, als die unsrigen. So kann es nicht wundernehmen, daß man bei Rindern mit einem gewissen Erfolg durch Impfung mit Tuberkelbazillen, die für diese Tiere abgeschwächt sind, die Widerstandskraft gegen voll wirksame Bazillen zu erhöhen vermocht hat. Behring und ziemlich gleichzeitig R. Koch und seine Mitarbeiter erzielten das durch Einspritzung lebender Tuberkelbazillen menschlichen Ursprungs. Allerdings hat sich weder die Bovovakzination Behrings, noch die Taurumanimpfung Kochs bewährt, einerseits, weil der Impfschutz höchstens 1—2 Jahre dauert, andererseits, weil die geimpften Tiere häufig mit der Milch längere Zeit lebende Tuberkelbazillen ausscheiden und dadurch den Menschen gefährden. Auch zahlreiche andere Verfahren, in denen an diesen oder anderen Tieren mit abgeschwächten Bazillen oder mit den Erzeugnissen von Tuberkelbazillen gearbeitet wurde, haben der Prüfung im großen bisher nicht Stand gehalten.

Ein großer Fortschritt auf diesem Gebiete ist seit 1912 durch F. F. Friedmann angebahnt worden. In vielen Versuchen fand er, daß eine einzige Einspritzung der lebenden, von ihm aus tuberkulösen Schildkröten gezüchteten, für Warmblüter völlig unschädlichen Bazillen nicht nur Rindern, Hühnern und Wildtieren Impfschutz gegen Tuberkulose verleiht, sondern auch die schon ausgebrochene Krankheit so günstig beeinflußt, daß man oft von Heilung sprechen kann. Von anderer Seite werden diese Erfolge freilich bestritten und statt dessen andere abgeschwächte, z. B. die Calmetteschen Bazillen (s. u.), zur Schutzimpfung empfohlen.

Die Bemühungen, die Tuberkulose beim Menschen zu bekämpfen, haben sich in derselben Richtung bewegt, wie die gegen die Tiertuberkulose unternommenen Schritte, tragen aber ein besonderes Gepräge, weil sie sich hier nur mit möglichster Schonung der vorhandenen Leben und ihrer Ansprüche durchführen lassen. So ist z. B. schon die Trennung der Kinder von ihren tuberkulösen Eltern, die im Interesse einer tuberkulosefreien Aufzucht dringend nötig wäre, nur in seltenen Fällen durchführbar. Die Friedmannsche Schutzimpfung von Neugeborenen scheint nach den bisher vorliegenden, freilich noch nicht genügend umfassenden Ergebnissen einen Ersatz zu bieten.

Jedenfalls sind sie, weil vollkommen unschädlich, den sog. B.C.G.-Bazillen Calmettes, die bis vor kurzem mit großer Begeisterung zur Schutzimpfung angepriesen wurden, weit vorzuziehen. Wir behaupten das nicht nur, weil die Benutzung dieses letzten Impfstoffes 1930 bekanntlich zum Tode von 7 Dutzend Säuglingen in Lübeck geführt hat, sondern weil man allmählich immer mehr Anhaltspunkte dafür gewonnen hat, daß die Calmetteschen Bazillen, die ursprünglich vollwertige Rindertuberkelbazillen waren und durch 10jährige Züchtung in gallehaltigen Nährböden abgeschwächt worden sind, bei Mensch und Tier nicht immer so harmlos sind, wie man sie hingestellt hat. Es handelt sich also in Lübeck nicht um ein ganz vereinzeltes Vorkommnis, das man vielleicht durch eine Verwechslung von Kulturen erklären könnte, sondern wahrscheinlich um die besonders verhängnisvolle Wiederholung einer Erscheinung, die man als Rückfall in die alte Virulenz bezeichnet. Jedem erfahrenen Bakteriologen sind solche Dinge nicht bloß bei anderen abgeschwächten Krankheitserregern, sondern auch bei Tuberkelbazillen vorgekommen. Schon vor dem Lübecker Unglück mußte ein Umstand Bedenken gegen den Calmetteschen Impfstoff erregen: sie sind offenbar nicht unschädlich genug, um wie die Friedmannbazillen zur Heilimpfung zu dienen.

Von sonstigen vorbeugenden Maßnahmen stößt die Absonderung aller offenen, d. h. Bazillen ausscheidenden Tuberkulösen, also in erster Linie der ausgesprochenen Schwindsüchtigen von den Gesunden, die z. B. in besonderen Krankenhäusern oder Krankenabteilungen erfolgen könnte, auch auf große Schwierigkeiten. Es bleibt also nur übrig, wo sie nicht angängig ist, die Ausstreuung der Tuberkelbazillen durch weniger eingreifende, freilich auch weniger wirksame kleine Mittel zu beschränken. Am leichtesten gelingt das gegenüber den Tuberkelbazillen, die vom Rinde stammen, da Abkochen der Milch im Haushalt fast jede Gefahr von dieser Seite ausschaltet. Für die große Masse der Schwindsüchtigen, insbesondere aber die Bazillenausscheider, ist die Belehrung in Fürsorgestellen das Gegebene. Durch Ausstattung derselben mit größeren Mitteln und Beiordnung von Fürsorgeschwestern, die den Außendienst in den Wohnungen der Tuberkulösen versehen, erhalten sie auch die Möglichkeit, die hygienischen Verhältnisse der Kranken günstiger zu gestalten. Daneben spielen die Bestrebungen, den tuberkulösen Menschen zu heilen, die erste Rolle. Am meisten Aussicht auf Erfolg bietet die Behandlung der offenen Tuberkulose in ihren frühesten Entwicklungsstadien. Trotz zahlreicher Versuche hat die Chemotherapie (Abschnitt 32) bisher nur wenige Erfolge aufzuweisen. Bis vor kurzem war man im wesentlichen auf die physikalisch-diätetischen Verfahren, die sich am besten in Volksheilstätten und Sanatorien durchführen lassen, angewiesen. Dazu kommen oft andere Heilmethoden, neben der Bestrahlung mit Röntgen- und künstlichem oder natürlichem Sonnenlicht bei Haut-

und anderen Organtuberkulosen und der Kollapstherapie bei Lungenerkrankungen, vor allem die spezifischen. Wir denken dabei weniger an das Kochsche Tuberkulin, als an die Heilimpfung nach Friedmann, zunächst, weil deren Ergebnisse bei chirurgischer Tuberkulose über jeden Zweifel erhaben sind. Was die einmalige Einspritzung der Schildkrötenbazillen z. B. bei der Nebenhodentuberkulose leistet, bringt keine andere Behandlung zuwege. Viel schwieriger ist aus erklärlichen Gründen die Beurteilung der Erfolge Friedmanns bei der Lungentuberkulose. Sie werden auf der einen Seite in den Himmel erhoben, auf der anderen glatt geleugnet. Ausreichende Belege könnte eine sehr umfangreiche und auch sonst gegen jeden Einwand gestützte Statistik liefern. An einer solchen fehlt es bisher leider, obwohl sie durchaus denkbar wäre.

Während der folgerichtige Kampf gegen die Rindertuberkulose erst begonnen hat und darum bisher nur Teilerfolge verzeichnen kann, dauert der Kampf gegen die Tuberkulose des Menschen schon einige Jahrzehnte und ist von weithin sichtbarem Erfolge, der sich in der starken und regelmäßigen Herabsetzung der Sterblichkeit an dieser Krankheit äußert, begleitet gewesen. Schwer zu sagen ist es aber, ob daran die unmittelbaren Bestrebungen, die Verbreitung der Tuberkulose zu hemmen oder die Verbesserung der wirtschaftlichen und sozialen Zustände, die Beschränkung der Ansteckungsgelegenheiten oder die Erhöhung der Widerstandskraft den größeren Anteil gehabt hat. Beiderlei Einwirkungen gehen ja gewöhnlich Hand in Hand und lassen sich kaum im einzelnen Falle, geschweige denn im ganzen in ihrer Tragweite voneinander gesondert beurteilen. Jedenfalls werden wir gut tun, bei der Bekämpfung der Tuberkulose beide Gesichtspunkte gleichmäßig zu berücksichtigen.

Von den übrigen säurefesten Bakterien sind die wichtigsten die Leprabazillen. Äußerlich sind sie den Tuberkelbazillen sehr ähnlich und färben sich in der gleichen Weise, wenn auch wohl etwas leichter. Was sie auf den ersten Blick auszuzeichnen pflegt, ist die Massenhaftigkeit, in der sie in den leprösen Erzeugnissen vorkommen.

Trotz aller immer von neuem auftauchenden Behauptungen ist der Leprabazillus noch nicht sicher gezüchtet oder auf Tiere übertragen worden. Das, was man gezüchtet hat, gehört wohl in die verwandte, weit verbreitete Gruppe der Pseudodiphtheriebazillen (S. 246) und Strahlenpilze (Abschnitt 23). Zu den letzteren zu rechnen ist auch ein Kleinwesen, aus dem Deycke das sog. Nastin dargestellt hat, nach seiner Angabe ein wirksames Heilmittel des Aussatzes. Der Tierversuch kann im Zweifelsfalle zur Trennung der Lepra von der Tuberkulose dienen. Dabei ist aber zu bedenken, daß nicht selten Tuberkulose und Lepra miteinander vergesellschaftet vorkommen.

Die Art, wie der Aussatz im Menschen entsteht, ist noch nicht völlig aufgeklärt. Der für die Erkennung der Krankheit wichtige Umstand, daß schon bei den frischesten Fällen der Krankheit regelmäßig Leprabazillen auf der Nasenschleimhaut gefunden werden, spricht allerdings dafür, daß hier die Ansteckung zuerst Fuß faßt. Die Übertragung von Mensch zu Mensch ist ferner so augenscheinlich, daß man schon in alter Zeit, vor allem aber im Mittelalter, die Absonderung der Aussätzigen in Leprahäusern durchgeführt hat. Andererseits ist aber durch zahlreiche Erfahrungen bewiesen, daß kurzdauernde Berührungen mit Kranken gewöhnlich nicht zur Ansteckung führen. Es bedarf meist eines langen Zusammenlebens mit Aussätzigen, um die Krankheit zur Entwicklung zu bringen, und auch dann tritt sie nicht regelmäßig ein.

Man wird also daraus folgern müssen, daß entweder die Bazillen, die von den Kranken oft in großen Massen ausgeschieden werden, zum größten Teil nicht lebens- und ansteckungsfähig sind, oder daß die Anlage zur Erkrankung im allgemeinen recht gering ist. Daß die Widerstandsfähigkeit des menschlichen Körpers gegen die Leprabazillen in der Tat sehr groß ist, wird auch dadurch erwiesen, daß die Krankheit so außerordentlich langsam und unter so mannigfachen Schwankungen verläuft. Man muß sich wundern, welche ungeheuren Mengen von Bazillen der Körper in allen seinen Geweben verträgt; allerdings ist der Ausgang stets der Tod, doch wird er öfters durch das Zutreten anderer Ansteckungen als durch die Wirkung der Leprabazillen selbst bewirkt. Offenbar ermangeln die Leprabazillen fast völlig der Giftigkeit anderer Bakterien.

Der Aussatz ist heutzutage bei uns, im Gegensatz zu seinem häufigen Vorkommen im Mittelalter, einigen nördlichen und vielen östlichen und südlichen Ländern fast ausgestorben.

Diese Abnahme hat stattgefunden und setzt sich bis in die letzte Zeit weiter fort, obwohl man außer der Isolierung (in sog. Lepraheimen) kein Mittel kannte, das gegen die Krankheit Erfolg hat. Erst neuerdings scheint ein solches in dem Chaulmoolgraöl, das allerdings von den Eingeborenen Indiens schon lange angewandt wurde, gefunden zu sein.

Bei Ratten wird eine lepraähnliche Erkrankung, aber ohne Zusammenhang mit dem Aussatz des Menschen beobachtet. Ferner ist eine Erkrankung der Rinder bekannt geworden, die durch säurefeste Bazillen verursacht wird. Sie verläuft unter dem Bilde einer schleichenden, durch mäßige Gewebswucherung ausgezeichneten Darmentzündung (Enteritis pseudotuberculosa) und ist ansteckend. In den Entleerungen und dem Gewebe des veränderten Darms finden sich massenhaft die Stäbchen, die etwas kürzer als die Tuberkelbazillen sind, bisher übrigens noch nicht gezüchtet und auf Tiere übertragen werden konnten. Ihre Verwandtschaft mit den Tuberkelbazillen wird auch dadurch bewiesen, daß die erkrankten Tiere schon früh auf Tuberkulin reagieren, allerdings nur auf solches, das aus Vogelbazillen hergestellt ist.

Außer den Krankheitserregern gibt es unter den säurefesten Bazillen noch harmlose Schmarotzer und Bewohner der Außenwelt, die für uns hauptsächlich deshalb wichtig sind, weil sie unter Umständen mit Tuberkelbazillen verwechselt werden können. An erster Stelle ist der Smegmabazillus zu nennen, der außer den Absonderungen der Vorhaut auch andere fettige Stellen der Körperoberfläche (Gehörgang, Achselhöhle) bewohnt. Gewöhnlich liegt er als Stäbchen von veränderlicher, aber oft geringer Länge reichlich den Plattenepithelien des Vorhauttalgs an und kann, wenn solche dem Harn beigemischt sind, schon daran erkannt werden. Bei der Färbung erweist er sich ebenso säurefest, wie der Tuberkulosebazillus, nicht aber ebenso alkoholfest, d. h. er läßt sich ebenso schwer färben und durch Säuren entfärben, gibt aber die Farbe leichter ab, wenn er mit reinem Alkohol oder anderen Entfettungsmitteln (Chloroform, Äther) behandelt wird.

Wenn man ganz sicher gehen will, wird man sich aber auf dieses Unterscheidungsmittel, das gelegentlich, wenn nur wenige Bazillen vorhanden sind, versagen kann, nicht verlassen, sondern zur Untersuchung des Harns auf Tuberkelbazillen stets die Entnahme desselben durch Katheter verlangen. Dann ist es überflüssig, das letzte Mittel zur Unterscheidung, den Tierversuch, in dem die Smegmabazillen sich als harmlos erweisen, anzuwenden.

Auch in dem Auswurf bei Lungenbrand werden gelegentlich säurefeste Bazillen harmloser Art gefunden, ferner kommen solche bei Pflanzenfressern, z. B. Rindern, sehr häufig in ganzen Verdauungsschlauch vor, offenbar aus dem Futter stammend, denn in Gras, Heu, Erde, Mist sind sie stark verbreitet. Aus dem Kot der Tiere oder der Streu des Stalles gelangen sie dann wieder bei der üblichen unreinen Gewinnung der Milch in die letztere und in die Butter und können überall hier, wenn man sich bloß auf die Färbung verläßt, mit Tuberkelbazillen verwechselt werden. Der Tierversuch schützt davor, freilich nur, wenn man ihn in der richtigen Weise anstellt.

Gerade das Meerschweinchen ist nämlich für die „Pseudotuberkelbazillen", wie man auch diese Keime genannt hat (S. 247) empfänglich, wenn es große Mengen von ihnen, besonders mit Butterfett zugleich, in die Bauchhöhle eingespritzt bekommt. Sterben die Tiere danach freiwillig, oder werden sie nach einigen Wochen getötet, so zeigt sich bei ihnen ein Bild, das entfernt an Tuberkulose erinnert. Aus der Bauchhöhle läßt sich aber leicht der säurefeste Gras- oder Butterbazillus herauszüchten. Er wächst zum Unterschied vom Tuberkelbazillus schon bei gewöhnlicher Temperatur und in einigen Tagen zu feuchten, oft runzligen Rasen heran. Die Krankheit von Tier zu Tier, z. B. wie bei Tuberkulose, zu übertragen, gelingt nicht, ebenso ist die Einspritzung unter die Haut oder in die Muskulatur ohne Erfolg. Man wird deshalb die von Ostertag (S. 264) empfohlene Anordnung des Tierversuchs, bei der die verdächtigen Stoffe in die Schenkelmuskulatur eingeführt werden, in jedem Falle vorziehen, wenn man auf Tuberkelbazillen fahndet.

Dreiundzwanzigster Abschnitt

Strahlenpilze (Aktinomyzeten)

Wie wir schon S. 7 mitteilten, fassen wir unter dem Namen der Strahlenpilze eine Reihe von Kleinwesen zusammen, die in ihren Eigenschaften zwischen Bakterien und Fadenpilzen steht, wahrscheinlich aber stammesgeschichtlich nicht zu den letzteren, sondern zu den ersteren gehören, mit denen sie auch durch zahlreiche Übergänge, z. B. Diphtherie-, Rotz- und Tuberkelbazillen, verbunden sind. Ihnen gleichen sie in ihren stäbchenförmigen Entwicklungsformen nach Größe und Gestalt und innerem Bau so vollständig, daß sie mit ihnen verwechselt werden können. Freilich macht diese Stäbchenform auf der Höhe der Entwicklung entweder ganz oder größtenteils der Form längerer verästelter Fäden und daraus hervorgehender zusammenhängender strahliger Kolonien Platz (Fig. 63).

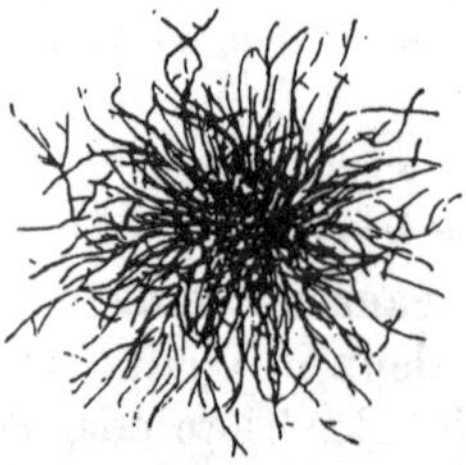

Fig. 63.
Junge Strahlenpilzkolonie.

Diese sind es in erster Linie, die den Vergleich mit Schimmelpilzen nahelegen. Allerdings nur bei Betrachtung mit bloßem Auge oder schwacher Vergrößerung, denn mit stärkerer Vergrößerung sieht man sofort, daß die Fäden der Strahlenpilzrasen bazillenartig dünn sind und wie Bazillen keine deutliche Membran, Zellinhalt und Kern unterscheiden lassen, sondern aus einem gleichmäßigen, stark färbbaren, regelmäßig auch gramfesten Leib bestehen. Eine Unterteilung der Fäden und Rasen in einzelne kürzere Bestandteile, die etwa den Zellen der Schimmelpilze entsprächen, kann auf der Höhe der Entwicklung bei den Strahlenpilzen völlig fehlen, doch tritt unter Umständen im Laufe der Entwicklung ein Zerfall des zusammenhängenden Rasens in kürzere Bestandteile ein, die wieder bazillenartig, und zwar Diphtherie- oder Tuberkelbazillen ähnlich aussehen und teilweise nicht bloß gram-, sondern auch säurefest sind. Aus diesen Bruchstücken (Fragmenten) wachsen auf neuen Nährböden wieder die zusammenhängenden Kolonien aus. Bei einzelnen Aktinomyzeten überwiegen aber während der ganzen Entwicklung umgekehrt die Stäbchenformen, während die Fäden und Rasen nur spärlich oder auf bestimmten Nährböden gebildet werden.

Bei vielen, nicht bei allen Strahlenpilzen, wird die Ähnlichkeit mit Pilzen noch dadurch verstärkt, daß sich von dem festen, auf oder in dem Nährboden liegenden Rasen Fäden fruchtträgerartig in die Luft erheben und nach Art der Oidien (S. 12) in rundliche, kettenartig aneinanderliegende Keimzellen oder Sporen zerfallen (vgl. Fig. 6, S. 7). Dem bloßen Auge erscheint eine solche Kolonie wie mit Kreide bestreut, die Nase nimmt einen deutlichen muffigen Geruch, der vielleicht von der Zerstreuung der Sporen in die Luft herrührt, wahr. Daß eine solche

Zerstreuung stattfindet, kann man schon daran erkennen, daß wenn man sich viel mit dergleichen Kulturen beschäftigt, auch auf den zu anderen Zwecken gegossenen Platten Strahlenpilzkolonien auftauchen. Diese Sporen sind zwar bezüglich Widerstandsfähigkeit nicht mit den Endosporen der Bakterien zu vergleichen, wohl aber mit Pilzsporen. Sie vertragen im feuchten Zustande selbst längere Zeit Erhitzung auf 70°, im trocknen Temperaturen von weit über 100°.

Der Name Strahlenpilz (Actinomyces bovis) wurde ursprünglich einem Krankheitserreger des Rindes gegeben, der sich dadurch auszeichnet, daß er im Gewebe Körner, d. h. Kolonien bildet, die an ihrer Außenseite an der Spitze der Fäden eine eigentümliche Verquellung und gallertige Umwandlung erfahren haben und dadurch den auf den Nährböden wachsenden Kolonien ganz unähnlich sind (Fig. 64).

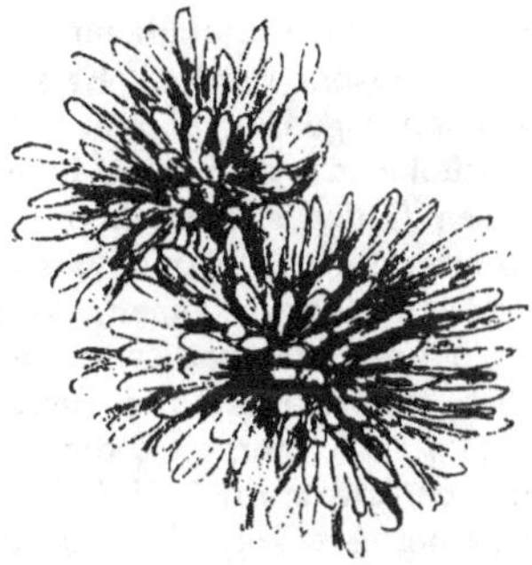

Fig. 64.
Kleine Strahlenpilzdrusen aus Eiter.

Diese „Pilzdrusen“ hat man früher für das Wesentliche in der Entwicklung der Strahlenpilze gehalten, jetzt weiß man, daß die keuligen Anschwellungen der Fadenspitzen nur Entartungsformen sind, die ausschließlich bei den Krankheitserregern unter den Strahlenpilzen und, wenn überhaupt, nur im lebenden Gewebe gebildet werden. Als man diese Erkenntnis gewonnen hatte, waren inzwischen nächste Verwandte, aber nicht drusenbildende Formen unter anderen Namen (Streptothrix, Oospora, Nocardia) beschrieben worden, und man schlug vor den Strahlenpilz als Streptothrix actinomyces mit der Familie der Streptotricheen zu vereinigen. Nachdem sich gezeigt, daß der Name Streptothrix und Oospora schon von Botanikern für echte Pilze vergeben war, ist es angebracht, die Gruppe nach dem am längsten bekannten Vertreter zu nennen, sie also Aktinomyzeten oder Strahlenpilze zu bezeichnen. Sie bilden mit den nächstverwandten Bazillen der Diphtherie, des Rotzes und der Tuberkulose die Gruppe der Myko- oder Pilzbakterien. Andere nennen sie „Trichomyzeten“, ja stellen sie irrigerweise zu den Hyptomyzeten. Mit der sog. Cladothrix, einem Abwasserpilz, haben die Aktinomyzeten nichts gemein, weil sie echte, meist senkrecht vom Hauptstamm abzweigende, seltner durch Gabelung des Hauptstamms entstehende Äste bilden, nicht bloß wie jene eine Verzweigung einzelner Glieder vortäuschen, ebensowenig mit der Leptothrix und anderen fadenartigen, aber nicht verzweigten Bakterien, die wir in Wässern und Abwässern so häufig finden und wegen ihrer Verwandtschaft mit Algen als Algenbakterien (Phykobakterien) bezeichnen (S. 9).

Die Strahlenpilze sind weit verbreitet, einerseits in unserer Umgebung als harmlose Bewohner von pflanzlichen Stoffen, Erde u. dgl., andererseits aber auch als Erreger verschiedener Krankheiten der Tiere und des Menschen.

Besondere Schwierigkeiten erwachsen der Forschung bei der Aktinomykose des Rindes und des Menschen dadurch, daß die Züchtung in den Händen der einzelnen Untersucher ganz verschiedene Ergebnisse geliefert hat, so daß man geneigt ist, mindestens 2, wahrscheinlich aber noch mehr Arten von Erregern bei dieser Krankheit anzunehmen. Das erscheint bemerkenswert, weil fast die sämtlichen, hier in Betracht kommenden Fälle von Erkrankungen durch das Vorkommen der obenerwähnten Strahlenpilzdrusen (s. o., Fig. 64) gekennzeichnet sind.

Sie erscheinen als graue, weiße oder gelblich-grüne, im Darm selbst schwarze Körner, die von einer, für das Auge noch eben sichtbaren Größe bis zu der eines Hirsekorns, ausnahmsweise einer Erbse heranwachsen und entweder fest in der Geschwulst des Gewebes, des Aktinomykoms, eingebettet oder mehr oder weniger frei in deren eiterartigen Erweichungsherden liegen. Zu ihrer Untersuchung verreibt man die körnerhaltige Masse am besten mit starker Kalilauge, wodurch das die Körner umhüllende Gewebe aufgehellt, und die pilzähnlichen Elemente besser sichtbar werden. Es sind das kolbig gestaltete, stark lichtbrechende, dicht aneinander gedrängte und strahlig um den Mittelpunkt des Korns angeordnete Teilstücke, die sich nach innen zu in viel feinere Fäden fortsetzen. Einzelne der Kolben finden sich auch frei schwimmend zwischen den Gewebsresten. Ein bestimmter innerer Bau läßt sich bei den gleichmäßig glänzenden Kolben im allgemeinen nicht erkennen, doch zeigt sich bei Vergleichung verschiedener Drusen miteinander und bei Zerzupfung der Körner, sowie schließlich bei Färbung derselben, namentlich unter Benutzung der Gramfärbung mit nachfolgender Doppelfärbung, wie man sich die Entwicklung der Kolben zu denken hat. Offenbar entstehen sie dadurch, daß die äußeren Spitzen der fädigen Bestandteile aufquellen und einer Art Vergallertung unterliegen. Die einzelnen Drusen zeigen diese Vorgänge in verschieden starkem Grade ausgebildet. Wo er im Beginn ist, sind die Kolben viel dünner und zarter, als wo er vollendet ist. Bei der Färbung erweisen sich die Fäden, die sich teilweise bis ins Innere der Kolben fortsetzen, als gramfest, während die Kolben selbst die Gegenfarbe annehmen. Statt oder neben den häufig verästelten Fäden, die im Zentrum der Drusen sich befinden, trifft man vielfach aber auch längere oder kürzere Stäbchen und kokkenähnliche Teilstücke, die man freilich nicht mit gelegentlich vorkommenden bakteriellen Verunreinigungen verwechseln darf. Häufig verkalken die Drusen, und man kann ihre Zusammensetzung erst nach Zusatz verdünnter Säure erkennen.

Die Angaben über die Ergebnisse der Züchtung lauten sehr verschieden. Nach Boström u. a. gelingt es, den Aktinomykosepilz bei Luftzutritt zu züchten, wenn man die im Mörser zerriebenen oder zwischen Glasplatten zerquetschten (u. U. verkalkten) Drusen auf möglichst viele Röhrchen mit Nährböden verstreicht. Zunächst entstehen gelbliche oder rötliche Knötchen, die später zu dicken, runzligen Rasen zusammenfließen können und sich mit einem weißlichen Pflaum bedecken. Bei Berührung läßt sich nur der weiße Pflaum leicht abstreifen, er besteht aus rundlichen Sporen, die sich in Reihen angeordnet aus in die Luft ragenden Fäden entwickeln (s. o.). Die Kolonien selbst bestehen aus einem dichten, schwer zerreißlichen Gewirr feinster, verzweigter Fäden, die in die Umgebung ausstrahlen und daher auf Platten dem Rand der Kolonien ein pilzähnliches Aussehen geben (s. o., Fig. 63). Obwohl es bisher nicht gelungen ist, durch diesen Strahlenpilz im Tier Aktinomykose zu erzeugen, wird er als *Haupterreger derselben angesehen und als Actinomyces bovis bezeichnet.*

Anders beschreiben M. Wolf und J. Israel ihre Kulturen. Die Unterschiede bestehen der Hauptsache nach darin, daß dieser Actinomyces Israeli gerade umgekehrt besser unter Abschluß als bei Zutritt der Luft wächst, bei Zimmertemperatur gar nicht gedeiht, ferner auf den gewöhnlichen Nährböden meist gramfeste, ganz diphtherieähnliche Stäbchen bildet, nur im Innern roher oder gekochter Eier deutliche Fadennetze, aber keine Sporen entwickelt, und schließlich in der Bauchhöhle von Meerschweinchen und Kaninchen aktinomykotische Wucherungen, denen auch die Drusen nicht fehlen, verursacht. Eine dritte Art von Kulturen (Lignières, Bongert) fällt ganz aus dem Rahmen der Strahlenpilze heraus. Sie sollen aus gramfreien Bazillen bestehen, die wenigstens zum Teil bei Versuchstieren eine Art von Aktinomykose veranlassen. Da Übergänge zwischen den aeroben und anaeroben Formen vorkommen, und auch sonst die Aktinomyzeten recht veränderlich sind, ist ihre Trennung vielleicht eine künstliche (Lieske).

Nach alledem ist anzunehmen, daß das bekannte Krankheitsbild der Aktinomykose bei Rindern und Menschen und wahrscheinlich auch bei anderen Tieren durch verschiedene Arten von Kleinwesen erzeugt wird. Vermutlich stimmen sie, abgesehen von den drusigen Gebilden, durch die sie meist ausgezeichnet sind, und von den Gewebsveränderungen, die sie verursachen, auch darin überein, daß sie in ähnlicher Weise, nämlich nicht durch Ansteckung von Fall zu Fall, sondern durch Übertragung der Erreger von außen entstehen. Sehr häufig sind Getreidegrannen, die dicht mit Strahlenpilzen besetzt waren, im Innern der Geschwülste gefunden worden.

Damit stimmt überein, daß die gewöhnlichen Eintrittspforten der Erkrankung in der Umgebung des Mundes oder Maules liegen, wo Verletzungen durch zufällig mit der Nahrung aufgenommene Fremdkörper pflanzlichen Ursprungs leicht statthaben. Kariöse Zähne scheinen insofern eine Anlage zur Aktinomykose zu geben, als in ihnen derartige Fremdkörper leicht stecken bleiben. Weiter unten im Verdauungskanal ist namentlich der Blinddarm der Ansteckung mit Aktinomykose besonders ausgesetzt. Aber auch auf der Haut kommt dieses Leiden zustande, z. B. durch Holzsplitter, in den Lungen z. B. durch Verschlucken von Zahnbruchstücken. Bei Tieren sind Verletzungen des Euters, Kastrationswunden u. dgl. öfters der Ausgangspunkt der Aktinomykose.

Ähnliche Strahlenpilze sind auch außerhalb der Aktinomykome auf Getreide, Heu usw. gefunden worden.

Die Ausbildung von Keulen und Drusen innerhalb der aktinomykotischen Herde ist wohl als Abwehräußerung der Pilze gegenüber den sie schädigenden Einwirkungen des lebendigen Gewebes zu betrachten und verliert ihre Ausnahmestellung dadurch, daß auch die Tuberkelbazillen und anderen säurefesten Stäbchen, sowie Schimmelpilze gelegentlich ähnliche Umwandlungen im Tierkörper erfahren. Andererseits wird man die Gewebswucherungen und Einschmelzungen, welche die Aktinomykose kennzeichnen, als Gegenmittel des Körpers gegen die Ansteckung betrachten dürfen. Freilich führen sie meist nicht ohne Kunsthilfe zur Heilung des Leidens. Als nützlich hat sich neben dem Messer des Chirurgen besonders Jod in seinen verschiedenen Formen äußerlich und innerlich bewährt. Auch das Friedmannmittel und Impfungen mit abgetöteten Kulturen werden empfohlen.

Von den eigentlichen Aktinomykosen trennt man gewöhnlich die Strahlenpilzerkrankungen, bei denen keine Kolben und Drusen gefunden werden, doch gehören sie in ihre nächste Verwandtschaft, so z. B. der sog. Rotz (Farcin) des Rindes, den Nocard als seltenes Leiden in Frankreich festgestellt hat, ferner der Madurafuß, ein Geschwür, das in Ostindien und anderen warmen Ländern häufig vorkommt. Einzelfunde stellen dar die Pilze, die in Hirnabszessen und anderen Eiterherden des Menschen, ferner bei „Pseudotuberkulose" der Lungen, in einer Eierstockgeschwulst, in den Mandeln, bei einer Erkrankung der Harnwege gefunden wurden.

Der letztere, der Actinomyces variabilis Th. Cohn, zeichnet sich durch eine besonders starke Veränderlichkeit seiner Formen aus. Sonst ähneln sie in ihren äußeren Eigenschaften bald mehr dem Actinomyces bovis, bald dem Actinomyces Israeli. Einige von ihnen sind säurefest, die meisten erzeugen beim Tier tuberkelähnliche Erkrankungen. Der Madurapilz bildet übrigens im Gewebe gelbliche Körner, die etwas an die Aktinomyzesdrusen erinnern. Die größeren Körner der schwarzen Abart des Madurafußes werden durch einen echten Fadenpilz gebildet (s. folg. Abschnitt).

Außer in Krankheitsherden und auf Schleimhäuten (Wurmfortsatz!) werden, wie schon bemerkt, Strahlenpilze häufig in der Außenwelt gefunden. Dahin gehört der sehr gemeine Actinomyces (Streptothrix) albus.

Meist wachsen sie ähnlich dem Act. bovis in langen, verzweigten, gramfesten Fäden, die strahlige, fest zusammenhängende Rasen und an der Luft Sporen entwickeln. Unterschiede betreffen das Vermögen, Farbstoff zu bilden, Gelatine zu verflüssigen, bei dieser oder jener Temperatur zu gedeihen. In letzterer Beziehung ist besonders bemerkenswert der Act. thermophilus, der, wie manche Heubazillen bei Temperaturen von 50—60°, die bei den anderen Kleinwesen schnell tödlich sind, noch zu gedeihen vermag. Er läßt sich leicht gewinnen, wenn man Kartoffelscheiben mit Erde bestreut bei den genannten Temperaturen aufstellt. Seine Sporen sind besonders widerstandsfähig und auch säurefest.

Vierundzwanzigster Abschnitt

Faden- und Sproßpilze als Krankheitserreger

Die echten Pilze haben als Krankheitserreger eine größere Bedeutung für die Pflanzen als für die Tiere. In letzterer Beziehung stehen sie den Bakterien und auch den Strahlenpilzen, die wir zuletzt besprochen, erheblich nach. Nur in seltenen Fällen vermögen sie im Innern der tierischen Gewebe zu gedeihen. Meist begnügen sie sich mit einem äußeren Schmarotzertum.

Nach den Formen, die sie im lebenden Körper zeigen, ihrer botanischen Zugehörigkeit und Ansiedlungsweise im Körper kann man die parasitären Pilze einteilen in

1. eigentliche Schimmelpilze aus der Gattung Aspergillus und Mucor, die meist in den Luftwegen, dem Auge und dem Ohr, seltner in der Haut sich finden;
2. oidienähnliche Pilze der Hautoberfläche (bei Favus, Trichophytie usw.);
3. den zwischen Sproß- und Schimmelpilzen in der Mitte stehenden Soorpilz;
4. die sproßpilzartig wachsenden und insofern mit Recht als Blastomyzeten bezeichnete Erreger tieferer Erkrankungen der Haut und anderer Organe.

Unter den in der Außenwelt weit verbreiteten Schimmelpilzen gibt es einige Arten, die auch zum Leben im Tier befähigt sind. Bezeichnenderweise sind es sämtlich solche Arten, die im Gegensatz zu der Regel auch bei Bluttemperatur gedeihen. Doch sind umgekehrt nicht alle Schimmelpilze, die bei höherer Temperatur wachsen, auch gefährlich. Bekannt sind bisher mehr als ein Dutzend Pilze, die zum großen Teil der Gattung Aspergillus (vgl. Fig. 18, S. 49) und zum kleineren Teil dem Mucor (vgl. Fig. 13, S. 12) angehören, und deren wichtigste schon im fünften Abschnitt genannt worden sind.

Im Tierversuch zeigen sie sich am gefährlichsten, wenn man Aufschwemmungen ihrer Sporen Kaninchen in die Blutgefäße spritzt. Danach entwickelt sich binnen einigen Tagen eine Pseudotuberkulose, d. h. eine Knötchenkrankheit, die hauptsächlich die Nieren, dann das Herz und die übrigen gestreiften Muskeln, gelegentlich aber auch das Gehirn und das innere Ohr (Aspergillus), sowie die Mesenterialdrüsen und die Peyerschen Haufen des Darms (Mucor) befällt.

Die Erkrankung des Kleinhirns bewirkt eigentümliche Gleichgewichtsstörungen während des Lebens. Von den Mucorarten genügen unter Umständen schon sehr geringe Mengen, um einen tödlichen Ausgang zu bewirken. Von der am meisten wirksamen Aspergillusart, dem Aspergillus fumigatus, sind immer Millionen Sporen dazu nötig. Die Sporen wachsen im Körper besonders bei den Mucorarten zu recht ausgedehnten fädigen Kolonien aus, ohne aber zu Sporenbildung zu gelangen. Die örtlichen Veränderungen, die sie hervorrufen, bestehen, wie bei den Aktinomyzeten, in einer Mischung entzündlicher und nekrotisierender Störungen und Gewebswucherungen.

Für den Nachweis der Pilze in Schnitten eignet sich am besten das Gram-Weigertsche Verfahren, in dem Anilinöl den Alkohol ersetzt. Nichttödliche Mengen von Sporen werden entweder sofort hauptsächlich durch Freßzellen des Leberendothels vernichtet, oder bilden Knötchen, die vernarben und bis zu einem gewissen Grade Immunität gegen eine neue Ansteckung bewirken.

Andere Arten der Einverleibung führen seltener zu Erkrankungen, am ehesten noch die Einspritzung in die Bauchhöhle, weil auch auf diesem Wege Sporen bis ins Blut gelangen, Impfung in die Hornhaut und Einatmung großer Mengen in die Lungen. Nach der Hornhautimpfung entsteht eine Keratitis, die mit Eiterung in der vorderen Kammer einhergeht und gewöhnlich verheilt, ausnahmsweise aber auch durch Fortschreiten zum Verlust des Auges führt. Nach dem Befund in der Hornhaut bekommt man den Eindruck, als ob die Heilung durch den Wall von Leukozyten herbeigeführt werde, der sich um den Pilzrasen herum ansammelt. Eine Fernwirkung durch Leukine (S. 58) wird dabei das Wesentliche sein. Die Einatmung verstäubter Sporen verursacht bei kleinen Vögeln und Tauben weit leichter als bei Kaninchen und anderen Tieren eine Verschimmelung der Lungen unter dem Bild einer katarrhalischen Pneumonie oder Pseudotuberkulose. Nur die letztgenannten Versuche können wir eigentlich zur Erklärung der unter natürlichen Bedingungen beobachteten Schimmelpilzerkrankungen der Menschen und Tiere heranziehen.

Nur einmal hat man eine Allgemeinerkrankung des Menschen durch eine Mucorart beobachtet, die sich mit der künstlichen Ansteckung des Blutes durch Schimmelpilzsporen vergleichen ließe. Es fanden sich außer einer Phlegmone des Rachens und Kehlkopfes Pilzherde in den Lungen, dem Gehirn, dem Darm.

Die Krankheiten, die durch Schimmelpilze hervorgerufen werden, betreffen allermeist die Lungen (Pneumomycosis aspergillina oder mucorina) und weit seltener die Hornhaut (Keratomycosis) oder den äußeren Gehörgang (Otomycosis). Schimmelpilzerkrankungen der Lunge sind gelegentlich bei allen Haustieren beobachtet worden, am häufigsten und seuchenartig aber bei Tauben. Sie erklären sich wohl daraus, daß diese Tiere durch ihre Zusammendrängung in engen Schlägen leichter in die Lage kommen, große Mengen von gefährlichen Schimmelsporen einzuatmen. Von Tauben scheinen der Hauptsache nach auch die Ansteckungen der menschlichen Lunge auszugehen.

In Frankreich hat man sie auffällig oft bei Taubenmästern und außerdem Haarkämmern, also bei Leuten, die viel mit organischem Staub zu arbeiten haben, gefunden. Während des Lebens wird man die Krankheit außer durch Züchtung in Pilznährböden (S. 48) am besten durch Untersuchung des Auswurfs im frischen Zustande erkennen. Empfehlenswert ist dabei ein Zusatz von starker Kalilauge da sie die Pilzfäden, Sporen und Sporenfrüchte, die sich in der Lunge häufig finden, deutlicher hervortreten läßt.

Die gewöhnlich auf der Haut schmarotzenden Pilze des Menschen und der Tiere bieten bei der Untersuchung ihrer Erzeugnisse, die man am besten in einem Tropfen starker Kalilauge vornimmt, ein recht einförmiges Bild dar: es erinnert nicht an die bisher bekannten höheren Schimmelpilze mit gut entwickelten Fadenmyzel und verwickelter Fruchtbildung, wohl aber an den einfachsten aller Schimmelpilze, das Oidium lactis (S. 50). Die verhältnismäßig seltenen Pilzfäden, die aus schlauchförmigen, mit Scheidewand versehenen Zellen bestehen, treten meist ganz zurück hinter den zuerst kurzstäbchenförmigen, eckigen, später abgerundeten Teilstücken, Oidiensporen, auch Myzel- oder Endokonidien genannt, in welche diese Fäden früher oder später zu zerfallen pflegen. Diese ihre Entstehung ist allerdings nur da deutlich, wo die

Teilstücke ihre ursprüngliche Lagerung noch bewahrt haben, wie es z. B. im Innern der Haare der Fall zu sein pflegt (Fig. 65). Dort liegen sie in Reihen hintereinander, etwa wie die Glieder eines gefärbten Milzbrandfadens.

Weniger wegen der unbedeutenden Unterschiede, die man bei der unmittelbaren Prüfung der Hautpilze zwischen ihnen feststellte, als wegen der ungleichen Krankheitsbilder, die sie hervorrufen, hat man sie seit ihrer Entdeckung in den 40er Jahren des vorigen Jahrhunderts in Einzelgattungen und Arten geschieden.

Als es dann gelang, sie rein zu züchten, schien zunächst ihre Übereinstimmung so groß, daß man ihre Trennung wieder rückgängig machen wollte. Ein genaues Studium deckte andererseits so zahlreiche Unterschiede auf, daß z. B. ein Kenner, wie Sabouraud, ein halbes Dutzend Achorionarten als Erreger des Favus, fast ein Dutzend Mikrosporonarten und nicht weniger als zweieinhalb Dutzend Trichophytonarten als Erreger der Trichophytie beschreiben konnte. Demgegenüber hat man aber mit Recht die Unbeständigkeit der vorgefundenen Unterschiede betont und darauf hingewiesen, daß die sog. Arten, vielleicht sogar die Gattungen der Hautpilze nichts anderes zu sein scheinen als Spielarten, deren Unterschiede sich durch Anpassung an verschiedene Wirte und Standorte ergeben haben, und die sich durch Zurückbringen auf den Ursprungsort unter Umständen wieder ausgleichen lassen. In der Tat soll das für die als besondere Arten aufgefaßten Favuspilze der Hühner, Hunde und Mäuse gelungen sein.

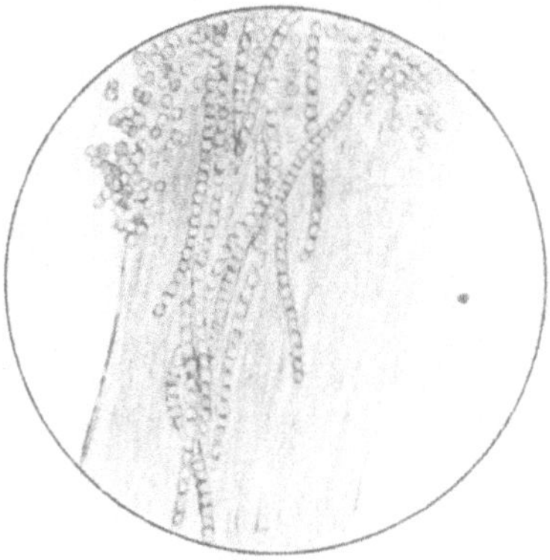

Fig. 65. Favuspilz im Haar.

Wir verzichten hier um so eher auf die Schilderung der zahlreichen Pilzarten und bemerken nur, daß sie in der üblichen Weise auf Platten rein gezüchtet werden können, nachdem man die Schuppen und Haare, die sie enthalten, im Mörser gründlich zerrieben hat. Als Nährboden benutzt man Zuckeragar von der gewöhnlichen Zusammensetzung, aber in nicht neutralisiertem (sauren) Zustande.

Über die Wachstumsart der Hautpilze unterrichtet man sich in der einfachsten Weise durch die Züchtung an Ort und Stelle, d. h. indem man ein die Pilze enthaltendes Haar oder Schüppchen auf einen Objektträger legt, ein Deckglas mit Wachströpfchen darüber kittet und nun das Ganze in einer feuchten Kammer bei etwa 25—35° hält. Nach einigen Tagen findet man, daß ein Teil der alten Sporen zu Fäden ausgekeimt ist, und diese sich wieder in Oidien oder große Brutzellen (Chlamydosporen) verwandelt haben, daneben aber auch feine Luftfäden gebildet sind, die ihrerseits in kurzen Zweigen (Kammzinken) kleine einzellige Ektosporen (Konidien) oder an längeren Zweigen größere mehrzellige Spindelsporen abgeschnürt haben.

Von den Hautpilzen verdienen die des Favus und der Trichophytie am ehesten die Bezeichnung als Krankheitserreger, während die Pilze der Pityriasis versicolor (Microsporon furfur) und der Trichosporie eher als Mitesser zu bezeichnen sind. Die ersteren lassen sich meist auf Tiere, z. B. Mäuse, übertragen, am einfachsten, indem man Schuppen oder Teile von Reinkulturen zwischen Schmirgelpapier verreibt und damit wieder die vorher rasierte Haut einreibt. Außer der Fähigkeit, auf der Haut zu wachsen, besitzen fast sämtliche Hautpilze auch das Vermögen, vom Blut aus Kaninchen in ähnlicher Weise krank zu machen, wie wir es bei vielen, in höheren Temperaturen wachsenden Schimmelpilzen kennen gelernt haben (s. o.). Es entstehen auch hier pseudotuberkulöse Zustände.

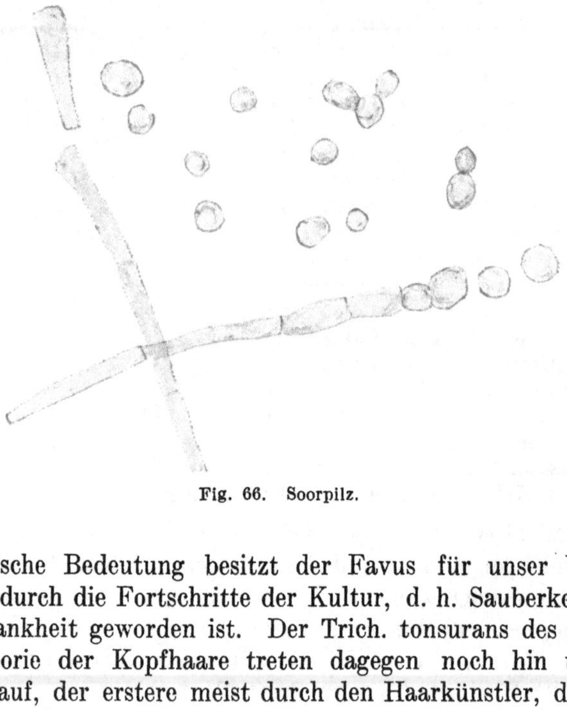

Fig. 66. Soorpilz.

Hygienische Bedeutung besitzt der Favus für unser Volk kaum noch, da er durch die Fortschritte der Kultur, d. h. Sauberkeit, zu einer seltenen Krankheit geworden ist. Der Trich. tonsurans des Bartes und die Mikrosporie der Kopfhaare treten dagegen noch hin und wieder epidemisch auf, der erstere meist durch den Haarkünstler, die letzteren durch die Schule verbreitet. Außer der Ansteckung von Mensch zu Mensch kommen auch Ansteckungen durch Tiere vor, mit Favus durch Mäuse, Hühner und Hunde, mit Trichophytie durch Rinder und Pferde, Katzen und Hunde.

Außer der örtlichen Behandlung hat man gegen Hautpilze auch Impfungen mit ihren Erzeugnissen (Trichophytin) mit einem gewissen Erfolg angewandt. Die mit Pilzen behafteten Personen zeigen auch oft Überempfindlichkeit bei der kutanen oder intrakutanen Impfung. Je tiefer der Pilz sitzt, desto eher erzeugt er *Überempfindlichkeit und Immunität,* und zwar gilt beides nicht bloß für die gleichen, sondern auch für die anderen Hautpilze, ein weiteres Zeichen für deren nahe Verwandtschaft. Nach Bloch haftet die Überempfindlichkeit an dem Gewebe selbst, denn es bleibt überempfindlich auch nach der Überpflanzung.

Bei dem Soorpilz hat man von jeher nebeneinander schimmelpilzähnliche Fäden und hefeähnliche Sproßzellen gefunden (Fig. 66). In der Tat zeigt er auch in Reinkulturen beide.

Die ältere Bezeichnung des Sporenpilzes als Oidium albicans paßt viel weniger als die neuere Sacch. albicans, denn eigentliche Oidien dem Oidium lactis vergleichbar (S. 50) werden vom Soorpilz überhaupt nicht gebildet. Die rundlichen Formen, die man bei ihm zu sehen bekommt, ja selbst die gelegentlich im Fadenmyzel auftretenden dickwandigen Brutzellen (Chlamydosporen), sind stets durch Sproßung entstanden (Sproßkonidien).

Die Oberflächenkolonien sind gewöhnlich rund und bestehen aus Hefe, die tief liegenden sind verästelt durch Bildung von langen Sprossen oder Fäden. Daher sind Stichkulturen baumartig verästelt. Traubenzucker, Fruchtzucker und Malzzucker werden vom Soorpilz vergoren, aber lange nicht so kräftig wie von der echten Hefe, Milchzucker wird nicht angegriffen, Gelatine regelmäßig, wenn auch langsam erweicht.

Kaninchen tötet der Soorpilz ebenso wie die Haut- und Schimmelpilze vom Blut aus durch eine pseudotuberkulöse Allgemeinerkrankung; beim Menschen werden solche nur ganz ausnahmsweise beobachtet, um so häufiger aber die bekannten weißen Wucherungen im Munde und Rachen, sowie auf den benachbarten Schleimhäuten, seltener im Darm, in der Scheide und Harnblase. Bei Tieren (Kälbern und Fohlen, Vögeln) fehlt der Soor nicht, ist aber lange nicht so häufig. Ansteckung von Person zu Person findet beim Soor der Regel nach nicht statt, vielmehr zeigt sich der Pilz, ohne daß Berührungen nachweisbar sind, bei dafür empfänglichen Personen, d. h. Säuglingen mit mehr oder weniger gestörter Verdauung, heruntergekommenen Typhuskranken, schwachen Greisen usw.

Weil man daraus auf eine große Verbreitung der Ansteckungsquellen für Soor schließen muß, hat Plaut sie in der Außenwelt gesucht und geglaubt, den Soorpilz in der auf Früchten und Mist sehr gewöhnlichen Monilia candida wiedergefunden zu haben. Eine Ähnlichkeit beider Pilze ist zwar vorhanden, die scheinbar selbständige Entstehung des Soors könnte aber auch daraus zu erklären sein, daß die Soorkeime, worauf manche Erfahrungen hinweisen, auch auf völlig gesunden Schleimhäuten häufig vorkommen. Eine eigentliche Erkrankung ruft der Soor gewöhnlich nicht hervor, doch kann er den bestehenden Krankheitszustand verschlechtern, wie schon daraus hervorgeht, daß der Pilz, nach Schnitten (Gram oder Gram-Weigert) zu beurteilen, nicht selten seine Fäden oft in das Schleimhautgewebe hineintreibt. Ohne das würde sich auch das gelegentliche Übergreifen des Soor auf innere Organe nicht erklären.

Der Soor leitet über zu Erkrankungen, bei denen man bisher nur Sproßpilze im Gewebe gefunden, und die man deshalb als Blastomykosen bezeichnen kann. Freilich gehören nur einige dieser Sproßpilze zu den echten Hefepilzen (Saccharomyces), die übrigen bilden auf künstlichen

Nährböden ein Fadenmyzel und sind teils zur Gattung Oidium, teils zum Sporotrichum (s. u.) gestellt worden. Alle diese Erreger dringen gewöhnlich von der Haut aus in den Körper ein, erzeugen aber tiefer greifende Veränderungen als die Hautpilze im engeren Sinne und nicht selten Herde in fernen Organen und Allgemeinerkrankungen.

Der am längsten bekannte Krankheit erregende echte Sproßpilz ist die Monospora bicuspidata Metschnikoffs. Er wächst in der Leibeshöhle von Flohkrebsen unter Bildung länglicher Sproße, die sich später in Sporenschläuche mit je einer fast nadelförmigen Spore umwandeln.

Ebensolange bekannt ist der Cryptococcus (Saccharomyces) farcinicus Rivoltas, die Ursache einer seuchenartig auftretenden Lymphangitis, die auch als gutartiger, afrikanischer oder japanischer Rotz der Pferde und Rinder bezeichnet wird.

Genau erforscht und als echte Hefen erkannt sind Keime seltener Krankheiten des Menschen, vor allem der von Busse und Buschke aus demselben Fall beschriebene Sacch. hominis. Er ähnelt in Gestalt, Größe und Wachstumsweise außerordentlich den in Luft und Fruchtsäften weit verbreiteten Torulahefen (vgl. Fig. 19, S. 50).

Im Gewebssaft erscheint er häufig von einer bis mehreren Schichten Kapseln umgeben, die bei der Gramfärbung sich nicht mitfärben, und im Innern größerer einkerniger Freßzellen oder Riesenzellen eingeschlossen. Er vermehrt sich durch Sproßung, doch bleiben die Zellen, wie bei den übrigen Torulaarten gewöhnlich nicht dauernd in Sproßverbänden zusammen, so daß es bei einer erwachsenen Kultur oder im Gewebe schwer fällt, überhaupt eine Andeutung der Sproßung, einen Zusammenhang von Mutter- und Tochterzellen zu finden. Die Kulturen sind auf den gewöhnlichen Nährböden leicht zu erhalten, aber abgesehen von den gelben bis dunkelbraunen Rasen, die auf Kartoffeln gebildet werden, nicht durch besondere Merkmale ausgezeichnet.

Tieren gegenüber besaß der Sacch. hominis ursprünglich eine ziemlich erhebliche Ansteckungskraft, indem er Mäuse nach Impfung mit nicht zu kleinen Mengen entweder schnell durch eine Art Septizämie tötete, oder bei diesen Tieren und ebenso bei Ratten kleinere oder größere geschwulstartige Wucherungen an der Impfstelle und in den verschiedenen Organen erzeugte, die sich bei mikroskopischer Untersuchung allerdings als nichts anderes denn als große Hefekolonien entpuppten. Unter Umständen, wenn sie sich z. B. im Schädel entwickelten und diesen durch ihren Wachstumsdruck sprengten, wurden diese Pseudotumoren noch spät zur Todesursache. Bei zunehmender Abschwächung verringert sich anscheinend die Wachstumsfähigkeit der Hefe im Tierkörper, während ihre Fähigkeit, das Gewebe zur Wucherung anzuregen, dann mehr hervortritt. Es können so geschwulstartige Veränderungen, die wenig oder gar keine Hefezellen enthalten, entstehen. Auch den von Busse beschriebenen Fall menschlicher Erkrankung, der ursprünglich als ein Fall von Knochensarkom aufgefaßt wurde, hat man bei näherer

Prüfung als chronisch entzündliche Geschwulst, die durch unsere Hefe hervorgerufen war, erkannt. Bei demselben Kranken zeigten sich vorher und nachher auf der Haut akneartige Knötchen und Geschwüre, die, wie auch Impfungen an ihm selbst ergaben, durch dieselbe Hefe bedingt waren. Nach dem Tode des Kranken wurden ähnliche Herde auch in den inneren Organen gefunden. Später sind noch mehrere Fälle von Hefeerkrankungen beschrieben worden, bei denen es sich eigentümlicherweise zum Teil um Herde im Gehirn handelte. Bald trat bei den Veränderungen mehr das Bild einer Geschwulst, bald das einer schleichenden Eiterung hervor. Die Befunde von solchen Hefezellen beschränkten sich aber nicht auf die genannten Krankheiten, sondern wurden auch gemacht bei echten Geschwülsten, insbesondere Krebsen. Die weitere Forschung hat hier freilich ergeben, daß die Hefepilze nur nachträglich, vor allem durch die zerfallene Oberfläche der Geschwülste in sie hineingelangen. Sind sie doch auch gelegentlich auf den Schleimhäuten und der Haut zu finden.

Ein ursächlicher Zusammenhang der bösartigen Geschwülste mit Hefezellen ist um so weniger anzunehmen, als es nach den neueren Erfahrungen immer zweifelhafter geworden ist, ob diese Störung überhaupt infektiösen Ursprungs ist. Zunächst hat man in immer zahlreicheren Fällen durch alle möglichen chemischen und physikalischen Mittel wie z. B. Bepinselung mit Teer, parasitische Würmer, Röntgenstrahlen, Kälte Krebse erzeugen können, damit also die alten klinischen Erfahrungen über den Zusammenhang des Krebses mit örtlichen Reizen bestätigt. Ferner sind die bösartigen Geschwülste, wie man auf Grund zahlreicher, namentlich mit den Mäusekrebsen Jensens gemachter Versuchen jetzt sagen darf, leicht übertragbar, aber nach den allermeisten Untersuchungen nur auf Tiere gleicher Art und nur, wenn man unversehrte Geschwulstzellen, nicht den Saft, der zwischen ihnen sich befindet, oder aus ihrer Zerstörung zu gewinnen ist, zur Impfung benutzt. Die Geschwulstübertragung ähnelt also der Überpflanzung anderer Gewebsarten, nicht der Überimpfung ansteckender Stoffe. Es gelingt auch die krebsigen Gewebe in ähnlicher Weise zu züchten, wie es mit anderen pflanzlichen und tierischen Zellen möglich ist. Sonach scheint es, als ob die schrankenlose Entwicklung unabhängig von ganz bestimmten Erregern erfolge, das Suchen nach solchen also überflüssig sei. Immerhin hat man in alledem noch keine strengen Beweise gegen die Möglichkeit eines weit verbreiteten, aber bisher noch nicht faßbaren Mikroben der Krebskrankheit. Vor allen Dingen ist es aber nicht ausgeschlossen, daß es vielleicht doch noch daneben besondere Geschwulstformen gibt, die ansteckenden Ursprungs sind. Wir kommen später bei Besprechung der filtrierbaren Erreger (Abschnitt 28 am Schluß) darauf zurück. Bedeutungsvoll sind diese Krebsstudien übrigens auch insofern geworden, als sie gelehrt haben, daß auch eine Art Immunität gegen Geschwülste erworben werden kann (Ehrlich nennt sie eine „atreptische", d. h. auf Fehlen bestimmter Nährstoffe beruhende Immunität), und daß ebenso eine Chemotherapie und eine unspezifische Reiztherapie des Krebses nicht ganz ausgeschlossen ist. Wenn neuerdings Sanfelice, der ein halbes Leben lang für die krebserzeugende Wirkung seines Saccharomyces neoformans eingetreten ist, von Erfolgen mit einem daraus hergestellten Impfstoff berichtet, so braucht es sich noch nicht um spezifische Wirkungen zu handeln.

Im erkrankten Gewebe des Menschen sehen den bisher betrachteten echten Hefepilzen ganz ähnlich die Erreger mancher bisher fast nur in Amerika beobachteter Knoten und Geschwüre, die als Hautblastomykose oder Oidiomykose bezeichnet werden. Sie unterscheiden sich aber, abgesehen von ihrer größeren Gestalt (10—20 μ), dadurch, daß sie in künstlichen Nährböden nicht wie Hefe, sondern wie Schimmelpilze, d. h. mit Luftmyzelien, wachsen.

Die Tierversuche mit diesen Pilzen sind sehr ungleich ausgefallen. Auch sind wohl nicht sämtliche in der Literatur beschriebene Fälle von Blasto- oder Oidiomykose mit Sicherheit auf derartige Pilze zurückzuführen. Muß man doch bei allen Hautgeschwüren, ebenso wie bei geschwürig zerfallenen Krebsen mit der Möglichkeit rechnen, daß Pilze nachträglich von außen in sie einwandern.

Derselbe Einwand kann auch erhoben werden gegen die rückhaltslose Anerkennung einer anderen, von Frankreich aus neuerdings beschriebenen Erkrankung, die meist ebenfalls von der Haut ausgeht, der Sporotrichosis. Auch hier sind bisher im Gewebssaft selbst nur länglich runde, sproßpilzartige Körperchen gefunden worden, während in den Nährböden nur Rasen von Fadenpilzen und Luftmyzelien mit Konidiensporen auswuchsen.

Fünfundzwanzigster Abschnitt

Spirochäten

Die Spirochäten sind, wie die Spirillen (S. 6 u. 8), schraubenförmig gestaltet, sie unterscheiden sich aber von ihnen und auch von den Bazillen dadurch, daß sie nicht starr, sondern biegsam sind und sich durch selbständige Zusammenziehung ihres Körpers schlangenartig bewegen können. Kommt den Spirochäten hierdurch ein Merkmal zu, das sie von den Bakterien trennt und an die Seite der einzelligen Tiere stellt, so besitzen auch ihre sonstigen Bewegungen Eigentümlichkeiten, die man bei den Spirillen nicht findet.

Sie drehen sich nämlich blitzschnell um ihre Längsachse, gleiten dabei vor und wieder zurück, beugen sich nach links und rechts, brauchen dabei aber nicht wesentlich ihre Stelle zu verändern. Über die Art, wie diese Bewegungen zustande kommen, ist man sich noch nicht ganz klar. Abgesehen von muskelartigen Bestandteilen ihres Leibes, welche die Zusammenziehungen bewirken, könnten Geißeln daran beteiligt sein. Bisher ist es aber nur selten gelungen, solche Organe darzustellen, und gerade da, wo man sie, wie bei Rekurrens- und Hühnerspirochäten in Form von dicht gestellten Seiten- und Polgeißeln nachgewiesen zu haben glaubte, hat man sie als künstliche Erzeugnisse, als Auffaserung ihrer äußeren Leibesschicht erklären wollen. Auch die feinen Fortsätze, die man bei manchen Spirochäten an den Polen hin und wieder erkennen kann, werden nicht ohne weiteres als Geißeln zu betrachten sein. Erst recht zweifelhaft ist das Vorkommen welliger Säume, die am Körper der Spirochäten, wie an dem der Trypanosomen entlang laufen sollen. Die Trennung der Spirochäten in Treponemen, Leptospiren, Spirosomen ist verfrüht, ihre Vermehrung durch rundliche Knospen sehr zweifelhaft.

Auch andere Eigenschaften, welche die Verwandtschaft der beiden Arten von Lebewesen und damit die Zugehörigkeit der Spirochäten zu den Protozoen begründen sollen, können entweder, wie der Besitz von Kernen, die Teilung durch Längsspaltung, den Spirochäten nicht mit Sicherheit zugeschrieben werden, oder sind, wie das Verhalten gegen Lösungsmittel (Lipoide, Alkalien), nicht dafür beweiskräftig. Nur in einer Beziehung ist die Übereinstimmung zwischen Spirochäten und Protozoen bemerkenswert, nämlich in der Art, wie sie als Krankheitserreger auftreten und sich verbreiten. Man vergleiche z. B. die Syphilis des Menschen und die Beschälseuche der Pferde, die Rekurrens und die Malaria des Menschen. Im großen und ganzen stehen die Spirochäten jedoch den Bakterien weit näher als den Protozoen. Wir drücken dieses Verhältnis vielleicht dadurch am besten aus, daß wir die Spirochäten als Zoobakterien von den echten Bakterien bzw. den Spirillen abzweigen (S. 8).

Unter den Spirochäten gibt es mehrere Arten, die in der Außenwelt, und zwar im schmutzigen Wasser leben, so außer der Spir. pseudoicterogenes (s. u.) die Spir. plicatilis und gigantea. Beide sind groß, selbst riesig und daher leicht zu erkennen. Weit größere Schwierigkeiten macht wegen ihrer Winzigkeit die Untersuchung der übrigen Spirochäten, die teils als harmlose Mitesser, teils als Krankheitserreger in tierischen Säften leben. Für sie sind außer der Färbung zwei Verfahren geeignet, die beide darauf hinauslaufen, daß sie die farblosen und das Licht durchlassenden bzw. zurückwerfenden Spirochäten gegen einen dunklen Hintergrund hervortreten lassen. Das von Burri ausgebildete Tuscheverfahren besteht darin, daß man die spirochätenhaltige Flüssigkeit mit einem Tropfen chinesischer Tusche, die man mit gleichen Teilen Formalinwasser verdünnt hat, vermischt, dann in dünner Schicht ausbreitet, trocknen läßt und in Immersionsöl oder Balsam untersucht (vgl. Fig. 61, S. 252). Für die Untersuchung im Dunkelfeld ist eine besondere Beleuchtungsvorrichtung, der Paraboloidkondensor von Zeiss oder der Spiegelkondensor von Reichardt nötig, die gestattet, die Gegenstände nur mit seitlichen Strahlen zu beleuchten. Dadurch, daß das Licht von ihnen zurückgeworfen wird, erscheinen die Spirochäten hellglänzend auf dunkler Fläche. Die Spirochäten zeichnen sich dabei vor anderen kleinsten Körperchen durch ihre Gestalt und eigentümliche Bewegung (s. o.) aus.

Zur Färbung der Spirochäten sind außer der Grammethode, die hier versagt, die gewöhnlichen Färbungen meist anwendbar, nur die kleinsten von ihnen, so die Spir. pallida der Syphilis sind schwieriger färbbar. Besondere Verfahren erfordert die Darstellung der Spirochäten in Blut und Schnitten (s. u.). Die Züchtung der Spirochäten gelang zunächst nicht, neuerdings zeigte es sich, daß sie in Serumgemischen unter besonderen Bedingungen oft zum Wachstum zu bringen sind. Sie scheinen fast alle nur bei geringer Sauerstoffspannung zu gedeihen. Bei den Schwierigkeiten, die sich der Anwendung des Züchtungsverfahrens entgegenstellen, ist es von großem Vorteil, daß die Mehrzahl der Spirochäten sich auf unsere gewöhnlichen Versuchstiere übertragen läßt.

Im Munde sind Spirochäten regelmäßige Gäste, besonders finden sie sich im Zahnbelag bei mangelhafter Mundhygiene oder Karies. Ihre Gestalt wechselt, so daß man zwei oder mehr Arten unterschieden hat. Die Spir. buccalis (vgl. Fig. 61, S. 252) ist größer, flach und unregelmäßig (peitschenschnurartig) gewunden, die Spir. dentium klein, korkzieherartig, der Spir. pallida ähnlich. Im Tierversuch sind sie zwar unschädlich, für den Menschen aber nicht immer so harmlos, wie sie nach ihrem gewöhnlichen Auftreten scheinen, denn bei der Plaut-Vincentschen Angina, der Stomatitis ulcerosa, Alveolarpyorrhöe, skorbutischen Geschwüren, Noma, aber auch bei hospitalbrandähnlichen Veränderungen der Hautwunden, die unter dem Namen der Tropengeschwüre bekannt sind, kommen Spirochäten, die von der Mundspirochäte nicht zu unterscheiden sind, so massenhaft und so tief im Gewebe vor, daß man sie als Krankheitserreger betrachten möchte. Regelmäßig werden sie dabei von den sog. Spießbazillen begleitet, die wir schon früher (S. 252), und zwar auch als Bewohner der gesunden Mundhöhle kennengelernt haben.

Daß es sich in diesen Fällen um Krankheiten handelt, die durch Spirochäten zwar nicht hervorgerufen, aber wenigstens verschlimmert werden, wird dadurch wahrscheinlich, daß das Salvarsan (s. u.) sich als Heilmittel dabei öfters bewährt hat. Vielleicht sind auch die Spirochäten, die gelegentlich bei Lungengangrän, im gesunden und kranken Darm, in zerfallenen Krebsgeschwülsten gefunden werden, mit denen der Mundhöhle nahe verwandt. Die Spir. refringens, die Schaudinn neben der Spir. pallida auf syphilitischen Geschwüren oder auch ohne sie auf nicht syphilitischen gefunden hat, ist meist größer, aber auch so unregelmäßig und flach gewunden wie die Spir. buccalis.

Von den sicher Krankheit erregenden Spirochäten ist am längsten bekannt die des europäischen Rückfallfiebers, die von Obermeier schon 1868 beschrieben wurde. Es sind 10—40 μ lange, dünne Fäden, die 3—12 meist flache Windungen und bei Färbung spitz ausgezogene Enden zeigen (Fig. 67). Sie liegen entweder einzeln oder zu mehreren miteinander verschlungen, manchmal in dichten Büscheln. Bei ganz langen Formen sieht man nicht selten in der Mitte eine Verdünnung, die den deutlichen Eindruck hervorruft, als ob hier eine Querteilung im Werden sei. Andererseits werden hier, wie bei anderen Spirochäten Bilder beobachtet, die als Längsteilungen gedeutet worden sind; es scheint sich aber um Verschlingungen zweier unabhängiger Spirochäten zu handeln.

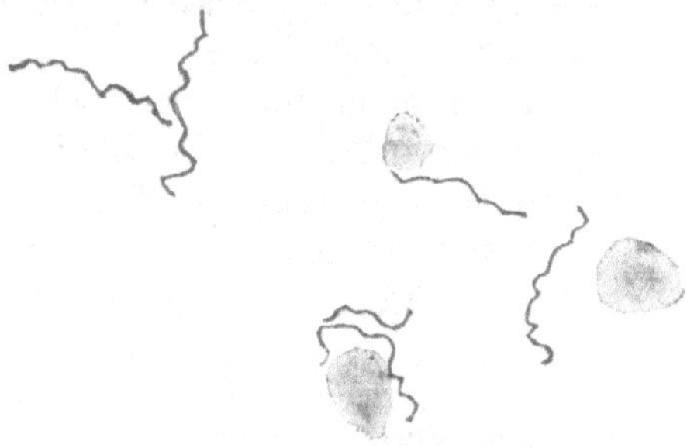

Fig. 67. Rekurrensspirochäten.

Die Spirochäten finden sich fast ausschließlich im **Blut der Kranken**, allerdings nur während der Fieberanfälle, aber so massenhaft, daß ihr Nachweis keine Schwierigkeiten bereitet. Alle Anilinfarben sind dafür geeignet. Sind die Spirochäten nur vereinzelt vorhanden, so bedient man sich am besten statt dünner Blutausstriche des **dicken Tropfens**, d. h. man läßt einen Bluttropfen in dicker Schicht eintrocknen und färbt diesen, ohne ihn vorher zu härten, mit wäßrigen Farben, wodurch man eine Auflösung des Blutfarbstoffes erreicht. Damit der getrocknete Tropfen an dem Glase haften bleibt, wird nach dem Färben nur vorsichtig abgespült und an der Luft getrocknet.

Bemerkenswert ist, daß die Spirochäten auch in die Zerebrospinalflüssigkeit übergehen und mannigfache Erkrankungen wie Lähmungen, Iritis erzeugen können. Auch Übergang in das Fötalblut ist beobachtet worden, aber keine Ausscheidung durch die Nieren oder den Darm.

Die Spirochäten des Rückfallfiebers bewegen sich im freien Zustande in der früher geschilderten Weise und behalten die Bewegung auch tage-, ja wochenlang bei, wenn man sie bei niederen Temperaturen in defibriniertem oder Zitratblut aufhebt. Bei 45° sterben sie offenbar ab und ebenso beim Trocknen. Dauerzustände sind weder bei ihnen, noch bei anderen Spirochäten mit Sicherheit nachgewiesen. Im Leichenblut sind sie oft bewegungslos, aber stets nachzuweisen, sofern der Tod im Fieber eingetreten ist. In Schnitten sind sie am leichtesten durch Versilberung (vgl. Syphilis) darzustellen.

Die Rekurrensspirochäte läßt sich am besten in flüssigem Kaninchenserum, das mit Paraffinöl überschichtet ist, züchten, sie erhält dabei ihre Virulenz, d. h. sie läßt sich wie die des Blutes auf Tiere übertragen. Ursprünglich hielt man nur **Affen** für empfänglich.

In der Tat eignen sich diese Tiere deshalb am meisten, weil sie nach Einspritzung von Blut unter die Haut regelmäßig, und zwar in ähnlicher Weise wie der Mensch erkranken. Freilich bleibt es bei ihnen gewöhnlich bei **einem** Anfall. Später hat sich gezeigt, daß auch **Ratten** und **Mäuse**, weit weniger die größeren Laboratoriumstiere für Rekurrens empfänglich sind, besonders bei wiederholter Impfung vom Kranken aus. Sind die Spirochäten einmal in diesen Tieren angegangen, so passen sie sich offenbar besser an sie an und können auch tödliche Krankheit hervorrufen. Diese verläuft hier wie beim Menschen in wiederholten Schüben. Man überzeugt sich davon durch regelmäßige Untersuchung des Blutes, das man am einfachsten durch Abschneiden eines Schwanzstückchens gewinnen kann.

Die natürliche Übertragung der Ansteckung von Mensch auf Mensch erfolgt durch Kleiderläuse, vielleicht auch durch Wanzen. Die Spirochäten machen in ihnen wahrscheinlich eine besondere Entwicklung durch, die bewirkt, daß die Läuse nur gewisse Zeit ansteckungsfähig sind. Das Gebundensein der Rekurrensspirochäten an die Läuse erklärt die schon lange bekannte Vorliebe der Krankheit für rückständige Völker, schmutzige Leute und Landstreicher.

Neben der europäischen (oder russischen) Rekurrens unterscheidet man auf Grund gewisser Merkmale eine mittelafrikanische, nordafrikanische, indische und amerikanische Form, doch fragt es sich, ob man es hier nur mit zeitweiligen Anpassungen (Spielarten) oder mit beständigen Arten zu tun hat. Das mittelafrikanische Rückfallfieber wird durch eine Zeckenart (Ornithodorus moubata) übertragen (Zeckenfieber), die übrigen durch Kleider- oder Kopfläuse. In den Zecken bleiben die Spirochäten sehr lange ansteckungsfähig und gehen durch ihre Eier auch auf die folgenden Geschlechter über.

Die Rekurrens ist bei uns schon zu einer seltenen Krankheit geworden, ehe man die Art ihrer Verbreitung kannte, wie wir jetzt sagen dürfen, weil die Läuse bei uns nicht mehr als Haustiere anerkannt wurden. Wo die Rekurrens noch herrscht, oder ihre Einschleppung droht, wird man durch einen energischen Krieg gegen dieses Ungeziefer schnell Erfolge erzielen. Unter diesen Umständen hat die Frage, ob man gegen die Rekurrens einen Impfschutz erreichen könne, mehr wissenschaftliche Bedeutung.

Daß es eine erworbene Immunität gegen diese Seuche gibt, lehren zahlreiche Erfahrungen: das Überstehen der Krankheit schützt gegen eine Neuansteckung. Schon der Umstand, daß der zweite Fieberanfall schwächer ist als der erste, der dritte schwächer als der zweite, und schließlich weitere Anfälle ausbleiben, spricht dafür, daß die Wachstumswiderstände, denen die Spirochäten im menschlichen Körper begegnen, mit jedem Anfall zunehmen und schließlich zu ihrer endgültigen Vernichtung führen.

Der Tierversuch an Affen, Ratten und Mäusen hat diese Ergebnisse im ganzen bestätigt, außerdem aber gezeigt, daß die Immunität sich wesentlich auf die betreffende Abart von Rekurrens, nicht oder mindestens nicht in demselben Maße auf die übrigen Abarten erstreckt. Auch darüber, wie der Impfschutz zustande kommt, sind wir einigermaßen unterrichtet, da im Serum immunisierter Tiere und Menschen neben agglutinierenden lytische und opsonische Stoffe und deutliche Schutzkräfte nachgewiesen worden sind. Wenn der erste Fieberanfall gewöhnlich noch nicht zur völligen Besiegung der Ansteckung führt, so scheint das nach einer nicht unwahrscheinlichen Erklärung daran zu liegen, daß die während des Anfalls gebildeten Gegenkörper zwar die große Mehrzahl der Spirochäten unschädlich machen, aber einige serumfeste Schmarotzer übrigbleiben, die durch ihre Vermehrung einen zweiten Anfall bewirken. Während desselben bilden sich dann wieder neue Gegenkörper, die auch diese Generation von Parasiten bis auf wenige Ausnahmen unterdrücken. Die Krankheit erlischt erst, wenn keine serumfesten Spirochäten überleben.

Immunserum von Tieren oder von Rekonvaleszenten ist prophylaktisch und therapeutisch zu benutzen, als vorzüglichstes Heilmittel gegen Rekurrens hat sich aber das Salvarsan, und zwar noch besser als bei der Syphilis (s. u.) bewährt. Eine einzige Gabe genügt, um die Krankheit zu bezwingen. Umgekehrt verwendet man jetzt die Rekurrens — wie die Malariainfektion — zur Heilung der Paralyse (s. u.).

Den Rekurrensspirochäten sehr ähnlich sind die Erreger einiger Krankheiten der Gänse und Hühner, die in der ganzen Welt vorkommen. Sie werden durch Zecken übertragen. Auch hier gelten bezüglich der Immunität die gleichen Regeln wie bei der Rekurrens, nur ist wichtig, daß Tiere auch durch abgetötete Spirochäten geschützt werden können. Gegenüber den Hühnerspirochäten hat Uhlenhuth zuerst die außerordentliche Wirksamkeit des Atoxyls, eines schon gegen Trypanosomen erprobten organischen Arsenpräparats, festgestellt und dadurch die Aussicht auf erfolgreiche Bekämpfung von Spirochätenerkrankungen des Menschen, insbesondere der Syphilis, durch derartige Mittel eröffnet. Die Entdeckung des Salvarsans ist daraus hervorgegangen.

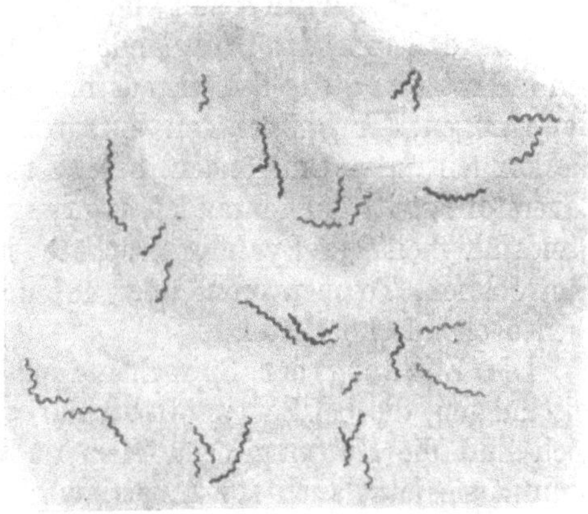

Fig. 68. Spirochaete pallida im Schnitt, mit Silber gefärbt.

Durch seine ungeheure Verbreitung als Volksseuche viel wichtiger als alle übrigen Spirochätenerkrankungen ist die Syphilis. Die Spirochaete pallida wurde 1905 durch Fritz Schaudinn entdeckt und ihre Beziehungen zur Syphilis von ihm und Erich Hoffmann nachgewiesen. Sie ist, wenigstens was ihren Dickendurchmesser anlangt, die kleinste Spirochäte, ihre Länge schwankt von 4—14 μ (Fig. 68). Im frischen Zustande zeichnet sie sich dadurch aus, daß sie regelmäßig korkzieherartig gedreht ist und ihre Achse schnurgerade verläuft, während sie im getrockneten und gefärbten Zustande flachere, oft etwas unregelmäßige Windungen und Krümmungen zeigt. Außer wegen ihrer Feinheit ist sie auch wegen ihrer schwierigen Färbbarkeit leichter zu übersehen, woraus sich erklärt, daß ihre Entdeckung so spät erfolgt ist. Trockenpräparate härtet man 10—20 Minuten in Alkohol und färbt 1 Stunde lang in Giemsalösung.[1] Sie erscheinen dabei mehr oder weniger rot. Im Schnitt hat sich die Versilberung als bestes Darstellungsmittel der Spirochäte bewährt.[2] Wo es aber irgend möglich ist, wird man zu ihrem Nachweis sich der frischen Untersuchung (im Tuschepräparat oder) im Dunkelfeld (S. 283) bedienen, weil vereinzelte Spirochäten leichter hier als im gefärbten Präparat herauszufinden sind. Vorteilhaft ist auch die Prüfung von Giemsapräparaten oder Schnitten im Dunkelfeld (sog. Leuchtbild). Verfügt man nicht über Gewebssaft aus Geschwüren oder punktierten Lymphdrüsen, so verschafft man ihn sich dadurch, daß man das betreffende Geschwür, Knötchen usw. oberflächlich ankratzt und das danach austretende „Reizserum" untersucht. Die Bewegungen der Spirochäten entsprechen der früheren Beschreibung. Sie können unter Umständen, besonders wenn man das Deckglas gegen Sauerstoffzutritt gut umrandet, tagelang anhalten. Sonst ist die Widerstandsfähigkeit der Syphilisspirochäte in der Außenwelt recht gering. Eintrocknen, Temperaturen über 48° und unter 10° schädigen schnell, ebenso chemische Mittel.

Die Züchtung der Spirochaete pallida ist neuerdings in Serummischungen, die bei Sauerstoffabschluß gehalten werden, öfter gelungen, doch sind die Kulturspirochäten meist nicht ansteckungstüchtig. Man benutzt sie jetzt auch zur Anfertigung des Wassermannextraktes (s. u.) und zur Anstellung der „Luetinreaktion" am Menschen, deren Ergebnisse allerdings nicht zweifelsfrei sind.

Früher glaubte man auch die Übertragbarkeit syphilitischer Krankheitsstoffe auf Tiere leugnen zu müssen, doch haben neuere Erfahrungen gelehrt, daß das nicht richtig ist.

Zunächst sind Menschenaffen in ähnlicher Weise für die Spirochaete pallida empfänglich wie der Mensch selbst, aber auch andere Affen lassen sich mit Regelmäßigkeit anstecken, wenn man sie in Hautwunden der Augenbrauen oder in die Geschlechtsteile gründlich einreibt. Bei diesen Tieren entwickeln sich allerdings meist bloß örtliche Veränderungen. Dann stellte es sich sogar heraus, daß von unseren gewöhnlichen Versuchstieren auch die Kaninchen nach Impfung in die Hornhaut oder in die vordere Augenkammer, in die Haut des Hodensacks oder in die Hoden selbst angesteckt werden können. Die Wartezeit beträgt allerdings 1—3 Monate. Gewöhnlich bleibt es bei örtlichen Herden, die unter dem Bilde der Keratitis parenchymatos, syphilitischer Geschwüre und Knoten verlaufen, doch können auch ausnahmsweise Metastasen in anderen Körperteilen entstehen.

---

[1] 1 Tropfen der käuflichen Lösung auf 1 ccm destillierten Wassers.

[2] 2 mm dicke Scheiben der in Formalin (10%) 1 Tag fixierten Organe werden über Nacht in Alkohol (95%) gebracht, 15 Min. lang ausgewässert, 4 Tage lang bei 37° in Silbernitratlösung (2%), 2 Tage bei 20° in frischer Reduktionslösung (4 g Pyrogallol, 5 ccm Formalin, 100 aq.-dest.) gehalten, in Wasser gewaschen, in Alkohol entwässert und in Paraffin geschnitten (Levaditi).

Mehrfache Herde sind die Regel nach Einführung von Spirochäten in die Blutbahn. In allen Herden finden sich Spirochäten in großer Zahl (Fig. 68). Von Tier zu Tier pflegt sich die Wirkung der Übertragung zu verstärken, zu beschleunigen und zu verallgemeinern. Dabei erscheinen Rassenunterschiede (neurotrope und dermatotrope Stämme?), die sich auch in der Immunität ausdrücken, was beim Menschen freilich bisher noch nicht bewiesen ist. Auch Reaktionen in der Zerebrospinalflüssigkeit (s. u.) werden beim Kaninchen beobachtet.

Bei Kaninchen kommt aber auch in ziemlich weiter Verbreitung die Spir. cuniculi vor, die der Spir. pallida sehr ähnlich ist, auch eine der Syphilis vergleichbare Krankheit erzeugt und durch den Geschlechtsverkehr übertragen wird. Sie läßt sich fast nur durch die weniger derben Infiltrationen und durch die Unfähigkeit, parenchymatöse Keratitis hervorzurufen, unterscheiden. Gegenseitige Immunisierung findet zwischen den beiden Arten zwar auch nicht statt, das besagt aber nichts, weil das gleiche für verschiedene Syphilisstämme zutrifft (s. o.). Man wird unter diesen Umständen bei der Beurteilung der Kaninchenversuche Vorsicht üben müssen.

Während man zuerst annahm, daß die Spirochaete pallida im Kaninchen nur schwierig zum Wachstum gelange, benutzt man jetzt namentlich die Impfung in den Kaninchenhoden mit Erfolg, um die Erreger der Syphilis in solchen menschlichen Krankheitsstoffen nachzuweisen, in denen sie nur mehr oder weniger spärlich vorhanden sind. In dieser Beziehung gelten zwei Regeln: 1. bewohnt die Spirochaete pallida vornehmlich das erkrankte Gewebe, nicht wie die meisten übrigen Krankheitserreger dieser Gruppe das Blut, 2. wird sie weit reichlicher in der Frühzeit der Krankheit, in der primären und sekundären Periode, angetroffen als später, d. h. bei der tertiären Form und bei metasyphilitischen Erkrankungen (Paralyse und Tabes). Bei diesen letzteren Leiden ist es überhaupt erst in letzter Zeit geglückt, Spirochäten nachzuweisen. Wenn man sie trotzdem schon vorher in Beziehung zur Syphilis gebracht hat, so tat man dies teils auf Grund der Krankengeschichten, teils gestützt auf die Ergebnisse eines anderen Untersuchungsverfahrens, der sog. Wassermannschen Reaktion (W. R.). Man darf sagen, daß dieselbe seit ihrer Entdeckung (1906) für die Erkennung der Syphilis eine ebensolche Bedeutung gewonnen hat, wie die Gruber-Widalsche Probe für den Typhus. Schon wenige Wochen nach der Ansteckung beginnt die Reaktion einen Ausschlag zu geben und bleibt dann meist während der ganzen Krankheitszeit erhalten, wird seltener, wenn die Ansteckungskeime im Körper schlummern, oder wenn sie durch die Behandlung erfolgreich bekämpft werden, verschwindet mit dem Eintritt der Heilung, tritt aber wieder hervor bei neuen Anfällen der Krankheit. Bei der Paralyse ist die Wassermannsche Reaktion fast regelmäßig vorhanden, bei der Tabes im größeren Teil der Fälle. Die Probe selbst ist nach dem Vorgang von Bordet und Gengou bei anderen Immunseren ausgebildet worden und beruht auf dem Nachweis

Komplement bindender Stoffe in dem Serum der Syphilitiker. Man führt ihn dadurch, daß man fünf verschiedene Stoffe aufeinander wirken läßt.

1. Frische rote Hammelblutkörperchen, die durch Waschen von Serumbestandteilen befreit und durch Zusatz von Kochsalzlösung zu einer 5 prozentigen Aufschwemmung hergerichtet sind.

2. Der auf die Blutkörper eingestellte hämolytische Ambozeptor. Er ist enthalten im Blutserum von Kaninchen, die zuerst 2 ccm, nach 5 Tagen 1·5 ccm, nach weiteren 5 Tagen 1 ccm unverdünnter gewaschener Hammelblutkörperaufschwemmung in die Ohrvene eingespritzt erhalten haben. Das Serum hält sich, mit 0·5 $^0/_0$ Karbolsäure versetzt, längere Zeit und wird in starken Verdünnungen (s. u.) benutzt.

3. Das hämolytische Komplement, d. h. frisches Blutserum von Meerschweinchen, das mit Kochsalzlösung 10 mal verdünnt ist.

Die Flüssigkeiten 1—3 bilden, weil sie, miteinander vermischt, eine Blutlösung geben, ein hämolytisches System. Dessen Wirksamkeit stellt man jedesmal unmittelbar vor Vornahme einer Wassermannschen Prüfung durch folgenden Vorversuch fest. Zu je 1 ccm Kochsalzlösung werden je 0·5 ccm der Blutkörperaufschwemmung, der Komplementlösung und einer 200-, 400-, 600-, 800-, 1000-, 1200- usw.-fachen Verdünnung des Ambozeptors in Kochsalzlösung gesetzt und die Mischung 1 Stunde im Brutschrank bei 37° oder 10 Minuten lang in einem ständig auf dieser Temperatur gehaltenen Wasserbad beobachtet. Tritt dann z. B. bei einer Verdünnung von 200—1000 eine völlige Auflösung der Blutkörperchen ein, so daß die Röhrchen nicht mehr trübe rot erscheinen, sondern eine völlig klare rote Lösung zeigen, während die Verdünnungen über 1000 noch mehr oder weniger trübe oder ganz ungelöst bleiben, so ist die Wertigkeit (der „Titer") des hämolytischen Ambozeptors 1000. Man benutzt nicht diese, sondern eine geringere, also z. B. 250 fache Verdünnung.

Zu dem Hauptversuch sind dann noch zwei andere Bestandteile nötig:

4. Der sog. Extrakt, auch Antigen genannt. Ursprünglich war es ein Auszug aus der spirochätenreichen Leber totgeborener syphilitischer Früchte. Jetzt benutzt man häufig statt dessen die Herzen gesunder Meerschweinchen, Rinder oder Menschen und stellt davon einen Auszug her, indem man sie fein zerkleinert, mit dem 4 fachen Gewicht Alkohol übergießt, 1—2 Tage unter öfterem Schütteln bei gewöhnlicher Temperatur stehen läßt und abfiltriert. Zusatz von 1 $^0/_0$ Cholesterin ist empfehlenswert. Zum Gebrauch verdünnt man den Extrakt soweit mit Kochsalzlösung, daß $^1/_2$ ccm der Verdünnung im Hauptversuch mit sicher syphilitischem Serum (s. u.) vollständige Hämolyse, mit sicher nicht syphilitischem Serum keine Spur davon ergibt und erst in der doppelten Gabe allein (ohne Serum) mehr oder weniger hemmt. Der alkoholische Extrakt hält sich, bei gewöhnlicher Temperatur aufbewahrt, längere Zeit.

5. Das Blutserum des zu prüfenden Kranken. Man entnimmt am besten aus einer Armvene, die man durch eine Binde zum Anschwellen gebracht hat, mittels einer Spritze (oder Behringvenule) 5—10 ccm Blut. Aus dem geronnenen Blute schleudert man das Serum aus und erhitzt (inaktiviert) es möglichst bald $^1/_2$ Stunde bei 55°, um ihm das Komplement und damit seine eigene lösende Kraft zu nehmen. In diesem Zustande läßt sich das Serum einige Tage, ohne sich zu verändern, aufbewahren. Zum Gebrauch ist es mit vier Teilen Kochsalzlösung zu verdünnen.

Mit diesen 5 Bestandteilen schreiten wir zum Hauptversuch. Derselbe beruht auf der Tatsache, daß syphilitisches Blutserum, mit Extrakt gemischt, befähigt ist, das Komplement eines hämolytischen Systems in Beschlag zu nehmen (zu binden), so daß die Blutlösung nicht mehr zustande kommt. Dazu bringt man einersseits je 0·5 ccm des Krankenserums (5), Extrakts (4) und Komplements (3) und andererseits je 0·5 ccm des Ambozeptors (2) und der Blutkörper (1) zusammen, vereinigt dann beide Mischungen, so daß in dem Probierglas schließlich 2·5 ccm vorhanden sind und arbeitet bei 37°, um den Vorgang der Bindung und Lösung zu beschleunigen. Am besten benutzt man dazu ein auf 40° gehaltenes Wasserbad, in dem die Reaktionen sich binnen 10 Minuten vollziehen. Stets sind außer den eigentlichen zur Prüfung dienenden Mischungen (*a*) noch einige andere als Vergleichsröhrchen, die sog. Kontrollen, anzusetzen. Zunächst je ein Röhrchen (*b* und *c*), in dem von den fünf genannten Bestandteilen der Extrakt (4) bzw. das Krankenserum (5) fehlt und durch $^1/_2$ ccm Kochsalzlösung ersetzt ist. Diese beiden Stoffe allein sollen nicht imstande sein, das Komplement zu binden. Dazu kommt je ein Vergleichsröhrchen (*d* und *e*), in dem das zu prüfende Serum (5) durch ein sicher syphilitisches und sicher nicht syphilitisches Serum ersetzt ist. Das erstere muß die Blutlösung aufheben, das zweite darf sie nicht beeinflussen. Da die Röhrchen *c*, *d* und *e* auch für eine beliebig große Anzahl anderer zu prüfender Seren zum Vergleich dienen können, richtet man es so ein, daß man eine ganze Reihe verdächtiger Seren, die man während einer halben Woche sammelt, gleichzeitig der Probe unterwirft. Zur größeren Sicherheit benutzt man zwei oder mehr Extrakte. Es hat sich gezeigt, daß nur diejenigen Seren, die eine vollständige oder doch sehr starke Hemmung der Hämolyse bewirken, von Syphilitikern stammen. Man erkennt sie daran, daß die Blutkörperchen sich in dem betreffenden Röhrchen nach mehrstündigem Stehen bei gewöhnlicher Temperatur zu einer dicken Schicht in dem unteren Teil des Probierglases niedersetzen und über sich die Flüssigkeit ganz oder fast ungefärbt lassen.

Zur Ergänzung der Wassermannschen Probe dienen die einfacheren sog. Trübungs- oder Ausflockungsreaktionen. Nach Sachs und Georgi (S. G. R.) verdünnt man den Alkoholextrakt (s. o. Nr. 4) zunächst mit gleichen Teilen, dann noch mit weiteren 4 Teilen 0·8$^0/_0$ Kochsalzlösung, gibt zu 0·5 ccm dieser Mischung 1 ccm 5mal verdünnten (inaktivierten) Patientenserums und läßt 24 Stunden bei 37° stehen. Liegt Syphilis vor, so ist mit der Lupe eine körnige Ausflockung wahrzunehmen. Von den zahlreichen anderen Anordnungen seien hier nur die von Meineke (M. T. R.) und Cahn erwähnt.

Die ursprüngliche Auffassung, die W. R. sei eine spezifische Antikörperreaktion, hat man wegen der mangelnden Spezifizität des Antigens (s. o.) und des Krankenserums (s. u.) nicht aufrecht erhalten können und nimmt zu ihrer Erklärung entweder Gleichgewichtsstörungen zwischen den Lipoiden und Globulinen des Serums oder die Bildung von Auto-Lipoid-Antikörpern in Anspruch (vgl. Abschnitt 34). So ist die W. R. wieder einmal ein Beispiel dafür, wie durch falsche Theorien wichtige Entdeckungen zustande kommen können.

Genau genommen ist freilich die Wassermannprobe nur da für Syphilis entscheidend, wo Schwangerschaft und Geburt, Ansteckungen mit Fleckfieber, Lepra, Trypanosomen- (Schlaf-) Krankheit,

Malaria und schließlich Scharlach, Hauttuberkulose und Krebs ausgeschlossen sind, denn manche dieser Zustände bedingen gewöhnlich, die anderen gelegentlich Hemmung der Hämolyse im Wassermannversuch.

Alle nicht vollständigen Hemmungen, von den schwächsten an, die sich nur in einer leichten Trübung der Röhrchen mit spärlichem Bodensatz bemerkbar machen, bis zu den etwas stärkeren, die deutliche Trübung und Bodensatz bilden, sind für eine syphilitische Ansteckung nicht beweiskräftig, werden aber immerhin einen Verdacht erwecken und zu neuen Untersuchungen auffordern oder sind im Falle, daß bei sicherer Syphilis schon eine Behandlung vorhergegangen ist, als Zeichen des Erfolges der letzteren zu verwerten. Zur größeren Sicherheit empfiehlt es sich, neben der eigentlichen W. R. mit 1—3 Extrakten auch noch eine Ausflockungs-R., und auch diese nur in besonders dazu gerichteten Arbeitsstätten vorzunehmen. In den Leichen versagen alle diese Methoden.

Zur Bekämpfung der Syphilis, die im allgemeinen mit derjenigen der übrigen Geschlechtskrankheiten (S. 83) zusammenfällt, wäre es unzweifelhaft von größter Wichtigkeit, wenn wir eine Schutzimpfung durchführen könnten. Leider hat sich gezeigt, daß es mit den sonst erprobten Verfahren nicht gelingt, gegen die Syphilis Immunität zu verleihen. Das scheint wunderbar, da doch eine Jahrhundert alte Erfahrung und zahlreiche ältere und neuere Versuche am Menschen gelehrt haben, daß der mit Syphilis angesteckte Körper gegen eine neue Ansteckung im hohen Maße, wenn nicht vollständig, geschützt ist, und daß auch ohne künstliche Eingriffe die Heilung der Syphilis erfolgen kann, ja, wenn man will, regelmäßig erfolgt. Das häufige Vorkommen von Rückfällen und schweren tertiären und metasyphilitischen Organerkrankungen ändert daran nichts, im Gegenteil bestätigt es die Regel insofern, als der beschränkte Befund von Spirochäten bei diesen Formen beweist, daß die Erreger immer weniger imstande sind, sich in den von ihnen befallenen Geweben zu vermehren.

Worauf die Wachstumswiderstände, die sich im Laufe der Krankheit der Spirochaete pallida entgegenstellen, beruhen, ist noch nicht mit Sicherheit festgestellt. Entzündliche Gewebsveränderungen, Zellwucherungen, die Freßtätigkeit von Zellen (Makrophagen) spielen sicher eine Rolle, daneben werden aber Veränderungen der Säfte beteiligt sein.

Auch insofern ist die durch Durchseuchung erworbene Immunität gegen Syphilis unzuverlässig, als Erfahrungen dafür vorliegen, daß eine vollständige Heilung der Seuche, möge sie freiwillig oder durch die Behandlung herbeigeführt sein, bei Menschen und Tieren die erworbene Immunität gegen die Ansteckung verschwinden läßt. Wegen dieser Eigentümlichkeit wollen manche Forscher die Immunität gegen Syphilis überhaupt nicht als solche, sondern nur als „Infektionsimmunität" gelten lassen, doch bedeutet das u. E. eine willkürliche Beschränkung des Begriffs der Immunität, die auch für andere Spirochäteninfektionen nicht zutrifft.

Das Bedürfnis nach einer Schutzimpfung gegen die Lustseuche wird glücklicherweise dadurch verringert, daß wir gerade gegenüber dieser Krankheit Heilmittel besitzen, wie für wenige andere. Von alters her gehören hierher Quecksilber und Jod, neuerdings (1909) sind durch Ehrlich das Salvarsan, dann andere organische Arsen- und Wismutverbindungen und schließlich zur Bekämpfung der Spätsyphilis durch v. Wagner-Jauregg die Malaria- (und Rekurrens-) Therapie hinzugekommen. Fast ebenso wichtig wäre es, wenn sich nach dem Vorschlage Levaditis das Wismut auch zur Vorbeugung der syphilitischen Ansteckung bewährte.

Freilich hat sich die Erwartung Ehrlichs, damit eine „therapia magna sterilisans" verwirklichen, d. h. mit einer einzigen Gabe heilen zu können, nicht bestätigt, denn das Salvarsan bezwingt nur nach wiederholten Gaben und oft nur im Verein mit Quecksilber die Seuche, versagt auch wie letzteres manchmal und regelmäßig bei der Spätsyphilis. Das Salvarsan tötet, unmittelbar zu spirochätenhaltigen Flüssigkeiten zugesetzt, diese nicht ab, wie die Fortdauer ihrer Beweglichkeit beweist, jedoch binden die Spirochäten anscheinend das Arzneimittel und werden dadurch unfähig, im Tierkörper sich zu vermehren, denn wenn man sie nach der Berührung mit Salvarsan ausschleudert und durch Waschung von dem überschüssigen Arzneimittel befreit, sind sie nicht mehr infektionstüchtig (vgl. Chemotherapie im Abschnitt 32).

Eine tropische Hautkrankheit, die Frambösie, wird durch die der Pallida ähnliche Spirochaete pertenuis erzeugt. Auch gegen sie ist das Salvarsan wirksam. Ebenso ist das der Fall bei der Rattenbißkrankheit der Japaner. Sie wird durch die Spir. morsus muris, die manche allerdings zu den Spirillen stellen wollen, erzeugt und durch Biß nicht selten auf den Menschen übertragen. Die Erkennung wird dadurch erleichtert, daß namentlich Meerschweinchen durch die künstliche Ansteckung mit den Krankheitsstoffen stets tödlich erbrechen. Auch von Japanern zuerst entdeckt, aber erst durch die deutschen Forscher Hübener und Reiter, Uhlenhuth und Fromme u. a. ziemlich vollständig aufgeklärt wurde die Ursache des Icterus infectiosus, der sog. Weilschen Krankheit. Die Erreger (Spirochaete icterogenes) werden dadurch nachgewiesen, daß man Blut der Kranken entweder in „Wasserkulturen" (s. u.) züchtet oder Meerschweinchen in die Bauchhöhle einspritzt und die nach etwa einer Woche unter Gelbsucht zugrunde gegangenen Tiere mittels Giemsafärbung oder im Dunkelfeld untersucht. Namentlich die Leber enthält sehr reichlich Spirochäten, die sich vor den übrigen Krankheitserregern in dieser Gruppe durch ihre weiten Windungen und ihre Kürze auszeichnen (Fig. 69). Erst bei genauer Betrachtung erkennt man, daß auch die

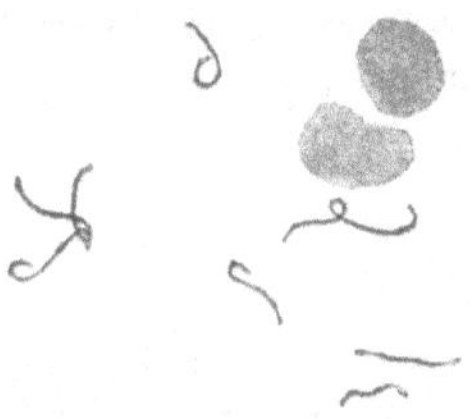

Fig. 69.
Spirochäten der Weilschen Krankheit im Ausstrich der Meerschweinchenleber.

scheinbar geraden Stücke aus feinen Windungen bestehen. Eine unmittelbare Ansteckung von Person zu Person scheint selten in Frage zu kommen, wahrscheinlich sind Ratten, die oft Träger der Spirochäten sind und sie im Kot und Harn ausscheiden, ohne selbst deutlich zu erkranken, gewöhnlich an der Übertragung beteiligt. Die Ansteckung des Menschen wird dadurch begünstigt, daß Schleimhäute, vielleicht aber auch die Haut für die Spirochäten durchgängig sind.

Bei längerem Verlauf der Krankheit verschwinden die Spirochäten aus dem Blut und siedeln sich namentlich in der Niere an, von wo sie auch in den Harn gelangen. Die Sp. läßt sich in Serum, besonders von Kaninchen, ja sogar in stark mit Wasser verdünntem Serum bei Luftzutritt züchten.

Die Ratten selbst beziehen die Parasiten vielleicht aus Wasser, in dem ganz ähnliche Spirochäten (Sp. pseudoicterogenes) neuerdings sehr häufig gefunden worden sind. Zunächst sind sie zwar nicht ansteckungskräftig und auch unfähig, in eiweißhaltigen Nährböden zu wachsen. In einzelnen Fällen ist aber die Anpassung daran und damit auch der Übergang in die virulente Form bewirkt worden.

Aktive Immunisierung gegen die Sp. icterogenes ist auch durch abgetötete Keime, passive durch Immunserum möglich. Salvarsan hat hier keinen Erfolg, aber aussichtsreich ist vielleicht die Behandlung mit Bismuto-Yatren.

Während die Weilsche Krankheit meist eine schwere, oft tödliche Ansteckung ist, verlaufen die sonst ähnlichen indischen und japanischen „Siebentagefieber", das „Sumatrafieber" und die neuerdings auch als Spirochäteninfektionen erkannten europäischen Schlammfieber meist leicht. Dagegen ist der von Noguchi gemachte Versuch, auch das berüchtigte Gelbfieber auf eine sehr ähnliche „Sp. icteroides" zurückzuführen, mißglückt (vgl. Abschnitt 28). Vielleicht hat der mehrfach festgestellte Umstand, daß die Sp. icterogenes durch Bakterienfilter nicht immer zurückgehalten wird, zu der Täuschung des hochverdienten Forschers, der selber ein Opfer seiner Gelbfieberstudien geworden ist, Veranlassung gegeben.

Sechsundzwanzigster Abschnitt

Trypanosomen

Wenn wir an die Spirochäten die Trypanosomen anschließen, so geschieht das weniger wegen einer nahen Verwandtschaft dieser Gruppe von Kleinwesen, die durch eine gewisse äußere Ähnlichkeit ihrer Gestalt nicht genügend begründet erscheint (S. 283), als wegen ihres ähnlichen Verhaltens als Parasiten. Im übrigen gehören die Trypanosomen zu der Unterabteilung der Protozoen, die sich durch den Besitz von stattlichen Geißeln auszeichnet, den Flagellaten oder Mastigophoren, von denen wir schon einige Vertreter bei den Darmschmarotzern (S. 142) *kennengelernt haben.*

Die Trypanosomen sind als mehr oder weniger schädliche Schmarotzer über das ganze Tierreich verbreitet, im freien Zustande aber noch nicht beobachtet. Ebenso gemein wie harmlos scheinen die schon 1841 entdeckten riesigen Trypanosomen des Froschblutes und die der übrigen Kaltblüter und Vögel zu sein. Auch das Trypanosoma Lewisi lebt im Blute wilder Ratten anscheinend, ohne ihnen zu schaden, doch ist es gelungen, junge zahme Ratten und sogar Mäuse damit krank zu machen.

Es sind zungenförmige oder fischähnliche, etwas schraubig gedrehte Tierchen von 7—25 μ Länge und 2—3 μ Breite. Wie alle Trypanosomen tragen sie an dem einen Ende eine Geißel und entlang dem Körper einen Wellensaum (undulierende Membran). Im Gegensatz zu den übrigen Trypanosomen ist das nicht begeißelte Ende bei unserem Rattenschmarotzer schnabelartig zugespitzt, nicht abgerundet. Das Geißelende wird gewöhnlich das vordere genannt, doch erfolgen die sehr lebhaften Bewegungen der Trypanosomen nicht bloß nach dieser, sondern oft auch nach der anderen Seite. Daran beteiligt sich außer Geißeln und welligem Saum auch der Körper selbst durch Zusammenziehungen seiner Außenschicht.

Bei reichlichem Vorhandensein der Trypanosomen ist die frische Untersuchung eines zwischen Objektträger und Deckglas flachgedrückten Tropfen Blutes völlig ausreichend, um ihre Anwesenheit zu erkennen. Schon die Bewegung der Blutkörper verrät oft die Anwesenheit der Parasiten, die sie hin und her stoßen, selbst aber erst deutlich erkennbar werden, wenn sie etwas mehr zur Ruhe kommen. Sind die Trypanosomen spärlicher vorhanden, so kann man sie durch Färbung im dicken Tropfen (S. 285) am leichtesten nachweisen. Eine Färbung ist auch nötig, um ihren Bau festzustellen. Dazu bewährt sich, wie bei allen parasitären Protozoen, in erster Linie die Färbung nach Giemsa (S. 288). Sie zeigt in der Nähe des vorderen Endes, nicht wie bei den übrigen Trypanosomen in der Mitte, in dem blau gefärbten Leibe einen großen roten Kern. Die Geißel ist ebenfalls rot und setzt sich, am Rande des welligen Saumes entlanglaufend, nach hinten fort, um in einen zweiten kernähnlichen, viel kleineren roten Körper zu endigen.

Diese Geißelwurzel (Geißelkern, Blepharoplast) hat die Gestalt eines kurzen Stäbchens, das quer zu dem Kernfaden der Geißel gestellt ist.

Die Trypanosomen teilen sich gewöhnlich unter starker Verkürzung und Verdünnung des Körpers durch Längsspaltung, wobei der Geißelkern und die Geißel selbst sich zuerst, dann der Kern und der Körper teilen, und der wellige Saum sich neu bildet. Durch fortgesetzte schnelle Teilung entstehen häufig sternartig angeordnete Haufen (Rosetten) kleiner birnenförmiger Tierchen, die ihr begeißeltes Ende nach außen kehren.

Die Hauptvermehrung der Trypanosomen scheint, wenn man absieht von den durch Impfung in die Bauchhöhle gelangten Individuen, die sich zunächst dort vervielfältigen, im strömenden Blute stattzufinden. Die Organe enthalten die Parasiten nur in Mengen, die ihrem Blutgehalte entsprechen. Auch auf künstlichen Nährböden lassen sich diese Trypanosomen leicht züchten.

Man braucht nur gleiche Teile von verflüssigtem Agar und Kaninchenblut zu mischen, schräg zu Erstarrung zu bringen und das Preßwasser mit einigen Tropfen trypanosomenhaltigen Blutes zu impfen, um bei Zimmertemperatur nach 3—6 Tagen, bei 37° schneller ein Wachstum zu erzielen. Die dabei sich hauptsächlich im Preßwasser entwickelnden Flagellaten sehen allerdings etwas anders aus als die Trypanosomen des Blutes. Sie erscheinen zum Teil nur recht klein, andererseits in riesiger Größe. Stets fehlt ihnen ein gut ausgebildeter Wellensaum und der Schnabel am hintern Ende, so daß sie Crithidien[1] und Leptomonaden[2] ähneln. Sie vermehren sich durch wiederholte Längsspaltung. Die dabei reichlich entstehenden Rosetten zeigen aber die Geißel nach innen, nicht nach außen gekehrt. Bei Zimmertemperatur können die Kulturen, wenn sie nicht mit Bakterien verunreinigt sind, Monate lebendig und übertragbar bleiben, behalten auch recht lange ihre Ansteckungskraft für Tiere, ja steigern sie vielleicht sogar; denn gerade mit Kulturtrypanosomen ist es zuerst gelungen, nicht bloß Ratten, sondern von diesen aus auch Mäuse anzustecken und zu töten. In letzterem Falle verläuft die Krankheit in einigen Tagen. Bei Ratten pflegen sich die Parasiten viele Wochen, ja Monate zu halten, verschwinden aber, wenn die Krankheit nicht noch spät ein tödliches Ende nimmt, schließlich freiwillig. Die überlebenden Tiere sind gegen eine Neuansteckung, aber nur mit Rattentrypanosomen, geschützt, und diese Immunität läßt sich auch durch ihr Blutserum übertragen. Außer der Schutzkraft, die durch auflösende und Phagozytose anregende Stoffe bedingt zu sein scheint, besitzt das Immunserum auch die Fähigkeit, die Trypanosomen außerhalb des Körpers in Häufchen zu verkleben. Diese Agglutinations- (Agglomerations-) Rosetten zeigen die Geißeln nach außen gekehrt.

Auf natürlichem Wege stecken sich die Ratten durch ihre Flöhe und Läuse an. Die Trypanosomen scheinen in diesem Ungeziefer, wie die Malariaplasmodien in den Stechmücken, einen Entwicklungsgang durchzumachen, wobei auch eine geschlechtliche Vermehrung nicht fehlen soll.

Bei manchen anderen kleinen Säugern, z. B. dem Hamster, werden dem Trypanosoma Lewisi äußerlich und in ihrer Harmlosigkeit ähnliche Blutschmarotzer gefunden. Durch sein ebenfalls zugespitztes hinteres Ende und seine leichte Züchtbarkeit ähnelt den Rattentrypanosomen auch das Trypanosoma Theileri; es unterscheidet sich aber von ihm durch seine weit bedeutendere Größe (30—70 μ) und die mittlere Lage seines Kerns. Ursprünglich wurde es nur bei südafrikanischen Rindern gefunden und als Krankheitserreger betrachtet. Später zeigte es sich aber, daß es unschädlich und weit verbreitet, z. B. auch im Blute unserer Rinder vorkommt. Wenn es erst so spät hier gefunden worden ist, so liegt das daran, daß es meist nur in geringer Zahl vorkommt. Zu seinem Nachweis eignet sich am besten die Züchtung, zu der es schon genügt, das Blut mit Fleischbrühe zu vermischen und bei gewöhnlicher Temperatur zu beobachten. Die Kulturtrypanosomen sind wie die Crithidien nur am vorderen Ende mit einem welligen Saum versehen. Bisher ist nur die Übertragung auf Rinder geglückt.

---

[1] Flagellaten mit Geißel und kurzem welligen Saume, der in einer vor dem Kern gelegenen Geißelwurzel endet.

[2] Bei diesen fehlt der Wellensaum gänzlich, die Geißel endet unmittelbar in den Geißelkern. Sie kommen auch im Milchsafte von Pflanzen vor.

Von diesen harmlosen Trypanosomen, die sehr weit verbreitet, aber auf ganz bestimmte Tierarten beschränkt sind und daher von R. Koch als festangepaßte „Arten" betrachtet werden, unterscheiden sich die eigentlichen Krankheitserreger schon dadurch, daß sie sich auch auf andere Tiere leicht übertragen lassen und dabei oft Form und Verhalten ändern, also noch anpassungsfähig sind. Fast alle gehören unter natürlichen Verhältnissen dem warmen Klima Asiens, Afrikas und Amerikas an.

Am längsten bekannt unter den Krankheit erregenden Trypanosomen ist das Trypanosoma Evansi, das zuerst in Indien bei der Surra der Pferde gefunden wurde, aber auch auf andere Tiere übergeht. Nach der Meinung der Eingeborenen, die sich später bestätigt hat, sind Stechfliegen (Tabanus stomoxys) dabei beteiligt. Sehr ähnlich dem Trypanosoma Evansi ist das viel später entdeckte, aber sorgfältiger untersuchte Trypanosoma Brucei, der Erreger der afrikanischen Nagana oder Tsetse, die außer Pferden, Eseln, Hunden, Ziegen und Schweinen namentlich Rinder befällt und dadurch zu einer schweren Landplage in Afrika geworden ist (vgl. Fig. 70 auf der farbigen Tafel).

Die Parasiten sind etwa so groß wie die größeren Rattentrypanosomen, aber plumper. Außerdem unterscheiden sie sich gewöhnlich durch die Abrundung des hinteren Körpers und die mittlere Lage des Kerns. Wichtig ist vor allem ihre leichte Übertragbarkeit auf Mäuse und Ratten, die ihnen meist in 4—6 Tagen erliegen, und auf Meerschweinchen und Kaninchen, die erst nach mehreren bis vielen Wochen zugrunde zu gehen pflegen. Je schneller die Krankheit verläuft, desto früher treten die Trypanosomen im Blute auf, und desto reichlicher sind sie darin zu finden. Ihre Zahl schwankt dabei periodisch. Bei großen Tieren, die schnell sterben, namentlich Pferden, entsprechen diese Schwankungen dem remittierenden Fieberverlauf. Auf der Höhe des Fiebers und beim Tode finden sich am meisten Parasiten im Blute. In den schleichenden Fällen, die sich bei Rindern viele Monate hinziehen können und durch zunehmende Abmagerung und Hinfälligkeit bemerkbar machen, sind Trypanosomen oft nur durch die Tierimpfung nachzuweisen. Außer im Blute treten vereinzelte Trypanosomen in den häufigen Ödemen unter der Haut, in der Rückenmarksflüssigkeit und dem Kammerwasser auf, ebenso im Knochenmark, den Lungen und den Hoden. Umgekehrt ist auch von allen möglichen Körperstellen, selbst von der unverletzten Schleimhaut der Augen aus eine Ansteckung möglich. Für den Verlauf der Krankheit ist die Ansteckungskraft des Trypanosomenstammes, die durch Übertragung von Tier zu Tier derselben Art gesteigert werden kann, weniger die Menge der verimpften Erreger ausschlaggebend.

Die Züchtung des Trypanosoma Brucei macht erheblich größere Schwierigkeiten als die des Trypanosoma Lewisi. Die in den Kulturen beobachteten Formen ähneln jenen. Die Tsetsekrankheit wird unter natürlichen Bedingungen durch den Stich der Tsetsefliegen (Glossina palpalis, morsitans u. a.) übertragen, und zwar sind die Fliegen, die Parasiten aufgenommen haben, frühestens nach 14 Tagen befähigt, die Ansteckung zu vermitteln, bleiben dann aber längere Zeit ansteckungstüchtig. In dem Darm der Fliegen kommt es zu geschlechtlicher Fortpflanzung der Trypanosomen, wobei plumpe Formen als weibliche, schlanke als männliche angesprochen werden.

Die Bekämpfung der Tsetsekrankheit ist wegen der großen Verbreitung der sie übertragenden Fliegen und der für Trypanosomen empfänglichen Tiere sehr schwierig. Man hat sich deshalb viel Mühe gegeben, eine Schutzimpfung gegen sie zu finden.

Unter natürlichen Verhältnissen kommt die Immunität nicht so leicht zustande wie gegenüber den Spirochäten und Rattentrypanosomen, denn nur wenige unter den empfänglichen Tieren pflegen dem Tode durch die Krankheit zu entgehen, und auch diese werden der Regel nach nicht völlig von den Trypanosomen befreit, sondern beherbergen sie dauernd, wenn auch in geringerer Anzahl in ihrem Blute. Trotzdem ist aber bei solchen Tieren wie bei der Syphilis die erworbene Widerstandsfähigkeit nicht zu verkennen, denn frische Ansteckung von außen geht bei ihnen nicht an. Bei kleinen Versuchstieren ist es mehrfach gelungen, Impfschutz zu erzielen, so z. B. durch Einverleibung von Trypanosomen, die durch fortgesetzte Übertragung bei einer anderen Tierart für die erste abgeschwächt waren, oder durch Einspritzung großer Mengen abgetöteter Trypanosomen oder durch Behandlung mit dem Blutserum widerstandsfähiger Tiere, oder endlich durch Milderung der Impfkrankheit mittels Arzneibehandlung (s. u.). Bei Haustieren hat sich aber keines dieser Verfahren bewährt.

Am aussichtsvollsten erscheint vorläufig der Schutz gegen die Ansteckung, der durch Arzneien gegeben wird, die sog. Chemotherapie. Zunächst hat man bei kleinen Tieren mit arsenhaltigen Mitteln, wie Atoxyl, Arsenazetin, Arsenophenylglyzin, Salvarsan, arseniger Säure, dann mit Quecksilber und Antimon, Farbstoffen wie Trypanrot und Trypanblau, Safranin und Methylenblau, Abkömmlingen des Chinins und namentlich mit dem Harnstoffderivat Germanin gute Erfolge erzielt. Ein großer Teil der geimpften Tiere konnte schon mit großen Gaben dauernd geheilt werden, ein anderer Teil bekam Rückfälle, die sich aber wieder, sei es mit denselben, sei es mit anderen Mitteln, beseitigen ließen. Bei großen Tieren sind Erfolge schwieriger zu erzielen, aber auch immer deutlicher geworden (s. u. Schlafkrankheit).

Im Verfolg dieser namentlich durch Ehrlich und seine Schule ausgeführten Versuche stellte es sich heraus, daß zwar die einmal behandelten und völlig geheilten Tiere gegen neue Ansteckungen mit den ursprünglich benutzten Trypanosomen gefeit waren und Schutzstoffe in ihrem Serum gegen diese entwickelten, diejenigen Tiere aber, die einen Rückfall bekamen, einen neuen Trypanosomenstamm in ihrem Blute zur Entwicklung brachten, gegen den sie selbst und die durch die erste Behandlung geheilten Tiere nicht widerstandsfähig waren. Dieser neue Stamm erwies sich auch „fest“ gegenüber dem ersten Serum. Auf ähnliche Weise konnten mehrere serumfeste unter sich und vom Ausgangsstamm verschiedene Rassen erhalten werden. Andererseits aber lassen auch die Arzneimittel gelegentlich im Stich, weil sich Stämme von Trypanosomen bilden, die arzneifest sind.

Die Kunst der Chemotherapie besteht also in diesen Fällen darin, durch andere Mittel die Heilung zu bewirken, und das gelingt oft, wenn auch Rassen, die zugleich gegen die verschiedensten Stoffe fest sind, beobachtet werden.

Dem Surra- und Tsetseerreger ähnlich sind die Trypanosomen, die zwei Pferdeseuchen, das brasilianische Mal de Caderas (Tryp. equinum) und die auch in Europa früher weit verbreitete, heute bei uns selten gewordene Dourine- oder Beschälseuche (Tryp. equiperdum) erzeugen.

Die letztere ist auch deshalb wichtig, weil sie anscheinend als einzige Trypanosomenkrankheit nicht, oder wenigstens gewöhnlich nicht durch stechende Insekten, sondern durch den Geschlechtsverkehr übertragen wird und auch darin der Syphilis ähnlich ist, daß sie vorwiegend nicht das Blut, sondern die Gewebe, und zwar namentlich die Haut, Lymphdrüsen, das periphere und Zentralnervensystem befällt. Die Parasiten sind beim Pferde selbst meist in geringer Zahl vorhanden. Am ehesten findet man sie mikroskopisch in abgeschabtem Scheidensekret und in der Flüssigkeit der großen frisch entstandenen Hautquaddeln. Noch sicherer ist die Übertragung derselben Flüssigkeit oder des Blutes in die Bauchhöhle von Mäusen, Kaninchen und Hunden. Auch Einträufelung in die Bindehaut hat Erfolg. In einigen Wochen oder Monaten pflegen die Versuchstiere erst zu sterben, ihr Blut enthält aber schon früher die Erreger. Auch die Züchtung in Fleischbrühe, die man mit Blut gemischt hat, wird empfohlen. Die Kenntnis der Krankheit und ihrer Übertragungsweise gibt uns die Mittel an die Hand, sie schon durch seuchenpolizeiliche Maßnahmen erfolgreich zu bekämpfen.

Das wichtigste Trypanosoma, das für den Menschen selbst in Betracht kommt, das Trypanosoma gambiense, ist der Erreger der in Mittelafrika herrschenden Schlafkrankheit. Äußerlich ist es dem Tsetsetrypanosoma sehr ähnlich.

Auf kleine Versuchstiere ist es ebenfalls übertragbar, doch ist der Erfolg nicht so beständig und der Verlauf der Ansteckung nicht immer so schnell. Affen sind sehr empfänglich und erkranken unter Erscheinungen, die der Schlafkrankheit ähneln. Diese selbst braucht zu ihrer Entwicklung gewöhnlich viele Monate, ja Jahre. Sie beginnt nach einer längeren Vorbereitungszeit mit einer fieberhaften Periode, bei der die Trypanosomen in den geschwollenen Lymphdrüsen, namentlich des Halses und im Blute mit Hilfe der Färbung im dicken Tropfen nachweisbar sind. Dann folgt die eigentliche Schlafkrankheit, die wohl durch das Eindringen der Erreger in die Hirn- und Rückenmarksflüssigkeit bedingt ist. Jedenfalls sind sie in dieser außer im Blute jetzt fast regelmäßig nachzuweisen (Castellani). Nicht selten vergesellschaften sie sich dabei schließlich mit Streptokokken. Obwohl durch die Behandlung Stillstände erzielt werden können, läßt sich der Tod meist nicht abwenden. Auch züchten läßt sich das Trypanosoma, wenn man statt Kaninchenblut Rattenblut, das durch 1% Natriumzitrat ungerinnbar gemacht worden ist, zum Agar zusetzt, doch verliert sich die Ansteckungskraft schnell in der Kultur.

Die Schlafkrankheit wird gewöhnlich durch die Stechfliege Glossina palpalis übertragen, wie schon die auffallende Übereinstimmung in der Verbreitung dieser Fliegen und der Schlafkrankheit beweist. In den Fliegen machen die Trypanosomen eine ähnliche Entwicklung durch, wie die der Tsetsekrankheit. Auf andere Tiere, z. B. Hunde, scheint die Schlafkrankheit unter natürlichen Bedingungen nur ausnahmsweise überzugehen, so daß die Seuche durch Absonderung der Eingebornen in besondere Lager bekämpft werden kann.

Außer der Glossina palpalis scheinen auch andere Stechfliegen, aber nur durch Übertragung der kurz vorher aufgesogenen Trypanosomen gelegentlich die Krankheit zu verursachen. Nach neuen Erfahrungen kommt außerdem in einzelnen Gegenden eine Abart der Schlafkrankheit vor, die durch Glossina morsitans übertragen wird. Der betreffende Erreger, das Tryp. rhodesiense, besitzt eine große Ansteckungskraft für Versuchstiere und anscheinend auch für den Menschen. Schließlich sprechen manche Beobachtungen auch für die Möglichkeit, daß die Schlafkrankheit, wie die Beschälseuche, durch den Geschlechtsverkehr von Mensch auf Mensch verpflanzt werden kann.

Thomas, später R. Koch u. a. glaubten anfänglich in dem Atoxyl einen Stoff gefunden zu haben, der die Schlafkrankheit heilen könnte, leider hat sich diese Erwartung nicht bestätigt, wenn auch in den fieberhaften Perioden der Krankheit mit diesem und anderen Arzneimitteln (S. 298) Erfolge erzielt werden. Besser wirkt schon das Tryparsamid und am sichersten das von Röhl empfohlene Germanin (Bayer 205), ein farbloses Harnstoffderivat des Trypanrots, das den Vorzug hat, lange im Körper sich zu halten und so auch imstande ist, als Schutzmittel zu dienen.

Auf einem eigentümlichen Umwege wurde ein anderes, den Trypanosomen verwandtes Krankheitswesen, das Schizotrypanum Cruzi, entdeckt.

Chagas fand zunächst in einer brasilianischen Wanze Crithidien ähnliche Formen (S. 296, Anm. 1). Cruz sah, daß in einem Affen, den er durch solche Wanzen beißen ließ, eine tödliche Trypanosomenkrankheit sich entwickelte. Da hierdurch der Verdacht entstand, daß auch der Mensch, auf dem dieselbe Wanzenart schmarotzt, angesteckt werden könnte, durchmusterte Chagas das Blut der Bevölkerung in umfassender Weise und fand wirklich bei einer einheimischen, hauptsächlich Kinder befallenden Krankheit einen Erreger, den er Schizotrypanum Cruzi nannte. Im Blut bildet er Formen, die von echten Trypanosomen nicht zu unterscheiden sind, in den Organen wird er unter wiederholter Teilung nach Abwerfen der Geißel und des welligen Saums zu einem echten Zellschmarotzer, der viel Ähnlichkeit mit einer Leishmania (s. u.) besitzt. Hauptsächlich werden befallen Endothelzellen der Lunge, Knochenmarkzellen, quer gestreifte und glatte Muskeln. Außer Affen sind Meerschweinchen, Katzen, Hunde, Ratten und Mäuse empfänglich. Bei der Krankheit des Menschen, die entweder fieberhaft oder schleichend verläuft, fallen besondere Störungen auf, die von der Schilddrüse ausgehen. Das ist um so bemerkenswerter, als wir bezüglich der Ursache des Kropfes bisher noch ziemlich im Dunkeln sind (vgl. Aphanozoen am Schluß). Eine Chemotherapie ist bisher noch nicht gelungen.

Das Schizotrypanum bildet den Übergang zu den Leishmanien, die unter natürlichen Bedingungen als Zellschmarotzer auftreten, aber, auf Blut- oder Serumnährböden gezüchtet, zu Flagellaten auswachsen, welche den Kulturtrypanosomen ähnlich sind, d. h. keinen deutlichen Wellensaum zeigen. Stets findet sich aber hier, wie bei den viel kleineren und abgerundeten, in den Gewebszellen liegenden Formen neben dem Kern ein kleiner Geißelkern (Blepharoplast). Am längsten bekannt, aber allerdings erst später genauer studiert, ist die Leishmania tropica, welche die sog. Orientbeule, ein in südlichen Gegenden weit verbreitetes, gutartiges Geschwür verursacht. Sie ist auf Affen und Hunde zu verimpfen und wird wahrscheinlich durch verschiedene Insekten übertragen. Die beiden anderen Leishmanien Leishmania Donovani und infantum, erzeugen schwere Allgemeinkrankheiten, die meist schleichend unter Fieber, Ausschlägen, Diarrhöen und Anämie verlaufen und mit riesigen Schwellungen der Milz zum Tode führen. Alle Leishmaniosen werden wohl hauptsächlich durch Insekten übertragen und durch Brechweinstein, noch mehr durch 5wertige Antimonverbindungen, günstig beeinflußt.

Die Ansteckung durch L. Donovani herrscht unter dem Namen Kalaazar in Indien und China. Die zweite Form ist im Mittelmeerbecken als Kinderkrankheit weit verbreitet. Durch Anstich der Milz oder Leber mit einer langnadligen Spritze erhält man Ausstriche, welche, nach Giemsa gefärbt, die 2—4 μ großen, runden oder eiförmigen Parasiten teils frei, teils einzeln oder in großen Mengen in Zellen eingeschlossen zeigen. In den weißen Zellen des Blutes sind sie bei sorgfältiger Durchmusterung auch oft zu finden. Nach dem Tode kann man sie außerdem noch in Lymphdrüsen, den eine Art Dysenterie bedingenden Darmgeschwüren usw. nachweisen. Die indische Kala-azar ist bisher auf Tiere nur ausnahmsweise übertragen worden; sie soll durch Wanzen oder Sandfliegen verbreitet werden. Für die Kinder-Kalaazar sind Affen und Hunde, wenn auch recht ungleich, empfänglich. Bei Hunden sind auch ohne Impfung Ansteckungen mit Leishmania beobachtet worden, es wäre aber möglich, daß es sich um eine besondere Art (Leishmania canis) handelte. Bei ihnen ist die Verbreitung durch Flöhe behauptet, aber auch bestritten worden, vielleicht spielen diese Insekten oder auch wieder Sandfliegen auch bei der Verbreitung der Kinder-Kalaazar und Orientbeule eine Rolle. Die Orientbeule und die Leishmaniose der Hunde setzt eine deutliche Immunität; nur bei ersterer hat sich das Salvarsan als Heilmittel bewährt.

Siebenundzwanzigster Abschnitt

Malariaerreger und andere Schmarotzer von Blutkörpern

Die vierte Ordnung der einzelligen Tiere, die Sporozoen, enthält außer den S. 15 und 193 geschilderten Kokzidien und den ziemlich harmlosen Sarkosporidien, die als Mieschersche Schläuche in den Muskelzellen der Säugetiere und in seltenen Fällen beim Menschen vorkommen, eine ganze Reihe von Schmarotzern höherer Tiere, die sich dadurch auszeichnen, daß sie einen Teil ihrer Entwicklung in den roten (oder weißen) Blutkörpern von Wirbeltieren, den zweiten innerhalb von blutsaugenden Insekten oder anderen niederen Tieren vollziehen. Man kann sie der

Hauptsache nach in zwei Familien, die Hämogregarinen und Hämosporidien, unterbringen.

Jedoch ist die Zugehörigkeit einiger Formen, wie der Piroplasmen, Leukozytozoen, Halteridien zweifelhaft, zum Teil, weil ihre Entwicklung noch nicht eindeutig festgestellt ist. Die Beziehungen der letztgenannten zu den Trypanosomen (Schaudinn) und die Zusammenfassung der sämtlichen Blutkörperparasiten mit den Trypanosomen als Binukleaten (Hartmann) ist nicht allgemein erkannt, da sich ein zweiter, dem Geißelkern der Trypanosomen entsprechender Kern hier nur ausnahmsweise nachweisen läßt.

Bei weitem am wichtigsten sind von den Blutkörperparasiten die Malariaplasmodien als Krankheitserreger des Menschen und die Piroplasmen als Krankheitserreger unserer Haustiere. Ehe wir sie besprechen, wollen wir aus der großen Zahl der bisher bekannten Schmarotzer einige Formen herausgreifen, die zwar ziemlich harmlos sind, sich aber wegen ihrer allgemeinen Verbreitung dazu eignen, als Musterbeispiele für die Ansteckung der roten Blutkörper zu dienen.

Am längsten bekannt und sehr gemein sind die sog. Gauleschen Würmchen des Froschblutes, das Drepanidium (Lankesterella) ranarum. Sie sind im erwachsenen Zustande etwa 15 μ lang und 2—3 μ breit und liegen entweder grade ausgestreckt oder zusammengekrümmt innerhalb der roten Blutscheiben, seltener in den Leukozyten der Milz und des Knochenmarks, oder bewegen sich gregarinenartig frei in der Blutflüssigkeit, indem sie sich in Zellen und deren Kerne, die ihnen im Wege liegen, einbohren, durch sie hindurchgehen, andere Zellen beiseite stoßen oder durch sie in ihrer Richtung abgelenkt werden.

Sie entwickeln sich aus kleinen 4 μ langen spindligen oder gestreckten, eiförmigen leicht gekrümmten Körperchen, die innerhalb der roten Blutscheiben liegen, und vermehren sich dadurch, daß sie auf einer gewissen Höhe ihres Wachstums in stern- oder fächerförmig aneinandergelagerte Haufen von Sporen zerfallen. Über ihre geschlechtliche Vermehrung und Übertragung durch Zwischenwirte ist nichts bekannt. Wohl wissen wir aber, daß ein ähnlicher, aber sehr viel größerer Schmarotzer, die Hämogregarina Stephanoffi, in Schildkröten-Blutkörperchen lebt, sich dort ungeschlechtlich durch Sporen vermehrt, dann nach geschlechtlicher Befruchtung in einem Blutegel neue Sporen bildet, welche ihrerseits die Ansteckung auf die Schildkröte zurückbringen. Auch bei anderen kaltblütigen Wirbeltieren sind Hämogregarinen, bei Vögeln und Säugetieren, z. B. Ratten und Mäusen Leukozytogregarinen (Leukozytozoen) beschrieben worden.

Sehr gewöhnlich kommen die als Halteridien, Hämoproteus und Proteosomen bezeichneten Schmarotzer der roten Blutkörperchen miteinander und mit Trypanosomen zusammen im Blute von Vögeln (Käuzen, Eulen, Tauben, Sperlingen, Krähen) vor. Sie wachsen sämtlich unter Bildung bräunlichen Pigments in den roten Blutkörperchen heran, indem sie entweder den Kern an seiner Stelle lassen und ihn nur umwachsen oder ihn beiseite schieben.

Sie vermehren sich ähnlich den Hämogregarinen im Körper ihrer Hauptwirte auf ungeschlechtlichem Wege durch Sporenbildung, d. h. durch ziemlich plötzlichen Zerfall in eine größere Anzahl kleiner Keimzellen. Am besten bekannt sind die Verhältnisse bei der Ansteckung mit Proteosoma, die man bei zahlreichen Vögeln in aller Herren Länder antrifft. Sie ähneln denen bei der menschlichen Malaria, wie ja auch Roß zuerst bei Vögeln die Übertragung der Malaria durch Stechmücken — hier Culexarten — und Mac Callum hier zuerst die geschlechtliche Fortpflanzung der Parasiten festgestellt hat. Gegenseitige Übertragung der Malaria des Menschen und der Tiere gelingt nicht. Dagegen hat sich das zuerst bei der Vogelmalaria erprobte Plasmochin auch beim Menschen hervorragend bewährt (s. u.).

Ehe wir zur Schilderung der Malaria übergehen, müssen wir die Verfahren besprechen, die zur Untersuchung der Blutkörperschmarotzer am besten geeignet sind.

Es liegt auf der Hand, daß man zu ihrer Erkenntnis danach streben muß, die Blutkörper möglichst nebeneinander, nicht übereinander unter das Mikroskop zu bekommen. Wenn man das Blut im frischen Zustande besichtigen will, genügt es, mit dem Deckglas einen gewissen Druck auf den darunter liegenden Bluttropfen auszuüben, um den gewünschten Erfolg zu erreichen. In der Tat kann man so die Insassen der Blutkörper neben ihren Bewegungen ausgezeichnet und selbst geraume Zeit lang beobachten, wenn man nur durch Umrandung des Deckglases mit Vaselin dafür sorgt, daß das Blut nicht eintrocknet. So unentbehrlich dieses Verfahren ist, um über viele Eigenschaften der Malariaerreger ins klare zu kommen, so wenig ist es dazu angetan, ihren feineren Bau kennenzulernen und die Schmarotzer im Blute überhaupt aufzufinden, wenn sie nicht sehr reichlich darin vorhanden sind. Dazu ist es nötig, das Blut zu färben. Man macht das folgendermaßen: Mit einer an der Spitze halb abgebrochenen Feder oder dergleichen sticht man den unteren Rand des Ohrläppchens an, drückt einen kleinen Bluttropfen heraus, nimmt ihn mit der einen Seite eines sehr gut gereinigten Objektträgers auf und verteilt ihn auf diesem, indem man einen zweiten Objektträger mit der kurzen Kante an den Tropfen im spitzen Winkel anlegt, ihn zunächst etwas zurückschiebt, so daß der Tropfen in dem dadurch entstehenden kapillaren Raum zu einem Striche auseinanderfließt, und dann den zweiten Objektträger auf dem ersten unter starkem Druck nach vorn, d. h. nach dem stumpfen Winkel zu, schiebt. Das Blut wird dabei durch die Kapillarkraft zum großen Teil mitgezogen, bleibt aber zum anderen Teil in dünnster Schicht an dem als Unterlage dienenden Objektträger kleben. Wenn der Tropfen von Anfang an nicht zu groß ist, läßt er sich auf solche Weise ohne Rest auf dem Objektträger verteilen. Es ist das wichtig, weil gerade der letzte Teil des Ausstrichs besonders reich ist nicht bloß an Leukozyten, sondern auch an Blutkörpern, die mit Schmarotzern behaftet sind. An der Luft trocknet der Ausstrich schnell, wird dann 10—20 Minuten lang in reinen Alkohol gebracht und nach vorsichtigem Abtrocknen mit Fließpapier entweder mit Methylenblau (z. B. Borax-Methylenblau Manson) in starker Verdünnung und kurzer Einwirkung, oder noch besser eine Stunde lang mit Giemsalösung (S. 288) gefärbt. Ersteres läßt die Malariaparasiten und die Leukozytenkerne blau, die roten Blutkörper grünlich, letzteres Leukozyten und die Leiber der Schmarotzer blau, ihre Kerne schön rot, die roten Blutkörperchen rosa erscheinen. Durch Borax-Methylenblau färben sich auch die sog. basophilen Körner, die bei der Malaria sehr gewöhnlich auch in den nicht mit Plasmodien besetzten roten Blutscheiben auftreten, blau. Sie sind nicht zu verwechseln mit den roten Tüpfeln, die beim

Färben nach Giemsa oft neben den Malariaplasmodien zu sehen sind (s. u.). Außer bei der Malaria begegnen wir der basophilen Körnelung noch bei schweren Anämien nach Blutverlusten und vor allen Dingen so regelmäßig schon bei leichten Graden der Bleivergiftung, daß man sie geradezu als Erkennungszeichen für diese hygienisch so wichtige Erkrankung betrachten darf.

Ganz vereinzelte Malariaschmarotzer im Blute können noch mit der dicken Tropfenmethode (S. 285) nachgewiesen werden.

Ausdrücklich soll bemerkt werden, daß die notwendige Unterlage für ein fruchtbares Studium der Blutkörperschmarotzer die Bekanntschaft mit dem gesunden und kranken Zustand des Blutes in frischem und gehärtetem Zustande ist. Die Geschichte der Blutforschung lehrt, daß gar zu oft Blutplättchen, Blasen in den Blutkörpern u. dgl. für fremde Keime gehalten worden sind. Übung in der Untersuchung des Blutes lehrt uns, solche Irrtümer vermeiden.

Die Kenntnis der Malariaerreger hat sich, seitdem Laveran zuerst 1880 ihre größten Formen in Algier entdeckt hatte, sehr allmählich entwickelt. Golgi, ferner Marchiafava und Celli verdanken wir zunächst den Nachweis, daß die drei Hauptformen der Malaria (Quartana, Tertiana und Tropenfieber) ebenso vielen Arten von Schmarotzern — Plasmodium malariae, vivax und immaculatum — entsprechen und daß sich deren Entwicklung im Menschen auf ungeschlechtlichem Wege (Schizogonie) durch Sporenbildung ganz innerhalb der roten Blutkörperchen vollzieht. Am durchsichtigsten sind die Verhältnisse beim Quartan- und Tertianfieber, den beiden Malariaformen, die auch bei uns einheimisch sind. Die jüngsten Schmarotzer (Schizonten) erscheinen in den Blutkörperchen als kaum 2 μ große, im frischen Zustande farblose, namentlich bei der Tertiana amöboid sehr bewegliche Protoplasmaklümpchen, die in der Ruhe und im gefärbten Zustande ringförmig aussehen. Sie wachsen unter Bildung von bräunlichen Pigmentkörnchen (Melanin), die offenbar aus der Zersetzung des Hämoglobins entstanden sind (Fig. 71 auf der farbigen Tafel), allmählich bis zur Größe der roten Blutscheiben heran und zerfallen dann, während sich die Farbkörnchen in einem Mittelpunkt sammeln, in 8—12—20 runde Keime, die Sporen (Merozoiten, s. u., Fig. 74). Die kleinere Zahl ist der Quartana, die größere der Tertiana eigentümlich. Durch Verstreuung der Sporen und Einwanderung in neue Blutscheiben setzt sich die Krankheit fort. Diese Entwicklung vollzieht sich regelmäßig binnen 3 bzw. 2 Tagen und zwar so, daß die Sporen stets im Beginn des Fieberanfalls gebildet werden.

Die Färbung nach Giemsa lehrt uns, daß der ursprünglich einheitliche und kleine rot gefärbte Kern an Größe während des Wachstums zunimmt und auf seiner Höhe in ebensoviel Stücke, wie Sporen vorhanden sind, zerfällt. Bei der sog. doppelten Tertiana, der zweifachen und dreifachen Quartana wiederholen sich zwar die Fieberanfälle häufiger, beziehungsweise täglich, die Entwicklung der Schmarotzer erfordert aber wie sonst 2—3 Tage, nur daß jeder Fieberanfall durch besondere Generationen von Schmarotzern, die man nebeneinander im Blutausstrich verfolgen kann, hervorgerufen wird. Die einzelnen Entwicklungszustände der Schmarotzer kann man nicht immer mit völliger Sicherheit unterscheiden, doch pflegen die Tertianparasiten außer durch die höhere Sporenzahl durch lebhafte amöboide Bewegung, Feinheit der abgelagerten Farbkörnchen und eine mäßige Entfärbung und Vergrößerung der Wirtszellen, bei Giemsafärbung durch eine feine rote Tüpfelung derselben ausgezeichnet zu sein, während die Quartanplasmodien bei dem Heranwachsen häufig bandartig ausgezogen sind, gröberes Pigment entwickeln und in einem eher verkleinerten Blutkörperchen von messingartiger Farbe liegen.

Bei dem sog. Tropenfieber, das bei uns nur eingeschleppt vorkommt, im wärmeren Klima, z. B. schon in Italien, aber durch die „perniziösen" Zufälle, die es mit sich bringt, die Hauptgefahr darstellt, ist der Befund insofern ein anderer, als im strömenden Blute gewöhnlich nur die jungen, nicht pigmentierten Schmarotzer, die im Ruhezustand ringförmig aussehen, beobachtet werden (Fig. 72 auf der farbigen Tafel). Der meist gewählte Vergleich mit einem Siegelring stimmt nicht ganz, weil zwar die eine Seite des Ringes breiter als die andere, der Stein im Ring, hier der Kern, aber nicht auf der breiten, sondern auf der schmalen Seite liegt. Die erwachsenen Zustände der Schmarotzer, die zwar auch in den Blutgefäßen, aber fast nur im Innern der Organe, also meist erst nach dem Tode der Kranken zu finden sind, bilden ebenfalls Melanin, werden aber lange nicht so groß, wie die der beiden anderen Fieberformen und zerfallen auch früher zu einer kleinen Anzahl von Sporen.

Die Kapillaren der an perniziöser Malaria Gestorbenen, z. B. im Gehirn und Darm, findet man oft vollgestopft von Blutkörpern, die gänseblümchenähnliche Sporenformen enthalten. Dadurch wird der Eindruck verstärkt, daß nicht nur das Fieber der Tertiana und Quartana, sondern auch die schweren Störungen der tropischen Malaria durch die Giftstoffe erzeugt werden, die beim Zerfall der Schmarotzer zu Sporen entstehen.

Neben den beschriebenen Entwicklungszuständen der Malariaparasiten hat man schon lange bei allen möglichen Malariafiebern pigmentierte Formen etwa von der Größe der roten Blutkörper beobachtet, die an der Sporenbildung sich nicht beteiligen. Am besten gekennzeichnet von ihnen sind die Laveranschen Halbmonde (Fig. 73 auf der farbigen Tafel), die den länger dauernden Fällen von Tropenfieber zukommen, nicht bloß durch ihre Gestalt, sondern auch durch die Veränderungen, die sie oft unter den Augen des Beobachters im frischen Blute erfahren. Sie runden sich nämlich ab, lassen ihren körnigen Inhalt in Bewegung geraten und senden plötzlich geißelartige Fortsätze (s. u. Fig. 74) aus, die sich von dem Mutterkörper loslösen und von diesem schließlich nur noch einige kümmerliche Reste übrig lassen. Zunächst wußte man mit diesen Geißelkörpern der Malaria nichts Rechtes anzufangen, erst nachdem die von Romanowsky angegebene, später von Giemsa verbesserte Färbung gelehrt hatte, daß die vermeintlichen Geißeln im wesentlichen aus Kernstoffen bestehen, und nachdem MacCallum an ähnlichen Formen des Vogelblutes (s. o.) das Eindringen der Geißeln in andere große pigmentierte Schmarotzer und deren Entwicklung zu gregarinenartig beweglichen „Würmchen" beobachtet hatte, wurde klar, daß die Geißeln nichts anderes als Samenzellen sind, und der ganze Vorgang als eine Befruchtung, die Einleitung zur geschlechtlichen Fortpflanzung zu betrachten ist. Bei den Schmarotzern des Tropenfiebers kann man freilich diese Befruchtung in dem künstlich den Gefäßen entnommenen Blute unter dem Deckglas nicht so vollständig beobachten, wie bei Vögeln; beim Tertianfieber sieht man nur gelegentlich Geißelkörper und beim Quartanfieber findet man höchstens Andeutungen davon.

Wohl lassen sich die größeren Geschlechtszellen (Gameten) auch bei der Tertiana und Quartana im Malariablut von den Schizonten einigermaßen unterscheiden. Das Pigment ist bei den Gameten mehr stäbchenförmig und gleichmäßig zerstreut, bei den Schizonten körnig und unregelmäßig verteilt; bei den frischen Tertiangameten zeigt es nur zitternde Molekularbewegung, nicht amöboide Verschiebungen. Das Protoplasma ist bei den gefärbten Schizonten der Tertiana blasig und zackig zerrissen, bei denen der Quartana bandförmig, bei den Gameten mehr konzentriert und abgerundet und zeigt hier nur um das Chromatin herum einen hellen Hof (Giemsa) oder eine scharfrandige Vakuole (Manson).

Die hier scheinbar fehlenden Entwicklungszustände und ihre Bedeutung treten dagegen nach der Entdeckung, die der englische Militärarzt R. Roß 1897/98 in Ostindien gemacht hat, zutage, wenn man im Magen von Stechmücken, die das Blut malariakranker Menschen gesogen haben, das Schicksal der Schmarotzer weiter verfolgt. Hier findet die Befruchtung der großen weiblichen Geschlechtszellen des Parasiten (Makrogameten) durch die geißelartigen männlichen (Mikrogameten) regelmäßig statt. Die daraus hervorgehenden Würmchen (Ookineten) bohren sich in die Magenwand der Mücken ein, setzen sich an deren äußerer Wandung fest, umgeben sich mit einer Hülle, wachsen in dieser „Zyste" (Sporoblast) kräftig heran und zerfallen in ihr zu einer Unzahl von Sichelkeimen (Sporozoiten), die nach der Sprengung der Zysten in die Leibeshöhle, von dort aus in die Speicheldrüsen der Mücken und schließlich durch deren Stich in die Blutgefäße von gesunden Menschen gelangen (Fig. 74).

Durch die Arbeiten zahlreicher Forscher, von denen der Italiener Grassi und der Deutsche R. Koch in erster Reihe stehen, wurde die Roßsche Entdeckung bestätigt und vervollständigt. Es ist jetzt bewiesen, daß *die menschliche Malaria*, abgesehen von *künstlicher*

Überimpfung des Blutes von Mensch auf Mensch, nur durch die Stechmücken der Gattung Anopheles, die Vogelmalaria durch die Culexarten und andere Mücken übertragen wird, und daß diese Mücken ihrerseits keine andere Quelle für ihre eigene Ansteckung haben als das Blut der mit Schmarotzern behafteten Menschen und Vögel.

Die männlichen und weiblichen Geschlechtszellen der Malariaschmarotzer, die im Blute ihrer warmblütigen Wirte selbst zu jeder weiteren Entwicklung unfähig sind, vermitteln die Ansteckung der kaltblütigen Zwischenwirte. Die

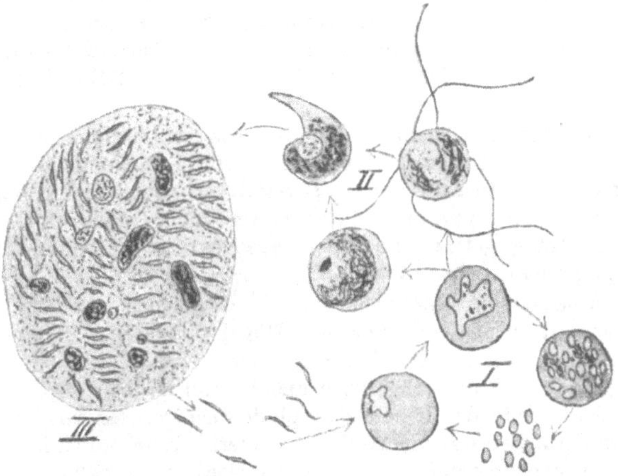

Fig. 74. Schema der Entwicklung des Malariaparasiten.

Bei I ungeschlechtliche Vermehrung im Blute des Menschen;
bei II Geschlechtsformen im Magen der Stechmücke;
bei III Zysten in der Magenwand und die daraus hervorgehenden Sichelkeime in der Speicheldrüse der Stechmücke.

Reifung der Schmarotzer im Innern der Stechmücken bedarf einer gewissen, nicht zu niedrigen Temperatur und einer Zeit von einigen Wochen. Wahrscheinlich bleiben die Mücken einige weitere Wochen ansteckungstüchtig. Stets sind es nur die weiblichen Mücken, die Blut saugen und daher zu Überträgern der Malaria werden. Aus der Verbreitung der verschiedenen Mückenarten, ihrer Lebensweise und ihren Beziehungen zu den Malariaplasmodien erklärt sich die Verteilung der Malaria auf der Erde in den verschiedenen Klimas und Jahreszeiten. In den Tropen finden die Mücken weit günstigere Lebensbedingungen als bei uns, wo sie ein halbes Jahr in den Winterschlaf versinken und sonst nur an besonders günstigen, d. h. feuchten Orten, sich zu halten vermögen. Namentlich trifft das für die Anophelen zu, die bei uns zwar an vielen Orten gefunden werden, aber doch erheblich seltner als die Culexarten. Beide unterscheiden sich voneinander schon auf den ersten Blick beim Sitzen dadurch, daß bei Anopheles Stechwerkzeuge, Kopf, Brust und Leib wie die Teile eines Dolches ziemlich in einer geraden Linie liegen, die mit der Unterlage einen spitzen Winkel bildet, während bei Culex der Leib parallel mit der Wand liegt, Brust und Kopf aber dazu in einem stumpfen

Winkel geknickt erscheint. Außerdem sind die Anophelesmücken graugrünlich bis schwärzlich, die Culex braun, und die ersteren haben je 5 Flecken auf den beiden Flügeln, die letzteren gewöhnlich keine. Am wichtigsten sind die Unterschiede in der Ausbildung der Taster. Die — viel selteneren — Männchen beider Gattungen, die sich durch dicke, federartige Fühler auszeichnen, sind zwar ziemlich ähnlich, die Anophelesweibchen tragen aber links und rechts neben dem dolchartig vorspringenden langen Stechrüssel je einen ebenso langen Taster, während beim Culexweibchen die Taster nur stummelartig ausgebildet sind. Zur Eiablage bedürfen die Mücken stillstehende Wässer, begnügen sich aber mit der kleinsten Lache, ja schon mit einer Konservenbüchse voll Wasser. Die etwa 1 mm langen schmalen Eier sind bei Anopheles schwarz und werden einzeln oder in lockeren Häufchen auf der Oberfläche des Wassers abgesetzt; bei Culex sind sie braun und zu festen, 1 cm langen Kähnchen dicht zusammengelagert. Die Larven von Anopheles liegen unter Wasser dessen Oberfläche ganz platt an, die von Culex hängen, mit ihrem Atemrohr an der Oberfläche haftend, in das Wasser hinein.

Die Mücken fängt man leicht mit einem Netz oder, indem man ihnen beim Sitzen etwa ein Probierglas überstülpt, und kann sie in einem mit Gaze überspannten Einmacheglas, in das man etwas Sand, ein paar kleine Zweige und ein Gefäß mit Wasser hineinbringt, am Leben erhalten, indem man sie durch Auflegen eines mit Zuckerlösung getränkten Wattebausches auf die Gaze füttert. Die Züchtung macht größere Schwierigkeiten.

Auf Malariaplasmodien untersucht man die Mücken in der Weise, daß man sie chloroformiert, nach Abschneiden der Flügel und Beine in einen Tropfen Kochsalzlösung legt, mit einer Nadel an der Brust festhält, mit einer anderen am letzten Leibesring einen Zug nach hinten ausübt und so die Eingeweide herauszieht. An der Außenseite des mächtigen spindelförmigen Magens sieht man bei 30facher Vergrößerung etwa vorhandene Zysten. Eine künstliche Züchtung der Malariaschmarotzer in toten Nährböden ist bisher nicht gelungen, wohl kann man aber unerwachsene Plasmodien in traubenzuckerhaltigem Blutserum zur Reife bringen.

Die Bekämpfung der Malaria wird außerordentlich erleichtert durch den Umstand, daß wir im Chinin ein Heilmittel ersten Ranges gegen die Krankheit haben. Es ist klar, daß wir neue Ansteckungen durch die Stechmücken in beträchtlichem Umfange beschränken werden, wenn es uns gelingt, die Schmarotzer aus dem Blute aller angesteckten Menschen schnell zu entfernen und so den Stechmücken die Gelegenheit zu nehmen, sie weiter zu verbreiten. Das ist in den eigentlichen Malarialändern des Südens allerdings nicht leicht zu erreichen, weil die Durchseuchung mit Malariakeimen, wie R. Koch nachgewiesen hat, schon in früher Jugend stattfindet und bei der Bevölkerung zu einer unvollkommenen Immunität führt, die zwar deutliche Erkrankungen seltener werden läßt, aber schleichende Ansteckungen nicht verhindert. Hier bedarf es deswegen einer gründlichen und wiederholten Durchmusterung des Blutes bei der ganzen Bevölkerung, um die mit Schmarotzern behafteten Personen festzustellen und der Chininbehandlung zuzuführen. Das Chinin kann aber auch, wie die Erfahrung gelehrt hat, dazu benutzt werden, um Ansteckungen unmittelbar vorzubeugen, indem die der Ansteckung Ausgesetzten täglich kleine Gaben oder in größeren Zwischenräumen große Gaben zu sich nehmen. Ergänzt wird die Chininwirkung durch das Plasmochin, das gegen die weit widerstandsfähigeren Geschlechtsformen gerichtet ist. Auf der anderen Seite verwendet man jetzt nach Wagner-Jauregg die künstliche Infektion mit Malaria zur Behandlung der Paralyse, Tabes usw.

Eine merkwürdige, noch nicht völlig aufgeklärte Erkrankung, die durch stärkeren Zerfall von Blutkörperchen und Hämoglobinausscheidung ausgezeichnet ist, das Schwarzwasserfieber, tritt fast nur bei Malariakranken auf, die schon vorher mit Chinin behandelt worden sind, und wird ausgelöst durch eine Chiningabe. Neuere Befunde ergeben die Möglichkeit, daß es sich hier um eine Infektion mit Spirochäten, die der Gruppe der Sp. icterogenes (S. 293) angehören, handeln könnte.

Weitere Maßnahmen richten sich gegen die Mücken. In erster Linie wird man bestrebt sein müssen, ihre Vermehrung zu beschränken, indem man die Mücken während des Winters in ihren Schlupfwinkeln (Kellern, Ställen, Schuppen) durch Zerdrücken, Ausräuchern, Abbrennen mit einer Lötflamme u. dgl. vernichtet, die Gelegenheit zur Ablage und zur Entwicklung der Eier beschränkt, z. B. durch Entwässern von Sümpfen, Beseitigung von Tümpeln und anderen Wasseransammlungen, Begießen stehender Gewässer mit Petroleum, Besetzen derselben mit insektenfressenden Fischen. Auch Anpflanzungen von cumarinhaltigen Gewächsen (Kleesorten u. a.) haben sich bewährt. Ferner kann man das Eindringen der Mücken in die Wohnungen durch Anlegen der Häuser und Ortschaften auf freien, dem Winde ausgesetzten Anhöhen, durch Verschließen von Türen und Fenstern mittels feinen Drahtgewebes verhüten. Schließlich schützt man sich selbst vor Mückenstichen dadurch, daß man während der Hauptflugzeit der Mücken, d. h. von der Abenddämmerung an bis zum Morgen, sich möglichst wenig im Freien aufhält, sonst aber Schleier und Handschuhe benutzt und unter Mückennetzen schläft. Einreiben ätherischer Öle in die Haut ist entweder wenig wirksam oder wird auf die Dauer nicht vertragen.

Auf diese Weise ist es in der Tat in der letzten Zeit geglückt, in malariareichen Gegenden, wie z. B. Italien, die Häufigkeit der durch die Krankheit verursachten Opfer erheblich zu verringern und sogar einen längeren Aufenthalt in tropischen Gegenden für Europäer möglich zu machen. Bei uns ist das Sumpffieber, das früher keine geringe Bedeutung gehabt hat, schon seit einigen Jahrzehnten teils durch die umfangreichen Entwässerungen, teils durch regelmäßigen Gebrauch des Chinins zu einer seltenen Seuche geworden.

Außer bei Vögeln finden wir Schmarotzer, die den Malariaplasmoiden nahe stehen, auch bei Affen, nicht dagegen bei unseren größeren Haustieren. Gewissermaßen an die Stelle der Malaria treten aber hier die

Piroplasmosen, d. h. Ansteckungen mit Piroplasma (= Pirosoma = Babesia). Diese sind nicht größer als die kleinsten Plasmodien, bilden aus dem Hämoglobin keinen Farbstoff, vermehren sich auch gewöhnlich nicht durch Zerfall in zahlreiche Keime (Sporen), sondern durch Zweiteilung, die sich allerdings schnell wiederholen kann, so daß in einem und demselben Blutkörper mehrere Teilstücke zu finden sind. Wie die Malariaschmarotzer lassen sie sich nur auf Tiere der gleichen Art überimpfen, alle Blutkörperschmarotzer sind eben im Gegensatz zu den Trypanosomen nur an bestimmte Tierarten angepaßt. Übertragen werden sie unter natürlichen Verhältnissen, wie Th. Smith und Kilborne schon 1889 gefunden haben, nur durch Zecken (Milben), die hier statt der Stechmücken als Zwischenwirte dienen und die Ansteckung nicht bloß auf ihre Nachkommen vererben können, sondern sie vielfach erst durch diese übertragen.

Die Entwicklung der Piroplasmen innerhalb der Zecken weist noch viele Unklarheiten auf, doch scheinen große, würmchenartige (durch Befruchtung entstandene?) Formen und Sporenbildung in Zysten vorzukommen. Die Krankheit verläuft bei den Haustieren entweder schnell und oft tödlich mit Fieber, Blutarmut, Gelbsucht und Blutharnen, oder schleichend unter geringen Störungen. Gerade die letzteren Ansteckungen sind aber wichtig, weil die von ihnen betroffenen Tiere, obwohl sie nur wenige Schmarotzer beherbergen, dauernd Träger der Ansteckung bleiben.

Wirtschaftlich am wichtigsten ist die Piroplasmose (Hämoglobinurie) der Rinder, die man auf eine ganze Reihe verschiedener Schmarotzer zurückführt.

Babesia (Piroplasma) bovis, der Erreger der auch bei uns einheimischen Form, ist 2—4 μ lang und 1·5—2·0 μ dick, hat, wie die meisten Babesien, gewöhnlich eine birnförmige Gestalt und liegt häufig paarweise, mit dem spitzen Ende einander zugekehrt, in den roten Blutscheiben (Fig. 75 auf der farbigen Tafel). Frisch untersucht, bewegen sie sich unter lebhaften Gestaltsveränderungen. Methylenblau nehmen sie in der Mitte nicht an, wodurch sie ringförmig aussehen, und zeigen, nach Giemsa gefärbt, am Rande einen roten Kern.

Da das Überstehen der Krankheit gegen neue Ansteckungen schützt, darf man daran denken, außer durch Vermeidung der Zeckengefahr durch künstliche Impfung die Seuche zu bekämpfen. Die Erfahrung hat gezeigt, daß man allerdings einen Schutz erzielen kann durch Einspritzung defibrinierten Blutes von Tieren, die vor einigen Monaten einen Anfall von Hämoglobinurie überstanden haben. Es ist das aber nur deshalb möglich, weil in dieser Zeit noch Erreger in kleiner Anzahl im Blute vorhanden sind, denn erhitztes Blut oder Blutserum ist ohne Wirkung; die geimpften Tiere erkranken auch zum Teil schwer, ja sterben manchmal an Hämoglobinurie, und die übrigen bleiben längere Zeit, vielleicht sogar dauernd Keimträger. Von einer vollkommenen und ungefährlichen Immunisierung gegen die *Piroplasmose* kann danach *nicht* die Rede sein.

In Amerika spielt das von der sehr ähnlichen, aber etwas größeren Babesia bigemina verursachte Texasfieber eine noch größere Rolle, ebenso in Afrika, Indien und vielleicht noch in anderen Ländern.

Die Babesia mutans, die ebenfalls, namentlich in Südafrika, Rinder befällt, ist weit kleiner, als die bisher genannten und oft stäbchenartig. Von diesen Piroplasmen, mit denen sie allerdings zusammen in einem und demselben Tier vorkommen können, wird noch unterschieden die gleichfalls kleine Babesia (Theileria) parva, der Erreger des ostafrikanischen Küstenfiebers. Außerdem gibt es noch Piroplasmosen bei Pferden, Schafen und Hunden. Bei Küstenfieber scheint sich nach einmaligem Überstehen der Krankheit eine echte Immunität zu entwickeln. Auch besitzt das Blutserum hier, wie bei der Hundepiroplasmose deutliche keimwidrige Eigenschaften. Neosalvarsan hat sich als Heilmittel bewährt.

Im Anschluß an die Piroplasmen seien die bakterienähnlichen Einschlüsse in roten Blutkörpern erwähnt.

Zunächst wurden solche von mir schon 1890 bei Fröschen beobachtet: zu mehreren in Vakuolen eingeschlossen liegen hier oft Bazillen innerhalb der roten Blutkörper, die daneben noch mit anderen Parasiten, wie z. B. Drepanidien (s. o.) besetzt sind. Bedeutung für die menschliche Pathologie erhielt die nach dem Entdecker genannte Bartonella bacilliformis als Erreger des Oroyafiebers und der Verruga peruviana, die wegen eines tragisch verlaufenden Selbstversuchs auch als Carrionsche Krankheit zusammengefaßt werden. Hier finden sich kokken- oder bazillenförmige Gebilde zum Teil massenhaft in oder auf den roten Blutkörpern. Bei der Verruga, der chronischen Krankheitsform, sind sie meist nur durch die Blutkultur nachzuweisen, die auf festem oder halbfestem Blutagar gelingt. Ob die Zelleinschlüsse, die dabei beobachtet werden, mit der Bartonella zusammenhängen ist noch ungewiß. Die Krankheit ist auf Affen, Hunde und Kaninchen übertragbar und erzeugt Immunität. Die Bart. muris ratti ist bei Nagetieren weit verbreitet, tritt aber eigentümlicherweise fast nur und zwar in einem vorübergehenden Anfall auf, wenn man die Tiere entmilzt hat und erzeugt eine oft tödliche Anämie. Auch sie bildet meist bazillenähnliche Formen, nicht bloß massenhaft auf den Blutkörperchen, sondern zum Teil auch frei im Plasma. Ausnahmsweise ist ihre Übertragung auch auf nichtentmilzte Tiere geglückt. In einzelnen Fällen von Mischinfektionen mit Trypanosomen u. dgl. treten sie bei Mäusen auch freiwillig auf und lassen sich dann beliebig oft weiter verpflanzen. Vielleicht handelte es sich dabei um eine andere Art, ebenso wie bei der Bartonella des Hundes. Sicher ist eine solche das Eperythrozoon coccoides Schilling, das bei Ratten und anderen Nagetieren mehr in Form größerer rundlicher bis scheibenförmiger Gebilde erscheint, und sich auch nicht auf entmilzte Tiere beschränkt. Vielleicht gehört hierher das Anaplasma marginalis, d. h. ein auch kokkenähnliches Gebilde, das bei Piroplasmosen am Rande der Blutkörperchen vorkommt.

Alle diese Dinge dürfen nicht mit der basophilen Tüpfelung der roten Blutkörper des Menschen und der Tiere verwechselt werden, die meist allerdings aus viel kleineren Körnern besteht und eine Blutveränderung darstellt, die namentlich für die frühzeitige Erkennung der Bleivergiftung bedeutsam geworden ist. Ob die „Hämatokonten", die Schilling bei perniziöser Anämie regelmäßig fand, zu solchen Umwandlungsprodukten der Kernsubstanz oder zu den Bartonellen gehören, ist zweifelhaft. Sie färben sich mit Giemsa wie die ersteren blau, nicht wie die letzteren rot.

Achtundzwanzigster Abschnitt

Unsichtbare Erreger (Aphanozoen) und Bakteriophagen

An die Möglichkeit unsichtbarer oder ultramikroskopischer Ansteckungskeime hat schon Pasteur bei Gelegenheit seiner Untersuchungen über die Hundswut gedacht. Es lag ja auch kein zwingender Grund vor, die Bakterien als die kleinsten aller Lebewesen zu betrachten. Daß solche Keime vorkommen, haben aber erst Iwanowsky und Beijerinck seit 1892 durch ihre Untersuchungen über die Ursache der Mosaikkrankheit bei der Tabakspflanze wahrscheinlich gemacht, indem sie zeigten, daß die Übertragung dieser Krankheit mit dem Safte der kranken Pflanze auch gelang, nachdem sie ihn durch ein bakteriendichtes Filter geschickt hatten. Auf demselben Wege erwiesen 1897 Löffler und Frosch das Vorhandensein unsichtbarer Erreger in dem filtrierten Blaseninhalt und Blutserum bei Maul- und Klauenseuche. Damit waren die ersten Schritte zur Eröffnung eines sehr umfangreichen neuen Arbeitsgebietes getan. Schon jetzt beträgt die Zahl der unsichtbaren Krankheitserreger, oder wie wir sie von jetzt an nennen wollen, der Aphanozoen, mehr als drei Dutzend. Gegen ihre Bezeichnung als unsichtbar hat man zwar Einwendungen gemacht, wohl läßt sich auch die Möglichkeit nicht leugnen, daß man vielleicht noch einmal dazu gelangen wird, auch diese Keime deutlich sichtbar zu machen, und das scheint bei einigen von ihnen sogar schon jetzt in gewissen Grenzen gelungen zu sein (s. u. Strongyloplasmen und Chlamydozoen). Deswegen bleibt es doch richtig, daß die große Mehrzahl der Aphanozoen mit den bisher bekannten Mitteln überhaupt nicht, und die übrigen weit schwerer zu sehen sind, als die kleinsten Bakterien.

Daß das im wesentlichen an ihrer Kleinheit liegt, folgt daraus, daß sie durch bakteriendichte Filter hindurchgehen. Man hat sie darum auch als filtrierbare Keime bezeichnet.

Genau genommen ist aber dieser Name nicht zutreffend, denn wir kennen einzelne Bakterien — vor allem das Spirillum parvum v. Esmarchs und manche Spirochäten —, die durch dieselben Filter wie die Aphanozoen durchgehen. Wir wissen ferner, daß schon die besonders engporigen Bakterienfilter, mögen sie nun aus Kieselgur (Berkefeld) oder aus Ton (Chamberland) gebrannt oder aus zusammengepreßten Asbestfasern (Heim) und Pulvern hergestellt sein, gar nicht zu reden von den sog. Gallert- (Membran- oder Ultra-) Filtern (Bechhold), die aus Gelatine, Kollodium oder Agar bestehen, unseren Keimen den Durchgang nicht gestatten. Außerdem hat die Erfahrung gezeigt, daß der Durchgang der Aphanozoen durch Filter gewöhnlich nur unter der Bedingung erfolgt, daß die

Keime nicht von stark eiweißhaltigen Flüssigkeiten, wie z. B. reinem Blutserum, umgeben sind. Man erklärt das damit, daß die Poren der Filterkerzen sich durch die Absorption von Eiweiß schnell verengen. Schließlich darf nicht übersehen werden, daß unter bestimmten Umständen, wenn nämlich die Aphanozoen reine Zellschmarotzer sind, der Nachweis der Filtrierbarkeit erhebliche Schwierigkeiten machen wird. Schlüsse auf die Größe der filtrierbaren Teilchen (Bechhold) sind nur mit äußerster Vorsicht zu ziehen.

Eine dritte Eigenschaft, die man zur Kennzeichnung der Aphanozoen benutzen könnte, ist ihre Unfähigkeit, in künstlichen Nährböden zu wachsen. Jedoch sind uns von dieser Regel schon jetzt Ausnahmen bekannt (Lungenseuche, Agalaktie, Hühnerpest, Kinderlähmung, Schnupfen, Influenza?) und es ist sicher, daß ihre Zahl sich noch steigern wird. Haben wir doch auch bei einer ganzen Reihe anderer Kleinwesen, Bakterien wie Protozoen, erst allmählich die Bedingungen für ihre Züchtbarkeit kennengelernt.

Sämtlich besitzen die Aphanozoen das Vermögen, ansteckende Krankheiten zu erregen. Soweit wir bisher wissen, bezieht sich ihre Ansteckungskraft, abgesehen von der schon erwähnten Tabakskrankheit, nur auf höhere Tiere und Menschen.

Über die Aussicht, Aphanozoen auch als Erreger von Zersetzungen in der Außenwelt anzutreffen, können wir so lange nichts Sicheres sagen, als ihre künstliche Züchtung nicht gelungen ist, bzw. die Veränderungen, die sie in toten Nährböden hervorrufen, nicht erforscht sind. Immerhin wäre es nicht ausgeschlossen, daß wir es in dieser Gruppe, wie bei den Sporozoen, nur mit strengen Schmarotzern zu tun haben könnten.

Das führt uns auf die Frage, welche Stellung wir den Aphanozoen im Reiche der Lebewesen anzuweisen, und ob wir es mit einer einheitlichen Gruppe zu tun haben. Eine bestimmte Antwort darauf läßt sich vorläufig nicht geben. Unstreitig haben die Aphanozoen manche Berührungspunkte mit Protozoen, insbesondere den Sporentierchen. Dazu gehört, daß sie strenge Schmarotzer, und zwar vielfach auch Zellschmarotzer sind, und daß eine Anzahl von ihnen (Flecktyphus, Pappataci, Dengue usw.) durch Insekten als Zwischenwirte übertragen werden. Eine Zeitlang hat man sogar bei einigen Aphanozoenkrankheiten gewisse, im Innern der von der Ansteckung befallenen Zellen vorkommende Körper wegen ihrer Form und Größe für Protozoen erklärt, so die Molluskumkörperchen beim Molluscum contagiosum, die Guarnierischen Körper bei der Variola und Vakzine, die Negrischen bei der Hundswut. Allerdings ließ sich bei diesen ein Bau und Entwicklungsgang, der dem von Sporozoen vergleichbar gewesen wäre, nicht nachweisen, und schließlich stellte sich die Filtrierbarkeit der betreffenden Erreger heraus. Man kam so zu der Vorstellung, daß diese Zelleinschlüsse gar nicht die Schmarotzer selbst, sondern nur Wirkungen des Reizes, die die Schmarotzer auf ihre Wirtszellen und deren Kerne ausüben, seien. Indessen scheint uns das letzte Wort darüber noch nicht gesprochen. Kann man sich doch mit Recht fragen, warum denn von allen Zellschmarotzern gerade die Aphanozoen die einzigen sind, die solche Wirkungen auf ihre Wirtszellen ausüben? Es wäre doch möglich, daß die Zelleinschlüsse in den Entwicklungskreis der Aphanozoen selbst hineingehörten. Zur Bestätigung ihrer Protozoennatur fehlt natürlich, selbst wenn man das annehmen dürfte, noch viel. Man hat freilich zur Stütze dieser Auffassung darauf hingewiesen, daß einzelne Versuche auch für das Vorkommen filtrierbarer Keime bei sicheren Protozoen (Trypanosomen) sprechen. Man wird es in der Tat für eine wichtige Aufgabe halten müssen, derartige Versuche in größerem Umfange anzustellen, aber nicht bloß mit Protozoen, sondern auch mit Bakterien, denn auch für diese wird in der Literatur immer wieder ähnliches behauptet. Bei den Fehlerquellen, denen solche Versuche ausgesetzt sind, ist auf einzelne Befunde nicht viel zu geben. Nachprüfungen waren bisher gewöhnlich erfolglos.

Daß man auch eine Verwandtschaft der Aphanozoen mit Bakterien nicht ohne weiteres ablehnen darf, legen allein schon die Erfahrungen nahe, die man mit den Erregern der Lungenseuche, Agalaktie (und den vermutlichen Keimen des Fleckfiebers ?) gemacht hat. Sie sind nicht bloß zu züchten, sondern wachsen sogar in Kolonien auf festen Nährböden, die denen der Bakterien völlig entsprechen, ein Fall, den man bei der Züchtung von Protozoen noch nicht beobachtet hat. Auch der Umstand, daß die meisten Aphanozoen im Tierkörper echte Immunität hervorrufen, könnte ebenfalls als Zeichen einer Verwandtschaft mit den Bakterien betrachtet werden, doch kennt man auch Protozoen, die ähnliches leisten, und Bakterien, die kaum eine Immunität setzen. Das Verhalten der Aphanozoen gegen bestimmte chemische Stoffe, namentlich Lipoide, Glyzerin, Antiformin und gegen schädigende Einflüsse physikalischer Art wechselt so, daß man auch darauf keine Schlüsse bauen darf.

Die vermutlichen Keime des Fleckfiebers sind zwar nicht zu züchten, ähneln aber so sehr kleinen Bakterien, daß sie sofort zu diesen zählen würden, wenn sie sich überall als solche nachweisen ließen.

Eine Einteilung der Aphanozoen ist vorläufig recht schwierig. Zwar hat v. Prowazeck diejenigen filtrierbaren Erreger, die Zelleinschlüsse bilden, als Chlamydozoen, Lipschütz diejenigen, die auch kleinste, eben noch sichtbare Körnchen (Elementarkörperchen) innerhalb und außerhalb von Zellen oder deren Kernen bilden, als Strongyloplasmen bezeichnet, aber abgesehen davon, daß über die Bedeutung und die Beständigkeit dieser Gebilde noch Zweifel bestehen, kann man nicht zugeben, dadurch natürliche Gruppen abgegrenzt zu haben.

Für den Nachweis der Aphanozoen kommt zunächst die mikroskopische Untersuchung in Betracht. Sie ergibt allerdings nur im Falle der Chlamydozoen und Strongyloplasmen, namentlich unter Benutzung der Giemsafärbung, einen Befund. Immerhin ist auch das Fehlen von anderen Kleinwesen, wenn es regelmäßig bei einer ansteckenden Krankheit nach gründlicher Durchmusterung der Krankheitsstoffe erhoben wird, eine wichtige Stütze für unsere Auffassung derselben. Im Vordergrunde steht sonst für unsere Entscheidung das Ergebnis des Filtrierversuchs, der aber nie allein, sondern nur in Verbindung mit der Züchtung und Übertragung des Filtrats auf empfängliche Tiere oder Menschen anwendbar ist.

Am meisten bewährt hat es sich, die Absonderungen oder das Blutserum, oder den Gewebssaft von der betreffenden Erkrankung mindestens 15—50fach zu verdünnen, sie dann unter dem negativen Druck der Wasserstrahlluftpumpe *durch kleine, am besten noch unbenutzte, sog. Liliputfilter aus Kieselgur hindurch-*

zu saugen, dann das Filtrat in reichlichen Mengen auf flüssige und feste Nährböden (gleichzeitig unter Sauerstoffzutritt und -Abschluß) zu bringen und (auf Tiere oder Menschen) zu verimpfen. Um sicher zu sein, daß das Filter bakteriendicht ist, setzt man der zu filtrierenden Flüssigkeit leicht erkennbare Bakterien, z. B. Prodigiosusbazillen, zu. Wenn das Filtrat durch die Züchtung sich als bakterienfrei erweist, und der erwünschte Erfolg im lebenden Körper eintritt, ist der Beweis, daß es sich um Aphanozoen handelt, geliefert. Der umgekehrte Fall beweist aber noch nichts dagegen, da das Filter durchlässig für Bakterien oder zu undurchlässig für Aphanozoen sein kann (s. o.). Wiederholungen mit neuen Filtern sind dann nötig. Nicht zu unterlassen ist selbstverständlich auch die Anwendung des Züchtungsverfahrens auf die unfiltrierten Krankheitsstoffe. Die dabei erhaltenen Ergebnisse sind aber vorsichtig zu deuten, da auch bei Aphanozoenerkrankungen gemischte Ansteckungen vorkommen können. Werden freilich Eiterkokken oder Pneumokokken, Pseudodiphtherie- oder Kolibazillen gefunden, so wird man sich dadurch nicht leicht zu falschen Schlüssen verleiten lassen, in anderen Fällen ist das aber, wie die Erfahrung lehrt, eingetreten. So ist lange Zeit und ganz allgemein der Bacillus suipestifer für den Erreger der Schweinepest gehalten worden. Erst die Filterversuche haben den wahren Sachverhalt sicher erwiesen.

Wenden wir uns zunächst zu denjenigen Aphanozoen, die Hautveränderungen hervorrufen, so führten Nachforschungen nach der Krankheitsursache schon vor der Entdeckung der filtrierbaren Erreger nach zahlreichen Fehlergebnissen zuerst zu einem gewissen Erfolge bei den Pocken und Kuhpocken. Guarnieri fand nämlich (1892) auf Schnitten von Pockenknötchen in den Zellen der Malpighischen Schicht neben dem Kern unregelmäßig geformte färbbare Körperchen und erzeugte durch Verimpfung von Vakzine-, manchmal auch von Variolalymphe auf die Hornhaut von Kaninchen eben sichtbare, aus gewucherten Epithelzellen bestehende Knötchen, die, ebenfalls wieder frisch und gefärbt untersucht, dieselben Körperchen enthielten (Fig. 76).

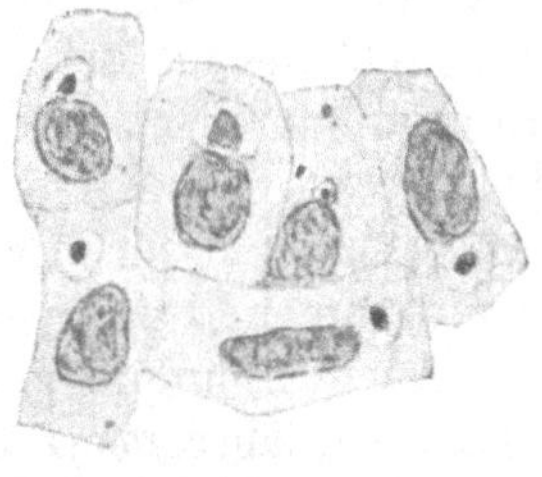

Fig. 76. Cytoryctes variolae in der Hornhaut des Kaninchens.

Nach des Entdeckers Auffassung waren es die Krankheitserreger selbst, der „Cytoryctes variolae-vaccinae". Allenthalben wurden diese Befunde bestätigt, aber später anders gedeutet. Da kein anderer Reiz die gleichen Erscheinungen hervorruft, da die Knötchen auch beliebig oft von Tier auf Tier übertragen werden können, und ihre Übertragung auf den Menschen Vakzine erzeugt, hat man neuerdings auch die Impfung der Kaninchenhornhaut in zweifelhaften Fällen zur Feststellung der Blattern und Unterscheidung von den Varizellen benutzt (Paul[1]). Daß der sog. Cytoryctes zum mindesten nicht die einzige Entwicklungs-

[1] Das Verfahren besteht darin, daß man durch kreuzweise Schnittführung die Hornhaut von Kaninchen mit dem verdächtigen Pustelinhalt impft, nach 2 Tagen die Hornhaut herausnimmt und in Sublimatlösung legt. Handelt es sich um Pocken oder Kuhpocken, so zeigen sich in den meisten Fällen, allerdings nicht immer, sofort charakteristische Trübungen entlang den Impfschnitten.

form der Blatternerreger ist, bewiesen gelungene Filterungsversuche und weitere mikroskopische Untersuchungen. Namentlich v. Prowazek fand außerhalb und innerhalb der eigentlichen Vakzinekörperchen, sowie in den Filtraten winzige, höchstens 0·5 μ große „Elementarkörperchen" und etwas größere „Initialkörperchen" und faßte sie als die eigentlichen Erreger auf, die in den Vakzinekörperchen nur durch Absonderungen der Zellen verhüllt würden und daher von ihm als Chlamydozoen (Hüllentiere, s. o.) bezeichnet werden. Auch in dem Inhalt von Variola- und Vakzinepusteln lassen sich nach Paschen nach Vorbehandeln mit der Löfflerschen zur Geißelfärbung benutzten Beize durch Karbolfuchsin Körperchen nachweisen, die in anderen serösen Flüssigkeiten mindestens in dieser Menge fehlen und deswegen zur Diagnose benutzt werden können.

Bis zu einem gewissen Grade scheint auch die Züchtung des Vakzinekeims in dem Hornhaut-, Milz- und Hodengewebe des Kaninchens zu gelingen.

Zahlreiche Erfahrungen aus alter und neuer Zeit sprechen für die Widerstandsfähigkeit der Pocken- und Kuhpockenkeime gegen alle möglichen schädlichen Einflüsse, vor allem auch das Trocknen. Das unterscheidet sie von vielen anderen Aphanozoen und erklärt zusammen mit der überreichlichen Erzeugung der Ansteckungskeime auf der Haut und Schleimhaut der Erkrankten die leichte Übertragbarkeit der Pocken durch die Luft und tote Gegenstände (Kleider, Lumpen, Bettfedern), die mit Kranken in Berührung gewesen sind. Die Ansteckung erfolgt unter natürlichen Verhältnissen regelmäßig auf dem Wege durch den Mund, und zwar meist wohl durch Einatmung.

Auch Einimpfung in die Haut oder Schleimhaut erzeugt die Erkrankung, aber meist in leichter Form. Darauf hat man die sog. Inokulation oder Variolation gegründet, ein Schutzimpfungsverfahren, das schon viele Jahrhunderte in Indien, China und anderen Orten bekannt war, aber erst im 18. Jahrhundert von Konstantinopel her in Europa Eingang fand. Die Wirkung dieser Schutzimpfung war im ganzen aber wenig erfreulich, denn die Impfkrankheit führte, abgesehen von der Gefahr, der sie — durch eine Sterblichkeit von etwa 0·3% — den Impfling selbst aussetzte, mittelbar zu einer weiten Ausstreuung der Ansteckungskeime. Mit einem Schlage wurde das anders durch die Einführung der Kuhpockenimpfung seitens Edward Jenners (1796). Schon vor Jenner war hier und da der Schutz erkannt worden, den das Überstehen der sog. Kuhpocken verlieh, Jenner hat aber diese Erfahrung nicht nur auf ihre Richtigkeit genau geprüft, sondern auch die segensreiche Folgerung daraus gezogen, daß er die Kuhpocken absichtlich und in großem Umfange zur Erzielung eines Impfschutzes einimpfte. Der Erfolg dieses sofort mit einer ungeheuren Begeisterung aufgenommenen Verfahrens zeigte sich überall in einer Herabsetzung der Pocken auf etwa den zehnten Teil ihrer früheren Bedeutung. Ausgerottet wurde aber die Seuche erst völlig, nachdem man die beschränkte Dauer des Impfschutzes *erkannt und die Zwangsimpfung zunächst bei jungen Kindern,* dann die Wiederimpfung im Heere (1834) und schließlich auch in der Schule zur Pflicht gemacht hatte. In dieser Beziehung bietet das deutsche Impfgesetz von 1874, das freilich erst nach den bösen Erfahrungen der großen Epidemie von 1871/72 durchgedrückt werden konnte, einen Markstein in der Seuchengeschichte.

Nicht unwichtig ist, daß diese beispiellosen Erfolge errungen wurden schon zu einer Zeit, in der man von einer wissenschaftlichen Bakteriologie noch nicht sprechen durfte. Nicht wundernehmen kann es freilich unter diesen Umständen, zumal wenn man die in der Sache liegenden Schwierigkeiten bedenkt, daß man erst spät zu einer leidlich richtigen Deutung des Impfschutzes gelangte. Dazu gehörte in erster Linie die Erkenntnis, daß die Kuhpocken nichts anderes sind, als echte Pocken, die durch Übertragung auf Rinder abgeschwächt sind, daß ferner die Impfung nicht bloß gelingt mit den lebenden Erregern, sondern auch mit den durch Hitze oder chemische Stoffe abgetöteten oder deren gelösten Erzeugnissen[1], daß schließlich das Blutserum und noch mehr das Knochenmark der Geimpften oder Geblatterten wenigstens zu gewissen Zeiten Schutzkräfte gegenüber dem Erreger besitzt. Andere Eigenschaften, die zur Erkennung einer Ansteckung mit Variolavakzine dienen können, hat man bisher im Blutserum nicht mit genügender Regelmäßigkeit feststellen können, dagegen ist durch Hautimpfung mit Vakzine die Überempfindlichkeit der Menschen und Tiere, die unter dem Einfluß dieser Erreger gestanden haben, leicht an dem beschleunigten Verlauf der Impfkrankheit nachzuweisen („Allergie“ v. Pirquet, vgl. Abschnitt 32).

Auch bei Tieren kommen die Pocken vor, und zwar bei Pferden, Rindern, Schweinen, Ziegen und Hunden anscheinend auch selbständig, bei Schafen, Kaninchen und Affen nur nach absichtlicher Übertragung. Wahrscheinlich stammen aber auch die bei den ersteren Tieren meist einzeln, selten seuchenartig beobachteten Fälle ursprünglich vom Menschen, denn künstlich läßt sich die Krankheit, wenn auch durchaus nicht regelmäßig, vom Menschen auf alle diese Tiere übertragen. Bemerkenswert ist dabei, daß schon die erste Übertragung auf Tiere die Ansteckungskraft des Erregers für den Menschen so stark herabsetzt, daß er zur Schutzimpfung geeignet ist.

Neuerdings hat man bei den Pocken und den Kuhpocken wichtige Erfahrungen gemacht. Zunächst zeigte es sich, daß die Pocken an vielen Orten der Erde, bisher allerdings kaum in Deutschland, in so milder Form auftraten, daß sie fast den Windpocken (s. u.) ähneln. Für sie hat sich jetzt der brasilianische Name Alastrim eingebürgert.

---

[1] Diese zu erhalten. genügt es natürlich nicht, die Lymphe durch die gewöhnlichen Bakterienfilter zu filtrieren, sondern man muß sie durch ein sog. Ultrafilter gehen lassen (s. o. S. 312). Im vorliegenden Falle wurde das Ziel dadurch erreicht, daß man mit Lymphe beschickte Kollodiumsäckchen entweder unmittelbar in die Bauchhöhle der zu impfenden Tiere brachte, oder sie in Ziegen- oder Hundeserum versenkte, welches man nach 14 tägiger Einwirkung zur Impfung benutzte.

Die Sterblichkeit beträgt oft nur Bruchteile eines Prozents anstelle von 10—20%. Die Pusteln sind meist einkammerig, erscheinen auch nicht ziemlich gleichzeitig, sondern in Schüben und hinterlassen keine Narben. Da das Überstehen der Pocken oder Kuhpocken auch gegen die Alastrim schützt, ferner die letzteren durch Übertragung von Kaninchen zu Kaninchen der an dieses Tier angepaßten Variola oder Vakzine („Lapine") durchaus gleich werden, bleibt nichts übrig, als die Alastrim nur für eine freiwillig abgeschwächte Spielart der Pocken zu halten.

Alte Erfahrungen bei der Vakzination lehrten schon, daß die Impfung in seltenen Fällen nicht zu einer rein örtlichen, sondern zu einer „generalisierten Vakzine" und in anderen Fällen durch unabsichtliche Übertragung des Vakzineerregers auf ekzematöse Hautstellen zu einer örtlich sehr ausgedehnten und darum gefährlichen Pustelbildung, dem „Ekzema vaccinatum" führen konnte, von anderen Impfschäden, wie der bei der Impfung von Arm zu Arm auftretenden Syphilis oder dem primären oder sekundären Impferysipel gar nicht zu reden. Die schlimmsten dieser Schädigungen hat man durch Verwendung der tierischen Glyzerinlymphe, Asepsis usw., zu verhüten verstanden. Seit einigen Jahren lernte man aber einen neuen Impfschaden kennen, dessen Ursache sich bisher nicht feststellen ließ. Es ist das die postvakzinale Enzephalitis, die namentlich in Holland und England aufgetreten ist, aber auch bei uns nicht ganz fehlt. Mit der Beschaffenheit des Impfstoffes hat sie anscheinend nichts zu tun, auch nicht mit einem gleichzeitigen Vorkommen der epidemischen Enzephalitis (s. u.). Das gelegentliche Vorkommen von Gehirnentzündungen nach Masern, Windpocken und Scharlach legt zwar den Gedanken nahe, daß die postvakzinale Erkrankung in ähnlicher Beziehung zur Vakzine steht, auch die Tatsache, daß das Serum von Leuten, die eine Vakzination durchgemacht, die postvakzinale Enzephalitis günstig beeinflußt, könnte dafür sprechen, aber damit erklären sich noch nicht die zeitlichen und örtlichen Unterschiede, die wir hier beobachten.

Als eine besondere Krankheit wurden früher die selbständigen Schafpocken betrachtet, weil die Übertragung auf andere Tierarten, wenn sie überhaupt gelinge, nicht gegen die echten Pocken Schutz verleihe und umgekehrt. Durch Gins ist das neuerdings zweifelhaft geworden. Jedenfalls gehören die Erreger der Schafpocken zu den Aphanozoen bzw. Chlamydozoen, da sie filtrierbar sind und auch in den von ihm befallenen Epithelien (sowie auf der Rattenhornhaut) die Bildung von Einschlußkörperchen hervorrufen.

Schon im 18. Jahrhundert hat man gegen die Schafpocken in ähnlicher Weise wie gegen die echten Pocken durch Übertragung des Blaseninhalts auf die Haut geimpft, doch haben sich bei dieser „Ovination" die gleichen Nachteile gezeigt, wie bei der Variolation. Wegen der dadurch stattfindenden großen Verstreuung *der Krankheitskeime ist die Impfung gegen Schafpocken deshalb im allgemeinen* verboten worden und wird nur als sog. Notimpfung angewendet, d. h. bei Herden, die schon von der Seuche befallen sind. Auch die Impfung mit künstlich durch Übertragung auf schon durchblatterte Schafe abgeschwächter Lymphe ist mit Erfolg vorgenommen worden.

Die Windpocken (Varizellen) des Menschen sind sicher eine besondere Krankheit. Nach den bisher vorgenommenen, allerdings unvollkommenen Untersuchungen scheinen sie ebenfalls durch Aphanozoen, und zwar durch Chlamydozoen, die in den Kernen der Epithelien sitzen, verursacht zu sein. Im Gegensatz zu echten Pocken und Kuhpocken erzeugen sie keine Guarnierischen Körperchen in der Hornhaut des Kaninchens. Paul hat daher diesen Tierversuch zur Unterscheidung der Varizellen herangezogen (s. o. S. 315).

Mit den Varizellen verwandt ist der Herpes zoster. Er läßt sich, wenn auch nicht ausnahmslos, von Mensch auf Mensch, namentlich auf Kinder, übertragen und erscheint dabei in einem Teil der Fälle als allgemeiner Ausschlag, der den Varizellen gleicht. Epidemiologisch sollen enge Beziehungen zwischen beiden Krankheiten bestehen. Der Erreger geht durch Filter hindurch und erzeugt im Kern von Epithelzellen bei der Hämatoxylin–Eosinfärbung sich rot färbende „oxychromatische" Einschlußkörperchen. Auch bei Kaninchen geschieht das, wenn auch seltener. Der Zoster verleiht Immunität gegen neue Erkrankungen, nicht aber gegen Herpes simplex. Dieser selbst ist eine Infektionskrankheit, die ausgesprochene Besonderheiten hat. Zunächst stellte Grüter fest, daß der Herpes sich von der menschlichen Hornhaut mit Leichtigkeit auf das Kaninchen übertragen und darauf weiter züchten läßt. Zahllose daraufhin einsetzende Untersuchungen erweiterten diese Entdeckung. Jeder Herpes, ob er sich selbständig oder im Anschluß an andere Infektionen, auf dieser oder jener Körperstelle des Menschen entwickelt, ist auf das Kaninchenauge übertragbar, das danach nicht allein gegen neue Infektionen immun wird, sondern auch seine Immunität auf das andere Auge und den ganzen Körper überträgt. Die merkwürdigste neue Tatsache besteht aber in dem Nachweis, daß von der Hornhaut der Kaninchen aus sich oft auf dem Wege der Nerven eine Herpesenzephalitis entwickelt (Dörr und Vöchting), diese sich auch wieder durch subdurale Impfung auf neue Tiere übertragen läßt, gelegentlich aber auch umgekehrt wieder zu Erkrankungen der Hornhaut führt.

Weit weniger empfänglich als das Kaninchen ist der Mensch, das Meerschweinchen, Ratten und weiße Mäuse. Der Erreger ist filtrierbar und erzeugt ähnliche oxyphile Kerneinschlüsse, wie der Zoster. Er scheint aber, wenn auch Virulenzunterschiede vorkommen, einheitlicher Natur zu sein, denn die Immunität gegen den einen Stamm gilt auch gegen den andren. In seiner Widerstandsfähigkeit ähnelt er den meisten Bakterien, erhält sich aber sehr lange in Glyzerin. Zu züchten ist er nur in explantiertem Gewebe, wobei auch Kerneinschlüsse gebildet werden. Beim Menschen ist das Herpesvirus offenbar sehr weit verbreitet, denn sonst ließe sich sein häufiges Auftreten bei allen möglichen Infektionen und Zuständen nicht erklären. Die Herpesencephalitis kommt beim Menschen überhaupt nicht vor und unterscheidet sich auch anatomisch von den übrigen Formen der Gehirnentzündung (s. u.).

Unter dem wenig zweckmäßigen Namen der Geflügelpocken geht eine Seuche der Hühner, Tauben und Gänse, die einerseits geschwulstartige Veränderungen der Haut, namentlich an unbefiederten Teilen des Kopfes (Epithelioma contagiosum), andererseits kruppartige Entzündungen der Schleimhäute (Geflügeldiphtherie) verursacht.

Die Erreger sind filtrierbar und erzeugen im Innern der betroffenen Epithelien teils große, teils kleine fettglänzende Einschlüsse, die schon Rivolta bekannt waren und von ihm als Psorospermien bezeichnet wurden (daher auch der Name Gregarinendiphtherie). Überstehen der Krankheit erzeugt Immunität; eine brauchbare Schutzimpfung ist noch nicht gefunden. Wahrscheinlich gibt es außerdem noch andere Formen der Geflügeldiphtherie. Nach neuesten sicheren Mitteilungen kommen ausnahmsweise sogar bei Tauben und Hühnern Epidemien durch Löfflers Diphtheriebazillen zustande. Die im Rachen dieser Vögel gefundenen Flagellaten sind harmlose Bewohner der Schleimhaut.

Dem Epithelioma contagiosum der Vögel steht das Epithelioma molluscum oder Molluscum contagiosum des Menschen nahe. Auch hier finden sich in dem gewucherten Epithel ähnliche „Molluscumkörperchen", auch ihre Erreger sind filtrierbar. In den Filtraten, wie im Gewebe sind winzige Körperchen, die von manchen Forschern als die eigentlichen Erreger betrachtet werden und auch auf künstlichen Nährböden sich vermehren sollen (Strongyloplasmen), zu sehen.

Auch die gemeinen Warzen, deren Übertragbarkeit den Laien längst bekannt war, sind neuerdings als eine Aphanozoenerkrankung erwiesen worden. Sie brauchen bis zu ihrer deutlichen Entwicklung ungewöhnlich lange Zeit, nämlich Monate und selbst Jahre. Zur Bildung von Einschlußkörperchen scheinen sie nicht zu führen.

Außer Pocken und Windpocken gehören anscheinend auch die beiden anderen, mit Hautveränderungen verlaufenden, fieberhaften Kinderkrankheiten, Masern und Scharlach, zu den Aphanozoenseuchen; denn Filtrate erzeugen die Krankheit und übertragen sie auch auf Affen, im Falle der Masern auch auf Kaninchen.

Die Erreger finden sich außer im Blut nur auf den Schleimhäuten, nicht in den Hautschuppen. Das Masernvirus aus Blut scheint sich in Mischkulturen fortzüchten zu lassen. Nicht ausgeschlossen ist, daß sich durch intrakutane Verimpfung verdünnten Masernblutes eine „Morbillisation" nach Art der Variolation erzielen läßt (Degkwitz). Sicher nachgewiesen ist die schützende Wirkung von Rekonvaleszentenserum — am besten vom 8. Tage der Rekonvaleszenz an entnommen und bis zum 4. Tage der wahrscheinlichen Inkubationszeit eingespritzt —, weniger wirksam ist das Serum von Erwachsenen, von zweifelhaftem Erfolg Immunserum von Tieren. Sowohl bei der aktiven wie bei der passiven Impfung schon angesteckter *Kinder besteht die Möglichkeit, daß die Impflinge die In-*

fektion verbreiten. Man wird dann also den Serumschutz auch auf die Umgebung der Angesteckten ausdehnen müssen. Die Hauptschwierigkeit besteht natürlich in der Beschaffung des nötigen Serums. Immerhin ist es erfreulich, daß hier ein aussichtsreicher Weg gewiesen ist zur Bekämpfung der Masernseuche, die namentlich im jüngsten Alter dauernd erhebliche Opfer kostet.

Der Scharlach wird wegen gewisser Befunde, die in und zwischen den Epithelzellen der Haut und an anderen Körperzellen gemacht worden sind, zu den Chlamydozoen gerechnet. Die so häufig in den Tonsillen und in den inneren Organen gefundenen Streptokokken sind nur als Begleiter der eigentlichen Erreger zu betrachten, sollen aber deshalb nicht in ihrer Bedeutung unterschätzt werden. Hierüber und über die Bekämpfung des Scharlach vgl. S. 68. Die sonst bei beiden Krankheiten gemachten Bakterienfunde sind nicht als beweisend anerkannt worden.

Durch die ausgesprochenen katarrhalischen Erscheinungen der oberen Luftwege und seine große Verbreitung hat mit den Masern Ähnlichkeit der gewöhnliche Husten und Schnupfen. Seine Übertragbarkeit durch filtrierte Absonderungen wurde von mir 1914 mit Hilfe meiner Zuhörer erwiesen (Aphanozoum coryzae). In einer großen Versuchsreihe erkrankten 40% der Personen nach Einträufelung eines Tropfens in die Nase binnen 1—3 Tagen. Nach Dold sollen sich die Keime in Aszitesbouillon anaërobisch züchten lassen. Vielleicht gehört zum Teil auch die Angina hierher.

Leider ist die Ursache einer anderen „Erkältungskrankheit", des akuten Gelenkrheumatismus noch völlig dunkel. Obwohl er durchaus den Eindruck einer Infektion macht, ist er nicht nachweisbar ansteckend. Meist hat die bakteriologische Untersuchung keine Befunde ergeben. Man sollte nach dem Vorgang de Vecchis auf filtrierbare Erreger fahnden. Die immer wieder als Erreger angesprochenen Diplo-, Strepto-, Staphylokokken und Bazillen sind wohl entweder nur Zufallsbefunde oder Begleitbakterien, die aus den gleichzeitig erkrankten Tonsillen oder anderen „Herdinfektionen" (vgl. S. 72) stammen. So erklären sich am besten auch die merkwürdigen Befunde von Tuberkelbazillen, die Löwenstein neuerdings im Blute von Kranken gemacht hat (S. 257). Die Beziehungen zum Erythema nodosum und akuten Muskelrheumatismus, die auch wieder an akute Infektionen erinnern, sind durchaus unklar. Da auch bei anderen Infektionen und bei der Serumkrankheit Gelenke und Muskeln beteiligt sind, hat man an anaphylaktische Erscheinungen gedacht und glaubt sogar bei Tierversuchen ähnliche „Rheumaknötchen" (Aschoff), wie beim Menschen gefunden zu haben (Klinge, vgl. Abschnitt 31 und 32). Der Forschung steht hier noch ein großes Gebiet offen. Für den chronischen Gelenkrheumatismus kämen vielleicht giftige Gewebsprodukte, die den Bakteriophagen (s. u.) vergleichbar wären, in Betracht.

Daß auch die pandemische Influenza des Menschen wahrscheinlich zu den Aphanozoenkrankheiten gehört, wurde schon früher besprochen (S. 187). Von der übrigens ganz anders gearteten Influenza (Staupe) der Pferde wird das neuerdings ebenfalls angenommen. Auch die Erreger der von der Pferdeinfluenza zu trennenden Brustseuche und der Druse (S. 66, 68) gehören vielleicht hierher. Die dabei gefundenen

Streptokokken und Polbakterien sind wohl nur Begleiter der eigentlichen Ansteckung, während gewisse Zelleinschlüsse im Sekrete der Brustseuche spezifisch zu sein scheinen. Sicher nachgewiesen ist dagegen seit langem die Ursache der Lungenseuche (Peripneumonie) des Rindes.

Deren Erreger zeichnen sich zunächst dadurch aus, daß sie in Fleischbrühe, der man ein aus Schweinemagen hergestelltes Pepton (Martinsches Pepton) und 10% Serum irgendeines Schlachttieres zugesetzt hat, unter spärlicher Trübung derselben sich vermehren und auf entsprechend zusammengesetztem Agar binnen 4—5 Tagen sehr zarte, scheibenförmige Kolonien bilden, mit anderen Worten wie Bakterien zu züchten sind. Bei frischer Untersuchung sieht man nur feinste, mitunter in Häufchen gelagerte, mit Molekularbewegung begabte Körnchen, bei Behandlung mit Anilinfarben scheinen diese Körnchen die Farbe nur zum geringsten Teil und nur in ihrer Mitte anzunehmen, so daß sie noch kleiner aussehen, als im frischen Zustande. Nach Gram sind sie unfärbbar. Außerdem beobachtete man in Kulturen große spirillenförmige und verschieden gestaltete Gebilde, die sich mit Hilfe der Giemsalösung oder der Löfflerschen Geißelfarbe darstellen ließen (Asterococcus). Es ist verständlich, daß so geartete Keime in den Gewebsflüssigkeiten der erkrankten Teile mikroskopisch nicht aufzufinden sind. Daß sie aber vorhanden sind, beweist die Züchtung. Man nimmt sie am einfachsten so vor, daß man den Lungensaft 50—100 mal mit Martinscher Brühe verdünnt durch Kieselgur- oder Porzellanfilter schickt und das Filtrat in etwas keimfreiem Rinderserum auffängt. Filtrat und Kultur verursachen bei Rindern, und zwar nur bei diesen Tieren, nach Einverleibung unter die Haut örtliche Schwellungen, die denselben Keim im reinen Zustande enthalten, außerdem schwere Allgemeinstörungen. Aber es ist bisher eigentümlicherweise weder mit diesen Stoffen, noch mit unfiltriertem Gewebssaft geglückt, Veränderungen in der Lunge, welche die natürliche Seuche kennzeichnen, wieder zu erzeugen. Dagegen werden die Tiere, die eine natürliche oder künstliche Ansteckung (am besten durch Einimpfung in den Schwanz) durchgemacht haben, gegen eine neue Ansteckung gefeit. Man hat das schon am Anfang des vorigen Jahrhunderts gewußt und darauf, insbesondere seit den Willemschen Versuchen, eine Schutzimpfung gegründet. Doch hat man die Erfahrung gemacht, daß man bessere Ergebnisse durch strenge Handhabung der Seuchenpolizei, vor allem durch Abschlachtung sämtlicher kranker Tiere erzielt. Auf diese Weise hat man die Seuche bei uns zum Verschwinden gebracht.

Von anderen, im wesentlichen örtlichen Erkrankungen sei hier der Mumps, die Parotitis epidemica des Menschen zuerst erwähnt. Nach Wollstein ist der Erreger filtrierbar und auf die Speicheldrüsen oder den Hoden von Katzen zu übertragen. Rekonvaleszentenserum schützt gegen die Ansteckung. Auch die in Italien und der Schweiz vorkommende ansteckende Euterentzündung der Kühe und Ziegen (Agalactia contagiosa), ist sicher auf filtrier- und züchtbare Erreger zurückgeführt. Nach einigen, allerdings der Bestätigung bedürfenden Versuchen handelt es sich auch beim Trachom, der ägyptischen Augenentzündung, um filtrierbare Keime. Man hat sie in Verbindung gebracht mit den von v. Prowazek und Halberstädter entdeckten *Zelleinschlüssen*, die aus großen, kuppenförmig dem Kern angelagerten Anhäufungen von Körnchen in den Epithelien der Bindehaut bestehen (Fig. 77 der farbigen Tafel). Da diese „Strongyloplasmen" aber selbst beim frischen Trachom nicht regelmäßig, dagegen weit häufiger bei der sog. Einschlußblennorrhoe der Neugeborenen gefunden werden und auch bei anderen Augenerkrankungen vorkommen, ist die Frage noch nicht spruchreif.

Nur auf Affen, und durchaus nicht immer läßt sich das Trachom übertragen, übrigens auch nicht mit sämtlichen schweren Erscheinungen des menschlichen Trachoms, sondern mehr als eine follikuläre Entzündung, die zur Heilung neigt. Noch besser gelingt die Übertragung bei der Einschlußblennorrhoe der Neugeborenen, die auch ihrem Namen alle Ehre macht. Da sie häufig mit gonorrhoischer Ansteckung verbunden ist, hat man die Einschlüsse auch wohl von Gonokokken ableiten wollen. Reine Fälle beweisen, abgesehen von der Abenteuerlichkeit dieser Vermutung, daß dem nicht so ist, daß es sich vielmehr um eine besondere Infektion handelt, deren Erreger auch filtrierbar zu sein scheint. Ihr Ursprung aus dem Geschlechtskanal der Mutter bzw. der Eltern ist zwar nicht zweifelhaft, doch läßt der Nachweis der Zelleinschlüsse bei diesen bisher zu wünschen übrig. Die Beziehungen zum Trachom sind noch nicht völlig geklärt. Sehr möglich wäre es, daß sie mindestens phylogenetisch zusammenhängen, daß also das Trachom nichts anderes ist, als eine auf ältere Kinder und Erwachsene angepaßte Einschlußblennorrhoe. Verwickelt wird die Sachlage noch dadurch, daß auch bei der sog. Bade-Konjunktivitis nicht selten, wenn auch durchaus nicht regelmäßig ähnliche Einschlüsse beobachtet werden, und sie auch auf der Bindehaut pestkranker Schweine (s. u.), ausnahmsweise sogar bei gesunden Schweinen vorkommen. Sind die Erreger etwa weit mehr als auf Grund der Befunde bisher angenommen wird, verbreitet und nach ihrem Ansteckungsvermögen verschieden? Nach dem in Leipzig von M. Fischer gemachten Beobachtungen kann übrigens die Bade-Konjunktivitis nicht als ansteckend betrachtet werden und scheint eine Reizung der Bindehaut vorauszusetzen.

Bei frischer Untersuchung der Epithelien sieht man von den Zelleinschlüssen kaum etwas, nach Behandlung der getrockneten und in Alkohol gehärteten Schleimhautausstriche mit Kernfarben, insbesondere aber mit Giemsalösung treten sie deutlich hervor. Schwieriger sind sie wieder in Schnitten darzustellen. Ob die außerhalb von Zellen oder in den Zellen vereinzelt vorkommenden Körnchen in den Entwicklungskreis der Einschlußkörperchen gehören, ist kaum zu entscheiden und ebensowenig sicher, daß die Körnchen („Initialkörper") die Erreger selbst sind.

Unter den zahllosen Bakterien, die man als Ursache des Trachoms angeschuldigt hat, zeichnet sich das von Noguchi gefundene „Bacterium granulosum", ein den Xerosebazillen ähnelndes, aber gramfreies und bewegliches, schwer züchtbares Stäbchen, dadurch aus, daß es bei Affen wirklich eine granulöse Augenentzündung hervorruft. Vielleicht ist er als Erreger einer Art von Follikularkatarrh zu betrachten.

Die Schweinepest gehört auch zu den Aphanozoenerkrankungen, ist aber eine Ansteckung, die den ganzen Körper erfaßt, und bei der bisher nur auf der Bindehaut Gebilde, die als Strongyloplasmen gedeutet werden könnten (s. o.), gefunden wurden.

Längere Zeit glaubte man, daß der dem Paratyphusbazillus ähnliche Bac. suipestifer (S. 125, 130) der Erreger der Schweinepest sei; seit 1903 wurde dann aber festgestellt, daß die Bazillen bloß Begleiter unsichtbarer Ansteckungskeime sind; denn durch die Einspritzung oder Verfütterung des Filtrats aus Blut, Organsäften usw. läßt sich die Seuche erzeugen. Der Weg durch den Darmkanal scheint der gewöhnliche für die Ansteckung zu sein; doch entsteht die Krankheit vielleicht auch von der Nase und Lunge aus. Das Überstehen der Schweinepest erzeugt Schutz gegen neue Ansteckungen. Auf künstlichem Wege läßt sich ein solcher verleihen durch Übertragung des Serums genesener Tiere, wenn sie nachträglich noch mit großen Gaben der Erreger behandelt werden. Auch im Großen hat sich die Serumimpfung in Beständen, die von der Seuche schon betroffen oder bedroht sind, bewährt. Selbst zur Heilung erkrankter Tiere ist das Serum brauchbar. In Amerika wird die „Simultanimpfung", d. h. die gleichzeitige Verabreichung von Serum und lebenden Virus bevorzugt.

Andere Tierarten werden durch die Schweinepest nicht gefährdet. Die Schweine sind dagegen einer zweiten, durch Aphanozoen bedingten Seuche unterworfen, die in erster Linie Rinder, Schafe und Ziegen, selten andere Tiere befällt und gelegentlich durch die Milch auch auf die Menschen übertragen wird, nämlich der Maul- und Klauenseuche.

Die Keime sind nach Löffler und Frosch in Filtraten des Blaseninhalts, Speichels, der Milch, zeitweise auch im Blute enthalten und werden durch Einreiben in die verletzte Schleimhaut und Haut, Einspritzen in das Blut usw. übertragen, nicht nur auf die genannten größeren Haustiere, sondern auch auf Meerschweinchen (Planta pedis, intravenös). Überstehen die Tiere die Krankheit, was gewöhnlich der Fall ist, so sind sie einige Zeit gegen neue Ansteckungen geschützt. Nach fortgesetzter Behandlung mit steigenden Mengen der Erreger entwickelt sich in dem Blutserum der Tiere eine erhebliche Schutz- und Heilkraft. Die langjährigen Versuche Löfflers, ein im großen brauchbares Impfverfahren gegen die Maul- und Klauenseuche zu erzielen, sind aber nicht von Erfolg begleitet gewesen. Man begnügte sich daher vielfach in verseuchten Beständen mit einer Notimpfung, d. h. man verstrich den Speichel kranker Tiere in kleine Haut- oder Schleimhautwunden der noch gesunden Tiere, um deren schnelle Durchseuchung zu bewirken. Erst seit der Beschaffung eines hochwertigen Immunserums ist auch hier ein wesentlicher Fortschritt erzielt worden. Im übrigen sucht man die Übertragung durch die Milch auf andere Tiere und den Menschen mittels Abkochens derselben, die Verschleppung von Stall zu Stall und Land zu Land durch Absperrungs- und Entpestungsmaßregeln zu bekämpfen. Die letzteren werden erleichtert durch die verhältnismäßig geringe Widerstandsfähigkeit der Erreger.

Eine der schwersten Allgemeinkrankheiten, die durch unsichtbare Erreger verursacht wird, ist die Rinderpest.

Ihre Keime finden sich massenhaft im Blute und in den Ausscheidungen aller Schleimhäute. Übertragbar sind sie auch durch die filtrierten Säfte ohne weiteres auf Rinder, schwieriger auf Schafe und Ziegen. Schon im 18. Jahrhundert impfte man in ähnlicher Weise wie gegen die Pocken und Schafpocken gegen die Rinderpest und verminderte zwar dadurch die Verluste, hob sie aber nicht auf, verbreitete außerdem damit den Ansteckungskeim. Zur Notimpfung wäre diese Methode noch angebracht. Auf ein volkstümliches Verfahren baute sich die von R. Koch für Südafrika ausgearbeitete Schutzimpfung mit Galle kranker Tiere auf.

Man erklärt ihre Wirkung dadurch, daß die kranke Galle zwar ansteckungstüchtige Erreger, aber daneben Stoffe enthält, die deren Entwicklung beschränken.[1] Eigentliche Immunstoffe sind das nicht, und der Galle gesunder Tiere fehlen sie. Wegen der ziemlich kurzen Dauer des durch die Gallenimpfung bewirkten Schutzes hat man die Kochsche Methode zugunsten einer anderen verlassen, die sich auf die Schutzkraft des Blutserums genesener und wiederholt nachgeimpfter Tiere gründet: man impft gleichzeitig damit und mit Rinderpestblut. Bei uns zu Lande bedarf es nicht der Schutzimpfung gegen die Rinderpest, denn allein durch strenge Seuchenpolizei ist es gelungen, diese Krankheit, die früher ungeheure Opfer kostete, dauernd von unserem Lande fernzuhalten. Die geringe Widerstandskraft der Krankheitskeime unterstützt auch hier die Wirksamkeit der Desinfektionsmaßregeln.

Die Hühnerpest ist eine erst seit 1901 aus Italien eingeschleppte Ansteckung, die nicht mit der Hühnercholera (S. 198) verwechselt werden darf. Die Hundestaupe und die Bornasche Krankheit der Pferde sind bei uns einheimisch. Alle drei haben eine deutliche Beziehung zum Nervensystem und gehören wohl zu den Chlamydozoeninfektionen.

Die Hühnerpest kann durch Impfung in und unter die Haut, oder Einträufelung in Nase oder Bindehaut übertragen werden. Empfänglich sind außer Hühnern nur junge Tauben und Gänse, beide aber in geringerem Grade. Die Erreger sind bei Tauben außer im Blut und in den Organen auch in den Absonderungen der Schleimhäute enthalten und gehen durch Filter hindurch. Ob sie sich, wie behauptet, in künstlichen Nährböden vermehren, ist zweifelhaft. Während man bei Hühnern nur nebenbei nervöse Erscheinungen beobachtet, stehen solche bei Tauben und Gänsen im Vordergrunde. Dem entspricht der Umstand, daß bei diesen Tieren die Erreger vorwiegend im Gehirn und Rückenmark sich anhäufen und dort Zelleinschlüsse bilden, die mit den Negrischen Körperchen der Hundswut (s. u.) Ähnlichkeit haben. Eigentümlicherweise sind auch bei der Hundestaupe derartige Körperchen, wenn auch zum Teil außerhalb von Zellen, gefunden worden. Es ist das eine unter sehr wechselndem Bild, häufig auch mit schweren nervösen Erscheinungen auftretende Seuche, die junge Hunde auf der ganzen Welt heimsucht, Immunität hinterläßt, zwar von filtrierbaren Erregern erzeugt wird, sich aber, wie die Schweinepest, häufig mit Bakterienansteckungen (Paratyphus, S. 125, hämorrhagische Septizämie, S. 201) vergesellschaftet. Die Bornasche Krankheit ist eine ausgesprochene Meningoenzephalitis, die auf Pferde beschränkt ist und deren Erreger filtrierbar, auch durch den Speichel auf Laboratoriumstiere übertragbar sein soll, und bei der ebenfalls Einschlußkörperchen gefunden worden sind. Ob alle diese Angaben sich bestätigen werden, ist nach den bei der ähnlichen Enzephalitis des Menschen gemachten Erfahrungen etwas zweifelhaft geworden.

Recht dunkel liegen die Dinge bei der Encephalitis lethargica, einer epidemischen Krankheit des Menschen, die als solche erst im Winter 1916/17 durch v. Economo in Wien erkannt wurde, aber wohl auch schon früher gelegentlich vorgekommen ist und später zum großen

---

[1] Mazzucchis neuer Impfstoff „Carbozoo" gegen Milzbrand enthält neben virulenten Bazillen das ähnlich wirkende Saponin.

Teil im Anschluß an die Grippeepidemien von 1918 eine umfangreiche Ausbreitung gefunden hat. Unzweifelhaft handelt es sich um eine Infektion, aber um eine solche, die deswegen sehr schwer zu studieren ist, weil sie sich nicht mit Sicherheit auf Versuchstiere übertragen, auch weder durch Kultur, noch mikroskopisch Erreger oder Erregerspuren in Gestalt von Einschlußkörperchen erkennen läßt. Da die Krankheit oft mit grippeähnlichen Erscheinungen beginnt, darf man vielleicht annehmen, daß die oberen Luftwege oder der Rachen ihre Eintrittspforten bilden und diese Schleimhäute in ähnlicher Weise wie etwa bei der Kinderlähmung (s. u.) die Ansteckungsquellen für andere Menschen abgeben. Mittel, dieser schweren Erkrankung beizukommen, besitzen wir bisher nicht.

In der ersten Zeit nach ihrer Entdeckung glaubte man die Krankheit auf Kaninchen übertragen zu können. Später hat sich herausgestellt, daß man dabei einem doppelten Irrtum verfallen ist. Für die wenigen Fälle, in denen wirklich die Übertragung Folgen hatte, ist als Ursache anzunehmen, daß der betreffende Infektionsstoff mit Herpeserregern verunreinigt war (S. 319). Die übrigen viel häufigeren Fälle, in denen man bei Versuchstieren nachträglich Veränderungen im Gehirn auffand, sind dadurch zu erklären, daß man an Kaninchen arbeitete, die mit der weit verbreiteten sog. Kaninchenenzephalitis behaftet waren. Diese verläuft sehr schleichend und wird durch die meningitischen Veränderungen, die sich auch im Liquor cerebrospinalis bemerkbar machen, sowie Granulome charakterisiert, in deren fast zystischem Innern man 1—3 μ große ei- bis sichelförmige, vielleicht zu den Mikrosporidien gehörenden Parasiten, das Enzephalitozoon Levaditi findet. Da solche auch in den Nieren und im Harn auftreten, nimmt man an, daß sie dadurch auch auf andere Tiere außer Kaninchen (Mäuse und Ratten) übertragen werden.

Das klinische und anatomische Bild der Encephalitis lethargica ist so bezeichnend, daß man sie von der nach Grippe, Masern, Windpocken und Scharlach und neuerdings nach Vakzination beobachteten Gehirnentzündungen abgrenzen kann, während die letzteren Formen anatomisch ähnlich sein sollen. Die Herpesenzephalitis nimmt schon dadurch eine Stellung für sich ein, daß sie beim Menschen nicht vorkommt (S. 320).

Die Hundswut (Lyssa) ist diejenige von den drei Aphanozoenkrankheiten des menschlichen Zentralnervensystems, die am gründlichsten studiert worden ist. Sie verdankt das weniger ihrer Bedeutung, als der berühmten Behandlungsmethode, die Louis Pasteur für sie angegeben hat. Dieser Forscher hatte auch schon die Vermutung ausgesprochen, es könnte sich hier um einen für unser bewaffnetes Auge zu kleinen Erreger handeln. Erst viel später hat sich das aber durch Filterversuche beweisen lassen. Aus ihnen scheint auch hervorzugehen, daß die oben erwähnten, von Negri entdeckten Einschlüsse, die vor allem in den Nervenzellen des Ammonshorns einzeln oder zu mehreren in verschiedener Größe vorkommen (Fig. 78), nicht die Schmarotzer selbst darstellen. Trotzdem sind sie für die Hundswut so bezeichnend, daß die natürliche Ansteckung, die sog. Straßenwut, an dem Vorkommen der Negrischen Körperchen in der großen Mehrzahl der Fälle erkannt werden kann.

Man benutzt dazu am besten Schnitte, die mit Methylenblau und Eosin (nach Mann) gefärbt sind. Nachdem die Farbe, die je $^1/_4$% Methylenblau und Eosin enthält, 1 Minute auf die Schnitte gewirkt hat, spült man sie nacheinander in Wasser, reinem Alkohol, leicht alkalischem Alkohol, wieder reinem Alkohol, Wasser, leicht essigsaurem Wasser ab, entwässert sie, hellt sie in Xylol auf und legt sie in Kanadabalsam ein. Wenn man ganz dünne Scheiben aus dem Ammonshorn ausschneidet, sie bei 37° in Azeton härtet und in Paraffin einbettet, kann man damit schon nach wenigen Stunden zum Ziele kommen. Die Negrischen Körper und die Kernkörper der großen Ganglienzellen erscheinen dabei rot gefärbt, die Zellkerne blau.

Die Keime der Hundswut finden sich, wie Tierversuche beweisen, außer im Gehirn und Rückenmark regelmäßig noch in den großen Nervenstämmen und im Speichel, selten anderwärts. Die meisten Warmblüter sind für die Wut empfänglich und sind am sichersten anzustecken durch Einspritzung einer Rückenmarksverreibung wütiger Tiere unter die harte Hirnhaut, die man vorher durch einen kleinen Bohrer freigelegt hat. Man benutzt daher diese Versuche gewöhnlich zur Feststellung der Wut. Wirksam ist ferner die Einführung von der vorderen Augenkammer und den großen Nervenstämmen und, wenigstens bei kleinen Tieren, auch vom Blute und der Bauchhöhle aus. Die Einspritzung unter die Haut ist sehr unzuverlässig. Wunden, die in die Muskeln hineingehen, oder sonst nervenreiche Teile, wie das Gesicht oder die Hände, verletzen, sind dagegen sehr empfänglich, weshalb die natürliche Ansteckung, die fast stets durch Bisse erfolgt, gerade an diesen Teilen besonders gefährlich ist. Die Erklärung für alle diese Tatsachen liegt wohl darin, daß der Keim der Hundswut auf doppeltem Wege, einerseits durch Lymphe und Blut, andererseits durch die Nervenbahnen, zu seinen eigentlichen Herden, dem Gehirn und Rückenmark, wandert. Von hier aus scheint er auf dem Nervenwege in die Speicheldrüsen zurückzuwandern und ist dort öfters schon einige Zeit vor Ausbruch der Wut zu finden.

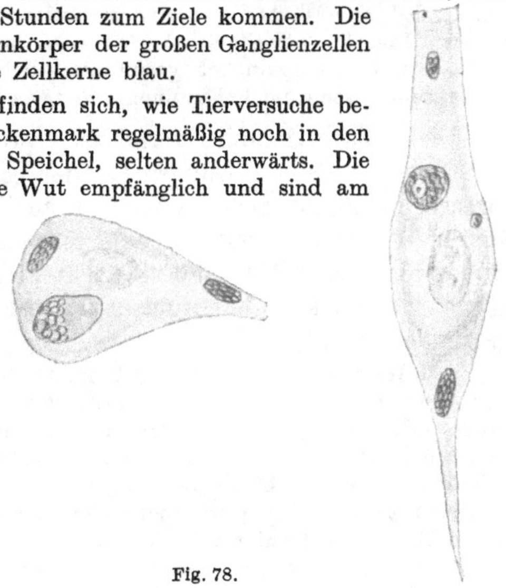

Fig. 78.
Negrische Körperchen in den Ganglienzellen des Ammonhornes.

Bei weitem nicht alle Bisse tollwütiger Tiere (etwa nur 10%) stecken an. Stets braucht der Keim längere Zeit sich zu entwickeln, denn nur ausnahmsweise bricht die Wut binnen 14 Tagen, gewöhnlich aber weit später, selten erst nach dem 3. Monate aus. Gerade diese lange Dauer der Entwicklungszeit legte es Pasteur nahe, schon gebissene, d. h. meist schon angesteckte Menschen und Tiere durch ein Impfverfahren vor dem Ausbruch der Wut zu schützen.

Der Weg, den Pasteur nach verschiedenen Vorversuchen einschlug, war der folgende. Zunächst stellte er sich durch Übertragung der Straßenwut in das Gehirn von Kaninchen (s. o.) und Weiterimpfung in diesen Tieren ein „Virus fixe" her, d. h. er steigerte dadurch die Ansteckungskraft des kranken Nervensystems dieser Tiere auf ein Höchstmaß und machte sie gleichzeitig beständig. Während die Straßenwut Kaninchen erst nach 12—15 Tagen krank macht, verringert sich bei dem fixen Virus die Entwicklungszeit auf 5—7 Tage. Die Tiere sterben nach Ausbruch der Krankheit in 2—3 Tagen, und zwar stets an der stillen Wut, d. h. unter Lähmungserscheinungen. Das hoch wirksame Rückenmark dieser Tiere schwächte Pasteur dann dadurch wieder ab, daß er es über Ätzkali bei 23—24° 14 Tage lang trocknete. Hunde, die zuerst 14, dann 13, 12 usw. Tage bis 1 Tag getrocknetes Mark unter die Haut gespritzt bekamen, erwiesen sich unempfänglich gegen die subdurale Einverleibung des frischen Marks, selbst wenn die Behandlung erst nach der Ansteckung begonnen wurde.

Dieses Schutzimpfungsverfahren erprobte sich auch, als es Pasteur bei Menschen, die von wütigen Hunden gebissen waren, anwandte. Zwar fordert die fürchterliche Krankheit auch bei den so Geimpften noch einzelne Opfer, aber nur unter denjenigen, die besonders schlimme Bißwunden erlitten haben oder erst spät in Behandlung kommen. In aller Herren Länder sind daraufhin „Pasteurinstitute" zur Impfung der Wut gegründet worden.

Das Impfverfahren selbst wurde im Laufe der Zeit vielfach verbessert. Bei den schwersten Ansteckungen verstärkt man den Impfschutz dadurch, daß man große Gaben des Marks einspritzt, schnell von dem 14tägigen zu dem 1tägigen Mark übergeht und diese Behandlung wiederholt. Man braucht in der Abschwächung auch nicht so weit zu gehen und kann schon mit 8tägigem Mark beginnen, ja sogar nicht getrocknetes Mark benutzen. Die ursprüngliche Annahme, durch Übertragung auf Kaninchen werde auch die Ansteckungskraft für andere Tiere verstärkt, trifft also wohl nicht zu, sondern für den Menschen, mindestens bei der üblichen Art der Einverleibung, das Gegenteil.

Die Ausbreitung der Hundswut wird durch Hundesteuern, Sperre und Maulkorbzwang so wesentlich beschränkt, daß, abgesehen von den östlichen Grenzbezirken Preußens, diese Seuche bei uns zu den Seltenheiten gehört.

Eine weitere durch Aphanozoen bedingte Ansteckung mit wesentlichem Befallensein des Nervensystems ist die Kinderlähmung (Poliomyelitis acuta epidemica). Bei Gelegenheit der in der letzten Zeit vorgekommenen Ausbrüche dieser Seuche wurde die Filtrierbarkeit des Erregers von mehreren Seiten gleichzeitig festgestellt und die Wege der Ansteckung, die denen der epidemischen Genickstarre ähnlich sind (S. 86), aufgeklärt. Der Erreger ist, wenn überhaupt, nur sehr schwer zu züchten, dafür aber z. B. in Glyzerin sehr haltbar.

Diese Arbeiten wurden dadurch ermöglicht, daß wir im Affen ein außerordentlich empfängliches Versuchstier zur Verfügung haben. Die Übertragung gelingt am sichersten, wenn man die Erreger unter die harte Hirnhaut bringt. Immerhin lassen sich Affen auch durch Einführung in das Blut, in die Nasenhöhle, durch Einatmung und selbst durch Verfütterung anstecken, was für die Entstehung und natürliche Verbreitung der Seuche von Bedeutung ist. Die Erreger sind beim Affen in erster Linie in Rückenmark und Gehirn, seltner und weniger reichlich in den Lymphdrüsen, außerdem aber auch auf den Schleimhäuten der Nase und des Rachens vorhanden. Beim Menschen kommen sie sehr häufig in den Absonderungen dieser Schleimhäute und des Darms vor, und zwar auch in weniger ausgesprochenen Krankheitsfällen und bei Gesunden aus der Umgebung von Kranken. Die Ähnlichkeit der Übertragungsverhältnisse mit denen der epidemischen Genickstarre ist auffällig. Auch insofern besteht sie, als bei den Epidemien verhältnismäßig selten mehrere Kinder derselben Familie von der Krankheit betroffen werden. Einige neuere Versuchergebnisse sprechen dafür, daß die Seuche vielleicht auch durch Fliegenstiche (Stomoxys calcitrans) verbreitet wird. Damit würde übereinstimmen, daß die Kinderlähmung abweichend von der Genickstarre gerade in der warmen Jahreszeit vorzuherrschen pflegt. Beziehungen der menschlichen Krankheit zu tierischen Seuchen sind zwar mehrfach vermutet worden, konnten aber bisher nicht bewiesen werden.

Die Möglichkeit einer Schutzimpfung mit Rekonvaleszentenserum und der (intraspinalen) Serumtherapie bei der Kinderlähmung wird durch manche Erfahrungen bewiesen. Auf anderen Wegen ist die Krankheit, ebenso wie die Genickstarre, nur schwer zu bekämpfen.

Ob die multiple Sklerose durch Spirochaeten verursacht wird, wie man behauptet hat, ist zweifelhaft. Vielleicht gehört sie aber hierher.

Wir kommen jetzt zu einer Reihe von Aphanozoenseuchen, die durch Insektenstiche verbreitet werden. Am wichtigsten für uns ist das Fleckfieber, weil wir vom Osten her, wie wieder die Erfahrungen des letzten Krieges gelehrt haben, mit seiner Einschleppung bedroht sind. Der Erreger befindet sich im Blute der Kranken und wird von dort sicher durch Kleiderläuse, wahrscheinlich auch durch Kopfläuse, übertragen. Tierversuche mit lebenden und zerquetschten Läusen an Affen und Meerschweinchen, die nach etwa 8tägiger Inkubation eine vorübergehende fieberhafte Erkrankung erleiden und nach dieser genau so Immunität gegen neue Erkrankung erlangen, wie die Menschen nach Überstehen einer Ansteckung, beweisen das auch. Auch Übertragung von Blut, ja von gewaschenen Blutkörpern, ist erfolgreich.

Ob die Erreger in die Gruppe der Aphanozoen einzuordnen sind, könnte zunächst zweifelhaft erscheinen, weil die Versuche, sie durch Filtrate zu übertragen, allermeist erfolglos geblieben sind, und andererseits innerhalb von infizierten Läusen regelmäßig und in großen Mengen durchaus bakterienähnliche Keime gefunden werden, die von Rocha-Lima, nach zwei ihren Fleckfieberstudien zum Opfer gefallenen Forschern genannte Rickettsia Prowazecki. Da sich diese Lebewesen bisher nur in Läusen züchten ließen, und auch ihr mikroskopischer Nachweis bisher fast nur in den letzteren, nicht aber in menschlichen und tierischen Krankheitsstoffen mit Sicherheit gelungen ist, wäre es doch sehr möglich, daß sie auch in ultramikroskopischen Formen auftreten. Selbst bei infektionstüchtigen Läusen sollen sich die Rickettsien nach Yu nur zeitweise finden.

Die Rickettsien sind den kleinsten Bakterien in Größe vergleichbar, aber viel schwerer, am besten nach Giemsa, nie nach Gram zu färben. Sie erscheinen als kugelige, ei- oder hantelförmige, den Polbakterien und Lanzettkokken ähnliche Gebilde, seltner in Ketten oder als deutliche Stäbchen. Namentlich in Schnitten sind sie nach Giemsa brennend rot darzustellen und liegen dann zum Unterschied von anderen Rickettsien (s. u.) innerhalb der Darmepithelzellen, die sie durch ihre massenhafte Wucherung stark vergrößern und schließlich zum Platzen bringen. Dabei gehen viele Läuse zugrunde. Die Rickettsien selbst sind wenig widerstandsfähig gegen Schädigungen, sterben z. B. binnen 24—48 Stunden in Kochsalzlösung bei gewöhnlicher Temperatur, ebenso schnell im getrockneten Zustande und in einigen Minuten bei Erhitzung auf 45°. Die Läuse lassen sich mit ihnen durch Einführung mittels einer Glaskapillare in den After oder durch Saugen am kranken Tier und Menschen infizieren. Zu letzterem Zwecke benutzt man am besten den „Läusekäfig“, d. h. ein oben und unten mit Müllergaze verschlossenes Kästchen, das auf die Haut aufgebunden wird.

Zur Diagnose des Fleckfiebers dient an der Leiche der Nachweis von eigentümlichen perivaskulären Herden im Gehirn, und am Toten und Lebenden, neben dem Tierversuch am Meerschweinchen (s. o.) und dem mikroskopischen Nachweis der Rickettsien in den am Kranken gefundenen Läusen, die Agglutination mit dem Bazillus Proteus X19, einem zuerst von Weil und Felix zufällig bei Fleckfieberkranken gefundenen Saprophyten, der eigentümlicherweise die Fähigkeit gewonnen hat, durch das Blutserum von Fleckfieberkranken und nur von diesen vom Ende der ersten Woche an regelmäßig in Verdünnungen von 1:100 und viel mehr verklebt zu werden (S. 43).

Das Blutserum der durch Läuse infizierten Kaninchen verhält sich ebenso wie das der Fleckfieberkranken, nicht dagegen das der ähnlich infizierten Meerschweinchen. Auf der anderen Seite agglutinieren alle fleckfieberkranken Tiere und Menschen Aufschwemmungen der Läuserickettsien, während Proteus X 19-Immunserum dazu nicht imstande ist. Ebensowenig gelingt eine Immunisierung der Tiere oder Menschen mit Proteus X 19 gegen Fleckfieber, oder läßt sich die Bildung von Rickettsien an fleckfieberfreien Läusen durch Infektion mit Proteusbazillen erzielen.

Der Proteus X 19 stimmt in allen übrigen wesentlichen Bedingungen außer der Agglutination mit den gewöhnlichen Fäulnisbakterien (S. 42) überein, wurde aber fast nur und zwar ziemlich selten aus Urin, Kot, Blut oder Zerebrospinalflüssigkeit der Leichen Fleckfieberkranker, ausnahmsweise auch aus Fleckfieberläusen gezüchtet. Man benutzt für die Reaktion am besten ganze Agarkulturen, nicht einzelne Kolonien, um Abspaltungen von sog. O- und H-Stämmen, die sich agglutinatorisch etwas unterscheiden, zu vermeiden. Es gibt aber auch eine ganze Reihe anderer aus Fleckfieber isolierter Keime, die von deren Blutserum allerdings nicht so stark und gleichmäßig agglutiniert werden, wie Proteus X 19. Sie alle hat man gelegentlich, wie die letzteren, zum Erreger des Fleckfiebers stempeln wollen. Daß das nicht möglich ist, folgt aus dem Gesagten. Wahrscheinlich handelt es sich hier überall um die von Kuhn und Woithe als Paragglutination bezeichnete Erscheinung, die man auch künstlich in Reagensglasversuchen hervorrufen kann, und die darin besteht, daß Kleinwesen beim Zusammenleben miteinander sich agglutinatorisch beeinflussen.

Eine erfolgreiche Bekämpfung der Läuseplage hält die Seuche mit Sicherheit fern. In Lazaretten, die nur entlauste Kranke beherbergen, finden Ansteckungen, die sonst an der Tagesordnung sind und namentlich Ärzte und Pfleger betreffen, überhaupt nicht mehr statt. Die Entlausung wird bewirkt durch gründliches Waschen des ganzen rasierten Körpers und Behandlung der Kleider und Wäsche im Wasserdampf oder Backofen, in Schweflig- oder Blausäuredämpfen, Kresollösungen u. dgl. Die Läuse samt ihren Eiern (Nissen) sterben schon bei Temperaturen von 60° binnen 20 Minuten. Daß das Fleckfieber, wie das unter ähnlichen Umständen auftretende Rückfallfieber (S. 286), in Friedenszeiten schon längst für uns seine Schrecken verloren hatte, erklärt sich offenbar daraus, daß die Läuse bei uns nicht mehr so, wie es im Osten noch der Fall ist, heimisch sind.

Trotz vieler Versuche ist es noch nicht gelungen, eine brauchbare Schutz- und Heilimpfung oder eine wirksame Chemotherapie gegen Fleckfieber zu finden. Am meisten scheint sich noch die Verwendung von Rekonvaleszentenserum in großen Gaben zu empfehlen.

Durch die Art der Übertragung Ähnlichkeit mit dem Fleckfieber hat außer dem Rückfallfieber (S. 286) das im Kriege entdeckte Wolhynische oder Fünftagefieber. Auch bei ihm hat man Rickettsien gefunden, die aber meist nicht in, sondern auf den Magenepithelien liegen.

Vielleicht ist sie identisch mit der Rick. pediculi, die mit dem während des Krieges auf der ganzen Welt beobachteten „Schützengrabenfieber" zusammenhängt. Pathogen ist ferner die Rick. Rickettsi, die in der Milbe Dermatocentrus vorkommt und das amerikanische Felsengebirgsfieber überträgt. Sie unterscheidet sich weniger durch Gestalt und Färbbarkeit von den vorhergehenden als dadurch, daß sie sich nicht auf die Darmepithelien ihres Wirtes beschränkt, sondern sich über dessen ganzen Körper ausbreitet und auch schon von Ricketts in Blutausstrichen von kranken Menschen und Versuchstieren, später von Woolbach in Ausstrichen und Schnitten von deren Geweben z. T. massenhaft gefunden wurde. Vielleicht verhält es sich ähnlich mit der Rick. der japanischen Tsutsugamashikrankheit. Daneben gibt es noch eine ganze Reihe von Rick., die nicht pathogen sind. Die wichtigste ist die R. Rocha-Limae, weil sie Anlaß zu Verwechslungen mit den anderen Läuseparasiten geben kann und zudem sich leicht von Laus auf Laus verbreitet. Sie sitzt sowohl innerhalb als außerhalb der Darmepithelien und fällt dem geübten Auge durch das gröbere, klumpige Aussehen ihrer Wucherungen auf.

Im südlichen Europa und anderen Erdteilen kommen Fieber vor, die unter mannigfachen Namen gehen, aber miteinander gemeinsam haben, daß sie nur in der heißen Jahreszeit beobachtet werden, nur wenige Tage dauern und Immunität hinterlassen (Akklimatisationsfieber). Zwei von diesen, das Hunds- oder Pappatacifieber (Dörr) und die Dengue sind jetzt als Aphanozoenerkrankungen erkannt, die durch winzige Stechmücken (Phlebotomus) übertragen werden. Eine schwere Seuche des tropischen Amerika und Westafrika, die nur ausnahmsweise die Wendekreise überschreitet, das Gelbfieber, wurde schon von Finlay Anfang der 80er Jahre auf den Stich einer kleinen Mücke (Aedes-Aegypti = Stegomyia kalopus = fasciata) zurückgeführt.

Er fand keinen Glauben. Nachdem die Nordamerikaner in den Besitz Kubas gelangt waren, wurden die Untersuchungen über die Ursache des Gelbfiebers in umfassendem Maßstabe und mit großem Opfermut wieder aufgenommen. Bakterien wurden dabei nicht gefunden, dagegen die Übertragbarkeit durch filtriertes Blutserum und die Beteiligung der Stechmücken, die ähnlich ist, wie bei der Malaria, festgestellt. Ein Fortschritt wurde neuerdings dadurch erzielt, daß man die Übertragbarkeit des Gelbfiebers auf Rhesusaffen entdeckte. Sonst sind noch Mäuse, aber merkwürdigerweise nur durch Einspritzung in das Gehirn zu infizieren. Die im Laufe der Zeit immer wieder als Erreger angeschuldigten Bakterien haben sich keine Anerkennung erworben. Dahin gehört außer der Spirochaete icteroides Noguchis (Abschnitt 25) auch der Bazillus Kuczynskis. Er ist wohl nichts anderes als ein sehr langsam wachsender pseudodiphtherieähnlicher Saprophyt, der sich in die Kulturen eingeschlichen hat, weil man als Zusätze sog. sterile Kaninchenorgane benutzte (Bac. cuniculi Manteufel).

Dadurch, daß man die Stechmücken, wo man sie trifft, besonders in Gelbfieberhäusern, vernichtet und vor allen Dingen dadurch, daß man sie abhält, den Erreger aus dem Blute von Kranken aufzunehmen, ist man imstande gewesen, die schlimmsten Gelbfieberherde zu beseitigen. Diese Aufgabe ist hier viel leichter zu erfüllen als bei der Malaria, weil das Gelbfieber eine kurz dauernde Erkrankung ist, die den Menschen nur einmal befällt. Man braucht nur alle verdächtigen Fälle mückendicht abzuschließen, am besten in Krankenhäusern, deren Betten, Fenster und Türen durch Drahtnetze gesichert sind.

Von Tierseuchen, die durch Mücken oder Fliegen verbreitet werden, seien drei in Südafrika, dem Paradies der Tierkrankheiten, vorkommende erwähnt: die südafrikanische Pferdesterbe, das Herzwasser- und das bösartige Katarrhalfieber des Schafes. Die Erreger der ersteren Seuche scheinen nach den in der Niere gemachten Befunden zu den Chlamydozoen zu gehören. Sämtlich sind sie filtrierbar.

Andere hierher gehörige Tierkrankheiten sind auch deswegen bemerkenswert, weil ihre Aufklärung auf die Entstehungsursache gewisser, bisher noch dunkler menschlicher Leiden etwas Licht zu werfen scheint. So werden die perniziöse Anämie der Pferde, die Leukämie der Hühner, eine Myxomatose des Kaninchens und eine Sarkomatose der Hühner auf filtrierbare Erreger zurückgeführt. Bei Ratten glaubte man ferner Kropf durch filtriertes Wasser aus „Kropfquellen" erzeugen zu können. Neue Erfahrungen über den Kropf und ältere über die bösartigen Geschwülste stehen allerdings mit diesen Angaben nicht *im Einklang. Vom Krebs war schon S. 281 die Rede. Beim Kropf handelt* es sich um eine Krankheit, die in eigentümlicher Weise an der Örtlichkeit haftet, aber nicht, wie man zeitweise angenommen hat, durch Trinkwasser verbreitet wird. Neuerdings ist man wieder auf die sehr alte Theorie zurückgekommen, die Jodmangel in der Nahrung als Ursache anschuldigt, und hat in Kropfgegenden schon namhafte Erfolge durch Einführung jodierten Kochsalzes u. ä. erzielt (vgl. übrigens S. 300).

Bakteriophagen

Mit der Besprechung der Bakteriophagen betreten wir ein sehr merkwürdiges Gebiet. Wenn wir sie hier den Aphanozoen einreihen, so könnte man daraus den Schluß ziehen, wir wären davon überzeugt, daß sie unsichtbare und filtrierbare selbständige Kleinwesen, die Bakterien schädigen, oder gar, wie d'Hérelle meint, Parasiten der Bakterien seien, die sie „auffressen". Das ist nicht unsere Meinung. Die erstere Ansicht können wir allenfalls als Hypothese zulassen, die geeignet ist, die vielfältigen Erscheinungen der Bakteriophagie einigermaßen zu erklären, aber bewiesen ist sie damit noch nicht. Die zweite Ansicht setzt bei den Bakteriophagen den Besitz von Enzymen voraus, der ganz unwahrscheinlich ist. Wir halten es vielmehr für wahrscheinlicher, daß die Bakteriophagen von den Bakterien selbst abstammen, also Leibesbestandteile derselben, die ihnen selbst und anderen Bakterien freilich unter Umständen schädlich werden können, d. h. gewissermaßen endogen entstandene Krankheitsursachen sind. Das wäre an sich aber noch nichts Besonderes, da wir ja seit langem Erzeugnisse des Bakterien- und Pilzstoffwechsels kennen, die, wie Säuren, Ammoniak, Alkohol, aromatische Verbindungen, Lipoide und andere „Selbstgifte", imstande sind, das Leben ihrer eigenen Hersteller zu gefährden. In allen alten Kulturen kann man solche feststellen und dabei gleichzeitig beobachten, daß sie mit einer Auflösung der Kleinwesen in ziemlich wechselnden Formen einhergehen, die man auf Selbstverdauung zurückführt, und für die man Endoenzyme gefunden hat. Bei den Bakteriophagen erfolgt nun aber Vernichtung und Auflösung nicht nur in ungewöhnlich kurzer Zeit, sondern kann auch auf eine beliebige Reihe frisch wachsender Kulturen durch Überimpfung des bakteriophagen Filtrats übertragen werden. Das ist das Überraschende an der von Twort und dann von d'Hérelle zuerst studierten Erscheinung, die der letztere Bakteriophagie getauft hat. Weil sie in der Tat einer Infektion sehr ähnelt, besprechen wir sie im Anschluß an die Aphanozoen.

Zu Gesicht bekommt man sie am schnellsten, wenn man die Exkremente namentlich von Hühnern in Wasser oder Bouillon aufschwemmt, sie dann einige bis 24 Stunden bei 37° stehen läßt, eine halbe Stunde bei 55° erhitzt, dann durch Kieselgurfilter hindurchschickt und nun einige Tropfen des Filtrats in beimpfte

Bouillonkulturen von Ruhr-, Typhus- oder Kolibazillen überträgt. Vergleichskulturen, die gleichzeitig ohne das Filtrat angesetzt werden, zeigen früher oder später eine zunehmende Trübung, während die mit dem Filtrat beimpften dauernd klar bleiben oder sich erst später trüben. Wenn man die klare Flüssigkeit wieder filtriert und dann auf neue junge Kulturen überträgt, erhält man immer stärker wirkende Filtrate. Diese Wirkungen kann man auch dadurch anschaulicher machen, ja zahlenmäßig berechnen, wenn man die Filtrate und ihre Verdünnungen auf Agarplatten ausstreicht oder auftröpfelt, die vorher mit frischen Bakterien möglichst gleichmäßig besät worden sind. Dann erkennt man nach 24 Stunden die Bakteriophagen an mehr oder weniger umfangreichen und häufigen Aussparungen oder Löchern in der sonst gut gewachsenen Bakterienhaut. Auch von diesen zum Teil winzig kleinen „tâches vierges" aus kann man weiter impfen.

Bemerkenswerterweise kam Twort zur Entdeckung der Bakteriophagen auf Grund der Überlegung, daß es unter den filtrierbaren Lebewesen auch saprophytische geben müsse. In Aussaaten glyzerinhaltiger Kälberlymphe auf Agar beobachtete er zuerst Kokkenkolonien, an deren Rand sich glasige Stellen immer weiter entwickelten. Diese bestanden aus aufgelösten Bakterien und ließen sich durch Weiterimpfung, schließlich auch durch Filtrate weiter übertragen. Dieses glasartige schleimige Aussehen hat auch sonst mehrfach zur Auffindung von Phagen geführt. Hierher gehören auch die „Flatterformen", d. h. unregelmäßige, wie verstümmelte Kolonien, die aus Stühlen oder Reinkulturen zu erhalten sind. Sie sind einerseits befähigt zur Erzeugung von Phagen, bestehen andererseits aber aus „phagoresistenten" (lysinresistenten) Bakterien, wie man diejenigen nennen kann, die der Einwirkung der Phagen widerstehen. Man hat sie mit den Keimträgern der Infektionen verglichen.

Als die wichtigsten weiteren Tatsachen seien folgende angeführt. Die Bakteriophagen kommen nicht nur weit verbreitet in den Entleerungen gesunder und kranker Tiere und Menschen, im Boden, in Wässern und Abwässern vor, sondern auch in lange fortgezüchteten Reinkulturen oder sind aus ihnen durch allerhand Eingriffe heraus zu züchten, am besten unter Zusatz von keimfrei gewonnen oder keimfrei gemachten Pankreas zur Bouillon. Die phagenhaltigen Filtrate wirken zunächst sehr verschieden auf die einzelnen Bakterienarten. Es gibt aber nur wenige, für die man nicht entsprechende Phagen gefunden hätte. Am empfänglichsten scheinen merkwürdigerweise die Ruhr-, Typhus- und Kolibazillen zu sein, die oft von einem und demselben Filtrat, wenn auch in wechselndem Grade angegriffen werden. Durch Züchtung auf bestimmten Bakterienkulturen kann aber die Wirkung auf eben diese gesteigert, und die auf andere vermindert werden, so daß man von einer Verstärkung und Abschwächung, von einem Anpassungsvermögen der Bakteriophagen sprechen darf, wie wir dergleichen von vielen Bakterien kennen. Stets gelingt die Erzeugung und Fortzüchtung der Bakteriophagen nur mit lebenden Bakterien, nicht mit abgetöteten. Wenn man will, ist also ihre „Reinkultur" bisher nicht geglückt. Das ist gegenüber der parasitären Theorie ein ebenso ernster Einwand, wie die obenerwähnte Möglichkeit, Phagen aus Bakterien zu gewinnen, die vorher frei davon waren. Andere Eigenschaften haben die Bakteriophagen freilich nur zum Teil mit Lebewesen gemein. Ihre Filtrierfähigkeit wurde schon erwähnt, über ihre Fähigkeit zur Dialyse wird gestritten, zentrifugieren lassen sie sich nicht, absorbiert werden sie von vielen Kolloiden, durch Alkohol wie Eiweißlösungen gefällt und zerstört. Temperaturen von 60—70° vernichten sie gewöhnlich, wenn auch Ausnahmen vorkommen. Säuren und Alkalien wirken schädlich, nicht so sehr Chloroform und Fluornatrium, 1 prozentiges Phenol und 0·5 ‰ Sublimat. In Glyzerin mit Bouillon zu gleichen Teilen halten sie sich jahrelang, ebenso ohne jeden Zusatz oder im trocknen Zustande. Bakterien vermögen die Bakteriophagen zu binden teils wie Kohle, Kieselgur u. dgl. unspezifisch, teils aber auch spezifisch, d. h. empfindliche mehr als nichtempfindliche. Diese Arteigenheit zeigt sich auch in der Möglichkeit, im Tierkörper Antiphagine (unzweckmäßig Antilysine genannt) zu bilden. Diese neutralisieren die zugehörigen Bakteriophagen, werden durch die betreffenden Bakterien nicht gebunden, sollen aber die phagoresistenten Keime (s. o.) wieder empfänglich machen, gewissermaßen von ihrer „Immunität" befreien. Auch das sonstige Verhalten der Filtrate im Tierkörper ist vielfach studiert worden. Sie lassen sich eine kurze Zeit nach parenteraler Einführung in dem Blut, in den inneren Organen, in Galle und Urin nachweisen; die in den Darm eingeführten werden nach fremden wie eigenen Erfahrungen kaum resorbiert, verschwinden auch bald aus dem Darminhalt freiwillig. Ihre Bildung im Darminhalt, die sich in der Ausscheidung durch den Kot äußert, ist sehr unregelmäßig. Darnach ist es von vornherein kaum zu erwarten, daß man durch Behandlung mit Bakteriophagen Infektionen heilen könnte. Die von d'Hérelle erhaltenen Erfolge sind sonst kaum, auch von uns (S. 157) nicht bestätigt worden. Dementsprechend sind Beziehungen der Bakteriophagen zu dem ungleichen Verlauf der verschiedenen Infektionen und Epidemien nicht nachzuweisen.

Die einfachste Deutung aller dieser Erscheinungen wäre gewiß die von d'Hérelle gegebene. Dann hätten wir uns freilich damit abzufinden, daß die Bakteriophagen allgemein verbreitete Parasiten der Bakterien wären und zerstörende Eigenschaften besäßen, wie kein anderer Parasit, denn sie töteten die von ihnen befallenen Bakterien nicht nur, sondern lösten sie auch durch ihre Enzyme auf. Leider fehlt aber jeder Nachweis ihres enzymatischen Vermögens, das doch auch gegenüber anderem Eiweiß oder wenigstens gegenüber totem Bakterienplasma bemerkbar sein müßte. Die Schwierigkeiten würden verringert, wenn wir die Bakteriophagen zwar auch als Parasiten betrachteten, aber ihnen nur die Fähigkeit zuschrieben, die Bakterien soweit zu schädigen, daß sie ihren eigenen Enzymen, der sog. Selbstverdauung, verfielen, in ähnlicher Weise, wie das etwa durch Chloroformzusatz zu Bakterienaufschwemmungen geschieht. Sehen wir die Bakteriophagen nur als einen krankhaften Bestandteil des Bakterienkörpers an, so steigern sich die Schwierigkeiten beinahe noch, selbst wenn wir auch hier wieder zur Erklärung des Auflösungsvermögens auf die Selbstverdauung zurückgreifen. Denn bisher wußte man ja noch nichts von Krankheitsprodukten in der Zelle, die sich selbst vermehren, wie Ansteckungserreger auf neue Zellen übergehen und im Tiere Immunkörper bilden. Nehmen wir aber der Einfachheit halber an, daß die Bakteriophagen unter Umständen, die wir nicht näher kennen, nicht bloß innerhalb der Bakterienzelle entstehen, sondern sich darin vermehren, so könnten wir sie etwa mit giftigen Sekreten, z. B. der Diphtheriebazillen oder Schlangen vergleichen, die ja auch Immunkörper bilden, von denen sie sich aber dadurch wesentlich unterscheiden, daß sie auch für ihre Stammeszellen giftig und auf andere übertragbar sind. Allein die phagoresistenten Bakterien scheinen gewissermaßen gegen diese Gifte immunisiert, verlieren ihre Immunität aber durch Berührung mit dem Antiphagin.

Mit Hilfe der Seitenkettentheorie könnte man sich diese Erscheinungen allenfalls verständlich machen. Da sie aber mit den durchaus unserer Einsicht entzogenen Vorgängen der Assimilation und des Wachstums zusammenhängen, hätten wir nicht viel damit gewonnen. Um so bemerkenswerter werden vielleicht die Analogieschlüsse sein, die man aus dem Vorkommen der Bakteriophagen in anderen Gebieten der Pathologie ziehen könnte. Es wäre z. B. möglich, daß gewisse unaufhaltsam fortschreitende Entartungen in Geweben und Organen — die sog. Aufbrauchkrankheiten — auf ähnliche endogen entstandene filtrierbare Gifte zurückführten (vgl. d. chron. Rheumatismus, S. 321). In der Bakteriologie selbst finden wir gewisse Analogien nur bei der öfter erwähnten Kuhnschen Paragglutination, bei der die Fähigkeit, agglutiniert zu werden, von einer Bakterienart auf die andere durch Zusammenleben übertragen wird. Auch die „serumfesten Stämme" von Bakterien, Spirochaeten und Trypanosomen gehören vielleicht hierher.

Die von Kuhn in allen Bakterienkulturen aufgefundenen „amöboiden" Ausnahmeformen („Pettenkoferien") als Parasiten, die mit den Bakteriophagen zusammenhängen, zu betrachten, sehen wir vorläufig keinen genügenden Grund. Kuhns C-Formen scheinen mit unseren kokkenähnlichen Entartungsformen zusammenzufallen, seine F- und D-Formen sowie Pettenkoferien mit den bekannten „Involutionsformen" (S. 10).

Das von Besredka „Antivirus" genannte, aus alten Kulturen gewonnene Filtrat von Eiterkokken und anderen Bakterien enthält offenbar alle möglichen Stoffwechselprodukte, weswegen man sich nicht darüber wundern kann, daß es die zugehörigen, aber auch fremde Keime im Wachstum schädigen soll. Über seine vermeintlichen schnell immunisierenden Wirkungen vgl. Abschnitt 32.

Neunundzwanzigster Abschnitt

Die durch Kleinwesen verursachten Krankheiten im allgemeinen

Überschaut man die Beziehungen der Krankheitserreger zu ihren Opfern, so kann man zwei Tätigkeiten bei ihnen unterscheiden: die erste besteht darin, daß die Erreger sich auf Kosten ihrer Opfer ernähren, in ihnen wachsen und sich vermehren. Wir nennen sie darum Schmarotzer (Parasiten) ihrer Wirte oder auch Erreger von „Ansteckungen" (Infektionen). Man darf geradezu sagen, die Ansteckungskraft, oder was dasselbe ist, die Infektiosität, Virulenz, Aggressivität ist nichts weiter als die Fähigkeit, in einem fremden Körper sich zu vermehren. Freilich kann man sich auch mit harmlosen Schmarotzern (Mitessern, Kommensalen) anstecken. Damit die Ansteckungs- zu Krankheitserregern werden, müssen sie noch eine zweite Eigenschaft besitzen, nämlich die Fähigkeit, Krankheiten zu erzeugen, d. h. schädlich (pathogen) zu wirken. Das geschieht im wesentlichen wohl durch Gifte, die sie erzeugen.

Allerdings könnte man sich vorstellen, daß die Schmarotzer ihre Wirte auch durch Nahrungsentziehung schädigten. In Wirklichkeit käme das aber höchstens bei Schmarotzern kleinster Tiere und Pflanzen in Betracht. Bei den Kleinwesen, die auf höheren Tieren schmarotzen, trifft es wegen ihrer verhältnismäßig zu geringen Masse niemals zu. Auch die Vermutung, die Schädlichkeit der Schmarotzer beruhe darauf, daß sie ihren Wirten etwa gewisse, nur in kleiner Menge vorhandene, aber lebenswichtige Stoffe entziehen, ist bisher nicht wahrscheinlich. Ebenso ist die Möglichkeit, daß die Ansteckungserreger auf rein mechanischem Wege erhebliche Störungen hervorrufen, zwar grundsätzlich zuzugeben, sie wird sich aber selbst in den Fällen, wo Kokken, Milzbrandbazillen oder Malariaplasmodien die Kapillaren dieser oder jener Organe verstopfen, kaum jemals verwirklichen. Mindestens werden Reiz- oder Fremdkörperwirkungen, d. h. chemische Einflüsse, die von ihren Leibern ausgehen, daneben niemals fehlen und von etwaigen mechanischen nicht zu trennen sein. Die chemischen Stoffe, die Störungen hervorrufen, können wir aber allgemein als Gifte bezeichnen, ganz gleichgültig, wie sie entstanden sind, ob sie z. B. durch Absonderung oder Zerfall der Schmarotzer, mit oder ohne Vermittlung der Körpersäfte erzeugt sind, gleichgültig auch, ob sie nur örtliche oder allgemeine Störungen bewirken, und ob schließlich die Störungen, wie man von der Entzündung und dem Fieber annehmen zu müssen glaubt, zunächst zum Schutz gegen die Eindringlinge selbst dienen. Nur wenn wir die Mitwirkung solcher Gifte voraussetzen, werden uns die Erscheinungen bei ansteckenden Krankheiten verständlich.

Wenn wir sonach daran festhalten müssen, daß die Fähigkeit, sich im lebenden Körper zu vermehren und darin Gifte zu erzeugen, also kurz gesagt, die Ansteckungskraft und Giftigkeit die beiden Haupteigenschaften der Krankheitserreger ausmachen, so sehen wir doch sofort, daß beide Vermögen in sehr ungleichem Grade entwickelt sein können. Man denke z. B. an den Tetanusbazillus, der trotz seines recht spärlichen Wachstums im Tierkörper ein fast immer tödliches Gift bildet (S. 222); andererseits an den Leprabazillus, der, obwohl er fast alle Gewebe des Körpers durchwuchert, jahrelang meist nur örtliche Veränderungen bewirkt und erst nach Jahrzehnten, gewöhnlich sogar nur durch Zutreten anderer Ansteckungen zu töten pflegt (S. 268). Dazwischen gibt es zahlreiche Übergänge, in denen das Wachstum der Erreger bald spärlicher, bald üppiger, bald langsamer, bald schneller, mit oder ohne Unterbrechung, in diesem oder jenem Gewebe stattfindet und dabei alle Grade und Arten der Giftigkeit entwickelt werden können. Außerdem kommen aber auch noch Grenzzustände vor, in denen die

Ansteckungskraft oder die Giftigkeit fehlt. Im folgenden wollen wir den Versuch machen, fußend auf diesen so verschiedenen Leistungen, in die Fülle der bisher unter natürlichen oder künstlichen Bedingungen beobachteten Ansteckungen Ordnung zu bringen. Dabei beginnen wir zweckmäßigerweise mit den zuletzt genannten Grenzfällen.

1. Wo reine Vergiftungen durch Kleinwesen vorliegen, dürfen wir, wenn wir folgerichtig sein wollen, nicht mehr von Ansteckungen sprechen.

In der Tat fällt es niemand im Ernst ein, Vergiftungen mit Blei, Alkohol, Mutterkorn oder Schlangengift als ansteckende Krankheiten zu bezeichnen, selbst wenn sie nach Art epidemischer oder endemischer „Seuchen" oder „Pesten" auftreten. Wenn wir also im Tierversuch feststellen können, daß viele Bakterien, die wir gewohnt sind, als harmlos, als „Nichtschmarotzer" oder „Saprophyten", d. h. als Bewohner der toten Außenwelt anzusehen, z. B. der Bac. prodigiosus (S. 41) oder manche Heubazillen (S. 47) imstande sind, sobald sie lebend oder tot in größeren Mengen etwa in die Bauchhöhle oder das Blut gebracht werden, zu töten, daß ferner die meisten, wenn nicht alle Bakterien und Pilze unter die Haut oder in die vordere Augenkammer eingeführt, Reizungen, ja Eiterungen hervorrufen (S. 53), und wenn wir schließlich erfahren, daß viele natürlich vorkommende sog. Wurst- und Fleischvergiftungen durch die Wucherungen des Bac. botulinus (S. 226) oder Proteus (S. 43) in Fleischwaren, die zum Genuß dienen, verursacht werden, ohne daß diese Bakterien in den Geweben des Menschen sich vermehren, so folgt daraus die wichtige Tatsache, daß auch Nichtschmarotzer unter Umständen durch ihre örtlichen oder allgemeinen Giftwirkungen schädlich (pathogen) werden können.

Ist darnach die Fähigkeit, Gifte zu bilden, keine ausschließliche Eigenschaft der Parasiten gegenüber den Saprophyten, so darf man auch keineswegs zugeben, daß die Fähigkeit, im lebenden Tierkörper zu wachsen, die wir als Ansteckungskraft bezeichnen, eine unverrückbare Grenze zwischen Parasiten und Saprophyten aufrichten könne. Denn zunächst beweisen zahlreiche Versuche und Beobachtungen, daß auch Saprophyten, wie der Prodigiosus und Heubazillus unter bestimmten Bedingungen, z. B. wenn sie in sehr großen Mengen in gewisse Gewebe (Bauchhöhle, vordere Augenkammer) gebracht werden, dort zum Wachstum gelangen, also eine gewisse Ansteckungskraft entwickeln. Auf der anderen Seite bildet es geradezu die Regel, daß die Krankheitserreger des Menschen, wenn sie auf diese oder jene Tiere, oder die der Tiere, wenn sie auf andere Tierarten oder den Menschen übertragen werden, sich dort wie Saprophyten verhalten können. Nicht einmal bei allen Einzelwesen der empfänglichen Tierart hat die Ansteckung Erfolg, und selbst ein und dasselbe Einzelwesen kann zeitweise unempfänglich sein. Die Ansteckungskraft der Schmarotzer gilt also nur für bestimmte Tierarten und unter bestimmten Bedingungen. Schließlich hat auch die fortschreitende Forschung uns gelehrt, daß die allermeisten Schmarotzer auch auf künstlichen, d. h. toten Nährböden zu züchten sind, daß es also strenge Nur-Schmarotzer im alten Sinne kaum gibt. Wenn wir trotzdem an der Unterscheidung zwischen Parasiten und Saprophyten festhalten, so geschieht das, weil die ersteren unter natürlichen Bedingungen meist auf das Leben in für sie empfänglichen Tieren angewiesen sind.

Fragen wir nach den Ursachen, welche das Ausbleiben des Wachs*tums im Tierkörper bedingen, so stoßen wir auf mannigfache Schutz-*

einrichtungen in letzterem, und zwar nicht bloß auf solche, die das Eindringen in den Tierkörper verhindern und die weitere Verbreitung erschweren, sondern vor allen Dingen auch auf unmittelbare Wachstumswiderstände, ja meist keimtötende Einflüsse im Gewebe selbst. In früheren Abschnitten dieses Buches haben wir sie schon vielfach kennen gelernt in Gestalt der Freßzellen, der Abwehr- und Lockstoffe (Alexine und Opsonine) der Blutflüssigkeit, in den keimwidrigen Absonderungen der Eiterzellen (Leukine) usw.

Zusammenfassend kommen wir darauf später (Abschnitt 32) zurück. Hier kommen die Widerstände des Tierkörpers für uns auch deshalb in Betracht, weil ihr Vorhandensein uns sofort eine Unterlage liefert für eine befriedigende Erklärung der Ansteckungskraft. Wenn es richtig ist, daß derartige Widerstände das Auswachsen der Saprophyten in allen Tieren und das der Schmarotzer in den für sie unempfänglichen Tieren verhindern, so werden wir das Wesen der Ansteckungskraft darin erblicken dürfen, daß sie im gegebenen Fall die Wachstumswiderstände des Gewebes überwinden. Es scheint geradezu, daß wir allen Grund haben, den Abwehrstoffen der Tiere „Angriffsstoffe" (Aggressine) der Schmarotzer gegenüberzustellen (S. 150). Durch das Fehlen passender Angriffsstoffe unterscheiden sich also die Saprophyten von den Parasiten (Abschnitt 30). Umgekehrt haben die Giftstoffe bei beiden Gruppen große Ähnlichkeit miteinander (Abschnitt 31).

2. Der zweite Grenzfall tritt dann ein, wenn die Kleinwesen auf dem Körper ihrer Wirte leben, ohne ihnen Schaden zu tun. Wir haben es hier nicht mit schädlichen, sondern mit harmlosen Schmarotzern, „Mitessern" (Kommensalen), unter Umständen sogar mit nützlichen Schmarotzern, „Nützlingen" (Symbionten) zu tun. Gewöhnlich wird ein derartiges Verhältnis der Kleinwesen zu ihren Wirten nur möglich, wenn sie sich darauf beschränken, auf den äußeren oder inneren Oberflächen des Körpers zu leben. So finden sich regelmäßig Staphylokokken harmloser Art, aber auch oft der echte Staph. pyogenes zwischen den Epidermisschuppen und in den Ausführungsgängen der Hautdrüsen, Pseudodiphtherie- und Schleimbazillen auf der Bindehaut und Nasenschleimhaut, der Strept. lacticus und lanceolatus, Spirochaeten und Spießbazillen im Mund und Rachen, Strept. lacticus, Kolibazillen, Bifidus und Acidophilus, Buttersäure- und Emphysembazillen, ja selbst Tetanusbazillen im Darminhalt, Streptokokken und Bac. vaginalis in der Scheide des Weibes. Fehlt es, wie man sieht, unter diesen gewöhnlichen Haut- und Schleimhautschmarotzern nicht an solchen, die wir auch als Krankheitserreger kennen gelernt haben, so kommen andere Erreger nur vorübergehend auf denselben Schleimhäuten vor, so z. B. Meningokokken und Diphtheriebazillen im Rachen, Cholera- und Ruhrbazillen im Darm bei den sog. Keimträgern, d. h. gesunden Menschen in der Umgebung von wirklich Kranken oder solchen Personen, die von der betreffenden Erkrankung genesen sind.

Meist scheinen hierher zu gehören auch die sog. Dauerausscheider von Typhus- und Paratyphus- von Bang- und Maltabazillen, denn auch sie können den Eindruck völlig gesunder Menschen oder Tiere machen. Immerhin ist das durchaus nicht immer der Fall, und Leichenbefunde, die an solchen Dauerausscheidern gemacht worden sind, sowie Tierversuche, deuten daraufhin, daß die Bazillen hier nicht bloß auf den Schleimhäuten der Gallen- und Harnwege, sondern in ihnen wuchern und sie verändern, ja daß sie nicht ganz selten auch in inneren Organen und im Blute sich finden. Darnach hätten wir es hier mehr mit schleichenden Krankheiten, die wir später behandeln werden (s. u. 5) zu tun. Selbst im Blute können sich Kleinwesen längere Zeit halten, also wohl vermehren, ohne sichtbare Störungen hervorzurufen, so namentlich Trypanosomen bei Ratten, Vögeln und Kaltblütern; doch fragt es sich, ob man nicht auch hier, wenn genauere Untersuchungen bei diesen Tieren möglich wären, gewisse krankhafte Veränderungen feststellen könnte. Wie sind nun die allein uns hier interessierenden Fälle harmlosen Schmarotzertums zu deuten? Ausgeschlossen ist die Annahme, diese Schmarotzer seien eigentlich nur Saprophyten, die sich zufällig auf den inneren oder äußeren Körperoberflächen angesiedelt hätten, denn nur ganz bestimmte Keime sind dazu befähigt, während saprophytische Kleinwesen, die zufällig oder absichtlich auf die Haut oder Schleimhäute gebracht werden, im allgemeinen schnell von diesen Orten wieder verschwinden. Wohl könnte man daran denken, das harmlose Schmarotzertum durch ein nur beschränktes Ansteckungsvermögen der Schmarotzer selbst zu erklären, so z. B. wenn wir auf der Haut und den Schleimhäuten Staphylo-, Strepto- oder Pneumokokken und Diphtheriebazillen finden, die im Tierversuch schwächere Wirkung zeigen, als gewöhnlich. In vielen anderen Fällen geht das aber nicht an, weil die Tierversuche z. B. mit Pneumokokken- und Diphtheriebazillen deren volle Wirkungskraft beweisen, und Beobachtungen lehren, daß selbst gesunde Träger von Meningokokken, Diphtherie-, Ruhr- und Cholerabazillen zwar nicht immer, aber oft genug imstande sind, bei anderen Menschen die betreffenden ansteckenden Krankheiten zu veranlassen. Vielfach sind diese Keimträger ja auch selbst die besten Zeugen für die volle Wirkungskraft der Schmarotzer, die sie beherbergen, da sie erst nach Überstehen der Krankheit zu Keimträgern geworden sind. In wieder anderen Fällen bedarf es nur einer besonderen Gelegenheit, um die gewöhnlichen unschädlichen Bewohner der Haut und Schleimhäute zu gefährlichen Krankheitserregern zu machen. Wir sprechen dann von Selbstansteckungen (Autoinfektionen). So sehen wir Wunden nach Operationen vereitern, Fieber im Wochenbett, Lungenentzündung nach Erkältungen oder Quetschungen der Brust, Bauchfellentzündungen nach Zerreißung von Gedärmen, Erkrankungen der Harn- und Gallenwege bei Stauungen in diesen auftreten, ohne die Einführung von Ansteckungserregern von außen dafür verantwortlich machen zu können. Unrichtig wäre es schließlich, anzunehmen, daß die eigentlichen Krankheitserreger unter diesen harmlosen Schmarotzern nur deshalb nicht zur Entfaltung ihrer krankheitserregenden Kraft kommen, weil sie nicht an die richtige Eintrittspforte gelangen, denn sie finden sich sogar regelmäßig auf denselben Schleimhäuten, von denen sie aus sonst ohne weiteres erfolgreich in das Gewebe selbst eindringen und sich dort vermehren. Offenbar liegt die Erklärung darin, daß der Wirtsorganismus den harmlosen Schmarotzern örtlich und zeitlich ungleiche Wachstumswiderstände entgegenstellt, die den gewöhnlichen Haut- und Schleimhautparasiten regelmäßig zwar gestatten auf gewisse Oberflächen, aber nicht auf allen Oberflächen und namentlich nicht im Innern des Gewebes zu wachsen, *Widerstände, die nur gelegentlich — unter dem Einflusse besonderer* begünstigender Umstände — wegfallen, während bei den Keimträgern umgekehrt unter dem Einfluß der stattgehabten Durchseuchung die sonst nicht genügenden Wachstumswiderstände des Gewebes, nicht also die gewisser Schleimhäute, gesteigert sind. Die Ursachen dieser angeborenen oder erworbenen Gewebsimmunität kennen wir weit besser als die der Schleimhautimmunität. Vielleicht gelingt es aber künftig, in den Epithelien ähnliche bakterienwidrige Kräfte nachzuweisen, wie sie schon lange in den Leukozyten und anderen Phagozyten, in Lymph- und Blutflüssigkeit festgestellt sind. Die Absonderungen der Schleimhäute scheinen unter gewöhnlichen Verhältnissen nur ausnahmsweise derartige Kräfte zu besitzen, wohl aber überall da, wo sie entzündlich verändert sind.

3. Die krankmachende Wirkung der eigentlichen Ansteckungserreger gibt sich regelmäßig durch örtliche oder allgemeine Störungen kund, wenn sie in den Geweben ihres Wirts zur Vermehrung gelangen. Wir betrachten zunächst diejenigen Fälle, in denen die Vermehrung örtlich und zeitlich begrenzt ist, d. h. in bestimmten Herden und vorübergehend erfolgt. Hierher gehören sowohl die leichtesten Wundansteckungen, die sich in einfacher, nach einigen Tagen schon verschwindender Reizung der Wundränder äußern, wie die schwersten Eiterungen, die erst nach langer Zeit und unter Umständen mit umfangreichen Gewebsverlusten heilen, der harmlose Husten und Schnupfen und die schwere Lungenentzündung, der Wundstarrkrampf und die Diphtherie, die Ruhr und die Cholera, mögen sie nun leichte Erscheinungen verursachen oder den Befallenen an den Rand des Grabes bringen. Nur muß die Voraussetzung erfüllt sein, daß die Erreger, nachdem sie von den Eintrittspforten aus zum Wachstum gekommen und darüber hinaus mehr oder weniger in das benachbarte Gewebe eingedrungen sind, früher oder später doch ihr Wachstum und Vordringen einstellen und wesentlich durch Zugrundegehen an Ort und Stelle wieder aus dem Gewebe verschwinden.

Natürlich hat man stets die wesentlichste Eigenschaft dieser Art von ansteckenden Krankheiten, ihre „Heilbarkeit“ gekannt und schon lange, bevor man von Erregern etwas wußte, die durch sie hervorgerufenen örtlichen und allgemeinen Erscheinungen unterschieden; aber erst die bakteriologische Forschung hat uns das wahre Wesen dieser Ansteckungen aufgedeckt, vor allem die Beschränkung der Erreger auf örtliche Herde, und das Zustandekommen der örtlichen und allgemeinen Krankheitserscheinungen durch ihre Gifte kennen gelehrt. Diese örtliche Beschränkung ist nicht so aufzufassen, als ob die Krankheitskeime nicht auch aus dem eigentlichen Krankheitsherd heraus in Lymphe und Blut verschleppt werden könnten. Im Gegenteil scheint solche Bakteriämie häufig genug, ja in geringem Umfange wohl regelmäßig einzutreten, aber wesentlich ist, daß diese verschleppten Keime an anderen Stellen des Körpers keinen festen Fuß fassen, wie es bei der Pyämie (Nr. 4) und Septikämie (Nr. 6) der Fall ist, sondern schon in den Lymphdrüsen oder erst in den Kapillaren der inneren Organe zugrunde gehen.

Was das Schicksal der Erreger in den Krankheitsherden selbst anlangt, so haben wir in den früheren Abschnitten dieses Buches gesehen, daß es einerseits bedingt ist durch die Angriffskräfte der Erreger und andererseits durch die Abwehrkräfte des angesteckten Körpers, also abhängt von einem Kampfe zwischen beiden, der in unserem Falle aber mit der Vernichtung der Angreifer endigt. Es ist, wie in den Kriegen zwischen Menschen meist nicht ein kurzes Treffen, welches die von vornherein vorhandenen Kräfte entscheiden, sondern gewissermaßen ein längerer Feldzug, in dem von beiden Seiten neue Truppen gesammelt und eingesetzt werden, der auch äußeren Zwischenfällen ausgesetzt ist und daher nicht immer zu einem glatten Siege, sondern oft erst nach wechselndem Kriegsglück zur Entscheidung führt, ja gelegentlich selbst den Sieger der Erschöpfung überliefert. Abgesehen von den an der Eintrittspforte schon bereitstehenden Zellen und Säften kommen hier auf beiden Seiten des angegriffenen Organismus diejenigen in Betracht, die durch die Entzündung an den Ort der Gefahr herangeführt und im Blut durch das Fieber und den Immunisierungsvorgang entwickelt werden. Man darf sagen, daß kaum eine Infektion ohne derartige Vorgänge zur Heilung gelangt. Auf Seiten der Angreifer fehlt es auch nicht an Anpassungserscheinungen, die ihnen wenigstens zeitweise den Widerstand ermöglichen (vgl. die Bildung von Kapseln und von Aggressinen). Durch zufällige Einflüsse oder absichtliche Eingriffe, die von der ärztlichen Behandlung abhängen, kann bald der eine, bald der andere Teil begünstigt werden.

Insoweit ist die Vernichtung der Erreger unvollständig, als ein Teil der Erreger durch die Absonderung der Wunden und Drüsen im lebenden Zustande ausgeschieden werden kann. Aber nur bei denjenigen Erkrankungen der Haut und Schleimhäute, bei denen die Keime sich auch auf der Oberfläche, nicht bloß innerhalb der Gewebe vermehren, ist dieser Anteil erheblich, und unrichtig ist jedenfalls die alte Auffassung, als ob die Ausscheidung der Erreger durch die verschiedenen Drüsen des Körpers die Vorbedingung der Heilung sei. Die Hauptwirkung fällt vielmehr stets den abtötenden Kräften des Gewebes zu. Die Drüsen leisten höchstens etwas für die Heilung durch die Ausscheidung von Giften; die Absonderung lebender Schmarotzer ist diesen selbst zwar nützlich, weil sie ihnen die Erhaltung ihrer Art gewährleistet, ihren Wirten aber eher nachteilig, weil sie nicht nur die Verbreitung der Ansteckungserreger außerhalb des Körpers ermöglicht, sondern gar nicht selten zu Erkrankungen der ausscheidenden Drüsen führt (s. unter 4).

Die hierher gehörenden Ansteckungen kann man wieder in Untergruppen einteilen, je nachdem sie diese oder jene Organe, die Haut, Schleimhäute oder serösen Häute usw. und in diesen Organen bald das Epithel, bald die bindegewebigen Grundlagen, das eine Mal die Zellen, das andere Mal die Zwischensubstanz befallen. Eine natürliche Gruppe bilden aber z. B. die Zell-, Epithel- und Blutschmarotzer kaum, da mannigfache Übergänge zu den übrigen Gruppen vorkommen.

Besonders eigentümlich ist in dieser Beziehung das Verhalten der Kleinwesen zu den Leukozyten, die *im allgemeinen durch ihre Freßtätigkeit wichtige Hilfs-*

truppen des Körpers im Kampfe gegen die Ansteckung sind, hin und wieder aber z. B. von Gonokokken- und Rotlaufbazillen als Lieblingsstellen zur Ansiedlung benutzt werden. Auf die Blutschmarotzer kommen wir im folgenden noch zurück. Wichtiger für uns als diese und andere Einzelheiten ist die Tatsache, daß die einzelnen Erreger sich nicht bloß gegenüber den Tierarten und Einzelwesen, sondern auch gegenüber den Teilen desselben Tieres oft sehr ungleich verhalten. Man bedenke z. B. nur, wie verschieden die Lieblingsherde der äußerlich so nahe verwandten Strepto- und Pneumokokken, Meningo- und Gonokokken sind. Das liegt nicht etwa bloß an der vielleicht zufälligen Verschiedenheit ihrer Eintrittsstellen; denn nachweislich sind die Meningokokken ebenso unfähig, auf der Schleimhaut der Harnröhre Tripper zu erzeugen, wie die Gonokokken, von der Rachenschleimhaut aus Genickstarre zu verursachen; und die Wege der Ansteckung für die Cholera- und Ruhrbazillen, sowie die Ruhramöben und Leberkokzidien sind zwar die gleichen, ihre Ansiedlungsstellen aber völlig verschieden, nämlich die Schleimhaut des Dünndarms bei der Cholera, die des Dickdarms bei der Bazillenruhr, das Unter-Schleimhautgewebe bei der Amöbenruhr, die Gallengänge bei der Kokzidienkrankheit der Kaninchen. Der Grund dafür kann kaum in etwas anderem liegen, als in der besonderen Ausbildung des Ansteckungsvermögens, die jeden Erreger nur befähigt, in bestimmten Geweben oder Organen zu gedeihen, oder wenigstens ihre größtmögliche Leistung zu vollziehen. Dieser ungleichen Organvirulenz der Erreger, die wir vielleicht auf nur örtlich wirksame Angriffsstoffe zu beziehen haben, entspricht aller Wahrscheinlichkeit nach eine Ausstattung der Organe mit besonderen Krankheitsanlagen und Abwehrkräften, eine Organdisposition und Organimmunität, die aber auch wieder von Tierart zu Tierart wechseln kann.

Auch nach der Schwere und Art der von ihnen ausgelösten Giftwirkungen kann man die örtlichen Ansteckungen einteilen. So spricht man bekanntlich von serösen, eitrigen, nekrotisierenden, proliferierenden Entzündungen und hebt diejenigen von ihnen, die mit besonders starken und eigenartigen Allgemeinwirkungen verlaufen, wie den Tetanus und die Diphtherie wohl als toxische Ansteckungen (Toxikosen) hervor. In der Tat hat man ja gerade die Erreger dieser Krankheiten als Erzeuger besonders starker Gifte (Toxine) kennen gelernt, doch fehlen Allgemeinerscheinungen auch bei durch andere Erreger bedingten örtlichen Ansteckungen nur selten vollständig. Sie pflegen unter dem bekannten Bilde des Fiebers zu verlaufen und werden meist, ebenso wie die gewöhnlichen Entzündungen auf die sog. Leibesgifte (Endotoxine) der Erreger zurückgeführt.

Von einem Parallelismus zwischen Giftigkeit und Ansteckungskraft kann in keinem Falle die Rede sein. Eher trifft das Gegenteil zu. So vermehren sich die Tetanusbazillen selbst in den tödlichen Erkrankungen so spärlich und vorübergehend, daß man oft Mühe hat, sie überhaupt aufzufinden, und dieses kümmerliche Wachstum wird auch anscheinend nur dadurch zuwege gebracht, daß fremde Bakterien sich in Gesellschaft der Tetanussporen befinden und ihnen das Auskeimen erleichtern (S. 223). Bei der Diphtherie und der Dysenterie der meisten Versuchstiere liegen die Dinge auch nicht viel anders als beim Tetanus. Bei der Diphtherie und Dysenterie des Menschen handelt es sich dagegen um eine üppige Vermehrung der Erreger, also um echte Ansteckungen, die aber mit ausgesprochenen Vergiftungserscheinungen zu verlaufen pflegen. Wie wenig an sich Giftwirkung und Ansteckungskraft miteinander zu tun haben, lehren schließlich die nicht seltenen Fälle, in denen die Kranken an den Folgen der Vergiftung zu einer Zeit sterben, in der die Krankheitserreger selbst von den Abwehrkräften des Körpers schon niedergerungen sind, der Kranke also stirbt, obwohl die Ansteckung selbst geheilt ist.

4. Eine Steigerung der ansteckenden Leistung der Krankheitserreger gegenüber den unter 3. besprochenen Fällen bedeutet es, wenn dieselben sich nicht auf ihre Anfangsherde beschränken, sondern weit über dieselben hinaus wuchern, schließlich aber doch zum Stillstand kommen. Nur selten, bei den schwersten Formen der Zellgewebsentzündung, ferner den Gasödemen geht das Wachstum unaufhaltsam nach allen Seiten vor sich, wobei im letzteren Falle sogar die Muskeln nicht verschont werden. Gewöhnlich hält sich die Wucherung an die vorgebahnten Wege zunächst der Lymphe, dann des Blutes, ausnahmsweise — bei der Hundswut und dem Herpes — an die Nervenbahnen. Innerhalb dieser Wege kann die Entwicklung wieder schrittweise vor sich gehen, weit häufiger ist sie aber sprunghaft, indem die Keime durch den Strom der Lymphe und des Blutes an andere Körperstellen befördert werden und sich dort von neuem einnisten. Wir sprechen dann von herdbildenden oder metastatischen Infektionen.

Nich immer fällt die Eintrittspforte der Ansteckung mit ihrem ersten Herde zusammen, sondern die Krankheitskeime werden von ihr aus sofort wie z. B. bei der Drüsenpest und der Skrofulose bis zu den nächsten Lymphdrüsen verschleppt, um dort erst festen Fuß zu fassen. Die Lymphdrüsen dienen hier wie in anderen Fällen als Filter, welche die Keime mindestens zeitweilig, manchmal sogar dauernd zurückhalten und so die weitere Verallgemeinerung der Ansteckung verzögern oder verhindern. Wird das Blut wirklich angesteckt, so geschieht es entweder nach Überwindung der hintereinander eingeschalteten Lymphdrüsen durch die größeren Lymphgefäße, die in die obere Hohlvene münden oder durch Einbruch in die Blutgefäße von einem der älteren Herde aus, oder aber schon durch Aufsaugung seitens verwundeter Blutgefäße an den Eintrittspforten selbst. Hierher gehören z. B. die Ansteckungen, die durch blutsaugende Insekten hervorgerufen werden. Bei manchen von ihnen ist das Blut geradezu das Gewebe, in denen die Keimvermehrung beginnt (Flecktyphus, Gelbfieber). Sonst werden die Keime, die auf die eine oder die andere Weise in die Blutbahn gelangt sind, meist schnell im Kapillarsystem, besonders der inneren Organe, abgelagert, um dort, soweit sie nicht zerstört werden, durch ihre Wucherung neue Herde zu bilden. Von ihnen aus können sie dann wieder in den Blutstrom gelangen, werden aber darin meist in beschränkter Zahl aufzufinden sein, weil sie sich im strömenden Blute nur unter besonderen Umständen (s. u. 5 und 6) zu vermehren vermögen.

Alle diese Ansteckungen können bekanntlich zur Heilung gelangen, und nur diejenigen Fälle, in denen das geschieht, haben wir zunächst im Auge. Die Abwehrkräfte, die die Heilung bewirken, sind ganz ähnlicher Art wie bei den rein örtlichen Ansteckungen; die Giftwirkungen, *von denen sie begleitet werden, sind ebenfalls wesentlich gleichartig.*

Auch gelten hier die Bemerkungen, die wir oben (S. 343) über die besondere Ausgestaltung des Ansteckungsvermögens nach Organen und Geweben gemacht haben.

So sind die Herde, die durch Verschleppung der Erreger mit dem Blute entstehen, sehr verschiedenartig, indem bald die Haut, bald die Gelenke, bald die Knochen und die Muskeln oder inneren Organe, in der Haut selbst bald die Epithelschichten, bald das Bindegewebe befallen werden. Beispiele für solche Allgemeinerkrankungen, die durch Bildung mehrerer oder vieler Metastasen entstehen, sind die Eitervergiftungen des Menschen und der Tiere in ihren verschiedenen Formen, ferner viele Fälle von Pneumonie, Gonorrhoe, Zerebrospinalmeningitis, Influenza, Mumps, Tuberkulose, stets der Rotz, Typhus und Paratyphus, das Bang- und Maltafieber des Menschen, die Pest und der Flecktyphus, der akute Gelenkrheumatismus, Pocken und Windpocken, Scharlach und Masern, Maul- und Klauenseuche.

5. In anderer Form äußert sich die Steigerung des Ansteckungsvermögens, wenn die Schmarotzer nicht vollständig den Abwehrkräften ihres Wirtes erliegen, sondern zum Teil der Vernichtung entgehen und entweder nach einiger Zeit einen Rückfall der Krankheit oder einen schleichenden Erkrankungszustand erzeugen, oder aber verborgene Ansteckungsherde zurücklassen. Die Heilung ist zunächst immer eine unvollkommene, die endgültige Heilung wird in vielen Fällen zwar nur verzögert und erschwert, in anderen bleibt sie aber überhaupt aus. Eine scharfe Grenze gegenüber der vorhergehenden Gruppe besteht nicht, da die Bildung eines neuen Herdes an anderen Körperstellen, wenn sie zu einer Zeit erfolgt, wo der frühere Herd schon in der Heilung begriffen ist, auch als eine Art Rückfall betrachtet werden kann. Gelegentlich werden echte Rückfälle bei allen möglichen Ansteckungen beobachtet. Von ihrem regelmäßigen Vorkommen hat das Rückfallfieber seinen Namen; die Malaria, viele Trypanosomen-, Piroplasmen- und Leishmaniaerkrankungen führen nicht nur zu Rückfällen, sondern oft, ja gewöhnlich zu schleichenden Ansteckungen, die gelegentlich aber wieder in akute übergehen. Die letztgenannten Schmarotzer stimmen auch darin überein, daß sie im Blute und teilweise sogar in den Blutzellen ihrer warmblütigen Wirte leben, daneben allerdings noch einen eigentümlichen Wirtswechsel in kaltblütigen Tieren durchmachen. Andere, wie die Spirochaeten der Syphilis und Frambösie, sind dagegen echte Gewebsschmarotzer und gehen nur vorübergehend ins Blut, um von da aus neue Herde zu erzeugen. Sie zeichnen sich aber auch durch die Rückfälle aus, die sie veranlassen. In ihrem oft wechselndem und vielgestaltigem Verlauf hat die Tuberkulose manche Ähnlichkeit mit der Syphilis. Schließlich sind auch die Fälle, in denen die Erreger nach überstandener Genickstarre, Diphtherie, Cholera auf den betreffenden Schleimhäuten, nach Typhus

und Paratyphus in den Gallen- und Harnwegen, nach der Banginfektion der Rinder in den Geschlechtswegen und der Milchdrüse, nach der Maltainfektion der Ziegen nur in letzterer vorübergehend oder dauernd angesiedelt bleiben, zu den unvollkommenen Heilungen zu rechnen. Der Umstand, daß hier die Schmarotzer nur in bestimmten gesunden oder nur wenig veränderten (epithelialen) Organen sich finden und trotz ihrer Gegenwart nur ausnahmsweise Krankheitsrückfälle eintreten, beweist uns, daß der übrige Körper die Ansteckung nicht nur einmal überwunden hat, sondern sich auch gegen ein neues Überwuchern der Erreger zu wehren weiß. Um so merkwürdiger bleibt bei dieser allgemeinen Immunität die Empfindlichkeit der genannten Organe. Wir haben sonach in diesen Fällen unvollkommener Heilung Beispiele für eine Art Gleichgewicht der Kräfte zwischen Schmarotzer und Wirt, Angreifer und Angegriffenem, ein Gleichgewicht, das allerdings hin und wieder sich zugunsten des einen oder anderen Teiles verschiebt.

Man wird sich von vornherein vorstellen dürfen, daß gerade in dieser Gruppe von Ansteckungen neben den regelmäßigen Gegenwirkungen des Körpers, der Entzündung, dem Fieber, der Immunisierung, allerhand äußere und innere Einflüsse, die das Kräfteverhältnis verschieben, für das Ergebnis des Kampfes von Wichtigkeit sein werden, und die Erfahrung — man denke z. B. nur an Malaria und Tuberkulose — bestätigt das. Schwächung der Abwehrkräfte führt zum Siege der Angreifer, Verstärkung zu ihrer Überwindung. Andererseits fallen für den Ausgang ebenso sehr Veränderungen in den Angriffskräften der Erreger ins Gewicht. Sie erscheinen teilweise als zufälliger Art: so hängen Verallgemeinerungen und Rückfälle bei Tuberkulose und Eiterungen gelegentlich von Durchbrüchen kleiner verborgener Herde in Blutgefäße, seröse Höhlen oder mit Schleimhaut bekleidete Kanäle ab. Bei dem Rückfallfieber und vielen anderen Erkrankungen paßt sich dagegen ein Teil der Erreger regelmäßig dem wachsenden Abwehrvermögen des Körpers an und erzeugt so neue Anfälle oder widersteht wenigstens in diesen oder jenen Organen der Vernichtung. Nicht selten kommt auch dem Angreifer wirksame Hilfe von außen durch neue Ansteckungen. Umgekehrt werden die Angriffskräfte geschwächt durch freiwillig oder künstlich herbeigeführte Entleerung von Ansteckungsherden nach außen, durch künstliche innere Entseuchung, durch zeitweilige oder dauernde Abnahme des Ansteckungsvermögens der Erreger.

6. Das Ansteckungsvermögen der Schmarotzer erreicht seinen Höhepunkt, wenn sie die Abwehrkräfte ihrer Wirte überwinden und durch überhandnehmendes Wachstum deren Tod verursachen. Das kann eintreten bei rein örtlichen und bei allgemeinen Ansteckungen, beim ersten Anfall oder im Rückfall der Erkrankung. Die Voraussetzung ist eben nur, daß die Gifte der Erreger während deren Entwicklung im Körper des Wirtes lebenswichtige Teile desselben so schädigen, daß die Erhaltung des Lebens unmöglich wird. Richtig ist allerdings, daß manche Erreger, die gewöhnlich nur

örtliche Herde erzeugen, erst gefährlich werden, wenn sie sich verallgemeinern, und daß es eine Form der allgemeinen Ansteckung gibt, die wohl immer tödlich ist, die sog. Septizämie, d. h. der Zustand, bei dem die Erreger nicht bloß an einzelnen oder vielen Stellen des Blutgefäßsystems wie bei der Pyämie metastatische Herde bilden, sondern sich überall im Blute bzw. in dessen Kapillaren vermehren. Beispiele dafür bieten die Pneumokokken und Streptokokken, ferner die Bazillen des Milzbrands, Rotlaufs, der Hühnercholera, Schweineseuche und verwandter Krankheiten, wahrscheinlich auch manche Aphanozoen. Aber auch diese Keime vermögen nicht bei allen Tieren Septizämie hervorzurufen, sondern nur bei den empfänglichsten. So wird eine Septizämie im eigentlichen Sinne nur ausnahmsweise beim Menschen beobachtet, obwohl viele der genannten Bakterien hier tödliche, allgemeine oder örtliche Ansteckungen bedingen können. Überhaupt nicht imstande, echte Septizämie zu erzeugen, sind z. B. die Staphylo-, Gono- und Meningokokken, die Typhus-, Ruhr- und Cholerabazillen, Anaerobier, Diphtherie-, Rotz- und Leprabazillen. Im schlimmsten Falle verursachen sie alle nur tödliche Allgemeinerkrankungen mit zahlreichen Herden, die entweder schon dem unbewaffneten oder erst dem bewaffneten Auge (Typhus) erscheinen. Andere sind, wie die Cholera- und Ruhrbazillen, im Menschen selbst dazu nicht befähigt, sondern wuchern nur in besonders umfangreicher und nachhaltiger Weise auf und in den ursprünglich von ihnen befallenen Schleimhäuten, oder wie die Gasbrandbazillen in den sämtlichen Geweben der von ihnen gerade betroffenen Körperteile. Für die Tetanusbazillen, die man gewöhnlich als besonders bösartige Ansteckungserreger betrachtet, gilt auch das nicht einmal, stellen sie doch oft schon ihr stets kümmerliches Wachstum ein, ehe ihre Gifte ihre tödliche Wirksamkeit haben entfalten können. Solche Fälle, wo nach überstandener Ansteckung der Tod doch noch eintritt, gehören, wie bemerkt (S. 342), nicht in die hier besprochene, sondern in die früheren Gruppen.

Trotz dieser Unfähigkeit, Septizämie zu erzeugen, können fast alle diese Bakterien, wie schon unter Nr. 3 vermerkt, gelegentlich so zahlreich im Blute auftreten, daß sie durch die Züchtung darin nachgewiesen werden können, aber es macht ganz den Eindruck, als ob sie im strömenden Blute selbst sich nicht vermehren, sondern dahin nur von ihren Herden eingeschwemmt werden. Der Beweis dafür ist besonders leicht zu führen bei den tödlichen Erkrankungen, die wir mit nicht zu kleinen Mengen der meisten dieser Keime von der Bauchhöhle des Meerschweinchens aus erzeugen können. Die Zählung der Bakterien in der Leiche mit Hilfe der Plattenkultur ergibt, daß Milliarden von Bazillen in der Bauchhöhle selbst, aber nur Hunderttausende oder Millionen im Blute vorhanden sind. So werden auch fast regelmäßig Typhusbazillen im Blute des Menschen gefunden, rechnet man sie aber zusammen, so kommt man nur zu verschwindend geringen Zahlen gegenüber der Unmasse der in den Organen vorhandenen Bazillen. „Bakteriämie“, d. h. das Auftreten von Bakterien im Blut, bedeutet also noch lange nicht „Septizämie“[1], d. h. deren Wachstum im Blut.

Bemerkenswert ist, daß zahlreiche Spirochaeten, Sporozoen und Aphanozoen üppig im strömenden Blute zu wachsen vermögen, ohne dadurch notwendigerweise tödliche Erkrankungen hervorzurufen. Die gewaltigste Menge von Rekurrensspirochäten verschwindet sogar ganz gewöhnlich aus dem Blute (s. S. 285). Man wird die Ursache dafür darin zu suchen haben, daß diese Schmarotzer einerseits auch in großen Mengen nur wenig giftig wirken, andererseits selbst in größter Anzahl noch den Abwehrkräften des Körpers zugänglich bleiben. Nicht zufällig ist es wohl, daß das Blut in diesen Fällen dasjenige Gewebe des Körpers ist, in dem die Schmarotzer ausschließlich zu gedeihen vermögen. Die Septizämie erregenden Bakterien sind umgekehrt ursprünglich Gewebsschmarotzer.

Unrichtig wäre es, die Tatsache, daß viele Bakterien sich nicht im Blute bis zur Erzeugung einer echten Septizämie vermehren und dennoch oft tödlich wirken, damit zu erklären, daß sie nur durch den zu frühen Tod ihrer Wirte an der Überschwemmung des Blutes gehindert würden, daß also mit anderen Worten, nur ihre zu große Giftigkeit die Septizämie verhüte. In Ausnahmefällen mag das zutreffen, im allgemeinen aber sicher nicht. Es handelt sich vielmehr um ein Unvermögen, im Blute zu wuchern, das offenbar durch die ihnen im Blutstrome begegnenden Abwehrkräfte bedingt wird. In der Tat widerstehen gerade die Septizämieerreger auch außerhalb des Körpers am besten den keimtötenden Eigenschaften des Blutes. Das schließt aber keineswegs aus, daß auch bei den schlimmsten Formen der Ansteckung, der Septizämie, ebenso wie bei allen übrigen tödlichen Ansteckungen Abwehrbewegungen seitens des angegriffenen Körpers mehr oder weniger deutlich sind. Nur führen sie höchstens zur teilweisen, nicht zur völligen Überwindung der Schmarotzer.

In der Natur der hier gegebenen Einteilung liegt, daß sie zwischen den einzelnen Formen der Ansteckung scharfe Grenzen setzt. Es handelt sich aber im wesentlichen um verschiedene Grade der Ansteckungskraft einerseits und der (tierischen) Widerstandskraft andererseits, die durch Übergänge miteinander verbunden sind. So kann eine bestimmte Art von Kleinwesen, z. B. der Pneumokokkus, alle die hier genannten Formen der Ansteckung hervorrufen entweder, wenn man ihm verschiedene Ansteckungskraft verleiht und ihn auf Tiere derselben, leicht empfänglichen Art (Kaninchen) wirken läßt, oder ihn in hochwirksamer Beschaffenheit mit Tieren ungleicher Widerstandsfähigkeit (Hunden, Meerschweinchen, Kaninchen) in Berührung bringt. Auch die Giftigkeit ist keine unter allen Umständen feststehende Eigenschaft. Sie kann bei einem und demselben Keim zeitlich wechseln und gegenüber verschiedenen Tieren ungleich sein. Es wird jetzt unsere Aufgabe sein, die Bedingungen, von denen einerseits das Krankheit erregende Vermögen der Kleinwesen und andererseits die Empfänglichkeit der Tiere abhängt, näher ins Auge zu fassen. Zuerst sprechen wir von zeitlichen Veränderungen, die das Ansteckungs- und Giftbildungsvermögen erfahren kann, von der sog. Verstärkung und Abschwächung der Erreger.

[1] Es wäre nützlich, wenn die Kliniker diese bakteriologische Unterscheidung berücksichtigten. Es bliebe ihnen dabei unbenommen, nach wie vor gewisse Vergiftungserscheinungen im Krankheitsbilde als „septische“ zu bezeichnen (S. 65/66).

Dreißigster Abschnitt

Bedingungen der Ansteckung

Die Ansteckungskraft der Krankheitserreger ist keine feststehende Größe, sondern unterliegt Veränderungen nach unten und oben. Die ersten sicheren Erfahrungen über Abschwächung des Ansteckungsvermögens sind bei den Pocken gemacht worden. Die Kuhpocken sind nichts weiter als Pocken, die durch Übertragung auf das weniger empfindliche Rind für den Menschen und andere Tiere abgeschwächt worden sind. Nach demselben Grundsatz hat man mehrfach, aber nur mit ungewissem Erfolg versucht, andere Erreger abzuschwächen, so die Rinderpest, den Schweinerotlauf und die Tuberkulose durch Übertragung auf Schafe, Kaninchen, Kaltblüter oder Vögel. Umgekehrt hat man aber auch durch Übertragung auf eine zweite empfängliche Tierart die Erreger für eine erste, vorher empfängliche Art weniger wirksam machen können.

So verlieren Streptokokken, die lange Zeit durch Mäuse hindurchgeschickt worden sind, oft ihre Ansteckungskraft für Kaninchen und Menschen. Unter Umständen führt schon die fortgesetzte Übertragung von Tier zu Tier derselben Art zu einer Abschwächung, so bei der Maul- und Klauenseuche der Ferkel. Löffler, der diese Beobachtung gemacht hat, weist darauf hin, daß sich vielleicht auf ähnliche Weise das freiwillige Erlöschen mancher Seuchen erkläre (vgl. Cholera, S. 170). In anderen Fällen scheint die Anpassung der Krankheitserreger an bestimmte Organe die Ansteckungskraft für andere herabzusetzen. Das durch fortgesetzte Impfung unter die harte Hirnhaut des Kaninchens erzeugte Pasteursche „Virus fixe" der Hundswut zeigt sich weniger wirksam, wenn es unter die Haut oder in das Blut gelangt. Wir selbst haben gefunden, daß ein Bazillus der Paratyphusgruppe, der ursprünglich für Meerschweinchen vom Darm sehr gefährlich war, nachdem er längere Zeit durch die Unterhaut verimpft worden war, auf dem alten Wege durch den Darm unschädlich wurde.

Viel häufiger ist die Folge einer fortgesetzten Übertragung auf empfängliche oder auch weniger empfängliche Tiere, daß die Ansteckungskraft steigt. Es ist das geradezu das gewöhnliche Mittel, um abgeschwächte Erreger wieder wirksam zu machen.

Außerordentlich unterstützt wird der Erfolg, wenn man möglichst große Mengen der Erreger verimpft oder andere, die Ansteckung begünstigende Einflüsse (s. u.) wirken läßt. Manchmal kann man auch hier eine besondere Anpassung an bestimmte Organe feststellen. So gewinnen Pestbazillen, die man wiederholt durch Einatmung übertragen hat, dadurch die Eigenschaft, auch nach Einverleibung auf anderem Wege Lungenherde zu erzeugen (Organvirulenz).

Unter natürlichen Verhältnissen, d. h. bei den ansteckenden Krankheiten, kommen abgeschwächte, ebenso wie verstärkte Erreger sicherlich oft genug vor. Sonst wäre es nicht erklärlich, daß manche Seuchenausbrüche gutartig, andere bösartig sind, und daß die von uns rein gezüchteten Keime in ihrer Wirkungsart recht erheblich schwanken. Daß das Ansteckungsvermögen im Verlauf bestimmter Krankheiten oder Epidemien gesetzmäßig zu- oder abnehme, hat sich bisher nicht sicher feststellen lassen, wenn es auch oft genug angenommen worden ist. Daß der Nachweis schwer zu führen sein wird, liegt auf der Hand. Immerhin liegen einige Tatsachen vor, so kann man zugestehen, daß die in alten Herden gefundenen Pneumokokken, Pestbazillen u. a. häufig mehr oder weniger abgeschwächt sind. Man wird darin einen Erfolg der keimschädigenden Einflüsse im tierischen Körper erblicken dürfen. Daß jeder derartige Einfluß auch außerhalb des lebenden Körpers geeignet ist, das Ansteckungsvermögen herabzusetzen, werden wir gleich sehen.

Eigentümlich verhalten sich die Gonokokken bei abgelaufenen oder schleichenden Tripperansteckungen. Sie scheinen für fremde Körper nicht oder wenigstens nicht wesentlich abgeschwächt, wohl aber für den Körper, der sie schon längere Zeit beherbergt. Daß dies nicht an einer erworbenen Unempfänglichkeit des letzteren liege, dafür scheint der Umstand zu sprechen, daß er für fremde Gonokokken empfänglich bleibt. Möglich wäre es allerdings, daß doch eine erworbene Immunität vorliegt, aber nur gegenüber der bestimmten Kokkenrasse gilt.

Umgekehrt ist es wohl sicher, daß Keime, die auf der Haut oder auf Schleimhäuten schmarotzen, ihre Angriffskräfte steigern, sobald sie z. B. unter der Einwirkung einer Erkältung, Verletzung oder einer ähnlichen die Widerstandskraft des Gewebes herabsetzenden Gelegenheitsursache dazu kommen, im Innern der Gewebe selbst zu wuchern, mit anderen Worten, wenn sie aus harmlosen Mitessern zu Erregern einer Selbstansteckung werden. So gekräftigt, werden sie wahrscheinlich auch für fremde Körper zu gefährlichen Ansteckungskeimen (S. 77, 98). Ein besonders merkwürdiges Beispiel einer plötzlichen Virulenzsteigerung bieten die Bartonellen (S. 311), die bei manchen Tieren erst durch die Fortnahme der Milz zu einer allerdings oft nur vorübergehenden Wucherung übergehen. Nachweislich werden übrigens die Typhusbazillen und Rekurrensspirochäten im Verlaufe einer Ansteckung zum Teil widerstandsfähiger gegenüber den Abwehrkräften des angesteckten Körpers und vermögen so die Krankheit länger hinzuziehen oder Rückfälle zu erzeugen. Vielleicht ist das sogar ein allgemeines Gesetz: *Nicht nur die angegriffenen Körper, sondern ebenso die Angreifer selbst passen sich den veränderten Bedingungen an* und verbessern dadurch ihre Aussichten im gegenseitigen Kampfe.

Daß die Schmarotzer auch außerhalb ihrer Wirte Änderungen, und zwar namentlich Abschwächung ihres Ansteckungsvermögens erfahren können, wird durch zahlreiche Erfahrungen belegt. Man darf zunächst schon den Satz aufstellen, daß *jeder Krankheitserreger in künst-*

lichen Nährböden einen Teil seiner Wirkungskraft für Tiere verliert. Schon die erste Übertragung der Keime vom lebenden Körper auf tote Nährböden scheint ihr Ansteckungsvermögen zu verringern. Dabei unterscheiden sich die „Kulturbakterien" von „tierischen" Bakterien oft auch dadurch, daß sie nicht mehr mit Kapseln umgeben und kleiner sind als die letzteren (s. u.).

Größere und vor allem dauerhafte Abschwächungen machen sich aber erst bei weiterer Fortzüchtung bemerkbar.

Bei manchen Pneumokokken geschieht das schon in kürzester Zeit, z. B. binnen einer Woche, bei anderen Arten bedarf es längerer Fristen. Diejenigen Bakterien, die befähigt sind und Gelegenheit haben, Sporen zu bilden, pflegen sich am beständigsten zu erweisen, doch gibt es auch sporenfreie, die ihre Ansteckungskraft trotz jahrelanger Fortzüchtung unverändert festhalten. Nicht immer geht übrigens die Abschwächung gleichmäßig vor sich, sondern es können auch Rückschläge eintreten, ohne daß sich ein besonderer Anlaß dafür nachweisen ließe. Durch verschiedene Maßnahmen hat man mit mehr oder weniger Glück versucht, der Abschwächung vorzubeugen oder sie rückgängig zu machen, so durch Züchtung unter Sauerstoffabschluß, Zusatz von Blut, Blutserum, Eiern oder anderen Bestandteilen des tierischen Körpers zum Nährboden. Andere Vorschriften dienen auch dazu, die Giftigkeit der Kulturen zu erhalten und zu steigern, so wird in dieser Richtung namentlich ein bestimmtes, aus Schweinemagen hergestelltes Pepton (Martin) gerühmt. Von der Ansicht ausgehend, daß die Abschwächung der Keime in künstlichen Nährböden durch die längere Einwirkung schädlicher Stoffe (z. B. Säuren, Alkalien usw.) verursacht werde, empfiehlt man möglichst häufige Erneuerung der Kulturen, oder Aufbewahren der ausgewachsenen Kulturen (in Kaninchenserum) bei niedrigen Temperaturen und Sauerstoffabschluß. In der Tat scheint das letztere Verfahren am schonendsten zu sein.

Als Regel gilt, daß alle schädlichen Einflüsse, welche die Keime treffen, auch deren Ansteckungsvermögen beeinträchtigen, und zwar zunächst in vorübergehender, nicht vererblicher, dann in dauernder, d. h. vererblicher Weise.

Toussaint hat zuerst Milzbrandblut durch 10 Minuten langes Erhitzen auf 55° abgeschwächt. Pasteur und seine Mitarbeiter erhielten bessere Ergebnisse, wenn sie die Milzbrandbazillen in Fleischbrühe bei 42—43° züchteten (Abschnitt 18). Ebenso lassen sich die Sporen der Rauschbrandbazillen abschwächen, indem man sie auf 85—100° erhitzt. Dasselbe gilt von der Behandlung mit Licht, Radiumstrahlen, höherem Sauerstoffdruck und vom Trocknen (vgl. Hundswut, Abschnitt 28). Brauchbare Verfahren zur Abschwächung ergeben sich ferner durch Zusatz von entwicklungshemmenden Mitteln zu den Nährböden. Auch die Giftigkeit von Diphtherie- und Tetanuskulturen wird durch Jod, Chlor, Jodtrichlorid, Formaldehyd so stark verringert, daß sie sich zur Schutzimpfung benutzen lassen.

Bemerkenswert ist, daß ausnahmsweise die eine oder anderen hier aufgeführte Schädlichkeit das Ansteckungsvermögen der ihr ausgesetzten Keime nicht vermindert, sondern erhöht.

Man wird das wohl dadurch erklären dürfen, daß in solchen Fällen die Schädlichkeit nicht lange genug wirkt, um alle Einzelwesen einer Kultur abzuschwächen. Wenn dann, was leicht vorkommen kann, die abgeschwächten Keime einer Kultur auch eine stärkere Einbuße ihres Fortpflanzungsvermögens erlitten haben, werden die stärker wirksamen bei der Fortzüchtung allein überleben. Andere Einflüsse, die außerhalb des Tierkörpers zur Verstärkung der Ansteckungskraft führen, haben wir schon bei Gelegenheit der Tierversuche erwähnt. Es handelt sich im wesentlichen um Veränderungen der künstlichen Nährböden, durch die sie den natürlichen ähnlicher werden. Zum Teil geht dabei die Verstärkung sehr schnell vor sich. So verwandeln sich die Milzbrandbazillen durch Übertragung aus den gewöhnlichen Kulturen in Blutserum binnen einigen Stunden in tierische Bazillen, die außer durch größeres Ansteckungsvermögen auch durch Kapseln ausgezeichnet sind. Im übrigen gilt für Abschwächungen und Verstärkungen der Satz, daß sie nicht selten scheinbar regellos ohne unser Zutun eintreten, Umwandlungen, die man neuerdings mit mehr oder weniger Recht als „Mutationen" bezeichnet hat.

Die Ursachen für die Veränderungen, die das Ansteckungsvermögen der Erreger erleidet, werden vermutlich die gleichen sein, welche für die Veränderlichkeit der Kleinwesen überhaupt gelten. Es sind im wesentlichen Anpassung, Entartung und Umwandlung (Variation, Mutation). Die Anpassung wird im Tierkörper zur Steigerung des Ansteckungsvermögens, außerhalb desselben zur Verminderung führen. Entartung unter der Einwirkung von Schädlichkeiten irgendwelcher Art hat regelmäßig Abschwächung zur Folge, Variation oder Mutation macht sich nach der einen und nach der anderen Richtung bemerkbar.

Außer von dem Ansteckungsvermögen der Schmarotzer selbst hängt deren Wirkung von der Art ihrer Wirte, der Körperstelle, von der aus sie in diesen eindringen (ihrer Eintrittspforte), von ihrer Menge und sonstigen begleitenden Umständen, insbesondere den Angriffs- und Abwehrstoffen, die mit ihnen zusammen einverleibt werden, ab.

Im allgemeinen sind die Schmarotzer bestimmten Wirten angepaßt. So kann man sich denn nicht wundern, daß die wenigsten ansteckenden Krankheiten des Menschen und unserer Haustiere auf die kleinen Versuchstiere, die wir in unseren wissenschaftlichen Arbeitsstätten zur Verfügung haben, übertragbar sind, geschweige denn in derselben Weise wieder erzeugt werden können. Wir müssen häufig schon zufrieden sein, wenn wir mit den Erregern überhaupt gewisse Wirkungen im Tierkörper erzielen können. Es besteht aber auch gelegentlich das umgekehrte Verhältnis, daß nämlich gewisse Keime bei unseren Versuchstieren mehr leisten als bei den Menschen oder Haustieren, von denen wir sie gewonnen haben (Herpes). Die soeben ausführlich erörterte Tatsache, daß das Ansteckungsvermögen eine Eigenschaft ist, die künstlich abgeändert werden kann, sich aber auch ohne unser Zutun verändert, legt uns bei der Beurteilung der Ergebnisse von Tierversuchen weitere Vorsicht auf. Nicht bloß die Art der Tiere, sondern auch ihre Rassenzugehörigkeit, ihre Sondereigentümlichkeiten als Einzelwesen beeinflussen ihre Empfänglichkeit; z. B. sind die zahmen Rassen der Tierarten, die wir als Haustiere oder Versuchtiere zu benutzen pflegen, meist zugänglicher für Ansteckungen, als die wilden, was natürlich für die ersteren einen Nachteil, für die letzteren aber einen Vorteil bedeutet. Was die Unterschiede der einzelnen Tiere anlangt, so machen sie sich weniger gegenüber den schwersten Ansteckungen bemerkbar, als gegenüber den leichten. So pflegen Mäuse, Meerschweinchen und

Kaninchen unterschiedslos einer Impfung mit voll wirksamen Milzbrandbazillen zu erliegen. Weniger wirksame Erreger töten dagegen die Tiere um so sicherer, je jünger und kleiner sie sind, Mäuse und Meerschweinchen leichter als Kaninchen. Man hat es sich deshalb zunächst zur Regel gemacht, zu vergleichenden Versuchen möglichst nur Tiere von gleichem Gewicht zu benutzen. Übereinstimmend lehren ferner die Beobachtungen, daß weiße Tiere (Albinos) empfänglicher sind als gefärbte. Wichtig ist auch der Ernährungszustand und die Ernährungsweise der Tiere. Daneben beeinflussen unsichtbare Verschiedenheiten die Empfänglichkeit unserer Versuchstiere in ähnlicher Weise, wie wir sie auf Grund tausendjähriger ärztlicher Erfahrung für die natürlichen Ansteckungen des Menschen als bestimmend annehmen müssen. Die bakteriologische Forschung hat diese Erfahrung nicht etwa umgestoßen, sondern sie im Gegenteil noch mehr gesichert. Wir erinnern nur an die Verhältnisse, die sich bei der Cholera ergeben haben. In einer und derselben Familie finden wir nebeneinander tödliche, schwere, leichte Erkrankungsfälle und gesunde Bazillenträger. Bei unseren Versuchstieren können wir alltäglich dergleichen beobachten, so z. B. wenn wir Hunde oder Ratten, d. h. weniger empfängliche Tiere, mit Milzbrandbazillen, Pneumokokken oder Tuberkelbazillen impfen.

Ebenso große Bedeutung für den Erfolg einer Ansteckung haben die Eintrittspforten, durch welche die Erreger in den Körper eindringen. Für die meisten ansteckenden Krankheiten gelten ganz bestimmte Wege, so vermögen Typhus, Ruhr, Cholera nur von den Schleimhäuten der Verdauungsorgane aus Menschen krank zu machen. Selbst die Einspritzung dieser Erreger in das Gewebe, z. B. unter die Haut der Menschen bedingt keine Ansteckung. Umgekehrt ist die große Mehrzahl der übrigen Keime unfähig, den Weg durch den Verdauungskanal mit Erfolg zu benutzen. Gonokokken dringen wiederum fast nur von der Schleimhaut der Harn- und Geschlechtswege und von der Bindehaut ein, die Trachomkeime und andere Erreger von Konjunktivitis nur von der Bindehaut aus, Meningokokken und Diphtheriebazillen allermeist nur vom Rachen, Pneumokokken, Keuchhusten- und Influenzabazillen von den Luftwegen. Im Tierversuch schlagen andererseits die Versuche, von diesen Schleimhäuten aus Ansteckung zu erzielen, fast regelmäßig fehl, und man muß zu anderen, unnatürlichen Arten der Einverleibung, z. B. der Einführung in die Bauchhöhle, greifen, um überhaupt eine Wirkung zu erzielen (s. u.). Nur zum Teil hängt diese Tatsache damit zusammen, daß die betreffenden Schleimhäute nicht bloß die Eintrittspforten, sondern auch die ersten oder einzigen Herde der Ansteckung bilden. Die Haut bietet im allgemeinen einen noch besseren Schutz gegen Ansteckungen. Wir kennen mit Sicherheit kein einziges Kleinwesen (außer gewissen Spirochäten und Trypanosomen?), das von der unverletzten Haut, etwa wie manche Wurmlarven, eindringen und dadurch den Körper krank machen könnte.

Nicht unbeträchtlich ist die Zahl derjenigen Erreger, die gleichzeitig von dieser oder jener (unverletzten) Schleimhaut, die sie dabei nicht notwendig in einen Krankheitszustand zu versetzen brauchen, aber auch von Wunden aus anstecken können. Der Tuberkelbazillus ist vielleicht der vielseitigste von ihnen, auch die Bazillen des Rotzes, Milzbrandes, der Beulenpest, des Malta- und Bangfiebers und manche unsichtbare Erreger, wie die der Blattern, Maul- und Klauenseuche, Schweine- und Rinderpest, gehören hierher. Auch hier beobachten wir die Tatsache, daß bald diese, bald jene Eintrittspforte mit Vorliebe und mit stärkerem Erfolge (Variolavakzine!) benutzt wird. Das liegt nicht etwa bloß an äußeren Verhältnissen, sondern an inneren Eigentümlichkeiten der Erreger einerseits und der Organe andererseits. So gilt die besondere Empfänglichkeit, welche die Lungen für Tuberkelbazillen, Pestbazillen und Milzbrandsporen zeigen, durchaus nicht für alle Erreger und nicht einmal für alle Tiere.

Andere Keime werden nur gefährlich, wenn sie durch Wunden in das Innere der Gewebe gelangen, so die meisten Erreger der sog. Wundansteckungen. Freilich genügen oft schon kleinste, unsichtbare Verletzungen, wie sie z. B. durch kräftiges Einreiben in die Haut oder Schleimhaut entstehen, um das Haften zu ermöglichen. Unter natürlichen Bedingungen werden manche Ansteckungen nur durch Stiche von Mücken, Fliegen, Läusen und anderen Insekten übertragen. Der Versuch lehrt aber, daß auch andere Arten der Einverleibung möglich sind. So können z. B. Spirochäten und Trypanosomen nicht bloß durch Wunden, sondern auch durch die unverletzte Bindehaut in das Gewebe eindringen, wahrscheinlich vermöge ihrer eigenen kräftigen Beweglichkeit.

Scheinbar gelingt auch die Übertragung von Milzbrandbazillen und anderen Septizämieerregern von der unverletzten Bindehaut. Die nähere Untersuchung lehrt aber, daß von ihnen in Wirklichkeit ein anderer Weg, der durch den Tränenkanal und die Nase eingeschlagen wird. Der oberste Teil der Nasenschleimhaut enthält nämlich Epithellücken, durch die kleinste Körperchen in die Lymphwege eindringen können. Ähnliche Lücken im Epithel sind in den Lungenbläschen nachgewiesen worden, bei Überschwemmung der Lungen mit Fremdkörpern werden diese daher schnell bis zu den Lymphdrüsen verschleppt. Doch besitzen die Lungen gleichzeitig in der Freßtätigkeit ihrer Epithelzellen einen Schutz, der sie gewiß vor manchen natürlichen Ansteckungen bewahrt. Vorläufig nicht recht verständlich ist die durch Versuche mehrfach festgestellte Tatsache, daß Keime, die auf die Haut, in den Darm oder auf die Schleimhäute gebracht werden, sich nach kurzer Zeit vereinzelt in den zugehörigen Lymphdrüsen wiederfinden, und daß auch unter natürlichen Bedingungen einzelne Bakterien, die zu den regelmäßigen harmlosen Bewohnern der Haut und Schleimhäute gehören, durch die Züchtung in fast sämtlichen Lymphdrüsen des Körpers nachgewiesen werden können. Am einfachsten wäre die Erklärung, daß die Keime durch kleinste Verletzungen in das Gewebe eindringen, doch lassen sich Beweise dafür nicht erbringen. Wie dem auch sei, durch die genannte Beobachtung wird die Erfahrung, daß Haut und Schleimhäute wegen ihrer Undurchlässigkeit im allgemeinen einen Schutz gegen Ansteckungen darstellen, nicht widerlegt. Nur bei sehr reichlichem Vorhandensein von Krankheitserregern auf den äußeren oder inneren Oberflächen werden vereinzelte von ihnen in den Lymphstrom gelangen können, und diese wenigen werden der Regel nach den Abwehrkräften des Körpers erliegen. Nur dann, wenn die Erreger über besondere überlegene Angriffskräfte verfügen, können sie den Schleimhäuten gefährlich werden und nicht bloß auf ihnen, sondern auch in ihnen wachsen. Einer Verletzung des Epithels bedarf es dazu wohl nicht. Nur auf der Haut scheint eine solche nötig zu sein. Um ganz klar in der Sache zu sehen, bedürfte es freilich weit genauerer Versuche als sie bisher vorliegen. Leider werden sie dadurch sehr erschwert, daß wir kaum echte Schleimhauterkrankungen durch Bakterien kennen, die wir an Versuchstieren in annähernd derselben Weise zu erzeugen vermögen. Bei einigen Aphanozoen (Trachom u. a.) scheint das besser zu gelingen.

Bessere Gelegenheit haben wir, die Organ- und Allgemeinerkrankungen am Versuchstier zu studieren und solche selbst mit Erregern hervorzurufen, die unter natürlichen Bedingungen sich ausschließlich oder wenigstens zunächst auf den Schleimhäuten ansiedeln. Besonders erfolgreich hat sich hier die Ansteckung des Bauchfells beim Meerschweinchen erwiesen.

Wir benutzen sie deshalb vorwiegend, wenn wir z. B. mit Typhus-, Cholera-, Ruhrbazillen im lebenden Körper arbeiten wollen. Im höchsten Grade unsicher ist es freilich, ob wir damit einen wirklich brauchbaren Maßstab für die Ansteckungskraft dieser Erreger gegenüber dem Menschen gewinnen.

Gegen andere Erreger ist umgekehrt das Bauchfell sehr wenig empfänglich. So hat sich z. B. ergeben, daß das Kaninchen Staphylokokken in den größten Mengen verträgt, ohne zu erkranken. Weit zugänglicher für Ansteckungen mit diesen Keimen ist schon die Brusthöhle und in immer steigendem Maße empfänglicher sind Unterhaut, Blutbahn, Muskeln und schließlich die Gelenke. Bei den sog. Septizämieerregern liegen die Verhältnisse wieder anders. So genügen schon wenige Milzbrandbazillen, um von Wunden der Haut und Unterhaut aus Mäuse, Meerschweinchen und Kaninchen zu töten, während von der Bauchhöhle und dem Blutstrom aus größere Mengen dazu erforderlich sind.

Diese scheinbaren Widersprüche lassen sich vielleicht einerseits aus den mechanischen Verhältnissen, andererseits aus den zur Verfügung stehenden Abwehrkräften erklären. Die in die Bauchhöhle und Blutbahn hineingelangten Keime verteilen sich auf große Flächen und Flüssigkeitsmengen, haben daher den Kampf mit den Abwehrvorrichtungen der Gewebe gewissermaßen einzeln zu bestehen, während sie in anderen Geweben, z. B. unter der Haut oder in den Muskeln der Hauptsache nach an Ort und Stelle liegen bleiben und also gemeinsam zum Angriff vorgehen können. Im Blutkreislauf, wie in der Bauchhöhle sind gerade besonders kräftige Abwehrvorrichtungen in den Leukozyten und anderen Freßzellen der Leber, Milz und des Netzes und in den alexin- und opsoninhaltigen serösen Flüssigkeiten vorhanden.

Schon aus den vorstehenden Erörterungen erhellt, welche große Bedeutung für das Zustandekommen der Ansteckung den Mengen zukommt, in denen die Erreger auf den Körper wirken. Allerdings tritt dieser Einfluß bei den verschiedenen Arten von Schmarotzern sehr ungleichmäßig hervor. Bail hat deshalb vorgeschlagen, drei Gruppen von Kleinwesen zu unterscheiden:

1. Die Vollschmarotzer, die schon in kleinster Anzahl anstecken;
2. die Halbschmarotzer, die erst in größeren Gaben oder unter besonderen Umständen im Tierkörper zum Wachstum gelangen;
3. die Nichtschmarotzer oder Saprophyten, die im lebenden Körper überhaupt nicht wachstumsfähig sind.

Man darf sich aber nicht verhehlen, daß keine scharfen Grenzen zwischen diesen Gruppen bestehen, und daß die Einteilung immer nur für bestimmte Tierarten gilt. So sind Cholera-, Typhus- und Ruhrbazillen zwar Halbschmarotzer für unsere Versuchstiere, aber Vollschmarotzer für den Menschen, mäßig abgeschwächte Milzbrandbazillen Halbschmarotzer für das Kaninchen oder den Hammel, aber Vollschmarotzer für die Maus, während ganz abgeschwächte den Saprophyten nahestehen. Selbst gegenüber den einzelnen Menschen sind Cholerabazillen bald Ganz-, bald Halb-, bald Nichtschmarotzer.

Auch bei den natürlichen Ansteckungen hat die Menge der Erreger Bedeutung.

Gewöhnlich werden wir zwar voraussetzen dürfen, daß recht kleine Mengen die Ansteckung bewirken. Es werden aber keineswegs immer vereinzelte Keime, vielmehr kleine Häufchen von Dutzenden und Hunderten sein, wie sie im Eiter, Auswurf und den Entleerungen regelmäßig vorkommen, und nicht unwahrscheinlich ist es, daß Erfolg und Schwere der Ansteckung nicht selten von den aufgenommenen Mengen abhängt. Auch kann eine Verlängerung der Ansteckungsgelegenheit, die wiederholte Zuführung kleinster Mengen, schließlich ähnlich wirken, wie die einmalige Ansteckung mit größeren. Bei ausgedehnten, stark verunreinigten Wunden (Gasödem), Durchbrüchen von Darminhalt, Eiterherden und dergleichen wächst die Zahl der Erreger natürlich außerordentlich.

Wenn man die Frage aufwirft, wodurch die größere Gabe der Erreger für die Ansteckung mehr leistet als kleinere, so könnte man geneigt sein, darauf zu antworten, daß unter einer größeren Anzahl von Keimen vermutlich eher solche mit besonders starker Ansteckungskraft vorhanden sein werden, doch läßt sich diese Auffassung zunächst schon durch den leicht zu liefernden Nachweis widerlegen, daß die Verteilung einer größeren, beim einzelnen Tier gerade noch wirksamen Gabe auf eine Anzahl von Tieren wirkungslos bleibt. Außerdem spricht dagegen die namentlich bei den Anaerobiern oft erwiesene Tatsache, daß die Beigabe fremder Ansteckungserreger, ja selbst von Saprophyten, also eine gemischte Ansteckung dieselbe kräftige Wirkung äußert, wie eine große Gabe der ersten Erreger. Vor allen Dingen lehren aber zahlreiche Versuche, daß der größte Teil der lebenden Erreger ersetzt werden kann durch abgetötete Bakterien oder keimfreie Erzeugnisse derselben.

So kann man die Gabe der lebenden Ruhr-, Typhus- und Cholerabazillen auf den hundertsten, ja tausendsten Teil der sonst für eine tödliche Ansteckung des Meerschweinchens nötigen Menge herabmindern, wenn man den lebenden Bazillen einen durch einstündige Erhitzung auf 60° hergestellten Auszug der gleichen Bazillen hinzufügt (S. 143). Dieser Erfolg spricht dafür, daß die eigentliche Ursache für die stärkere Leistungsfähigkeit größerer Gaben lebender Bazillen in Angriffsstoffen (Aggressinen) liegt, welche diese in ihren Leibern enthalten oder nach außen abgeben. Die nähere Untersuchung im Tierversuch und Probierglas zeigt, daß diese Angriffsstoffe dadurch wirken, daß sie die Abwehrkräfte des lebenden Körpers besiegen, indem sie die Eiter- und Freßzellen von sich fernhalten, ihre Tätigkeit aufheben, die keimwidrigen bakteriolytischen und opsonischen Stoffe ihrer Säfte binden.

So genügen schon Spuren eines Auszugs von Dysenteriebazillen, um Blutserum, das die Bazillen im frischen Zustande kräftig abtötet, zu einem guten Nährboden für sie zu machen. Damit stimmt gut zusammen, daß die Leiber und Leibesauszüge abgeschwächter Erreger derselben Art zwar auch die Ansteckung befördern, aber meist bei weitem nicht in demselben Grade. Im übrigen kann man Aggressine in verschiedener Weise gewinnen, z. B. auch durch Ausschütteln der Leiber bei gewöhnlicher Temperatur oder durch Filtrieren oder Ausschleudern alter Kulturen.

In Exsudaten von Tieren, die der Ansteckung erlegen sind, kann man sie ebenfalls öfter nachweisen (Bail), doch sind diese „tierischen Aggressine" meist viel weniger wirksam, als die künstlichen oder Kulturaggressine, weil sie wahrscheinlich teilweise schon aufgesogen oder durch die Abwehrstoffe des Körpers gebunden sind. Bei allen Bakterien lassen sich Aggressine zwar feststellen, in Lösung zu bringen sind sie aber durchaus nicht immer, besonders schwer bei solchen Bakterien, die gramfest sind, wie Milzbrandbazillen, Pneumokokken und Streptokokken. Die chemische Natur der Angriffsstoffe ist, da sie bisher nicht rein hergestellt werden können, ebenso unbekannt, wie die fast aller übrigen Bakterienstoffe. Daß sie eine verwickelte eiweißähnliche Zusammensetzung haben, darf man zwar wohl annehmen, jedoch gehören sie mindestens der Regel nach zu denjenigen Proteinstoffen, die durch Erhitzung nicht wesentlich verändert[1] werden, und ähneln darin, wie in ihrer Gewinnungsweise den sog. Bakterienproteinen, Endotoxinen und Impfstoffen, von denen sie sich auch nicht trennen lassen. Trotzdem scheinen sie nicht mit diesen zusammenzufallen, denn sie wirken schon in Mengen, in denen von einer Giftwirkung keine Rede ist und werden auch durch das zugehörige Immunserum unschädlich gemacht, was bei den Endotoxinen höchstens in geringem Grade der Fall ist (s. u.).

Immerhin scheint ein Teil der aggressiven Leistungen der Bakterienleiber und Bakterienauszüge auf ihren entzündlichen Wirkungen zu beruhen, denn nicht nur fehlen solche in Aggressinversuchen am Tier niemals, sondern auch andere Entzündung erregende Stoffe, wie Kochsalzlösung, Fleischbrühe, Aleuronat, alle

[1] Nach Toricata sollen die „Impedine", wie er die Aggressine nennt, weniger hitzebeständig sein, als die Impfstoffe, weswegen man durch länger gekochte Bakterienfiltrate besser immunisieren könne, als durch kurz erhitzte (vgl. Abschnitt 33 u. 34).

möglichen Fremdkörper und vor allem fast sämtliche fremde Bakterienstoffe begünstigen in gewissem Grade die Ansteckung. Freilich scheint nur ein bestimmtes Stadium der Entzündung, das der aktiven Hyperämie und serösen Exsudation oder „negativen Leukotaxis“ aggressiv zu wirken. Sobald die Leukozyten in die entzündlichen Herde einwandern, macht bemerkenswerterweise die aggressive Wirkung aller genannten Stoffe regelmäßig einer defensiven Platz, d. h. Bakterien, die in eitrig veränderte Stellen eingespritzt werden, müssen in erheblich größeren Gaben verwendet werden, um noch zur Wirkung zu gelangen, als im völlig gesunden Tier. Ebenso wie diese nicht spezifischen Stoffe wirken auch die eigentlichen Aggressine nur vorübergehend, z. B. in der Bauchhöhle nur in den ersten 2—12 Stunden nach ihrer Einführung, d. h. bis die seröse Entzündung sich in die eitrige verwandelt.

Diese durch die eitrige Entzündung bewirkte Widerstandsfähigkeit hält solange an, wie die zellige Exsudation, d. h. verschwindet meist erst nach Tagen und Wochen. Man spricht daher von einer durch die Entzündung bewirkten vorübergehenden oder unechten Immunität (Resistenz). Diesen Übergang der aggressiven in die defensive Leistung kann man sich am einfachsten so denken, daß durch die Aggressine zunächst die in dem normalen Gewebe vorhandenen nicht spezifischen Abwehrstoffe ausgeschaltet werden und dafür ein Ersatz geschaffen wird. Dieser fällt, wie so oft bei Verlusten im Organismus, überreichlich aus und macht sich nicht bloß örtlich in der Entzündung bemerkbar, sondern auch durch die Allgemeinerscheinungen, das Fieber, die Leukozytose usw., die so häufig die Entzündungen begleiten und wohl mit Recht ebenfalls als Abwehrbewegungen gedeutet werden.

Wenn der schnelle Übergang der aggressiven in defensive Wirkung durch nicht spezifische Bestandteile der Angriffsstoffe bedingt zu sein scheint, so führen die spezifischen Bestandteile derselben weiterhin zu einer anderen Abwehrmaßregel des Körpers, der echten, arteigenen Immunität, die sich nicht nach Stunden, sondern nach Tagen und Wochen zu entwickeln, dafür aber um so länger anzuhalten pflegt. In der Tat spricht alles dafür, daß die sog. Impfstoffe oder Antigene, durch die man das Zustandekommen der echten Immunität erklären will, nicht bloß, wie sich leicht nachweisen läßt, regelmäßig in den aggressiven Flüssigkeiten enthalten, sondern der Hauptsache nach mit den Aggressinen zusammenfalle. — Dieselben Bestandteile, die im Aggressinversuch die bakteriziden und opsonischen Abwehrstoffe des normalen Tieres in Beschlag nehmen und dadurch die Ansteckung befördern, rufen in dem nach der Ansteckung überlebenden oder absichtlich der Schutzimpfung unterworfenen Tier die Bildung der bakteriziden und opsonischen Immunkörper hervor. Nach unserer Auffassung handelt es sich bei der vorübergehenden, wie dauernden Immunität um Vorgänge verwandter Art, die beide durch Bestandteile des Aggressins hervorgerufen werden.

Sonach sind wir nicht der vielfach ausgesprochenen Meinung, daß die Angriffsstoffe weiter nichts seien, als Allgemeingifte der Bakterien. Von vornherein kann auch davon keine Rede sein, da Ansteckung und Vergiftung begrifflich scharf geschieden werden müssen, ja öfter im geraden Gegensatz stehen. Sind doch die giftigsten Kleinwesen, wie die Tetanus- und Botulismusbazillen diejenigen, die am wenigsten Ansteckungskraft besitzen (Abschnitt 19). Von den Giften, wie Chloral, Chloroform, Äther, Alkohol, Opium, Kurare, Krotonöl, Milchsäure wird allerdings angegeben, daß sie Ansteckungen mit diesen oder jenen Bakterien begünstigen, in Versuchen mit Ruhrbazillen haben wir das großenteils nicht bestätigen können, es kann sich also nicht um allgemein gültige Gifteinflüsse handeln.

Nur die Gifte gewisser Ödembazillen (Abschnitt 19) scheinen gleichzeitig aggressiv zu wirken, doch hat man noch nicht den Versuch gemacht, hier eine Trennung der aggressiven und giftigen Stoffe vorzunehmen.

Manche Stoffe wie die Galle rinderpestkranker Tiere und Saponin — in dem neuen Milzbrandimpfstoff Carbozoo (S. 325) — heben die Aggressivität der betreffenden Erreger zum größten Teil auf, so daß sie im lebenden Körper wie abgeschwächte Keime wirken, ohne aber dauernd abgeschwächt zu werden. Man könnte das vielleicht dadurch erklären, daß diese Stoffe so schnell die entzündliche Abwehr im Gewebe hervorrufen, daß ihre gewöhnlich infektionssteigernde Wirkung (s. o.) gar nicht in Erscheinung tritt. Gerade beim Milzbrand hat man ja den heilenden Einfluß der Entzündung oft festgestellt.

Man darf nach dem Gesagten den Satz aussprechen, daß in der **Fähigkeit Aggressine zu bilden überhaupt die Ansteckungskraft der Erreger begründet ist.**

Damit hätten wir für die Erklärung der Ansteckungskraft eine ähnliche Lösung gefunden, wie sie seinerzeit gegeben worden ist mit der Entdeckung der Fermente als Ursache der Gärungen, für die man vordem auch nur mehr oder weniger geheimnisvolle lebendige Kräfte verantwortlich machte (S. 51). Wie die Zersetzungserreger ihrer Fermente durch Abschwächung verlustig gehen, oder sie umgekehrt auch durch Anpassung verstärken, so büßen auch die Schmarotzer ihre Aggressine ein oder vermehren sie. Wie die Fermente ferner bald leicht, bald schwer, bald überhaupt noch nicht sich haben darstellen lassen, so steht es ähnlich mit den Aggressinen. Bei beiden Arten von Stoffen dürfen wir ferner annehmen, daß sie oft nicht in den Körperzellen fertig gebildet vorliegen, sondern erst im Augenblick des Bedarfs verfügbar werden. Dieser Augenblick tritt bei den Angriffsstoffen dann ein, wenn die Keime in Gefahr stehen, von den Abwehrkräften des Tieres überwältigt zu werden. Wenn man sich schließlich von den Fermenten die Vorstellung gemacht hat, daß sie, wie der Schlüssel ins Schloß, in die zu zersetzenden Atomverbindungen eingreifen und dadurch erst spezifisch wirksam werden, so kann man auch von haptophoren oder bindenden Atomgruppen (Seitenketten, „freien Rezeptoren") sprechen, durch welche die Angriffsstoffe der Krankheitserreger die Abwehrstoffe des lebenden Körpers in Beschlag nehmen (vgl. Seitenkettentheorie im Abschnitt 20 und 34).

Im Vorstehenden wurde schon wiederholt darauf hingewiesen, daß die Wirkung der Ansteckungserreger nicht bloß auf den eigenen Leistungen beruht, sondern auch durch die Gegenwart anderer Erreger oder auch sonst harmloser Bakterien, ja unbelebter Fremdstoffe der verschiedensten Art gesteigert wird. Die Voraussetzung ist nur, daß sie aggressiv, d. h. den Abwehreinwirkungen des Körpers entgegen wirken. Dahin gehören auch Funktionsveränderungen, wie sie durch aktive Hyperämie, Ernährungsstörungen, Erkältungen, Nerveneinflüsse der Gewebe bedingt werden. Die Mechanismen, durch welche alle solche nicht spezifisch aggressiven Leistungen zustande kommen, sind freilich noch vielfach ungeklärt (vgl. Abschnitt 32).

Einunddreißigster Abschnitt

Gifte und Gegengifte der Kleinwesen

Die zweite Leistung der Krankheitserreger beruht, wie wir im Anfang des vorigen Abschnitts feststellten, auf ihrem Vermögen, Gifte zu bilden. Diese sind es, die eigentlich erst die Krankheitserscheinungen hervorrufen. Wir können sie einteilen in Stoffwechsel-, Absonderungsgifte (Ektotoxine) und Leibesgifte (Endotoxine). Auf Leibesbestandteile der Bakterien sind wahrscheinlich auch die sog. Überempfindlichkeits- (anaphylaktischen) Erscheinungen zurückzuführen, die in ihrer ausgeprägten Form wie eine Vergiftung verlaufen. Nur die Stoffwechselgifte, die meist wohl aus fermentativen Vorgängen hervorgehen, sind in ihrer chemischen Zusammensetzung bekannt. Gerade sie haben aber aller Wahrscheinlichkeit nach eine weit geringere Bedeutung als die beiden anderen, chemisch noch nicht aufgeklärten, jedenfalls viel verwickelter gebauten Arten von Giften.

Daß Kleinwesen in ihrem Stoffwechsel allerhand giftige Stoffe erzeugen, ist durch die Untersuchung ihrer Reinkulturen leicht festzustellen. Schädigen die Keime doch oft sich selbst oder fremde Keime, die mit ihnen vergesellschaftet sind, durch die reichliche Bildung von Säuren, Alkalien, Alkohol, vielleicht auch von aromatischen Abkömmlingen der Eiweißkörper, gelegentlich auch durch ihre Bakteriophagen (Abschnitt 28). Alle solche Stoffe werden aber im Tierkörper von Schmarotzern gewöhnlich nicht in annähernd genügenden Mengen erzeugt, um schaden zu können, oder werden zu früh vom lebenden Körper unschädlich gemacht. Das gilt namentlich auch von den durch Brieger u. a. mit großem Eifer aus Fäulnisgemischen und Reinkulturen dargestellten sehr zahlreichen organischen Basen, den sog. Fäulnisalkaloiden oder Ptomainen, von denen übrigens ein großer Teil noch harmlos ist. Allerdings läßt sich durch faule Flüssigkeiten, wenn man sie ins Blut, insbesondere von Hunden einspritzt, ein Krankheitszustand, die sog. putride Intoxikation, künstlich hervorrufen, und schon Bergmann und Schmiedeberg haben diesen durch einen aus faulender Hefe dargestellten kristallinischen Stoff wieder erzeugen können. Doch fanden sie von diesem „schwefelsaurem Sepsin" nur so winzige Mengen, daß man es kaum allgemein für die Faulvergiftung verantwortlich machen kann. In der Tat zeigte sich später, daß die putride Intoxikation in Wirklichkeit nichts weiter ist als eine Endotoxinvergiftung (s. u.). Ganz ausnahmsweise sind ferner Vergiftungen durch Schwefelwasserstoff und salpetrige Säure beobachtet worden, die vermutlich durch Bakterieneinwirkung im Verdauungsschlauch entstanden waren. Die salpetrige Säure hat Emmerich zwar als das eigentliche Gift der Cholerabazillen bezeichnet, doch ist das recht unwahrscheinlich, denn weder bewirkt die salpetrige Säure die gleichen Erscheinungen wie die Cholera, noch ist sie im Blute von Cholerakranken nachzuweisen (S. 162, für SH_2 S. 214).

Die Absonderungsgifte oder Ektotoxine, auch Impfgifte oder echte „Toxine" *genannt, haben ihren Namen daher, daß man sie, weil* sie vor allem außerhalb der Bakterien in den Kulturen angetroffen werden, als Absonderungen derselben betrachtet hat. Man stellt sie am besten aus flüssigen Zuchten, die eine oder mehrere Wochen alt sind, dar, indem man diese, z. B. mittels einer Wasserstrahlluftpumpe, durch bakteriendichte Kieselgur-, Porzellanfilter u. dgl. hindurchsaugt oder sie scharf ausschleudert. Sie haben fast sämtlich die Eigenschaft, schon durch Temperaturen von 60—80° vernichtet zu werden, ferner nicht, wie die meisten anderen Gifte sofort, sondern erst nach einer Wartezeit (Inkubation) von Tagen oder mindestens Stunden zu wirken, schließlich im Blute von Tieren, die der Vergiftung widerstanden haben, Gegengifte, die sog. Antitoxine, zu bilden, die für die Bekämpfung mancher ansteckenden Krankheiten so bedeutungsvoll geworden sind. Die wichtigsten, allgemein wirkenden Ektotoxine sind die der Diphtherie-, Tetanus-, Botulismus-, der verschiedenen Gasödembazillen, das „Kaninchengift" der Dysenteriebazillen, das man allerdings auch aus den jungen Leibern von Dysenteriebazillen gewinnen kann, das also insofern den Namen eines Endotoxins verdient. Rote Blutkörperchen lösen die Hämolysine des Staph. pyogenes, vieler Stämme des Strept. pyogenes, der Tetanusbazillen und anderer Anaerobier, mancher Stämme von Koli-, Cholera-, Pseudodysenterie E-, Diptheriebazillen usw. Für Leukozyten giftig ist namentlich das Leukozidin des Staph. pyogenes.

Die chemische Natur der Ektotoxine ist trotz vieler Bemühungen noch nicht aufgeklärt. Es gelingt wohl, sie von einem großen Teil der mit ihnen verbundenen Eiweißstoffe zu befreien, aber doch nicht so vollständig, daß sie als rein zu bezeichnen wären. Kristallinisch sind sie auch nicht erhalten worden. Dennoch haben die Forschungen Ehrlichs einige Anhaltspunkte über den Bau der Ektotoxine geliefert. Wir haben diese und die daran anknüpfende Seitenkettentheorie beim Diphtheriegift besprochen (Abschnitt 20 und 34).

Die für das Diphtheriegift nachgewiesene Zusammensetzung aus Toxinen, Toxoiden und Toxonen wurde auch für die übrigen Ektotoxine (Tetanus, Rauschbrand usw.) zum großen Teil bestätigt.

Die Leibesgifte oder Endotoxine zeigen nach vielen Richtungen hin abweichende Verhältnisse. Wenn man sie kurz kennzeichnen will, so könnte man ihnen folgende Merkmale zuschreiben:

Erstens werden sie von den in den Kulturen lebenden Bakterien nicht abgesondert, sondern sind in ihren Leibern enthalten und werden aus ihnen teils durch künstliche Behandlung gewonnen, teils durch Zerfall der Leiber in Freiheit gesetzt;

zweitens sind sie sehr viel widerstandsfähiger, insbesondere gegen Erhitzung als die Ektotoxine;

drittens bilden sie keine echten Antitoxine;

viertens verursachen sie sämtlich im Tierkörper ähnliche Krankheitsbilder, nämlich in kleinen Gaben bloß Entzündung, Hyperleukozytose und Fieber, in größerem Temperaturabfall, lähmungsartige Schwäche, Hypoleukozytose und Tod, bei Fleischfressern auch oft blutige Darmentzündung, bei schleichender Einwirkung Abmagerung und Entkräftungstod, nebenbei bemerkt alles Erscheinungen, die wir bei zahlreichen ansteckenden Krankheiten beobachten.

Eine ganz scharfe Scheidungslinie gegenüber den Ektotoxinen besteht allerdings nicht. So ist es zunächst noch zweifelhaft, ob nicht auch die letzteren der Hauptsache nach erst beim Zerfall der Bakterien entstehen. Schon die Tatsache, daß sie sich nur aus Kulturen eines gewissen Alters gewinnen lassen, spricht ja dafür. Das für Kaninchen gefährliche Dysenteriegift ist weiter ein Beispiel dafür, daß ein echtes immunisierendes und hitzeempfindliches Gift von vornherein in den Leibern der Bakterien vorgebildet sein und aus diesen z. B. durch Erhitzung in wäßriger Aufschwemmung in reichlichster Menge ausgezogen werden kann. Umgekehrt geht sehr wahrscheinlich auch ein Teil der Endotoxine schon aus den lebenden Bakterien in Lösung.

Was die Hitzebeständigkeit angeht, so ist sie allerdings bei den Endotoxinen meist so ausgesprochen, daß sie stundenlanges Kochen ertragen, doch geht stets ein mehr oder weniger großer Teil ihrer Giftigkeit dabei verloren. Umgekehrt kennen wir übrigens einzelne Ektotoxine, die kochfest sind.

Unbestritten ist die Tatsache, daß die Schutzimpfung gegen Endotoxine erheblich größere Schwierigkeiten macht, als die gegen Ektotoxine, und daß das Blutserum damit behandelter Tiere höchstens geringfügige entgiftende Kraft besitzt. Immerhin ist auch die letztere in gewissen Grenzen sicher nachgewiesen. So werden z. B. die Ruhrbazillen, die für Meerschweinchen auch im gekochten Zustande giftig sind, von ihnen, wenn sie durch Ruhrserum geschützt sind, nur in der 2—4fachen tödlichen Gabe vertragen, in größeren Gaben aber nicht mehr, auch wenn man die Serummenge beliebig steigert. Wenn man die hierbei in Betracht kommenden Serumstoffe Antiendotoxine nennen wollte, so müßte man daher für sie eine andere Wirkungsweise annehmen, als für die gegen die Ektotoxine gerichteten Antitoxine. Nach R. Pfeiffer wären die Antiendotoxine nichts anderes, als die uns schon bekannten Bakteriolysine, die nicht nur durch Auflösung der Bakterien töten, sondern auch durch fermentativen Abbau die dabei entstehenden Endotoxine unschädlich machten (s. u. Anaphylatoxine).

Was schließlich die Gleichartigkeit der Endotoxinvergiftung anlangt, so ist sie nicht wörtlich zu nehmen. Zunächst muß man sich vergegenwärtigen, daß die Ähnlichkeit der Vergiftungserscheinungen im Tierversuch nicht gewisse Verschiedenheiten der durch die Endotoxine veranlaßten Krankheitsbilder im Verlauf der natürlichen Ansteckung ausschließt. Solche müssen sich ja schon daraus ergeben, daß die einzelnen Erreger ihre Herde in verschiedenen Geweben bilden und ungleiche Ansteckungs-, d. h. Wachstumsfähigkeit und Widerstandsfähigkeit gegenüber den Abwehrkräften ihrer Wirte besitzen. So muß das Krankheitsbild der im wesentlichen auf die Dünndarmschleimhaut beschränkten asiatischen Cholera schon aus diesen Gründen abweichen von dem der im Dickdarm sitzenden Dysenterie und von dem Bauchtyphus, der mehr eine Allgemeinansteckung darstellt. Außerdem bestehen aber doch noch zwischen den Endotoxinen der einzelnen Erreger, wie die Versuche am Tiere und auch die neuerdings am Menschen vielfach vorgenommenen Schutzimpfungen lehren, gewisse Unterschiede. Sie würden wohl noch größer erscheinen, wenn die einzelnen Endotoxine genauer durch pharmakologische Versuche geprüft würden. Selbst das von einem und demselben Bakterium erzeugte Endotoxin ist wohl kein einheitlicher Körper, sondern zerfällt, wie das Beispiel der Ruhrbazillen lehrt, in Bestandteile, die sich z. B. schon durch ihr Verhalten gegen Immunserum unterscheiden.

Die auffälligsten Unterschiede zwischen Endotoxinen gibt vor allen Dingen der Vergleich der Menge, in denen die einzelnen Bakterienarten giftig wirken. Die entzündlichen und fieberhaften Erscheinungen, die z. B. bei der Typhusschutzimpfung entstehen, sind heftiger als diejenigen bei der Choleraschutzimpfung. Für Meerschweinchen wirken abgetötete Milzbrandbazillen erst in geradezu riesigen Mengen tödlich, Staphylokokken in solchen von 200—400 mg, Typhus-, Cholera-, Ruhr-, Kolibazillen schon durch etwa 10—20 mg, Paratyphusbazillen oft noch in kleineren Gaben. Noch größer werden die Unterschiede, wenn man, statt die Bakterienleiber zur Einspritzung zu benutzen, den Versuch macht, die Endotoxine in Lösung zu bringen und dann zu vergleichen. Dazu eignet sich am besten das Ausziehen der Leiber mit Wasser oder Kochsalzlösung bei 60—100°, weniger gut Ausschütteln bei gewöhnlichen Temperaturen, Selbstverdauung der Bakterien unter Chloroform oder Toluol. Hier macht sich nun ganz allgemein die Regel geltend, daß die gramfesten Bakterien außerordentlich viel schwächere Endotoxinlösungen ergeben, als die nicht gramfesten, die offenbar den größten Teil ihrer Leibesgifte in die Lösung abgeben. Das entspricht auch ihrem sonstigen Verhalten gegen Lösungsmittel, wie Alkalien, Antiformin, Verdauungssäften und den bei der Darstellung der Angriffs- und Impfstoffe gemachten Erfahrungen.

Von Protozoen und Spirochäten sind Endotoxine bisher überhaupt kaum gewonnen worden, doch liegt das vielleicht nur an den Schwierigkeiten ihrer Züchtung. Bei den durch sie verursachten Infektionen fehlen die Erscheinungen, die man auf Endotoxine zurückführt, ja auch nicht.

Nicht ganz einfach zu beurteilen ist die Beziehung, in denen die Angriffsstoffe oder Aggressine und die Impfstoffe oder Antigene der Bakterien zu den Endotoxinen stehen. Ihre Darstellung und ihre Widerstandsfähigkeit gegen schädigende Einflüsse, wie hohe Temperaturen und Verdauungsflüssigkeiten, ähneln sich außerordentlich. Eine Trennung ist bisher nicht gelungen. Trotzdem scheint aber mindestens derjenige Teil der Angriffsstoffe, der die arteigenen Immunkörper bindet, und der wahrscheinlich mit den Impfstoffen zusammenfällt (Abschnitt 30), von den Endotoxinen verschieden zu sein.

Eine weitere Frage, die noch nicht endgültig entschieden ist, betrifft die Entstehungsweise, das Freiwerden der Endotoxine im lebenden Körper und ihre Beziehungen zu den Überempfindlichkeitserscheinungen, der sog. anaphylaktischen Vergiftung. Nach der früher meist verbreiteten Auffassung sind die Endotoxine im Leibe der Bakterien vorgebildet, gelangen aber erst nach Absterben bzw. Auflösung der Bakterien zur Wirkung. Sie sollen damit im Gegensatz zu den Ektotoxinen stehen. Wir haben schon oben bemerkt, daß uns die Berechtigung dieser Auffassung zweifelhaft scheint. Wahrscheinlich wird der Hauptteil beider Giftarten erst durch den Tod und Zerfall ihrer Mutterzellen frei, ein kleinerer Teil aber schon während ihres Lebens von ihnen abgegeben.

Man begreift so am besten, daß entzündliche und fieberhafte Erscheinungen, d. h. wichtige Merkmale der Ektotoxinvergiftung schon im Beginn der Ansteckung, wo deren Erreger auf der Höhe ihrer Entwicklung stehen und Spuren der Entartung an den Bakterien noch nicht bemerkbar zu sein brauchen, auftreten. Allerdings werden wir annehmen dürfen, daß die Ausscheidung von Gift nicht freiwillig erfolgt, denn sonst würden wir sie ja auch in ganz jungen Zuchten auf künstlichen Nährböden nachweisen können, sondern daß die Bakterien, um ihre Gifte abzugeben, eine gewisse Beeinflussung, eine Schwächung durch die Körpersäfte, erfahren müssen. Daß eine solche in der Tat von den Abwehrstoffen des lebenden Körpers, in erster Linie den Alexinen (und Opsoninen) des Blutes und der Lymphe ausgeht, ist klar, und daß dabei giftige Stoffe gebildet werden, schienen Versuche zu beweisen, die von Friedberger u. a. gemacht worden sind. Er zeigte, daß frisches Blutserum (4 ccm), das eine kurze Zeit, z. B. eine Stunde lang, mit $^1/_2$—1 Agarkultur von Bakterien beliebiger Art bei 37° in inniger Berührung gewesen ist, nach Ausschleuderung der Bakterien bei Tieren, vor allen Dingen Meerschweinchen, durch Einspritzung in die Halsvene eine Vergiftung erzeugt, die der Endotoxinvergiftung ähnlich ist. Die Tiere sterben durch größere Gaben dieser „Serotoxine" unter Temperaturabfall, Herzschwäche und Hypoleukozytose oder bekommen heftiges Fieber, während Hunde an blutigen Darmentzündungen zugrunde gehen. Dazu treten gewöhnlich noch andere Erscheinungen, die man bei der Endotoxinvergiftung bis dahin noch nicht gekannt hatte, die aber denen der Überempfindlichkeit oder anaphylaktischen Vergiftung gleichen.

Unmittelbar nach der Einspritzung ins Blut zeigen sich Hautjucken, Verlangsamung der Atmung und Krämpfe, und die Meerschweinchen sterben bei genügend großer Gabe entweder schon nach wenigen Minuten unter völligem Atmungsstillstand oder nach einigen Stunden an Atembeschwerden, die in der Leiche in starker Aufblähung der Lungen ihren Ausdruck finden. Ein damit wesentlich übereinstimmendes Vergiftungsbild hatte man schon früher als „anaphylaktische Vergiftung" von Tieren beschrieben, die durch Vorbehandlung mit kleinen Mengen gewisser Gifte (Aktinien-, Miesmuschelgift Richet) oder Blutserums, z. B. von Pferden (Arthus, Theob. Smith), oder mit roten Blutkörperchen und anderen tierischen Zellen gegen diese Stoffe überempfindlich geworden („sensibilisiert") waren. Es stimmt auch zum Teil mit der „Überempfindlichkeit gegen Diphtherie-, Tetanusgift oder auch andere Bakterienstoffe, die Behring und viele andere Forscher gelegentlich bei großen Tieren während der Impfbehandlung zur Serumgewinnung beobachtet haben, während die von R. Koch entdeckte Überempfindlichkeit gegen Tuberkulin (Abschnitt 22) gewisse Abweichungen zeigt. Bei der Untersuchung der Anaphylaxie war man zu dem Schluß gekommen, daß sie sich trotz des äußerlich entgegengesetzten Erfolges mit dem der erworbenen Immunität vergleichen läßt, weil sie nicht nur in ähnlicher Weise durch Behandlung mit allerhand eiweißartigen Impfstoffen (Antigenen) entsteht, sondern auch spezifisch ist, d. h. nur gegenüber denselben Impfstoffen gilt, und schließlich weil sie durch das Blutserum der überempfindlichen Tiere auf nicht behandelte Tiere übertragen werden kann. Um das einheitliche Bild der Anaphylaxie zu erklären, glaubte man annehmen zu dürfen, daß das Zusammentreffen bestimmter anaphylaktischer Immunkörper (Anaphylaxine) oder überhaupt aller Immunkörper mit ihren zugehörigen Impfstoffen unter dem gleichzeitigen Einfluß eines fermentartigen Bestandteils (des sog. Komplements) im Blute der überempfindlichen Tiere zu einem Zerfall, einer Art Verdauung der an sich ungiftigen Impfstoffe führe, bei der das anaphylaktische Gift (Anaphylatoxin) erst entstehe. Auch rufen gewisse Erzeugnisse der Eiweißverdauung, wie Peptone, Histamin, schwefelsaures Sepsin, Organextrakte, gleichfalls das Bild der anaphylaktischen Vergiftung hervor. Als sich dann herausstellte, daß manche Impfstoffe, in erster Linie, wie wir eben sahen, Bakterien durch Behandlung mit frischem Blutserum auch ohne Immunkörper außerhalb und innerhalb des lebenden Körpers giftig zu wirken vermögen, folgerte man daraus, daß auch im Blute unbehandelter Tiere vorhandene Gegenkörper, z. B. normale Ambozeptoren, mit Hilfe des Komplements das Eiweiß der Impfstoffe spalten könnten, und schloß weiter aus der Übereinstimmung der Endotoxin- und Anaphylatoxinvergiftung, daß die Endotoxine in den Bakterien nicht vorgebildet seien, sondern daß erst unter der Einwirkung der Abwehrstoffe des behandelten oder unbehandelten Tieres aus dem an sich ungiftigen Bakterieneiweiß Anaphylatoxin entstünde, und dieses Gift das früher sog. Endotoxin sei. Es scheint allerdings nicht, als ob diese Auffassung ganz unbestreitbar sei. Zunächst haben neue Erfahrungen gelehrt, daß die anaphylaktische Vergiftung auch anders gedeutet werden kann. Von verschiedenen Seiten ist darauf hingewiesen worden, daß die eigentümlichen plötzlichen Erscheinungen, die so oft zum Tode führen, die sog. Schockwirkung, an Störungen erinnere, die mit der Blutgerinnung im Innern der lebenden Gefäße zusammenhängen, also mehr physikalischer Natur sind. Frisch defibriniertes Blut und das daraus ausgeschleuderte Blutserum, gleichgültig ob es von fremden oder denselben Tieren stammt, ruft kurze Zeit nach der Gerinnung Erscheinungen hervor, die den anaphylaktischen sehr ähnlich sind. Diese Ähnlichkeit wird sogar eine vollständige, wenn man Blutserum, das mit gewissen stickstofffreien kolloidalen Stoffen (Agar, Stärke, Inulin) in Berührung gewesen ist, Tieren einverleibt. Von einer Zersetzung körperfremden Eiweißes kann hier nicht die Rede sein, es macht vielmehr den Eindruck, als ob im Blutserum aller Tiere ein schädlicher (Gerinnung befördernder?) Stoff vorhanden ist, dessen Wirkung für gewöhnlich durch hemmende Einflüsse verhindert wird, die aber wieder hervortritt, sobald die letzteren durch Oberflächenanziehung kolloidaler Stoffe, wozu auch Bakterien und Verbindungen von Impfstoffen mit ihren zugehörigen Immunkörpern gehören, beseitigt werden.

Wir bringen diese Einzelheiten, die sich aus dem gewaltig angewachsenen Schrifttum noch stark vermehren ließen, um zu zeigen, wie undurchsichtig die Vorgänge im lebenden Organismus oft sind.

Wenn es nach dem Gesagten zweifelhaft ist, in welcher Weise die Erscheinungen der Endotoxin- und anaphylaktischen Vergiftung zustande kommen, so schließt das keineswegs aus, daß die Abwehrstoffe des lebenden Körpers daran einen Anteil haben, und ändert jedenfalls nichts daran, daß die Erreger selbst die Entzündung und das Fieber hervorrufen helfen, die wir als nützliche Schutzeinrichtungen des Körpers betrachten, wie sie ja auch durch ihre Toxine die Bildung der Antitoxine, d. h. spezifischen Gegengifte veranlassen.

Auf der anderen Seite ist nicht zu bestreiten, daß die anaphylaktische Vergiftung als eine Art von Antigen-Antikörperreaktion aufzufassen ist, über deren Bedeutung später noch einiges zu sagen sein wird.

Auch insofern weicht diese Reaktion von den sonst bekannten ab, als die Übertragung der Anaphylaxie durch Serum meist nicht sofort die Tiere überempfindlich macht, sondern erst nach einer Wartezeit von etwa 24 Stunden. Man hat daraus schließen wollen, daß die Anaphylaxine eine gewisse Zeit brauchen, um sich mit bestimmten Zellen zu verbinden. Daß sie wirklich in den Zellen überempfindlicher Tiere sitzen, folgert man aus Versuchen mit isolierten glatten Muskelfasern des Darms oder Uterus dieser Tiere: sie ziehen sich zusammen, wenn sie mit dem Antigen in Berührung gebracht werden, nebenbei ein nicht unwesentlicher Unterschied gegenüber den Serotoxinen, die Muskeln unbehandelter Tiere nicht beeinflussen sollen, während sie allerdings durch Bronchospasmus die Lungenblähung in solchen Tieren hervorrufen, ganz ebenso wie man das bei anaphylaktisierten beobachtet (s. o.). Bis zu einem gewissen Grade eigentümlich ist, daß man imstande ist, eine Antianaphylaxie, d. h. die Aufhebung der anaphylaktischen Empfindlichkeit hervorzurufen. Tiere, die die anaphylaktische Empfindlichkeit überstanden haben, oder wiederholt mit dem Antigen behandelt (desensibilisiert) worden sind, oder denen die sonst tödliche Antigengabe ganz langsam eingespritzt wird, oder die schließlich vor der tödlichen Einspritzung Atropin, Adrenalin, Baryumchlorid oder Narkotika erhalten haben, werden dagegen geschützt (antianaphylaktisch).

Eine Bedeutung für die Therapie und Prophylaxe hat die Anaphylaxie durch die sog. Serumkrankheit (v. Pirquet und Schick) gewonnen, die nach Einspritzung von Heilserum gewöhnlich nach einer Frist von 8—10 Tagen einzutreten pflegt, und durch die plötzlichen, manchmal selbst tödlichen Zufälle, die gelegentlich bei der Serumbehandlung besonders dann vorkommen, wenn man das Serum nicht unter die Haut, sondern in das Blut einspritzt (S. 243). Zu ihrer Bekämpfung macht man von den Erfahrungen der Antianaphylaxie Gebrauch.

Die Empfänglichkeit der Tiere für die Gifte ist ebenso ungleich, wie die gegen die Ansteckungen selbst, folgt dabei aber ihren besonderen Gesetzen. So sind z. B. Kaninchen für das Toxin der Dysenteriebazillen empfänglicher als alle anderen Tiere, gegenüber der Infektion mit denselben Bazillen aber sehr widerstandsfähig. Sehr deutlich hängt die Wirkung der Ansteckungsgifte von dem Wege ab, auf dem sie eingeführt werden. Die meisten sind vom Verdauungskanal aus überhaupt unschädlich, von der Blutbahn aus meist wirksamer als von dem Unterhautgewebe aus, andere wieder wirken am kräftigsten im peripheren oder zentralen Nervensystem. Die Erklärung dafür liegt teilweise an der Art und Schnelligkeit der Verbreitung der Gifte, teilweise an der Verschiedenheit ihrer Angriffsstellen, teilweise endlich an ihrem Verhalten zu den *giftwidrigen Einrichtungen des Körpers.*

Gewöhnlich werden die Gifte am schnellsten zu ihren Angriffstellen gelangen, wenn sie im Blute sind; das Tetanusgift, das durch das Nervensystem wandert, macht aber eine Ausnahme. Durch ihr mangelhaftes Diffusionsvermögen werden die Gifte schon behindert sein, von Schleimhautoberflächen aus zu wirken, um so mehr, wenn sie vorher mit Verdauungsflüssigkeiten in Berührung kommen, die sie zerstören. Ausnahmen sind das Wurst- und manche Fleischgifte, ferner diejenigen Gifte, die selbst die Schleimhäute zerstören (Diphtherie) oder auf eine geschädigte Schleimhaut treffen (Cholera). Unter den giftwidrigen Einrichtungen des Körpers sind außer den Verdauungssekreten und Darmbakterien Epithelien, Bindegewebs-, Gefäß- und Organzellen, Leukozyten und Erythrozyten, schließlich die Blut- und Gewebsflüssigkeit zu nennen. Sie scheinen je nach der Art des Giftes und der Art, ja Individualität des Tieres ungleiche Leistungen zu vollbringen, ohne daß es bisher gelungen wäre, diese genügend aufzuklären. In manchen Fällen scheinen lipoidartige Bestandteile, in anderen oxydierende oder lösende Fermente, meist aber den echten Antitoxinen ähnliche eiweißartige Bestandteile, teilweise durch unmittelbare Zerstörung, namentlich aber durch Absorption oder Bindung der Gifte beteiligt zu sein. Ausscheidung durch die Sekrete spielt daneben ebenfalls eine gewisse, aber nicht bedeutende Rolle. Nach den Ehrlichschen Vorstellungen wären es auch die bindenden antitoxinartigen „Seitenketten“ oder „Rezeptoren“ der Zellen, die gleichzeitig die Angriffspunkte für die Gifte und die Orte der Neubildung antitoxischer Stoffe während der Immunisierung darstellen (S. 237). Beweise dafür fehlen. Notwendig scheint das auch nicht, man wird sogar kaum annehmen dürfen, daß von den geschädigten Zellen selbst eine so reichliche Neubildung, wie sie nachweisbar eintritt, ausgehen könnte. Die Hauptsache ist wohl, daß wir, weil kein Zweifel über das Vorkommen von Antitoxinen im gesunden, d. h. unversehrten Körper möglich ist, die Immunisierung als eine Steigerung schon bestehender Zelleistungen betrachten dürfen.

Für die Bekämpfung der Vergiftungen durch Kleinwesen steht uns in erster Linie die Heil- und Schutzimpfung durch antitoxisches Serum zu Gebote. Leider aber nur bei Krankheiten mit eigentlicher Toxinvergiftung, d. h. Diphtherie, Tetanus, Botulismus, Dysenterie (des Menschen?) und Gasödem. Die Erfahrung lehrt, daß wir hier — nebenbei bemerkt ebenso wie bei der Vergiftung durch Schlangenbiß — mit der Heilbehandlung um so größere Erfolge haben, je früher wir damit beginnen, mit der Schutzimpfung aber oft noch weit größere Ergebnisse erzielen. Ob es möglich ist, auch durch Antiendotoxine viel zu erreichen, ist zweifelhaft, bei derartigen Krankheiten sind wir also darauf angewiesen, entweder die Entwicklung der Erreger, die Infektion selbst zu bekämpfen und damit auch ihre Giftwirkung zu beschränken, oder aber durch nicht spezifische Mittel sei es die Ansteckungsgifte unschädlich zu machen, sei es die Widerstandsfähigkeit des Körpers gegen die Vergiftung zu erhöhen. Der erstere Weg wird uns im nächsten Abschnitt beschäftigen, er ist übrigens auch gegenüber den oben genannten Infektionen empfehlenswert und schon begangen, denn mindestens das Diphtherie- wie das Dysenterie- und Gasödemserum wirken ja sicher nicht nur gegen die betreffenden Gifte, sondern auch gegen die Erreger selbst.

Daß wir Mittel haben, die im Reagenzglas Bakteriengifte zersetzen oder binden, ist sicher, man kann sie z. T. wie Jod, Chlor, Wasserstoffsuperoxyd, Tierkohle, Bolus auch im lebenden Körper anwenden, es ist aber doch einigermaßen fraglich, wie der Erfolg auf dem angegebenen Wege zustande kommt. Dasselbe gilt für die Ausscheidung der Gifte auf dem Wege der Sekretionen. Weit aussichtsreicher und so lange es eine ärztliche Kunst gibt, schon bekannt ist ein letzter Weg, die Erhaltung der Widerstandsfähigkeit der Körper gegen die Infektionsgifte durch diätetische und arzneilich-symptomatische Behandlung — man hat diese alten Bestrebungen zum Teil mit neuen Mitteln unter dem Namen der Reiztherapie wieder aufgenommen (s. folg. Abschnitt). Auch hier werden wir freilich oft im Dunkeln darüber bleiben, ob wir den Sieg über die Erreger selbst oder ihre Gifte erkämpft haben. Oft wird beides zutreffen.

Zweiunddreißigster Abschnitt

Die natürliche und künstliche Abwehr der Infektion

Nachdem wir in den vorhergehenden Abschnitten vorwiegend die Krankheit erregenden Kräfte der Kleinwesen und zuletzt die Bekämpfung der durch sie veranlaßten Vergiftungen betrachtet haben, ist es jetzt unsere Aufgabe, die Abwehr der Infektion selbst näher ins Auge zu fassen. Die Widerstandsfähigkeit der Tiere gegen die Ansteckungserreger wechselt, wie wir schon oft Gelegenheit hatten, zu bemerken, nach Art, Rasse und Besonderheit des Tieres, ferner nach Alter, Ernährungszustand und anderen, der Ansteckung vorhergehenden oder sie begleitenden, natürlichen und künstlich hervorgerufenen Bedingungen, schließlich auch nach Organen und Geweben. Der Sprachgebrauch bezeichnet diese Widerstandsfähigkeit gegen Infektionen, gleichgültig ob sie angeboren oder erworben ist, auch mit dem Worte Immunität, während die Empfänglichkeit dafür auch Disposition genannt wird. Das Wort Immunität wird außerdem oft in einem engeren Sinne gebraucht, um nämlich die besondere (spezifische), durch Überstehen einer Ansteckung oder durch Schutzimpfung erworbene Widerstandsfähigkeit gegen diese letztere zu bezeichnen. Zwischen Widerstandskraft und Heilkraft wird gewöhnlich ein Unterschied gemacht, doch gehen die Begriffe ineinander über: Das, was man vor und im *Beginn der Ansteckung Widerstandsfähigkeit nennt, äußert sich während* der Ansteckung in dem Vermögen, die Heilung derselben herbeizuführen: Heilung und Immunisierung ist im wesentlichen dasselbe. Schließlich spricht man auch von Immunität gegen infektiöse und andere Gifte (vgl. Abschnitt 31).

Worin besteht nun die Widerstandsfähigkeit der Tiere, worin ihre Empfänglichkeit? Wenn wir auch die Verhältnisse noch lange nicht vollständig übersehen, dürfen wir doch folgende allgemeine Sätze aussprechen: Zunächst ist leicht nachzuweisen, daß die Widerstandsfähigkeit der Tiere gegenüber der Ansteckung nicht in einem Mangel an Nährstoffen beruht. Aus den Organen immuner Tiere lassen sich vielmehr die besten Nährböden, selbst für Nichtschmarotzer herstellen. Die Zusammensetzung der tierischen Gewebe ist im allgemeinen eine derartige, daß sie die für die meisten Kleinwesen nötigen Wachstumsstoffe enthalten. Insofern kann also von einer allgemeinen Empfänglichkeit der tierischen Substanz gesprochen werden. Wenn trotzdem, wie wir gesehen, nur eine Minderheit von Kleinwesen, und diese auch nur auf einer Minderzahl von Tieren zu schmarotzen vermag, so liegt das daran, daß der Tierkörper und das tierische Gewebe mit Abwehreinrichtungen ausgerüstet ist, die nur von den ansteckungstüchtigen Kleinwesen unter Umständen überwunden werden können.

Von vornherein ist das nicht selbstverständlich, denn man könnte umgekehrt auch an die Möglichkeit denken, daß die Immunität auf dem Mangel bestimmter, für die Kleinwesen nötiger Nährstoffe beruhe und die Empfänglichkeit auf dem Vorhandensein gewisser Nährstoffe oder Lockmittel. Bisher haben wir aber kaum Anhaltspunkte dafür, daß dergleichen vorkommt. Ehrlichs „atreptische" Immunität gegenüber bösartigen Neubildungen (S. 281) sei aber hier als ähnliche, wenn auch kaum annehmbare Vorstellung erwähnt.

Wir können die Abwehrmittel des Körpers gegen Ansteckung je nach ihrer Beschaffenheit in mechanische, physikalische und chemische einteilen und ferner, je nachdem sie außerhalb oder innerhalb der Gewebe zur Wirkung gelangen, in äußere und innere.

Durch mechanische Entfernung etwaiger Krankheitserreger, insbesondere von den Schleimhautoberflächen des Körpers wirken zunächst die Reflexbewegungen, wie der Lidschlag, das Husten, Niesen, Schlucken, die Darmperistaltik u. a. m. Unterstützt wird diese Fähigkeit durch die Flimmerbewegungen mancher Epithelzellen, die Abstoßung der letzteren, die Absonderungen der Tränen-, Schleim- und aller anderen Drüsen. Zur Abwehr gegen Ansteckung sind vielfach weit besser geeignet absichtliche Körperbewegungen, die uns aus der Nähe von Ansteckungsherden oder die letzteren aus unserer Nachbarschaft entfernen (vgl. den 35. Abschnitt).

Wir meinen hier nicht nur diejenigen mechanischen Maßnahmen, die aus mehr oder weniger genauer Kenntnis der Übertragungsweise ansteckender Krankheiten erfolgen, und in Meidung verseuchter Menschen und Orte, Absperrung und Beseitigung derselben bestehen, sondern auch die mehr gefühlsmäßigen oder aus anderen hauptsächlich ästhetischen (Reinlichkeits-) Rücksichten hervorgehenden Lebensgebräuche und -Gewohnheiten, welche nicht zum wenigsten die „Immunität" zivilisierter Völker und höherer Gesellschaftsklassen gegen viele Ansteckungen begründen. Uns scheint es nebensächlich, ob wir den Ausdruck Immunität auch hierfür gelten lassen, oder von Verminderung der Seuchengefahr, von Herabsetzung der „Exposition" durch hygienische Ordnung und Erziehung sprechen wollen. Die reflektorischen Abwehrbewegungen wirken übrigens auch nicht anders. Die Bedeutung aller dieser mechanischen Schutzmittel wird besonders klar, wenn sie zu versagen drohen. Wir haben andererseits aber dann auch öfter die Möglichkeit, helfend einzugreifen. Die Binde- und Hornhaut wird, wenn der Lidschlag und die Absonderung der Tränen aufhört, von Keimen überschwemmt und kann durch sie der Zerstörung anheimfallen. Die Lähmung der Harnblase führt zur Stauung und Zersetzung des Harns mit ihren schädlichen Folgen für die Schleimhaut. Allgemeine Lähmungen begünstigen die Entstehung von Druckbrand. Sorgfältiger Krankenpflege gelingt es aber oft, die daraus entstehenden Gefahren zu beseitigen. Zusammendrängung und Unreinlichkeit der Bevölkerung bedingen die höhere Empfänglichkeit proletarischer Kreise und unkultivierter Völker für Seuchen aller Art. Vielfach, wie z. B. bei Pest, Flecktyphus und Rückfallfieber, spielt die Sorglosigkeit gegen mancherlei Ungeziefer eine die Ansteckung vermittelnde Rolle, und lediglich durch erfolgreiche Bekämpfung der letzteren wird die „örtliche" oder „soziale Disposition" für die Seuche beseitigt. Bei Cholera, Typhus und Ruhr wird die örtliche Krankheitsanlage, soweit nicht Bazillenträger dafür verantwortlich zu machen sind, wesentlich bedingt durch mangelhafte Wasserversorgung und Beseitigung der Abfallstoffe.

Über das Zustandekommen einer „zeitlichen Disposition" bei diesen und anderen Krankheiten bestehen noch manche Unklarheiten (vgl. z. B. Typhus, Ruhr und Cholera, Abschnitt 10—14). Die Abhängigkeit der Malaria von der Tages- und Jahreszeit ist aber nachweislich an die Flugzeit der Stechmücken, die der eben genannten Ansteckungen des Darms wahrscheinlich teilweise an die Lebenstätigkeit der Fliegen, noch mehr aber an den Einfluß der sommerlichen Hitze gebunden. Damit sind uns Wege gewiesen, um auch die zeitliche Disposition zu bekämpfen.

Ein weiterer mechanischer Schutz erwächst der Oberfläche des lebenden Körpers aus ihrer Undurchgängigkeit für Kleinwesen. Größer ist sie auf der Haut als auf den Schleimhäuten, aber weder hier noch dort eine ganz vollständige.

So hat sich gezeigt, daß namentlich die oberste Stelle der Nasenschleimhaut und die Auskleidung der Lungenalveolen belebte wie unbelebte kleinste Körperchen durch Lücken zwischen ihren Epithelien hindurchgehen lassen. Man kann z. B. durch Einträufeln von Septizämieerregern in die unverletzte Bindehaut empfängliche Tiere töten. Die Bakterien gelangen nämlich durch den Tränennasenkanal hindurch in die obere Nasenhöhle und von dort ins Gewebe. In ähnlicher Weise scheint die Lunge auch für spurenweise eingeatmete Tuberkelbazillen durchgängig zu sein, und selbst die Haut ist nicht ganz undurchdringlich. So findet man Prodigiosusbazillen, die mittels eines Wattebausches in die Leistenbeuge von Hunden eingerieben werden, vereinzelt in den Lymphdrüsen dieser Gegend wieder. Auch unter natürlichen Verhältnissen müssen Keime von der Haut, wie von den Schleimhäuten aus in die Gewebe hineingelangen, denn bei sorgfältiger Prüfung auf Nährböden erweisen sich die sämtlichen Lymphdrüsen eines Körpers nicht als völlig keimfrei, sondern sie enthalten fast immer vereinzelte Staphylokokken, Kolibazillen, Laktikus-Streptokokken, Anaërobier, kurz solche Bakterien, die in großen Mengen auf der Haut oder den Schleimhäuten schmarotzen. Die Wege, welche die Keime hierbei einschlagen, sind uns noch nicht genügend bekannt, vielleicht werden sie ihnen durch unmerkbare Verletzungen der Oberfläche geöffnet. Eine allzugroße Tragweite besitzt diese beschränkte Durchlässigkeit der Regel nach wohl nicht. Nur dann, wenn die Ansteckungsquellen sehr reichlich und lange fließen, werden die Ansteckungsstoffe auf diesem Wege in die Gewebe eindringen können. Nur Spirochäten, Trypanosomen und Aphanozoen besitzen durch ihre Beweglichkeit oder Kleinheit eine größere Fähigkeit Schleimhäute, ja vielleicht selbst die unverletzte Haut zu durchdringen. In anderen Fällen, z. B. bei der Gonorrhöe scheinen die Erreger durch ihr Wachstum in die Epithelialschicht und von da in die Tiefe zu gelangen.

Vielleicht hat man ein Recht, die Empfänglichkeit für Ansteckungen mit Eiterkokken und Tuberkelbazillen auf abnorme Durchlässigkeit der Deckgewebe zurückzuführen.

Man erklärt sie gewöhnlich durch die Neigung der „Skrofulösen" zu Ekzemen und Katarrhen. Häufig hält man auch die Mandeln und Anhäufungen lymphatischen Gewebes an anderen Stellen, z. B. im Wurmfortsatz, für Orte geringerer Widerstandsfähigkeit und will das durch ihren Bau begründen. Daß Epithellücken an diesen Orten vorhanden sind, ist richtig, sie dienen aber der Regel nach nicht zur Aufsaugung, sondern zur Absonderung von Lymphzellen und damit zum Schutze der Schleimhaut. In der Tat liegen sie ja an Stellen des Verdauungsweges, die Verletzungen besonders ausgesetzt sind. Bei dieser Auffassung würden uns die häufigen Erkrankungen, aber auch der meist gutartige Verlauf derselben verständlich. Die Häufigkeit, mit der gerade manche Menschen von solchen Leiden heimgesucht werden, legt freilich die Vermutung nahe, daß bei ihnen, aber auch nur bei ihnen, diese Organe Orte geringerer Widerstandsfähigkeit sind. In solchen Fällen wird ihre chirurgische Beseitigung (s. u.) nicht nur die Krankheit selbst heilen, sondern auch die Empfänglichkeit für solche herabsetzen.

Selbstverständlich heben Verwundungen den Schutz, den die äußeren und inneren Hüllen gegen das Eindringen von Ansteckungen bieten, auf, ja sie geben häufig genug die Gelegenheit zu Selbstansteckungen durch die Keime, die auf den Oberflächen zu schmarotzen pflegen. Gegen die Wundgefahr schafft sich der Körper in der Verklebung der Wundränder durch Blutgerinnsel und vor allen Dingen durch Entwicklung von Granulationen einen Schutz, der mindestens ebenso wirksam ist, wie die Wundversorgung der heutigen Chirurgie. Granulierende Wunden können ja selbst mit Milzbrandbazillen bestrichen werden, ohne daß eine Ansteckung erfolgt (S. 208).

Durch künstliche Eingriffe mechanischer Art hat die Chirurgie schon immer versucht, Infektionen zu bekämpfen.

Man hat aber längere Zeit bezweifelt, ob man durch blutige Öffnung von Eiterhöhlen, Ausschneiden von Infektionsherden u. dgl. nicht mehr Schaden als Nutzen stifte, indem man den natürlichen Heilungsvorgang dadurch störe und neue Wege für die Infektionserreger bahne. Daß man mit solchen Befürchtungen zu weit gegangen ist, hat aber der Erfolg erwiesen. Selbst wenn der Chirurg seine Schnitte nicht durchweg im gesunden Gewebe führen kann, also Krankheitserreger durch die geöffneten Gefäße, wie in den bekannten Schimmelbuschschen Tierversuchen nachgewiesen wurde, schnell ins Blut aufgenommen werden, erwächst dadurch keine Gefahr, weil der Körper in den meisten Fällen mit diesen verschleppten Keimen ohne weiteres fertig wird. Ebenso dient z. B. die kunstgerechte Reinigung und Anfrischung zerfetzter Wunden oft geradezu den natürlichen Heilungsvorgängen, weil sie Hindernisse für sie beseitigt, die Zahl der Infektionserreger herabsetzt u. a. m. Trotzdem darf man wohl sagen, daß blutige Eingriffe der Chirurgen bei manchen Infektionen, z. B. Tuberkulose und Furunkulose heute seltener vorgenommen werden als früher, weil man die natürlichen Abwehreinrichtungen des Körpers mehr schätzen gelernt hat (s. u.).

Die Bedeckungen des Körpers, namentlich die inneren, entbehren aber auch nicht ganz chemischer Hilfsmittel zur Abwehr von Ansteckungen, wenn solche auch weniger hervortreten, als in den Geweben selbst. Von vielen Absonderungen der Schleimhäute kann man annehmen, daß sie nicht bloß diese schützen dadurch, daß sie sie gewissermaßen reinspülen, sondern daß sie durch ihre Zusammensetzung auch einen schlechten Nährboden für etwa hineingeratene Keime darstellen, ja, wie die Magensäure, das saure Scheidensekret, der stark alkalische Schleim des Cervix uteri die fremden Keime geradezu abtöten. Noch kräftiger, aber bisher unerklärt ist die keimtötende Wirkung der Dünndarmepithelien, die den oberen Teil des Darmes unter natürlichen Bedingungen fast keimfrei erhält (S. 105) und imstande ist, selbst große Mengen von Bakterien, die man in den Zwölffingerdarm einspritzt, schnell zu beseitigen. Die Schutzwirkungen der Absonderungen werden dadurch noch gesteigert, daß manche Schleimhäute, in erster Linie die des Mundes, Dickdarms und der Scheide, eine eigene Flora von Bakterien besitzen, die das Aufkommen von fremden Keimen durch ihren erfolgreichen Wettbewerb um die vorhandenen Nährstoffe erschweren. Der Versuch zeigt in der Tat, daß selbst große Mengen von fremden, d. h. nicht der Schleimhaut angepaßten Keimen, schnell daraus zu verschwinden pflegen.

Ist diese Auffassung von der Bedeutung der chemischen Abwehrkräfte der Schleimhaut richtig, so müßten Störungen in der chemischen Zusammensetzung der Absonderungen und tiefergreifende Veränderungen der eigenen Flora der Schleimhäute die Empfänglichkeit derselben für Ansteckungen erhöhen. Das scheint wirklich der Fall zu sein, wie besonders die Erfahrungen über das Zustandekommen von Cholera asiatica und Cholera infantum lehren. Vielleicht wird auch die Widerstandsverminderung, die namentlich auf den Schleimhäuten der Luftwege nach Erkältung, Einatmung von Gasen oder gewissen Staubsorten eintritt, in ähnlicher Weise sich erklären. In dem einen wie in dem anderen Falle wird man aber annehmen dürfen, daß an den Vorgängen die Blutgefäße der Schleimhaut oder allgemein gesagt, deren Ernährungszustand einen maßgebenden Anteil haben. Wir kommen darauf später zurück, weil wir es hier offenbar mit Erscheinungen zu tun haben, die nicht verschieden sind von denjenigen, welche den Kampf gegen die Ansteckung auch im Innern der Gewebe beherrschen.

In der Annahme, der natürliche Schutz durch die eigene Darmflora versage bei manchen Personen, hat man auch versucht, ihn künstlich zu steigern durch Zuführung kräftiger Gärungserreger (Bac. bulgaricus des Kefirs Metschnikoff, vgl. S. 106, 183) oder mit höherer „antagonistischer Kraft" begabter Kolibazillen („Mutaflor" Nissle, S. 99), und glaubt damit z. B. selbst gegenüber den Bazillenträgern bei Typhus Erfolge erzielt zu haben. Auch in der Scheide geht man so vor.

Der Versuch, Schleimhäute (und Wunden) durch künstliche Zuführung von keimtötenden oder wachstumshemmenden chemischen Mitteln von den eingedrungenen Ansteckungserregern zu befreien, liegt nahe, ist daher sehr oft gemacht worden, im großen und ganzen, wenn man von den Zähnen und den Harnwegen (Urotropin u. a.) absieht, freilich ohne allzu erheblichen Erfolg. Wo ein solcher erscheint, erklärt er sich zudem wohl oft auf anderem Wege, nämlich aus den entzündungserregenden Eigenschaften jener Mittel (s. u.). Jedenfalls gelingt es nicht, selbst diejenigen Schleimhautoberflächen, die am leichtesten für unsere Angriffe erreichbar sind, keimfrei zu machen, geschweige denn etwa den Darminhalt und die Gallenwege von Bazillenträgern zu entkeimen.

Das liegt zum Teil daran, daß die in der Tiefe der Schleimhautbuchten und Wunden, in Drüsenöffnungen und zwischen Epithelien liegenden Keime von unseren Mitteln nicht erreicht werden, zum andern Teil daran, daß wir unsere Mittel wegen der Vergiftungs- oder Reizungsgefahr nicht in genügend starken Lösungen verwenden dürfen. Wenn man trotzdem auf die Benutzung keimtötender Stoffe auf den Schleimhäuten, z. B. der Bindehaut und Harnröhre zu vorbeugenden, wie zu Behandlungszwecken nicht gern verzichtet, so findet das in der spezifisch-antiseptischen Eigenschaft, z. B. der Silberlösungen auf Gonokokken, außerdem aber noch in einem anderen Umstand seine Erklärung. Fast alle antiseptischen Mittel beeinflussen nebenbei auch die Schleimhaut selbst erfahrungsgemäß im günstigen Sinne, namentlich gehören hierher die von Alters her als Adstringentien bekannten. Man geht wohl nicht fehl, wenn man mindestens einen Teil ihrer Wirkung auf den Reizzustand zurückführt, in den sie die Schleimhautgewebe und vor allen deren Gefäße versetzen, kurz gesagt, auf die Herbeiführung eines für die Heilung zweckmäßigen entzündlichen Zustandes. Wir stoßen damit wieder auf einen Vorgang, der später zu besprechen ist, wenn wir zu den Abwehrmitteln des Körpers im Innern des Gewebes gelangen. Daß die Entzündung auch bei den oberflächlichen Ansteckungen der Schleimhäute eine große Rolle spielt, braucht kaum hervorgehoben zu werden. Fehlen katarrhalische Erscheinungen doch höchst selten bei ihnen. Sie sind es auch in erster Linie, welche die Widerstandsfähigkeit der Schleimhäute gegen Ansteckungen steigern dadurch, daß sie die keimwidrigen Säfte und Zellen des inneren Körpers, mögen sie ursprünglich in dessen Besitz, oder erst durch Immunisierung von ihm erworben sein, an die Oberfläche bringen. So ist es nicht wunderbar, daß die Heilseren, die auf manchen durch die Ansteckung entzündeten Schleimhäuten eine kräftige Wirkung gegen die Erreger entfalten, auf der gesunden Schleimhaut, bei den sog. Keimträgern (Diphtherie, Genickstarre) wirkungslos sind. Sie gelangen aus dem Säftekreislauf überhaupt nicht an diese heran und beeinflussen sie auch nicht, wenn sie von außen absichtlich auf die Schleimhäute gebracht werden, weil sie die nötige Ergänzung durch die Säfte des Körperinnern hier nicht finden. Vielleicht würde man daher mehr Erfolg haben, wenn man die Immunserumbehandlung mit örtlicher Reizung verbände.

Die Desinfektion von Wunden hat man längere Zeit als aussichtslos oder schädlich fast ganz unterlassen. Die Erfahrungen des letzten Krieges haben jedoch einen gewissen Umschlag herbeigeführt und die Chemotherapie wieder mehr in den Vordergrund gestellt (S. 60, 68 und am Schluß dieses Abschnitts).

So begrenzt die Wirkung chemischer Mittel auf den Schleimhäuten und Wunden ist, so erfolgreich können wir von ihnen bei der Desinfektion der Hautoberfläche und unserer Umgebung Gebrauch machen (vgl. Abschnitt 35).

Wir gelangen jetzt zu den Abwehrmitteln, über welche die Körpergewebe selbst verfügen, und besprechen zunächst wieder diejenigen, die mechanisch durch Bewegung oder Bewegungshemmung wirken. Eine größere Rolle hat namentlich früher, bevor man Genaueres von der Natur der Ansteckungserreger wußte, die Vorstellung gespielt, der lebende Körper helfe sich ihnen gegenüber durch Ausscheidung auf diesem oder jenem Wege, und man könne diesen nützlichen Vorgang durch Anregung der Absonderungen unterstützen. Eine genauere Prüfung hat aber gezeigt, daß von solchen Dingen wenig genug übrig bleibt.

Selbst wenn es im Blute von Keimen wimmelt, können die Ausscheidungen von ihnen frei sein, und wenn sie ausgeschieden werden, sind es verhältnismäßig nur wenige, die noch dazu nicht durch den Absonderungsvorgang als solchen, sondern durch Blutungen oder andere Gewebsschädigungen nach außen gelangen. Außerdem wird, wie man sich durch genaue Keimzählungen im Versuch überzeugen kann, von den allermeisten Ansteckungsherden aus gewöhnlich nur ein kleiner Teil der Erreger in den Lymphstrom und ein noch weit kleinerer in die Blutbahn aufgenommen. Selbst die Ansteckungen der Bauchhöhle machen von dieser allgemeinen Regel keine Ausnahme, obwohl gerade sie durch zahlreiche und für gelöste Stoffe leicht durchgängige Säftekanäle mit den Blutgefäßen verbunden ist. Wenn man überhaupt hier von einer Zweckmäßigkeit sprechen darf, so scheint sie nur darin zu bestehen, daß anatomische und physiologische Einrichtungen des Körpers die Verschleppung von Krankheitskeimen und anderen kleinsten Körperchen aus den Gewebsherden möglichst verhüten, nicht aber sie befördern sollen. Im Ansteckungsherd selbst wird das erreicht durch die Entzündung mit ihren Folgeerscheinungen, in den Lymphbahnen durch die Einschaltung der Lymphdrüsen, die wie Filter für kleinste Körperchen ziemlich undurchgängig sind, im Blutstrom durch die Ausstattung mit Freßzellen, die, wie wir gleich sehen werden, zwar auch an anderen Stellen nicht fehlen, hier aber besonders reichlich vertreten sind, in allen Geweben durch die

Widerstände, welche sie durch ihre Stützsubstanz, ebenso wie ihre Zellen dem Eindringen von Keimen entgegensetzen.

Die Bedeutungslosigkeit der Absonderungen für die Überwindung der Ansteckungen wird dadurch nicht widerlegt, daß die Erreger in einigen Fällen, namentlich bei den sog. Bazillenträgern des Typhus und Paratyphus durch Galle und Harn, beim Bang- und Maltafieber durch die Milch, von den Wutkranken durch den Speichel in reichlichen Mengen nach außen abgegeben werden. Hier handelt es sich um eine anatomische, allerdings meist verborgene Erkrankung der absondernden Organe, die nicht dem angesteckten Körper, sondern nur dem Erreger selbst vorteilhaft ist, weil sie ihm für die Erhaltung der Art bessere Aussichten bietet, als das Leben im Innern des Körpers. Im Grunde sind diese Fälle kaum anders zu beurteilen, als z. B. die Herdbildung, die bei Tuberkulose in den Harnwegen oder der Brustdrüse, bei Allgemeinerkrankungen durch Eiterkokken in den Lungen oder Nieren beobachtet werden. Aber nicht einmal für die gelösten Ansteckungsgifte kommen die Absonderungen wesentlich in Betracht, da sie, wenn überhaupt, zu wenig davon zu enthalten pflegen (s. u.).

Ebenso ist die Vorstellung, daß die eitrige Entzündung, insofern sie zum Durchbruch nach außen führe, eine Befreiung des Körpers von den Ansteckungserregern bedeute, nur unter starker Einschränkung haltbar, denn im allgemeinen ist der Kampf gegen die fremden Keime schon der Hauptsache nach zu ihren Ungunsten beendet, wenn der Eiterherd nach außen durchbricht.

So enthält der Eiter einer aufgegangenen Pestbeule meist nur sehr wenige lebende Bazillen, während die frische Pestbeule von ihnen wimmelt. Der Eiterdurchbruch beseitigt außer abgestorbenen Gewebsteilen meist nur kümmerliche Überreste der Angreifer selbst, ganz davon zu schweigen, daß er häufig genug nach falscher Richtung, z. B. in eine vorher gesunde Körperhöhle erfolgt und dadurch neue Gefahren heraufbeschwört.

So wenig die Bewegungen der Lymphe und des Blutes für die mechanische Entfernung der Ansteckungskeime aus dem Innern des Körpers leisten, so großen Nutzen stiften sie bei der Bekämpfung der Ansteckungen dadurch, daß sie den Angreifern gewissermaßen immer neue Truppen entgegenwerfen. Das geschieht zum Teil schon durch die gewöhnlichen Saftströmungen, in noch viel höherem Grade aber durch die entzündliche Ausschwitzung, da die letztere den Gehalt der Gewebe an keimwidrigen Säften und Zellen, der im gesunden Zustand je nach Art des Gewebes und der Versorgung mit Blut größer oder geringer ist, zu einem Höchstmaß steigert. Man macht davon seit jeher und neuerdings besonders häufig in der sog. Proteinkörper- und Reiztherapie Gebrauch. Wir sprechen davon im Zusammenhang weiter unten. Hier sei nur die unspezifische Bakteriotherapie hervorgehoben.

Fast alle Infektionserreger sind selbst imstande durch ihre Endotoxine (Abschnitt 31), Entzündung zu erregen. Man kann sie auch erzeugen durch Einspritzung der gleichen Bakterien im lebenden oder abgetöteten Zustand (siehe Vakzinetherapie, S. 60, 67, 84), ja durch bloße Einreibung in oder Umschläge auf die Haut (Besredkas „Antivirus", S. 60). Man kann aber auch andere Bakterien dazu wählen. In Tierversuchen ist es z. B. durch örtliche Anwendung von Streptokokken, Prodigiosus- oder Pyozyaneusbazillen gelungen, selbst die Überwucherung durch septizämische Bakterien (Milzbrand) zu verhindern. Mit mehr oder weniger Erfolg hat man auch alle übrigen entzündungerregenden Mittel, wie z. B. Eiweiß von Pflanzen (Aleuronat) und fremden Tieren teils prophylaktisch (S. 59), teils therapeutisch zur Bekämpfung von Infektionen benutzt. Selbst scheinbar harmlose Stoffe, wie destilliertes Wasser, Fleischbrühe, Kochsalzlösung, ja Blutserum, Blut und Milch derselben Art sind dazu geeignet. Pfeiffer und Issaeff u. a. haben das namentlich für die intraperitonale Infektion mit Cholerabazillen u. a. bewiesen.

Schädliche Folgen der Entzündung sind freilich möglich, sie zu verhüten, die Entzündung in den richtigen Grenzen zu halten, ist von jeher als eine der Hauptaufgaben der ärztlichen Kunst betrachtet worden.

Von den mechanischen Mitteln, die diesem Zweck dienen, nennen wir Ruhigstellung des betroffenen Gliedes und des ganzen Körpers, Beseitigung des äußeren und inneren Drucks durch passende Lagerung, Einschnitte in die Gewebe, örtliche und allgemeine Blutentziehungen, Entfernung von Fremdkörpern, Eiter, abgestorbenen Gewebsteilen, Erzeugung eines mäßigen Grades von venöser Hyperämie (Bier). Hierher gehören dann auch die von alters her angewandten physikalischen Mittel, wie kalte und warme Umschläge und Bäder und die neuzeitlichen Belichtungs- und Bestrahlungsverfahren, schließlich auch chemische Mittel, wie Alkoholverband, Pinselungen mit Jod, Terpentinöl, Höllensteinlösung u. dgl. Wie sich die günstige Wirkung dieser chirurgischen Behandlungsverfahren erklärt, ist zwar durchaus noch nicht für alle Fälle und bis ins einzelne hinein festgestellt, es ist aber wohl anzunehmen, daß sie, wenn überhaupt weit weniger auf die Ansteckungserreger selbst wirken, als auf die Gewebe, und zwar hauptsächlich durch Vermittlung der entzündlich veränderten Gefäße. Letzten Endes sind es natürlich wieder die chemischen Vorgänge im angesteckten Gewebe, die dadurch beeinflußt werden. Selbst von der örtlichen und allgemeinen antiseptischen Behandlung, die uns weiter unten beschäftigen soll, gilt mindestens zum Teil das gleiche.

Bemerkenswert ist, daß nicht etwa jede vermehrte Blutzufuhr die günstige Wirkung der Entzündung teilt. Im Gegenteil scheint sogar die einfache arterielle (aktive) Hyperämie Ansteckungen mehr zu befördern. Das gleiche gilt für hochgradige Stauungshyperämie. Ebenso schädlich sind örtliche Anämien und erst recht natürlich der vollständige Stillstand des Kreislaufes. Auf der mangelhaften Entwicklung der Kreislaufsverhältnisse scheint die teils angeborene, teils erworbene Krankheitsanlage mancher Organe und Organteile, z. B. der Lungenspitzen, beim sog. Habitus phthisicus zu beruhen. Es liegt nahe, ungenügende örtliche Ernährung für solche Schwächezustände verantwortlich zu machen, wie man allgemeine Unterernährung als widerstandsvermindernd zu betrachten pflegt. Umgekehrt würde besonders reichliche Ernährung die örtlichen und allgemeinen Widerstandskräfte steigern.

Doch scheint diese einfache Erklärungsweise nicht überall mit bekannten Tatsachen übereinzustimmen. So ist die Neigung reichlich mit Blut versorgter, namentlich wachsender Teile (Epiphysenlinie der Knochen) zu erkranken, die Disposition gerade kräftiger Individuen zu Pneumonie, Influenza, Typhus entschieden auffällig und kaum etwa nur auf erhöhte Infektionsgelegenheit (Exposition) zurückzuführen.

Über die Bedeutung des Vitaminmangels für die Empfänglichkeit gegen Infektion sind neuerdings eine Reihe von Versuchen gemacht worden, ohne daß aber klare Ergebnisse dabei herausgekommen sind.

Wenn auch bei der Infektion die örtlichen entzündlichen Erscheinungen in erster Linie stehen, so bleibt dabei doch kaum jemals eine Rückwirkung auf den Allgemeinzustand des Körpers aus. Sehr gewöhnlich verläuft diese unter dem Bilde des Fiebers. Auch beim Fieber finden wichtige mechanische Veränderungen im Körper statt: man denke nur an die Beschleunigung des Pulses und der Atmung, die Zusammenziehung der Hautgefäße im Fieberfrost. Diese äußerlich wahrnehmbaren mechanischen Erscheinungen können auf die Ansteckung höchstens einen mittelbaren Einfluß ausüben, unmittelbar müssen dagegen wirksam werden, außer feineren schwerer nachweisbaren biochemischen Einflüssen, die nur dem bewaffneten Auge erkennbaren Veränderungen im Leukozytengehalt des Blutes, die Anhäufung weißer Blutzellen im strömenden Blute und ihr Verschwinden aus demselben, weil sich ja aus diesen Zellen die wichtigsten Vorkämpfer des Körpers gegen die Ansteckung, die Phagozyten und Spender der Leukine ergänzen. In der Tat hat man durch künstliche Hervorrufung von Hyperleukozytose die Widerstandsfähigkeit gegen manche Ansteckung im Tierversuch erhöhen und durch Hypoleukozytose sie erniedrigen können. Ebenso hat man geglaubt, die physikalische Hauptveränderung im Fieber, die Temperaturerhöhung, als eine Waffe im Kampfe gegen die Ansteckung betrachten zu dürfen. Manche Versuche und Beobachtungen sprechen in diesem Sinne.

Die dazu brauchbaren chemischen Mittel fallen großenteils mit den entzündungserregenden zusammen. Pfeiffer und Issaeff haben in ihren oben erwähnten Versuchen gezeigt, daß solche die Widerstandsfähigkeit gegen Infektionen nicht nur durch entzündliche Vorgänge an Ort und Stelle, sondern auch durch allgemeine Reizwirkungen erhöhen, und haben die dadurch entstehende vorübergehende unspezifische Immunität oder „Resistenz“ zuerst deutlich von der länger dauernden und spezifischen Immunität unterscheiden gelehrt. Ähnliches leisten physikalische oder mechanische Eingriffe. So führten Pneumokokkenansteckungen leichter zur Heilung bei Tieren, deren Wärmezentrum man durch Nackenstich gereizt hatte. So will man neuerdings den Tripper durch heiße Bäder heilen. In beiden Fällen sind die Erreger besonders empfindlich gegen hohe Temperaturen. Man bleibt freilich dabei immer noch im Zweifel, ob die Temperaturerhöhung als solche oder Änderungen biochemischer Verhältnisse, die gleichzeitig eintreten, die Ansteckungskeime schädigen. Jedenfalls wird auch durch zahllose andere Erfahrungen bewiesen, daß Temperatureinflüsse für die Empfänglichkeit von Tieren gegenüber Kleinwesen von Bedeutung sind. Am einfachsten liegt die Sache offenbar in denjenigen Fällen, in denen die Keime bei Temperaturen, die wir im Körper finden, überhaupt nicht wachsen. So ist es ohne weiteres erklärlich, daß unter den empfänglichen Pilzen nur diejenigen Arten als Krankheitserreger in Betracht kommen, die bei Bluttemperatur gedeihen (Abschnitt 24). Umgekehrt sind Kaltblüter schon durch ihre Temperatur gegen den Angriff von Tuberkel- und anderen Bakterien geschützt, die bei niederen Temperaturen gar nicht oder schlecht wachsen, und man begreift, daß diese Widerstandsfähigkeit verloren gehen kann, wenn die betreffenden Keime durch Anpassung an niedere Temperaturen abgeändert sind.

Wahrscheinlich spielt diese unspezifische Abwehr auch eine Rolle bei der von mancher Seite als spezifisch betrachteten und als „Depressionsimmunität" oder „Antivirus"-wirkung bezeichneten schnell eintretenden Widerstandsfähigkeit gegen Infektionen (s. u.).

Wie die Entzündung, so kann aber auch das Fieber Gefahren bringen, z. B. dadurch, daß es zu hoch ansteigt oder durch zu lange Dauer erschöpft. Durch zahlreiche Arzneimittel — die sog. Antipyretica — und physikalische Einwirkung (Bäder) pflegt man dagegen vorzugehen, wendet sie aber auch erfahrungsgemäß nicht selten dort an, wo keine derartigen Gefahren zu beseitigen sind, man also von unserem Standpunkt aus fürchten könnte, mit dem Fieber zugleich nützliche Abwehrvorgänge einzuschränken. Der oft unbestreitbare Nutzen der Fiebermittel erklärt sich zwar wohl aus deren Wirkung auf die Ansteckungserreger, es ist aber durchaus nicht überall sicher, ob diese Wirkung eine unmittelbar „antiseptische" ist oder mittelbar durch Beeinflussung der keimwidrigen Kräfte des Körpers zustande kommt (s. u. Reiz- und Chemotherapie).

Wahrscheinlich wird die Disposition der Verdauungsschleimhaut, insbesondere bei künstlich genährten Säuglingen zur Erkrankung durch länger dauernder Hitze vermehrt und so die Vorliebe der Cholera infantum, der asiatischen Cholera und Ruhr für die heiße Jahreszeit erklärlich. Sicher ist umgekehrt, daß man durch Herabsetzung der Körpertemperatur die Empfänglichkeit für verschiedene Krankheitserreger steigern und so im gewissen Sinne die alte ärztliche Erfahrung, daß Erkältung die Widerstandsfähigkeit gegen Ansteckungen herabsetzt, bestätigen kann. Man wird dabei an unmittelbare und mittelbare, durch Nerven und Gefäße verursachte Störungen der mechanischen sowohl, wie der chemischen Abwehreinrichtungen zu denken haben.

Auch die Wirkungsweise anderer Schädlichkeiten, deren Bedeutung an sich durch Versuche und zum großen Teil auch durch ärztliche Erfahrungen über jeden Zweifel erhoben worden ist, scheint nicht sicher klargestellt, so die von manchen Vergiftungen, körperlichen und geistigen Überanstrengungen, aber auch sonstigen seelischen Schädigungen, namentlich Schreck, Kummer und Sorge.

Die Beziehungen des Nervensystems zur Abwehr der Infektion sind noch dunkel, obwohl man lange von trophischen Nerven- und Fieberzentren spricht, auch eine Beeinflussung der Entzündung und Hyperämie durch die Nerven kaum zu leugnen ist. Neuerdings hat Metalnikoff gezeigt, daß zu den „bedingten Reflexen" Pawlows auch die Erzeugung örtlicher und allgemeiner Leukozytose und die Agglutininbildung gehört. Impft man z. B. ein bis zwei dutzendmal Kaninchen mit abgetöteten Cholerabazillen und begleitet die Impfung regelmäßig mit bestimmten anderen Reizen, wie Blasen eines Horns oder Kratzen einer Hautstelle, so steigt der Agglutinintiter später auch an, wenn man denselben Reiz allein wirken läßt.

Zur Erklärung aller dieser Erscheinungen haben wir schon mehrfach auf die biochemischen Abwehrkräfte des Körpers, die durch die mechanischen Veränderungen des Kreislaufs, der Säfteströmung, der Nahrungszufuhr und ferner durch physikalische Einflüsse wie Temperaturerhöhung und -erniedrigung usw. „mobil gemacht" oder gehemmt werden, hingewiesen. Es ist jetzt an der Zeit, diese „Kräfte" im einzelnen zu betrachten. Dabei werden wir gut tun, neben den unspezifischen, d. h. auf alle möglichen Infektionen wirkenden Faktoren der Widerstandsfähigkeit oder Immunität auch die spezifischen nicht zu vergessen, die im Verlaufe einer Infektion gegen deren Erreger von selbst auftreten oder künstlich durch ihnen angepaßte Impfstoffe von uns zur Abwehr oder Heilung der Infektion ins Feld geführt werden. Um so weniger dürfen wir das, als das Studium der spezifischen Immunität erst das rechte Licht auf das Wesen der unspezifischen geworfen hat, ferner beide Zustände zwar begrifflich voneinander zu trennen sind, aber in Wirklichkeit fast bei jeder Infektion, die nicht allzu schnell verläuft, nebeneinander in Frage kommen, und schließlich das Wesen der spezifischen Immunisierung nur auf einer einseitigen Steigerung der unspezifischen Abwehrkräfte zu beruhen scheint. Für die natürliche Immunität kommen in Betracht:

a) keimtötende oder entwicklungshemmende Wirkungen, die sich in den Säften selbst bemerkbar machen;
b) solche, die innerhalb von Zellen auftreten.

Die Wirkungen der Säfte führt man auf das Vorhandensein besonderer Stoffe zurück, von denen bisher vier Arten sicher bekannt sind:

1. die Alexine (Abwehrstoffe, Bakteriolysine) des Blutes und der davon gespeisten Gewebsflüssigkeiten;
2. die Plakine oder Plättchenstoffe, die von den Blutplättchen abgegeben werden;
3. die Leukine oder Leukozytenstoffe, die von vielkernigen weißen Blutkörperchen herrühren.

Die keimwidrigen Leistungen im Innern von Zellen können, da auch für letztere im allgemeinen das Gesetz der Undurchdringlichkeit gilt, das wir für die organischen Gewebe der Körperoberfläche festgestellt, der Regel nach erst dann in Erscheinung treten, wenn die Kleinwesen von ihnen aufgenommen, gefressen worden sind. In der Tat gibt es im Körper zahlreiche Freßzellen (Phagozyten Metschnikoffs); die am meisten verbreiteten sind die vielkernigen weißen Blutzellen. Gerade von ihnen ist aber bekannt, daß sie der Regel nach Keime nur fressen, wenn diese vorher mit gewissen Stoffen, die in der Blutflüssigkeit vorkommen, den Opsoninen oder Vorbereitungs(Lock-)stoffen, in Berührung gewesen sind. Die letzteren bilden also die vierte Klasse von keimwidrigen Bestandteilen der Säfte. Die im Innern der Leukozyten vorhandenen keimwidrigen Kräfte, durch die erst die Abtötung der von den Freßzellen aufgenommenen Keime zustande kommt, scheinen mit den oben erwähnten Leukinen zusammenzufallen (Endolysine).

Es ist wahrscheinlich, daß mit unserer Aufzählung noch nicht alle im lebenden Gewebe gegenüber den eingedrungenen Kleinwesen verfügbaren Abwehrkräfte und Stoffe erschöpft sind. Vielleicht gibt es solche ähnlicher Art, wie wir sie den Epithelzellen des Dünndarms vorausgesetzt haben (S. 105) auch an anderen Stellen des Körpers, doch müssen wir uns hier auf die bisher bekannt gewordenen Leistungen beschränken.

Die größte Verbreitung und damit wohl auch Bedeutung besitzen die Alexine oder Bakteriolysine. Sie sind in der Blutflüssigkeit aller Warm- und wahrscheinlich auch aller Kaltblüter enthalten und gehen mehr oder weniger reichlich in die von diesen gespeisten Lymphen über.

Der Ausgangspunkt für ihren Nachweis war die Feststellung Grohmanns (1884), daß Bakterien und Schimmelpilze beim Aufenthalt im Blute beträchtlich geschädigt werden. Fodor, Nuttall und Nissen bestätigten das für defibriniertes Blut, und Hans Buchner fand, daß dieses seine keimtötende Wirkung den Alexinen des Blutserums verdankt. Schon im Blutplasma, d. h. in der Blutflüssigkeit vor der Gerinnung sind die Abwehrstoffe vorhanden, wie man durch Auffangen des aus dem Blutgefäß strömenden Blutes in oxalsaurem oder zitronensaurem Natron (1%) feststellen kann. Mit der Blutflüssigkeit gelangen sie auch in die lymphatischen Flüssigkeiten der meisten Gewebe, freilich in mehr oder weniger verdünnter Form. Nur in der wäßrigen Flüssigkeit der vorderen Augenkammer, sowie in derjenigen, welche die Hirn-Rückenmarkhäute umspült, scheinen sie gewöhnlich vollständig zu fehlen, sind aber auch in diesen Flüssigkeiten eine Zeitlang nachweisbar, wenn diese sich nach Entleerung durch Anstich neu gebildet haben. Überall befördert Stauung und namentlich Entzündung den Gehalt der Lymphe an Alexinen, so daß z. B. eine frische Exsudatflüssigkeit gleich stark wirken kann, wie Blutserum. In die normalen Sekrete gehen die Alexine nicht über; höchstens in der Milch sind ähnliche Stoffe spurenweise enthalten. Ob eine Ausscheidung von Alexinen durch die Plazenta hindurch stattfindet, ist zweifelhaft, jedenfalls ist die Blutflüssigkeit neugeborener Früchte viel ärmer daran als die der Mutter.

Die keimtötende Wirkung der Alexine wird meist in der Weise festgestellt, daß man Proben des nach Gerinnung des Blutes abgeschiedenen Serums mit bestimmten Mengen frisch gezüchteter Bakterien vermischt und nach 2, 6 bis 24 Stunden ganz oder teilweise zu Platten ausgießt (S. 36). So wuchsen z. B.

in einem Versuche aus je einer Platinöse einer Mischung von 3 Tropfen menschlichen Blutserums und 1 Tropfen Bouillonaufschwemmung von Ruhrbazillen von den ursprünglich darin eingesäten 7000 Ruhrbazillen nach 2 Stunden nur noch 3, nach 4 Stunden überhaupt keine Kolonien, aus 4 mal mit Kochsalzlösung verdünntem Serum dagegen 110 und 200, aus 10 mal verdünntem Serum 3100 und 10000, aus den gleichen Mengen Fleischbrühe 16000 und 40000 Kolonien. Ähnlich ist meist die Wirkung von Meerschweinchen- oder Kaninchenserum auf Ruhrbazillen, und Typhus- und Cholerabazillen verhalten sich gewöhnlich nicht viel anders. Wählt man dagegen zur Einsaat Staphylo-, Strepto- oder Pneumokokken oder Heubazillen, so sieht man keine deutliche Wirkung: die Alexine scheinen überhaupt gramfeste Bakterien nicht abzutöten.

Eine Eigentümlichkeit der Alexine, die schon früh aufgefallen ist, besteht in ihrer Vergänglichkeit.

Schon einige Tage Aufenthalts bei gewöhnlicher Temperatur, kürzere Zeit bei Bruttemperatur, halbstündige Erhitzung auf 55—60° genügen meist, um die Alexine abzuschwächen oder zu vernichten. Ebenso schädigt sie mehrstündige Belichtung in der Sonne, Verdünnung oder Dialyse mit destilliertem Wasser, während sie in der Kälte und im trocknen Zustande sich besser erhalten und durch Salze aus ihrer Lösung gefällt werden. Besonders wichtig ist ferner, daß nach Berührung mit Bakterienkörpern oder Bakterienstoffen (Aggressinen, S. 357) die Wirkung der Alexine verschwindet, und zwar in erster Linie gegenüber derselben Bakterienart, dann auch gegenüber anderen. Aber auch nicht bakterielle Stoffe, wie Pflanzeneiweiß, aufgelöste rote Blutkörper, zerquetschte Gewebszellen und andere organische oder anorganische Fremdkörper binden die Alexine. Im lebenden Körper macht sich diese Wirkung der Bakterienkörper oder -stoffe dadurch bemerkbar, daß sie die Ansteckung begünstigt. So erklärt sich, daß die Menge der angreifenden Bakterien für den Erfolg der Ansteckung von größter Bedeutung ist, daß Mischansteckungen, mögen sie nun von Anfang an bestehen oder sich nachträglich (als Sekundärinfektionen) im Laufe der ursprünglichen Ansteckung entwickeln, häufig einen ungünstigen Einfluß auf die Krankheit ausüben, daß verunreinigte und gequetschte Wunden die Wucherung an sich weniger ansteckungsfähiger Keime, wie z. B. der Anaërobier, begünstigen, daß Magen-Darminhalt, wenn er in die Bauchhöhle gelangt, durch Überwucherung der an sich harmlosen Darmbakterien zu den schwersten Formen der Selbstansteckung in Gestalt von Bauchfellentzündung führt.

Welche Zusammensetzung die Alexine haben, ist völlig unbekannt, da sie bisher nicht rein dargestellt werden konnten, doch sind es nicht einfach, sondern verwickelt gebaute Körper. Man unterscheidet gewöhnlich zwei Bestandteile, das Komplement und den Ambozeptor.

Man rechnet die Alexine im allgemeinen, wie die übrigen Schutz- und Immunstoffe, zu den eiweißartigen Körpern. Manche Ähnlichkeit haben sie mit den Fermenten. Insbesondere den proteolytischen hat man sie verglichen, weil sie die Keime, die sie beeinflussen, zur Auflösung bringen. Indessen darf bei diesem Vergleich nicht übersehen werden, daß die wesentlichste Eigenschaft der Alexine, nämlich die, lebende Keime abzutöten, gerade den Verdauungsfermenten fehlt. Die letzteren sind, wie viele Erfahrungen beweisen, nur solche Zellen aufzulösen imstande, die vorher auf irgendeine Weise abgetötet sind. Außerdem ist die Auflösung der Keime durch die Alexine, die sog. Bakteriolyse,

R. Pfeiffers (S. 112, 163) kein Vorgang eigentümlicher Art, sondern kommt auch sonst absterbenden Bakterien zu. Daher bedürfen wir, um die Wirkung der Alexine zu erklären, keines besonderen diesem eigentümlichen lytischen Enzyms, sondern können die auflösenden Kräfte den autolytischen Fermenten der Bakterien zuschreiben. Der Bakteriolyse nahe verwandt ist die Hämolyse, der die roten Blutkörperchen unter dem Einfluß fremden Serums verfallen, doch scheinen die normalen Hämolysine oder hämolytischen Alexine des Blutserums trotz aller von Buchner festgestellten Ähnlichkeiten von den normalen Bakteriolysinen oder Alexinen schlechthin verschieden zu sein. Ähnlich sind sich beide Stoffe auch darin, daß sie, wie namentlich Ehrlich und Morgenroth lehrten, aus mehreren Bestandteilen bestehen. Ursprünglich nahm man nur zwei solche, einen widerstandsfähigeren, den bakteriolytischen (und hämolytischen) Ambozeptor und einen empfindlicheren, das Komplement an. Die Ambozeptoren (Zwischenkörper) haben ihren Namen daher, daß sie einerseits die Bakterien, andererseits das Komplement binden und dadurch erst die eigentliche Wirkung vermitteln. Sie sind dadurch im Serum von den Komplementen zu trennen, daß sie gegen Erhitzung und andere Einflüsse widerstandsfähiger zu sein pflegen als diese, die schon durch längeres Stehenlassen bei gewöhnlicher Temperatur oder durch Körpererhitzung unwirksam werden. Daß sie es sind, welche die Bakterien (Blutkörperchen) binden, aber selbst nicht lösen, folgert man daraus, daß sie in vielen Fällen aus dem auf 55—60^0 erhitzten (oder auf 0^0 abgekühlten) Serum durch Bakterien (Blutkörper) ohne Schädigung der letzteren mittels Ausschleuderns herausgezogen werden können. Die Lösung tritt dann aber ein, wenn man zu den so mit Ambozeptoren beladenen Bakterien (Blutkörpern) frisches, unerhitztes, d. h. noch Komplement haltiges Serum in so geringen Mengen (z. B. in $^1/_{20}$—$^1/_{40}$ Verdünnung) zusetzt, daß allein dadurch eine Lösung nicht bewirkt würde. Diese geringe Menge Komplement genügt also, um die an Bakterien (Blutkörper) gebundenen Ambozeptoren zu wirksamen Bakterio(Hämo)lysinen zu „ergänzen". Das Komplement ist danach der wenn man will, fermentartige Körper, den wir im Alexin annehmen, der aber nicht lösende, sondern nur tötende Kräfte entwickelt. Durch spätere Untersuchungen hat sich übrigens gezeigt, daß das Komplement seinerseits wieder aus mehreren Bestandteilen besteht. Weiter verwickeln sich die Dinge dadurch, daß das Blutserum jedes Tieres nicht bloß je einen Ambozeptor und ein Komplement für Bakterien und Blutkörper enthält, sondern wahrscheinlich eine größere Anzahl von Ambozeptoren, vielleicht sogar mehrere verschiedene für jede Bakterien- und Blutkörperchenart, enthält, und daß ebenso mehrere Komplemente in demselben Serum nebeneinander vorhanden zu sein scheinen. Wir können die Beweise, die dafür sprechen, hier nicht wiedergeben, sondern wollen nur hervorheben, daß diese Annahme uns ermöglicht, die folgenden Tatsachen zu verstehen.

Durch das Überstehen einer Ansteckung oder die Schutzimpfung dagegen werden in vielen Fällen die keimtötenden Abwehrstoffe im Blutserum außerordentlich verstärkt, aber stets nur gegenüber dem Erreger der betreffenden Ansteckung, nicht gegenüber allen anderen Keimen. Die nähere Prüfung ergibt, daß dabei nur die hitzebeständigen Bestandteile in Serum, die Ambozeptoren, erheblich vermehrt werden, der Komplementgehalt aber unverändert bleibt. Diese spezifischen Bakteriolysine sind zuerst von R. Pfeiffer für die Choleraansteckung beim Meerschweinchen nachgewiesen worden. Zunächst bei Tieren, die durch mehrmalige Behandlung mit steigenden Gaben von Cholerabazillen gegen eine spätere Ansteckung allmählich widerstandsfähig geworden, oder nach dem Ausdrucke Ehrlichs, „aktiv" immunisiert worden waren, dann bei solchen, die durch eine einmalige Einspritzung von Blutserum immunisierter Tiere oder cholerakrank gewesener Menschen gegen eine unmittelbar darauf folgende Einverleibung von Cholerabazillen gefestigt, d. h. „passiv" immunisiert worden waren.

In beiden Fällen läßt sich das Schicksal der Cholerabazillen am besten verfolgen, wenn man zur Probe auf die Immunität in die Bauchhöhle vorbehandelter Tiere Mengen von Cholerabazillen, die für unbehandelte Tiere sicher tödlich sind, einspritzt, dann etwa von 10 zu 10 Minuten mittels Kapillarröhrchen, die durch die Bauchwand gestoßen werden, etwas von der Leibeshöhlenflüssigkeit entnimmt und im hängenden Tropfen oder gefärbtem Ausstrich untersucht. Gerade hier tritt die oben erwähnte Körnerbildung oder Bakteriolyse besonders reichlich und schnell hervor, so daß oft schon nach 20 bis 30 Minuten kaum noch unveränderte Kommabazillen in der Bauchhöhle zu finden sind, und damit eigentlich schon die Ansteckung siegreich bekämpft erscheint. Im nichtimmunisierten Tier erscheinen die Bazillen dagegen, wenn man gleiche Mengen eingespritzt hat, unverändert, lebhaft beweglich und offenbar in Vermehrung begriffen, und nur, wenn man viel kleinere, nicht zur Tötung ausreichende Gaben der Erreger oder große Mengen von Kommabazillen, die keine genügende Ansteckungskraft besitzen, wählt, kann man auch hier die Bakteriolyse beobachten. Im wesentlichen verlaufen die Dinge ganz ähnlich, wenn man statt Cholerabazillen andere (nicht gramfeste) Bakterien, z. B. Typhus- und Ruhrbazillen zur Immunisierung und Prüfung wählt. Daß der wirksame Körper im immunisierten Tier ein dem Ambozeptor ähnlicher, nicht ein komplementartiger Stoff sein muß, wird schon nahegelegt durch die Tatsache, daß kleinste Mengen von Immunserum, z. B. ein Tausendstel oder gar wie im Beispiel auf S. 152 der hunderttausendste Teil eines Gramms imstande ist, die Versuchstiere vor tödlicher Ansteckung zu schützen, und daß die Wirkung die gleiche bleibt, ob man frisches oder länger aufbewahrtes, oder auf 60° erhitztes Immunserum verwendet.

Noch klarer wird der Vorgang durch die Prüfung im sog. bakteriziden Versuch außerhalb des Tierkörpers. Man bemerkt nämlich im Plattenversuch (S. 381), daß kleine Mengen von Immunserum (0,001 ccm) im Reagenzglas mit stark verdünnter Bouillon (1 ccm) die zugehörigen Erreger in ihrer Lebensfähigkeit gar nicht beeinflussen, aber sofort mächtige keimtötende Wirkungen entfalten, wenn man außer dem Immunserum noch kleine, allein ebenfalls wirkungslose Gaben (0,05 ccm) von frischem Blutserum unbehandelter Tiere, d. h. das, was wir oben Komplement genannt hatten, auf die Bakterien einwirken läßt.

Nach allen diesen Tatsachen besteht die gegen die hier in Betracht kommenden Bakterien erworbene sog. bakteriolytische Immunität darin, daß die vorher nur in kleinen Mengen vorhandenen bakteriolytischen Ambozeptoren des Blutes außerordentlich vermehrt werden.

Nebensächlich ist dabei, ob die Beschaffenheit der Ambozeptoren selbst, wofür manche Tatsachen sprechen, noch in gewisser Weise verändert wird. Wir haben hier wohl ein ähnliches Verhältnis, wie es zwischen den Antitoxinen,

Agglutininen usw. des unbehandelten und geimpften Körpers besteht und werden hier wie dort zum Verständnis der Immunisierungsvorgänge auf die Ehrlichsche Seitenkettentheorie (S. 236) zurückgreifen dürfen.

Bei jeder Ansteckung beobachten wir außer den allen ansteckenden Krankheiten gemeinsamen, also unspezifischen Abwehrbewegungen, die wir unter dem Namen der Entzündung und des Fiebers kennen gelernt haben, auch echte, d. h. spezifische Immunisierungsvorgänge. Sie treten nur dort nicht in die Erscheinung, wo die Ansteckungen zu schnell zum Tode führen. Dauert die Krankheit aber mehrere Tage oder besser Wochen, so finden wir im Blute der Kranken bakteriolytische Ambozeptoren, freilich nur bei solchen Ansteckungen (Typhus, Ruhr, Cholera), deren Erreger überhaupt Ambozeptoren zu bilden imstande sind. Daß dadurch der natürliche Verlauf der Krankheit günstig beeinflußt, die Heilung befördert wird, ist anzunehmen. Aber auch künstlich scheinen sich die Aussichten der Heilung dadurch verbessern zu lassen, daß man während der Krankheit selbst den Immunisierungsvorgang durch Behandlung mit abgetöteten Bakterien derselben Art beschleunigt (Vakzinetherapie), oder daß man fertige Bakteriolysine zuführt (Serumtherapie). Die Vakzinetherapie darf man begrifflich nicht mit der unspezifischen Bakteriotherapie und sonstigen Reiztherapie (s. u.) verwechseln, wenn auch der Erfolg oft derselbe ist.

Bei Koliinfektionen, Typhus und Ruhr hat man derartige Erfahrungen mit der Vakzinetherapie gemacht (vgl. S. 99). Von vornherein lag es nahe, auch zu versuchen, durch Einverleibung bakteriolytischen Immunserums die genannten Ansteckungen zu heilen. Die im Versuchstier gemachten Erfahrungen haben das nur in recht ungenügender Weise bestätigt. Hier liegen die Verhältnisse aber deshalb sehr ungünstig, weil z. B. die Erkrankung des Meerschweinchens, die wir durch Typhus, Cholera und Ruhr erzielen können, zu schnell, binnen 15—20 Stunden zum Tode zu verlaufen pflegt, und außerdem die dabei auftretenden Vergiftungserscheinungen durch Immunserum nur unvollkommen bekämpft werden können, ja durch eine zu schnelle Bakteriolyse unter Umständen sogar gesteigert werden. Beim Menschen sind die Aussichten günstiger, insbesondere bei der nicht so stürmisch wie die Cholera verlaufenden Ruhr und beim Typhus. Es scheint auch, als ob die Erfolge der Serumbehandlung wenigstens bei der Dysenterie auf die bakteriolytischen Kräfte des Ruhrserums zu beziehen sind (S. 156).

Über den Ursprung der Alexine, der Ambozeptoren und Komplemente ist nichts sicheres bekannt.

Die von manchen Seiten ausgesprochene Ansicht, die Leukozyten seien die Quelle derselben, hat sich nicht bestätigt. Es liegt hier eine Verwechslung mit den später zu besprechenden Leukinen vor. Bei der Immunisierung werden die Ambozeptoren zwar in größeren Mengen zunächst in der Milz nachweisbar, und dieses Organ beteiligt sich neben andern Blutdrüsen wohl an ihrer Bildung, aber sicher nicht in erster Linie, denn auch entmilzte Tiere lassen sich gleich gut immunisieren. Vielleicht haben die Endothelien der Blutgefäße oder das weitverbreitete retikulo-endotheliale System (s. u.) etwas mit der Entstehung der Schutzstoffe zu tun. So würde sich auch am einfachsten die örtliche Immunität erklären, die gerade in den Herden der Ansteckung auch nach dem Abklingen der entzündlichen Erscheinungen zurückzubleiben pflegt. Die Theorie Besredkas, nach der überhaupt jede Immunität auf einer örtlichen Immunisierung der Haut und Schleimhaut beruhen und auf einem von den Infektionsmengen selbst gebildeten „Antivirus“ beruhen soll (s. u.), ist ebensowenig begründet wie die Bakteriophagentheorie d'Hérelles (Abschnitt 28). Und auch bei der örtlichen Immunisierung wird man immer zwischen unspezifischen Wirkungen, die schnell eintreten und bald verschwinden und spezifischen, die umgekehrt verlaufen, unterscheiden müssen. Das schließt aber nicht aus, daß Haut und Schleimhaut ebenso wie andere Organe auf irgendeine Weise spezifische Wirkungen auf Infektionserreger ausüben könnten. Das Beispiel der Variolation und auch manche neuen Erfahrungen sprechen für eine solche „Esophylaxie“ der Haut (E. Hoffmann).

Neben den Alexinen treten auch noch andere gelöste Stoffe mit keimtötenden Eigenschaften in den Säften auf. Den ersteren am nächsten verwandt zu sein scheinen die sog. Plakine oder Plättchenstoffe M. v. Grubers zu sein.

Nach diesem Forscher sind sie es wohl, welche die keimtötende Wirkung des Blutserums mancher Tiere gegenüber Milzbrandbazillen, die man früher auf Alexine zurückgeführt hat, bedingen. In der Tat fehlt diese Wirkung im Blutplasma dieser Tiere und erscheint erst nach der Gerinnung und Auflösung der Blutplättchen im Serum. Eigentümlicherweise sind bisher die Plättchenstoffe nur gegenüber Milzbrandbazillen wirksam gefunden worden. Wie weit sie bei der Ansteckung im lebenden Tier eine Bedeutung haben, ist noch nicht völlig klargestellt.

Viel wichtiger sind wohl die Leukine oder Leukozytenstoffe. Daß sich aus den vielkernigen Leukozyten keimtötende Stoffe gewinnen lassen, wurde schon von H. Buchner und Hahn vor längerer Zeit gefunden und ist bis in die letzte Zeit hinein immer wieder bestätigt worden.

Man geht zu ihrem Nachweis folgendermaßen vor: In einer serösen Höhle von Versuchstieren, z. B. in der Bauchhöhle von Meerschweinchen, erzeugt man sich zunächst durch Einspritzung von destilliertem Wasser, Fleischbrühe oder einer Aleuronatabkochung (5—20 ccm) eine leukozytenreiche Ausschwitzung, entnimmt sie am nächsten Tage unter Zusatz von Kochsalzlösung, befreit dann die Leukozyten von der serösen Flüssigkeit durch wiederholtes Ausschleudern und Auswaschen mit derselben Lösung, tötet die in diesen Flüssigkeiten aufgeschwemmten Leukozyten, z. B. durch kurzes Erhitzen auf 60°, und prüft ihre Aufschwemmung unmittelbar oder nach Ausschleudern der festen Bestandteile durch Zusatz von Bakterien und Plattenkulturen auf keimtötendes Vermögen. Auch 1—2 Stunden dauernde bei 37° erfolgende Berührung der Leukozyten mit einer der genannten Flüssigkeiten entzieht ihnen einen Teil der Leukine, und im Blutplasma scheinen Leukine ebenfalls nicht zu fehlen.

Die Leukine wirken zum Unterschied von den Alexinen nicht bloß auf gramfreie, sondern auch auf gramfeste Bakterien, wie Staphylo- und Streptokokken, Heu- und Milzbrandbazillen und, was besonders erwähnenswert ist, öfters auch auf solche Bakterien, die durch Freßzellen (s. u.) nicht oder kaum angegriffen werden.

Sie unterscheiden sich auch dadurch von den Alexinen, daß sie im allgemeinen widerstandsfähiger sind, z. B. Temperaturen von 60—70°, ja 100° aushalten. Dafür, daß sie für die Bekämpfung der Ansteckungen im lebenden Körper eine Bedeutung haben, sprechen mancherlei Beobachtungen, so z. B. die Tatsache, die zunächst bei Ansteckungen der Hornhaut aufgefallen ist, daß nämlich das in der Hornhaut vor sich gehende Wachstum von Pilzen oder Bakterien nach einiger Zeit durch einen Wall von Leukozyten, der die Herde in einiger Entfernung umzieht, zum Stillstand gebracht wird. Im übrigen ist es natürlich im Innern der Gewebe sehr schwierig, andere von Säften und Zellen ausgehende keimwidrige Einflüsse von denen der Leukine zu trennen.

Daß die Leukine im immunisierten Körper in größeren Mengen gebildet würden, ist bisher nicht bewiesen, wohl macht es aber den Eindruck, als ob sie in gewissen Fällen unter der Mitwirkung eigentümlicher Immunkörper, die sich im Blutserum anhäufen, besser zur Geltung kämen. Bail und Weil haben geglaubt, solche Stoffe im Serum gegen Milzbrand und Hühnercholera geimpfter Tiere zu finden und sie als Antiaggressine bezeichnet, in der Annahme, daß die Aggressine dieser Bakterien im empfänglichen Tier die Leukinabsonderung verhinderten, und diese Wirkung im immunisierten Tier durch Immunkörper aufgehoben würde. Der Name erscheint wenig zweckmäßig, weil auch die übrigen gegen die Ansteckungen gerichteten Immunkörper (Bakteriolysine und Opsonine) gegen die Angriffskräfte der Erreger, also antiaggressiv wirken. Unter der Voraussetzung, daß sich die Sache verhält, wie Bail und Weil meinen, würde man hier besser von Leukosekretinen sprechen. Das Milzbrandserum ist beim Menschen und namentlich bei Tieren mit Erfolg zur Behandlung und Schutzimpfung benutzt worden. Ebenso hat sich das Hühnercholera- und das gegen die ähnlichen Bakterien der hämorrhagischen Septizämie hergestellte Schweineseucheserum als vorbeugendes Mittel gut bewährt.

Nicht bloß außerhalb der Gewebszellen begegnen die in den Körper eingedrungenen Kleinwesen schädigenden Einflüssen, sondern auch innerhalb von Zellen. Wahrscheinlich sind diese sämtlich mit Einrichtungen ausgerüstet, um einerseits das Eindringen von Keimen in ihr Inneres zu verhindern, andererseits die trotzdem eingedrungenen Keime unschädlich zu machen. Indessen wissen wir darüber im allgemeinen noch recht wenig. Es gibt aber besondere Gruppen von Zellen, die geradezu die Aufgabe zu haben scheinen, kleinste belebte und unbelebte Fremdkörper aufzunehmen, um sie dann, soweit wie möglich, unschädlich zu machen. Metschnikoff, der die Bedeutung dieser Zellen als Hilfstruppen des Körpers in das rechte Licht gerückt und sie mit großem Eifer gegen Anzweifelungen verteidigt hat, bezeichnet sie als Freßzellen oder Phagozyten. Die wichtigsten unter ihnen sind die vielkernigen weißen Blutkörperchen (Mikrophagen). Außer ihnen gibt es im Körper auch größere Freßzellen (Makrophagen), dazu gehören gewisse Zellen im Blute und in der Lymphe, im entzündlichen Gewebe und in vielen, wenn nicht allen Organen. Mit Aschoff faßt man sie neuerdings als „retikulo-endotheliales System" zusammen. *Die Leukozyten sind auch deswegen wichtig, weil sie nicht nur reichlich* im Blute, weniger reichlich in der Lymphe vorhanden sind, sondern auch durch die entzündliche Auswanderung in großen Mengen in die durch Ansteckung bedrohten Gewebe hineingelangen. Ferner ist ihr Vorrat gewissermaßen unerschöpflich, weil sie sich beständig aus ihren Bildungsherden im Knochenmark ergänzen. Das geschieht im erhöhten Maße in Zeiten der Gefahr durch die fieberhafte Hyperleukozytose (S. 377).

Welche Bedeutung der Freßtätigkeit der Leukozyten zukommt, erkennt man schon bei mikroskopischer Durchmusterung jedes Eiterherdes, der erysipelatös entzündeten Haut, der pneumonischen Exsudate, der durch Influenzabazillen verursachten Katarrhe der Luftwege. Diese und viele andere Ansteckungen beginnen gewöhnlich mit der freien Entwicklung der Erreger im flüssigen Exsudat und endigen mit ihrer Vernichtung in den Eiterzellen. Noch überzeugender verlaufen Tierversuche, namentlich wenn man sie so anordnet, daß die Krankheitserreger an eine Körperstelle gebracht werden, wo sie von vornherein große Mengen Leukozyten vorfinden.

Am einfachsten gelingt das in der Bauchhöhle der Meerschweinchen, wenn man diese einen Tag vor der Impfung durch Einspritzung von Flüssigkeiten, wie destilliertes Wasser, Fleischbrühe, Aleuronatabkochung, in entzündlichen Zustand versetzt (S. 59, 376). Fünf so vorbereitete Meerschweinchen erhielten z. B. in einem unserer Versuche je eine Kultur des Staphylococcus aureus intraperitoneal eingespritzt, wurden nach $^1/_4$—48 Stunden getötet und auf ihren Keimgehalt verarbeitet. Von den 10—15 Milliarden Kokken wurden nach 5 Stunden nur noch 25 Millionen, nach 24 Stunden 3 Millionen, nach 48 Stunden überhaupt so gut wie nichts mehr in der Bauchhöhle und auch nur Spuren im übrigen Körper gefunden. Daß dies wesentlich der Freßtätigkeit von Leukozyten zu verdanken war, lehrte schon der mikroskopische Befund mit großer Wahrscheinlichkeit: Die in den ersten Stunden massenhaft in die Leukozyten übergegangenen Kokken waren nach 24 Stunden zum größten Teil wieder aus ihnen verschwunden, oder nur noch im entarteten Zustande in ihnen enthalten. Außerhalb von Zellen sah man von Entartung wenig. Übrigens beweisen Reagenzglasversuche, daß die Blutflüssigkeit Staphylokokken nicht schädigt (S. 381), es kämen also nur noch Leukine in Frage, die auch wohl neben den Freßzellen eine gewisse Rolle spielen werden.

Bei Versuchen mit Streptokokken und anderen gramfesten Bakterien erhält man ähnliche Ergebnisse wie mit Staphylokokken. Wählt man gramfreie Bakterien, z. B. Cholera-, Ruhr- und Typhusbazillen zu dem Versuch, so beobachtet man zwar auch reichliche Phagozytose, daneben aber auch Bakteriolyse außerhalb der Zellen, und diese tritt an die erste Stelle, wenn die Leukozyten in der Bauchhöhle nicht angereichert sind.

Freilich kommen Fälle vor, in denen die Phagozytose versagt oder zweifelhaften Erfolg hat. Wir haben davon namentlich bei der Gonorrhöe (S. 84) und dem Rotlauf (S. 214) gesprochen und dort schon hervorgehoben, daß die Fähigkeit mancher Erreger, sich den Phagozyten anzupassen, nichts gegen die allgemeine Bedeutung der Phagozytose beweist.

Nicht verwunderlich ist es von vornherein, daß die Freßzellen an Keime von höchster Ansteckungskraft, wie z. B. vom Tier stammende gekapselte Milzbrandzellen, sich überhaupt nicht heranwagen, da hier eben die Abwehrkräfte des Körpers gegen die Ansteckung nicht ausreichen. Überschwemmung desselben mit Bakterien, die Septizämie, ist die Folge. Auch in dem Falle ist das Endergebnis dasselbe, wenn die Erreger nur zeitweise abgeschwächt sind, wie z. B. Milzbrandsporen oder -Bazillen, die nicht unmittelbar vom Tier stammen, sondern auf künstlichen Nährböden gewachsen sind. Diese werden in der mit Leukozyten angereicherten Bauchhöhle zunächst zwar von den Freßzellen in Beschlag genommen, nach einiger Zeit sieht man sie aber wieder in der freien Bauchhöhlenflüssigkeit, und zwar jetzt in gekapselter Form auftauchen. Ein Teil der Erreger wird zwar von den Freßzellen abgetötet, ein anderer Teil widersteht ihnen aber, wächst aus ihnen heraus, umgibt sich mit einer Kapsel und vermehrt sich dann ungestört zwischen den Leukozyten weiter, wie es „tierische“ Bazillen von Anfang tun. Die Erreger erlangen hier also erst während ihres Aufenthalts im Körper ihre volle Wirksamkeit wieder. Etwas anders liegen die Dinge bei Tuberkelbazillen. Gelangen diese in eine leukozytenreiche Bauchhöhle, so werden sie zwar sofort von den Leukozyten aufgenommen, die Ansteckung wird aber deswegen nicht verhindert, weil die Tuberkelbazillen durch Leukozyten überhaupt nicht geschädigt werden, sondern eher diese schädigen. Weit besser als die Mikrophagen wirken diesen Keimen gegenüber die Makrophagen (s. u.). Beim Schweinerotlauf werden die Bazillen zwar von den Leukozyten gefressen, vermehren sich aber in ihnen so reichlich, daß sie die Zellen schließlich sprengen. Bei Tripperkokken ist zwar ähnliches zu beobachten, die Heilung tritt aber gewöhnlich früher oder später dennoch unter Fortbestehen der Phagozytose ein.

Selbstverständlich hat es an Bemühungen nicht gefehlt, die Bedeutung der Phagozytose auch durch Versuche im Probierglase zu beweisen. Eigentümlicherweise haben sie ziemlich spät Erfolge gezeigt. Das lag z. T. daran, daß die Phagozytose an bestimmte Bedingungen geknüpft ist, die erst von Wright 1903 erkannt wurden. Es genügt nämlich im allgemeinen nicht, Leukozyten mit Bakterien in Berührung zu bringen, um sie zum Fressen zu bewegen, sondern es bedarf noch der Mitwirkung bestimmter Stoffe, die nur im frischen Serum vorhanden sind. Wright hat sie Opsonine genannt, weil sie die Bakterien gewissermaßen zur Speise für Freßzellen erst tauglich machen. Die Opsonine, „Vorbereitungs“- oder „Lockstoffe“ haben in ihrer Empfindlichkeit, namentlich gegen Erhitzung und in ihrem Vorkommen in allen serösen Flüssigkeiten des Körpers große Ähnlichkeit mit den Abwehrstoffen des Serums, doch unterscheidet sich die opsonische Wirkung des Serums von vornherein dadurch von der bakteriziden, daß die erstere alle Bakterienarten umfaßt und nicht bloß einen Teil, wie ja auch die Phagozytose im lebenden Körper eine allgemeinere Ausdehnung besitzt als die Bakteriolyse.

Die opsonische Kraft des Menschenserums wird gewöhnlich nach dem Vorgang von Wright in folgender Weise bestimmt: Man saugt das Blut, z. B. aus einer Stichwunde im Finger, in eine mit etwas 1%iger Kaliumzitratlösung gefüllte Kapillare ein, schleudert nach Durchmischen aus, befreit die Blutkörper durch wiederholtes Waschen mit Zitrat und Ausschleudern vom Serum, trennt dann durch kräftiges Ausschleudern die weißen Blutkörper in Gestalt einer dünnen weißlichen Deckschicht von den roten Blutkörpern, saugt erst die Leukozyten, dann frisches Blutserum und drittens eine Bakterienaufschwemmung in eine Kapillare auf, vermischt die drei Bestandteile durch Ausblasen auf einen Objektträger, saugt sie wieder in die Kapillare ein, bebrütet diese 10—20 Minuten bei 37°, bläst den Inhalt wieder aus, verstreicht ihn auf einen Objektträger, trocknet an, härtet 20 Minuten in Alkohol und färbt mit Methylenblau, Karbol-Thionin u. dgl. Je nachdem das Serum viel oder wenig Opsonin enthält, sieht man mehr oder weniger Bakterien innerhalb von Leukozyten und kann einen ziffernmäßigen Anhaltspunkt dadurch gewinnen, daß man entweder die von hundert Leukozyten durchschnittlich gefressenen Bakterien — den phagozytischen Index (Phagozytenzahl, Freßzahl) — oder den Prozentsatz der Leukozyten, die Bakterien gefressen haben (das Phagozytenverhältnis), oder den Prozentsatz der Leukozyten, die nicht gefressen haben — die Ansteckungszahl (Virulenzzahl Bürgers') — bestimmt. Man kann aber auch auf irgendeine andere Weise, z. B. wie bei den Leukinversuchen aus frischen Exsudaten der Bauchhöhle gewonnene Leukozyten (S. 385) benutzen. Genauer bestimmt man die Opsoninmenge noch dadurch, daß man die Phagozytenzahl oder das Phagozytenverhältnis auch noch für die Verdünnungen des Serums feststellt. Zum Vergleich dienen dabei die Zahlen, die für die Phagozytose in auf 55—60° erhitztem Serum oder Kochsalzlösung — es macht das kaum einen Unterschied — erhalten werden, d. h. das Maß der sog. freiwilligen (spontanen) Phagozytose. Eine solche ohne Hilfe durch Serum vor sich gehende Freßtätigkeit der Leukozyten fehlt wohl nie vollständig, ist aber im allgemeinen sehr geringfügig. Die Verhältnisse werden durch folgende Beispiele beleuchtet. In den unten angegebenen Mischungen enthalten z. B. die Leukozyten nach 15 Minuten langer Bebrütung durchschnittlich folgende Anzahl von Keimen:

1. Frisches Blutserum, nicht verdünnt + Leukozyten + Ruhrbazillen: 2·25 Keime;
2. frisches Blutserum, 10mal verdünnt + Leukozyten + Ruhrbazillen: 1·5 Keime;
3. frisches Blutserum, 20mal verdünnt + Leukozyten + Ruhrbazillen: 0·25 Keime;
4. erhitztes Blutserum, nicht verdünnt + Leukozyten + Ruhrbazillen: 0·1 Keim;
5. Kochsalzlösung + Leukozyten + Ruhrbazillen: 0·1 Keim.

Manchmal ist die freiwillige Phagozytose größer, dann handelt es sich erfahrungsgemäß meist um Keime geringerer Ansteckungskraft. Aber auch bei Benutzung frischen Serums ist die Freßtätigkeit je nach der Beschaffenheit des Bakterienstammes verschieden groß; auch hier gilt die Regel, je geringer die Phagozytose, desto größer die Ansteckungskraft. Daher konnte Bürgers mit Recht den Prozentsatz der Leukozyten, die im opsonischen Versuch nicht gefressen hatten, als „Virulenzzahl", als Maß der Ansteckungskraft bezeichnen (S. 69).

Man wird sich vorstellen dürfen, daß die Phagozytose mit oder ohne Hilfe von Blutserum dadurch zustande kommt, daß die Bakterien auf die Leukozyten einen irgendwie gearteten (physikalischen oder chemischen) „phagotaktischen" Reiz ausüben, der letztere zum Fressen anregt, und darf die Wirkung der Opsonine darin sehen, daß sie die Bakterien oder ihre Oberfläche, ohne ihre Lebensfähigkeit herabzusetzen, so verändern, daß sie mehr oder weniger phagotaktisch wirken.

Von vornherein wäre zwar nicht ausgeschlossen, daß sich die Wirkung von Alexinen und Opsoninen nur dem Grade nach unterschiede, indem die ersteren tiefer und kräftiger, die letzteren oberflächlicher und schwächer wirkten, doch ist der Beweis, daß Alexine und Opsonine nur verschiedene Namen für dieselben Stoffe sind, nicht geliefert. Man weiß nur, daß die Opsonine sich gegenüber äußeren Einwirkungen, z. B. Hitze, Bakterienstoffen (Aggressinen) ebenso verhalten, in denselben Körperflüssigkeiten wie die Alexine vorkommen und aus hitzebeständigen und hitzeempfindlichen Bestandteilen zusammengesetzt sind. Auch im Glasversuch gelingt zwar, wenn man damit eine Keimzählung verbindet, oft genug der Nachweis, daß die Bakterien nicht bloß von den Leukozyten gefressen, sondern auch von ihnen abgetötet werden, doch ist das durchaus nicht immer der Fall, vielleicht, weil die Lebenskraft der Leukozyten außerhalb des Körpers nicht lange genug auf der Höhe bleibt. Jedenfalls müssen wir innerhalb der Leukozyten die Gegenwart keimtötender Kräfte voraussetzen. Sie einfach als „verdauende" zu bezeichnen, geht nicht an, wenigstens kennen wir bisher keine Verdauungsfermente, die lebende Zellen zu lösen vermöchten (S. 381), ihre Abtötung muß stets vorhergehen. Nahe genug liegt es, das Verdienst daran den Leukinen (S. 385) zuzuschreiben. Ob daneben aber noch Verdauungsfermente der Leukozyten sich an der völligen Auflösung der gefressenen Keime beteiligen, ist unentschieden. Sie sind bisher nicht in allen Leukozyten nachgewiesen worden. Möglicherweise unterliegen die einmal abgetöteten Keime aber auch der Selbstverdauung durch eigene Fermente, die tatsächlich vielfach nachgewiesen ist (S. 333).

Außer den Leukozyten gibt es, wie S. 386 bemerkt, noch zahlreiche andere Freßzellen (Makrophagen) im Körper. An gewissen Stellen spielen sie eine große Rolle, zunächst innerhalb der Blutgefäße. Eine alte Erfahrung lehrt, daß Bakterien, die man z. B. durch die Ohrvene einem Kaninchen in die Blutbahn einspritzt, schnell aus dem strömenden Blute verschwinden. Die nähere Prüfung hat gezeigt, daß außer den gewöhnlichen Leukozyten, die natürlich auch im Blut die ihnen dargebotenen Keime fressen, manche Organzellen eine lebhafte Freßtätigkeit entwickeln. Vor allen Dingen sind hier zu nennen eigentümliche sternförmige Zellen in der Kapillarwand der Leber, die Kupfferschen Zellen, dann größere Zellen in der Milz und dem Knochenmark. Im großen Netz finden sich ferner in kleinen Häufchen liegende endothelartige Zellen, die schon kurze Zeit nach Einführung von Bakterien in die Bauchhöhle mit Keimen prall gefüllt sind. Der Zellbelag der Lungenbläschen enthält ebenfalls, wie man nach Einspritzung von Bakterien durch die Luftröhre feststellen kann, reichlich Phagozyten, die Rinde der Lymphdrüsen ebensolche. Zu den Makrophagen gehören schließlich gewisse Bestandteile der entzündlich veränderten Gewebe, große einkernige Wanderzellen, die man bald aus dem Blut, bald von Gewebszellen abgeleitet und verschieden bezeichnet hat. Nach Metschnikoffs Beobachtungen, die vielfach bestätigt worden sind, kommen diese Makrophagen insbesondere für die Bekämpfung von Protozoen, Spirochäten, Pilzen und Tuberkelbazillen in Betracht. Sie bevölkern das Exsudat namentlich in späteren

Stadien der Entzündung. Sie sind nicht scharf zu unterscheiden von den die proliferative Entzündung, die Tuberkel und andere Granulome zusammensetzenden Zellen und schließen auch die Riesenzellen ein, deren Beziehungen zu den Tuberkelbazillen ja allbekannt sind. Während die letztgenannten Makrophagen im allgemeinen aus der Bindesubstanz hergeleitet werden, sind die Zellen, die den Kampf gegen manche Aphanozoen führen, meist epithelialen Ursprungs. Wahrscheinlich ist allerdings, daß die Zellen der Kaninchenhornhaut und Oberhaut, die den Cytoryctes variolae, die Bindehautepithelien, die den Trachomerreger, die Ganglienzellen, die den Wutkeim und andere Chlamydozoen enthalten, ebenso wie die Gallengänge und Darmepithelien, die etwa Kokzidien beherbergen, nicht selbsttätig die Schmarotzer aufgenommen haben, sondern von ihnen besetzt worden sind. Indessen ist eine Freßtätigkeit der Zellen auch hier wohl nicht immer ausgeschlossen. Jedenfalls verhalten sie sich nicht rein leidend gegenüber den Eindringlingen, sondern tragen wohl oft, teilweise nach Wucherungserscheinungen und eigentümlichen Abscheidungen der Kerne zu deren Vernichtung bei.

Schwer zu entscheiden ist die Frage, ob die Säfte sich auch an der Freßtätigkeit der Makrophagen durch opsonische Wirkungen beteiligen. Sicher ist aber, daß alle diese Zellen dem Schutze des Körpers gegen Ansteckungen dienen. Daran ändert wieder nichts, daß bei zu starkem Andrang und zu hoher Ansteckungskraft der Erreger auch hier die Abwehr oft ungenügend ist, daß z. B. Milzbrandbazillen, die von den Kupfferschen Zellen der Leber zunächst aufgenommen werden, in diesen heran- und aus ihnen herauswuchern.

Neuerdings spricht man viel von einer „Blockade" des retikuloendothelialen Systems (R. E. S.), d. h. der Makrophagen, die man nach dem Vorgange Metschnikoffs dadurch vornimmt, daß man freßbare Körperchen oder Kolloide, wie Tusche, Eisenzucker, Trypanblau in das Blut spritzt. Man will so die Leistungsfähigkeit des R. E. S. und damit die Immunität und Immunisierungsfähigkeit herabsetzen.

Entzündung und Fieber steigern nicht nur die Wirkung der Bakteriolysine auf die Infektionserreger, sondern durch ähnliche Mechanismen auch die der Phagozyten und Opsonine. Das gleiche gilt für die spezifische Immunisierung, mag sie nun schon im Laufe der Infektion selbst erfolgen oder durch absichtliche Schutz- und Heilimpfung in Gang gesetzt werden. Auf die erhöhte Tätigkeit der Freßzellen im immunisierten Tier hatte Metschnikoff von Anfang an hingewiesen.

Beim Studium der Streptokokkenimmunität erkannten dann Denys und Leclef schon längere Zeit vor Wright, daß das Immunserum nicht, wie Metschnikoff meinte, die Phagozyten „stimuliert", sondern die Erreger selbst für die Phagozytose empfindlich macht. Neufeld bestätigte und erweiterte diese Erfahrungen und gab den wirksamen Immunkörpern den Namen der Bakteriotropine. Im wesentlichen sind sie nichts anderes als die durch den Impfungszustand verstärkten Opsonine (Immunopsonine).

Von den Opsoninen einerseits und den bakteriolytischen Ambozeptoren andererseits unterscheiden sie sich freilich dadurch, daß sie zu ihrer Wirkung der Beihilfe hitzeempfindlicher Serumbestandteile, der sog. Komplement, meist nicht bedürfen. Immerhin werden aber auch sie durch Komplementzusätze verstärkt, ja manchmal erst dadurch überhaupt leistungsfähig gemacht.

Versuche in Tierkörper und Glase lehren, daß alle Immunseren, ob sie Bakteriolysine, Antitoxine und Leukosekretine enthalten oder nicht, bakteriotrop wirken, während die Leukozyten immunisierter Tiere sich ebensowenig wie das Komplement von denen nicht geschützter Tiere unterscheiden.

Auch die bakteriotropen Immunseren hat man zur Behandlung von Ansteckungen benutzt, und zwar mit besserem Erfolge als die bakteriolytischen.

Wenn wir vom Dysenterie-, Milzbrandserum usw., die wir bei Gelegenheit der Bakteriolysine und Leukosekretine früher genannt haben, absehen, wären hier namentlich das Staphylo-, Pneumo- und Meningokokkenserum, das Rotlauf-, Rauschbrand- und Diphtherieserum zu erwähnen. Von dem letzteren wird zwar meist angenommen, daß es nur durch seine antitoxische Kraft wirke, doch ist das wahrscheinlich irrig. Rotlauf- und Rauschbrandseren sind gegenüber Tieren vielfach erprobt. Über die Leistungen des Pneumo- und namentlich des Streptokokkenserums beim Menschen sind die Meinungen noch geteilt. Zum Teil liegt das wohl daran, daß die Immunseren, die den einen Strepto- oder Pneumokokkenstamm beeinflussen, gegenüber anderen wirkungslos sind. Man hat diesen Mangel zwar dadurch auszugleichen versucht, daß man zur Herstellung des Immunserums die Tiere mit zahlreichen verschiedenen Stämmen von Kokken behandelte, doch genügen auch diese sog. vielwertigen (multivalenten) Heilseren hier wie in anderen Fällen nicht allen Anforderungen. Einhelliger sind die günstigen Urteile über die Wirkung des Meningokokkenserums gegen Genickstarre namentlich nach Einführung in den Rückenmarkkanal.

Durch die sog. Vakzinetherapie (S. 60), d. h. die Behandlung mit abgetöteten Kulturen derselben Art, hat man ferner nach dem Vorgang von Wright namentlich bei schleichenden Staphylokokken-, Streptokokken- und Koliinfektionen die opsonische Kraft des Blutserums gesteigert und dabei Erfolge auftreten sehen. Über die in ihrem Enderfolg vielleicht gleichwertige unspezifische Bakteriotherapie vgl. S. 375.

Wright selbst hatte vorgeschlagen, sich dabei leiten zu lassen durch die Ergebnisse der opsonischen Blutprüfung (S. 388). Auch die Behandlung der Tuberkulose mit Tuberkulin wollte dieser Forscher nach denselben Grundsätzen regeln, doch ist gerade bei der Tuberkulose die Bedeutung der Opsonine sehr zweifelhaft (S. 262) und auch sonst die Blutprüfung für den Erfolg nicht maßgebend. Wright hat dann auch später diese Bestimmung der Opsonine ersetzt durch die Prüfung des ganzen Blutes, das er ebenfalls im Kapillarröhrchen oder zwischen Deckgläsern mit Bakterien beschickte und zu Zählplatten verarbeitete. Dadurch soll gleichzeitig die Wirkung der Alexine, Phagozyten und Leukine bestimmt werden. In seinen letzten Arbeiten kommt Wright auf Grund solcher

Versuche zu dem Schlusse, außerhalb wie innerhalb des Körpers träte durch die Vakzinebehandlung eine Vermehrung der Antikörper ein. Gegen seine zwar hübsch ausgedachte, aber allzu subtile Methodik und Beweisführung lassen sich aber Bedenken erheben. An sich ist übrigens der Gedanke, daß die Bakterien selbst unmittelbare Gegenwirkungen in den Säften des Körpers auslösen, nicht neu und taucht immer wieder auf.

Spezifisch und zwar örtlich schnell immunisierend soll auch nach Besredka das „Antivirus", d. h. ein Kulturfiltrat, das er von verschiedenen Infektionserregern herstellt, wirken. Wahrscheinlich handelt es sich aber meist dabei, wenn wirklich der Erfolg so schnell eintritt, um unspezifische Einflüsse (S. 378).

Mit den Bakteriolysinen und Opsoninen, den Plättchen- und Leukozytenstoffen des unbehandelten Körpers und den entsprechenden Schutzstoffen des geimpften Körpers sowie den verschiedenen Arten von Freßzellen sind die biochemischen Abwehrmittel des lebenden Körpers noch nicht erschöpft. Allerdings haben wir bisher keinen festen Anhalt dafür, daß die Agglutinine, Präzipitine und Reagine, die im Blutserum geimpfter und ungeimpfter Lebewesen gefunden werden, als eigentliche Schutzstoffe zu betrachten sind. Die Antitoxine dürfen wir zwar hierher rechnen, müssen uns aber dabei stets die grundlegende Tatsache in Erinnerung halten, daß die Antitoxine nur Schutz verleihen gegenüber den Giften der Krankheitserreger, aber nichts gegen ihre Wachstumsfähigkeit im lebenden Gewebe, d. h. ihr Ansteckungsvermögen auszurichten vermögen, den vorgenannten „antiinfektiösen" Schutzstoffen. also nicht gleichgestellt werden dürfen (vgl. Abschnitt 31).

Seit der Entdeckung des Tuberkulins ist man noch auf eine andere biochemische Eigenschaft von Tieren und Menschen, die schon unter dem Einfluß bestimmter Erreger gestanden haben, aufmerksam geworden, die spezifische Überempfindlichkeit der ersteren gegen die Stoffe der letzteren. Das Extrakt der Rotzbazillen (Mallein) verhält sich ähnlich bei rotzinfizierten Tieren (S. 250), das der Abortus- und Maltafieberbazillen (Abortin und Melitin) bei den betreffenden Infektionen. Über das Luetin der Syphilisspirochäten sind die Akten noch nicht geschlossen, dagegen lassen sich ähnliche Reaktionen bei Echinokokken- und Askaridenträgern erzielen. Man hat diese Erfahrung mit der von Pirquet und Schick studierten Allergie der Variolierten und Vakzinierten zusammengebracht, die sich darin äußert, daß sie auf Wiederimpfung mit frühzeitiger und beschleunigter Pustel- bzw. Knötchenbildung antworten. Es liegt aber auch nahe, diese Fälle nicht als vereinzelte Vorkommnisse bei wenigen Infektionen zu betrachten, sondern allgemein den längere Zeit infizierten oder infiziert gewesenen und darum schon mehr oder weniger spezifisch immunisierten Organismen eine Art Bereitschaftsstellung gegenüber neuer Einführung der betreffenden Mikroorganismen zuzuschreiben.

Sie würde darin bestehen, daß die letzteren nicht mehr ein normales Gewebe vorfinden, sondern auf ein in irgendeiner Weise „allergisch" gewordenes, d. h. leichter entzündliches und darum besser zur Abwehr geeignetes Gewebe treffen.

Es läßt sich nicht leugnen, daß diese Auffassung noch für alle anderen Infektionen erst bewiesen werden müßte, daß sie aber insofern viel Wahrscheinlichkeit für sich hat, als ja der Eintritt der Immunität durch vorhergegangene Infektion überall feststeht, und diese sich eben durch einen beschleunigten, schon in der Eintrittspforte beginnenden Abwehrkampf den Erregern gegenüber äußern muß. Die Hauptschwierigkeit für diese Auffassung beginnt freilich erst, wenn wir den Mechanismus der Überempfindlichkeit oder Allergie erklären wollen. Ihre Vermittlung durch Immunkörper, die mit dem Blutserum übertragbar sind, läßt sich in den obengenannten Fällen, wenn wir von den Blattern vielleicht absehen, nicht nachweisen, man wird also eher an eine zelluläre Immunisierung, etwa an seßhafte Immunkörper („Allergine") denken müssen. Ob man dabei mit den sonst bekannten Immunkörpern auskommt, ist fraglich. Vieles spricht dafür, daß man hier die bei der Überempfindlichkeit gegen fremdes Eiweiß, der sog. Anaphylaxie, gemachte Erfahrungen heranzieht (S. 364). Diese ist allerdings durch Blutserum der überempfindlichen Wesen übertragbar und wird auf besondere Antikörper, die Anaphylaxine, zurückgeführt. Danach wäre die Überempfindlichkeit gegen Tuberkulin nur eine Art von Anaphylaxie. Diese Annahme hätte den Vorzug, daß sie auch die Bedeutung der Anaphylaxie erhellte. Diese würde dann nicht, wie ihr Name besagen soll, ein schädlicher Vorgang, der im Gegensatz zu den prophylaktischen Wirkungen der Immunität stände, erscheinen, sondern nur als eine gefährliche Ausartung einer an sich nützlichen Einrichtung, wie wir sie gelegentlich auch beim Fieber und der Entzündung finden (S. 378, 376). In der Tat beobachtet man ja auch an anaphylaktisierten Tieren und Menschen, wenn man kleine Mengen von Serum subkutan einführt, ähnliche Wirkungen wie bei der Tuberkulinimpfung, und kann umgekehrt durch starke Gaben Tuberkulin Vergiftungserscheinungen, ja den Tod herbeiführen. Einen solchen Standpunkt können wir einnehmen, ganz gleichgültig, wie wir uns die anaphylaktische Vergiftung selbst erklären (S. 365). Es sei noch bemerkt, daß man auch eine andere Art der Überempfindlichkeit hier anreihen kann, die sog. Idiosynkrasie gegen alle möglichen tierischen und pflanzlichen Stoffe, Nahrungs- und Arzneimittel, die nur zum Teil eiweißartiger Natur sind. Man kann sie vielleicht am besten in Anlehnung an Dörr bezeichnen als eine vererbliche Steigerung der physiologischen Fähigkeit, durch ein- oder mehrmalige Berührung mit gewissen Stoffen eine spezifische, zum Teil auch qualitativ geänderte Überempfindlichkeit zu erwerben. Namentlich die Haut, die Bindehaut und die oberen Luftwege zeigen dabei ausgesprochene Krankheitserscheinungen. Durch Verimpfung der betreffenden Stoffe lassen sie sich bei den empfindlichen Personen hervorrufen. Durch das Blutserum ist die Empfindlichkeit neuerdings mittels des Prausnitz-Küsterschen Versuchs oft übertragen worden. Man spritzt dabei zuerst das Serum der Empfänglichen (am besten „Synkrasine" nicht Reagine genannt) intrakutan ein und einige Zeit nachher den reizenden Stoff. Am bemerkenswertesten, weil am weitesten verbreitet, ist das Heufieber, das in seinen schlimmsten Formen als Asthma auftritt. Hier geht der Reiz von einem Gift aus, daß in dem Blütenstaub von allerhand Gräsern, aber auch in vielen andern Pflanzen steckt. Bei einem Teil der Fälle hat sich das von Dunbar hergestellte vermeintlich *antitoxische Serum (Pollantin) bewährt. Zuverlässiger wirkt die Entfernung* aus der Gegend, in denen die Gräser gerade blühen, wenn sie unmöglich ist, eine 6 bis 8 wöchentliche Behandlung mit steigenden Mengen von Pollenextrakten. Die übrigen Formen des Asthmas werden durch Haare, Federn, Hautschuppen von großen und kleinen Tieren, dem Staub gewerblicher Betriebe usw. erzeugt und zum Teil in ähnlicher Weise entweder durch aktive Immunisierung oder durch unspezifische Mittel, wie Pepton, Tuberkulin, staubfreie Kammern, bekämpft. Diese Verfahren erinnern an die Antianaphylaxie (S. 366). Öfters werden jetzt die drei hier besprochenen Erscheinungen, nicht bloß die erste, unter dem Namen der Allergie zusammengefaßt.

Durchaus nicht überall, ja im Grunde bei keiner einzigen Ansteckung ist es bisher gelungen, die Grundlagen der angeborenen und erworbenen Immunität restlos zu erklären. Es bleibt vielmehr die Möglichkeit bestehen, daß wir noch manche neue Entdeckungen auf diesem Gebiete erleben werden.

Geradezu unwahrscheinlich ist es, daß die verwickelten Erscheinungen, die wir hier beobachten, ausschließlich auf Serumwirkungen, so handgreiflich sie auch oft sind, zurückgehen, und daß man jemals dazu gelangen könnte, die Vorgänge im lebenden Körper durch Versuche im Glase völlig verständlich zu machen. Selbst dort, wo man alle Ursache hat, ein Immunserum für schutz- und heilkräftig zu halten, lassen öfters die Bemühungen viel zu wünschen übrig, auf Grund von Glasversuchen einen oder mehrere der bekannten Immunkörper dafür verantwortlich zu machen. Umgekehrt darf man aus dem Mangel von Immunkörpern im Blute immunisierter Tiere noch nicht den Schluß ziehen, daß sie für die Widerstandsfähigkeit solcher Tiere keine Bedeutung hätten, da sie zwar aus dem strömenden Blut verschwunden sein, aber im Augenblicke der Gefahr wieder in ihm erscheinen können. Jeder „Reiz“ (s. u.) scheint das zuwege zu bringen.

Mit der Schutzimpfung, Heilserumbehandlung und Heilimpfung, die wir nebst den Immunkörpern noch in den folgenden beiden Abschnitten im Zusammenhang betrachten werden, haben wir spezifische, d. h. auf die besondere Art der Erreger abgestimmte Verfahren kennengelernt, um die dem Körper von Natur zu Gebote stehenden biochemischen Abwehrkräfte zu verstärken. Man darf dabei aber nicht vergessen, daß dieselben Mittel in gewissem Grade auch nichtspezifisch wirken können, z. B. schon dadurch, daß sie entzündliche und fieberhafte Erscheinungen hervorrufen, wie andere dem Körper fremde Stoffe (S. 376) oder dadurch, daß sie die Abwehrstoffe liefernden Zellen, wie man jetzt gern sagt, das Retikuloendothel (S. 386) zu stärkerer Tätigkeit anregen. In dieser Hinsicht stimmen sie mit vielen nicht spezifischen Stoffen oder besser gesagt Reizen überein, die man zum Teil zwar schon seit alter Zeit rein empirisch bei Behandlung von Infektionen verwandt hat, aber erst seit kurzem bewußt in der sog. Reiztherapie oder unspezifischen Immunisierung benutzt. Die Zahl dieser Reizmittel ist sehr groß, sie in ein bestimmtes System einzuordnen aber recht schwierig, weil man bei ihnen nie weiß, wie ihre Wirkung zustande kommt, und ob sie nicht alle vielleicht mehr mittelbar als unmittelbar zur Wirkung gelangen.

In einfachster Weise lassen sich unterscheiden:

1. Physikalische Reize, die in Gestalt von Wärme oder Kälte, Licht- und Röntgenstrahlen, Luftdruckerniedrigung oder zusammengesetzten klimatischen Einflüssen die äußere oder innere Körperoberfläche oder auch die Gewebe selbst treffen. Auch die durch Lagerung oder Stauung bedingten Veränderungen der Durchblutung in einzelnen Körperteilen (Hyperämie) gehören hierher.

2. Gewebsverletzungen, -Entzündungen oder -Zerstörungen von einfachen Skarifikationen und leichtesten Hautentzündungen bis zu tiefgehenden Ätzungen oder Verbrennungen durch physikalische und chemische Mittel. Die unter 1. und 2. genannten Reize wurden schon bei Gelegenheit der Wundbehandlung erörtert (S. 376).

3. Blutungen aus natürlichen oder künstlichen Ursachen (auch Aderlaß).

4. Parenteral, d. h. unter Umgehung des Darmkanals eingeführte Proteinkörper wie Pflanzeneiweiß (Aleuronat), fremdes oder auch eigenes Blutserum, Milch und Milcheiweiß (Kaseosan) und deren Abbauprodukte (Albumosen, Peptone, Nukleinsäure, Histamin, Protamin usw.). Namentlich durch R. Pfeiffer und Issaeff weiß man, daß solche Stoffe nicht nur örtliche Entzündung, z. B. im Bauchfell erzeugen (S. 377), sondern auch die allgemeine Resistenz steigern und dadurch eine Art unspezifischer Immunisierung bewirken.

5. Unter dem Namen der unspezifischen Bakteriotherapie benutzt man entweder lebende Infektionserreger, wie Malaria und Recurrens — Parasiten zur Bekämpfung der Spätsyphilis (S. 293), oder, wie schon viel früher geschehen (S. 376), Erysipelkokken zur Heilung von Milzbrand, Krebs usw., oder aber lebende ganz harmlose Bakterien („Saprovitan“) als Ersatz der Malariatherapie. Oder man verwendet abgetötete Kulturen, z. B. Pyocyaneusbazillen zur Bekämpfung des Typhus (Rumpf), Tuberkulin oder Vaccineurin bei allen möglichen Nervenleiden. Die ursprüngliche Annahme, damit gewissermaßen eine Infektion gegen die andere auszuspielen, hat man darum verlassen müssen.

6. Metalltherapie. Im weitesten Sinne könnte man die Verwendung von Metallen (Silber im kolloidalen Zustande), oder Metallverbindungen zur Behandlung von Infektionen nennen. In der Tat scheint ihre Wirkung mehr auf unspezifische Umstimmung des Körpers, die vielleicht durch Katalyse zustande kommt, zu beruhen, als wie man ursprünglich gemeint hat, auf der antiseptischen Wirkung gegenüber den Erregern (s. u. Chemotherapie). Sicher gehört hierher die S. 373 erwähnte adstringierende Wirkung der Metallsalze und ebenso auch die von Walbum neuerdings nachgewiesene Beförderung der Immunkörperbildung durch kleinste Gaben von Mangan-, Kadmium- und Kalziumsalzen, die er zunächst zur Gewinnung von Antitoxinen und Agglutininen, dann aber auch zur Heilung der Tuberkulose mit Erfolg im Laboratorium angewandt hat.

7. Arzneitherapie treibt man schon von jeher bei allen Infektionskrankheiten, meist allerdings, um bestimmte Symptome, wie übermäßiges Fieber, Schmerzen, Sekretionen, Herzschwäche u. dergl. zu bekämpfen, glaubt aber doch mit mehr oder weniger Recht dadurch auch der Heilung zu dienen, d. h. die Widerstandsfähigkeit des Körpers zu erhöhen. Insofern wäre hier unser ganzer Arzneischatz zu erwähnen und auch die Homöopathie nicht ganz bei Seite zu lassen. In sehr geringen Gaben scheint in der Tat das Jod beim Schnupfen und der Schwefel bei der Furunkulose zu wirken. Ob eine organische Jodverbindung, das Yatren überhaupt seine Wirkung dem Jod verdankt, ist zweifel-

haft. Es wird jetzt außerordentlich häufig benutzt, teils allein als Ersatz des Eiweißes bei der Proteinkörpertherapie (s. o.), teils in Verbindung mit Bakterien bei der Bakterio- und Vakzinetherapie (S. 375, 392), teils endlich als Spezifikum, das nicht nur wie das Emetin der Brechwurzel die ausgewachsenen Dysenterieamöben, sondern auch deren Zysten schädigt. Sehr groß ist die Zahl der Fiebermittel. Unter ihnen ist außer dem Chinin (s. u.) die Salizylsäure lange als Spezifikum gegen den Gelenkrheumatismus betrachtet worden, und verdient das insofern, als sie die Schmerzanfälle wunderbar lindert. Den Krankheitsverlauf vermag sie aber nicht abzukürzen, ebenso wenig wie Komplikationen zu verhüten. Schließlich sei noch das Pilokarpin zu erwähnen, das ebenfalls als Ersatzmittel der Proteinkörper benutzt wird.

Die Erklärung aller dieser Wirkungen liegt noch sehr im Argen und wenn Weichardt meint, es handele sich bei der Reiztherapie um eine „omnizelluläre Leistungssteigerung des Protoplasmas", so ist das doch zu allgemein, um uns zu befriedigen. Die Angriffspunkte der Reize sind uns fast ebenso unbekannt, wie der Mechanismus ihrer Wirkung. Auch an mittelbare Beeinflussung durch das Nervensystem, wie man es bei der Entzündung, dem Fieber und der Immunität versucht hat, wäre zu denken (S. 379). Trotz dieser Unklarheiten bedeutet die neue Entwicklung der Reiztherapie einen unleugbaren Fortschritt.

Zu gleicher Zeit mit der unspezifischen Reiztherapie hat die sog. Chemotherapie einen großen Aufschwung genommen. Auch sie ist im Grunde so alten Datums wie die erstere. Die Erfahrungen über die Wirkungen der Chinarinde bei der Malaria, der Brechwurzel bei der Ruhr, des Quecksilbers und des Jods bei der Syphilis, des Chaulmoolgraöls bei der Lepra sind Beispiele dafür. Als die Zeit der bakteriologischen Forschung eintrat, glaubte man diese Wirkungen durch ihre antiseptischen Fähigkeiten erklären zu können und versuchte auch diese „innere Desinfektion" auf die übrigen Ansteckungen auszudehnen. Man fand aber bald, daß fast alle Desinfektionsmittel für den Körper des Menschen und der Tiere giftiger sind als für die Erreger. In der Wundbehandlung kam man deshalb von der Antisepsis auf die Asepsis. Seit etwa drei Jahrzehnten hat sich das Bild aber wieder gewandelt. Namentlich durch die Arbeiten Ehrlichs entwickelte sich das Bestreben, auf experimentellem Wege eine spezifische Arzneitherapie zu entwickeln, d. h. wie er sagte, „ätiotrope" oder „parasitotrope" im Gegensatz zu den bisher bekannten, mindestens in gleicher Weise „organotropen" Mitteln zu finden. Gerade das Vorhandensein jener allbewährten Arzneistoffe, aber auch die Wirkung der Serumtherapie ließ das von vornherein als aussichtsvoll erscheinen. Der Erfolg hat diesen Bemühungen allerdings nur in beschränktem Umfange recht gegeben, und namentlich das Ziel der „Therapia sterilisans magna", d. h. die Abtötung der Erreger durch eine einmalige Gabe des spezifischen Heilmittels ist bisher kaum jemals erreicht worden. Außerdem hat sich allermeist herausgestellt, daß, wo ein Erfolg zu erreichen ist, er viel weniger der unmittelbaren, also parasitotropen Wirkung des Mittels zu verdanken ist als der mittelbaren Wirkung auf die Körperzellen, oder mindestens eine sehr wesentliche Beteiligung der letzteren voraussetzt, so daß auch hier wieder das ursprünglich so folgerichtig entstandene „theoretische" Vorgehen auf einem ganz anderen Wege zu praktischen Fortschritten führte, der zeitweise etwas übel beleumundete Empirismus, oder sagen wir besser, die unermüdliche Versuchsfreudigkeit — man denke an Ehrlich-Hata Nr. 606 = Salvarsan! — also schließlich allein den Sieg erringt. Damit wird gleichzeitig die strenge Scheidung der Chemotherapie von der oben geschilderten Arznei- und Reiztherapie unmöglich. Ein spezifischer, d. h. auf bestimmte Arten oder Gruppen von Erregern beschränkter Anteil läßt sich auch bei der letzteren nicht verkennen, und umgekehrt ist die Spezifität der Chemotherapeutika auch keine unbedingte. Die mannigfachen Erfolge der Chemotherapie wurden schon in den früheren Abschnitten dieses Buches erwähnt. Auf alle Einzelheiten dieses schon jetzt sehr umfangreichen Gebiets einzugehen, müssen wir verzichten.

Es ist kein Zufall, daß die chemotherapeutischen Versuche sich nicht bloß am häufigsten auf Trypanosomen, dann aber auch auf Spirochäten und andere Protozoeninfektionen erstreckten, sondern daß sie bei diesen auch am meisten Erfolg gehabt haben. Man kann ja mit diesen verhältnismäßig großen, auf andere Tiere leicht übertragbaren, nicht so schnell wie die meisten Bakterienerkrankungen und meist im Blute der Tiere verlaufenden Infektionen besonders gut im Laboratorium arbeiten und hat andererseits in der Malaria und Syphilis schon alte Musterbeispiele für den Nutzen einer Chemotherapie. Es hat sich aber später gezeigt, daß auch die Bakterieninfektionen zum Teil durch spezifische Arzneimittel zu beeinflussen sind, was bisher namentlich für die Wundinfektionen von Bedeutung geworden ist. Die Arbeiten mit dieser Erregergruppe lehrten dann freilich bald, daß die bei Versuchstieren erzielten Erfolge nicht einfach auf größere Tiere und Menschen übertragbar sind, und öffneten auch die Augen für eine zweite Schwierigkeit der Chemotherapie, nämlich das nicht seltene Versagen einer zunächst glücklichen Behandlung bei den Rückfällen der Infektionen, die ja zu ihrer Eigenheit zu gehören pflegen. Wahrscheinlich hängen diese Rezidive ebenso wie das Auftreten „arzneifester" Parasitenstämme mit der großen Anpassungsfähigkeit der Erreger im Körper ihrer Wirte zusammen. Ehrlichs Theorie von der Bedeutung besonderer Bindegruppen (Chemozeptoren) für die Wirkung (s. o.) hat darin eine besondere Stütze zu finden gesucht, doch bleibt hier auch wieder die chemische Natur dieser „Seitenketten" (vgl. S. 236) völlig im Dunklen.

Unter den spezifischen Arzneimitteln erwiesen sich zunächst wirksam die Farbstoffe der organischen Chemie, vom Methylviolett (Stilling 1890) und dem Methylenblau (Ehrlich 1891) an bis zum Trypanblau, Trypanrot und Trypaflavin, die nicht nur ihrem Namen Ehre machen, sondern auch gegenüber Bakterien leistungsfähig sind, ebenso wie das zugehörige Rivanol. In seiner verwickelten Zusammensetzung ähnelt das Germanin (Bayer Nr. 205), obwohl es farblos und ein *Harnstoffabkömmling ist, am meisten den zuletzt genannten Benzidin-*

farbstoffen. Es scheint vorläufig das beste Mittel gegen die Schlafkrankheit zu sein. Noch wichtiger für die Chemotherapie sind die Arsenverbindungen, weil ihre Prüfung u. a. zur Entdeckung des Trypanosomenmittels Atoxyl usw. und schließlich zu der des Salvarsans (Ehrlich 1909) und seiner Abkömmlinge geführt hat. Dem Arsen schließen sich die Wismut- und Antimonverbindungen als bewährte Mittel bei Spirochäten- und Protozoenerkrankungen und das Quecksilber an. Dieses hat auch jetzt, namentlich wenn es in Mischungen oder Verbindungen mit neueren Mitteln benutzt wird, seine Bedeutung nicht verloren. Von den anderen Metallen hat man am meisten und längsten mit Silber in verschiedenen Formen gearbeitet und kommt, obwohl, außer bei der Gonorrhöe, Erfolge nicht allzu häufig erzielt werden, immer wieder darauf zurück. Zum Teil ist das in seiner starken bakteriziden Leistung, zum Teil in seiner verhältnismäßig geringen Giftigkeit begründet. Schon Nägeli hatte „oligodynamische" Wirkungen des metallischen Silbers hervorgehoben, sie waren aber bis vor Kurzem als durchaus unzuverlässig anerkannt. Erst jetzt hat man Wege gefunden, dem Silber regelmäßig oligodynamische Kräfte zu erteilen und hat damit namentlich für die Behandlung örtlicher Infektionen durch Silber bessere Aussichten eröffnet (M. Fischer und Kruse). Die Brauchbarkeit organischer Verbindungen des Goldes für die Heilung der Tuberkulose ist namentlich wegen ihrer Giftigkeit stark umstritten. Mangan und Kadmium, Jod und Schwefel, Emetin, Yatren, Salizylsäure und die Antipyretika wurden schon S. 396 genannt. Hier sei nur das Chinin besonders erwähnt, weil es bei der Malaria, ohne daß man aber dafür eine besondere Erklärung hätte, spezifisch wirkt, und außerdem eine ganze Reihe ähnlicher Stoffe sich als chemotherapeutisch außerordentlich wirksam erwiesen hat. Dazu gehören das Optochin, das namentlich Pneumokokken, das Vuzin, das Streptokokken am stärksten beeinflußt, das Eukupin, das als Grippemittel und nicht zuletzt das Plasmochin, das durch sehr nachhaltige Wirkung bei der Malaria ausgezeichnet ist.

Am Ende des vorigen Abschnitts wurde schon darauf hingewiesen, daß es oft nicht möglich ist, die antiinfektiösen und antitoxischen Wirkungen der spezifischen wie nicht spezifischen Behandlung voneinander zu trennen. Deswegen bleibt ihre begriffliche Scheidung doch nötig.

Dreiunddreißigster Abschnitt

Spezifische Schutz- und Heilimpfungen

Von jeher konnte die Tatsache nicht verborgen bleiben, daß das Überstehen einer Seuche gegen eine neue Ansteckung derselben Art schützt. Man hat deswegen wohl oft genug sich oder andere absichtlich, z. B. durch Annäherung an einen Pocken- oder Masernkranken einer Ansteckung ausgesetzt, sei es, um auf diese Weise schneller die für unvermeidlich gehaltene Erkrankung zu überstehen, sei es, weil man mit mehr oder weniger Recht hoffte, durch Ansteckung an einem leichten Krankheitsfall oder in einer leichten Epidemie die Gefahr eines ungünstigen Ausgangs der Krankheit zu verringern. Von dieser absichtlichen Ansteckung auf natürlichem Wege führte nur ein Schritt zu dem ersten eigentlichen Schutzimpfungsverfahren, der künstlichen Aufpfropfung oder „Inokulation“ des vermuteten Krankheitsgiftes. Schon in sehr früher Zeit scheint man eine solche bei den Pocken in Indien und China vorgenommen zu haben. Seit dem Anfang des 18. Jahrhunderts impfte man auch in Europa, und zwar bald nicht bloß gegen die Menschenpocken, sondern auch gegen die Schafpocken, die Lungenseuche des Rindes, die Rinderpest und manche andere Tierseuchen. Man kann diesen Schutzimpfungen eine gewisse Wirksamkeit nicht absprechen und sich dieselbe dadurch erklären, daß die Impfung entweder die voll wirksamen Erreger auf ungewöhnlichem, weniger wirksamen Wege in den empfänglichen Körper hineinbrachte, oder daß man mit abgeschwächten, nicht mit voll wirksamen Erregern arbeitete. Das erstere war offenbar schon der Fall bei der Impfung gegen die Pocken, der Variolation, die gewöhnlich so vorgenommen wurde, daß frischer oder getrockneter Pockeneiter in kleine Hautwunden gebracht wurde, während die natürliche Ansteckung durch die Schleimhaut der Luftwege zu erfolgen pflegt. Auch bei der Lungenseuche des Rindes, gegen die durch Einspritzung von Lungensaft unter die Haut, und beim Rauschbrand, gegen den durch Impfung an der Schwanzspitze geimpft wurde, haben wir ähnliche Verhältnisse. Die freiwillige Abschwächung der Krankheitserreger in einem anderen Wirtstiere, bildete dagegen die wesentliche, neue Grundlage der Jennerschen Vakzination, die wir ebenfalls noch dem 18. Jahrhundert (1796) verdanken, die aber erst durch die im Laufe des vorigen Jahrhunderts eingeführten Verbesserungen (Wiederimpfung und Benutzung tierischen Impfstoffs) die erfolgreichste aller Schutzimpfungen geworden ist.

Der Erfolg der Variolation ist vielleicht dadurch zu erklären, daß die Haut die Erreger wenigstens zeitweise abschwächt. Darauf beruht auch der von Besredka u. a. gemachte Vorschlag, die Impstoffe auch sonst von der Haut aus wirken zu lassen (S. 385). Wenn das durch Einreiben in die unverletzte Haut (perkutan) geschieht, kann der Erfolg natürlich nur ein kümmerlicher sein, weil die Impfstoffe höchstens in Spuren aufgenommen werden. Ebenso ist zu beurteilen die Möglichkeit durch Fütterung (per os) zu immunisieren. Daß beide Arten der Schutzimpfung neuerdings ziemlich viel Anklang gefunden haben, liegt wohl weit weniger an wirklichen Erfolgen als daran, daß man dadurch die oft unbequeme „parenterale“ Einverleibung durch Einspritzung vermeidet.

Die Tatsache, daß es sich bei der Vakzination wirklich um ein abgeschwächtes Pockengift handelt, hat Jenner selbst freilich noch nicht erkannt, vielmehr wurde erst durch spätere mühselige Versuche klargestellt, daß die beim Rind, wie beim Menschen so milde auftretenden Vakzine nichts anderes ist als die auf das Rind übertragene echte Menschenpocke.

Nach demselben Grundsatz versuchte man bei der Bekämpfung der Tuberkulose vorzugehen. 1901 veröffentlichte Behring seine Schutzimpfung der Rinder mit menschlichen Tuberkelbazillen. Aber weder diese Methode noch ihre späteren Abänderungen (s. u.) haben sich im großen durchsetzen können. Auch nicht bisher in dem wünschenswerten Umfange der Vorschlag F. F. Friedmanns (1912), die für Warmblüter ganz unschädlichen Schildkrötentuberkelbazillen zur Impfung an Mensch und Tier zu benutzen. Der Erfolg trüge hier um so weiter, als die Impfung nicht bloß der Vorbeugung, sondern auch der Heilung dieser schwersten aller Volksseuchen dient (S. 265).

Durch künstliche Anpassung an andere Tiere oder auf andere Weise abgeschwächte Erreger wandte Pasteur seit 1880 auch für die Schutzimpfung gegen Hundswut, Schweinerotlauf und Hühnercholera an. Wahrscheinlich beruht mindestens der Erfolg der Pasteurschen Hundswutimpfung (S. 328) zum Teil auf dem wiederholten Durchgang der Erreger durch das Nervensystem der Kaninchen. Daneben kommt hier noch die Abschwächung durch Trocknen des Impfstoffes in Betracht: das den Erreger enthaltende Rückenmark des Kaninchens wird nach dem ursprünglichen Pasteurschen Verfahren durch 1—14 Tage langes Aufbewahren über kaustischem Kali mehr oder weniger abgeschwächt und in diesem Zustande zur Impfung verwandt.

Andere Erreger werden durch Erhitzen abgeschwächt. So beruht die Pasteursche Schutzimpfung der Haustiere gegen Milzbrand auf der Verwendung von Milzbrandbazillen, die bis zu 14 Tagen bei 42 bis 43° C gezüchtet worden sind (S. 210). Hochwirksamer (sporenhaltiger) Rauschbrand in Pulverform wird durch mehrstündiges Erhitzen auf 100° ebenfalls in Impfstoff verwandelt (S. 229).

Zahlreiche Tierversuche haben ferner gezeigt, daß auch andere physikalische Einflüsse, wie Belichtung, hoher Druck und Elektrizität und chemische, wie Zusammenbringen mit keimtötenden Stoffen oder Züchtung in Nährböden, die mit wachstumshemmenden Mitteln versetzt sind, oder aber die lange Zeit fortgesetzte einfache Züchtung in künstlichen Nährböden, die Erreger abschwächen und dadurch zur Schutzimpfung geeignet machen. So macht jetzt die Calmette-Guérinsche Schutzimpfung (B. C. G.) mit Rindertuberkelbazillen, die lange Jahre auf gallenhaltigen Nährböden gezüchtet worden sind, viel von sich reden (S. 266). Leider scheinen sie, wie der Lübecker und andere Fälle beweisen, nicht sicher genug abgeschwächt zu sein. Wenn wir die Beigabe von Jod u. dgl. zu den Kulturen für die Immunisierung von Tieren gegen Diphtherie und Tetanus zur Gewinnung von Serum (s. u.) benutzen (S. 236), so kommt hier mehr eine Abschwächung des Giftes, als eine solche der Erreger ins Spiel. Ganz eigentümlich und noch nicht völlig geklärt ist die Wirkung der Rinderpestgalle und der mit Saponin versetzten Milzbrandbazillen (Carbozoo) als Impfstoff (S. 325). Bei manchem der hier genannten Verfahren, wie dem Trocknen, der kurzen Erhitzung und der chemischen Behandlung bleibt man öfter im Zweifel, ob das Wesentliche des Vorgehens in einer eigentlichen Abschwächung der Erreger oder in einer Verringerung ihrer Zahl liegt. Sicher nachzuweisen ist ja durch Tierversuche, daß überall da, wo zur Erzielung einer tödlichen Ansteckung eine bestimmte Menge der Erreger nötig ist, eine kleinere (untertötliche) Gabe Impfschutz verleiht.

Augenscheinlich haben alle Impfverfahren, soweit sie auf die Verwendung lebender Erzeuger beruhen, das in ihrer Wirkung gemeinsam, daß sie eine Ansteckung erzeugen, die schwächer ist, als diejenige, gegen die geschützt werden soll, ja manchmal so schwach, daß man kaum von einer Vermehrung der abgeschwächten Erreger im Impfling, sondern nur von einem längeren Überlebenbleiben derselben sprechen darf. Das erinnert daran, daß nach manchen Forschern auch die durch natürliche Ansteckung erworbene Immunität z. B. gegen Tuberkulose und Syphilis nur so lange bestehen bleiben soll, als noch lebende Erreger, wenn auch im ruhenden Zustand, im Körper vorhanden sein („Infektionsimmunität" S. 292). Der Beweis dafür ist sehr schwer zu führen, die Auffassung ist auch deswegen nicht wahrscheinlich, weil das, was die Immunität hervorruft, doch immer nur gewisse von den Erregern stammende, eben in den Zellen des Körpers mehr oder weniger nachwirkende chemische Stoffe sein werden. Damit kommen wir auf eine zweite Art der Immunisierung.

Schon bald, nachdem die Entwicklung der Bakteriologie die Möglichkeit gegeben hatte, genauer als bisher die Entstehung des Impfschutzes durch den Tierversuch zu verfolgen, wurde von verschiedenen Seiten die Beobachtung gemacht, daß es dazu keineswegs regelmäßig der Einwirkung lebender Erreger bedarf, sondern daß man in den meisten Fällen zum Ziele kommt, wenn man nur die keimfreien Erzeugnisse der Bakterien — ihre „Impfstoffe" oder „Antigene" — verwendet. Entweder benutzt man zu dieser „chemischen" Impfung ganze Reinkulturen der Erreger in flüssigen Nährböden, die man durch einstündige Erhitzung auf 50—60° oder durch Trocknen, oder durch Zusatz von 0·5% Karbolsäure, Chloroform u. dgl. abgetötet hat, oder die ebenso behandelten Erreger allein, die man durch Abkratzen von festen Nährböden gewonnen hat, oder Auszüge aus diesen Leibern, die man durch Erhitzen, Ausschütteln mit Wasser, Kochsalz, Alkalien u. dgl. erhält, oder schließlich nur Filtrate der flüssigen Kulturen.

Ihrer Entstehungsweise und ihren äußeren Eigenschaften nach entsprechen die Impfstoffe durchaus den S. 357 geschilderten Angriffsstoffen oder Aggressinen. Wir haben allen Grund anzunehmen, daß sie mit ihnen zusammenfallen: es sind eben dieselben Stoffe, die zunächst die im lebenden Körper ihnen begegnenden Abwehrstoffe neutralisieren und später — aber meist an anderen Stellen — die Neubildung von Abwehrstoffen (Antikörpern) hervorrufen. So kann man denn auch statt der Kulturen auf künstlichen Nährböden die durch Wachstum im lebenden Tierkörper selbst entstandenen in den von lebenden Bakterien befreiten Exsudaten enthaltenen Angriffsstoffe als Impfstoffe benutzen. Geradezu als besonders wirksam betrachtet z. B. Bail die Impfung mit solchen „tierischen Aggressinen" der Hühnercholera, Schweineseuche und des Milzbrands (S. 199, 210).

Eine, wie man gewöhnlich, aber wohl nicht mit Recht annimmt, rein antitoxische Immunisierung erfolgt entweder durch sehr kleine Gaben Toxin oder besser durch abgeschwächte Toxoide oder „Anatoxine" (vgl. Diphtherie).

Über Immunisierung durch Antivirus und Bakteriophagen vgl. S. 393 und 335.

Die chemische Impfung läßt sich im Tierversuch bei den meisten Ansteckungen, selbst bei der Tuberkulose, Spirochätose, Trypanosomiasis und Hundswut, mit mehr oder weniger Erfolg anwenden. Im großen benutzen wir sie gegenüber der Pest, der Cholera, dem Typhus und Paratyphus, der Ruhr, neuerdings auch bei der Diphtherie und dem Scharlach.

Verfolgt man die Einwirkung der bisher beschriebenen Schutzimpfungsverfahren auf den Impfling, so beobachtet man der Regel nach eine örtliche entzündliche, nicht selten auch eine allgemeine fieberhafte Reizung, die sog. Impfreaktion oder Impfkrankheit. Nach der chemischen Impfung pflegt sie im Laufe des ersten oder zweiten Tages zu erscheinen, nach der Einverleibung lebender Erreger erst nach einer Wartezeit, die der Inkubation bei der natürlichen Ansteckung vergleichbar ist. Stets verstreicht eine längere Zeit, mindestens 1—2 Wochen, bis sich der durch die Impfung erstrebte Schutz entwickelt, bezugsweise bis er seinen Höhepunkt erreicht. Gleichzeitig pflegen im Blute der Geimpften die für die betreffende Ansteckung bezeichnenden Schutzstoffe — namentlich die bakteriolytischen und bakteriotropen, manchmal auch daneben oder allein(?) antitoxischen Immunkörper — aufzutreten. Diese Immunität bleibt längere Zeit bestehen, um erst allmählich abzunehmen und schließlich zu verschwinden. Die Dinge liegen ähnlich, wie bei der Immunität, die nach der natürlichen Ansteckung zurückbleibt. Hier wie dort ist ihre Dauer sehr verschieden.

Am kürzesten scheint sie bei Ansteckungen mit Strepto-, Pneumo- und anderen Kokken zu sein. Nicht selten wiederholen sich ja die Anfälle von Wundrose, Lungenentzündung, Mandelentzündung usw. bei einem und demselben Menschen oft und in ziemlich kurzen Zwischenräumen. Man hat sogar daraus folgern wollen, daß gegenüber den genannten Krankheiten überhaupt keine Immunität erworben würde. Das ist unrichtig, denn sonst würden diese Ansteckungen ja auch nicht zur Heilung kommen. Die Erklärung für die Wiederholung der Ansteckung scheint vielmehr darin gesucht werden zu müssen, daß die natürliche Empfänglichkeit für sie bei den betreffenden Menschen besonders groß, die durch Überstehen erworbene Unempfänglichkeit aber verhältnismäßig kurz ist.

Im allgemeinen ist die durch die natürliche Erkrankung erworbene Immunität dauerhafter und stärker als die durch Schutzimpfung, namentlich durch chemische, erworbene. So währt der Blatternschutz allermeist das ganze Leben und ist fast unbedingt, die Kuhpockenimpfung schützt dagegen nur gegen 10 Jahre und nicht jedermann mit ebenso großer Sicherheit. Noch deutlicher ist dieser Unterschied bei dem Unterleibstyphus. Diese verhältnismäßige Minderwertigkeit der Schutzimpfungen, die augenscheinlich auf der zu geringen Menge der während der Impfung zur Wirkung gelangenden Impfstoffe beruht, hat, da eine Verstärkung der Impfung aus erklärlichen Gründen untunlich ist, dazu geführt, die Impfung in gewissen Zwischenräumen zu wiederholen. So impft man gegen Pocken alle 10 Jahre, gegen Typhus und Cholera, z. B. in Kriegszeiten, mehrmals im Jahre und bei den letzteren jedesmal mit wiederholten steigenden Gaben.

Bei Gelegenheit von Schutzimpfungen ist es manchen Beobachtern aufgefallen, daß die geimpften Tiere oder Menschen nicht bloß die Widerstandsfähigkeit gegen natürliche Ansteckung erst nach 1—2 Wochen erwarben, sondern in der ersten Zeit der Impfung sogar für dieselbe und auch andere Ansteckungen empfänglicher waren. Man hat diese „kritische" Periode nach der Impfung durch eine Verminderung der Schutzstoffe im Blute erklärt. Wright spricht auf Grund seiner Untersuchungen über den Opsoningehalt des Blutes (S. 392) von einer „negativen Phase" desselben im Anschluß an die Impfung. Ohne weiteres erscheint uns der Zusammenhang verständlich, wenn wir davon ausgehen, daß die Impfstoffe mit den Angriffsstoffen übereinstimmen (s. o. S. 402). Versuche mit solchen (S. 357) beweisen uns aber auch, daß die Begünstigung der Ansteckung weniger deutlich ist oder ausbleibt, wenn man die Aggressine nicht an demselben Ort und zu derselben Zeit wie die lebenden Erreger einverleibt, und die Impfmenge klein genug wählt. So begreift man denn, daß von manchen Beobachtern das Bestehen einer kritischen Zeit und einer negativen Phase nach der Impfung geleugnet wird, und daß man nicht nur die Einführung von Impfstoffen während einer bestehenden Ansteckung für unschädlich, sondern sogar für nützlich erklärt hat. Darauf beruht die Behandlung der Tuberkulose mit Tuberkulin nach R. Koch (1890), die „Vakzinetherapie" mit abgetöteten Bakterien nach Wright, die seit 1903 bei allen möglichen Ansteckungen empfohlen wird, und die „Heilimpfung" der Tuberkulose nach Friedmann mit lebenden Bazillen der Schildkrötentuberkulose.

Aus der aggressiven Eigenschaft der Impfstoffe erklärt sich, daß man bei dieser Behandlung die Menge des Impfstoffs nicht zu sehr steigern darf, und daß namentlich schleichende, nicht schnell verlaufende Erkrankungen, wie Furunkulose, Pyelozystitis, Gonorrhöe, Typhus und chronische Ruhr für die Heilimpfung ausgewählt werden. Meist läßt man es nicht bei einer Einspritzung bewenden, sondern wiederholt sie mit allmählich steigenden Gaben. Das Friedmannsche Mittel wird dagegen, weil es aus lebenden, sehr widerstandsfähigen Bazillen besteht, meist nur einmal, mindestens aber in größeren Zwischenräumen eingespritzt.

Man hat sich zur Regel gemacht, als Impfstoffe zur Heilung möglichst diejenigen Bakterien, unter Umständen diejenigen Bakteriengemische zu benutzen, die von dem betreffenden Krankheitsfall selbst gezüchtet worden sind, weil man beobachtet hat, daß nicht jeder Stamm von Staphylo-, Strepto-, Pneumokokken, Kolibazillen usw. gegen alle übrigen Stämme der Bakterienart Schutz verleiht. Aus demselben Grunde wählt man auch zu Schutzimpfungen meist ein Gemisch verschiedener Stämme der betreffenden Erreger, also einen vielwertigen (multivalenten) Impfstoff.

Besonders nötig ist diese Vorsicht bei solchen Bakterienarten, die wie die verschiedenen Kokken, die Bazillen der hämorrhagischen Septizämie, der Pseudodysenterie, des Paratyphus und die Kolibazillen offensichtlich in mehrere oder zahlreiche Rassen zerfallen, weniger nötig bei mehr einheitlichen Arten, wie Typhus-, Cholera- und echten Dysenteriebazillen. Andererseits hat man auch die verschiedenen Impfstoffe, z. B. die des Typhus, Paratyphus, der Cholera und Ruhr miteinander vereinigt, um gleichzeitig gegen alle diese Erreger zu schützen. Die Erfahrung zeigt, daß das möglich ist; ob es sich im großen empfiehlt, muß aber sehr dahingestellt bleiben.

Von den Schutz- und Heilimpfungen unterscheidet sich die Pasteursche Impfung gegen die Wut dadurch, daß man zwar nach der Ansteckung, aber vor dem Ausbruch der Krankheit impft. Ermöglicht wird das natürlich nur dadurch, daß die Entwicklungszeit bei dieser Krankheit besonders lang ist. Auch bei den Blattern kann man, wie die Erfahrung lehrt, ähnlich vorgehen, d. h. die Schutzpockenimpfung noch nach der Ansteckung vornehmen. Man erreicht dadurch mindestens, daß die Erkrankung leichter verläuft, wenn man sie nicht ganz verhütet.

Aus dem oben geschilderten Verlauf der Schutzimpfung durch lebende Erreger oder deren Erzeugnisse erhellt, daß dieses Verfahren eine selbsttätige Mitwirkung des geimpften Körpers voraussetzt. Man nennt es darum mit Ehrlich auch aktive Schutzimpfung. Im Gegensatz zu ihr steht die passive Schutzimpfung durch das Blutserum immunisierter Tiere, welches durch die in ihm enthaltenen Immunkörper (Antikörper) die Immunität von einem zum anderen Tiere gewissermaßen fertig überträgt.

Sichtbare Gegenwirkungen des Körpers bleiben dabei aus oder treten nur bei einem kleinen Teil der Geimpften nach 1—2 Wochen auf, weil von ihnen das fremdartige Blutserum als solches, nicht die in ihm vorhandenen Schutzkörper als fremde Stoffe empfunden werden. Man kann diese als Serumkrankheit (Überempfindlichkeit gegen Blutserum — Anaphylaxie —) bezeichneten und im großen und ganzen ungefährlichen Erscheinungen (S. 243) verhüten oder wenigstens verringern, indem man möglichst wenig, aber hochwertiges Serum einführt, es im abgelagerten Zustande verwendet und die allzu schnelle Einverleibung, namentlich in die Blutbahn, vermeidet (vgl. S. 366).

Die Schutzwirkung des Serums braucht nur so viel Zeit zu ihrem Eintritt, als nötig ist, um das Serum in den Säften des Körpers zu verteilen. Am schnellsten wirkt also die Einspritzung von der Blutbahn, am langsamsten, d. h. vollständig erst nach 1—2 Tagen, von der Unterhaut aus, die Einführung in die Muskulatur (z. B. des Gesäßes) steht in der Mitte.

Weil das Immunserum so schnell und im wesentlichen ohne Nebenerscheinungen wirkt, weil nach seiner Einverleibung von einer kritischen Zeit, einer negativen Phase nicht die Rede sein kann, ist es nicht bloß zur Schutzimpfung, sondern auch zur Heilimpfung besonders geeignet und hat als Behringsches Heilserum bei Diphtherie einen Triumph gefeiert, der nur mit dem der Jennerschen Schutzimpfung verglichen werden kann. Andere Seren werden teils als Schutz-, teils als Heilseren empfohlen, namentlich gegen Streptokokken- und Pneumokokkenansteckungen, Dysenterie und Bubonenpest, Tetanus, Botulismus, Gasödem und Milzbrand, hämorrhagische Septizämie und Rotlauf, Genickstarre und Kinderlähmung, Maul- und Klauenseuche, Schweine- und Rinderpest. Dagegen haben die Versuche, die Serumtherapie auch bei Cholera und Typhus durchzuführen, bisher nur wenig ermutigende Ergebnisse geliefert. In Ermangelung von Tierimmunserum benutzt man auch das Blutserum von Rekonvaleszenten oder schon länger durchseuchten Personen bei Masern und Scharlach, Fleckfieber usw.

Auch hier wieder kann man bei Mischinfektionen entweder verschiedene Immunseren miteinander vereinigen oder Serum von Tieren benutzen, die z. B. gleichzeitig gegen Diphtheriebazillen und Streptokokken immunisiert worden sind („Symbioseserum"). Das mit Scharlachstreptokokken hergestellte Scharlachserum enthält vermutlich auch Antikörper gegen das filtrierbare Scharlachvirus.

Ein Übelstand der Schutzimpfung durch Immunserum besteht darin, daß sie keine so nachhaltige Wirkung entfaltet, wie die aktive Schutzimpfung, sondern, wenn es nicht arteigenes Serum ist (s. u.) schon nach 2—3 Wochen verschwindet. Durch Wiederholung der Serumeinspritzung kann man dem begegnen, doch muß man dabei wegen der erhöhten Gefahr der Serumkrankheit und Anaphylaxie (S. 405) etwas vorsichtig sein.

Beide Nachteile ließen sich vermeiden, wenn man das Immunserum derselben Tierart benutzen könne, das man zu schützen oder zu heilen hat, weil gleichartiges (homologes) Serum lange nicht so schnell aus dem Körper verschwindet und keine anaphylaktische Erscheinungen hervorruft. Ein solches Serum steht aber nur ausnahmsweise (von Rekonvaleszenten s. o.) zur Verfügung. Bei der Schutzimpfung gegen Diphtherie kann man Hammelserum, bei der Heilimpfung Pferdeserum benutzen, um die Anaphylaxiegefahr zu vermeiden. Bisher haben sich im großen fast nur Pferde oder Esel als Serumspender bewährt. Man impft diese Tiere zur Gewinnung des Serums zuerst mit kleinen Gaben derselben — gegebenenfalls vielwertigen — Impfstoffe, die auch für die aktive Schutzimpfung benutzt werden, kann aber, wenn erst eine gewisse Widerstandsfähigkeit (Grundimmunität) erzielt ist, die Gaben ziemlich schnell zu sehr beträchtlicher Höhe steigern. Wenn nach mehrmonatlicher Behandlung die Prüfung im Glase und Tierversuch eine genügende Stärke des Serums ergibt, läßt man die Tiere kräftig zur Ader und gewinnt aus ihrem Blute das Immunserum, das durch Zusatz von 0,5% Karbolsäure oder vorsichtiges Eintrocknen bei 30° meist jahrelange Haltbarkeit erwirbt. Setzt man die Behandlung des Tieres aus, so sinkt die immunisierende Wirksamkeit seines Serums, weil sein

Gehalt an Immunkörpern allmählich abnimmt. Bei Wiederholung der Behandlung läßt sich aber ein und dasselbe Tier oft jahrelang als Serumspender benutzen. Neuerdings hat man gelernt, die Immunkörperbildung durch Beigabe von kleinsten Metallmengen (S. 396) zu steigern.

Die Vorzüge der aktiven und passiven Schutzimpfung lassen sich dadurch verbinden, daß man gleichzeitig mit Impfstoffen und mit Immunserum impft. So entsteht ein drittes, das gemischte Impfverfahren. Besonders für Massenimpfung von Tieren, die schon der Ansteckungsgefahr mit Milzbrand, Rotlauf, Rinderpest usw. ausgesetzt sind, hat sich dasselbe bewährt, da es die Erkrankungen auch in der ersten Zeit nach der Impfung erheblich verringert. Man mischt dabei entweder das Serum mit den Impfstoffen oder spritzt es gleichzeitig oder kurze Zeit vor dem aktiven Impfstoff an verschiedenen Körperstellen ein. Auch für die Impfung des Menschen gegen Typhus und Ruhr hat man durch Immunserum „sensibilisierte" Bakterien empfohlen, ohne daß das aber besondere Vorzüge zu haben scheint. Durch Behring hat man dann gelernt, Kinder gegen die Diphtherie dadurch aktiv zu schützen, daß man kleine Gaben Diphtheriegift mit Diphtherieserum zusammen einimpft (vgl. S. 242).

Vierunddreißigster Abschnitt

Immunkörper

Daß Beziehungen zwischen der Widerstandsfähigkeit (Immunität) von Tieren gegen Krankheitserreger und Eigenschaften des Blutes oder Blutserums dieser Tiere bestehen, wurde schon durch die früher erwähnten Forschungen Fodors, Flügges und Nuttalls, H. Buchners u. a., die zeigten, daß die zellfreien Körpersäfte imstande seien, Bakterien abzutöten, nahegelegt, zunächst allerdings nur für Tiere, die noch nicht unter dem Einfluß von Ansteckungen oder Schutzimpfungen gestanden hatten, d. h. wie man zu sagen pflegt, für den Fall der natürlichen (angeborenen) Immunität. Behring und Nissen wiesen dann bestimmter auf Zusammenhänge zwischen der natürlichen und erworbenen (künstlichen, spezifischen) Immunität von Tieren und der keimtötenden Kraft ihres Blutserums hin. Noch in demselben Jahre (1890) entdeckte Behring das antitoxische Vermögen des Blutserums von Tieren, die gegen Diphtherie und Tetanus immunisiert waren, bewies, daß durch diese „Antitoxine" die Immunität auch auf nicht geimpfte Tiere übertragen werden kann und legte damit den Grund zur Vorbeugung und

Heilung ansteckender Krankheiten durch Serum. In den folgenden Jahren wurde die Lehre von den bakteriziden Antikörpern, den „Bakteriolysinen“ durch R. Pfeiffer weiter ausgebaut und durch Denys eine dritte Art des Serumschutzes aufgefunden, die durch Förderung der Freßtätigkeit weißer Blutkörperchen, genauer gesagt durch Vorbereitung der Bakterien zur Aufnahme in Leukozyten zustande kommt (S. 67). Diese Immunkörper erhielten später den Namen „Immunopsonine“ (Wright) oder „Bakteriotropine“ (Neufeld).

Gleichzeitig wurde festgestellt, daß Immunität und antitoxische Immunkörper nicht bloß gegen Gifte von Bakterien, sondern auch gegen die von Pflanzen (Rizin, Abrin) und Tieren (Schlangen, Spinnen), Lysine (und Tropine) auch gegen Protozoen, rote und weiße Blutkörper, Samen-, Nieren- und Leberzellen erzeugt werden könnten.

Insbesondere Ehrlich und Morgenroth wiesen ferner nach, daß die Lysine einen verwickelten Bau haben, indem sie zu ihrer Wirkung auf die Mithilfe eines regelmäßigen Bestandteiles frischen Blutserums, des Komplements, angewiesen sind. Die eigentlichen, durch Immunisierung neugebildeten Lysine wurden, weil sie sich einerseits mit den Bakterien (roten Blutkörpern usw.), andererseits mit dem Komplement verbinden, lytische Ambozeptoren genannt.

Die Hämolysine haben in der Bakteriologie eine große Bedeutung gewonnen, weil man das aus Blutkörpern (vom Hammel), Ambozeptor (vom Kaninchen) und Komplement (vom Meerschweinchen) bestehende hämolytische System dazu benutzen kann, spezifische Komplement bindende Antikörper bei allen möglichen Infektionen und damit die Natur der letzteren, z. B. bei Syphilis und Rotz, nachzuweisen (s. u.).

Eine besondere Art von Hämolysin, ihrem Ursprung aber nicht ihrem Wesen nach, stellen die von Forssmann durch Einspritzung von Organextrakten des Meerschweinchens in Kaninchen entdeckte Hämolysin dar, das für Hammelblutkörperchen ebenso wirksam ist, wie das durch Einspritzung dieser letzteren gewonnenen. Statt der Organextrakte des Meerschweinchens kann man solche der Maus, des Pferdes, des Hundes und der Katze, ferner außer den Blutkörpern von Hämmeln und Ziegen, Hunden und Katzen auch solche der A- und B-Gruppe des Menschen (s. u.), schließlich aber auch viele Typhus-, Paratyphus- und echte Ruhrbazillenstämme mit ähnlichem Erfolg benutzen. Man nennt sie Forssmannsche oder heterogenetische Antigene. Dieser „Meerschweinchengruppe“ steht die „Kaninchengruppe“ gegenüber, die zwar bei Behandlung mit Forssmannantigen Antikörper zu liefern pflegen, deren Organe oder Blutkörper aber bei Kaninchen nicht die Forssmannschen Antikörper erzeugen. Dazu gehören Ratten, Rinder, Schweine, Gänse, die O-Blutkörper des Menschen und wieder andere Stämme der genannten und andere Bakterien. Man sieht sofort, daß von Verwandtschaftsbeziehungen hier nicht die Rede ist, wie man sie sonst bei anderen Antigenen und Antikörpern (s. u. bei Präzipitinen) beobachtet, und daß andererseits individuelle oder Rassenunterschiede von Bedeutung sein können. Die Forssmannschen Antikörper haben sonst dieselben Eigenschaften wie die gewöhnlichen, sie wirken gegebenenfalls nicht nur hämolytisch, sondern auch agglutinierend, präzipitierend, komplementbindend und anaphylaktisierend. Die sehr rege Bearbeitung dieses Gebiets, auf die wir nicht näher eingehen können, hat dann noch zu weiteren wichtigen Feststellungen geführt. Während im allgemeinen die mit Kochsalzlösung hergestellten Forssmannschen Extrakte sowohl immunisieren, als die entsprechenden Immunkörper binden, fand man zunächst, daß der alkohollösliche, also lipoidartige Anteil der Organextrakte nur die bindende und präzipitierende, nicht die immunisierende Fähigkeit besitzt. Landsteiner hat sie als „Haptene" bezeichnet und nachgewiesen, daß sie in Mischung mit Eiweiß — er benutzte Menschen- oder Schweineserum, es eignen sich dazu aber auch andere Eiweißarten — auch die Forssmannschen Antikörper erzeugen. Über die Bedeutung dieser „Schleppersubstanzen" für die Bildung der „Lipoidantikörper" wird noch heute gestritten. Daß Lipoide bei der Lösung der roten Blutkörper z. B. durch Schlangengift, Strepto- und Staphylokokken, ebenso bei der Auflösung von Pneumo- und Meningokokken im Reagenzglase (S. 74), bei der Hämo- und Bakteriolyse durch Komplemente beteiligt sind, ist teils bewiesen, teils wird es behauptet. Auch die Extrakte bei der Wassermannschen Reaktion (s. u.) gehören zu den Haptenen. Dasselbe gilt wohl auch von den aus fast reinen Kohlehydraten bestehenden Extrakten aus Pneumokokken (S. 80) und anderen Bakterien.

Aber das Serum von Tieren, insbesondere von solchen, die mit Bakterien oder Bakterienstoffen in Berührung gekommen sind, ist noch anderer Leistungen fähig, die man freilich nicht ohne weiteres im Tierversuch als Schutzwirkungen erkennen, sondern zunächst nur im Probierglase nachweisen kann. Schon früher war es einzelnen Forschern aufgefallen, daß Bakterien, die in ihrem Immunserum zum Wachstum gelangen, darin sich nicht wie im gewöhnlichen Blutserum gleichmäßig verteilten, sondern in Krümeln zusammenballten. 1896 stellten Gruber und Durham die allgemeine Bedeutung dieses Verhältnisses fest und gaben den verklebenden Stoffen des Serums den Namen Agglutinine. Gleichzeitig mit Widal erkannten sie auch den Wert des Agglutinationsversuches für die Erkennung des Typhus. In der Folge hat sich die Agglutination als eins der wichtigsten Mittel zur Unterscheidung ansteckender Krankheiten, wie ihrer Erreger selbst, bewährt. Auch gegen rote Blutkörper lassen sich „Hämagglutinine" gewinnen.

Landsteiner hat zuerst auf die Bedeutung der sog. Isohämagglutinine für die Verwandtschaftsbeziehungen der Menschen hingewiesen. Es lassen sich im wesentlichen 4 Gruppen unter ihnen unterscheiden, die sich nach den Mendelgesetzen vererben. Die Blutkörper der Gruppe O werden durch die Blutseren der anderen 3 Gruppen nicht agglutiniert, die der Gruppe A dagegen durch das Serum von O und B, die der Gruppe B durch das Serum O und A, die der Gruppe AB durch die 3 anderen Seren, kein Blut durch das Serum der zugehörigen Gruppe verklumpt. Ob diese „Blutkonstitutionen", die sich überall auf der Welt, aber in recht ungleichen Prozentverhältnissen finden, übrigens aber auch bei Tieren nicht fehlen, mit Krankheitsanlagen oder mit Rasseneigenschaften etwas zu tun haben, ist sehr zweifelhaft, sie lassen sich aber bis zu einem gewissen Grade für die Entscheidung von Vaterschaftsklagen verwerten und ermöglichen die richtige Auswahl von Blutspendern bei der Transfusion, die sonst durch Verklumpung der eingespritzten Blutkörper gefährlich werden kann. Bei genügender Übung ist die Agglutination und damit die Bestimmung der Blutgruppen durch Vermischung der Blutkörper mit 2—3 verschiedenen Seren leicht und schnell bei Zimmertemperatur auf dem Objektträger oder im

Reagenzglas auszuführen. Zur Vermeidung einer freiwilligen Verklumpung der roten Blutkörper empfiehlt es sich, sie mit Kochsalzlösung, der etwas Lezithin zugesetzt ist, zu verdünnen.

Serumstoffe, die mit den Agglutininen Ähnlichkeit haben, sind bei Trypanosomeninfektionen beschrieben worden. Sie verursachen zunächst die „Agglomeration“, d. h. bewirken, daß die Parasiten sich mit den hinteren Enden, ohne ihre Beweglichkeit zu verlieren, zu sternförmigen Gebilden aneinander legen. Selbst mit toten Trypanosomen soll der Versuch mit dem zugehörigen Serum gelingen. Eine andere Erscheinung ist das Festkleben der Parasiten an Leukozyten unter dem Einfluß des Serums. Drittens entdeckte Rieckenberg eine streng spezifische Reaktion, die darin besteht, daß Trypanosomen im Serum von mehr oder weniger immunisierten Ratten sich mit Blutplättchen beladen (Thrombozytobarine).

Unter Konglutination versteht man die normale Agglutination in Rinderserum, die also nicht hierher gehört (S. 251).

Kurze Zeit darauf fand R. Kraus, daß klar filtrierte Bakterienkulturen oder Auszüge von Bakterien durch ihr Immunserum ausgefällt werden. Die dafür verantwortlichen Präzipitine (Fällungsstoffe) haben zwar in der Bakteriologie keine wesentliche Bedeutung erlangt (vgl. Milzbrand, S. 198), aber eine um so größere in der gerichtlichen Medizin, Nahrungsmitteluntersuchung und tierische Verwandtschaftslehre, seitdem Uhlenhuth und Wassermann gezeigt haben, daß ähnliche Stoffe auch in dem Blute von Tieren auftreten, denen Eiweißstoffe des Blutes, der Milch, der Eier beliebiger Tiere und Pflanzen eingespritzt worden sind, und daß diese Präzipitine in derselben Weise arteigen (spezifisch) sind, wie es die Antitoxine, Bakteriolysine, Agglutinine und alle anderen Immunkörper für die Bakterienarten sind, mit denen sie gewonnen werden.

Man hat so die Möglichkeit, aus der Trübung, die in dem Auszug eines Blutfleckens mit Kochsalzlösung (1 ccm) durch Zusatz von Immunserum (0,1 ccm) gegen Rind-, Schweine-, Menschenbluteiweiß binnen spätestens 20 Minuten bei 15° entsteht, zu beurteilen, ob das betreffende Blut von einem dieser Tiere oder vom Menschen stammt, und kann in ähnlicher Weise erkennen, ob einem (nicht gekochten) Hackfleisch, das vom Rind stammen soll, etwa Pferdefleisch beigemischt ist.

Notwendig ist dabei eine genaue Berücksichtigung der Mengenverhältnisse. Am besten benutzt man nur hochwertiges Immunserum, das noch in 20000facher Verdünnung das zugehörige Eiweiß (Blutserum des betreffenden Tieres) in 5 Minuten trübt. Es wird von Kaninchen durch wiederholte Einspritzungen von Serum leicht erhalten, muß völlig klar sein (Kieselgurfiltrat) und ist am besten ohne jeden Zusatz in der Kälte aufzuheben. Der Auszug von Blutflecken oder von Fleischstücken wird soweit verdünnt, daß das Eiweiß darin gerade noch durch die Kochprobe mit Salpetersäure nachgewiesen werden kann. Auch diese Auszüge müssen völlig klar sein. Kontrollröhrchen mit entsprechenden Lösungen des Blutes oder Fleisches, auf das man fahndet, andere Eiweißarten, Auszüge aus demselben, aber nicht mit Blut befleckten Stoff und einfache Kochsalzverdünnungen des Immunserums sichern erst das Ergebnis. Zweifelhaft kann es dann werden, wenn das nachzuweisende Eiweiß vorher der Siedehitze — Räuchern und Salzen hindern nicht — ausgesetzt war, weil dann die Fällung unsicher wird, oder wenn nahe verwandte Blut- und Fleischarten, z. B. von Menschen und Affen, Schafen und Ziegen, Pferden und Eseln, die ähnliche Fällungen geben, in Frage kommen. Auch die gradweise abnehmende Verwandtschaft der Halbaffen, Affen, Anthropoiden und Menschen läßt sich durch die schwächere oder stärkere Präzipitation mit Menschenserum nachweisen, dagegen haben bisher auch verfeinerte Methoden noch nicht sichere Unterschiede zwischen den Menschenrassen oder gar Individuen aufgedeckt. Ebenso ist es nur unvollkommen gelungen, das Eiweiß der einzelnen Organe voneinander durch Präzipitine zu trennen. Immerhin geben Eigelb und Eiweiß, sowie Glaskörper- und Linseneiweiß ungleiche Reaktionen, ja das letztere nimmt sogar insofern eine Sonderstellung ein, als es bei den meisten Wirbeltieren sich gleich und verschieden von dem der Art eigentümlichen verhält. Die „heterogenetischen" Präzipitine wurden schon oben erwähnt.

Ergab sich schon aus diesen Erfahrungen mit Notwendigkeit, daß der Begriff der Immunkörper und der Immunität weiter als ursprünglich zu fassen ist, so wurden um die Jahrhundertwende noch neue Serumwirkungen entdeckt, die mit den bisher bekannten nicht ohne weiteres zusammengeworfen werden können. Die Komplement bindenden Gegenkörper von Bordet und Gengou zeichnen sich dadurch aus, daß sie, wie die Agglutinine und Präzipitine nur im Glasversuch nachzuweisen sind, und zwar eigentümlicherweise dadurch, daß sie die Leistungen anderer, der lytischen Antikörper aufheben. Sie tun das, indem sie die oben genannten Komplemente des frischen Blutes in Beschlag nehmen. Gerade diese Hemmung der Blutlösung im hämolytischen Versuch ist vielfach benutzt worden, um überhaupt die Anwesenheit von Immunkörpern in einem Serum festzustellen und hat auch Wassermann zur Entdeckung der eigentümlichen Blutveränderung bei Syphilitikern geführt (S. 289). Auch die Komplement bindenden Gegenkörper werden nicht bloß von Bakterien erzeugt, sondern ebenso von anderen geformten und nicht geformten Eiweißstoffen, man nennt sie auch Eiweißambozeptoren oder kürzer Reagine.

Wieder auf einem anderen Wege gelangte man zur Auffindung der Anaphylaxine, d. h. der Überempfindlichkeit erzeugenden und übertragenden Serumstoffe. Man hat sich zwar zunächst gesträubt, sie als Immunkörper zu bezeichnen, weil der Tierversuch, der ihre Gegenwart nachweist, nicht die Erhöhung, sondern im Gegenteil die Herabsetzung der Widerstandsfähigkeit durch die Anaphylaxine darzulegen scheint. Doch lehrt die genauere Betrachtung (S. 393), daß die Überempfindlichkeit in gewissen Grenzen auch ein Vorteil für das Tier ist, das sie besitzt, da sie die Bereitschaft gegen eine neue Ansteckung erhöht oder allgemein gesprochen, denn auch hier handelt es sich nicht um eine auf die Krankheitserreger beschränkte Gegenwirkung, daß sie wie die anderen Immunkörper die Beseitigung der einverleibten fremden Stoffe aus dem Körper fördert.

Es ist durchaus nicht gesagt, daß wir mit diesen 7 Klassen von Gegenwirkungen die wirklich vorhandenen Leistungen des Blutserums erschöpft haben. Auf S. 386 haben wir z. B. schon selbst die Möglichkeit zugegeben, daß es Leukosekretine gibt, d. h. Serumstoffe, die imstande sind, die Absonderung von bakterientötenden Stoffen (Leukinen) aus den weißen Blutzellen anzuregen und dadurch die Wirkung von absonderungshemmenden Stoffen der Bakterien aufzuheben. Ungerechtfertigt wäre es aber jedenfalls mit Bail derartige Körper ausschließlich mit dem Namen Antiaggressine zu bezeichnen, denn die unter 2. und 3. genannten Bakteriolysine und -tropine verdienen diesen Namen an erster Stelle. Die Körper unter 1., 2., 3., 7. und 8. könnte man noch zusammenfassen als Schutzstoffe im engeren Sinne, weil von ihnen wirkliche Schutzwirkungen im lebenden Körper anzunehmen sind.

Außer den hier genannten Gegenkörpern sind auch noch andere beschrieben worden. So können Antifermente gegen Lab, Trypsin u. dgl. durch Einspritzung von Fermentlösungen in Tieren erzeugt werden. Sie heben die Wirkungen der betreffenden Fermente auf, wie die Antitoxine die der Gifte. Auch die Antiphagine wären noch zu nennen (S. 335).

Während die eigentlichen Immunkörper zu ihrer Bildung einer gewissen, nicht zu kurzen Zeit bedürfen, entwickeln sich die Schutzfermente Abderhaldens schon sehr schnell — im Laufe weniger Stunden, ja nach 15 Minuten — im Blute von Tieren, wenn man ihnen Eiweißstoffe oder zusammengesetzte Zuckerarten und Fette, also auch Stoffe, die niemals echte Immunkörper erzeugen, einspritzt. Sie dienen offenbar dazu, blutfremde Nahrungsstoffe, wenn sie „parenteral", d. h. nicht auf dem üblichen Wege (durch den Verdauungskanal) in den Körper hineingelangen, aufzuspalten und damit zu beseitigen. Da solche Schutzfermente auch zu entstehen scheinen, wenn Zellen des eigenen Körpers zugrunde gehen, so hat man ihren Nachweis im Blutserum dazu benutzt, um gewisse physiologische und pathologische Vorgänge, die mit Zellauflösung einhergehen, z. B. die Schwangerschaft oder Geschwulstbildungen, festzustellen. Es geschieht das in der Weise, daß man z. B. ausgekochtes Plazentargewebe (plazentares Eiweiß) mit Blutserum der der Schwangerschaft verdächtigen Personen zusammenbringt und in dem Gemisch durch Farbenreaktionen (Ninhydrinprobe) oder durch die Polarisation auf Erzeugnisse der Verdauung fahndet. Trotz mancher Anerkennung haben sich diese Verfahren, vielleicht nur wegen der zahlreichen Fehlerquellen, die bei ihrer Durchführung zu berücksichtigen sind, noch nicht allgemein eingebürgert.

Noch sind verschiedene Fragen, welche die Gegenkörper betreffen, zu beantworten. Um welche Art chemischer Stoffe handelt es sich hier, wie sind sie zusammengesetzt, wie verhalten sie sich zueinander, wie reagieren sie mit dem zugehörigen Impfstoff, wie bilden sich die Gegenkörper im Tier, und welche Bestimmung haben sie schließlich?

Die erste Frage läßt sich im wesentlichen nur dahin beantworten, daß die Gegenkörper in ihrer Zusammensetzung mit keinem der bekannten chemischen Körper übereinstimmen. Am ehesten könnte man sie den Eiweißkörpern zurechnen, und zwar den Globulinen, mit denen zusammen sie aus dem Serum gefällt und durch Elektroosmose konzentriert werden können. Wie diese Eiweißstoffe diffundieren sie nur schwer und bleiben darum auch um so leichter in den Filtern stecken, je feinporiger letztere sind. Sie pflegen ferner, selbst wenn sie möglichst von fremden Beimengungen befreit sind, noch Eiweißreaktionen zu geben und unter der Einwirkung von Verdauungsfermenten ihre Wirksamkeit einzubüßen. Selbst wenn wir aber die Eiweißnatur der Gegenkörper annehmen, so haben wir damit wenig geleistet, denn wir haben damit noch nicht die chemische Grundlage für die wesentlichste Eigenschaft, ihre Arteigenheit (Spezifität), gewonnen. Dasselbe gilt ja auch für die Impfstoffe oder Antigene, die jene erzeugen.

Eine praktisch wichtige äußere Eigenschaft der Impfstoffe und Immunkörper ist ihre Empfindlichkeit gegen physikalische und chemische Eingriffe. Sie vertragen höchstens Temperaturen von 60—70° und werden oft schon durch die Aufbewahrung bei gewöhnlichen Temperaturen geschädigt. Am besten halten sie sich in konzentriertem Zustand, sei es, daß man sie im flüssigen Zustande mit 0,5% Karbolsäure versetzt im Eisschrank aufbewahrt, oder sie bei 30° im luftleeren Raume eintrocknet und dann vor Licht und Luft geschützt hält. Die Impfstoffe sind widerstandsfähiger gegen Erhitzen, ja wiederstehen großenteils der Kochtemperatur (vgl. S. 357). Wenn wir sie in Lysinogene, Tropinogene, Agglutinogene usw. zu trennen pflegen, so bedeutet das zunächst keine bestimmten chemischen, sondern Leistungsunterschiede.

Trotz dieser Unkenntnis der wahren chemischen Natur der Impfstoffe und Gegenkörper hat man sich auf Grund ihrer Leistungen über ihre Zusammensetzung nähere Vorstellungen zu machen versucht. Zunächst führte die Art und Weise, wie die Toxine sich mit ihren Antitoxinen verketten, Ehrlich zu der Annahme, daß sie je eine einander entsprechende, arteigentümliche bindende (haptophore) Atomgruppe besäßen (S. 237).

Zwischen den übrigen Antigenen und Antikörpern finden zwar auch Vereinigungen statt, die sehr wohl mit chemischen Bindungen verglichen werden können, doch legt die Tatsache, daß z. B. eine bestimmte Zahl von Bakterien durch sehr ungleiche — etwa von 1—20000 schwankende — Mengen von Agglutininen oder bakteriolytischen Ambozeptoren beeinflußt werden kann und diese Mengen in gleicher Weise an sich zu binden vermag, auch die Möglichkeit nahe, daß es sich hier nicht um echte chemische, sondern um physikalisch-chemische Bindung, um sog. Adsorption handeln könnte. Indessen ist die erstere Deutung nicht bloß die einfachere, sondern empfiehlt sich um so mehr, weil sie, wie Ehrlich in seiner Seitenkettentheorie gezeigt hat, uns auch die immunisierende, Gegenkörper erzeugende Leistung der Impfstoffe und die Arteigentümlichkeit dieser sowie ihrer Gegenkörper am besten verdeutlicht.

Allein durch den Besitz bindender Gruppen lassen sich aber die uns bekannten Leistungen der Gegenkörper höchstens bei den Antitoxinen erklären.

Allerdings wissen wir nicht, was endgültig aus der Verbindung zwischen Gift und Gegengift wird. Eine sichtbare Veränderung tritt nach der Vereinigung der beiden Stoffe gewöhnlich nicht ein, auch keine Zerstörung der Gifte, da die Vereinigung sich unter Umständen wieder trennen läßt, ohne daß die ursprünglichen Eigenschaften dadurch geschädigt werden. Die Aufhebung der physiologischen (vergiftenden) Wirkung durch die Bindung mit dessen Antitoxin, kann man mit Ehrlich dadurch erklären, daß die Bindegruppe des Toxins gleichzeitig diejenige ist, die in den empfänglichen Zellen der Tiere die Giftwirkung vermittelt. Wird sie durch das Antitoxin besetzt, so ist also die Giftigkeit ausgeschaltet.

In diesem Sinne schreibt man den Antitoxinen unter den Gegenkörpern den einfachsten Bau zu und bezeichnet sie mit Ehrlich als Antikörper oder Rezeptoren erster Ordnung. Zur zweiten Ordnung gehören die Agglutinine. Ihre Wirksamkeit erschöpft sich nicht durch das Eingreifen ihrer Bindegruppen in die entsprechenden Gruppen bestimmter Bakterien, sondern sie rufen in diesen selbst gleichzeitig eine eigentümliche Veränderung hervor, indem sie sie zu Haufen verkleben.

Die nähere Untersuchung dieses Vorgangs hat gezeigt, daß er nicht eintritt in destilliertem Wasser, sondern nur in salzhaltiger Lösung, daß er ferner durch Erniedrigung der Temperatur hintangehalten, durch ihre Erhöhung und ebenso durch den elektrischen Strom befördert wird. Auch bei Aufschwemmungen von nicht bakteriellen Körperchen, z. B. Mastixkörnchen in Gelatinelösung kann man ähnliches beobachten. Es handelt sich vielleicht bei der Agglutination um eine Ausfällung der an die Bakterien gebundenen Agglutinine durch die Kationen der einwertigen Metalle, durch welche die Oberflächenspannung der Bakterien gesteigert wird. Wie dem auch sei, die Fähigkeit der Agglutinine, Bakterien zu verkleben, ist unabhängig von ihrer Bindefähigkeit. Man kann dem agglutinierenden Serum durch längeres Lagern oder durch Erhitzung auf 75° die erstere Eigenschaft mehr oder weniger nehmen, ohne ihre zweite zu beschränken. Ehrlich spricht in solchen Fällen von Umwandlung der Agglutinine in „Agglutinoide" und erklärt sie durch Zerstörung einer verklebenden, „agglutinophoren" Gruppe im Agglutinin.

Auch die Präzipitine sind Gegenkörper zweiter Ordnung, denn bei ihnen kann man neben der Bindegruppe eine die besondere Leistung vollziehende Gruppe, die mit der agglutinophoren große Verwandtschaft besitzt, annehmen. Die Bakteriotropine werden gewöhnlich auch als Gegenkörper zweiter Ordnung aufgefaßt, doch gehören sie mindestens zum Teil zu einer neuen Gruppe, den Gegenkörpern dritter Ordnung. Bei diesen ergibt sich eine weitere Verwicklung dadurch, daß der eigentlich wirksame Bestandteil in den Immunkörpern nicht von vornherein enthalten ist, sondern ihnen erst angegliedert werden muß. Es ist das sog. Komplement, ein in jedem frischen Blutserum vorhandener Stoff, dem man meist fermentartige Beschaffenheit zuschreibt.

Daß er sehr unbeständig ist, z. B. durch mehrtägiges Aufbewahren bei gewöhnlicher Temperatur und durch kurzes Erhitzen auf 55° vernichtet wird, ist schon lange bekannt. Neuerdings hat man gefunden, daß er selbst aus zwei, ja drei verschiedenen Bestandteilen zusammengesetzt ist (S. 382). Ehrlich ist der Meinung, daß sich auch das Komplement mit dem Immunkörper durch bestimmte Bindegruppen verkette, und bezeichnet diese Immunkörper dritter Ordnung, weil sie sich einerseits mit Bakterien oder gelösten Impfstoffen, andererseits mit dem Komplement verbinden, als Ambozeptoren. Bordet u. a.

stellen sich dagegen vor, daß das Komplement von den durch den Immunkörper beeinflußten (sensibilisierten) Bakterien, wie die Farbe von einem gebeizten Gewebe, adsorbiert werde.

Immunkörper dritter Ordnung sind Bakteriolysine und Komplement bindende Antikörper (Reagine), wahrscheinlich aber auch Anaphylaxine und Immunopsonine (Bakteriotropine).

Die Grenzen zwischen diesen drei Gruppen von Immunkörpern werden allerdings dadurch verwischt, daß Komplemente sich auch an den Immunreaktionen der zweiten, ja vielleicht sogar auch der ersten Gruppe beteiligen. Jedenfalls wird die Agglutinin- und Tropinwirkung durch Zufügung von frischem Blutserum, d. h. Komplement, oft verstärkt.

Wir dürfen uns ferner nicht verhehlen, daß der Begriff der Binde- und Leistungsgruppen, so anschaulich er uns zunächst dünkt, im Grunde nur unsere völlige Unkenntnis über die wirkliche chemische Natur dieser Gruppen verschleiert. Man bedenke, wie verwickelt die Aufgabe durch die Arteigenheit der Impfstoffe und Gegenkörper wird. Die Hunderte von Bakterienarten, die wir bisher kennen, erzeugen jede ihre besonderen Agglutinine, Tropine usw., die Tausende von verschiedenen Tierarten ihre besonderen Hämolysine, Präzipitine usf.

Noch verwickelter werden die Verhältnisse dadurch, daß jedes einzelne Bakterium, jede einzelne Art von Blutkörper nicht bloß ein einziges Agglutinin, Lysin usw. erzeugt, sondern außer den sog. Hauptagglutininen und -Lysinen, die ausschließlich gegen die zur Behandlung der Tiere benutzten Arten gerichtet sind, auch noch Nebenagglutinine und -Lysine, die artfremde Bakterien und Zellen beeinflussen, bilden. Daß jeder dieser in einem und demselben Immunserum angenommenen Stoffe wirklich unabhängig von dem anderen besteht, kann durch die Absättigungsprobe (S. 121) leicht bewiesen werden. Z. B. werden die im Dysenterieserum vorhandenen Nebenagglutinine für Pseudodysenterie A, D, H usw. durch Bindung mit den betreffenden Bakterien aus dem Serum herausgezogen, und es bleiben schließlich nur die Hauptagglutinine zurück.

In den meisten Fällen gelingt es allerdings nicht, die in einem Immunserum nebeneinander vorausgesetzten einzelnen Arten von Gegenkörpern, d. h. die Antitoxine, Lysine, Tropine, Agglutinine, Präzipitine, Reagine und Anaphylaxine voneinander wirklich zu trennen, sondern man schließt nur daraus auf ihre besondere Natur, weil sich die einzelnen Leistungen des Immunserums in verschiedenen Tieren oft in ungleichem Verhältnis und in einem und demselben Tiere nicht gleichzeitig entwickeln. So beobachten wir z. B. häufig, daß bei Beginn der Behandlung die Agglutinine, später aber erst die Bakteriolysine und Antitoxine auftreten, daß ein Serum, das hämolytisches Komplement zu binden vermag oder kräftig bakteriotrop wirkt, bakteriolytisch unwirksam ist, daß in vielen Seren zwar agglutinierende, präzipitierende und anaphylaktische Wirkungen einander entsprechen, in anderen aber nicht. Dabei wäre es trotzdem denkbar, daß hin und wieder sämtliche Gegenkörperwirkungen etwa an verschiedene Leistungsgruppen gebunden in einem und demselben Molekel mit einer oder wenigen Bindegruppen vereinigt wäre, und daß die Verschiedenheiten der Wirkungen nur durch Fortfall dieser oder jener Leistungsgruppen entständen. Die Bindegruppen könnten dabei gleich oder verschieden sein. Uns scheint es ziemlich müßig, sich über diese oder andere Möglichkeiten, die unsere Vorstellungen eigentlich kaum vereinfachen, zu streiten, solange uns die Mittel fehlen, zwischen ihnen zu entscheiden. Einfacher und klarer dünkt es uns auch nicht, statt von verschiedenen „Immunkörpern" nur von „Immunreaktionen" zu sprechen und die letzteren, statt nach dem Vorgange Ehrlichs als chemische Vorgänge, als wesentlich physikalisch- oder kolloid-chemische Erscheinungen zu betrachten. Abgesehen davon, daß die Ehrlichsche Lehre mit den Tatsachen, die sich auf die Bindung von Impfstoffen und Gegenkörper beziehen, gut übereinstimmt, hat sie das große Verdienst, daß sie uns das Rätsel der Immunität und Immunkörperbildung, besser als man es sonst vermocht hat, erklärt, daß sie uns, anders ausgedrückt, den Schlüssel dafür gibt, wie bei der Einwirkung von Bakterien und anderen eiweißartigen Fremdstoffen (Impfstoffen, „Antigenen") auf den Tierkörper dieser letztere in der Lage ist, spezifische Gegenkörper gegen die ersteren zu erzeugen, welche auf die eine oder andere Art ihre Beseitigung aus dem Körper zu bewirken geeignet, also als Abwehrstoffe im weitesten Sinne zu bezeichnen sind. Das für uns Wesentliche der Seitenkettenlehre (vgl. S. 236) möchten wir in folgenden Sätzen ausdrücken: Die den Tieren einverleibten fremden Stoffe treffen in diesen oder jenen Zellen des Körpers auf Bestandteile (Seitenketten = Rezeptoren), die ihnen durch Bindegruppen von bestimmtem Bau (haptophore Gruppen) verwandt sind und sich daher mit ihnen verketten. Dadurch werden die Seitenketten für die Mutterzellen zu einem Fremdkörper, der ersetzt werden muß; das geschieht durch Neubildung von Seitenketten, die sich wiederholt, so oft Impfstoffe von neuem an die Zellen herantreten. Die Neubildung überschreitet das gewöhnliche unmittelbar nötige Maß und führt, wie so häufig bei Neubildungsvorgängen im Tierkörper, zur Übererzeugung und, da die Seitenketten zum großen Teil ins Blut abgestoßen werden, zu einer Art Absonderung in dieses. Die abgestoßenen Seitenketten sind nichts anderes als die Immunkörper des Blutserums, die auch auf andere Tiere übertragen werden können. An einem physiologischen Vorbild für die Absonderung der Seitenketten fehlt es nicht, denn die Erfahrung hat gelehrt, daß das Blut schon im unbehandelten Tier kleine Mengen von Gegenkörpern aller möglichen Arten enthält. Es kann keinem Zweifel unterliegen, daß auch ohne Ehrlich früher oder später die Auffassung durchgedrungen wäre, daß Immunkörperbildung in nichts anderem besteht, als in einer Übererzeugung der schon natürlicherweise im Organismus vorhandenen Abwehrstoffe. Die „haptophoren Gruppen" Ehrlichs eröffnen uns aber erst das Verständnis dafür, daß bei der Immunisierung nur die für die besonderen Impfstoffe passenden Gegenkörper vermehrt werden.

Die Abstoßung der Immunkörper ins Blut erfolgt in ungleichem Maße und ist niemals vollständig. Daher kann ein Tier, wie es z. B. bei der Tuberkulose meist der Fall zu sein scheint, immunisiert sein, auch wenn keine freien Immunkörper im Blute vorhanden sind. Der Ort der Immunkörperbildung ist wohl auch verschieden und meist unbestimmt, jedenfalls kaum auf einzelne Organe beschränkt (S. 384). Die Bezeichnung sämtlicher Immunkörper als Abwehrstoffe im weiteren Sinne wird dadurch gerechtfertigt, daß auch die Fällung, Verklebung und Komplementbindung, obgleich sie im Reagenzglas zunächst die Lebensfähigkeit, z. B. von Bakterien, nicht unmittelbar beeinträchtigt, wenn sie im lebenden Körper erfolgt, wohl nur der erste Schritt zu ihrer endgültigen Beseitigung durch Auflösung sein wird, ebenso wie die Fällung von Eiweiß im Magen die Vorbereitung zu seiner Verdauung darstellt.

Fünfunddreißigster Abschnitt

Entkeimung und Entseuchung

Zur Gewinnung unverdächtigen Trinkwassers, zur Frischhaltung von Nahrungsmitteln, zur Herrichtung von Nährböden und anderen Arbeitsmitteln für bakteriologische, chirurgische und sonstige medizinische Zwecke, zur Zerstörung der Ansteckungserreger in Krankheitserzeugnissen jeder Art bedürfen wir gewisser Verfahren, die man als Entkeimung (Sterilisierung) und Entseuchung (Desinfektion) bezeichnet. Zum Teil sind es die gleichen physikalischen und chemischen Mittel, die auch in der Natur am Werke sind, um Keime zu zerstören, wie z. B. Hitze und Kälte, Licht- und andere Strahlen, Austrocknung und Nahrungsentziehung, Säure-, Salz- und Alkaliwirkungen, zum anderen Teil sind sie erst vom Geiste des Menschen zu seinen Zwecken erfunden oder dargestellt worden, wie die ganze Reihe der alten und neuen keimwidrigen Chemikalien. Zu den letzteren zählen auch die im 32. Abschnitt (S. 397) besprochenen Mittel, mit denen man versucht, die Kleinwesen innerhalb des lebenden Körpers zu vernichten, die also unmittelbar oder mittelbar heilend — wie man früher sagte, innerlich desinfizierend, wie man jetzt zu sagen pflegt, chemotherapeutisch — wirken, und schließlich die biochemischen Kräfte des lebenden Organismus selbst. Ehe wir eine Übersicht von ihnen geben, empfiehlt es sich, die Verfahren zu schildern, durch die wir ihre Leistungen prüfen können.

Nur in verhältnismäßig wenigen Fällen, die meist Protozoen, selten Bakterien betreffen, werden wir in der Lage sein, aus den mikroskopisch erkennbaren Veränderungen der Keime mit Sicherheit auf deren Schädigung und Tötung zu schließen. Ziemlich unzuverlässig sind in dieser Beziehung Störungen einzelner Verrichtungen, wie z. B. der Bewegung, auch das Verhalten zu Farbmitteln, sicher eigentlich bloß die völlige Auflösung, während die Aufquellung und der teilweise Zerfall der Zellen noch mit dem Fortbestand des Lebens vereinbar sein kann. Die Prüfung im Tierversuch ist für diejenigen Keime, die überhaupt Krankheit erregende Fähigkeit gegenüber unseren Versuchstieren entwickeln, natürlich sehr wichtig, weil sie uns mindestens den Wahrscheinlichkeitsbeweis gestattet, daß die betreffenden Erreger durch den Eingriff unschädlich geworden sind, die Entseuchung also ihnen gegenüber ihren Zweck erreicht hat. Jedoch kann es sich da unter Umständen nur um einen zeitweiligen Verlust der Ansteckungskraft handeln, einen Verlust, der früher oder später wieder ausgeglichen werden kann. Für diejenigen Keime, die gar nicht oder schwierig zu züchten sind, ist allerdings der Tierversuch das gegebene Prüfungsverfahren. Sonst ist aber, wenn man von den letztgenannten Fällen absieht, im allgemeinen die Prüfung der geschädigten Keime auf das Wachstum in künstlichen Nährböden zuverlässiger. Sie gestattet uns ja noch nachträglich, den Tierversuch anzuschließen und überhaupt den betreffenden, der Schädigung ausgesetzten Keim nach allen Richtungen auf etwaige Änderungen seiner Eigenschaften zu untersuchen, z. B. auf das Bestehen der Fähigkeit, Sporen zu bilden, den Leim zu verflüssigen, Gärung zu erzeugen, mit anderen Worten, auch geringere Folgen unserer Eingriffe zu erkennen. Die Züchtung ermöglicht uns vor allem, wenn sie mit einer Keimzählung verbunden wird, die wichtige Frage zu entscheiden, ob ein schädigendes Mittel die Keime in einem an sich geeigneten Nährboden nur in ihrer Vermehrung hemmt oder sie abtötet, ob die Abtötung schneller oder langsamer vor sich geht und ob sie alle, oder nur einen Teil der Keime betrifft. Man wird sich zu dem Behufe der Zählplatte, wie wir sie für die Wasseruntersuchung beschrieben haben, bedienen (Abschnitt 15). Sehr häufig — nach unserer Meinung zu häufig — macht man sich allerdings bei derartigen Untersuchungen die Fragestellung leichter, indem man z. B. die dem schädigenden Mittel ausgesetzten Keime in Fleischbrühe überträgt und, sobald darin ein Wachstum erfolgt, die Entseuchung für mißlungen erklärt, auch wenn nur etwa 1 Keim von einem Tausend oder einer Million am Leben geblieben sein sollte.

Bei der Beurteilung des Züchtungsergebnisses ist auf eine Fehlerquelle zu achten, die daraus entsteht, daß Spuren des keimtötenden Mittels mit den Keimen zugleich in den Nährboden übertragen werden und eine Wachstumshemmung bewirken, welche die in Wirklichkeit nicht erreichte Abtötung der Keime vortäuscht. Aus diesem Grunde hat man z. B. zeitweise die keimwidrigen Kräfte des Sublimats überschätzt und sie erst richtig beurteilt, nachdem man gelernt hatte, das Sublimat von den an Seidenfäden, Papierstückchen, Granaten u. dgl. haftenden keimhaltigen Stoffen durch Abspülen in Schwefelammonium völlig zu entfernen, ehe man die Prüfung in Nährböden vollzog. Zu berücksichtigen ist ferner bei allen Entseuchungsversuchen, namentlich mit chemischen Stoffen, die Temperatur und die Umgebung, in der sie erfolgt, die Masse der Keime, der Zustand, in dem diese sich befinden, schließlich die Art der Keime. Die Wirkung ist nämlich im allgemeinen um so schwächer, je niedriger die Temperatur, je reicher an Salzen, Eiweiß oder Schleim die Flüssigkeit ist, in der die Keime aufgeschwemmt sind, je größer ihre Zahl. Sporen sind viel widerstandsfähiger als die zugehörigen Bazillen, alte reife Sporen zäher als junge unreife, umgekehrt junge Bazillen weniger empfindlich als alte, trockne Keime, so weit sie überhaupt das Trocknen überstehen, widerstandsfähiger als feuchte.

Das Verhalten der verschiedenen Bakterienarten gegenüber tötenden Mitteln ist sehr ungleich, doch kann man meist eine gewisse Regel dabei beobachten, indem z. B. Heu- und Kartoffelbazillensporen besonders in ihrer natürlichen Umgebung (Erde usw.) am widerstandsfähigsten sind, dann Tetanus- und Milzbrandsporen kommen, von den sporenfreien Bakterien die Tuberkelbazillen am schwersten abzutöten sind, weniger schwer Staphylokokken und Kolibazillen, leichter Typhus- und Ruhrbazillen und am leichtesten Cholerabazillen zu vernichten sind. Doch kommen viele Ausnahmen von dieser Reihenfolge vor; vollends im Tierkörper ist die Wirkung der bisher bekannten Arzneimittel auf die Keime eine in gewissem Grade der Art eigentümliche (spezifische) (S. 398).

Das älteste Entkeimungs- und Entseuchungsverfahren besteht wohl in der Anwendung von Hitze. Es konnte ja nicht verborgen bleiben, daß gekochte Nahrungsmittel länger haltbar waren als frische. Schon Spallanzani und seinen Nachfolgern, die vom 18. Jahrhundert an über die Urzeugung arbeiteten, war bekannt, daß die Siedetemperatur nicht sofort alles Leben vernichtet, aber erst nach Entdeckung der Bakteriensporen lernte man, daß sie die einzigen lebenden Wesen sind, die auch dem Kochen widerstehen können, manche zwar, wie die Milzbrandsporen, gewöhnlich nur einige Minuten lang, andere aber, wie die Heubazillensporen z. B. in der Milch oder Erde, selbst viele Stunden lang. Ähnlich wie das Kochen, wirkt der strömende, von Luft befreite gesättigte Wasserdampf von 100°. Wie wir das Auskochen zur Entkeimung unserer bakteriologischen und chirurgischen Handwerkszeuge benutzen, entkeimen wir unsere Nährböden mit Hilfe des Kochschen Dampftopfes und entseuchen in den sog. Desinfektionsöfen Betten, Kleider u. a. auch mittels strömenden Dampfes. Bei höherem Druck, d. h. höherer Temperatur — im Papinschen Topf, Autoklaven —, tötet der Dampf noch weit schneller, sofern er gesättigt ist, bei 118—120° sogar die widerstandsfähigsten Sporen binnen 15—6 Minuten.

Bei erniedrigtem Druck und der entsprechenden Siedetemperatur wird umgekehrt die Wirkung des Wassers und Dampfes verlangsamt. Die Dauer der für die Abtötung nötigen Einwirkung des Dampfes in den Desinfektionsöfen richtet sich, abgesehen von der Art der Sporen, nach den Widerständen, die der Dampf bzw. dessen Wärme beim Eindringen überwinden muß. Dieser Punkt ist auch sonst für die Entkeimung durch Hitze, Gase u. dgl. von der größten Bedeutung.

Sporenfreie Bakterien werden in Flüssigkeiten schon von weit niedrigeren Temperaturen vernichtet. Man benutzt daher Temperaturen von 55—75⁰ zur „Pasteurisierung" von Flüssigkeiten. Die einzelnen Bakterien verhalten sich verschieden. So überstehen Diphtherie- und Cholerabazillen 55⁰ knapp eine Minute, die meisten anderen Bakterien bis zu 20 Minuten, während bei 65⁰ fast alle Bakterien in einer Minute, bei 70—75⁰ in wenigen Sekunden absterben.

Auch schon Temperaturen von 45—50⁰ sind für die meisten Bakterien schädlich, sobald sie stundenlang einwirken. Wird gleichzeitig der Druck so weit erniedrigt, daß die Flüssigkeit zum Sieden kommt, so sterben die Bakterien schneller und selbst bei Temperaturen, die sonst für ihr Wachstum am günstigsten sind.

Nur für die hitzeliebenden (thermophilen) Bakterien (S. 23, 274) gelten die obigen Angaben nicht, sie wachsen ja sogar bei den sonst tödlichen Temperaturen. Auch der Str. lacticus bildet widerstandsfähige Spielarten, die daher in pasteurisierter Milch ebenso wie die Heubazillussporen nachträglich wieder auswachsen. Umgekehrt gibt es Bakterien, die schon in unseren gewöhnlichen Brutöfen (bei 37⁰) absterben.

Die Kälte ist den Kleinwesen weit weniger abträglich. Ausgewachsene Kulturen pflegen sich gerade bei Temperaturen von 0—12⁰ lange Zeit zu halten, wenn auch nicht zu vermehren. Es gibt aber Ausnahmen, wie z. B. die Gono- und Meningokokken, die dabei schnell absterben und andererseits Saprophyten, die sogar in der Nähe des Gefrierpunktes noch wachsen. Selbst Einfrieren und Temperaturen bis herunter zu derjenigen flüssiger Luft vertragen viele Bakterien, nur gegen wiederholtes Einfrieren und Auftauen scheinen sie alle empfindlich zu sein.

Trockne Hitze ist in der Form des Ausglühens oder Verbrennens in offener Feuerung von jeher zur Entseuchung benutzt worden. Temperaturen von 150—180⁰ C müssen wir im Trockenschrank allerdings stundenlang einwirken lassen, um unsere Messer, Glassachen, Watte u. dgl. von Sporen zu befreien. Sporenfreie Bakterien sterben durch trockne Hitze in derselben Zeit erst bei 100⁰. Die geringere Leistungsfähigkeit der trocknen gegenüber der feuchten Hitze ist also deutlich genug. Trotzdem wenden wir sie zu gewissen Zwecken an, weil sie die zu entseuchenden Gegenstände weniger angreift. So werden Temperaturen von 75—80⁰ zur Desinfektion von Büchern, Leder, Pelzen, feinen Kleidern mit Erfolg benutzt, allerdings müssen sie 2 Tage lang und nicht in völlig trocknem Raume einwirken, sondern bei einer Feuchtigkeit von etwa 30⁰/₀.

Daß durch Erhitzung auch die Wirksamkeit chemischer Stoffe gesteigert wird, wurde schon bemerkt. Man macht vielfach, namentlich bei der Entseuchung durch Gase, wie Formaldehyd (s. u.), davon Gebrauch.

Trocknung bei gewöhnlicher Temperatur ist eine der wichtigsten Ursachen dafür, daß unter natürlichen Verhältnissen so viele Keime zugrunde gehen. In der Form der Lüftung hat der Mensch sich derselben schon lange zu bedienen versucht. Der Erfolg ist freilich sehr ungleich, da manche Keime der Austrocknung widerstehen. Wir haben schon S. 180 darüber das Nötigste gesagt und fügen hier nur hinzu, daß auch die gegen völliges Austrocknen, wie sie im feinsten Staub stattfindet, empfindlichen Keime, wenigstens teilweise länger, ja selbst Monate überleben, wenn die Austrocknung eine unvollkommene ist. Das kann z. B. der Fall sein, wenn die Erreger der Diphtherie in ihren Membranen, die des Typhus, der Cholera und der Ruhr in Kot, Erde, Kleidungsstücken eintrocknen.

Ähnlich wie das Trocknen tötet die Wasserentziehung durch Salze und andere osmotisch wirksame Stoffe, wie Zucker, die meisten Keime ab. Darum sind Einsalzen und Einzuckern, ebenso wie Trocknen alte Mittel zur Frischhaltung von Nahrungsstoffen. Umgekehrt ist auch die Überschwemmung der Zellen mit Wasser nicht günstig für sie. Besonders empfindlich ist z. B. der Cholerabazillus gegen destilliertes Wasser.

Neben den rein osmotischen Einflüssen kommen dabei freilich auch solche chemischer Art hinzu, die noch nicht völlig durchsichtig sind. So wird die Schädigung der Cholerabazillen durch destilliertes Wasser schon aufgehoben durch geringe Spuren von Alkali, die Glasgefäße an das Wasser abgeben. Und selbst die isotonische, sog. physiologische Kochsalzlösung von 0,85%, die man bei bakteriologischen Arbeiten so oft als Aufschwemmungsflüssigkeit benutzt, kann giftig wirken. Es ist noch fraglich, ob ein Zuviel oder Zuwenig von Stoffen das Wesentliche bei solchen „oligodynamischen" Wirkungen ist. Beides ist gelegentlich sicher der Fall. Jedenfalls kann man diesen Nachteil dadurch verhüten, daß man in allen Fällen statt einer Kochsalzlösung mit Kochsalzlösung stark verdünnte Fleischbrühe benutzt.

Außer Wasserentziehung ist auch Nahrungsmangel von schädlichen Folgen begleitet. Ein solcher scheint wenigstens die Hauptursache für die bekannte Tatsache zu sein, daß die Kleinwesen in unseren Reinkulturen nicht nur ein beschränktes Wachstum zeigen, sondern nachdem sie die äußerste Wachstumshöhe erreicht haben, regelmäßig an Zahl abnehmen und früher oder später ganz absterben.

Bei Cholerabazillen, die z. B. binnen 24 Stunden im Brütofen auf Schrägagar üppig herangewachsen sind, geschieht das so schnell, daß ein weiterer Aufenthalt von wenigen Tagen bei derselben Temperatur genügt, um die Zahl der lebensfähigen Keime auf 1% herabzudrücken. Pneumo-, Gono-, Meningokokken und Influenzabazillen pflegen sogar im Laufe weniger Tage völlig in den Kulturen zugrunde zu gehen, bei den übrigen Arten tritt das auch, aber erst nach Wochen oder Monaten ein. Nur die Sporenbildner sind dauerhafter. Dadurch, daß man die Kulturen auf neue Nährböden überträgt, oder neue Nährstoffe in sie hineinbringt, kann man dem Absterben begegnen.

Auch in der Natur spielt der Nahrungsmangel, so bei der sog. Selbstreinigung der Flüsse und namentlich der Wasserbecken (S. 179) und bei der Abnahme der Keime in den tieferen Erdschichten (S. 179) eine Rolle. Daß das Fehlen von Nährstoffen in den natürlichen und künstlichen Zuchten aber nicht die einzige Ursache der Keimverminderung ist, ist sicher. Schon der Umstand, daß vielfach auch der Wachstumsstillstand erst einsetzt, wenn die Reaktion des Nährbodens einen gewissen Säuregrad, z. B. bei Milchsäurestreptokokken, oder eine gewisse Alkalinität (bei den Harnstoffbakterien), oder wenn die Hefegärung einen bestimmten Alkoholgehalt erreicht hat, spricht für die Bedeutung dieser Stoffwechselerzeugnisse.

Versuche haben das auch bestätigt. So geht das Wachstum der Milchsäurebakterien bis zur Erschöpfung des Nährbodens weiter, wenn die gebildete Milchsäure, z. B. durch Zusatz von kohlensaurem Kalk neutralisiert wird. In den Nahrungsmittelgewerben macht man sich diese Erfahrung nebenbei bemerkt zunutze, indem man durch stärkeren Zusatz von Säure oder Alkohol gewisse Nahrungsmittel vor dem Verderben schützt. Unter natürlichen Verhältnissen führt dieser Einfluß der Stoffwechselerzeugnisse öfters zu eigentümlichen Erscheinungen, die man als „Symbiose“, besser als „Metabiose“, bezeichnet hat. Es wird nämlich die eine Art von Kleinwesen durch eine zweite Art abgelöst, die von den Erzeugnissen der ersten lebt. So folgt der Entwicklung von Milchsäurebakterien eine solche von Säure verzehrenden Pilzen und der alkoholischen Gärung durch Hefe die Essiggärung durch Bac. aceti.

Als letzte Ursache des Absterbens der Kleinwesen aus natürlichen Gründen wurden die Bakteriophagen nachgewiesen (S. 333). Sie werden gerade in der Natur nicht so wirksam sein wie in unseren Versuchen. Das „Antivirus“ Besredkas, das er in Filtraten alter Kulturen wirksam fand, ist chemisch in keiner Weise bestimmt, wahrscheinlich ein verwickeltes Stoffgemisch.

Kehren wir nach dieser Abschweifung in das Gebiet der chemischen Schädigungen zurück zu den rein physikalischen, so haben wir nächst der Wärme des Lichts zu gedenken. Das Sonnenlicht gehört zu den stärksten Entkeimungsmitteln, die wir kennen. Auch die Sporen erliegen ihm gewöhnlich sehr schnell. Zerstreutes Tageslicht und künstliches wirkt schwächer, aber immer noch stark genug, um z. B. frisch beimpfte Kulturen nicht zur Entwicklung kommen zu lassen und selbst abzutöten. Man hält deshalb alle Kulturen zweckmäßigerweise im Dunkeln.

Eine hübsche Versuchsanordnung, die uns über den Einfluß des Lichts belehrt, hat H. Buchner angegeben. Man beklebt die untere Seite einer mit Bakterien gleichmäßig beschickten Agarplatte mit Papierbuchstaben und setzt sie dann von dieser Seite dem Licht aus. Nach einigen Tagen tritt die Schrift auf der Platte durch das stärkere Wachstum der Kolonien darüber deutlich hervor. Von den einzelnen Strahlen des Spektrums wirken die violetten und ultravioletten am kräftigsten. Man benutzt deswegen neuerdings das Licht der Quecksilberquarzlampe mit Erfolg zur Entkeimung von Trinkwasser.

In eigentümlicher Weise verstärken sich die schädlichen Wirkungen des Lichts, namentlich auf Protozoen durch Hinzufügung von fluoreszierenden

Farbstoffen. Diese „Sensibilisierung" hängt wohl mit Sauerstoffwirkungen zusammen. Ultraviolette (?) „mitogenetische Strahlen" wachsender Zellen und Gewebe (Gurwitsch) sollen erst reizend, dann abtötend auch auf Bakterien wirken (Bürgers und Bachmann).

Von sonstigen Strahlenarten sind weniger Röntgen- als Radiumstrahlen wegen ihrer keimtötenden Kraft zu nennen. Die Elektrizität scheint fast nur durch ihre chemischen Leistungen eine Wirkung auf die Lebensfähigkeit von Kleinwesen auszuüben, hat aber gerade dadurch neuerdings bei der Sterilisierung von Wasser und der „Oligodynamisierung" von Verbandstoffen und Instrumenten wichtige Anwendungen erfahren (Kruse und M. Fischer). Ihre Fähigkeit, aus dem Sauerstoff der Luft Ozon zu bilden, verdankt die Elektrizität die Anwendung zur Entkeimung von Trinkwasser.

Durch Erhöhung des Luftdrucks werden Bakterien und Pilze nur wenig beeinflußt, selbst in den größten Tiefen des Meeres kommen nicht nur Bakterien vor, sondern scheinen sogar zu wachsen. Erst wenn der Druck auf 2—3000 Atm. steigt, werden die meisten Keime mehr oder weniger geschädigt. Verringerung des Drucks wirkt höchstens dadurch, daß gleichzeitig die Sauerstoffspannung heruntergesetzt und so den Luft liebenden Keimen das Fortkommen erschwert wird. Umgekehrt werden streng luftscheue Bakterien durch Verringerung der Sauerstoffspannung, wenn sie sehr erheblich ist, geradezu gefördert (vgl. S. 217).

Nur dann, wenn durch niederen Druck eine Flüssigkeit, in der Bakterien aufgeschwemmt sind, zum Sieden gebracht wird, sterben diese sogar bei Temperaturen, die ihnen sonst günstig sind, ab (s. o.). Beim Einengen von keimhaltigen Flüssigkeiten im luftverdünnten Raume wird man hieran denken müssen. Wahrscheinlich handelt es sich hier um mechanische Einwirkungen, die durch Entbinden von Gasblasen aus dem Innern der Bakterienleiber hervorgerufen werden.

Gröbere mechanische Eingriffe, wie Zerreiben mit Sand, Glaspulver u. dgl., die zu sichtbaren Veränderungen der Keime führen, heben selbstverständlich deren Lebensfähigkeit auf. Doch bedarf es bei der Kleinheit der Bakterien und Pilze einer längeren Bearbeitung in Mörsern, Kugelmühlen, Schüttelvorrichtungen, um die Keime einigermaßen vollständig zu zerstören. Erleichtert wird die Zerkleinerung der Zellen durch vorheriges Einfrieren, z. B. unter Benutzung flüssiger Luft. Man benutzt diese Verfahren zur Herstellung von Hefepreßsaft und Impfstoffen.

Ob fließende Bewegung, einfache Erschütterungen, z. B. durch aufsteigende Luftblasen und sogar Schallwellen, wie behauptet worden ist, den Bakterien schaden, ist sehr zweifelhaft. Ausschleudern und namentlich Filtrieren durch feinporige Filter aus Kieselgur, Ton, Asbest und Sand werden hingegen benutzt, um auf rein mechanischem Wege Flüssigkeiten, vor allem Trinkwasser, zu entkeimen. Durch Adsorption sollen solche Stoffe wie auch Kohle in Pulverform innerlich, z. B. im Darm, desinfizierend wirken. Zum größten Teil wird sich diese Leistung aber durch die Antiseptika, mit denen man sie gewöhnlich vermischt, erklären (Silargel). Für die Entseuchung anderer Gegenstände, namentlich unseres Körpers, unserer Kleider, Geräte und sonstigen Umgebung, leisten die uralten Reinigungsverfahren ähnliches. Sie werden niemals zu entbehren sein, aber durch wissenschaftliche Entseuchungsmethoden in zweckmäßiger Weise ergänzt werden müssen, um gründlich zu wirken und namentlich den Gefahren entgegenzuarbeiten, die aus der weiteren Zerstreuung der durch mechanische Säuberung beseitigten Keime durch die Luft, den Staub und Kehricht, das Waschwasser usw. hervorgehen können.

Die keimschädigenden Chemikalien sind so zahlreich, daß wir uns hier auf das Allerwichtigste beschränken müssen. Zunächst kommen die von alters her gebrauchten und leicht erhältlichen, gewöhnlich auch billigen Stoffe in Betracht, wie Salze der Alkalien und Erdalkalien, Laugen, Säuren und Seifen. Die Salze, vor allem das Kochsalz, wirken zwar schon in 3—5%ger Lösung entwicklungshemmend, aber auch in stärkerer nur langsam abtötend, so daß Krankheitserreger in gepökeltem Fleische noch nach Monaten zum Teil lebendig bleiben können. Die kohlensauren Alkalien hemmen noch kräftiger das Wachstum, töten aber in den üblichen mehrprozentigen Lösungen nur bei höheren Temperaturen, sind also höchstens als Zusatz zum Waschwasser zu gebrauchen. Weit mehr leisten schon in dünnen Lösungen die freien Alkalien und Erdalkalien, doch kommt schnellere Vernichtung von Sporen durch sie erst bei 20—30%igen Lösungen zustande. Wegen seiner geringen Löslichkeit wird man deshalb von Ätzkalk keine schnellen Leistungen erwarten dürfen. Wo man aber Stunden und Tage für die Entseuchung übrig hat, läßt er sich um so besser verwenden, weil er das billigste und als notwendiger Baustoff das verbreitetste Mittel ist, das wir zur Verfügung haben.

Der aus dem Kalkofen kommende gebrannte Kalk (CaO) wird erst mit etwas mehr als der Hälfte seines Gewichts Wasser gelöscht (CaO_2H_2) und dann noch mit 4 Teilen Wasser versetzt als sog. Kalkmilch zur Entseuchung von Stühlen, Abortgruben, Straßenrinnen, Wänden usw. benutzt.

Säuren hemmen meist die Entwicklung von Bakterien schon in kleinen Mengen, weniger die von Pilzen. In 1—2%igen Lösungen vernichten sie, wenn man von den schwachen Säuren absieht, sporenfreie Bakterien meist schon in wenigen Minuten, Milzbrandsporen freilich erst in starken Lösungen oder nach längerer Zeit. Setzt man gleichzeitig Kochsalz zu, so kann man die Wirkung der verdünnten Säuren so weit verstärken, daß sie auch für die Abtötung von Milzbrandsporen in Fellen und Haaren brauchbar werden (S. 210).

Seifen sind recht unzuverlässige Mittel. Im allgemeinen unterscheiden sie sich kaum vom Wasser gleicher Temperatur, doch gibt es Ausnahmen. So sind die Kalisalze gesättigter Fettsäuren recht wirksam.

Sehr geeignet sind Seifen, Alkalien und Säuren in Verbindung mit anderen, namentlich aromatischen Mitteln (s. u.).

Unter den übrigen Salzen zeichnen sich diejenigen vieler Schwermetalle, insbesondere die des Quecksilbers und Silbers, durch starke keimtötende Wirkungen aus. In dünnen Lösungen (1:1000 und weniger) kommen allerdings auch die beiden letzteren nur gegenüber sporenfreien Bakterien in Betracht, in stärkeren (1—5%), die freilich sehr giftig sind, ebenfalls gegenüber Sporen und Tuberkelbazillen im Auswurf.

Hinderlich ist, abgesehen davon, daß sie Metalle angreifen und Licht nicht vertragen, der Umstand, daß sie auch in eiweißreichen Körperflüssigkeiten Fällungen hervorrufen und dadurch an Wirksamkeit verlieren. Durch Kochsalzzusatz kann man dem beim Sublimat entgegenwirken (Angerers Pastillen), durch vorherige Verbindung mit Eiweiß, Nukleinsäure u. dgl. bei Silbersalzen (Protargol, Sophol u. a.). Die therapeutische Verwendung wurde S. 399 besprochen, die Verwendung des Silbers zu oligodynamischen Wirkungen bei der Elektrizität (S. 423) erwähnt. Im Wasser leisten die Silberverbindungen sogar noch mehr als das Chlor (s. u.), da sie in Verdünnungen von 1:50—100 Millionen, allerdings erst in einigen Stunden, sterilisieren.

Eisen-, Zink-, Kupfer- und Bleisalze wirken weit schwächer antiseptisch, dagegen stark adstringierend, ihnen schließt sich die essigsaure Tonerde, die als Verbandmittel viel gebraucht wird, an. Uralt ist die Benutzung des Arseniks zur Verhinderung der Fäulnis. Auch gegen die Malaria und andere Krankheiten wurde er viel gebraucht. Neuerdings hat man seinen besonderen Wert für die Bekämpfung der Trypanosomen- und Spirochätenansteckungen festgestellt und im Atoxyl Salvarsan u. a. neue Arsenverbindungen von ungeahnter Wirkung gefunden.

Auch die reinen Schwermetalle haben eine gewisse keimtötende Kraft. In Gefäßen, die aus jenen hergestellt sind, an Münzen und Werkzeugen, zeigen sich diese „oligodynamischen" Wirkungen. Allein die Tatsache, daß sie sehr unzuverlässig sind und ausbleiben, wenn die Metalle gründlich gereinigt sind, beweist schon, daß daran lösliche Verbindungen, wie sie sich in feuchter Luft allmählich bilden, schuld sind. M. Fischer hat dann auch gezeigt, daß sich die stärksten oligodynamischen Wirkungen durch Metalle — insbesondere Gold, Silber und Kupfer — erzielen lassen, wenn man sie in Flüssigkeiten, durch die ein elektrischer Strom hindurchgeht, als Anoden einschaltet. Daraus ergeben sich wichtige Anwendungen für die Praxis der Sterilisierung und Desinfektion (s. o.).

Von den übrigen Elementen ist in erster Linie der Sauerstoff zu erwähnen. In seiner aktiven Form als Ozon wird er mit großem Erfolge zur Entkeimung von Trinkwasser benutzt. Dazu sind aber erhebliche Mengen, wie sie jetzt durch den elektrischen Strom erzeugt werden können, nötig (s. o.), und auch diese genügen zur schnellen Abtötung nicht, wenn neben den Bakterien viele organische Stoffe im Wasser vorhanden sind. Sporen werden von Ozon nur langsam angegriffen. Die in der Luft unter Umständen vorkommenden oder derselben künstlich beigemengten, für unsere Schleimhäute noch ertragbaren Ozonspuren haben überhaupt keine nachweisbare Wirkung auf Bakterien. Wasserstoffsuperoxyd ist zur Wasserentkeimung unbrauchbar, weil es in den zulässigen kleinen Mengen zu lange Zeit braucht, um zu wirken, aber auch in stärkeren, 1—3%igen Lösungen tötet es selbst sporenfreie Bakterien erst nach minutenlanger Dauer. Erst durch Zusatz von Säure oder Alkali wird es zu einem kräftigeren Entseuchungsmittel. Trotzdem ist H_2O_2 wegen seiner Ungiftigkeit und der Schaumbildung, die es verursacht, und die mechanisch reinigend wirkt, eines derjenigen Mittel, die auf Schleimhäuten und Wunden viel mit Erfolg benutzt werden. Andere Superoxyde, z. B. auch das Natriumperborat und Kaliumpermanganat verhalten sich ähnlich. Chlor, Brom und Jod sind die kräftigsten aller Entseuchungsmittel, denn sie töten Sporen schon in kleinen Mengen. Allerdings gilt das nur für wäßrige Lösungen. Chlor in der Luft und Jod in der Jodtinktur auf der Haut sind weit weniger leistungsfähig. Außerdem werden auch die Lösungen in Flüssigkeiten, die viele organische Stoffe enthalten, erheblich in ihrer Wirkung geschwächt. Das billige Chlor wurde früher meist als Chlorkalk (im wesentlichen unterchlorigsaures Kalzium mit einem Gehalt von 30% wirksamen Chlors), jetzt entweder stärker konzentriert (als Caporit) oder in organischer Verbindung als Chloramin oder in verflüssigter Form als Gas angewendet. Seine Wirkung ist so groß, daß es in reinerem Wasser noch in einer Verdünnung von 1:1—5 Millionen fast alle Keime schnell abtötet und selbst stark verunreinigtes Flußwasser noch in 1:100000 bis 500000, Abwasser in 1:30000 von Krankheitserregern genügend befreit. Ein Zusatz von 0·2 g Chlorkalk auf 1 Liter Wasser genügt, um dieses schon in 1 Minute ungefährlich zu machen. Genußfähig wird solches Wasser freilich erst durch Zusatz von „Antichlor“, schwefligsaurem Kalzium, Wasserstoffsuperoxyd u. dgl. Ein ähnliches Mittel wie der Chlorkalk ist das Antiformin, das neben Natriumhypochlorit noch Ätznatron enthält. Dieser Mischung verdankt es seine außerordentlich starke auflösende Kraft gegenüber allen möglichen Kleinwesen und anderen Zellen. Nur Horn, Fett und die fetthaltigen Tuberkel- und anderen säurefesten Bazillen werden nicht vom Antiformin aufgelöst und auch nicht so schnell abgetötet (S. 255). Das unterchlorigsaure Natron wurde als Dakinsche Lösung in der Kriegschirurgie viel verwandt.

Unter den Kohlenwasserstoffen besitzen die der aromatischen Reihe trotz ihrer geringen Löslichkeit eine ziemlich starke Wirkung auf Bakterien. So wird das Toluol zur Fernhaltung von Verunreinigungen in organischen Flüssigkeiten viel benutzt. Namentlich auch beim Arbeiten über Fermente ist es brauchbar, weil es die letzteren nicht schädigt. Von den Halogen-Abkömmlingen der Kohlenwasserstoffe aus der Fettsäurereihe haben Chloroform und Jodoform ähnliche Wirkungen. Die des Jodoforms ist eigentümlicherweise im Reagenzglase meist nur schwach, aber im lebenden Körper, auf Wunden u. dgl. namentlich gegenüber Tuberkelbazillen unleugbar.

Die Alkohole wirken stärker als die zugehörigen Kohlenwasserstoffe. Aus der Fettsäurereihe wird der Äthylalkohol am meisten benutzt, allerdings tötet er nur in starken Lösungen und auch nur sporenfreie Bakterien schnell ab. Die Behauptung, 50%iger Alkohol leiste am meisten, stimmt nicht, vielmehr wirkt der Alkohol um so schneller, je weniger Wasser er enthält, mit der wichtigen Einschränkung allerdings, daß ganz reiner Alkohol trockne Keime nur wenig angreift. Durch Zufügung von Seife wird die keimtötende Kraft des Alkohols erhöht (Seifenspiritus, Festalkohol zur Händedesinfektion).

Viel stärkere Entseuchungsmittel sind die Alkohole der aromatischen Reihe, wie zuerst für die Karbolsäure festgestellt wurde, doch vermag selbst die stärkste (5%ige) Lösung der Karbolsäure Milzbrandsporen erst nach mehreren Tagen zu vernichten. Die Kresole, die in der sog. rohen Karbolsäure enthalten sind, wirken etwas stärker als die Karbolsäure in entsprechender Dichte, sind aber weniger leicht in Wasser löslich. Um sie in Lösung zu bringen, benutzt man namentlich Alkalien und Seifen unter verschiedenen Benennungen. Am bekanntesten ist das Lysol und der Liquor cresoli saponatus, die in 1—2%igen Lösungen, in noch dünneren zur Desinfektion von Wäsche benutzt werden. Neuerdings hat man gefunden, daß die Chlorkresole noch mehr leisten als die Kresole selbst, ja am meisten von allen aromatischen Verbindungen, und empfiehlt sie auch, weil sie weniger giftig sind und nicht so übel riechen (Phobrol, Grotan, Sagrotan). Die Hoffnung, damit Stoffe gewonnen zu haben, die für die Abtötung der Keime im Körper, z. B. im Darm, geeignet seien, hat sich aber bisher nicht erfüllt, dagegen leisten sie ebenso wie die übrigen aromatischen Stoffe verhältnismäßig viel bei der Abtötung der Tuberkelbazillen im Auswurf, die allerdings, wenn sie ganz vollständig sein soll, immer noch Stunden erfordert. In der Salizylsäure, die durch die Einführung der Säuregruppe in die Karbolsäure entsteht, wird deren Wirkung zwar gesteigert, ihre Löslichkeit aber stark verringert, so daß sie nur für den Gebrauch im lebenden Körper und zur Frischhaltung von Nahrungsmitteln — ähnlich wie Benzoesäure — in Frage kommt.

Eine große Rolle spielen die Aldehyde, in erster Linie der Formaldehyd. Das Formalin, das 35% Formaldehyd enthält, hemmt schon in Verdünnungen von 1:5000 das Wachstum, tötet sporenfreie Bakterien schon in Lösungen von 1—2% und Milzbrandsporen in solchen von 10—20% im Laufe einiger Minuten. Eine Mischung von Formalin und Seife, die weniger unangenehm riecht, ist das Lysoform. Im lebenden Körper wird das Formaldehyd abspaltende Urotropin und Zystopurin mit Erfolg zur Beseitigung von Bakterien aus den Harnwegen benutzt. Weit häufiger als in Lösung wird der Formaldehyd gasförmig gebraucht, und zwar zur Entseuchung von Wohnungen, Kleidern usw. Es hat in dieser Beziehung alle übrigen gasförmigen Mittel, z. B. die früher vielgebrauchte schweflige Säure und bis zu einem gewissen Grade auch den Wasserdampf von 100°, verdrängt. In Verbindung mit Wasserdampf wird er bei 60—80° benutzt, um empfindliche Gegenstände, wie Bücher, Pelze u. dgl. in wenigen Stunden keimfrei zu machen. Aber auch bei gewöhnlicher Temperatur bedarf er der Mitwirkung von Wasserdampf, vermag allerdings auch so mit diesem nicht in die Tiefe zu wirken, so daß Federbetten, Matratzen u. dgl. nur im Desinfektionsofen zu entseuchen sind.

Seit langem als fäulniswidrige Mittel bekannt sind die ätherischen Öle, die teils Kohlenwasserstoffe, teils Alkohole, Aldehyde und Ketone sind. In wäßrigen Flüssigkeiten lösen sie sich meistens nur spurenweise, bewähren sich aber auch so als entwicklungshemmende Stoffe. Wenn sie durch bestimmte Seifen in Lösung gebracht sind, zeigen sie zum Teil beträchtlichere Abtötungskraft als die Karbolsäure. So namentlich Thymol und Zimtöl, während Terpentinöl, Menthol und Kampfer schwächer wirken.

Unter den Anilinfarben ist namentlich das Malachitgrün von starker Wirkung, doch zeigt es außerordentlich große Unterschiede gegenüber den einzelnen Bakterien (S. 95). Über die chemotherapeutische Verwendung der Farben, des Chinins und seiner Abkömmlinge sprachen wir S. 398.

Mit den keimwidrigen Chemikalien können sich die im lebenden Körper wirkenden, bisher in ihrem chemischen Bau völlig unbekannten Schutzstoffe in ihren Leistungen recht gut vergleichen. So tötet Ruhrserum mit frischem Blutserum zusammen Ruhrbazillen in künstlichen Nährböden bis zu Verdünnungen von 1:20000—200000 und schützt Meerschweinchen gegen die tödliche Ansteckung in so winzigen Gaben, daß daraus noch auf eine viel stärkere keimtötende Kraft im Tierkörper geschlossen werden kann (vgl. Abschn. 32).

Stichwörterverzeichnis

(Die Seiten von 336 an beziehen sich auf den allgemeinen Teil.)

Erklärung der Figuren auf der farbigen Tafel

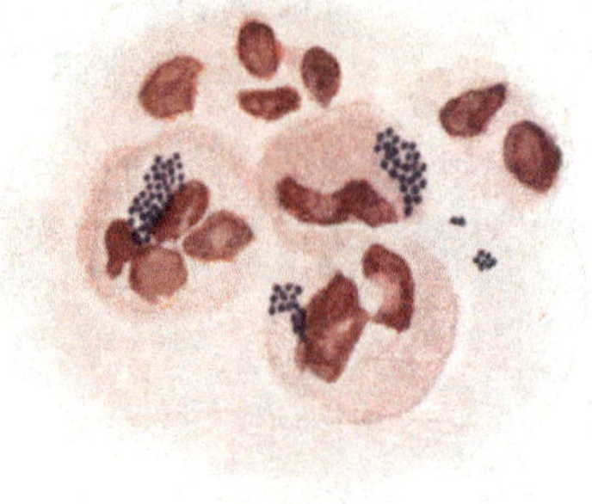

Fig. 21.

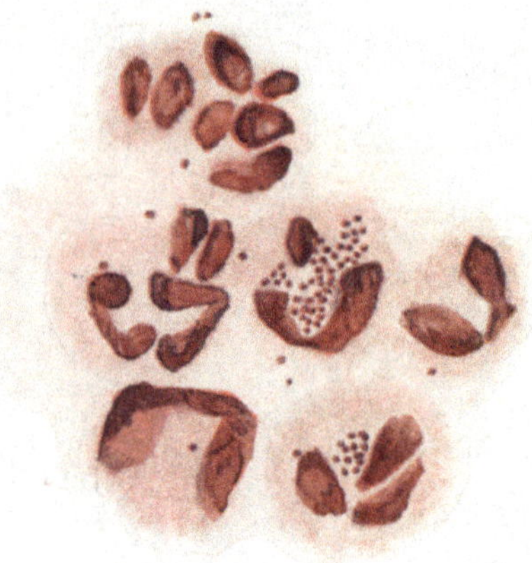

Fig. 28.

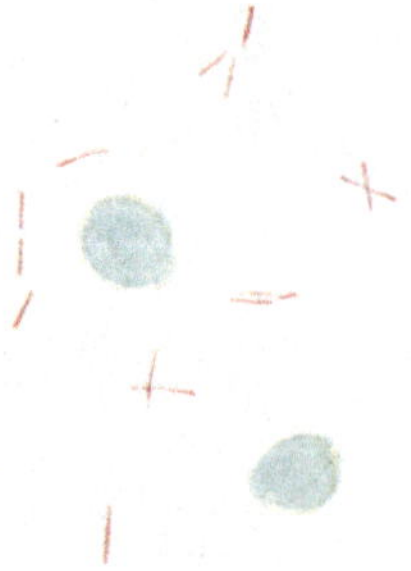

Fig. 62.

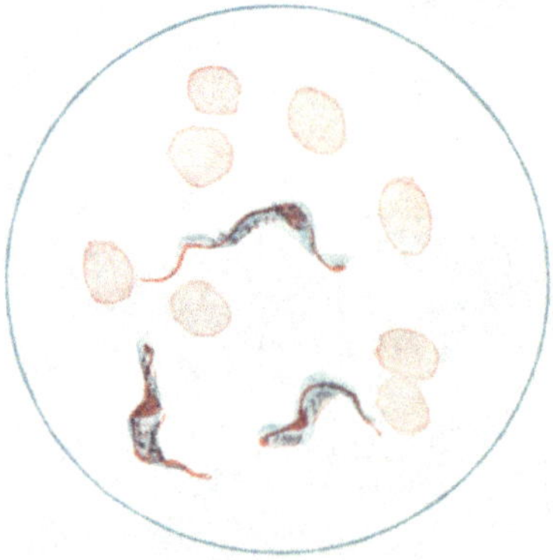

Fig. 70.

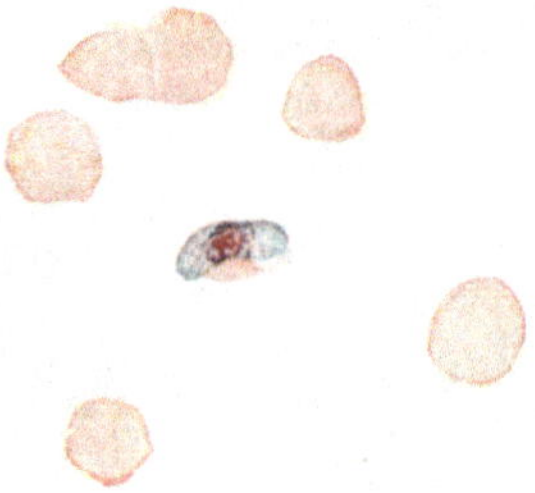

Fig. 73.

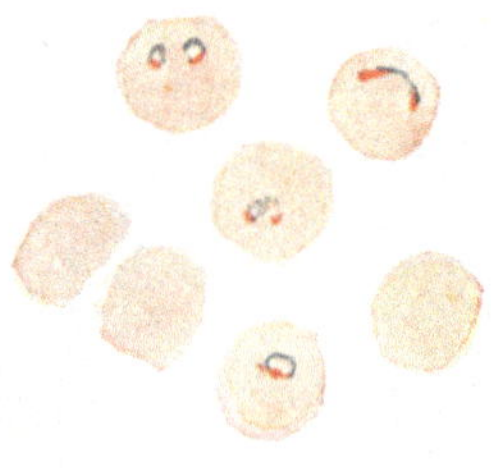

Fig. 75.

Verlag Walter de Gruyt

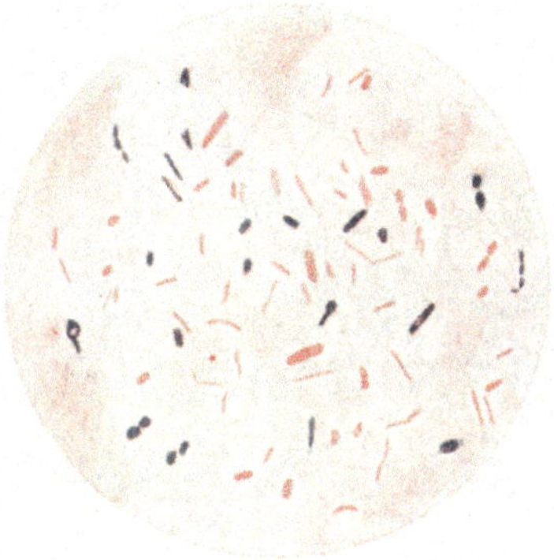

Fig. 30.

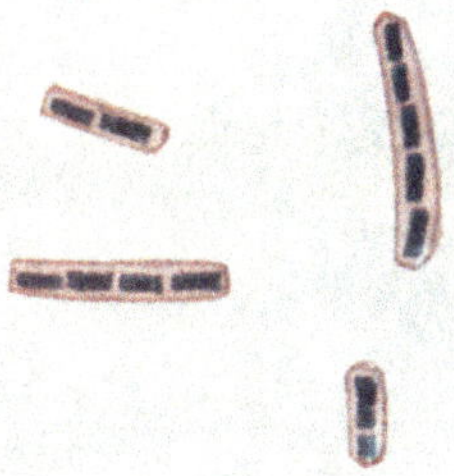

Fig. 51.

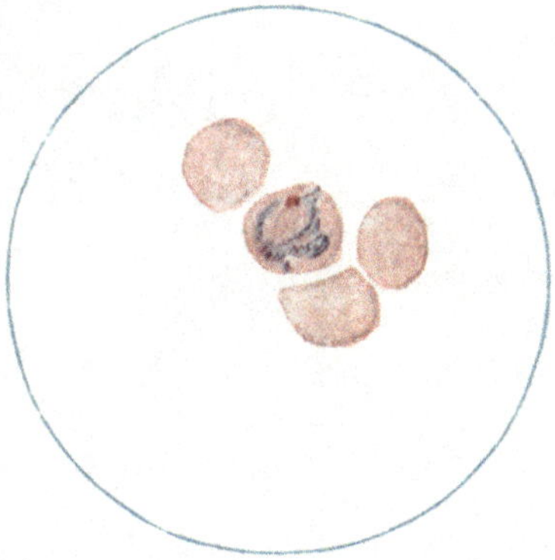

Fig. 71.

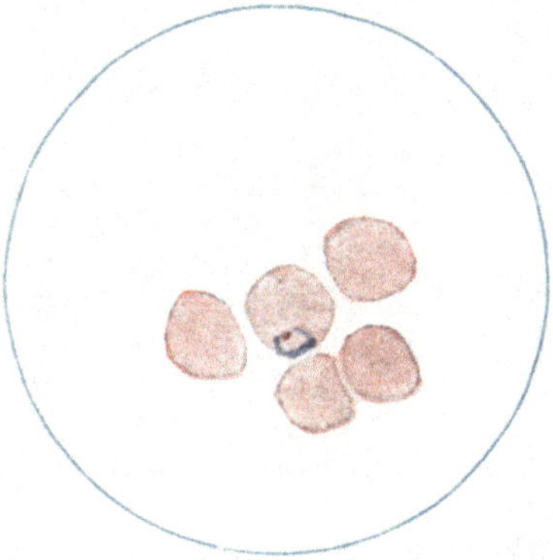

Fig. 72.

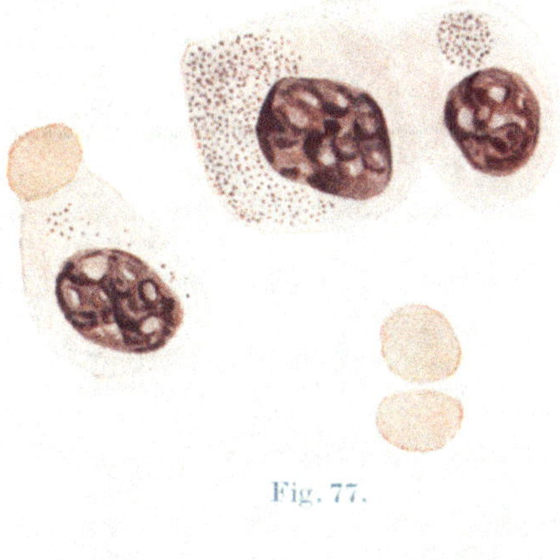

Fig. 77.

., Berlin u. Leipzig.

MEDIZIN, HYGIENE, PHARMAZIE UND SEXUALWISSENSCHAFT.

September 1931.

Grundriß der Anatomie des Menschen. Für Studium und Praxis. Von Dr. JOHANNES MÖLLER, ehem. Prosektor am Vesalianum zu Basel, und Dr. PAUL MÜLLER, ehem. Assistenten am Anatomischen Institut zu Leipzig. 5. Aufl. Bearbeitet von Graf HALLER VON HALLERSTEIN, Prof. d. Anatomie a. d. Univ. Berlin. Mit 92 z. T. mehrfarbigen Figuren im Text u. 2 Regionentafeln. XXI, 489 Seiten. 1931. Geb. 8.50

Plastische Anatomie des menschlichen Körpers für Künstler und Freunde der Kunst. Von Dr. JULIUS KOLLMANN, o. ö. Professor der Anatomie zu Basel. Mit mehreren hundert zum Teil mehrfarbigen Abbildungen im Text und 19 Vollbildern. 4., unveränderte Aufl. Lexikon-Oktav. XIV, 624 Seiten. 1928. Geb. 30.—

Dieses klassische Werk der plastischen Anatomie war jahrelang vergriffen und erscheint hiermit in einem Neudruck. Die außerordentliche Instruktivität der Darstellung und des reichhaltigen Abbildungsmaterials, das von Buckly und Dreßler unter den Augen des Verfassers nach dessen Präparaten gezeichnet worden ist, machen das Werk unentbehrlich.

Anatomische Präparierübungen. Von Dr. HANS VIRCHOW, o. Professor an der Universität Berlin. Groß-Oktav.

1. Kurs: Vorbemerkung. Einleitung. Arm, Bein, Brust, Bauch, Zwerchfell, Rücken, Hals, Kopf. 66 Seiten. 1924. Geb. 4.—

2. Kurs: Obere Rumpfhälfte, Auge, Situs cavi cranii, Gehirn, Thorax, Wirbelkanal und Rückenmark, untere Rumpfhälfte. 110 Seiten. 1924. Geb. 5.50

„Wir werden alle Hans Virchow sehr dankbar sein, daß er uns diese ganz vorzüglichen Anleitungen gegeben hat, die auf jeder Seite seine vorbildliche und wundervoll exakte Arbeitsweise zeigen." Zeitschrift für die gesamte Anatomie.

Der menschliche Körper, sein Bau und seine Tätigkeiten mit Gesundheitslehre. Von Geh. Rat E. REBMANN, Realgymnasiumsdirektor a. D. Mit 44 Abbildungen und 1 Tafel. Sechste, verbesserte Aufl. 155 Seiten. 1926. (Sammlung Göschen Bd. 18.) Geb. 1.80

Lehrbuch der speziellen pathologischen Anatomie für Studierende und Ärzte. Von Dr. EDUARD KAUFMANN, o. Professor an der Universität Göttingen. Zwei Bände. 7. und 8., völlig neubearbeitete u. vermehrte Aufl. Groß-Oktav. Zwei Bände. Geb. je 40.—

9. und 10., völlig neubearbeitete und stark vermehrte Auflage. Zwei Bände.

I. Band: Mit 506 Abbildungen im Text und auf 3 farbigen Tafeln. 1931. 55.—, geb. 60.—

II. Band. Im Druck.

Kaufmanns Werk ist das vollständigste neuzeitliche Lehrbuch der speziellen pathologischen Anatomie, belebt durch allenthalben in die Darstellung eingeflochtene konkrete eigene Beobachtung des Verfassers, sowie durch stetige Hinweise auf den Zusammenhang zwischen pathologischer Anatomie und praktischer Medizin.

Allgemeine vergleichende Physiologie der Tiere. Von Dr. H. J. JORDAN, o. Prof. an der Universität Utrecht. Mit 279 Abbildungen. Groß-Oktav. XXVIII, 761 Seiten. 1929. 32.—, geb. 34.—

Dieses Werk will die Faktoren, die den Organismus als zusammenhängendes Ganzes aufbauen und sich aus den Untersuchungen an allen Tieren ergeben, zu einer lesbaren Darstellung zusammenfassen. Das Buch ist ganz modern gedacht und geschrieben.

Die Physiologie des Kreislaufes. Von Dr. ROBERT TIGERSTEDT, Helsingfors (Finnland). Vier Bände. 2., stark vermehrte u. verbesserte Aufl. Quart-Format.

I. Band: Die Bewegung des Herzens. Mit 177 Abbildungen im Text. VIII, 334 Seiten. 1921. 15.—, geb. 17.—

II. Band: Die Innervation des Herzens. Mit 169 Abbildungen im Text. VIII, 478 Seiten. 1921. 21.—, geb. 23.—

III. Band: Die Strömungen des Blutes im großen Kreislauf. Mit 134 Abbildungen im Text. VI, 320 Seiten. 1922. 14.—, geb. 16.—
IV. Band: Innervation der Blutgefäße. Mit 43 Abbildungen im Text. VIII, 392 Seiten. 1923. 18.—, geb. 20.—

Die Sekretionsmechanismen der Niere. Von Dr. phil. et med. AUGUST PÜTTER, o. ö. Professor der Physiologie in Heidelberg. Mit 17 Abbildungen. Groß-Oktav. IV, 235 Seiten. 1929. 16.—, geb. 17.50

Der Verfasser baut in diesem Buch seine „Dreidrüsentheorie der Harnbereitung" weiter aus. Er kommt auf Grund neuer Untersuchungen zu dem Ergebnis, daß die Ausscheidung organischer Bestandteile nicht Funktionszweck, sondern Funktionsmittel ist, dessen Aufgabe es ist, die harnpflichtigen Stoffe harnfähig zu machen. Durch diese Ergebnisse wird die Auffassung der Niere als Drüsensystem bestätigt.

Die Auswertung zahlenmäßiger Beobachtungen in der Biologie. Eine praktische Anleitung in Beispielen. Von Dr. phil. et med. AUGUST PÜTTER, o. ö. Professor der Physiologie in Heidelberg. Mit 7 Figuren. Groß-Oktav. 56 Seiten. 1929. 5.—

Eine unmittelbare für die praktische Institutsarbeit geschaffene Darstellung der mathematischen Rechnungen, die zur Fehlerrechnung in der Biologie notwendig ist.

Kurzgefaßtes Lehrbuch der physiologischen Chemie. Von S. EDLBACHER, o. ö. Professor an der Universität Heidelberg. Groß-Oktav. VIII, 230 Seiten. 1929. 10.50, geb. 12.—

Eine prägnante, übersichtliche Einführung in die rein chemischen Tatsachen und die Stoffwechselvorgänge. Das Schwergewicht liegt ganz im Methodischen.

Physiologische Chemie. Von Dr. med. F. A. LEGAHN in Berlin.
I. Teil: Assimilation. 3. Aufl. Mit 2 Tafeln. (Samml. Göschen Bd. 240.) Geb. 1.80
II. Teil: Dissimilation. 3. Aufl. Mit 1 Tafel. (Samml. Göschen Bd. 241.) Geb. 1.80

Der erste Band behandelt die Nahrungsstoffe und ihre Assimilation, der zweite Teil den Aufbau der tierischen Stoffe, Gewebe und Organe.

Pharmazeutische Chemie. Von Professor Dr. E. MANNHEIM, Privatdozent für pharmazeutische Chemie an der Universität Bonn.
I: Anorganische Chemie. 2. Aufl. (Samml. Göschen Bd. 543.) Geb. 1.80
II: Organische Chemie. 2. Aufl. (Samml. Göschen Bd. 544.) Geb. 1.80
III: Die Methoden der Arzneimittelprüfung. Mit 10 Abbildungen. (Samml. Göschen Bd. 588.) Geb. 1.80
IV: Übungspräparate. 2. Aufl. Mit 5 Abbildungen. (Samml. Göschen Bd. 682.) Geb. 1.80

Ein vorzügliches Repetitorium für den Pharmazeuten und Mediziner.

Toxikologische Chemie. Von Professor Dr. E. MANNHEIM, Professor für pharmazeutische Chemie an der Universität Bonn. Hrsg. von Dr. FR. X. BERNHARD. 3., verbesserte Aufl. Mit 5 Abbildungen. (Samml. Göschen Bd. 465.) Geb. 1.80

Das gesamte Gebiet der toxikologischen Chemie ist hier leichtfaßlich dargestellt, so daß der Band auch dem Anfänger gute Dienste leisten wird.

Kurzes chemisches Praktikum für Mediziner und Landwirte. Von Dr. FRITZ ARNDT, o. Professor an der Universität Breslau. 10. bis 13. Aufl. Oktav. VIII, 100 Seiten. 1929. Geb. 4.30

„. . . Die Tatsache, daß diese Anleitung innerhalb eines kurzen Zeitraumes zahlreiche Auflagen erlebte, beweist am besten ihren Wert, den kluge Auswahl des Stoffes und der Verzicht auf Vollständigkeit erhöhen." Pharmazeutische Zeitung.

Minimetrische Methoden der Blutuntersuchung. Zusammengestellt von Dr. J. A. MANDEL, Professor der Chemie, University and Bellevue Hospital, Medical College New York, und Dr. H. STEUDEL, a. o. Professor und Abteilungsleiter am Physiologischen Institut der Universität Berlin. Mit 4 Figuren im Text. 2., verb. u. verm. Aufl. Oktav. 60 Seiten. 1924. 1.50

Neuere Arzneimittel, ihre Zusammensetzung, Wirkung und Anwendung. Von Professor Dr. med. C. BACHEM, a. o. Professor an der Universität Bonn. 3., verbesserte Aufl. 146 Seiten. 1925. (Samml. Göschen Bd. 669.) Geb. 1.80

Eine Auswahl der wertvollen Präparate hat der Verfasser in seinem Büchlein niedergelegt. Die Einteilung erfolgte vom klinischen Gesichtspunkt. Der Nutzen dieses Büchleins erscheint wirklich groß, da man sich schnell und eingehend orientieren kann.

Ernährung und Nahrungsmittel. Von Professor H. BISCHOFF in Bremen. 2., verbesserte Aufl. Mit 4 Figuren. 126 Seiten. 1921. (Samml. Göschen Bd. 464.) Geb. 1.80

Der Band ist infolge seiner allgemein faßlichen Darstellung berufen, als Ratgeber der Volksernährung für jeden zu dienen.

Einführung in die Bakteriologie oder **Lehre von den Kleinwesen und ihren Wirkungen.** Zum Gebrauch bei Vorlesungen und Übungen sowie zum Selbstunterricht für Ärzte, Tierärzte und Naturforscher. Von Geheimem Medizinalrat Professor Dr. WALTHER KRUSE, Direktor des Hygienischen Instituts der Universität Leipzig. Zweite, verbesserte Auflage. Mit 78 Figuren im Text und auf einer farbigen Tafel. Oktav. V, 436 Seiten. 1931. 13.50, geb. 15.—

In gedrängter, übersichtlicher Anordnung bringt der Band alles Wesentliche über Bakterien-, Immunitäts- und Seuchenlehre.

Bakteriologie für Zahnärzte. Einführung in die Mikrobiologie und Infektionskrankheiten. Von Dr. A. SEITZ, Prof. der Hygiene a. d. Universität Leipzig. Mit 7 Tafeln. Zweite, stark umgearbeitete Auflage. Groß-Oktav. VI, 237 Seiten. 1930. 10.—, geb. 11.50

In knapper Form werden die wesentlichen Daten der allgemeinen und speziellen Morphologie und Biologie der Mikroorganismen sowie der Immunitätslehre gebracht. Die historische Darstellung erhöht den Wert des Bandes für Studierende und praktische Ärzte.

Desinfektion. Von Dr. M. CHRISTIAN, Oberarzt, kommandiert zum Institut für Infektionskrankheiten in Berlin. Mit 18 Abbildungen. (Samml. Göschen Bd. 546.) Geb. 1.80

Die Infektionskrankheiten und ihre Verhütung. Von Professor Dr. W. HOFFMANN in Berlin. 2., verbesserte u. erweiterte Aufl. Mit 12 Abbildungen und einer Fiebertafel. (Samml. Göschen Bd. 327.) Geb. 1.80

Ein wertvoller Ratgeber für die Bekämpfung und Verhütung von Infektionskrankheiten.

Gewerbehygiene. Von Dr. med. HANS BETKE, Preuß. Landesgewerbearzt und Gewerbemedizinalrat des Aufsichtsbezirkes Wiesbaden. (Samml. Göschen Bd. 350.) Geb. 1.80

Eine kurze Übersicht über das wichtige Gebiet der Arbeits- und Arbeiterhygiene, unter Berücksichtigung der neueren gesetzlichen Bestimmungen.

Jahrbuch für Röntgenologen. Unter redaktioneller Leitung von O. RIGLER-HUFELAND, Darmstadt.

Erster Jahrgang. Groß-Oktav. V, 220 Seiten. 1930. 12.—, geb. 13.50

Zweiter Jahrgang. Groß-Oktav. V, 274 Seiten. 1931. 19.—, geb. 20.—

„Eine neue, gute Idee: eine kritisch gesichtete Übersicht über die periodische Literatur unter besonderer Berücksichtigung dessen, was der röntgenologisch tätige Arzt direkt in seiner täglichen Praxis verwenden kann." Zeitschrift für Röntgenologen.

Röntgenstrahlen. (Physik, Technik, Anwendungen.) Von Dr. RICHARD HERZ. Mit 48 Figuren im Text und 36 Abbildungen auf 16 Tafeln. 136 Seiten. 1926. (Samml. Göschen Bd. 950.) Geb. 1.80

Lehrbuch der Massage. Von Sanitätsrat Dr. A. MÜLLER, München-Gladbach. 2., umgearbeitete u. stark vermehrte Aufl. Groß-Oktav. Band I/II zusammen 45.—, geb. 50.—

Erster Band: Die funktionellen Erkrankungen des Bewegungsapparates und die Theorie der Massage. Mit 99 Abbildungen. XVI, 404 Seiten. 1926. 20.—, geb. 22.50

Zweiter Band: Die Technik der Massage des Bewegungsapparates, der männlichen und weiblichen Beckenhöhle. Mit 349 Abbildungen. X, 588 Seiten. 1926. 30.—, geb. 32.50

„Für jeden Arzt, welcher häufig Gelegenheit hat, sich mit der Behandlung von Krankheiten, bei denen die Massage indiziert ist, zu beschäftigen, ist das sorgsame Studium dieses Lehrbuches zu empfehlen." Allgemeine Medizinische Central-Zeitung.

Grundriß der Hydrotherapie. Von Geh. Med.-Rat Prof. Dr. BRIEGER. 2. Aufl., bearbeitet von Dr. WALTER KREBS, Chefarzt des Landesbades der Rheinprovinz in Aachen. Mit 10 Abbildungen im Text. Oktav. VIII, 149 Seiten. 1923. 4.—, geb. 5.—

Nach dem Tode Geheimrat Briegers hat Chefarzt Dr. Krebs die alleinige Herausgabe des Grundrisses übernommen und ihn in der zweiten Auflage einer erheblichen Umarbeitung und Ergänzung unterzogen. Der „Brieger-Krebs" wird sich dadurch manche neue Freunde erwerben.

Leitfaden der Kinderheilkunde für Studierende und Ärzte. Von Dr. WALTER BIRK, o. ö. Professor der Kinderheilkunde an der Universität Tübingen. Groß-Oktav.

I. Teil: Säuglingskrankheiten. 7., umgearbeitete Aufl. Mit 29 Abbildungen im Text. XII, 314 Seiten. 1930. 12.—, geb. 13.50

II. Teil: Kinderkrankheiten. 3., verbesserte Aufl. (7.—8. Tausend.) Mit 17 Abbildungen im Text und auf 6 Tafeln. XIII, 384 Seiten. 1928. 12.—, geb. 13.50

Das Buch hat in dieser Auflage erhebliche Veränderungen erfahren: verschiedene Abschnitte wurden ganz neu gestaltet, andere wurden ergänzt oder umgearbeitet, die Feersche Krankheit, die Störungen der Drüsen mit innerer Sekretion, das Exanthema subit., die interlobäre Pleuritis wurden neu eingefügt. Die Arzneiverordnungen wurden aus dem Text herausgenommen, ergänzt und am Schluß des Buches, übersichtlich geordnet, zusammengestellt.

Die Therapie an den Bonner Universitätskliniken. Bearbeitet von den Leitern der Bonner Universitätskliniken und deren Mitarbeiter. Herausgegeben von Professor Dr. RUDOLF FINKELNBURG in Bonn. Vierte, völlig neubearbeitete Auflage. Groß-Oktav. VIII, 702 Seiten. 1931. 18.50, geb. 20.—

Eine völlige Neubearbeitung auf dem Stande von Ende 1930, die die weitgehende Umgestaltung der therapeutischen Anschauungen und Methoden in den letzten Jahren berücksichtigt.

Lehrbuch der Unfallbegutachtung der inneren und Nervenkrankheiten. Für Studierende und Ärzte. Von Dr. RUDOLF FINKELNBURG, o. Professor an d. Universität Bonn. Groß-Oktav. XXI, 544 Seiten. 1920. 13.60, geb. 15.60

„Eine scharfe Formulierung aller Voraussetzungen und Grundsätze, auf Grund welcher im konkreten Falle speziell die Zusammenhangsfrage vom Gutachter sachlich erörtert und gelöst werden kann, soweit es der Fall erlaubt. Ebenso gibt er für die einzelnen Krankheitsbilder und -kombinationen gut begründete Unterlagen für die Schadenabschätzung . . . Ein willkommenes Werk.“ Münchener Medizinische Wochenschrift.

Erkennung und Begutachtung der Unfallkrankheiten der inneren Organe und des Nervensystems. Ein Leitfaden für Ärzte und Studierende. Von Dr. HUGO STURSBERG, a. o. Professor an der Universität Bonn. Oktav. VI, 177 Seiten. 1922. 2.50, geb. 4.—

Die kurze übersichtliche Darstellung macht den Band besonders geeignet, dem Arzt die Gutachtertätigkeit zu erleichtern und dem Studierenden als Unterrichtsmittel zu dienen.

Technik der wichtigsten Eingriffe in der Behandlung innerer Krankheiten. Ein Leitfaden für Studierende und Ärzte. Von Dr. HUGO STURSBERG, a. o. Professor an der Universität Bonn. 2., vermehrte u. überarbeitete Aufl. Mit 49 Abbildungen im Text. Oktav. XII, 176 Seiten. 1923. 3.30, geb. 4.50

Ein Büchlein für die Praxis, in dem jeder die wirklich notwendigen Handgriffe sofort und klar beschrieben findet.

Diagnostik und Therapie der Ohrenheilkunde. Ein Hilfsbuch für den praktischen Arzt. Von Dr. KONRAD STEIN, Privatdozent an der Universität Wien. Oktav. VIII, 276 Seiten. 1922. 6.—, geb. 8.—

Das flüssig geschriebene, leicht verständliche Buch ist besonders den Studierenden und dem praktischen Arzt zu empfehlen.

Die gegenwärtigen Strömungen in der Psychiatrie. Von KARL KLEIST, Professor an der Univ. Frankfurt a. M. Oktav. III, 41 Seiten. 1925. 1.50

Ein Buch, das aufs beste über den gegenwärtigen Zustand der Psychiatrie und die in ihr wirksamen Kräfte orientiert.

Die Literatur der Psychiatrie, Neurologie und Psychologie von 1459 bis 1799. Mit Unterstützung der Preuß. Akademie der Wissenschaften zu Berlin herausg. von Professor Dr. HEINRICH LAEHR. Drei Bände. Groß-Oktav. 80.— I. Band: Die Literatur 1459—1699. VIII, 751 Seiten. 1900. II. Band, 1. Hälfte: Die Literatur von 1700 bis 1799. 1900. II. Band, 2. Hälfte: Die Literatur von 1700 bis 1799. 1900. III. Band: Register der Bände I und II. 271 Seiten. 1900.

Kurzer Leitfaden der Psychiatrie für Studierende und Ärzte. Von Dr. PH. JOLLY, Privatdozent an der Universität Halle a. S., Reg.-Med.-Rat. 2., vermehrte Aufl. Oktav. VII, 264 Seiten. 1922. 5.—

Im Vordergrund dieses instruktiven Leitfadens, der zwischen den großen Lehrbüchern und den Kompendien die Mitte halten will, steht die Hervorhebung der praktischen, den Studierenden und den Arzt leitenden Gesichtspunkte, weshalb besonders die Diagnostik ausführlich behandelt worden ist.

Gedenktage der Psychiatrie und ihrer Hilfsdisziplinen in allen Ländern. Von Dr. HEINRICH LAEHR. 4., vermehrte u. umgearbeitete Aufl. Groß-Oktav. XIV, 478 Seiten. 1893. 12.—

Forensische Psychiatrie. Von Professor Dr. W. WEYGANDT, Direktor der Irrenanstalt Friedrichsberg in Hamburg.

I. Teil: Straf- und zivilrechtlicher Abschnitt. (Samml. Göschen Bd. 410.) Geb. 1.80

II. Teil: Sachverständigentätigkeit. (Samml. Göschen Bd. 411.) Geb. 1.80

Der Verfasser gibt in kurzer, prägnanter Darstellung eine Übersicht über die psychiatrische Sachverständigentätigkeit und erteilt wertvolle Hinweise für die Anfertigung psychiatrischer Gutachten.

Lehrbuch der forensischen Psychiatrie. Von Dr. A. H. HÜBNER, a. o. Prof. a. d. Universität Bonn. Groß-Oktav. IX, 1066 Seiten. 1914. 30.—, geb. 33.—

„Den vielen beamteten Ärzten wie manchem Praktiker, der häufig mit forensisch-psychiatrischen Fragen befaßt wird, ist das Buch sicher als zurzeit bestes Lehr- und Nachschlagewerk zu empfehlen.“ Deutsche Medizinische Wochenschrift.

Allgemeine Zeitschrift für Psychiatrie und psychisch-gerichtliche Medizin. Herausgegeben von Deutschlands Irrenärzten unter der Mitredaktion von BERZE, Wien, BLEULER, Zürich, BONHOEFFER, Berlin, FISCHER, Berlin-Dahlem, KLEIST, Frankfurt a. M., LAEHR, Wernigerode, durch GEORG ILBERG. Dresden. Mit Beilage: Zeitschrift für psychische Hygiene. Groß-Oktav.

Jeder Band umfaßt 8 Hefte mit Originalbeiträgen, Referaten, Vereinsberichten usw. Bd. 83—95. 1926—1931. Je 30.—

Handwörterbuch der psychischen Hygiene und der **psychiatrischen Fürsorge.** Herausgegeben v. O. BUMKE-München, G. KOLB-Erlangen, H. ROEMER-Illenau, E. KAHN-New-Haven. Groß-Oktav. VI, 400 Seiten. 1930. 23.—, geb. 25.—

Die mächtig Boden gewinnende psychische Hygiene erhält in diesem Handwörterbuch erstmalig ihren literarischen Mittelpunkt. Die bisher auf diesem Gebiete erschienenen Arbeiten sind an zahlreichen Stellen verstreut und zum Teil auch schwer zugänglich, während in anderen Kulturländern bereits ein zum Teil umfangreiches Schrifttum besteht. Aus diesen Gründen ist, zumal auch der heutige Stand dieses Gebietes ein sachlich gegliedertes umfassendes Handbuch noch nicht zuläßt, die stichwortmäßige Aufteilung und Bearbeitung des umfangreichen Materials die zweckmäßigste. Sie wird hier aus der Feder der Führer dieser Bewegung geboten.

Zeitschrift für psychische Hygiene. Offizielles Organ des Deutschen Verbandes für psychische Hygiene. Herausgegeben von den Mitgliedern des erweiterten Vorstandes R. SOMMER-Gießen, W. WEYGANDT-Hamburg, H. ROEMER-Karlsruhe, G. KOLB-Erlangen, H. SIMON-Gütersloh und unter Mitwirkung des Herausgebers der „Allgemeinen Zeitschrift für Psychiatrie“ G. ILBERG-Sonnenstein.

Jährlich 6 Hefte zu je 2 Bogen. Band I/IV. 1928—1931. Je 6.—

Die Anstalten für Psychisch- und Nervenkranke, Schwachsinnige, Epileptische, Trunksüchtige usw. in Deutschland, Österreich, der Schweiz und den baltischen sowie anderen Grenzländern. Von HANS LAEHR. Achte, von Anstaltsdirektor i. R. Professor Dr. GEORG ILBERG (Dresden) vollkommen neubearbeitete Auflage. Oktav. II, 158 Seiten. 1929. 10.—

Als Adreßbuch für die Anstalten für Psychisch- und Nervenkranke hat der „Laehr“ sich mit seinen bisher sieben Auflagen in Fachkreisen weiteste Verbreitung gesichert. Die vorliegende neue Auflage unterrichtet in der gewohnten Vollständigkeit über die Verhältnisse der Anstalten, wie sie sich nach der Kriegszeit gestaltet haben.

Aktivere Krankenbehandlung in der Irrenanstalt. Von Dr. HERMANN SIMON, Direktor der Provinzialheilanstalt Gütersloh. Oktav. II, 167 Seiten. 1929. 10.—

Der Verfasser, der Direktor der durch die „aktivere“ Krankenbehandlung bekannten Anstalt Gütersloh, gibt in diesem Buch eine praktische Darstellung seiner Arbeitstherapie und, ebenfalls vom Standpunkt des Praktikers, der erzieherischen Einwirkungen auf die Kranken und der praktischen Auswirkungen der gesamten aktiveren Therapie. Simon behandelt hierbei die sich aufdrängenden biologischen und psychologischen Zusammenhänge. Diese Schrift ist die Buchausgabe von verschiedenen Aufsätzen in der „Allgemeinen Zeitschrift für Psychiatrie“.

Humor in der Neurologie und Psychiatrie. Gesammelt von den Fachärzten des deutschen Sprachgebietes. Ausgewählt von Sanitätsrat Dr. BRATZ, Direktor der Wittenauer Heilstätten. Groß-Oktav. 74 Seiten. 1930. 4.—

Der Zweck dieser Sammlung wird am glücklichsten durch den Herausgeber im Vorwort umschrieben: „Der Neurologe und Psychiater bedarf des Humors im Sinne jener hohen, von der Last der Dinge und Gedanken befreienden Eigenschaft, wenn es gilt, für das gedrückte Gemüt das heitere erlösende Wort zu finden; er soll dem Kranken ein freundlicher Verwandler der trüben Umwelt sein, er soll ihm das Unabänderliche noch erträglich machen, er soll ihm ein froher, scherzender Gesellschafter sein — und schließlich bleiben die Stunden auch im Beruf des Nervenarztes nicht aus, in denen er eine Dosis Humor nötig hat."

Die Erhaltung der geistigen Gesundheit. Von Dr. TH. RUMPF, o. Professor an der Universität Bonn. Oktav. 69 Seiten. 1919. 1.20

Cäsarenporträts. Von Dr. med. ERNST MÜLLER, Oberarzt und Medizinalrat an den Thüringer Heilanstalten zu Stadtroda. Groß-Oktav.

I. Teil: Mit 45 Münzabbildungen im Text und 4 Tafeln. 39 Seiten. 1914. 2.50, geb. 4.—

II. Teil: Mit 164 Münzabbildungen im Text und 11 Tafeln. 64 Seiten. 1924 5.—

III. Teil: Mit vielen Abbildungen und 19 Tafeln. 143 Seiten. 1927. 15.—

Geisteskrankheiten im klassischen Altertum. Von Prof. Dr. J. L. HEIBERG, Kopenhagen. Oktav. 44 Seiten. 1927. 1.50
(Sonderabdruck aus Band 86 der Allgemeinen Zeitschrift für Psychiatrie.)

Klinisches Wörterbuch. Die Kunstausdrücke der Medizin. Erläutert von Dr. med. OTTO DORNBLÜTH. 17. u. 18., vollkommen umgearbeitete Aufl. von Dr. med. EMIL BANNWARTH. Oktav. VIII, 463 Seiten. 1930. Geb. 7.50
(Veits Sammlung wissenschaftlicher Wörterbücher, herausgegeben von Dr. C. W. Schmidt.)

„Eines der brauchbarsten medizinischen Wörterbücher ist der Dornblüth."
Reichsmedizinalanzeiger.

Einführung in die praktische Krankenpflege. In 16 Vorlesungen. Von Dr. FR. WILH. STRAUCH. Mit 25 Abbildungen im Text. Oktav. VI, 96 Seiten. 1915. Geb. 2.—

Eine kurze, aber instruktive Anleitung zum Krankenhausdienst.

Die Behandlung der Haut- und Geschlechtskrankheiten mit kurzer Diagnostik. Von Dr. ERICH HOFFMANN, o. ö. Professor und Direktor der Klinik und Poliklinik für Hautkrankheiten an der Universität Bonn. Mit 46 Abbildungen und mehreren Tabellen. 5., stark vermehrte Aufl. Oktav. VIII, 318 Seiten. 1930. 13.—, geb. 14.50

Dieser Leitfaden ist ein Wegweiser, in dem Altbewährtes und Neuerrungenes bis in die neueste Zeit übersichtlich und leichtverständlich zusammengefaßt ist. Für den Studierenden ein unentbehrlicher Führer und für den praktischen Arzt ein zuverlässiger Ratgeber.

Die moderne Therapie der Gonorrhöe beim Manne. Ein Leitfaden für Studierende und Ärzte. Von Professor Dr. PAUL ASCH in Straßburg i. Els. 3., umgearbeitete Aufl. Mit 26 Figuren im Text. Groß-Oktav. 91 Seiten. 1930. 3.75, geb. 4.75

„Das Buch bringt im knappen Rahmen von zwölf kurzen Vorlesungen erstaunlich viel, namentlich auch für den Praktiker dankenswerte genaueste technische Angaben. Gerade diese selten sorgfältige Wiedergabe der Technizismen wird dem kleinen Leitfaden sicherlich unter den Praktikern Eingang verschaffen." Münchener Medizinische Wochenschrift.

Diagnose und Behandlung der Gonorrhöe beim Mann und bei der Frau. Von Dr. JULES JANET in Paris. Übersetzt und bearbeitet von Professor PAUL ASCH, Spezialarzt für Harn- und Geschlechtskrankheiten in Straßburg i. Els. Mit 119 Abbildungen. Groß-Oktav. XV, 332 Seiten. 1931. 16.50, geb. 18.—

Janet, ein Meister der Gonorrhöeärzte, hat in diesem Buch, das in der französischen Urausgabe in sämtlichen Ärztekreisen höchstes Aufsehen erregt hat und schon nach einem halben Jahr vergriffen war, zum ersten Male die außergewöhnlichen Erfahrungen seiner vierzigjährigen spezialärztlichen Tätigkeit in zusammenhängender Weise niedergelegt. Er stellt mit diesem Buch die ganze Gonorrhöefrage neu zur Diskussion. Der Straßburger Spezialist Professor Dr. Asch hat das Buch nicht nur übersetzt, sondern auch bearbeitet.

Die Massage der inneren Geschlechtsorgane beim Manne und Weibe. Von Sanitätsrat Dr. A. MÜLLER, München-Gladbach. Mit 53 Figuren. Groß-Oktav. VII, 122 Seiten. 1926. 6.—, geb. 7.60

Zeitschrift für Sexualwissenschaft und Sexualpolitik. Mitteilungsblatt der Internat. Gesellschaft für Sexualforschung. Unter ständiger Mitarbeit von zahlr. Fachgelehrten hrsg. von Dr. MAX MARCUSE. Band XVIII. Jahrg. 1931/32 (8 Hefte). Viertelj. 6.—

Abhandlungen aus dem Gebiete der Sexualforschung. Hrsgb. im Auftrage der Internat. Gesellschaft für Sexualforschung. Redig. von Dr. MAX MARCUSE, Berlin.

Die „Abhandlungen aus dem Gebiete der Sexualforschung" dienen den gleichen Zwecken wie die Zeitschrift für Sexualwissenschaft; in ihnen werden Arbeiten veröffentlicht, die für die Aufnahme in der Zeitschrift für Sexualwissenschaft zu umfangreich sind. Die „Abhandlungen" erscheinen in einzelnen Heften, deren Umfang zwischen zwei und fünf Bogen schwankt.

Die Mitglieder der Gesellschaft für Sexualforschung, die Abonnenten der Zeitschrift für Sexualwissenschaft sowie die Subskribenten eines Jahrganges (April bis März) erhalten die Einzelhefte der „Abhandlungen" zu einem um 25% ermäßigten Vorzugspreis.

Handwörterbuch der Sexualwissenschaft. Enzyklopädie der natur- und kulturwissenschaftlichen Sexualkunde des Menschen. Unter Mitarbeit erster Fachgenossen herausgegeben von Dr. MAX MARCUSE. 2., stark vermehrte Aufl. Mit 140 Abbildungen. Quart. XII, 822 Seiten. 1926. 42.—, geb. 45.—

„... Die gesamte natur- und kulturwissenschaftliche Sexualkunde wird in einzelnen, teils vorzüglichen Aufsätzen in Arbeitsgemeinschaft mit unseren größten deutschen Forschern dargestellt. Die Enzyklopädie ist für jeden auch nichtmedizinischen Forscher auf diesem Gebiete unentbehrlich und orientiert rasch und gründlich über das gegenwärtige Wissen in allen Sexualfragen." Münchener Medizinische Wochenschrift.

Sexualpathologie. Ein Lehrbuch für Ärzte und Studierende. Von Sanitätsrat Dr. MAGNUS HIRSCHFELD, Leiter des Instituts für Sexualwissenschaft in Berlin. Groß-Oktav. Kompl. 30.—, geb. 36.—

1. Teil: Geschlechtliche Entwicklungsstörungen. Mit besonderer Berücksichtigung der Onanie. 2., unveränderte Aufl. Mit 14 Tafeln, 1 Textbild und 1 Kurve. XV, 211 Seiten. 1921. 10.—, geb. 12.—

2. Teil: Sexuelle Zwischenstufen. Das männliche Weib und der weibliche Mann. 2., unveränderte Aufl. Mit 20 Photographien auf 7 Tafeln. X, 279 Seiten. 1922. 11.—, geb. 13.—

3. (Schluß-) Teil: Störungen im Sexualstoffwechsel. Mit besonderer Berücksichtigung der Impotenz. Mit 5 Tafeln (Photographien, Kurven und einem Innervationsschema). 2. Aufl. XI, 340 Seiten. 1928. 12.50, geb. 14.50

Das wertvolle Werk ist unentbehrlich für den Nervenarzt, aber auch für den Allgemeinpraktiker.

Die sexuelle Untreue der Frau. Von Professor Dr. H. KISCH. **I. Die Ehebrecherin.** Vierte Auflage. 13. und 14. Tausend. Neubearbeitung von Dr. FRANZ KISCH. Oktav. VIII, 232 Seiten. 1930. 8.50, geb. 10.—

Aus dem Inhalt: Die Ehe in ihrer Bedeutung für das Sexualleben und soziale Struktur — Geschlechtstrieb und „Liebe" — Kausalität des weiblichen Ehebruches — Der Ehebruch der kinderlosen Frau aus Sehnsucht nach Mutterschaft — Die stark libidinöse unbeherrschte Frau als Ehebrecherin — Der Einfluß der „Wahlverwandtschaft" auf Treue und Untreue in der Ehe — Die Untreue der „emanzipierten" Frau.

II. Illegitime Vielmännerei. Dritte Auflage. 10. bis 11. Tausend. Neubearbeitung von Dr. FRANZ KISCH. Oktav. VIII, 188 Seiten. 1930. 7.—, geb. 8.50

Inhalt: „Vielmännerei" — Das Wesen der Prostitution — Die Dirnen — Die „grande cocotte"; die Mätressen — Die Bühne als Erotikum und als Agens für sexuelle Freiheit und Promiskuität — Das Konkubinat ist kein Hort der Weibkäuflichkeit und der sexuellen Untreue — Das „Verhältnis" Jugendlicher.

Sterilisierung zum Zwecke der Aufbesserung des Menschengeschlechts. Von E. S. GOSNEY, B. S. LL. B., Präsident der Stiftung für Verbesserung des Menschengeschlechts, Pasadena, Kalifornien, und PAUL POPENOE, D. Sc., Direktor des Instituts für Familienforschung, Los Angeles, Kalifornien,

Deutsch von Dr. med. KONRAD BURCHARDI, Facharzt für Haut- und Geschlechtsleiden, Los Angeles, Kalifornien. Oktav. 78 Seiten. 1930. Vorzugspreis 4.—, Einzelpreis 5.35
(Abhandlungen aus dem Gebiete der Sexualforschung Bd. V, Heft 5.)

Die Verfasser behandeln in diesem Buche unter Benutzung des umfangreichen Tatsachenmaterials, das die in Amerika schon weit vorgeschrittene eugenische Denkweise geschaffen hat, in systematischer Darstellung die Sterilisation, d. h. die dauernde oder zeitweilige Ausschaltung der Fortpflanzungsfähigkeit (ohne Beeinträchtigung des persönlichen Sexuallebens) zum Zwecke der Aufbesserung des Menschengeschlechts. Ein solcher, auf praktische Erfahrung sich stützender authentischer Bericht findet in Europa das größte Interesse vor, wo der Gedanke der Ausmerze minderwertigen Erbgutes an Boden gewinnt.

Die Ehe. Ihre Physiologie, Hygiene und Eugenik. Ein biologisches Ehebuch. Unter Mitarbeit zahlreicher Fachgelehrter hrsgb. von M. MARCUSE. Groß-Oktav. XI, 621 Seiten. 1927. 18.—, geb. 20.—

„Es gibt in der Fülle der Literatur kein Werk, welches so umfassend und so sachlich zugleich auf alle Fragen eine Antwort gibt, die in diesem großen Gebiet an den Arzt der Praxis täglich herantreten.“ Zentralblatt für Gynäkologie

Arzt und Eherecht. Die ärztlich wichtigen Rechtsbeziehungen der Ehe in der Rechtsprechung. Von Dr. med. JULIUS HELLER, a. o. Professor an der Universität Berlin. Groß-Oktav. 140 Seiten. 1927. 5.—

„Der Verfasser stellt seinem Buche eine doppelte Aufgabe: es soll dem Arzte ein Führer sein bei Beratung der Ehegatten, dem Juristen eine Materialsammlung für die Stellung der medizinischen Wissenschaft zu Eherechtsfragen. Beide Zwecke sind mit bestem Erfolg erreicht.“ Deutsche Medizinische Wochenschrift.

Kleines Wörterbuch der Biochemie und Pharmakologie. Von Professor CARL OPPENHEIMER, Dr. phil. et med., München. Oktav. 228 Seiten. 1920. Veits Sammlung wissenschaftlicher Wörterbücher, herausgegeben von Dr. C. W. Schmidt. Geb. 3.—

Etymologisches Wörterbuch der Naturwissenschaften und Medizin. Sprachliche Erklärung der wichtigsten Ausdrücke und Namen der Anatomie, Astronomie, Biologie, Botanik, Chemie, Geographie, Geologie, Medizin, Mineralogie, Naturphilosophie, Paläontologie, Physik, Psychologie und Zoologie. Von Dr. C. W. SCHMIDT. Oktav. 138 Seiten. 1923. Veits Sammlung wissenschaftlicher Wörterbücher, herausgegeben von Dr. C. W. Schmidt. Geb. 2.—

Logarithmische Rechentafeln für Chemiker, Pharmazeuten, Mediziner und Physiker. Begründet von Professor Dr. F. W. KÜSTER †. Für den Gebrauch im Unterrichtslaboratorium und in der Praxis berechnet und mit Erläuterungen versehen. Nach dem gegenwärtigen Stande der Forschung bearbeitet von Dr. A. THIEL, o. ö. Professor der physikalischen Chemie an der Universität Marburg. Mit 1 Tafel. 35.—40., verbesserte u. vermehrte Aufl. Oktav. 188 Seiten. 1929. Geb. 7.50

Für jeden, der chemisch und physikalisch-medizinisch arbeitet, haben sich diese Tafeln als unentbehrlich erwiesen.

Geschichte der Medizin. Von Dr. med. et phil. PAUL DIEPGEN, o. Professor für Geschichte der Medizin in Freiburg i. B.

I. Altertum. 2. Aufl. (Samml. Göschen Bd. 679.) Geb. 1.80
II. Mittelalter. (Samml. Göschen Bd. 745.) Geb. 1.80
III. Neuzeit. Von Andreas Vesalius bis zur Begründung der Zellularpathologie durch Rudolf Virchow (1858). (Samml. Göschen Bd. 786.) Geb. 1.80
IV. Neueste Zeit. Von der Begründung der Zellularpathologie bis zur Gegenwart. Erster Teil: Die Hilfswissenschaften und biologischen Disziplinen. Mit 4 Figuren. (Samml. Göschen Bd. 883.) Geb. 1.80
V. Neueste Zeit. Von der Begründung der Zellularpathologie bis zur Gegenwart. Zweiter Teil: Die Lehre von der Krankheit und die praktische Heilkunde. 1928. (Samml. Göschen Bd. 884.) Geb. 1.80

Die außerordentlich klare und übersichtliche, dabei doch erschöpfende Darstellung ist sehr geeignet, ein gutes Bild von den Fortschritten zu geben, welche die medizinischen Hilfswissenschaften und damit auch die Medizin selbst in der neuesten Zeit gemacht haben.

VERLAG WALTER DE GRUYTER & CO., BERLIN W 10, GENTHINER STRASSE 38
UND
A. MARCUS & E. WEBER'S VERLAG, BERLIN W 10, GENTHINER STRASSE 38

MIX
Papier | Fördert
gute Waldnutzung
FSC® C083411

Kolibri 360 GmbH
Ferdinand-Jühlke-Straße 7
99095 Erfurt, Deutschland
produktsicherheit@kolibri360.de